全国高等农林院校“十二五”规划教材

无机及分析化学

主　编　蒋　疆　蔡向阳　陈祥旭

副主编　孔德贤　吕日新　李　涛

参编人员（按姓氏拼音排序）

曹高娟　陈晓婷　黄玉梓

蒋文静　柯子厚　李家玉

李静娴　荣　成　吴羽平

吴　丹　郑新宇

厦门大学出版社
XIAMEN UNIVERSITY PRESS
国家一级出版社
全国百佳图书出版单位

前 言

21世纪经济和科技的飞速发展，教育改革的不断深化，对高等学校教学内容和教学体系改革提出了更高的要求。为贯彻落实《国家中长期教育改革和发展规划纲要(2010—2020年)》，全面提升本科教材质量，充分发挥教材在提高人才培养质量中的基础性作用，我们组织了福建农林大学和福州大学长期从事教学一线的教师组成编委会，认真学习领会教育部《关于"十二五"普通高等教育本科教材建设的若干意见》等文件精神，在多年教学实践经验的基础上，充分讨论了我校农林本科基础教育的特色、教学计划和教学大纲，本着"满足需要、力求简洁、突出特色"的原则，分工撰写了本教材。无机及分析化学是高等农业院校课程体系中一门重要的公共基础课。本教材的主要目的是使农学、植保、园艺、蜂学等农科类学生在学习无机及分析化学课程后，能掌握最基本的化学原理和定量化学分析的方法，并能运用这些原理和方法观察、思考和处理实际问题，为今后学习、科学研究和生产实践打下坚实基础。因此，本教材首先从微观上介绍物质结构的基本知识，进而从宏观上介绍化学反应的基本原理和分散体系的基本性质，然后简述定量分析化学的基础知识，论述溶液中各种类型的化学平衡以及在定量分析化学中的应用，并简要介绍了紫外-可见分光光度法和电位分析法这两种最常用的现代仪器分析法。本教材将化学平衡原理与定量分析化学有机地结合，减少了教学中的不必要重复，突出了主题，也精简了篇幅；在编排形式上力求有所创新，强调基础理论以必须够用为度，以应用为目的，以掌握基本概念、强化实际应用为重点，突出在农业生产实践中有广泛应用价值的基础理论、基础知识和基本技能，更有利于学生基本功和动手能力的培养。本教材还在化学史的教学上作了有益的探讨，结合各个章节的教学内容，选编了部分著名化学家的名言和经典化学史实，并且在各章节后面编有"化学燃料"、"纳米材料"等能反映化学及相关学科新进展的阅读材料，目的在于拓宽学生的视野，提高学习的兴趣，以便于学生自学，同时也增加了教材的可读性和趣味性。

本书根据教学计划，建议讲授约80学时。有些章节的次序和内容可依各专业的教学实际酌情调整处理。本书亦可供工学、医学等院校相关专业参考使用。参加编写工作的有蒋疆(绪论)、蔡向阳与陈晓婷(第1章)、李静娴与吴羽平(第2章)、柯子厚与黄玉梓(第3章)、吴丹(第4章)、陈祥旭(第5章)、蒋疆、李涛(第6章)、孔德贤与李家玉(第7、8章)、郑新宇与荣成(第9章)、曹高娟(附录)、蒋文静(阅读材料)。全书由参编者互阅、讨论，最后由蒋疆、蔡向阳、陈祥旭通读统稿。本书承吕日新审阅，提出了许多宝贵的修改意见，在此表示衷心的感谢。同时也要感谢福建农林大学各级领导，正是他们对课程改革与教材编写的关心和支持，才使本书得以如期出版。

限于编者的水平，书中纰漏之处，敬请读者不吝批评指正。

编者

2012年5月

目　录

绪 论

化学本身作为自然科学的一个独立部分，是探索宇宙奥秘的一个方面。

——波义耳

一、化学的发展与人类生活

化学是一门研究物质的组成、结构、性质及其变化规律的科学。化学在现代自然科学中占有十分重要的地位。作为一门基础科学与应用科学，它推动了当代科学技术的进步与人类物质文明的飞速发展。

17 世纪中叶以前的化学，作为一门技术，表现出了实用性和经验性等特征。利用燃烧这一化学反应，人类改善了自身的饮食条件，制作了陶器，冶炼了青铜等金属。在寻求长生不老药的过程之中，古代的炼丹术士使用了燃烧、煅烧、蒸馏、升华等化学基本操作。染色、酿造、造纸、火药等提高人类生活质量的生产技术的发明无一例外地是经历无数化学反应的结果。尽管化学从一开始就和人类的生活密切相关，但这个时期之前的化学并没有成为一门科学。

Boyle，1627—1691

17 世纪中叶以后，随着生产力提高，积累了有关物质变化的知识。同时，数学、物理学、天文学等相关学科的发展促进了化学的发展。1661 年 Boyle R(波义耳)首次指出“化学的对象和任务就是寻找和认识物质的组成和性质”，他明确地把化学作为一门认识自然的科学，而不是一种以实用为目的的技艺。18 世纪末，随着较精密的天平的发明，对物质变化的研究从简单定性进入到了精密的定量。质量守恒定律、倍比定律等化学规律相继被发现，这为化学新理论的诞生打下了基础。19 世纪初，为了说明这些定律的内在联系，Dalton J(道尔顿)和 Avogadro A(阿佛伽德罗)分别创立了原子论和原子—分子论，从此进入了近代化学的发展时期。19 世纪下半叶，热力学理论被引入化学，从宏观角度解决了化学平衡的问题。合成氨、染料、硫酸、氯碱等化学工业的发展促进了化学科学的深入发展，无机化学、分析化学、有机化学和物理化学四大基础化学学科在这个时期逐渐形成了。进入20世纪，化学的理论、研究方法、实验技术以及应用等方面都发生了巨大的变化。原来的四大基础化学学科已容纳不下新的发展，从而衍生出新的学科分支，例如食品化学、药物化学、生物化学、分子生物学、植物化学、酶化学、环境化学、材料化学等。化学成为了自然科学的中心学科。

20世纪中叶至今，化学科学给古老的生物学注入了新的活力，在揭示生命的奥秘中起到其他学科无法替代的重要作用，也锻造了许多化学与生物学相结合的经典。例如，1955年Vigneaud V D(维格诺德)因最早用人工方法合成蛋白质激素(催产素和加血压素)而获得了诺贝尔化学奖，这些药品至今仍在临床应用，给人类特别是妇女带来福音。1962年Kendrew J(肯德鲁)和Perutz M(佩鲁茨)因利用X射线衍射成功地测定了鲸肌红蛋白和马血红蛋白的空间结构而获得了诺贝尔化学奖。1984年Merrifield R B(梅里菲尔德)因发明多肽固相合成技术(这对整个有机合成化学与新药开发起了极大的推动作用)而获得了诺贝尔化学奖。1997年Skou J C(斯科)因发现了钠钾ATP酶(Na^+-K^+ ATPase)及有关机理与Boyer P D(博耶)和Walker J E(沃克)(揭示能量分子ATP的形成过程)荣膺诺贝尔化学奖。

化学科学发展的最终目标就是要惠及人类。认真观察一下周围，就会发现人类生活在一个充满了化学制品的世界里。无论是织布用的棉麻，还是制成绸缎所用的蚕丝，或是织成呢绒大衣的羊毛，它们的主要成分都是碳水化合物或蛋白质。20世纪30年代以后，人类以石油、天然气和煤等为原料，利用化学方法合成的涤纶、尼龙、腈纶等高分子材料逐步替代了棉、麻、丝、毛等纺织品，使得服装的材质发生了根本性变化；再看看现代建筑所用的水泥、石灰、油漆、玻璃和塑料以及用以提高粮食产量的化学肥料和农药等都是化学制品；又如，用以代步的各种现代交通工具，不仅需要汽油、柴油作动力，还需要各种汽油添加剂、防冻剂以及润滑油；商场、超市的货架上那琳琅满目且色香味俱佳的食品所含的食品添加剂；药品、洗涤剂、美容品和化妆品等无一不是石油化工产品。总之，人类的生活越来越离不开化学。化学不愧是一门让人类生活得更美好的科学。

二、"无机及分析化学"课程的性质、地位和任务

传统化学按研究对象和研究的原理分为无机化学、分析化学、有机化学和物理化学四大分支。无机化学的研究对象是元素及其化合物。分析化学则是研究物质的组成、结构和测定方法及有关原理的一门科学。有机化学的研究对象是碳氢化合物及其衍生物。而物理化学是根据物理现象和化学现象之间的相互关联和相互转化来研究物质变化规律的一门科学。

"无机及分析化学"是根据高等院校对应专业培养人才目标的需要，将无机化学和分析化学的基本理论和基本知识融为一体而形成的一门课程。无机化学部分主要以原子和分子结构理论、四大平衡(酸碱解离平衡、沉淀溶解平衡、氧化还原平衡和配位平衡)以及化学热力学和动力学基本原理为主线，讲述化学学科最基本的理论和知识。分析部分重点讨论容量分析的基本原理和方法，同时介绍仪器分析法中分光光度法和电位分析法。

三、"无机及分析化学"的学习方法

学习之道,既有通则,又无定则。

1. 需要动力。古往今来杰出的科学家、艺术家、文学家无一不是靠自主学习,才有所发明,有所创造的。谁能教莎士比亚成为莎士比亚?谁能教爱因斯坦发现解释宇宙的根本原理?谁能教鲁迅先生刻画出阿Q的形象?自主学习和创造是前进的一种动力。哈佛大学校长Rudenstine N L(陆登庭)曾在"世界著名大学校长论坛"上说:"如果没有好奇心和纯粹的求知欲为动力,就不可能产生那些对人类和社会具有巨大价值的发明创造。"做任何事情都需要有动力,学习化学同样要有动力,只有明确了为什么要学化学,自己想学化学,才有可能学好化学。

Rudenstine N,1935—

2. 重视实践。只有实验才是化学的"最高法庭"。化学是一门注重实践的学科,知识大多来自实验,实验现象可以帮助让人们更好地记忆和理解知识,应给予充分的重视。实验是智能培养的重要环节,进行实验时,要有严谨的学风和科学的态度。要掌握实验的基本操作,提高实验技能,独立完成实验。此外,要积极参与科研与生产实践,抓住宝贵的机会,将所学的理论知识用于实践,解决实际问题。

3. 讲究方法。心理学研究表明,学习效率和学习成绩,很大程度上取决于所采用的学习方法是否科学。所以要选找出最适合自己的学习方法。其中最基本的学习方法:课前预习,记录疑难;课上听讲、讨论,做好笔记;课后及时复习,独立完成作业;进行单元小结,找出知识间的内在联系;充分利用Internet化学资源,提高自学能力。在学习的过程中,应努力学习前人是如何进行观察和实验的,是如何形成分类法、归纳成概念、原理、理论的,并不断体会、理解创造的过程,形成创新的意识,努力去尝试创新;应努力把握学科发展的最新进展,努力将所学的知识、概念、原理和理论理解新的事实,思索其中可能存在的矛盾和问题,设计并参与新的探索。

4. 勤学多问。美著名化学教育家Armstrong H(阿姆斯特朗)说过:I hear,I forget;I read,I remember;I do,I understand. 在学习中要养成勤于思考、勇于探索、善于发现的好习惯,着眼点不仅要会几道题,记住一些事实,更主要的是要概括出某些知识的共同属性,找到解决某类问题的普遍规律。在学习中要注意时刻培养自己的创新意识,发挥自己的潜能和特长。要有独立钻研的精神,善于观察,思维灵活,有敢于冲破旧的模式和固定思维的框框建立新的思想的勇气,敢于大胆地提出自己新的见解和观点。陶行知先生说过:"发现千千万,起点是一问。智者问得巧,愚者问得笨。"

5. 以史为鉴。化学给人以知识,化学史给人以智慧。化学史内容有(1)诺贝尔奖获得者简介及其轶闻趣事等;(2)化学工业的发展历史,例如,合成氨工业的发展等;(3)化学基本理论的建立或发现的化学史,例如,门捷列夫对于元素周期表的研究等;(4)与日常生活联系比较紧密的物质的发现历史,例如,胶体的发现等。化学史使人加深对科学本质的认识,科学素养得到有效地培养。化学史中的化学家与化学事件不是孤立于社会之外,而是作为科学发展的背景与社会生活息息相关。化学史的内容能为读者营造了一个轻松、生动、有趣,基于日常生活与社会文化的学习氛围。

第 1 章

物质结构基础

如果说我比别人看得更远些，那是因为我站在了巨人的肩上。

——牛顿

通常情况下，化学反应只是发生在原子核外的电子层中，而原子核并不发生变化（核反应除外）。因此，要研究化学反应的规律，掌握物质的性质以及物质性质和结构之间的关系，就必须研究原子结构以及原子与原子之间的结合方式等基础知识。

然而，由于原子等微观粒子过于微小，一般只能通过观察宏观实验现象，经过推理去认识它们，建立原子、分子的模型或学说。人们对原子、分子的认识要比对宏观物体的认识艰难得多。如果假定的模型或学说与新的实验事实不符或相矛盾甚至相违背，就必须修改，甚至摒弃，直至得到完善的结果。

1.1 核外电子的运动特性

19 世纪中叶，人们已经认识到光来自原子内部，可以利用光谱去探索原子的奥秘。

1.1.1 氢原子光谱

19 世纪，瑞典物理学家 Ångstrôm A J（埃格斯特朗）最先从气体放电的光谱中确定了氢的可见光范围内的谱线并精确地测量了它们的波长（图 1-1）。1880 年，天文学家 Huggins W（胡金斯）和 Vogel H C（沃格尔）成功地拍摄了恒星的光谱，发现氢的光谱可以扩展到紫外区。氢原子发射谱线呈现阶梯形，一根接一根，这样明显的排列，究竟合乎什么规律？

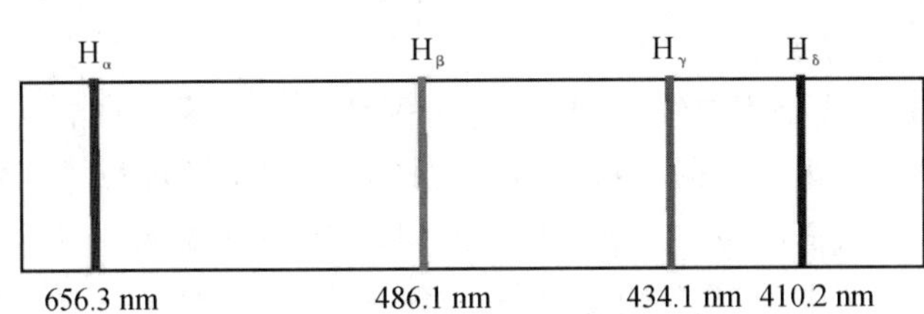

图 1-1 可见光区的氢原子线状光谱

Balmer J,1825—1898

在氢光谱规律的研究上最先打开突破口是瑞士的中学数学教师 Balmer J J(巴尔末)。在巴塞尔大学兼任讲师期间,年近六旬的巴尔末受到物理学教授 Hagenbach E(哈根拜希)的鼓励,开始探寻氢原子光谱的规律。几经周折,1885 年他得到了用于表示氢原子谱线波长规律的公式:

$$\lambda = b\,\frac{m^2}{m^2 - n} \tag{1-1}$$

其中,$m=3,4,5,6,\cdots,n=2,b=3.6456\times10^{-7}\,\text{m}$。用这个公式反推氢光谱的波长,与测量的结果相差不超过波长的 1/40000。

为纪念巴尔末,人们把这组位于可见光区的氢原子谱线命名为巴尔末线系。随后又发现了氢原子光谱的 Paschen lines(帕刑系)、Lyman lines(赖曼系)等线系,它们都符合比巴尔末公式更为普遍的 Rydberg formula(里德伯公式)。尽管如此,巴尔末公式还是对光谱学和近代原子物理学的发展产生了重要影响:光谱学逐渐形成了一门系统性很强的科学,这为进一步了解原子的特性准备了丰富的资料。

1.1.2 玻尔理论

1900 年德国物理学家 Planck M(普朗克)在研究黑体辐射时,为解释辐射能量密度与辐射频率的关系,冲破经典力学的束缚,提出能量量子化的概念。他认为辐射物体其辐射能的放出或吸收不是连续的,而是一份一份地放出或吸收,每一份辐射能(能量子)遵循 $E=h\nu$。式中 E 为量子的能量,h 为普朗克常数($6.626\times10^{-34}\,\text{J}\cdot\text{s}$),$\nu$ 为辐射物体中原子的振荡频率。

1905 年,Einstein A(爱因斯坦)引进光量子(光子)的概念,并给出了光子的能量、动量与辐射的频率和波长的关系,成功地解释了光电效应。之后,他又提出固体的振动能量也是量子化的,从而解释了低温下固体比热问题。

1913 年,丹麦物理学家 Bohr N(玻尔)在 Rutherford E(卢瑟福)有核原子模型的基础上,结合当时刚刚萌芽的普朗克量子论和爱因斯坦的光子学说,把量子论的基本观点应用于原子核外电子的运动,创立了玻尔理论,成功地解释了氢原子线状光谱的规律。

Bohr N,1885—1962

玻尔理论基本内容主要包含下列三点假设:

1. 稳定轨道　原子中的电子只能沿着某些特定的、以原子核为中心、半径和能量都确定的轨道运动,这些轨道的能量状态不随时间而改变,称为稳定轨道(或定态轨道)。每一个稳定轨道的角动量是量子化的,它等于 $h/2\pi$ 的整数倍,即:

$$mvr = n\frac{h}{2\pi}$$

式中 m 为电子的质量，v 为电子的运动速度，r 为轨道半径，h 为普朗克常数 6.62×10^{-34} J·s，n 称为量子数，其值可取 1，2，3……正整数。

所谓量子化就是某一物理量的变化是不连续的，其值的变化是以某一最小的单位或其整数倍做跳跃式增减，那么该物理量就是量子化的。物理量变化的量子化是微观粒子区别于宏观物体的重要特征。例如，一个电子所荷电量 q（1.6×10^{-19} C）是最小的电荷量。一个带 1 C 负电荷的宏观物体，每当给它加上一个电子，它的电量变化是微乎其微的，如此一个一个地加上去，可认为电量变化是连续的。与此相似，宏观物体的质量、能量等一切物理量的变化都可认为是连续的，因此经典力学在处理实际问题时，把这一点作为基本假设条件是合理的。但对于微观粒子，如一个离子，由于其本身所带电荷只有一个或几个 q，则每增加或减少一个 q，电量的变化都十分显著，不能再视为连续变化，而明显呈现出跳跃式变化的特征（即量子化）。

2. 原子能级　在一定轨道中运动的电子具有一定的能量，处在稳定轨道中运动的电子，既不吸收能量，也不发射能量。电子只有从一个轨道跃迁到另一轨道时，才有能量的吸收和放出。在离核越近的轨道中，电子被原子核束缚越牢，其能量越低；在离核越远的轨道上，其能量越高。电子运动时所处的能量状态，称为能级。电子在确定的轨道上运动，能量状态必然确定，称为定态。在正常状态下，电子尽可能处于离核较近、能量较低的轨道上运动，这时原子所处的状态称为基态，其余的称为激发态。

3. 跃迁规律　电子从一个定态轨道跳到另一个定态轨道，原子就会以量子的形式放出或吸收能量，量子的能量等于两个定态轨道之间的能量差，且与辐射的频率成正比。即

$$\Delta E = E_2 - E_1 = h\nu = h\frac{c}{\lambda}$$

由于轨道的能量是量子化的，所以电子跃迁的辐射能量也是量子化的，光子的频率也必然是量子化的。

1914 年 Franck J（弗兰克）和 Hertz G（赫兹）进行了著名的弗兰克—赫兹实验（用慢电子与稀薄气体的原子碰撞的方法，测量原子的激发电位和电离电位），简单而巧妙地直接证实了原子能级的存在，清晰地揭示了原子能级图像，有力地证明了玻尔的原子理论。两位科学家也

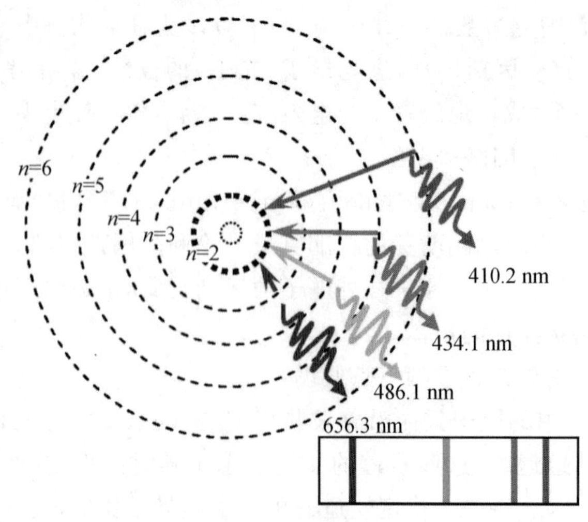

图 1-2　跃迁规律与氢原子光谱

因此荣获 1925 年诺贝尔物理学奖。

玻尔理论成功地解释了氢原子以及某些类氢离子(或称单电子离子如 He^{+},Li^{2+},Be^{3+},B^{4+} 等)的光谱,其成功之处在于引用了量子化的概念来解释光谱的不连续性,但玻尔理论不能说明多电子原子的光谱,也不能说明氢原子光谱的精细结构,而且对于原子为什么能够稳定存在也未能作出满意的解释。玻尔在领取 1922 年诺贝尔物理学奖时称"这一理论还是十分初步的,许多基本问题还有待解决"。玻尔理论所面临的困难必然存在,这是因为电子是微观粒子,不同于宏观物体,它的运动不遵守经典力学的规律。玻尔理论虽然引入了量子化的概念,但它没有完全摆脱经典力学的束缚,它的电子绕核运动有固定轨道的假设不符合微观粒子的运动特性。因此,玻尔理论必将被新的理论所替代。但玻尔作为原子结构理论的先驱者,他的功绩是不可磨灭的。玻尔理论的提出,给人们以启迪:从宏观物体到微观粒子,物质的性质发生了从量变到质变的飞跃,因此,要建立起适合于微观粒子的力学体系,就必须更全面地了解微观粒子的运动特性。

1.1.3 核外电子的运动特性

波粒二象性是微观粒子区别于宏观物体的另一个重要特征。

人们对微观粒子波粒二象性的认识,得益于对光的本质的认识。光具有波粒二象性,现在看来是个普通常识,但在科学史上却几经反复。直到 20 世纪初,物理学界才结束了近 200 年的争论,确认了光具有波粒二象性,即光由光子组成,在光与实物作用,如发生光的吸收、发射、光电效应时,粒性显著;而光在传播时,又主要表现出波性,可发生光的干涉、衍射等现象。

1. 物质波

在光的波粒二象性启发下,年轻的法国的物理学家 De Broglie(德布罗意)于 1924 年提出了一个大胆的假设:实物微粒除了具有粒子性外,还具有波的性质;质量为 m、速度为 v 的实物粒子所具有的波长为:

$$\lambda=\frac{h}{mv}=\frac{h}{p}$$

式中 λ(粒子的波长)表现了微粒波动性的特征,p(粒子的动量,mv)表现了粒子性的特征,德布罗意通过普朗克常数(h)把它们联系在了一起。由此,可以计算出电子等微粒的波长。

1927 年,美国物理学家 Davisson C J(戴维逊)和 Germer L H(革末)用低速电子在 Ni 晶体上进行衍射实验,同年,Thomson J J(电子的发现者)的儿子 Thomson G P(汤姆生)用高速电子在金、铂等晶体上进行衍射实验,分别成功证明了物质波的存在,观察到了电子的波动性,结果戴维森和汤姆生因此共同获得了 1937 的诺贝尔物理学奖。有趣的是 J J 汤姆生和

De Broglie,1892—1987

Davisson,1881—1958
Germer,1896—1971

Thomson,1892—1975

G P 汤姆生父子俩，父亲认可电子是粒子，儿子证明电子是波，并相继荣获诺贝尔奖，成为是科学史上的一段佳话。将一束高速电子流通过镍晶体（作为光栅）而射到荧光屏上时，可以得到和光衍射现象相似的一系列明暗交替的衍射环纹（图 1-2）。根据衍射实验测定得到的电子波的波长与德布罗意关系式计算的结果相符，证明德布罗意关于微观粒子波粒二象性的关系式是正确的。由于衍射是一切波的共同特征，由此充分证明电子具有波动性。中子、质子等微粒的波动性在后来的实验中也被证实。其实任何运动物体都具有波动性，宏观物体由于质量太大，导致波长数值太小，所以无法测量出来，因此其波动性难以察觉。

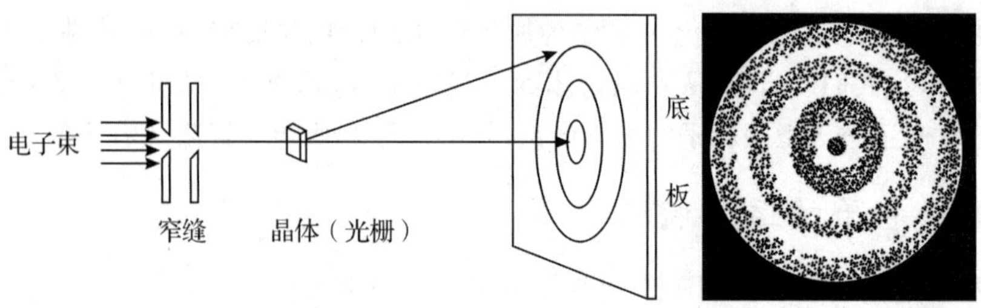

图 1-2　电子衍射实验

2. 不确定原理

宏观物体的运动状态，可以根据经典力学用准确的位置和速度（或动量）来确定。如人造卫星的运行，人们不仅可以同时准确地测定它现在的坐标位置和运行速度，而且还能推知它过去和未来的坐标和速度。微观粒子具有波动性，波会发生衍射，人们不能同时准确地测量它的坐标位置和速度。假如用光测量电子的位置，所用的光波长愈短，物体位置的测量愈准确，但总有误差 $\pm\lambda$ 存在。电子是极小的粒子，要准确测定其位置必须使用极短波长的光，根据德布罗意公式 $p=h/\lambda$，光的波长愈短，光子的动量愈高，当光子与电子相碰撞时就会将动能传给电子，引起电子动量的大变化，但其位置的测量误差太大。

Heisenberg，1901—1976

1926 年德国的物理学家 Heisenberg W（海森堡）经严格推导提出了不确定原理，并用数学式表示：

$$\Delta x \cdot \Delta p_x \approx h$$

式中，Δx 为实物粒子的位置不准确程度；Δp_x 为实物粒子的动量不准确程度；h 为普朗克常数。这一关系式表明，实物粒子在某一方向上位置和动量的测不准量的乘积大于普朗克常数，即粒子位置测定得越准确（Δx 越小），相应的动量就测得越不准确（Δp_x 越大）；反之亦然。必须指出，测不准原理并不意味着微观粒子的运动是不可认知的。海森堡曾这样评价自己的不确定原理“我们唯一可以确定的是，它们是不确定的”。实际上，不确定原理给人们一个非常重要的启示：不能采用经典牛顿力学中的确定轨道的方法来描述微观粒子的运动状态。玻尔的旧量子论虽然引入了量子化条件，但它依然用确定的轨道对电子的运动状态进行描述，这正是它失败的根本原因。

3. 波粒二象性的统计性解释

1927 年，Л. ВНЪерМаН（毕柏曼）等人以极弱的电子束通过金属箔使发生衍射，实验中电子几乎是一个一个地通过金属箔。如果实验时间较短，则在照相底片上出现若干似乎是不规则分布的感光点[见图 1.3(a)]，这表明电子显粒子性。若实验时间较长，则底片上就形成了衍射环纹[见图 1.3(b)]，显示出了电子的波动性，这说明了就一个微粒(电子)的一次行为来说，显然不能确定它究竟要落在哪一点，但若重复进行许多次相同的实验，则就能显示出电子在空间位置上出现衍射环纹的规律。所以电子的波动性是电子无数次行为的统计结果。从所得衍射图像可知，衍射强度大的区域表示电子出现的次数多，即电子出现的概率较大；衍射强度较小的区域表示电子出现次数少，即电子出现的概率较小。衍射强度是物质波强度的一种反映。统计解释认为，在空间任一点物质波的强度与微粒出现的概率密度成正比。因此电子等物质波是具有统计性的概率波。它与由于介质振动引起的机械波(例如常见的水波)有所不同。

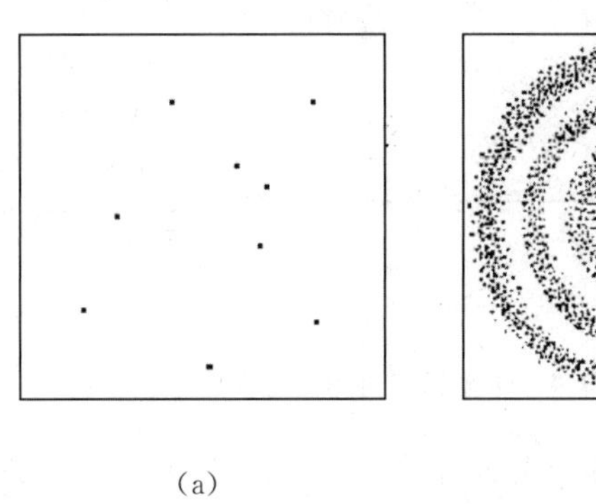

(a)　　　　(b)

图 1-3　电子衍射图像

1.2　核外电子的运动状态

根据对微观粒子波粒二象性的统计解释，人类建立了一种全新的力学体系——量子力学，用来对微观粒子的运动状态进行研究。由于电子具有波粒二象性，故量子力学中，假设微观粒子的运动状态可以用波函数 ψ 来描述；又由于波的强度与电子的概率密度成正比，故量子力学中假设微观粒子在空间某点出现的概率密度可用 ψ^2 来表示。从 20 世纪 20 年代建立起量子力学以来，大量的实验事实已证明了它的正确性。

1.2.1　薛定谔方程

Schrödinger E(薛定谔)于 1926 提出了著名的波动方程，其具体形式为

$$\frac{\partial^2\psi}{\partial x^2}+\frac{\partial^2\psi}{\partial r^2}+\frac{\partial^2\psi}{\partial z^2}+\frac{8\pi^2 m}{h^2}(E-V)\psi=0$$

它是量子力学中是描述微观粒子运动状态的基本方程，如同宏观物体的运动规律可用经典力学的方程去描述一样。

Schrödinger，1887—1961

在薛定谔方程中，包含着体现微粒性(如 E、V、m)和波动性(ψ)两种物理量，所以它能正确反映微观粒子的运动状态。解薛定谔方程的目的是求波函数 ψ，以及与之对应的能量 E。薛定谔方程的每一个合理

的解 ψ，就表示电子的一种运动状态，与 ψ 相应的能量 E 就是电子在这一运动状态下的能量。

薛定谔方程的解是一个包含 n、l、m 三个常数项的三变量(x、y、z)的函数。通常可表示为

$$\psi_{n,l,m}(x,y,z) \quad 简写为\ \psi(x,y,z)$$

应当指出，并不是每一个薛定谔方程的解都是合理的，都能表示电子运动的一个稳定状态。为了得到合理的解，就要求 n、l、m 符合一定的量子化条件。在量子力学中把这类特定常数称为量子数。

为了方便，解方程时一般先将空间坐标(x,y,z)转换成球坐标(r,θ,ϕ)。两种坐标之间的关系图见图 1-4。

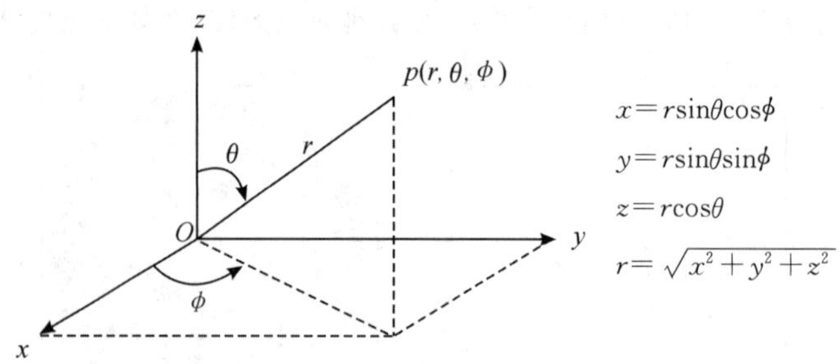

图 1-4　球坐标与直角坐标关系

综上所述，$\psi_{n、l、m}(r,\theta,\phi)$ 就是薛定谔方程的解，n、l、m 三个量子数是薛定谔方程有合理解的必要条件。

1964—1965 年美国科学家 Kohn W(科恩)提出：一个量子力学体系的能量仅由其电子密度所决定，这个量比薛定谔方程中复杂的波函数更容易处理得多；同时，他还提供一种方法来建立方程，从方程的解可以得到体系的电子密度和能量，即密度泛函理论，这为简化原子键的计算打下了基础。1970 年左右，英籍美国科学家 Pople J(包普尔)发展了化学中的计算方法，系统地促进量子化学方程的正确解析，这使人们能够对分子、分子的性质、分子在化学反应中如何相互作用进行理论研究。两位科学家所建立的理论研究方法，现已在化学中得到广泛应用。他们也因为在量子化学领域的突出贡献共享了 1998 年的诺贝尔化学奖。

Kohn，1923—

Pople，1925—2004

现代化学不再是纯实验科学了，而是以实验、理论与计算为三大支柱的科学，理论与计算在解释、验证、预言实验现象方面发挥越来越大的作用，有时甚至是不可替代的。

1.2.2　量子数

1. 主量子数 n

主量子数是描述原子中电子出现概率最大区域离核的平均距离的参数。它是决定轨道能量高低的主要因素。它的数值可以取 1,2,3 等正整数，其中每一个 n 值代表一个电子层，用光谱学符号依次表示为 K、L、M、N……，n 值越大，表示电子离核的平均距离越远，能量越高。对于单电子原子(氢原子或类氢离子)，电子的能量为：

$$E_n = -\frac{Z^2}{n^2} \times 2.179 \times 10^{-18}$$

式中，E 表示轨道能量，Z 表示核电荷，n 表示主量子数。即单电子原子中电子能量只决定于主量子数 n。量子力学中称能量相等的原子轨道为“简并轨道”。单电子原子中，n 相同的原子轨道为简并轨道。通常用 n 代表电子层数，称 $n=1,2,3$ 的轨道分别为第一、第二、第三电子层轨道。主量子数的取值与电子层数的关系为：

主量子数(n)　1　2　3　4　5　6……

电子层　　　　K　L　M　N　O　P……

2. 角量子数 l

角量子数决定电子空间运动的角动量，以及原子轨道或电子云的形状，在多电子原子中与主量子数 n 共同决定电子能量高低。对于一定的 n 值，l 可取 $0,1,2,3,4,\cdots,n-1$ 等共 n 个值。角量子数 l 表示电子的亚层或能级。一个 n 值可以有多个 l 值，如 $n=3$ 表示第三电子层，l 值可有 0,1,2，分别表示 3s,3p,3d 亚层，相应的电子分别称为 3s,3p,3d 电子。每一个 l 值代表一种轨道形状，例如 $l=0,1,2$ 的原子轨道和电子云的形状分别为球形对称，哑铃形和四瓣梅花形，对于多电子原子来说，这三个亚层能量为 $E_{3d}>E_{3p}>E_{3s}$，即 n 值一定时，l 值越大，亚层能级越高。在描述多电子原子系统的能量状态时，需要用 n 和 l 两个量子数。电子亚层常用光谱符号表示。

角量子数(l)　0　1　2　3……

电子亚层　　　s　p　d　f……

3. 磁量子数 m

同一亚层(l 值相同)的原子条轨道形状相同，但可以在空间有不同的伸展方向。磁量子数 m 是描述原子轨道或电子云在空间的伸展方向的参数。m 的取值受角量子数取值限制，对于给定的 l 值，m 可取 $0,\pm1,\pm2,\cdots,\pm l$，共 $2l+1$ 个值。每一个取向相当于一条“原子轨道”。因此，角量子数为 l 的亚层，轨道在空间有 $2l+1$ 个取向，就有 $2l+1$ 个原子轨道。如：

$l=0$ 的 s 亚层，$m=0$，表示 s 亚层只有 1 种空间取向(球形对称，没有方向性)；

$l=1$ 的 p 亚层，$m=0,\pm1$，共有 3 个取值，表示 p 亚层有 3 种空间取向，即 p 亚层有三条以 x、y、z 为对称轴的 p_x、p_y、p_z 原子轨道，这三条轨道的伸展方向相互垂直；

$l=2$ 的 d 亚层，$m=0,\pm1,\pm2$，共有 5 个取值，表示 d 亚层有 5 条伸展方向不同的原子轨道，即 d_{xy}、d_{xz}、d_{yz}、$d_{x^2-y^2}$、d_{z^2} 五条原子轨道。

磁量子数不影响原子轨道的能量，同一亚层(l 相同)伸展方向不同的原子轨道能量相等，称为等价轨道或简并轨道。例如 $3p_x$、$3p_y$、$3p_z$ 和 $5d_{xy}$、$5d_{xz}$、$5d_{yz}$、$5d_{x^2-y^2}$、$5d_{z^2}$。

4. 自旋量子数 m_s

用分辨率很高的光谱仪研究原子光谱时，发现在无外磁场作用时，每条谱线实际上由两条十分接近的谱线组成，这种谱线的精细结构用 n,l,m 三个量子数无法解释。为了解释上述现象，1925 年 Uhlenbeck G(乌伦贝克)和 Goudsmit S(哥希密特)提出了电子有自旋运动的假设，认为电子具有自旋运动且具有固定的角动量和相应的磁矩，并引入第四个量子数 m_s 来表示自旋量子数。m_s 的值可取 $+1/2$ 或 $-1/2$，通常用“↑”和“↓”分别表示电子的两种不同的自旋运动状态。考虑电子自旋后，由于自旋磁矩和轨道磁矩相互作用分裂成相隔很近的能量，所以在原子光谱中每条谱线由两条很相近的谱线组成。值得说明的是，“电子自旋”并非电子真像地球那样自转，而只是说明电子除绕核运动外，还可绕本身的轴做自旋运动。根据 4 个量子数之间的关系，可以推算出原子核外电子可能有的运动状态(表 1-1)。每个电子层的轨道总数为 n^2 个，各电子层容纳的电子最多为 $2n^2$ 个径向分布与角度分布函数数为 $2n^2$ 个。

表 1-1 量子数与核外电子的运动状态

n	l	m	原子轨道总数 (n^2)	m_s	电子最大容量 ($2n^2$)
1	0(1s)	0	1	$\pm\frac{1}{2}$	2
2	0(2s)	0	4	$\pm\frac{1}{2}$	8
	1(2p)	−1,0,+1			
3	0(3s)	0	9	$\pm\frac{1}{2}$	18
	1(3p)	−1,0,+1			
	2(3d)	−2,−1,0,+1,+2			
4	0(4s)	0	16	$\pm\frac{1}{2}$	32
	1(4p)	−1,0,+1			
	2(4d)	−2,−1,0,+1,+2			
	3(4f)	−3,−2,−1,0,+1,+2,+3			

综上所述，量子力学对氢原子核外电子的运动状态有了较清晰的描述：解薛定谔方程得到多个可能的解 ψ，电子在多条能量确定的轨道中运动，每条轨道由 n,l,m 三个量子数决定，主量子数 n 决定了电子的能量和离核远近；角量子数 l 决定轨道的形状；磁量子数 m 决定轨道的空间伸展方向，即 n,l,m 三个量子数共同决定一条原子轨道 ψ，如可用 $\psi(3,1,0)$ 来表示 $3p$ 亚层的一条原子轨道。自旋量子数 m_s 决定了电子的自旋运动状态，结合前三个量子数共同决定核外电子的运动状态，如可用 $(3,1,0,+\frac{1}{2})$ 来表示一种电子运动状态。所以 n,l,m,m_s 四个量子数共同决定了核外电子的运动状态。

1.2.3 波函数和概率密度

1. 波函数(ψ)

波函数是描述核外电子运动状态的数学表达，即 $\psi_{n,l,m}(x,y,z)$ 或 $\psi_{n,l,m}(r,\theta,\phi)$。波函数的空间图像就是原子轨道，二者可理解为同义语。每一个由一组量子数所确定的波函数就可以看成是电子在一定动量和能量状态下运动的一条轨道。值得注意的是，“原子轨道”只是人们的一种假想，它与宏观物体的运动轨道有着本质的区别。原子轨道仅表示核外电子存在着可能的各种波函数的数学关系，或者说是电子在原子核外可能出现的某个空间范围。原子轨道的图形具有直观、形象等突出优点，在物质结构研究中得到广泛的应用。由于波函数 $\psi_{n,l,m}(r,\theta,\phi)$ 是三个变量 r,θ,ϕ 的函数，它的图形是很难画出的。但可以将其通过变量分离解离成角度和径向两个部分，即：

$$\psi_{n,l,m}(r,\theta,\phi)=R_{n,l}(r)\cdot Y_{l,m}(\theta,\phi)$$

式中 $R_{n,l}(r)$ 只与离核半径有关，称为原子轨道的径向部分；$Y_{l,m}(\theta,\phi)$ 只与角度有关，称为原子轨道的角度部分。这样就可以从角度和径向两个侧面来画出原子轨道的图像了。

氢原子若干原子轨道的径向分布与角度分布函数如表 1-2 所示。

表 1-2 氢原子若干原子轨道的径向分布与角度分布(a_0为玻尔半径)

	原子轨道 $\psi(r,\theta,\varphi)$	径向分布 $R(r)$	角度分布 $Y(\theta,\varphi)$
1s	$\sqrt{\frac{1}{\pi a_0^3}}e^{-r/a_0}$	$2\sqrt{\frac{1}{a_0^3}}e^{-r/a_0}$	$\sqrt{\frac{1}{4\pi}}$
2s	$\frac{1}{4}\sqrt{\frac{1}{2\pi a_0^3}}\left(2-\frac{r}{a_0}\right)e^{-r/2a_0}$	$\sqrt{\frac{1}{8a_0^3}}\left(2-\frac{r}{a_0}\right)e^{-r/2a_0}$	$\sqrt{\frac{1}{4\pi}}$
$2p_z$	$\frac{1}{4}\sqrt{\frac{1}{2\pi a_0^3}}\left(\frac{r}{a_0}\right)e^{-r/2a_0}\cos\theta$		$\sqrt{\frac{3}{4\pi}}\cos\theta$
$2p_x$	$\frac{1}{4}\sqrt{\frac{1}{2\pi a_0^3}}\left(\frac{r}{a_0}\right)e^{-r/2a_0}\sin\theta\cos\varphi$	$\sqrt{\frac{1}{24a_0^3}}\left(\frac{r}{a_0}\right)e^{-r/2a_0}$	$\sqrt{\frac{3}{4\pi}}\sin\theta\cos\varphi$
$2p_y$	$\frac{1}{4}\sqrt{\frac{1}{2\pi a_0^3}}\left(\frac{r}{a_0}\right)e^{-r/2a_0}\sin\theta\sin\varphi$		$\sqrt{\frac{3}{4\pi}}\sin\theta\sin\varphi$

2. 概率密度和电子云

波函数 ψ 是描述核外空间电子运动状态的函数式,它没有明确的直观的物理意义。但是波函数模的平方$|\psi|^2$确有明确的物理意义,它代表在核外空间某一点电子出现的概率密度。即概率密度是指电子在核外空间某处附近单位微体积内出现的概率。这种采用统计学的方法来描述电子在核外空间运动的规律性的工作最先是由 1954 年的诺贝化学奖获得者—物理学家 Born M(玻恩)开创的。概率密度的大小通常用小黑点的疏密来表示,这种图形被形象化地描述为电子云。图 1-5 为氢原子 1s 电子云。从图中可见,黑点较密的地方,表示电子在该处出现的概率密度较大;黑点较稀疏处,表示电子在该处出现的概率密度较小。氢原子 1s 电子云呈球形对称分布,且电子的概率密度随离核距离的增大而减小。概率和概率密度的关系是:概率=概率密度×体积$=|\psi|^2 d\tau$($d\tau$ 代表微体积)。

Born M,1882—1970

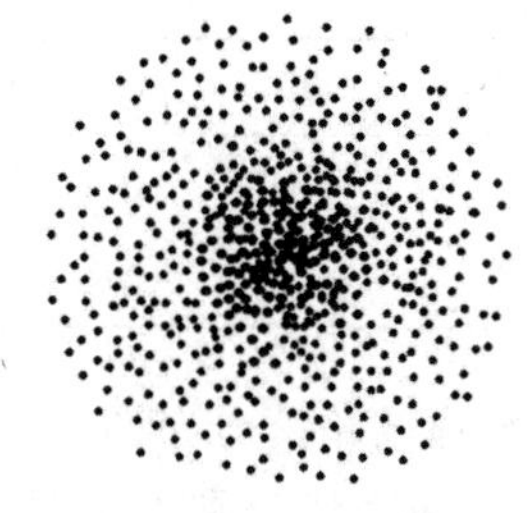

图 1-5 基态氢原子 1s 电子云

3. 原子轨道和电子云的图形

(1)角度分布图

①原子轨道的角度分布图

原子轨道角度分布图表示的是波函数的角度部分 $Y_{l,m}(\theta,\phi)$随 θ 和 ϕ 变化的图像。原子轨道角度部分的形式,不但决定原子轨道的形状,而且对成键的方向性起决定性作用。

图的作法是:从坐标原点(原子核)出发,引出不同 θ,ϕ 角度的直线,按照有关波函数角度

分布的函数式 $Y(\theta,\phi)$ 算出 θ 和 ϕ 变化时的 $Y(\theta,\phi)$ 值，使直线的长度为 $|Y|$，将所有直线的端点连接起来，在空间形成一个封闭的曲面，并给曲面标上 Y 值的正、负号，这就是原子轨道的角度分布图了。

由于波函数的角度部分 $Y_{l,m}(\theta,\phi)$ 只与角量子数 l 和磁量子数 m 有关，因此，只要量子数 l、m 相同，其 $Y_{l,m}(\theta,\phi)$ 函数式就相同，就有相同的原子轨道角度分布图。例如，所有 $l=0$、$m=0$ 的波函数的角度部分图都相同，其 $Y_s=\sqrt{\frac{1}{4\pi}}$，是一个与角度 θ、ϕ 无关的常数，所以它的角度分布图是一个以 $\sqrt{\frac{1}{4\pi}}$ 为半径的球面。球面上任意一点的 Y_s 值均为 $\sqrt{\frac{1}{4\pi}}$，如图 1-6 所示。又如所有 p_z 轨道的波函数的角度部分为：

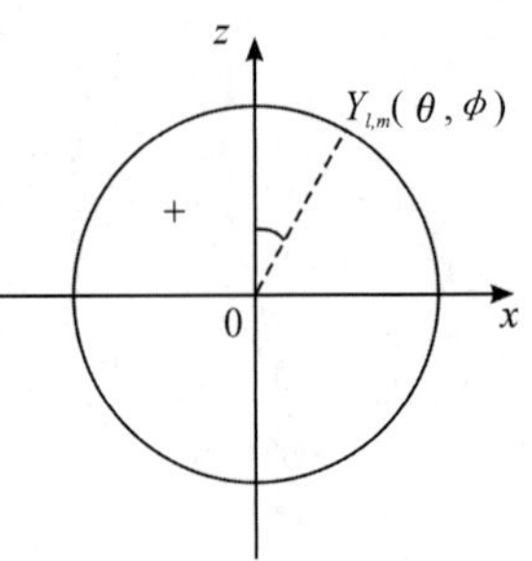

图 1-6　s 轨道的角度分布

$$Y_{p_z}=\sqrt{\frac{3}{4\pi}}\cos\theta=C\cdot\cos\theta$$

Y_{p_z} 函数比较简单，它只与 θ 有关而与 ϕ 无关。表 1-2 列出不同 θ 角的 Y_{p_z} 值，由此作 $Y_{p_z}\sim\cos\theta$ 图，就可得到两个相切于原点的圆，如图 1-7 所示。将图 1-7 绕 z 轴旋转 180°，就可得到两个外切于原点的球面所构成的 p_z 原子轨道角度分布的立体图。球面上任意一点至原点的距离代表在该角度 (θ,ϕ) 上 Y_{p_z} 数值的大小；xy 平面上下的正负号表示 Y_{p_z} 的值为正值或负值，并不代表电荷，这些正负号和 Y_{p_z} 的极大值空间取向将在原子形成分子的成键过程中起重要作用。整个球面表示 Y_{p_z} 随 θ 和 ϕ 角度变化的规律。采用同样方法，根据各原子轨道的 $Y(\theta,\phi)$ 函数式，可作出 p_x、p_y 及五种 d 轨道的角度分布图。

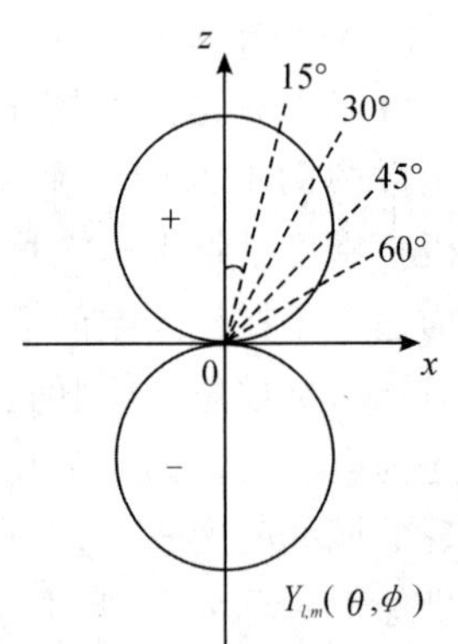

图 1-7　p_z 轨道的角度分布

表 1-3　不同 θ 角的 Y_{p_z} 值

θ	0°	30°	60°	90°	120°	150°	180°
$\cos\theta$	1.00	0.87	0.50	0	−0.50	−0.87	−1.00
Y_{p_z}	1.00C	0.87C	0.50C	0	−0.50C	−0.87C	−1.00C

从 s、p、d 原子轨道的角度分布图 1-8 中看到，三个 p 轨道角度分布的形状相同，只是空间取向不同。它们的 Y_p 极大值分别沿 x、y、z 三个轴取向，所以三种 p 轨道分别称为 p_x、p_y、p_z 轨道。关于 d 轨道与 f 轨道角度分布图在此不作介绍。

②电子云的角度分布图

以 $|\psi|^2$ 作图就可以得到电子云的图像。如果将 $|\psi|^2$ 的角度部分函数 $Y(\theta,\phi)$ 的平方 $|Y_{l,m}(\theta,\phi)|^2$ 随 θ、ϕ 角度变化的情况作图（见图 1-9），可反映出电子在核外空间不同角度的概率密度大小。

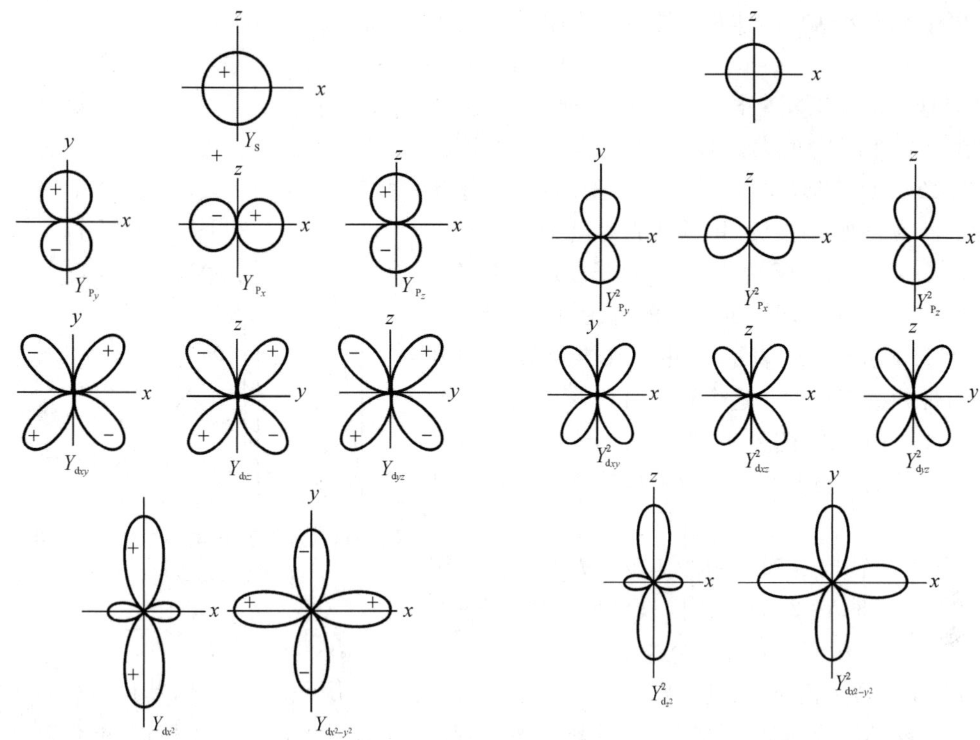

图 1-8　s、p、d 原子轨道的角度分布　　　　图 1-9　s、p、d 电子云的角度分布

由图 1-9 可见，电子云的角度分布图与相应的原子轨道的角度分布图是相似的，它们之间的主要区别在于：(A)原子轨道角度分布图中 Y 有正、负之分，而电子云角度分布图中 $|Y|^2$ 则无正、负号，这是由于 $|Y|$ 平方后总是正值；(B)由于 $Y<1$ 时，$|Y|^2$ 一定小于 Y，因而电子云角度分布图要比原子轨道角度分布图稍"瘦"些。

原子轨道、电子云的角度分布图在化学键的形成、分子的空间构型的讨论中有重要意义。

(2)径向像图

①原子轨道径向密度分布图

原子轨道径向分布图是原子轨道径向波函数 $R(r)$ 对 r 作图，表示在任何方向上 $R(r)$ 随 r 变化情况的空间图像。氢原子 1s 轨道的 R-r 关系见图 1-10。

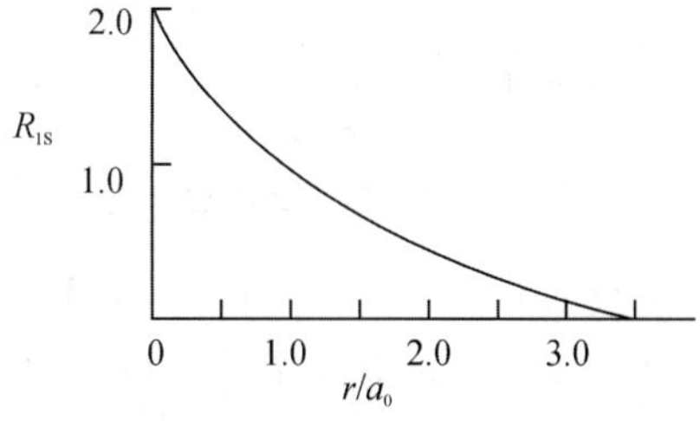

图 1-10　氢原子 1s 轨道的 R-r 关系

②电子云的径向分布图 $D(r)$

电子在核外空间出现的概率和概率密度是两个有关但不同的概念。概率是指在以原子核

为球心、在离核半径为 r，厚度为 dr 的薄球壳中电子出现的机会。概率与概率密度的关系为：概率＝概率密度×薄球壳体积。即：

$$\psi^2 \mathrm{d}V = 4\pi r^2 \psi^2 \mathrm{d}r$$

由于薄球壳体积随离核半径的增大而增大，而概率密度随离核半径的增大而减小，因此概率在离核的某个区域必然出现极大值。如图 1-11 所示，阴影部分表示在半径为 r 处、厚度为 dr 的球壳内电子出现概率的大小。球壳的体积 dV 为 $4\pi r^2$dr，电子在球壳中出现的概率为 ψ^2dV。氢原子中的电子概率最大值出现在 $r=a_0$（$a_0=52.9$ pm）处，表示 1s 电子在半径为 a_0 的薄球壳中出现的概率最大。这个数值恰好等于玻尔计算出来的氢原子的基态半径。

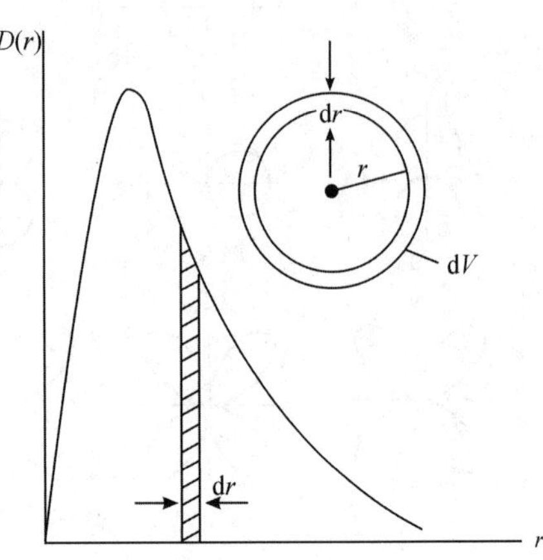

图 1-11　氢原子 1s 电子在核外空间出现的概率与离核半径的关系

氢原子的电子云径向分布图（如图 1-12），由图可见：

(a)电子云径向分布曲线上有 $n-l$ 个峰值。例如，3d 电子，$n=3$、$l=2$，$n-l=1$，只出现一个峰值；3s 电子，$n=3$、$l=0$，$n-l=3$，有三个峰值。

(b)角量子数 l 相同、主量子数 n 不同时，如 1s、2s、3s，主量子数 n 越大，其径向分布主峰(最高峰)离核的距离越远。说明 n 小的轨道离核近，能量低；n 大的轨道离核远，能量高。因此原子轨道是按能量高低的顺序分层排布的。

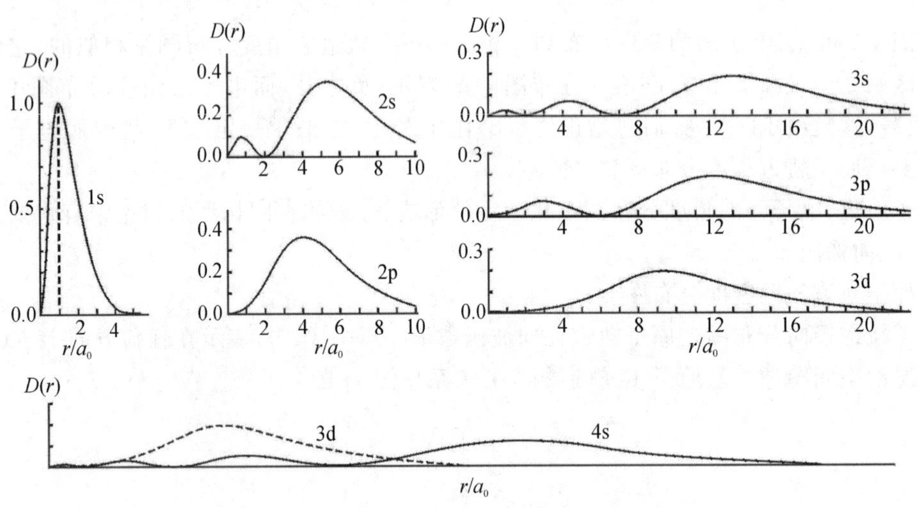

图 1-12　氢原子电子云的径向分布

(c)主量子数 n 相同，角量子数 l 不同。如 3s、3p、3d，角量子数 l 越小，峰的数目越多，那么第一个小峰就会钻得越深，离核就越近，3s 有 3 个峰，其中最小的峰离核最近。此现象表明外层电子有穿透到内层的现象，穿透能力越强，小峰就离核越近。

必须指出，上述电子云的角度分布图和径向分布图都只是反映电子云的两个侧面，把两者综合起来才能得到电子云的空间图像。

1.3　多电子原子核外电子的排布规律

1.3.1　原子能级

对于氢原子来讲，核外只有一个电子，这个电子的能量是由主量子数 n 决定的，与角量子数 l 无关。

$$E_n = -\frac{2.179 \times 10^{-18}}{n^2}\ \mathrm{J}$$

对于多电子原子来讲，电子的能量不仅要考虑原子核对它的吸引，还应考虑各轨道之间的电子的排斥作用。因此，多电子原子的原子轨道能级就有可能发生改变，光谱实验结果证实了这一点。

1. 鲍林近似能级图

美国著名化学家 Pauling L C(鲍林)根据光谱实验的结果，总结出多电子原子中电子填充各原子轨道能级顺序，如图 1-13 所示，该图可以说明以下几个问题。(1)将能级相近的原子轨道排在一组，目前分为七个能级组，并按照能量从低到高的顺序从下往上排列。(2)每个能级组中，每一个小圆圈表示一个原子轨道，将 3 个等价 p 轨道、5 个等价 d 轨道、7 个等价 f 轨道排成一行，表示在该能级组中它们的能量相等。除第一能级组外，其他能级组中，原子轨道的能级也有差别。(3)多电子原子中，原子轨道的能级主要由主量子数 n 和角量子数 l 来决定，如：$E_{1s} < E_{2s} < E_{3s} < E_{4s}$；$E_{4s} < E_{4p} < E_{4d} < E_{4f}$。但也有例外的情况，如：$E_{4s} < E_{3d}$，这种能级错位

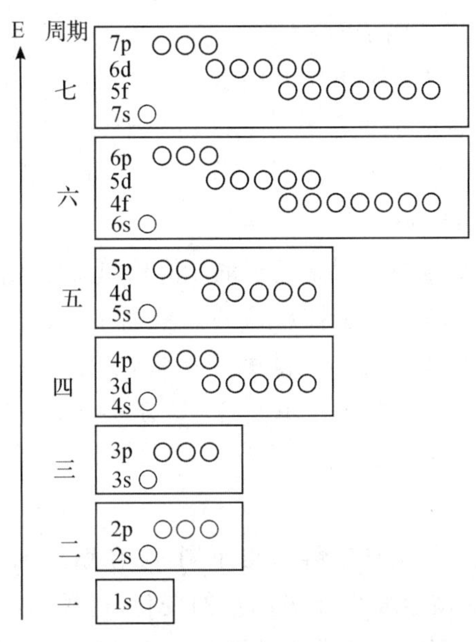

图 1-13　近似能级图

Pauling L，1901—1994

的现象称之为“能级交错”(energy level overlap)。以上原子轨道能级高低变化的情况，可用

"屏蔽效应"和"钻穿效应"来解释。

(1)屏蔽效应

在多电子原子中，一个电子不仅要受原子核的吸引，而且还要受到其他电子的排斥力，从而会使核对该电子的吸引降低。以 Li 原子中最外层的电子为例，如图 1-14 所示，其余的两个电子对所它的排斥作用，认为是它们屏蔽或削弱了原子核对选定电子的吸引作用。将其他电子对某一电子排斥的作用归结为抵消了一部分核电荷，使有效核电荷(effective nuclear charge)降低，削弱了核电荷对该电子吸引作用，称为屏蔽效应(sereening effect)。

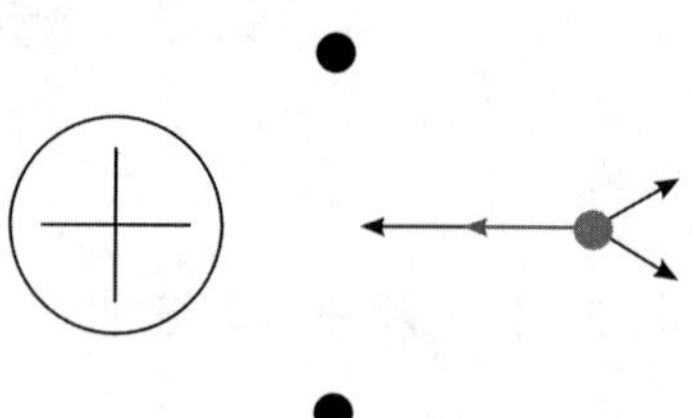

图 1-14 屏蔽效应示意

若有效核电荷用符号 Z^* 表示，核电荷用符号 Z 表示，被抵消的核电荷数用符号 σ 表示，则它们有以下的关系：$Z^*=Z-\sigma$。σ 又称屏蔽常数(sereening constant)。这样对于多电子原子中的一个电子，其能量的计算与单电子氢原子的公式类似：

$$E_n=-\frac{2.179\times10^{-18}(Z-\sigma)}{n^2}\text{ J}$$

从上式中可以看出，如果屏蔽常数 σ 愈大，屏蔽效应就愈大，则电子受到吸引的有效核电荷 Z^* 减少，电子的能量就升高。显然，如果我们能计算原子中其他电子对某个电子的屏蔽常数 σ，就可求得该电子的近似能量。以此方法，即可求得多电子原子中各轨道能级的近似能量。屏蔽常数的计算，可用美国化学家 Slater J C(斯莱脱)提出的经验公式，其内容如下：

将原子中的电子分成如下几组：

(1s) (2s,2p) (3s,3p) (3d) (4s,4p) (4d) (4f) (5s,5p)……

①位于被屏蔽电子右边的各组电子，对被屏数电子的 $\sigma=0$。

②1s 轨道上的 2 个电子间的 $\sigma=0.30$，$n>1$ 时，各组内电子间 $\sigma=0.35$。

③被屏蔽电子为 ns 或 np 时，$(n-1)$层的各电子对它的 $\sigma=0.85$，小于$(n-1)$的各电子的 $\sigma=1.00$。

④被屏蔽电子为 nd 或 nf 时，左边各组 $\sigma=1.00$。

在计算原子中某电子的 σ 值时，可将有关屏蔽电子对该电子的 σ 值相加而得。

例如，锂原子是由带 3 个单位正电荷($Z=3$)的原子核和核外 3 个电子构成。其中 2 个电子处在 1s 状态，1 个电子处在 2s 状态，按经验规则，对 2s 电子而言，2 个 1s 电子对它的屏蔽作用为 $\sigma=2\times0.85$，因此 2s 电子相当于处在有效核电荷 $Z^*=Z-\sigma=3-2\times0.85=1.3$ 的作用下。

(2)钻穿效应

从图 1-12 中可以看到，由于角量子数 l 不同，出现的峰数也不同，存在钻穿现象，显然电子钻到离核距离越近者，受核的吸引力也越大，就会发生能级能量的变化，这种由于角量子数 l 不同，其概率的径向分布不同而引起的能级能量的变化称为钻穿效应(drill through effect)。

在多电子原子中，原子轨道的能级变化大体有以下三种：

①n 不同、l 相同的能级，n 愈大，轨道离核愈远，外层电子受内层的屏蔽效应也愈大，能级

愈高，核对该轨道上的电子吸引力就愈弱。如：$E_{1s}<E_{2s}<E_{3s}<E_{4s}$。

②n 相同、l 不同的能级，当 n 相同时，角量子数小的，峰越多，钻的就越深，离核就越近，受核的吸引力就越强，由于钻穿能力 $ns>np>nd>nf$，所以核对电子的吸引能力 $ns>np>nd>nf$，或 l 增大，轨道离核较远，受同层其他电子的屏蔽效应就大，能级升高，核对该轨道上的电子吸引力相应减弱。如：$E_{4s}<E_{4p}<E_{4d}<E_{4f}$。

③n 不同，l 不同的能级，原子轨道的能级顺序较为复杂。如：$E_{4s}<E_{3d}$；$E_{5s}<E_{4d}$；$E_{6s}<E_{4f}<E_{5d}$ 等。这可用钻穿效应加以解释。例如 4s 的能级低于 3d，从图 1-12 可以看出，4s 离核最近的小峰，钻得很深，核对它的吸引力增强，使轨道能级降低的作用超过了主量子数增大使轨道能级升高的作用，故 $E_{4s}<E_{3d}$，使能级发生错位。

2. 科顿原子轨道能级图

应该注意的是，鲍林的近似能级图是在假设了所有不同元素原子的能级高低次序完全一样的情况下提出的。量子力学理论和光谱实验证明，随着原子序数的增加，核对电子的吸引力增强，原子轨道的能量逐渐降低，而且各原子轨道能量降低的程度是不同的，因此，各轨道能级顺序是会发生改变的。

1962 年美国无机结构化学家 Cotton F A(科顿)在光谱实验的基础上，总结了周期表中元素原子轨道能量高低随原子序数增加的变化规律(如图 1-15)，该图的最大优点是反映了原子轨道能级与原子序数的关系。由图可见，对于单电子原子如H，轨道能量是由主量子数 n 来决定；对于多电子原子，如^{3}Li、^{19}K 等轨道的能量则是由主量子数 n 和角量子数 l 决定；还可看到，ns、np 轨道的能级随原子序数的增加而降低的坡度较为正常，而 nd、nf 降低的过程就很特

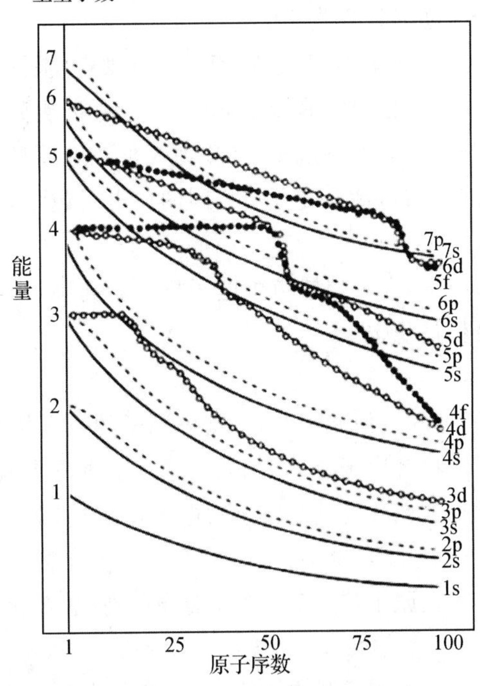

图 1-15　科顿原子轨道能级图

殊，由于原子轨道能级降低的坡度不同，出现了能级交错的现象。以 3d 和 4s 能级曲线为例，当原子序数 $Z=1\sim14$，$E_{4s}>E_{3d}$；$Z=15\sim20$，$E_{4s}<E_{3d}$能级交错；$Z\geqslant21$，$E_{4s}>E_{3d}$。例如：${}^{19}K$，电子结构为 $1s^22s^22p^63s^23p^63d^04s^1$，由于 3d 轨道上没有电子，核对 4s 轨道上的电子吸引力大，故 $E_{4s}<E_{3d}$。又如${}^{26}Fe$，电子结构为 $1s^22s^22p^63s^23p^63d^64s^2$，由于内层 3d 轨道上有电子，对外层 4s 轨道上的电子有屏蔽作用，故 $E_{4s}>E_{3d}$。又如，原子序数 $Z=31\sim57$ 时，$E_{6s}<E_{4f}<E_{5d}$，这些能级交错现象很好地反映在科顿原子轨道能级图中，而在鲍林近似能级图中却未能反映这一点。

1.3.2　基态原子核外电子排布(电子组态)

1. 核外电子排布规则

处于稳定状态的原子，为使体系能量最低，核外电子的排布要遵循三条原则：

(1)能量最低原理　电子在各原子轨道的排布方式趋向于使体系的能量处于最低状态(基态)。故可按照近似能级图所示的能级从低到高的顺序填充电子。

Pauli W，1900—1958

(2)不相容原理(exclusion principle)　1925 年奥地利科学家 Pauli W E(泡利)在光谱实验现象的基础上，提出了一个后被实验所证实的一个假设，即在一个原子中不可能存在四个量子数(n、l、m、m_s)完全相同状态的两个电子。换言之，同一个原子轨道中至多只能容纳两个自旋相反的电子，这两个电子自旋量子数的取值分别为 $m_s=+1/2$ 和 $m_s=-1/2$，或用“↑↓”表示，即一个为顺时针自旋，另一个为逆时针自旋。

(3)洪特(Hund)规则：1925 年，德国科学家 Hund F(洪特)根据大量光谱实验数据，总结出，在 n 和 l 相同的等价轨道中，电子尽可能分占各等价轨道，且自旋方向应相同，称为洪特规则，也称为等价轨道原理。量子力学计算证实，按洪特规则分布，且自旋方向相同的单电子越多，能量就越低，体系就越稳定。

Hund F，1896—1997

此外，量子力学理论还指出，在等价轨道中电子排布全充满、半充满和全空状态时，体系能量最低最稳定。

2. 电子的排布

根据电子排布的三个原理和近似能级图，将基态原子的电子按顺序依次填入各原子轨道中，最后将各原子轨道按主量子数和角量子数递增的顺序排列，就可以得到各元素原子基态的电子组态(也称为基态原子的电子排布式、电子层构型)。电子的排布通常有三种表示方法：

(1)电子排布式　按电子在原子核外各亚层中分布的情况，在亚层符号的右上角注明排列的电子数。例如，

$${}_{13}Al\text{，电子排布式为 }1s^22s^22p^63s^23p^1$$

由于参加化学反应的只是原子的外层电子(价电子)，内层电子结构一般是不变的，因此，

常用“原子实”来表示原子的内层电子结构。当内层电子构型与稀有气体的电子构型相同时，经常只需写出原子的价电子组态，而将用内层电子构型用相应的稀有气体的元素符号代替即可。如上例的电子排布也可简写成$_{13}Al$，[Ne]$3s^2 3p^1$。

又如铬和铜原子核外电子的排布式，根据洪特规则的补充：

$_{24}Cr$ 的电子排布不是 $1s^2 2s^2 2p^6 3s^2 3p^6 3d^4 4s^2$，而是 $1s^2 2s^2 2p^6 3s^2 3p^6 3d^5 4s^1$（简并轨道半充满）

$_{29}Cu$ 的电子排布不是 $1s^2 2s^2 2p^6 3s^2 3p^6 3d^9 4s^2$，而是 $1s^2 2s^2 2p^6 3s^2 3p^6 3d^{10} 4s^1$。（简并轨道全充满）

42 号元素钼（Mo）、47 号元素银（Ag）、79 号元素金（Au）等也有类似现象。

(2)轨道表示式　按电子在核外原子轨道中的分布情况，用一个圆圈或一个方格表示一个原子轨道（简并轨道的圆圈或方格连在一起），用向上或向下箭头表示电子的自旋状态。例如：

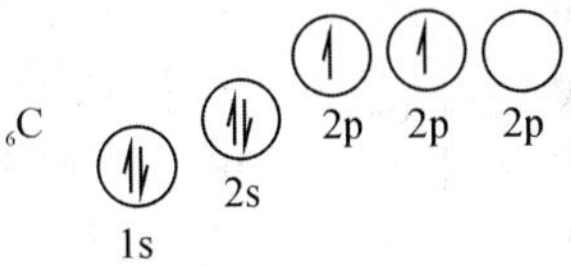

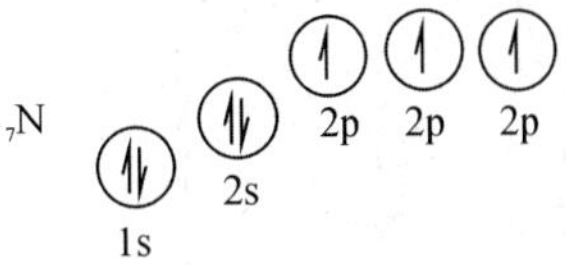

$_6C$　1s　2s　2p　2p　2p　　　　$_7N$　1s　2s　2p　2p　2p

(3)用量子数表示　按所处的状态用整套量子数表示。原子核外电子的运动状态是由四个量子数确定的，表 1-4 列出了由光谱实验数据得到的原子序数 1～112 各元素基态原子中的电子排布情况。

应该说明，核外电子排布的三原则，只是一般的排布规律，对绝大多数原子来说是适用的。由于核外电子的数目逐渐增多，电子间的相互作用增强，核外电子的排布越显复杂。对某些元素，如第五周期尤其是第 6 周期镧系元素和第 7 周期锕系的某些元素，光谱实验测定的结果常出现“例外”的情况。如：第五周期铌^{41}Nb，按三原则排布应为[Kr]$4d^3 5s^2$，实际为[Kr]$4d^4 5s^1$；第六周期的钌^{44}Ru，按三原则排布应为[Kr]$4d^6 5s^2$，实际为[Kr]$4d^7 5s^1$。因此，对某些元素原子的电子排布，还应该尊重实验事实，加以确定。

表 1-4　元素基态原子的电子构型

原子序数	元素	电子构型	原子序数	元素	电子构型	原子序数	元素	电子构型
1	H	$1s^1$	41	Nb	$[Kr]4d^4 5s^1$	81	Tl	$[Xe]4f^{14} 5d^{10} 6s^2 6p^1$
2	He	$1s^2$	42	Mo	$[Kr]4d^5 5s^1$	82	Pb	$[Xe]4f^{14} 5d^{10} 6s^2 6p^2$
3	Li	$[He]2s^1$	43	Tc	$[Kr]4d^5 5s^2$	83	Bi	$[Xe]4f^{14} 5d^{10} 6s^2 6p^3$
4	Be	$[He]2s^2$	44	Ru	$[Kr]4d^7 5s^1$	84	Po	$[Xe]4f^{14} 5d^{10} 6s^2 6p^4$
5	B	$[He]2s^2 2p^1$	45	Rh	$[Kr]4d^8 5s^1$	85	At	$[Xe]4f^{14} 5d^{10} 6s^2 6p^5$
6	C	$[He]2s^2 2p^2$	46	Pd	$[Kr]4d^{10}$	86	Rn	$[Xe]4f^{14} 5d^{10} 6s^2 6p^6$
7	N	$[He]2s^2 2p^3$	47	Ag	$[Kr]4d^{10} 5s^1$	87	Fr	$[Rn]7s^1$
8	O	$[He]2s^2 2p^4$	48	Cd	$[Kr]4d^{10} 5s^2$	88	Ra	$[Rn]7s^2$
9	F	$[He]2s^2 2p^5$	49	In	$[Kr]4d^{10} 5s^2 5p^1$	89	Ac	$[Rn]6d^1 7s^2$
10	Ne	$[He]2s^2 2p^6$	50	Sn	$[Kr]4d^{10} 5s^2 5p^2$	90	Th	$[Rn]6d^2 7s^2$
11	Na	$[Ne]3s^1$	51	Sb	$[Kr]4d^{10} 5s^2 5p^3$	91	Pa	$[Rn]5f^2 6d^1 7s^2$
12	Mg	$[Ne]3s^2$	52	Te	$[Kr]4d^{10} 5s^2 5p^4$	92	U	$[Rn]5f^3 6d^1 7s^2$
13	Al	$[Ne]3s^2 3p^1$	53	I	$[Kr]4d^{10} 5s^2 5p^5$	93	Np	$[Rn]5f^4 6d^1 7s^2$
14	Si	$[Ne]3s^2 3p^2$	54	Xe	$[Kr]4d^{10} 5s^2 5p^6$	94	Pu	$[Rn]5f^6 7s^2$
15	P	$[Ne]3s^2 3p^3$	55	Cs	$[Xe]6s^1$	95	Am	$[Rn]5f^7 7s^2$
16	S	$[Ne]3s^2 3p^4$	56	Ba	$[Xe]6s^2$	96	Cm	$[Rn]5f^7 6d^1 7s^2$
17	Cl	$[Ne]3s^2 3p^5$	57	La	$[Xe]5d^1 6s^2$	97	Bk	$[Rn]5f^9 7s^2$
18	Ar	$[Ne]3s^2 3p^6$	58	Ce	$[Xe]4f^1 5d^1 6s^2$	98	Cf	$[Rn]5f^{10} 7s^2$
19	K	$[Ar]4s^1$	59	Pr	$[Xe]4f^3 6s^2$	99	Es	$[Rn]5f^{11} 7s^2$
20	Ca	$[Ar]4s^2$	60	Nd	$[Xe]4f^4 6s^2$	100	Fm	$[Rn]5f^{12} 7s^2$
21	Sc	$[Ar]3d^1 4s^2$	61	Pm	$[Xe]4f^5 6s^2$	101	Md	$[Rn]5f^{13} 7s^2$
22	Ti	$[Ar]3d^2 4s^2$	62	Sm	$[Xe]4f^6 6s^2$	102	No	$[Rn]5f^{14} 7s^2$
23	V	$[Ar]3d^3 4s^2$	63	Eu	$[Xe]4f^7 6s^2$	103	Lr	$[Rn]5f^{14} 6d^1 7s^2$
24	Cr	$[Ar]3d^5 4s^1$	64	Gd	$[Xe]4f^7 5d^1 6s^2$	104	Rf	$[Rn]5f^{14} 6d^2 7s^2$
25	Mn	$[Ar]3d^5 4s^2$	65	Tb	$[Xe]4f^9 6s^2$	105	Db	$[Rn]5f^{14} 6d^3 7s^2$
26	Fe	$[Ar]3d^6 4s^2$	66	Dy	$[Xe]4f^{10} 6s^2$	106	Sg	$[Rn]5f^{14} 6d^4 7s^2$
27	Co	$[Ar]3d^7 4s^2$	67	Ho	$[Xe]4f^{11} 6s^2$	107	Bh	$[Rn]5f^{14} 6d^5 7s^2$
28	Ni	$[Ar]3d^8 4s^2$	68	Er	$[Xe]4f^{12} 6s^2$	108	Hs	$[Rn]5f^{14} 6d^6 7s^2$
29	Cu	$[Ar]3d^{10} 4s^1$	69	Tm	$[Xe]4f^{13} 6s^2$	109	Mt	$[Rn]5f^{14} 6d^7 7s^2$
30	Zn	$[Ar]3d^{10} 4s^2$	70	Yb	$[Xe]4f^{14} 6s^2$	110	Ds	$[Rn]5f^{14} 6d^9 7s^1$
31	Ga	$[Ar]3d^{10} 4s^2 4p^1$	71	Lu	$[Xe]4f^{14} 5d^1 6s^2$	111	Rg	$[Rn]5f^{14} 6d^{10} 7s^1$
32	Ge	$[Ar]3d^{10} 4s^2 4p^2$	72	Hf	$[Xe]4f^{14} 5d^2 6s^2$	112	Cn	$[Rn]5f^{14} 6d^{10} 7s^2$
33	As	$[Ar]3d^{10} 4s^2 4p^3$	73	Ta	$[Xe]4f^{14} 5d^3 6s^2$	113	Uut	已发现
34	Se	$[Ar]3d^{10} 4s^2 4p^4$	74	W	$[Xe]4f^{14} 5d^4 6s^2$	114	Uuq	已发现
35	Br	$[Ar]3d^{10} 4s^2 4p^5$	75	Re	$[Xe]4f^{14} 5d^5 6s^2$	115	Uup	已发现
36	Kr	$[Ar]3d^{10} 4s^2 4p^6$	76	Os	$[Xe]4f^{14} 5d^6 6s^2$	116	Lv	已发现
37	Rb	$[Kr]5s^1$	77	Ir	$[Xe]4f^{14} 5d^7 6s^2$	117	Uus	—
38	Sr	$[Kr]5s^2$	78	Pt	$[Xe]4f^{14} 5d^9 6s^1$	118	Uuo	已发现
39	Y	$[Kr]4d^1 5s^2$	79	Au	$[Xe]4f^{14} 5d^{10} 6s^1$			
40	Zr	$[Kr]4d^2 5s^2$	80	Hg	$[Xe]4f^{14} 5d^{10} 6s^2$			

注：□框内为过渡金属元素；⬚框内为内过渡金属元素，即镧系与锕系元素。

1.4 原子的电子层结构和元素周期律

从表 1-4 可见，元素之间彼此不是相互孤立的，而是存在着内在的联系。元素的性质随着核电荷数的增加呈现周期性的变化称为元素周期律。依照这个规律把自然界所有元素组织在一起形成一个完整的体系，就是元素周期系，其图表形式称为元素周期表，从第一张元素周期表演变到现今的常用的 Werner A G(维尔纳)式周期表(附图)过程中，Mendeleev D(门捷列夫)等科学家作出了突出的贡献。人工合成的 101 号放射性元素 Md(Mendelevium)就是用以纪念门捷列夫。

1.4.1 周期表的发展

Mendeleev，1834—1907

元素周期律的发现和元素周期表的编制经历了一个曲折的发展过程。

19 世纪前半叶，化学迅速发展，使得单质、化合物的数目急剧增加。化学家为探索其内在联系，提出了各式各样的元素分类法，如：1789 年 Lavoisier A(拉瓦锡)提出的四类元素法，德国化学家 Dobereiner J W(德贝莱纳)的“三素组”元素分类法，英国化学家 Newlands J A(纽兰兹)的“八音律”元素分类法等。直到 1869 年俄国化学家门捷列夫首先成功地指出“按照原子量大小排列起来的元素，在性质上呈现明显的周期性”，并在论文中提供了化学史上第一张元素周期表。门捷列夫的元素周期律既是前人思想的继承，又是前人思想的创新和发展。门捷列夫的元素周期表不是机械地按当时已知元素的原子量大小顺序排列，它还考虑到元素的性质等。门捷列夫还根据相邻元素的性质对待发现的元素性质作预言，在周期表中留下空位，后来证实他的预言具有较高的准确性。门捷列夫的成绩在于他能将庞杂的元素知识联系综合起来，提高到一个新的理论高度，从而有力地推动化学科学的迅猛发展。

元素周期律在门捷列夫之后又经过了不断地完善和发展，1894 年 Ramsay W(拉姆塞)发现惰性气体氩、氦等。于是，在周期表中增加了一个零族，稀有气体排在这族中。美国科学家 Richards T W(理查兹)从 1888 年开始，历时 20 年精确测定了约 90 种元素的原子量，他的工作为化学反应进行精确的计量奠定了基础并因此获得 1914 年诺贝尔化学奖。1913 年 Moseley H(莫斯莱)测定原子序数，并提出周期律的真正基础是原子序数而不是原子量。直到今天，还有许多人在研究周期律，周期表也出现了多种形式，如维尔纳长式周期表、波尔塔式表等。另外，也一直有人工合成的新元素在不断地填充元素周期表。

1940 年到 1958 年，Seaborg G T(西博格)同 McMillan E M(麦克米伦，1907—1991)等人开始制备超铀元素。他们一共发现 9 个超铀新元素：钚(94)、镅(95)、锔(96)、锫(97)、锎(98)、锿(99)、镄(100)、钔(101)和锘(102)。西博格还是 106 号元素 Seaborgium 的参与发现者。由于发现超铀元素，1951 他与麦克米伦被授予了当年的诺贝尔化学奖。1994 年 3 月 21 日，美国化学会以世界著名化学家格伦・西博格的名字命名第 106 号化学元素为 Seaborgium(西博格)。这使得西博格成为迄今为止唯一的在世时就获此项殊荣的化学家。西博格曾经说过“This is the greatest honor ever best owed upon me even better，I think，than winning the

Seaborg G,1912—1999

Nobel Prize."1944 年西博格提出锕系理论,预言了这些重元素的化学性质和在周期表中的位置。这个原理指出,锕和比它重的 14 个连续不断的元素在周期表中属于同一个系列,现称锕系元素。经过众多科学家的不懈努力,现在的元素成员已达到 117 个。

展开周期表,人们就会发现元素周期表最后几位元素总是以 Uu 开头的,其实这只是一种临时命名规则,叫 IUPAC 元素系统命名法。在这种命名法中,为未发现元素和已发现但尚未正式命名的元素取一个临时西方文字名称并规定一个代用元素符号。此规则简单易懂且使用方便,而且它解决了对新发现元素抢先命名的恶性竞争问题,使为新元素的命名有了依据。原则上,只有 IUPAC 拥有对新的元素命名的权利,而且当新的元素获得了正式名称以后,它的临时名称和符号就不再继续使用了。例如 114 号元素 ununquadium 便是由 un(1)-un(1)-quad(4)-ium(元素)四个字根组合而成的临时名称,简写成 Uuq。如今,114 元素已更名为 flerovium(Fl),以纪念苏联原子物理学家 Flyorov G(弗洛伊洛夫);116 号元素被发现后曾冠以 ununhexium 的名临时名称,它由 un(1)-un(1)-hex(6)-ium(元素)四个字根组合而成,116 号元素已更名为 livermorium(Lv),即以实验室所在地美国利弗莫尔市为名。

元素周期律揭示了元素原子核电荷数递增引起元素性质发生周期性变化的事实,从自然科学上有力地论证了事物变化的量变引起质变的规律性。元素周期表作为周期律的具体表现形式,反映了元素间的内在联系,打破了曾经认为元素是互相孤立的形而上学观点。通过元素周期律和周期表的学习,可以加深对物质世界对立统一规律的认识。

1.4.2 周期表的结构

1. 电子层结构与周期

周期是依据能级组划分的(表 1-5)。周期表中有 7 个横行,每个横行表示 1 个周期,一共有 7 个周期。第 1 周期只有 2 种元素,为特短周期;第 2、3 周期各有 8 种元素,为短周期;第 4、5 周期各有 18 种元素,为长周期;第 6 周期有 32 种元素,为特长周期;第 7 周期预测有 32 种元素,现只有 26 种元素,故称为不完全周期。第 7 周期中,从𬬻以后的元素都是人工合成元素(104～118)。

表 1-5 能级组与周期的关系

周期	周期名称	能级组	能级组内各亚层电子填充次序	起止元素	所含元素个数
1	特短周期	1	$1s^{1\sim2}$	$_{1}H\sim_{2}He$	2
2	短周期	2	$2s^{1\sim2}\rightarrow2p^{1\sim6}$	$_{3}Li\sim_{10}Ne$	8
3	短周期	3	$3s^{1\sim2}\rightarrow3p^{1\sim6}$	$_{11}Na\sim_{18}Ar$	8
4	长周期	4	$4s^{1\sim2}\rightarrow3d^{1\sim10}4p^{1\sim6}$	$_{19}K\sim_{36}Kr$	18
5	长周期	5	$5s^{1\sim2}\rightarrow4d^{1\sim10}5p^{1\sim6}$	$_{37}Rb\sim_{54}Xe$	18
6	特长周期	6	$6s^{1\sim2}\rightarrow4f^{1\sim14}\rightarrow5d^{1\sim10}\rightarrow6p^{1\sim6}$	$_{55}Cs\sim_{86}Rn$	32
7	未完全周期	7	$7s^{1\sim2}\rightarrow5f^{1\sim14}\rightarrow6d^{1\sim7}$未完	$_{87}Fr\sim$未完	

将元素周期表与原子的电子层结构、原子轨道近似能级图进行对照分析，可以看出：

(1)各周期的元素数目与其相对应的能级组中的电子数目相一致，而与各层的电子数目并不相同(第 1 周期和第 2 周期除外)。

(2)每一周期开始都出现一个新的电子层，元素原子的电子层数就等于该元素在周期表中所处的周期数。也就是说，原子的最外层的主量子数与该元素所在的周期数相等。

(3)每一周期中的元素随着原子序数的递增，总是从活泼的碱金属开始(第 1 周期除外)，逐渐过渡到稀有气体为止。与此对应，其电子层结构的能级组均是从 ns^1 开始至 ns^2np^6 结束，如此周期性地重复出现。在长周期或特长周期中，其电子层结构中还夹着 $(n-2)$d、$(n-2)$f、$(n-1)$d 亚层。

2. 电子层结构与族

价电子是指原子参加化学反应时能用于成键的电子。价电子所在的亚层统称为价电子层，简称价层。原子的价电子构型是指价层电子的排布式，它能反映出该元素原子的电子层结构特征。

周期表中的纵行，称为族，一共有 18 列，分为 8 个主(A)族和 8 个副(B)族。同族元素虽然电子层数不同，但价电子构型基本相同(少数除外)，所以原子的价电子构型是元素分族的依据。

(1)主族元素

周期表中共有 8 个主族，表示为ⅠA～ⅦA 及零族。凡原子核外最后一个电子填入 ns 或 np 亚层的元素都是主族元素，其价电子构型为 $ns^{1\sim2}$ 或 $ns^2np^{1\sim6}$，价电子总数等于其族数。由于同一族中各元素原子核外电子层数从上到下递增，因此同族元素的化学性质具有递变性。零族为稀有气体元素，这些元素原子的最外层电子都已填满，价电子构型为 ns^2np^6，因此它们的化学性质很不活泼，亦称为零族或惰性气体元素。

(2)副族元素

周期表中共有 8 个副族，即ⅠB～ⅦB 与Ⅷ。凡原子核外最后一个电子填入 $(n-1)$d 或 $(n-2)$f亚层的元素都是副族元素，也称过渡元素，其价电子构型为 $(n-1)d^{1\sim10}ns^{0\sim2}$。ⅢB～ⅦB 族元素原子的价电子总数等于其族数。第Ⅷ族有三个纵行，它们的价电子数为 8～10，与其族数不完全相同。ⅠB、ⅡB 族元素由于其 $(n-1)$d 亚层已经填满，所以最外层(即 ns)上的电子数等于其族数。

同一副族元素的化学性质也具有一定的相似性，但其化学性质递变性不如主族元素明显。镧系和锕系元素的最外层和次外层的电子排布近乎相同，只是倒数第三层的电子排布不同，这使得镧系 15 种元素与锕系 15 种元素的化学性质极为相似。

3. 电子层结构与元素的分区

周期表中的元素除按周期和族划分外，还可以根据元素原子的核外电子排布特征，分为五个区，如表 1-6 所示。

表 1-6　元素的价电子构型与元素的分区、族

周期	ⅠA	ⅡA	ⅢB	ⅣB	ⅤB	ⅥB	ⅦB	Ⅷ	ⅠB	ⅡB	ⅢA	ⅣA	ⅤA	ⅥA	ⅦA	
1 2 3 4 5 6 7	s区 $ns^{1\sim2}$		d区 $(n-1)d^{1\sim9}ns^{1\sim2}$						ds区 $(n-1)d^{10}ns^{1\sim2}$		p区 $ns^2np^{1\sim6}$					

镧系元素	f区 $(n-2)f^{0\sim14}(n-1)d^{0\sim2}ns^2$
锕系元素	

(1)s 区元素　价电子构型为 $ns^{1\sim2}$（ⅠA 和ⅡA 族）；

(2)p 区元素　价电子构型为 $ns^2np^{1\sim6}$（ⅢA—零族）；

(3)d 区元素　价电子构型为 $(n-1)d^{1\sim9}ns^{1\sim2}$（ⅢB—Ⅷ族，Pd 为 $(n-1)d^{10}ns^0$）；

(4)ds 区元素　价电子构型为 $(n-1)d^{10}ns^{1\sim2}$（ⅠB 和ⅡB 族）；

(5)f 区元素　价电子构型为 $(n-2)f^{1\sim14}(n-1)d^{0\sim2}ns^2$（镧系和锕系元素，有例外）。

1.4.3　元素重要性质的周期性

元素原子核外的电子分布呈现周期性变化规律，因此导致了一些与原子结构有关的基本性质如：有效核电荷、原子半径、电离能、电子亲合能、电负性等也随之呈现周期性的变化。

1. 有效核电荷 Z^*

元素的化学性质主要取决于原子的外层电子，下面讨论原子核作用在最外层电子上的有效核电荷数在周期表中的变化规律。

同一周期主族元素，从左到右，随着核电荷的增加，增加的电子都填入同一电子层中，彼此间的屏蔽作用较小（σ 约为 0.35），使有效核电荷数依次显著增加。每增加一个电子，有效核电荷数增加约 0.65。

同一周期副族元素，从左到右，随着核电荷数的增加，增加的电子依次进入次外层的 d 轨道。由于次外层电子对最外层电子的屏蔽作用较大（σ 约为 0.85），因此有效核电荷增加不多。每增加一个电子，有效核电荷增加约 0.15。对 f 区元素来说，从左到右，随核电荷的增加，增加的电子填充在 $(n-2)$ 层的 f 轨道上。由于 $(n-2)$ 层电子对最外层电子的屏蔽作用较大（$\sigma=1.00$），故有效电荷数几乎没有增加。

同一族中的主族元素或副族元素，从上至下，相邻的两元素之间增加了一个 8 电子或 18 电子的内层，每个内层电子对外层电子的屏蔽作用较大，因此有效核电荷数增加并不显著。

有效核电荷随原子序数的变化如图 1-16 所示。

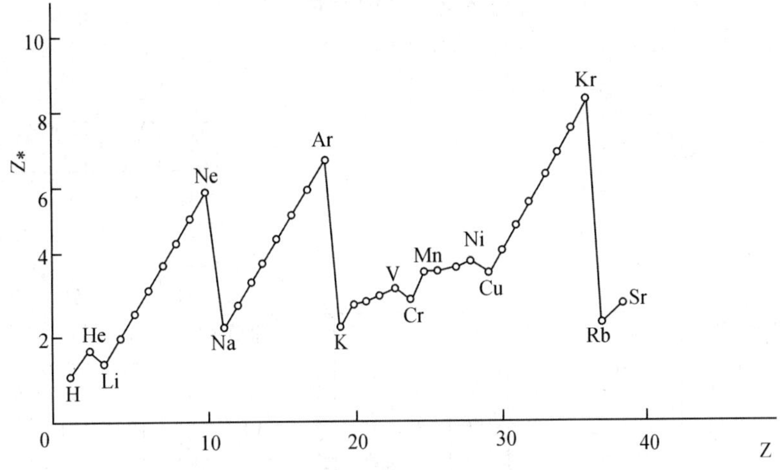

图 1-16　有效核电荷的周期性变化

2. 原子半径 r

假设原子呈球形，在固体中原子间相互接触，以球面相切，这样只要测出单质在固态下相邻两原子间距离的一半就是原子半径。

由于电子在原子核外的运动是概率分布的，没有明显的界限，所以原子的大小无法直接测定。通常所说的原子半径，是通过实验测得的相邻两个原子的原子核之间的距离（核间距）而求得的，核间距被形象地认为是两原子的半径之和。通常根据原子之间成键的类型不同，将原子半径分为以下三种：

①金属半径　是指金属晶体中相邻的两个原子核间距的一半。

②共价半径　是指某一元素的两个原子以共价键结合时，两核间距的一半。

③范德华半径　是指分子晶体中紧邻的两个非键合原子间距的一半。

由于作用力性质不同，三种原子半径相互间没有可比性。一般来说，同一元素原子的范德华半径明显大于其共价半径和金属半径，如图 1-17 所示。

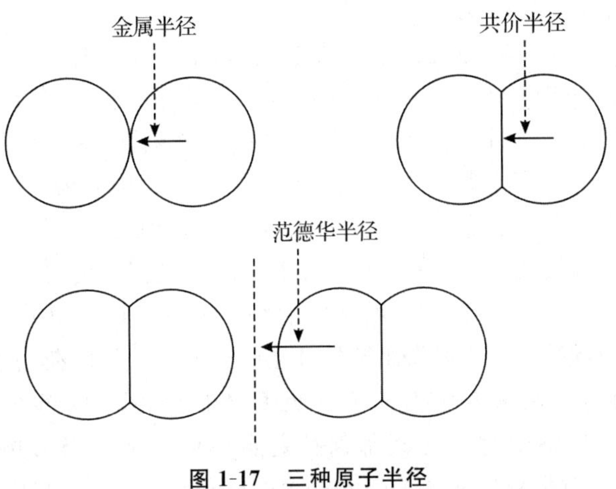

图 1-17　三种原子半径

原子半径的大小主要取决于原子的有效核电荷和核外电子层数。核外电子层数相同时，原子的有效核电荷越大，核对电子的吸引力就越大，原子半径就越小；有效核电荷基本相同时，原子核外电子层数越多，核对电子的吸引力就越小，原子半径就越大。表 1-7 给出了各元素的

表 1-7　原子半径

ⅠA																	0
H 30	ⅡA											ⅢA	ⅣA	ⅤA	ⅥA	ⅦA	He —
Li 152	Be 111											B 88	C 77	N 70	O 66	F 64	Ne —
Na 186	Mg 160	ⅢB	ⅣB	ⅤB	ⅥB	ⅦB	Ⅷ			ⅠB	ⅡB	Al 143	Si 117	P 110	S 104	Cl 99	Ar —
K 232	Ca 197	Sc 162	Ti 147	V 134	Cr 128	Mn 127	Fe 126	Co 125	Ni 124	Cu 128	Zn 134	Ga 126	Ge 122	As 121	Se 117	Br 114	Kr —
Rb 248	Sr 215	Y 180	Zr 160	Nb 146	Mo 139	Tc 136	Ru 134	Rh 134	Pd 137	Ag 144	Cd 149	In 167	Sn 140	Sb 141	Te 137	I 133	Xe —
Cs 265	Ba 217	La 183	Hf 159	Ta 146	W 139	Re 137	Os 135	Ir 136	Pt 139	Au 144	Hg 151	Tl 170	Pb 175	Bi 155	Po 164	At —	Rn
Fr 270	Ra 220	Ac 188															

镧系	La	Ce	Pr	Nd	Pm	Sm	Eu	Gd	Tb	Dy	Ho	Er	Tm	Yb	Lu
	183	182	182	181	183	180	208	180	177	178	176	176	176	193	174

注：数据主要摘自 James G. Speight. Lang's Handbook of Chemistry. 16th ed，2004，原子半径数据单位为 pm。其中金属原子半径值是金属在其晶体中的原子半径，非金属原子半径值为共价单键半径。

原子半径，其中稀有气体采用的是范德华半径。

原子半径在周期表中的变化规律可归纳如下：

（1）同周期元素原子半径的变化

同周期主族元素，从左到右随着原子序数的递增，电子层数保持不变。每增加一个核电荷，核外最外层就增加一个电子。由于同层电子间的屏蔽作用较小，故作用于最外层电子的有效核电荷明显增大，原子半径明显减小，相邻元素原子半径平均减少约 10 pm，致使同周期元素的金属性明显减小，非金属性明显增大，直至形成 ns^2np^6 结构的稀有气体。稀有气体原子并没有形成化学键，其原子半径是范德华半径，所以半径都特别大。

同周期的过渡元素，从左到右元素的原子半径也是逐渐减小的，但略有起伏。因为随着原子序数的递增，每增加一个核电荷，核外所增加的每一个电子依次填充于 $(n-1)$d 轨道，对最外层电子产生较大的屏蔽作用，使得作用于最外层电子的有效核电荷增加较少，因而原子半径减小较为缓慢，且不如主族元素变化明显，相邻元素原子半径平均减少约 5 pm，致使同周期元素的金属性递减缓慢，故整个过渡元素都保持着金属的性质。当 d 电子全充满时（IB、IIB 族），由于全满的 d 亚层对最外层 s 电子产生较大的屏蔽作用，作用于最外层电子的有效核电荷反而减小，原子半径突然增大。

对于镧系、锕系元素，从左到右，原子半径也是逐渐减小的，只是减小的幅度更小了（约为主族元素的 1/10）。这是由于增加的电子依次填入 $(n-2)$f 亚层的轨道，对外层电子的屏蔽作用更大，因此原子半径从左至右减小的幅度更小，相邻元素原子半径平均仅减少 1 pm，镧系元素原子半径随原子序数更缓慢减小的累积称为“镧系收缩”。镧系收缩是无机化学中一个非常重要的现象，它不仅造成镧系元素性质十分相似，而且还对镧系后第三系列过渡元素的性质影响极大。

(2)同族元素原子半径的变化

同一主族元素，从上至下电子层数依次增多，外层电子随着主量子数的增大，运动空间向外扩展，虽然核电荷明显增加，但由于多了一层电子的屏蔽作用，使作用于最外层电子的有效核电荷增加并不显著，故原子半径依次增大，金属性依次增强。

同一族的过渡元素中，IIIB 族从上至下原子半径依次增大，这与主族的变化趋势一致。而后面的各族却是：从第一系列过渡元素到第二系列过渡元素，原子半径增大，由第二系列到第三系列过渡元素，原子半径基本不变，甚至缩小，这种反常现象主要缘于镧系收缩。如 Hf 的半径(159 pm)小于 Zr(160 pm)；Ta 与 Nb、W 与 Mo 的原子半径非常接近。因此，锆和铪，铌和钽、钼和钨的性质非常相似，在自然界中共生，并且难以分离。从元素铌和钽的发现可充分说明这一点。

1801 年英国化学家 Hatchett C(哈切特)分析北美一种铁矿石时发现了铌。1864 年，布朗斯登用强烈的氢气火焰使氯化铌还原为铌。铌的命名颇有一段趣味故事。因为当时哈切特研究的矿石是在美国发现的，美国又称为哥伦比亚，为纪念 Columbia(哥伦比亚)将新元素取名为 columbium(中译名“钶”)。

1802 年，瑞典化学家 Ekaberg A G(埃克柏格)宣布，他从芬兰 Kimito(基米托)地方出产的一种矿石里分离出一种新金属，称为 tantalum(钽)。这一命名来自希腊神话中的英雄 Tantalus(坦塔罗斯)，因为这种新金属具有英雄的特征，能够抵抗多种酸的侵蚀。事实上，埃克柏格发现的是当时被称为钶(也就是现在的铌)和钽的混合物。“钶”与“钽”性质非常相似(两者原子半径仅差 4.2%)，因此很长一段时间曾将该两者认为是同一种元素，包括当时许多有名的化学家如贝采利乌斯等人都是这样判断的，且只采用“钽”这个名称。直到 1845 年德国化学家 H. Rose(罗泽)才指出“钶”和“钽”是两种不同元素，由于两元素性质非常相似，罗泽就把“钽”(实为“钶”)叫成“Niobium”(铌)。1907 年才制得纯金属铌。铌的取名是以古希腊神话中吕底亚国王 Tantalus(坦塔罗斯)的女儿 Niobe(尼奥勃)的名字来命名的。多年来，铌这个元素保留了两个名称，在美国用“钶”，在欧洲用“铌”，直到 1951 年国际纯化学和应用化学协会命名委员会正式决定统一采用“铌”作为该元素的正式名称。现在美国化学家已改用“铌”这个名称，但冶金学家和金属实业界有时仍用“钶”这个名称。

3. 元素的电离能 I

基态的气态原子失去一个电子形成气态一价正离子时所需能量称为元素的第一电离能(I_1)。元素气态一价正离子失去一个电子形成气态二价正离子时所需能量称为元素的第二电离能(I_2)。第三、四电离能依此类推，由于失去电子逐渐困难，所以：$I_1 < I_2 < I_3 \cdots$ 由于原子失去电子必须消耗能量克服核对外层电子的引力，所以电离能总为正值，SI 单位为 $J \cdot mol^{-1}$，常用 $kJ \cdot mol^{-1}$。通常不特别说明，所指的都是第一电离能，表 1-8 列出了各元素的第一电离能。

表 1-8　元素的第一电离能 I_1 ($kJ \cdot mol^{-1}$)

ⅠA																	0
H 1312	ⅡA											ⅢA	ⅣA	ⅤA	ⅥA	ⅦA	He 2372
Li 520	Be 900											B 801	C 1086	N 1402	O 1314	F 1681	Ne 2081
Na 496	Mg 738	ⅢB	ⅣB	ⅤB	ⅥB	ⅦB	Ⅷ			ⅠB	ⅡB	Al 578	Si 787	P 1012	S 1000	Cl 1251	Ar 1251
K 419	Ca 590	Sc 633	Ti 659	V 651	Cr 653	Mn 717	Fe 762	Co 760	Ni 737	Cu 745	Zn 906	Ga 579	Ge 762	As 944	Se 941	Br 1140	Kr 1351
Rb 403	Sr 549	Y 600	Zr 640	Nb 652	Mo 684	Tc 702	Ru 710	Rh 720	Pd 805	Ag 731	Cd 868	In 558	Sn 709	Sb 831	Te 869	I 1008	Xe 1170
Cs 376	Ba 503	La 538	Hf 659	Ta 728	W 759	Re 756	Os 814	Ir 865	Pt 864	Au 890	Hg 1007	Tl 589	Pb 716	Bi 703	Po 812	At —	Rn 1037

注：表中数据依据 David R. Lide. CRC Handbook of Chemistry and Physics. 87th ed，2006—2007，10—202～204 中的数据，乘以 96.4853 将数据单位由 eV 转化为 $kJ \cdot mol^{-1}$ 所得。

电离能的大小反映了气态原子失去电子的难易，电离能越大，原子越难失去电子，该元素的金属性就越弱；反之金属性就越强。影响电离能大小的因素有有效核电荷、原子半径和原子的电子层构型。

（1）主族元素

同一主族，从上到下原子的价电子构型相同，虽然有效核电荷有所增加，但由于电子层数增加、原子半径增大，所以最外层电子能量降低，电离能递减，元素的金属性自上而下增强。

同一周期的主族元素从左至右，由于有效核电荷递增，半径递减，故总的趋势是电离能明显增大，元素从强金属性过渡到强非金属性，到稀有气体元素达到最高的电离能。但也有几处“反常”，如图 1-18 所示，ⅡA 族 Be、Mg 的第一电离能分别大于ⅢA 族的 B、Al；ⅤA 族 N、P 的第一电离能分别大于ⅥA 族的 O、S。这是为什么呢？现以 Be 和 B 为例说明。Be 的价电子构型为 $2s^2 2p^0$，B 的价电子构型为 $2s^2 2p^1$，Be 的 p 亚层为全空的稳定结构，失去电子较难，所以 Be 的第一电离能比 B 的高。Mg 的第一电离能高于 Al 也是同样道理。至于 VA 族 N、P 的第一电离能分别大于ⅥA 族 O、S，是由于 N、P 具有 $2s^2 2p^3$ 的价电子结构，p 亚层为半充满，处于稳定状态。若失去 1 个电子将由稳定状态变为不稳定状态，所需的能量就要多一些，因此第一电离能就会更大。

（2）副族元素

同系列过渡元素从左至右，有效核电荷的增大及原子半径的减小均不如主族元素显著，故第一电离能不规则地升高，且升高幅度不及主族明显。加之过渡元素最外层只含 1～2 个电子，所以均显金属性。

同副族过渡元素，从第一至第二系列，第一电离能减少，金属性增强；而从ⅣB 族开始，第三系列过渡元素的第一电离能明显大于第二系列过渡元素，很多第一电离能高的不活泼金属

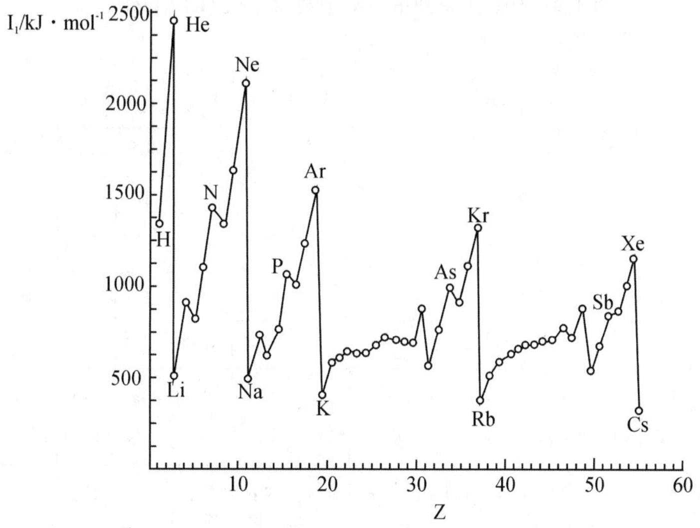

图 1-18　元素的第一电离能与原子序数的关系

元素，如 Hg、Au、Pt、Ir、Os、Re、W、Ta 均位于第三过渡系列。这种反常现象还是源于镧系收缩。因为从第二到第三过渡系列作用于最外层电子的有效核电荷增加了，而它们的半径却没有增加，而且几乎是相等的，所以第三过渡系列金属失电子就显得难上加难了。

对于镧系元素，由于作用于最外层电子的有效核电荷相近、从左到右原子半径缓慢减小、电子构型相似，故电离能变化很小，因而镧系元素性质非常相近，均为活泼金属。由于镧系收缩作用，Y 的原子半径落在镧系元素半径范围以内，Sc 的原子半径只比 Lu 略小，又由于 Sc、Y 外层电子构型与镧系元素相似，所以 Sc、Y 和 15 个镧系元素在自然界常常共生，统称为稀土元素(Rare earths，简称 RE)。

4. 电子亲和能 E

基态的气态原子得到一个电子形成气态负一价离子所放出的能量称为第一电子亲和能，在数值上等于电子亲合反应焓变的负值，以 E_1 表示，依次也有 E_2、E_3…如不注明，一般指的是第一电子亲合能。电子亲合能的 SI 单位为 $J \cdot mol^{-1}$，常用 $kJ \cdot mol^{-1}$。例如

$$Cl(g)+e^- \rightarrow Cl^-(g) \quad \Delta_r H_m^{\ominus}=-348.7\ kJ \cdot mol^{-1}$$

$$E_1=-\Delta_r H_m^{\ominus}=348.7\ kJ \cdot mol^{-1}$$

一般元素的第一电子亲合能为正值，而第二电子亲合能为负值，这是因为负离子获得电子时，需要克服负电荷之间的排斥力，因而需要吸收能量。表 1-9 给出了一些元素的第一电子亲合能。

电子亲合能较难测定，有的是用计算方法推测的，因此数据不全且可靠性也差一些。但从表 1-9 的数据中可以大致看出，电子亲合能的周期性变化规律与电离能的变化规律相似，具有大的电离能的元素一般也都具有大的电子亲合能。活泼非金属一般具有较大的电离能和电子亲合能，通常不易失去电子，而容易获得电子形成负离子；而金属元素的电离能和电子亲合能都比较小，通常易于失去电子形成正离子，而难以获得电子形成负离子。

表 1-9 某些元素的第一电子亲和能 E_1 ($kJ \cdot mol^{-1}$)

ⅠA																	0
H 72.8	ⅡA											ⅢA	ⅣA	ⅤA	ⅥA	ⅦA	He —
Li 59.6	Be —											B 27.0	C 121.8	N —	O 141	F 328.2	Ne —
Na 52.9	Mg —	ⅢB	ⅣB	ⅤB	ⅥB	ⅦB	Ⅷ			ⅠB	ⅡB	Al 41.8	Si 134.1	P 72.0	S 200.4	Cl 348.6	Ar —
K 48.4	Ca 2.4	Sc 18.1	Ti 7.6	V 50.7	Cr 64.3	Mn —	Fe 14.6	Co 63.9	Ni 111.5	Cu 119.3	Zn —	Ga 41.5	Ge 118.9	As 78.5	Se 195.0	Br 324.5	Kr —
Rb 46.9	Sr 4.6	Y 29.6	Zr 41.1	Nb 86.2	Mo 72.2	Tc 53.1	Ru 101.3	Rh 109.7	Pd 54.2	Ag 125.6	Cd —	In 28.9	Sn 107.3	Sb 100.9	Te 190.2	I 295.2	Xe —
Cs 45.5	Ba 14.0	La 45.3	Hf —	Ta 31.1	W 78.6	Re 14.5	Os 106.1	Ir 150.9	Pt 205.3	Au 222.7	Hg —	Tl 19.3	Pb 35.1	Bi 90.9	Po 183.3	At 270.2	Rn —

注：表中数据依据 Robert C. West，CRC Handbook of Chemistry and Physics，87 ed，2006—2007，10—156～157 中的数据，乘以 96.4853 将数据单位由 eV 转化为 $kJ \cdot mol^{-1}$ 所得

从表 1-9 的数据中还可以看出，第二周期元素的电子亲合能反常地低于同族第三周期元素，如电子亲合能最大的元素是 Cl 而不是 F。这是因为是第二周期元素原子半径较小，电子云密度大，电子间斥力较大而造成的。ⅡA 和ⅤA 族元素的数据出现反常，与 p 轨道全空、半满结构有关。

根据电子亲合能可以近似判断元素原子金属性和非金属性的强弱。一般来说，元素的电子亲和能越大，表示元素由气态原子得到电子生成负离子的倾向越大，那么该金属的非金属性就越强。但在卤族元素中，氟的情况却不是这样。F 的电子亲合能小于 Cl 和 Br 的电子亲合能，但实际上氟单质的非金属性要比氯、溴单质强得多，而且氟单质也是最强的非金属。因此不能单凭元素电子亲合能的数据来判断单质的非金属性强弱。

5. 元素的电负性 χ

每一种元素的原子都同时具有得、失电子两个倾向，而电子亲合能和电离能都只能从一个侧面来反映原子得失电子的能力。电负性是综合考虑了得、失电子两方面的情况而提出的概念，1932 年鲍林定义，元素的电负性是原子在分子中吸引成键电子的能力，用符号 χ 表示。原子的电负性越大，原子对成键电子的吸引能力越大。

目前电负性还无法直接测定，只能用间接方法标度。至今已提出多种标度电负性的方法，较为通用的是鲍林电负性标度。鲍林指定电负性最大的氟(F)原子电负性等于 3.98，锂(Li)原子的电负性等于 0.98，依此为参照标准，求得其他元素原子的电负性值，参见表 1-10。电负性大的元素集中在周期表的右上角，F 是电负性最高的元素。周期表的左下角集中了电负性较小的元素，Cs 是电负性最小的元素。

表 1-10　元素的电负性

ⅠA																	0A
H 2.20	ⅡA											ⅢA	ⅣA	ⅤA	ⅥA	ⅦA	He —
Li 0.98	Be 1.57											B 2.04	C 2.55	N 3.04	O 3.44	F 3.98	Ne —
Na 0.93	Mg 1.31	ⅢB	ⅣB	ⅤB	ⅥB	ⅦB	ⅧB			ⅠB	ⅡB	Al 1.61	Si 1.90	P 2.19	S 2.58	Cl 3.16	Ar —
K 0.82	Ca 1.00	Sc 1.36	Ti 1.54	V 1.63	Cr 1.66	Mn 1.55	Fe 1.83	Co 1.88	Ni 1.91	Cu 1.90	Zn 1.65	Ga 1.81	Ge 2.01	As 2.18	Se 2.55	Br 2.96	Kr —
Rb 0.82	Sr 0.95	Y 1.22	Zr 1.33	Nb 1.6	Mo 2.16	Tc 2.10	Ru 2.2	Rh 2.28	Pd 2.20	Ag 1.93	Cd 1.69	In 1.78	Sn 1.96	Sb 2.05	Te 2.1	I 2.66	Xe —
Cs 0.79	Ba 0.89	La 1.10	Hf 1.3	Ta 1.5	W 1.7	Re 1.9	Os 2.2	Ir 2.2	Pt 2.2	Au 2.4	Hg 1.9	Tl 1.8	Pb 1.8	Bi 1.9	Po 2.0	At 2.2	Rn —

注：摘自 David R. Lide. CRC Handbook of Chemistry and Physics. 87th ed，2006—2007，9—77.

在周期系中，电负性的递变规律是：

(1)同一周期元素从左到右电负性逐渐增加，过渡元素的电负性变化不大。

(2)同一主族元素从上到下电负性逐渐减小，副族元素电负性变化规律不明显。

(3)稀有气体的电负性是同周期元素中最高的。

Mulliken R，1896—1986

1934 年 Mulliken R S(马利肯)建议把元素的第一电离能和电子亲和能的平均值 $\chi_M=(I_1+E)$ 作为电负性的标度。尽管由于电子亲和能数值不齐全，马利肯电负性数值不多，但马利肯电负性(χ_M)与泡林电负性(χ_P)呈现很好的线性关系 $\chi_P=(0.336\chi_M-0.207)$，可见马利肯对电负性的思考对理解电负性跟电离能与电子亲和能的关系以及电负性的物理意义很有帮助。

1957 年 Allred A L(阿莱)和 Rochow E G(罗周)，又从另一个角度建立了一套电负性的新标度：$\chi_{A.R}=(0.359Z^*/r^2)+0.744$，其中 Z^* 为原子核有效电荷，r 为原子半径。

阿莱—罗周电负性与泡林电负性也吻合得很好，而且，还可以求得不同价态的原子的电负性，如 Fe^{2+} 为 1.8，Fe^{3+} 为 1.9；Cu^+ 为 1.9，Cu^{2+} 为 2.0 等。

考虑到电负性的应用主要是定性地判断化学键的性质，本书采取经典的、尽管较粗略但数据却相对好记忆的泡林标度。

根据元素电负性的大小，可判断元素金属性和非金属性的强弱。一般来说，非金属的电负性大于 2.0，金属元素的电负性小于 2.0。

电负性数据是研究化学键性质的重要参数。电负性差值大的元素之间的化学键以离子键为主，电负性相同或相近的非金属元素以共价键结合，电负性相等或相近的金属元素以金属键结合。

元素周期表是概括元素化学知识的宝库。对于某个元素可以从元素周期表中截止获得以下信息:元素的名称、符号、原子序数、电子层结构、族数和周期数;可以从元素在表中的位置,来判断它是金属还是非金属,并可估计其电离能、原子半径以及氧化数等。

在自然界中,除了稀有气体元素的原子能以单原子形式稳定出现外,其他的元素原子则以一定的方式结合成分子或以晶体的形式存在。在原子结构知识的基础上,下面将介绍有关化学键的理论知识。

分子是物质参与化学反应的基本单元,而分子的性质取决于分子的内部结构,分子结构包括化学键(原子间的强相互作用力)和分子的空间构型。化学键可分为离子键、共价键和金属键三种。化学键的类型与强弱是决定物质化学性质的重要因素。

1.5 离子键理论

晶体在熔融状态或溶于水后可以导电,这说明这些物质内部存在带正负电荷的粒子。1916 年德国化学家 Kossel W(柯塞尔)根据稀有气体原子具有稳定结构的事实提出了离子键理论,对离子化合物的形成及性质进行了科学解释。

1.5.1 离子键的形成

Kossel W,1888—1956

柯塞尔的离子键理论认为:一定条件下,电离能较低的活泼金属原子(主要是ⅠA、ⅡA 族金属元素的原子)与电子亲合能较高的活泼非金属元素原子(主要是ⅦA 族元素的原子及 O、S 等)相互接触时会发生电子的转移形成具有类似稀有气体原子的稳定结构的正负离子,他们通过静电引力形成离子键。如 NaCl 的形成过程:

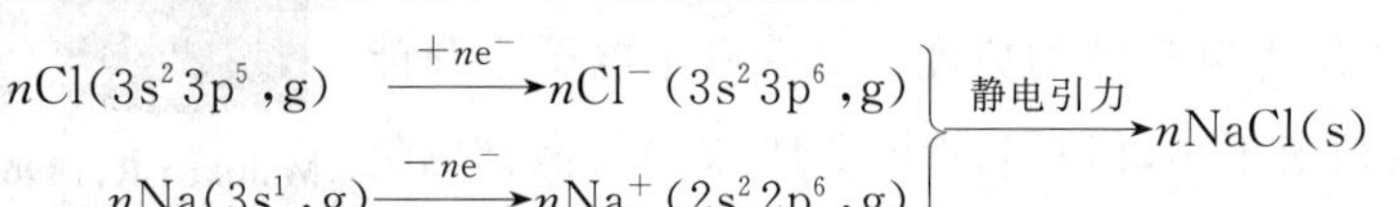

通常认为只有电负性差值大于或等于 1.7 的典型金属原子与典型非金属原子才能形成离子键。由离子键形成的化合物通常以离子晶体的形式存在的。如 K 的电负性为 0.82,Cl 的电负性为 3.16,$\Delta\chi=2.34$,故 KCl 是离子晶体。但 $\Delta\chi\geqslant1.7$ 作为判断离子键的一个指标并不是绝对的,如 HF 中 H 与 F 的 $\Delta\chi=1.78$,但 H-F 键却是共价键。

近代化学实验和量子化学计算表明:即使在典型的离子化合物中,离子间的作用力也不完全是静电作用,仍有原子轨道重叠的成分,即有部分共价性。如由最活泼的金属原子与最活泼的非金属原子形成的离子化合物 CsF,也有 8%的共价成分。

1.5.2 离子键的特点

离子键的本质是静电引力。若正、负离子所带电荷分别为 q^+ 和 q^-,两者之间距离为 R,则静电引力 F:

$$F=\frac{q^{+}\cdot q^{-}}{R^{2}}$$

离子荷电量越大，离子间距越小，静电引力就越大，形成的离子键也就越强。

因为离子的电荷分布是球形对称的，它在空间各方向上的静电效应相同，可在任何方向上吸引带相反电荷的离子，故离子键无方向性。而且只要空间条件允许，每个离子均可吸引尽可能多的异号离子，故离子键无饱和性。例如 CsCl 晶体，每个 Cs^{+} 的周围被 8 个 Cl^{-} 包围，相应地每个 Cl^{-} 周围也被 8 个 Cs^{+} 包围。分子式 CsCl 仅代表晶体的离子组成比，并非表示晶体中存在 CsCl 分子。

一个离子可以吸引的异号离子的数目(配位数)，主要取决于正负离子的半径比 $r_{正}/r_{负}$，半径比值越大，配位数也就越大，详见表 1-11。

表 1-11　AB 型化合物的离子半径比、配位数与晶体构型的关系

半径比 $r_{正}/r_{负}$	配位数	一般构型	实例
0.225～0.414	4	ZnS	BeO、BeS、MgTe 等
0.414～0.732	6	NaCl	KCl、KBr、AgF、MgO、CaS 等
0.732～1.00	8	CsCl	CsBr、TlCl 等

1.5.3　离子键的强度与晶格能

离子键的强度用晶格能来表征。晶格能(U)是相距无穷远的气态正、负离子结合成 1 mol 离子晶体时所释放的能量。一般以正值表示。例如：

$$m\mathrm{M}^{n+}(\mathrm{g})+n\mathrm{X}^{m-}(\mathrm{g})=\!=\!=\mathrm{M}_{m}\mathrm{X}_{n}(\mathrm{s})\qquad U=-\Delta_{r}H_{m}^{\ominus}$$

U 的大小反映了离子键的强度和晶体的稳定性。对于同类型的离子晶体，U 与正、负离子的电荷数成正比，与核间距成反比。U 越大，离子键强度越大，晶体稳定性也就越高，与此有关的物理性质，如熔、沸点，硬度等也就越大。

1.5.4　离子的特征

离子是离子化合物的基本结构粒子。离子的电荷、电子构型和离子半径是影响离子键强弱和离子化合物的性质的三个重要因素。

1. 离子的电荷

原子在形成离子化合物的过程中得失电子的数目称为离子的电荷。离子所带电荷的多少直接影响离子键的强度及离子化合物的性质。例如，CaO 的离子键强度远大于 KF，因此 CaO 的熔、沸点和硬度均高于 KF；又如 Fe^{2+} 和 Fe^{3+}，尽管只是所带电荷不同，但性质却有很多不同：Fe^{2+} 在水溶液中是浅绿色的，具还原性；Fe^{3+} 在水溶液中是黄色的，具有氧化性。

2. 离子的电子构型

简单负离子(如 F^{-}、O^{2-} 等)最外层一般具有稳定的 8 电子构型，而正离子的情况比较复杂，其价电子层构型可分为以下 5 种：

(1)2 电子构型($1s^2$)：如 Li^{+}、Be^{2+} 等；

(2)8 电子构型(ns^2np^6)：如 Na^{+}、K^{+}、Ca^{2+}、Mg^{2+} 等；

(3)9～17 电子构型($ns^2np^6nd^{1-9}$)：如 Mn^{2+}、Fe^{2+}、Fe^{3+}、Cr^{3+}、Co^{2+} 等 d 区元素的离子；

(4)18 电子构型($ns^2np^6nd^{10}$)：如 Cu^{+}、Ag^{+}、Zn^{2+}、Cd^{2+}、Hg^{2+} 等 ds 区元素的离子及

Sn^{4+}、Pb^{4+}等p区高氧化态的金属正离子；

(5)18+2电子构型[$(n-1)s^2(n-1)p^6(n-1)d^{10}ns^2$]：如$Pb^{2+}$、$Bi^{3+}$、$Sn^{2+}$、$Sb^{3+}$等p区的低氧化态的金属正离子。

离子的电子构型对离子的性质影响很大。通常情况下，2电子构型和8电子构型的离子形成的离子键较强，晶格能较大；9～17、18、18+2电子构型的离子形成配合物的能力较2、8电子构型的离子强得多；又如KCl和AgCl都是由Cl^-和+1价离子形成的化合物，但因K^+与Ag^+电子构型不同，导致KCl易溶于水，AgCl却难溶于水，Ag^+易形成配合物，而K^+难。

3. 离子半径

离子半径的大小是由核电荷对核外电子吸引的强弱来决定的。因此它在周期表中的递变规律与原子半径的变化规律大致相同。

同主族、电荷数相同的离子，离子半径随电子层数的增大而增大。如$r(F^-)<r(Cl^-)<r(Br^-)<r(I^-)$；同周期元素的离子当电子构型相同时，随离子电荷数的增加，阳离子半径减小，阴离子半径增大。$r(Na^+)>r(Mg^{2+})>r(Al^{3+})$。因$Al^{3+}$的核电荷最多，对核外电子的吸引最强，故半径最小；具有相同电子数的原子或离子（等电体）的半径随核电荷数的增加而减小。如$r(F^-)>r(Ne)>r(Na^+)>r(Al^{3+})>r(Si^{4+})$。

离子半径的大小是分析离子化合物物理性质的重要依据之一。对于相同构型的离子晶体，如MgO、CaO、SrO、BaO，由于$r(Mg^{2+})<r(Ca^{2+})<r(Sr^{2+})<r(Ba^{2+})$，所以它们的熔点依次降低。

1.6 共价键理论

离子键理论虽然成功地说明了离子化合物的形成过程和特征，但对于阐释为何同种元素的原子或电负性相近的元素的原子也能形成稳定的分子（如O_2、H_2O）却无能为力。1916年，美国物理化学家Lewis G N（路易斯）提出经典的共价键理论。该理论认为原子间可通过共用电子对使成键原子都具有稳定的八隅体结构（最外层8电子结构），从而形成分子。原子间通过共用电子对形成的化学键称为共价键。路易斯的共价键理论解释了一些简单非金属原子间形成分子的过程，初步揭示了离子键与共价键的区别，但它不能说明共价键的本质和特性，而且也无法解释偏离八隅体结构的分子（如BF_3、SF_6）稳定存在的原因以及其他一些分子的一些

Heitler W，1904—1981　London F，1900—1954

性质。1927 年德国物理学家Heitler W(海特勒)和 London F(伦敦)将量子力学理论应用于处理 H_2分子的形成,第一次揭示了共价键的本质。后又经鲍林等科学家的发展,建立了现代的价键理论,简称 VB 理论。

1.6.1　价键理论

1. 共价键的本质

海特勒和伦敦在运用量子力学原理处理 H 原子形成H_2的过程中,得到氢分子的能量(E)与核间距(R)的关系曲线。

如图 1-19 所示,若自旋方向相反的两个 H 原子从无限远离处($E=0$)相互接近,系统能量将如曲线 b 所示逐渐降低,在 R_0(87 pm,实际是 74 pm)处体系能量达到最低点。此时两个 H 原子间的原子轨道达到最大重叠,为最稳定的状态。若核间距 R 继续变小,原子核间的排斥力增大,系统能量迅速增高,排斥作用又会将 H 原子推回平衡位置。

若自旋方向相同的两个 H 原子靠近,系统能量将象曲线 a 那样变化,能量越来越高,即两核间的排斥力不断增大,电子云重叠变少,系统处于不稳定状态,处于这种状态下的两个 H 原子是无法形成 H_2分子的。

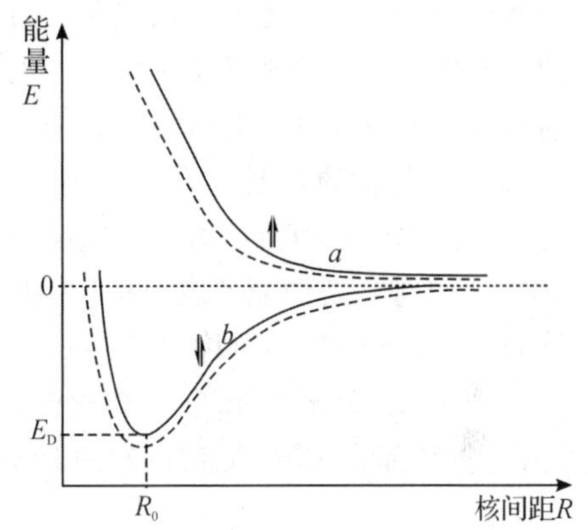

图 1-19　H_2 分子形成时的能量变化

(实线为计算值,虚线为测量值)

将量子力学对 H_2分子的处理方法推广到其他体系,就形成了共价键理论,其基本要点为:

(1)只有自旋相反的未成对电子相互接近,两个原子轨道相互重叠才能形成共价键;

(2)原子轨道重叠成键须满足三条原则:①能量近似,只有能量相近的原子轨道才可能相互重叠;②对称性匹配,相同对称性的原子轨道重叠才是有意义的;③满足最大重叠,原子轨道重叠越多,核间的电子云密度越大,体系就越稳定。例如 H 与 Cl 结合形成 HCl 分子时,H 原子的 1s 电子与 Cl 原子的一个未成对电子(假设处于 $3p_x$轨道上)配对成键时有四种重叠方式(图 1-20)。只有 H 原子的 1s 原子轨道沿着 x 轴的方向向 Cl 原子的 $3p_x$轨道接近,才能达到最大的重叠,形成稳定的共价键(图 1-20-(a)),故 HCl 是直线型分子;图 1-20-(b)所示的重叠方式,两原子轨道同号部分重叠较图 1-20-(a)为少,结合较不稳定;图 1-20-(c)为 s 和 p_x原子轨道的异号重叠,对称性不匹配,为无效重叠;图 1-20-(d)所示的重叠方式,原子轨道同号重叠与异号重叠部分相等,正好相互抵消,这种重叠亦为无效重叠。

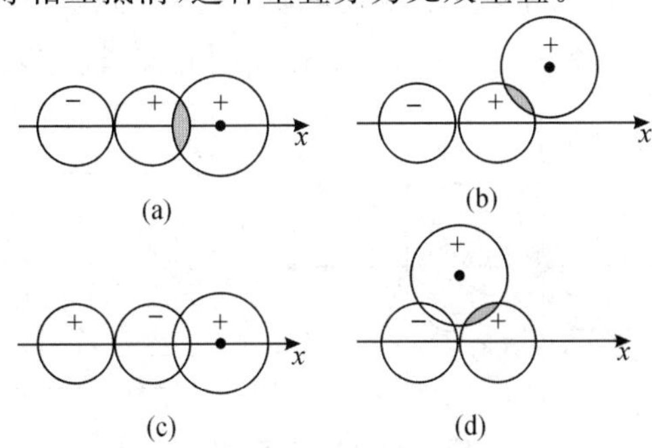

图 1-20　s 与 p_x 轨道的重叠方式

2. 共价键的特征

共价键结合力的大小取决于原子轨道重叠的多少，而重叠多少又与共用电子对的数目和重叠方式有关。一般说来，共用电子对数目越多结合力就越大。如 C—C，C═C，C≡C 结合力是依次增大的。

(1)饱和性：共价键的形成必须要求原子中有成单电子，而且自旋方向相反。一个原子有几个未成对电子，就可以和几个自旋相反的电子配对，形成共价键。即原子形成共价键的数目是一定的，此为共价键的饱和性。如氢原子只能形成 H_2 分子而不会形成 H_3、H_4 等；

(2)方向性：原子轨道在空间都是有一定取向的，除 s 轨道是球型对称外，p、d、f 轨道在空间都有一定的伸展方向。所以除 s 与 s 轨道间可以在任何方向上达到最大重叠外，其他形式的原子轨道的重叠都必须沿着一定的方向进行，才能满足对称性匹配原则和最大重叠原则，此为共价键的方向性。共价键的方向性决定了共价分子具有一定的空间构型。

3. 共价键的类型

根据原子轨道重叠方式及重叠部分对称性的不同，可以将共价键分为 σ 键和 π 键两类。

(1)σ 键　若两原子轨道按"头碰头"的方式发生重叠，即重叠部分沿着键轴(即成键原子核间连线)呈圆柱形对称，如图 1-21(a)所示，这种共价键称为 σ 键。形成 σ 键的电子叫 σ 电子。例如，H_2 分子是 s－s 重叠成键，HCl 分子为 s－p_x 重叠成键，Cl_2 分子则是 p_x－p_x 重叠成键，这些键都是 σ 键。σ 键的轨道重叠程度较大，稳定性高。

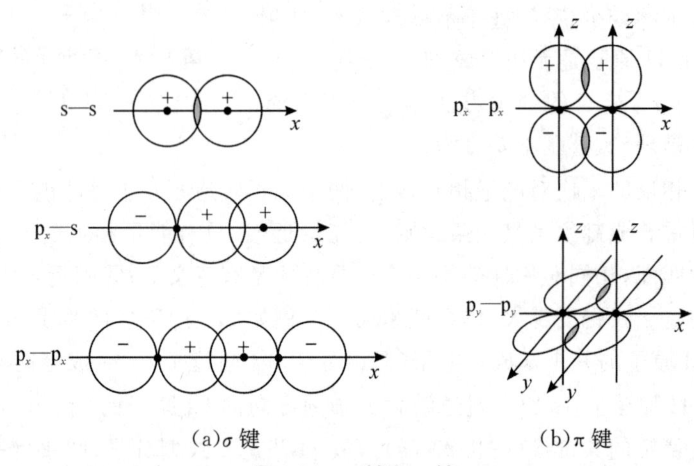

图 1-21　σ 键和 π 键

(2)π 键　若两原子轨道按"肩并肩"的方式发生重叠，轨道重叠部分对通过键轴的一个平面呈镜面反对称，如图 1-21(b)所示，这种共价键称为 π 键，形成 π 键的电子叫 π 电子。如 N_2 分子中的两个 N 原子，各以三个 3p 轨道($3p_x$，$3p_y$，$3p_z$)相互重叠形成共价叁键。如图 1-22 所

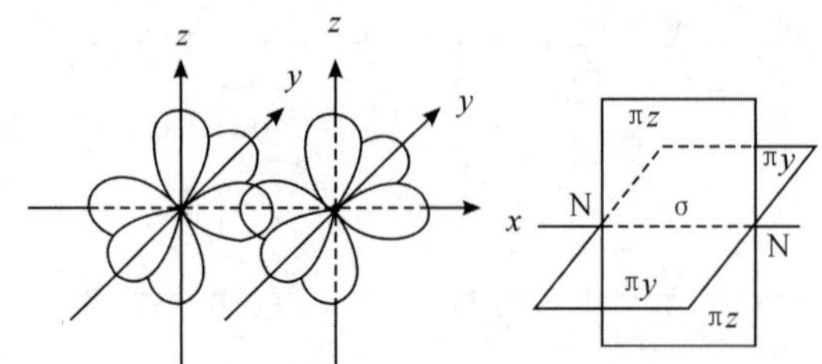

图 1-22　N_2 分子叁键

示，设键轴为 x 轴，当两个 N 原子的未成对 $3p_x$ 电子彼此沿 x 轴方向，以“头碰头”的方式重叠形成一个 σ 键后，相互平行的另外两个 3p 电子便只能采取“肩并肩”的方式重叠，形成 p_y-p_y 和 p_z-p_z 两个互相垂直的 π 键。

必须注意：π 键不能独立存在，它总和 σ 键相伴形成。一般双键含一个 σ 键，一个 π 键；叁键含一个 σ 键，二个 π 键。π 键原子轨道重叠程度相对较小，稳定性较低。表 1-12 为两种键型的性质对比。

表 1-12　σ 键和 π 键的特征比较

	σ 键	π 键
原子轨道重叠方式	沿键轴方向“头碰头”重叠	沿键轴方向“肩并肩”重叠
原子轨道重叠部位	集中在两核之间键轴处，可绕键轴旋转	分布在通过键轴的平面的上下方，键轴处电子云密度为零，不可绕轴旋转
原子轨道重叠程度	大	小
键的强度	较大	较小
化学活泼性	不活泼	活泼

以上讨论的共价键是由成键原子各提供一个电子所组成的，为正常共价键。如 Br_2、HBr 等；若成键的共用电子对仅由某一成键原子提供，另一原子仅提供接受电子对的空轨道，这样形成的键称为配位共价键，简称配位键。通常用“→”表示配位键，箭头指向具有空轨道的原子。

含配位键的离子或化合物是相当普遍的，如 $[Ag(NH_3)_2]^+$、$[Fe(CN)_6]^{4-}$、$Fe(CO)_5$ 等，将在本书第七章进行深入讨论。

4. 键参数

表征化学键特性的物理量称为键参数，如键能、键长以及键角等。

(1)键能 E　键能是描述化学键强弱的物理量。在 298.15 K 和 100 kPa 下，1 mol 理想气体分子断键成气态原子所吸收的能量称为键的离解能，以符号 D 表示。例如，

$$Cl_2(g) \longrightarrow 2Cl(g) \qquad D_{(Cl-Cl)} = 239.7\ kJ \cdot mol^{-1}。$$

对于双原子分子来说，键的离解能就是该气态分子中共价键的键能 E，即 $E_{(Cl-Cl)} = D_{(Cl-Cl)}$；而对于两种不同元素组成的多原子分子，可取键离解能总和的平均值作为键能。例如，NH_3 分子有三个等价的 N—H 键，但每个 N—H 键的离解能因离解先后次序的不同而各不相同：

$$NH_3(g) \longrightarrow NH_2(g) + H(g) \qquad D_1 = 427\ kJ \cdot mol^{-1}$$

$$NH_2(g) \longrightarrow NH(g) + H(g) \qquad D_2 = 375\ kJ \cdot mol^{-1}$$

$$NH(g) \longrightarrow N(g) + H(g) \qquad D_3 = 356\ kJ \cdot mol^{-1}$$

那么　$E_{(N-H)} = (D_1 + D_2 + D_3)/3 = 1158/3 = 386(kJ \cdot mol^{-1})$

所以键能也称为平均离解能。键能越大，键越牢固，形成的分子也越稳定。

(2)键长 L　分子中两个相邻的成键原子核间的平均距离称为键长。一般来说，键长越短，键越牢固，分子也越稳定。

(3)键角 θ　在分子中，共价键之间的夹角，称为键角。它是反映分子空间构型的重要因素。例如，H_2O 分子的两个 O—H 键之间的夹角为 104.5°，因此其空间构型为 V 型。一些分子的键参数和空间构型的关系见表 1-13。

表 1-13 一些分子的键参数和空间构型的关系

分子	共价键	键长/pm	键角	键能/kJ·mol^{-1}	分子构型
H_2	H—H	74	180°	436	直线形
H_2O	H—O	96	104.5°	464	V形(角形)
BF_3	B—F	132	120°	613.3	平面三角形
NH_3	N—H	101	107.3°	386	三角锥
CH_4	C—H	109	109°28′	414	正四面体

1.6.2 杂化轨道理论

VB 理论成功地解释了许多共价键分子的形成，阐明了共价键的本质及特征。但在解释许多分子的空间结构时遇到了困难。例如，按照价键理论，H_2O 分子中的 2 个 H 原子的 1s 原子轨道与 O 原子的 $2p_x$、$2p_y$原子轨道重叠，键角应为 90°。但实际的键角为 104.5°；又如碳原子基态电子结构为 $1s^22s^22p^2$，按价键理论，它应该生成氧化数为 2 的碳化合物，但大多数的碳化合物都是+4 价的。1931 年化学家鲍林等人从电子具有波动性，电子波可以叠加的观点出发提出了杂化轨道理论，进一步完善了价键理论，合理地解释了分子的空间构型。

1. 杂化轨道理论基本要点

在共价键的形成过程中，为增加轨道的有效重叠程度和成键能力，同一原子中能量相近的不同类型的原子轨道可以"混合"起来，重新组合形成一组成键能力更强的新的原子轨道，这一过程称为原子轨道的杂化。杂化后的原子轨道称为杂化轨道。轨道杂化通常遵循以下原则：

(1)只有能量相近的原子轨道才能发生杂化；

(2)原子轨道数目杂化前后保持不变，但是杂化后轨道的电子云分布发生变化，杂化轨道重新取向，能量也与原来的轨道不同；

(3)发生轨道杂化的中心原子与其他原子成键时一般倾向于形成 σ 键；

(4)杂化发生在分子形成过程中，单个原子不发生杂化。

常见的杂化轨道是由 ns、np 轨道组合成的 s-p 型杂化轨道，其中，s-p 型杂化轨道又根据是否有孤对电子占据杂化轨道分为等性杂化与不等性杂化。

2. s-p 等性杂化

(1)sp 杂化

能量相近的 1 个 ns 轨道和 1 个 np 轨道杂化，可形成 2 个等价的 sp 杂化轨道。每个 sp 杂化轨道均含有$\frac{1}{2}$s 成分和$\frac{1}{2}$p 成分，轨道呈一头大、一头小，两 sp 杂化轨道之间的夹角为 180°，如图 1-23 所示，分子呈直线型。未参与杂化的 2 个 2p 轨道互相垂直并与杂化轨道垂直。

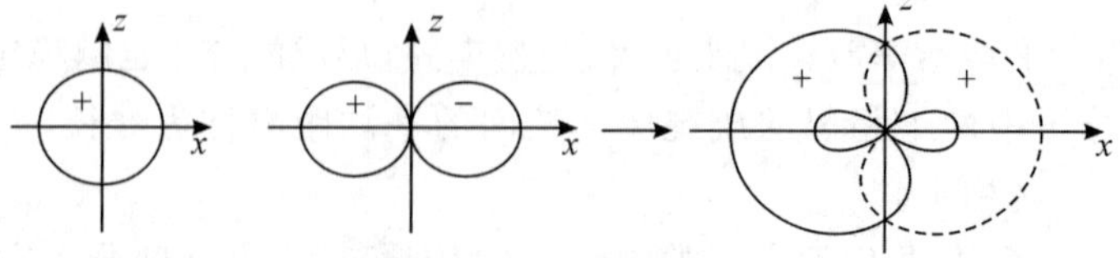

图 1-23 sp 杂化轨道的形成

以气态 $BeCl_2$分子的形成为例。基态 Be 原子的外层电子构型为 $2s^2$，无未成对电子，似乎不能形成共价键，但 Be 的 1 个 2s 电子可以激发进入 2p 轨道，2s 轨道与 1 个 2p 轨道经杂化形成 2 个能量相等的呈线形分布的 sp 杂化轨道，然后再分别与两个 Cl 原子的具单电子的 3p 轨道沿键轴方向重叠，生成 2 个 σ 键(sp-p)，故 $BeCl_2$ 是直线形分子(图 1-24)。

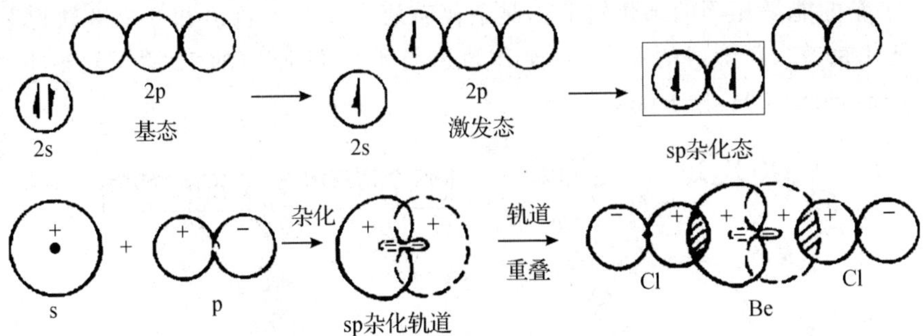

图 1-24　Be 原子的 sp 杂化和 $BeCl_2$ 分子的形成

此外 CO_2 分子、$[Ag(NH_3)_2]^+$ 离子以及周期表ⅡB 族 Zn、Cd、Hg 元素的某些共价化合物，如 $ZnCl_2$、$HgCl_2$ 等，都是中心原子采取 sp 杂化成键的。

(2)sp^2 杂化

由能量相近的 1 个 ns 轨道和 2 个 np 轨道杂化可形成 3 个等价的 sp^2 杂化轨道。每个轨道均含有 $\frac{1}{3}$s 成分和 $\frac{2}{3}$p 成分。轨道呈一头大、一头小，轨道之间的夹角均为 120°，指向平面三角形的三个顶点，故分子的空间构型为平面三角形。

以 BF_3 分子的形成为例。基态 B 原子的外层电子构型为 $2s^2 2p^1$。杂化轨道理论认为，在与 F 原子成键时 B 的 1 个 2s 电子被激发到 1 个空的 2p 轨道上，形成 $2s^1 2p_x^1 2p_y^1$ 构型，而后含 1 个电子的 2s 轨道与含 2 个单电子的 2p 轨道经 sp^2 杂化形成 3 个能量相等的 sp^2 杂化轨道，再分别与 3 个 F 的 2p 轨道重叠，形成 3 个 σ 键(sp^2-p)，键角为 120°。所以，BF_3 分子呈平面三角形(图 1-25)。

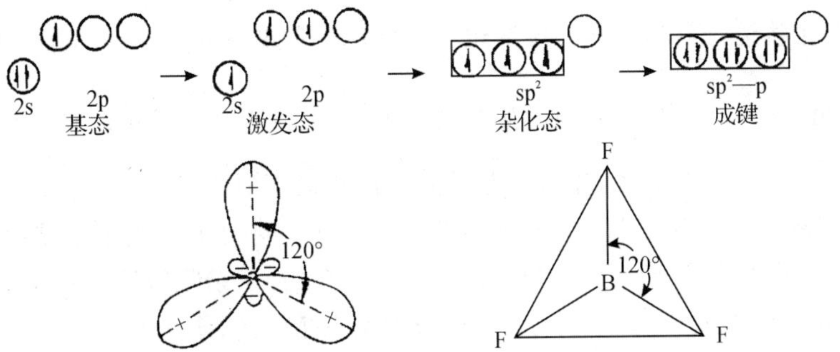

图 1-25　B 原子的 sp^2 杂化及 BF_3 分子形成示意

除 BF_3 外，其他气态卤化硼分子(BCl_3、BBr_3)以及 NO_3^-，CO_3^{2-} 等离子的中心原子也是以 sp^2 杂化与配位原子成键的。

(3)sp^3 杂化

能量相近的 1 个 ns 轨道和 3 个 np 轨道杂化，可形成四个能量相等的 sp^3 杂化轨道。每个 sp^3 杂化轨道均含有 $\frac{1}{4}$s 成分和 $\frac{3}{4}$p 成分，各 sp^3 杂化轨道间的夹角为 109°28′，分别指向正四面体的四个顶点，故分子呈正四面体构型。

以 CH_4 分子为例，基态 C 原子的外层电子构型为 $2s^2 2p_x^1 2p_y^1$。在与 H 原子结合时，C 原子的 2s 轨道上的一个电子被激发到 $2p_z$ 轨道上，形成 $2s^1 2p_x^1 2p_y^1 2p_z^1$ 构型，激发所需的能量可由成键所放出的更多的能量得到补偿。含有 4 个单电子的 2s、$2p_x$、$2p_y$、$2p_z$ 轨道会互相"混杂"，线性组合成 4 个新的能量相等的杂化轨道。此杂化轨道由 1 个 s 轨道和 3 个 p 轨道杂化而成，故称为 sp^3 杂化轨道。新形成的 4 个 sp^3 杂化轨道与 4 个 H 原子的 1s 原子轨道重叠，形成 4 个 σ 键（sp^3-s），形成 CH_4 分子（图 1-26）。

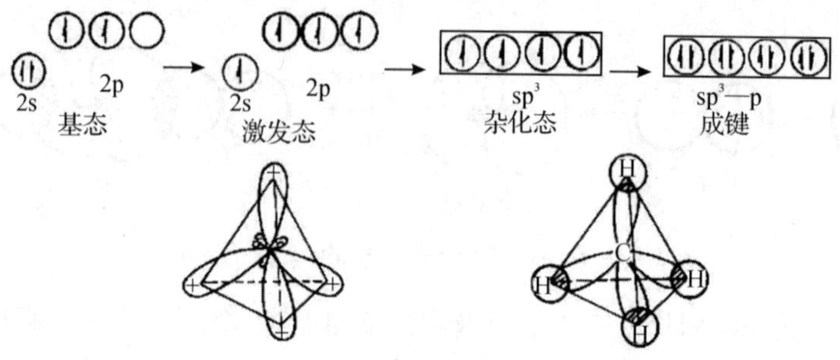

图 1-26　C 原子的 sp^3 杂化及 CH_4 分子形成示意

除 CH_4 分子外，CCl_4、$CHCl_3$、CF_4、SiH_4、$SiCl_4$、$GeCl_4$、ClO_4^- 等分子和离子的中心原子也是采取 sp^3 杂化的。

以上讨论的三种 s-p 杂化方式中，参与杂化的原子轨道均含有未成对电子，每一种杂化方式所得到的杂化轨道的能量、成分都相同，而且成键能力也相同，这样的杂化称为等性杂化。若参与杂化的原子轨道中有含孤对电子的轨道，这时得到的杂化轨道的成分就不完全相同，能量也不相等，这类杂化称为不等性杂化。

3. sp^3 不等性杂化

(1)NH_3 的分子结构

基态 N 原子的外层电子构型为 $2s^2 2p_x^1 2p_y^1 2p_z^1$，成键时这 4 个价电子轨道发生了 sp^3 杂化，得到 4 个 sp^3 杂化轨道，其中有 3 个 sp^3 杂化轨道分别被未成对电子占有，所含 s 成分小于 $\frac{1}{4}$，p 成分大于 $\frac{3}{4}$。第 4 个 sp^3 杂化轨道则为孤对电子所占有，其所含 s 成分大于 $\frac{1}{4}$，p 成分小于 $\frac{3}{4}$，杂化过程如图 1-27(a)。成键时，含孤对电子的杂化轨道不参与成键，其他三个杂化轨道和 3 个 H 原子的 1s 电子形成 3 个 N—H σ 键（如图 1-27(b)）。由于孤对电子较靠近 N 原子，其电子云密集于 N 原子周围，从而对 3 个被成键电子对占有的 sp^3 杂化轨道产生较大排斥作用，故使键角从 109.5°被压缩到 107.3°。因此 NH_3 分子呈三角锥形（图 1-27(c)）。

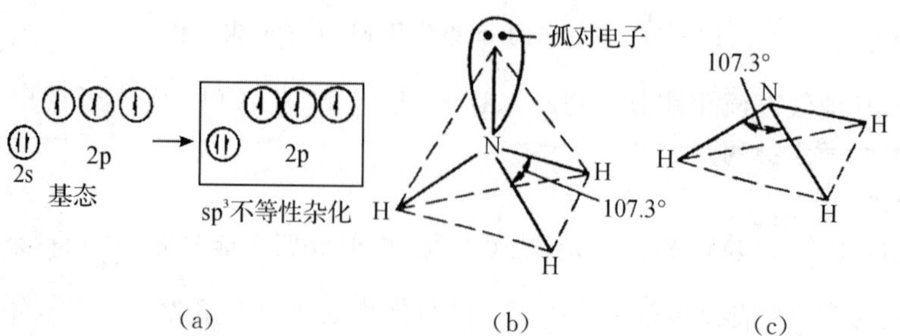

图 1-27　N 原子的 sp^3 不等性杂化及 NH_3 分子的形成过程和空间结构

(2) H_2O 的分子结构

基态 O 原子的外层电子构型为 $2s^2 2p_x^2 2p_y^1 2p_z^1$，成键时 O 也采取 sp^3 不等性杂化，如图 1-28(a)所示，成键时，不含孤对电子的 2 个 sp^3 杂化轨道与 2 个 H 原子的 1s 电子形成 2 个 O—Hσ 键(图 1-28(b))。含有孤对电子的 2 个 sp^3 杂化轨道不参与成键。由于两对孤对电子较一对孤对电子对成键电子的排斥作用更大，使两个 O—H 的夹角变小，为 104.5°。故 H_2O 分子的空间构型呈 V 型(图 1-28(c))。中心原子杂化类型和分子空间构型的关系详见表 1-14 中。

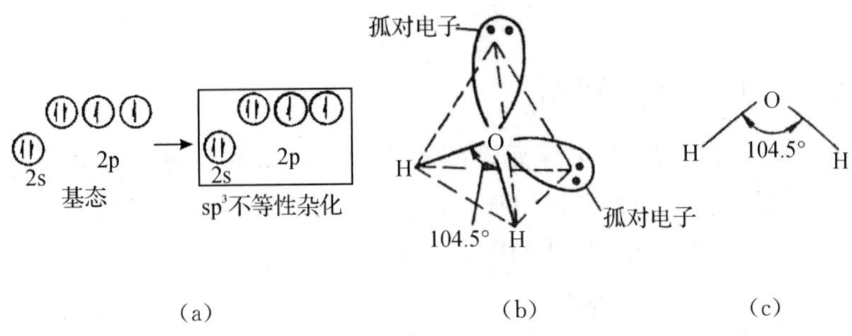

图 1-28　O 原子的 sp^3 不等性杂化及 H_2O 分子的形成过程和空间结构

表 1-14　中心原子的杂化类型和分子空间构型间的关系

杂化轨道类型		杂化轨道数目	孤电子对数目	杂化轨道形状	杂化轨道间夹角	分子几何形状	实例
sp^3	等性杂化	4	0	正四面体	109°28′	正四面体	CH_4，SiH_4，NH_4^+
	不等性杂化	4	1	变形四面体	107.3°	三角锥	NH_3，PCl_3，H_3O^+
			2		104.5°	V 形	OF_2，H_2O
sp^2	等性杂化	3	0	平面三角形	120°	平面三角形	BF_3，SO_3，C_2H_4
	不等性杂化	3	1	三角形	<120°	V 形	NO_2，SO_2
sp	等性杂化	2	0	直线形	180°	直线形	$BeCl_2$，$HgCl_2$，CO_2

杂化轨道理论虽然成功地解释了一些共价分子的结构，但却无法帮助我们预测未知共价分子的构型并判断中心原子杂化轨道类型，此问题的解决需要新的理论—价层电子对互斥理论。

1.7　价层电子对互斥理论

1940 年英国科学家 Sidgwick N V(西奇威克)和 Powell H M(鲍威尔)提出了价层电子对互斥理论，简称 VSEPR 法。后经 Gillespie R J(吉莱斯)和 Nyholm R S(尼霍姆)于 1957 年发展为较简单的又能比较准确地判断分子几何构型的近代学说。该理论可根据中心原子的成键电子对和孤对电子数目来判断和预测分子的几何构型。

Sidgwick，1873—1952

1.7.1　价层电子对互斥理论的基本要点

(1)中心原子的价层电子对包括形成 σ 键的共用电子对和未参与成

键的孤电子对，不包括形成 π 键的电子对。例如，H_2O 分子中 O 的价电子层共有 8 个电子，其中 6 个是 O 原子自身的，另外 2 个是由 H 原子提供的，8 个价电子组成 4 个电子对，其中成键电子对和孤电子对各两对。又如 CO_2 分子，C 原子和两个 O 原子分别形成双键，共有 2 对 σ 键和 2 对 π 键，因此 C 原子的价层电子对数为 2。

(2)为使电子云之间的相互排斥最小，中心原子周围的电子对(成键电子对和孤电子对)尽可能采取一种完全对称的空间排布方式，以使电子对间的距离最远，静电排斥最小，分子体系的能量最低。

1.7.2 分子几何构型的判断

根据价层电子对互斥理论，对主族元素间形成的 AB_n 型共价分子或共价型离子(其中 A 为中心原子，B 为配位原子，$n \geqslant 2$)来说，只要知道中心原子的价层电子对数，就能比较容易而且准确地判断出分子的空间构型，具体判断方法如下：

1. 计算中心原子的价层电子对数

价层电子对数=(中心原子的价电子数+配体所提供的电子数－离子电荷的代数值)/2

计算价层电子对数时，规定：(1)作为配体，卤素原子和 H 原子均提供 1 个价电子，氧族元素的原子不提供电子；(2)作为中心原子，卤素原子按提供 7 个电子计算，氧族元素的原子按提供 6 个电子计算；(3)计算电子对数时，若剩余 1 个电子，亦当作 1 对电子处理；(4)双键、叁键等多重键仅作为 1 对电子看待。

2. 判断分子的空间构型

根据中心原子的价层电子对数，从表 1-15 找到使电子对之间排斥力最小的最佳电子排布方式。

表 1-15　静电斥力最小的电子对排布方式

价层电子对数	2	3	4	5	6
电子对空间构型	直线形	平面三角形	四面体	三角双锥	八面体

将配位原子按相应的几何构型依次与电子对连接，剩下的未结合配位原子的电子对便是孤对电子。再根据孤对电子的数目，确定分子的空间构型，表 1-16 列出了电子对分布与分子几何构型的关系。

表 1-16　AB_n 型分子价层电子对分布与分子空间构型的关系

价层电子对数	分子类型	成键电子对数	孤电子对数	电子对空间排布	分子几何构型	实　例
2	AB_2	2	0	直线形	直线形	CO_2，CS_2
3	AB_3	3	0	三角形	平面三角形	BF_3，SO_3，CO_3^{2-}
	AB_2E	2	1		V 形	SO_2，NO_2^-
4	AB_4	4	0	四面体	正四面体	XeO_4，SO_4^{2-}，CCl_4
	AB_3E	3	1		三角锥	NCl_3，AsH_3，SO_3^{2-}
	AB_2E_2	2	2		V 形	H_2O，OF_2

【例】 试判断下列分子的空间构型。

(1)PCl_5;(2)H_2O;(3)BBr_3;(4)ClO_2^-。

解　(1)中心原子 P 有 5 个价电子,5 个配体 Cl 原子各提供 1 个电子,所以 P 原子的价层电子对数为(5+5)/2=5,其电子对排布方式为三角双锥。由于价层电子对数与配位原子数目相同,价层电子对中无孤对电子,所以 PCl_5 分子的空间构型为三角双锥形。

(2)O 是 H_2O 分子的中心原子,它有 6 个价电子,与 O 化合的 2 个 H 原子各提供 1 个电子,所以 O 原子价层电子对数为(6+2)/2=4,其电子对排布方式为四面体。因为只有 2 个配位原子 H,所以价层电子对中有 2 对孤对电子,H_2O 分子的空间构型为 V 形。

(3)中心原子 B 有 3 个价电子,3 个配体 Br 原子各提供 1 个电子,所以 P 原子的价层电子对数为(3+3)/2=3,其电子对排布方式为平面三角形。由于价层电子对数与配位原子数目相同(都为 3),价层电子对中无孤对电子,所以 BBr_3 分子的空间构型为平面三角形。

(4)ClO_2^- 离子的价电子总数为 8(中心原子 Cl,有 7 个价电子,作为配体的氧原子不提供电子,再加上离子的电荷数 1,共有 8 个价电子),所以价层电子对数为(7+1)/2=4,其电子对排布方式为四面体。因为只有 2 个配位原子,所以价层电子对中有 2 对孤对电子。故 ClO_2^- 离子的空间构型为角形。

VSEPR 理论在判断分子或离子的几何构型方面比较简便、直观,与采用杂化轨道理论判断分子几何构型的结果完全吻合。但该理论在判断一些复杂分子或者离子,如$[Cu(CN)_3]^-$、$[TiF_6]^{3-}$等的构型时,与实验事实并不相符,而且它也不能很好地说明原子间成键的原因和键的相对稳定性,因此仍有一定的局限性。

1.8　分子间力、氢键和离子的极化

1.8.1　分子间力

1. 分子的极性和偶极矩

分子是由原子通过化学键结合而成的。分子有无极性与化学键的极性密切相关。键的极性是指化学键中正、负电荷中心是否重合。若正、负电荷中心重合,则键无极性,称为非极性键;反之键有极性,为极性键。

同种元素原子形成的化学键,电负性差值 $\Delta\chi=0$,正、负电荷中心重合,属非极性键,如 H_2、O_2 等;不同元素形成的化学键,$\Delta\chi\neq0$,共用电子对偏向电负性大的原子,正、负电荷中心不重合,为极性键,如 HBr、SO_2 等。

一般来说,成键原子的电负性差值越大,键的极性就越强。如果两个成键原子的电负性差足够大,共用电子对完全转移到电负性大的原子上,形成正、负离子,这样的极性键就是离子键。离子键是最强的极性键,极性共价键是非极性共价键和离子键的过渡态。

对于双原子分子,共价键的极性和分子的极性是一致的。多原子分子的极性则取决于键的极性和分子的对称性。如果键无极性,则分子也无极性;如果键有极性,则分子是否有极性还需考虑分子的对称性。例如,CCl_4、BF_3 分子中,C—Cl、B—F 都是极性键,但由于这些分子的构型是对称的,所以键的极性相抵,整个分子呈非极性。又如在 H_2O、NH_3、$CHCl_3$ 分子中,

形成分子的化学键都是极性的，而且它们的分子都不是中心对称结构，所以这些分子是极性的。图 1-29 为极性分子和非极性分子的示意图。

图 1-29 极性分子和非极性分子的示意

分子极性的强弱用偶极矩(μ)来表示，偶极矩的概念最早是由美国科学家 Debye P(德拜)于 1912 年提出来的，他将偶极矩定义为分子中正负电荷中心的距离 d 与偶极电荷量的乘积，即

Debye P,1884—1966

$$\mu=q\cdot d$$

偶极矩是矢量，方向由分子的正电荷中心指向负电荷中心，单位为 C·m(库仑·米)；多原子分子的偶极矩是各个化学键键矩的矢量和。如果分子的几何构型呈中心对称(直线形、平面正三角形等)，其偶极矩为 0。例如，BF_3、CH_4 的 $\mu=0$；如果分子的几何构型不是中心对称(如 V 形、三角锥形等)，其偶极矩不为 0。如 SO_2、NH_3 的 $\mu\neq0$。偶极矩越大，分子的极性就越大。

2. 分子的极化

化学键是分子内部原子间强烈的相互作用力，是决定物质化学性质的主要因素。分子之间还存在一种比化学键弱得多的相互作用力—分子间力，又称范德华力。分子间力通常不影响物质的化学性质，但却是影响分子晶体的熔点、沸点、溶解度及物质的状态等物理性质的重要因素。

分子间力实质是分子偶极间的电性引力。通常，分子极性的变化有下列三种情况：

(1)固有(永久)偶极　由于极性分子的正、负电荷中心不重合而产生的偶极称为固有偶极。永久偶极始终存在于极性分子中。通常，正、负电荷中心偏移越大，永久偶极越大；

(2)诱导偶极　分子的正、负电荷中心在外电场的作用下是会发生变化的：非极性分子在外电场的影响下可以变成具有一定偶极的极性分子，而极性分子在外电场影响下也可以使其偶极变大。这种在外电场影响下所产生的偶极叫诱导偶极。其大小同外界电场的强度成正比，一旦外电场撤去，诱导偶极也随之消失；

(3)瞬时偶极　分子内部的原子核和电子总是处在不停的运动过程中。故在运动的某一瞬间，可能导致分子的正负电荷中心不重合，这时分子就会产生偶极，称之为瞬时偶极。瞬时偶极瞬时产生，瞬时消失。由于分子始终做不停地运动，因此瞬时偶极始终存在，并对分子间力起着重要作用。瞬时偶极存在于任何分子之间，其大小和分子的变形性有关，分子越大，越易变形，瞬时偶极就越大。

3. 分子间力

分子间力可进一步细分为取向力、诱导力和色散力。

(1)色散力　非极性分子中，原子核与电子在运动过程中发生瞬时的相对位移，使得正、负电荷中心分离而产生瞬时偶极，瞬时偶极之间相互吸引而产生的作用力即为色散力(因其作用能表达式与光的色散公式相似而得名)[图 1-30(a)，(b)]。瞬时偶极必然采取异极相邻的状态。虽然瞬时偶极存在时间很短，但异极相邻的状态却是不断出现的[图 1-30(c)]，所以非极性分子间的色散力是始终存在的。由于瞬时偶极存在于一切分子中，因此色散力存在于一切分子中。一般来说，分子变形性越大，所产生的瞬时偶极也越大，分子间的色散力就越大。

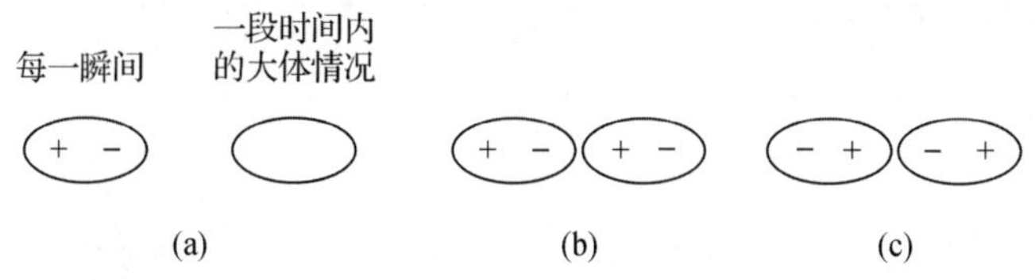

图 1-30　非极性分子相互作用

(2)诱导力　极性分子和非极性分子相互靠近时，极性分子会诱导非极性分子产生诱导偶极，于是就产生了固有偶极与诱导偶极之间的作用力，称为诱导力(图 1-31)。通常，极性分子的固有偶极越大，非极性分子就越易变形，其诱导偶极也就越大。此外，当极性分子相接触时，在彼此固有偶极的作用下，每个分子都会变形而产生诱导偶极[图 1-32(c)]，其结果是使极性分子的偶极矩增大，分子间的相互作用力进一步加强。所以诱导力不仅存在于极性分子与非极性分子之间，同时也存在于极性分子之间。

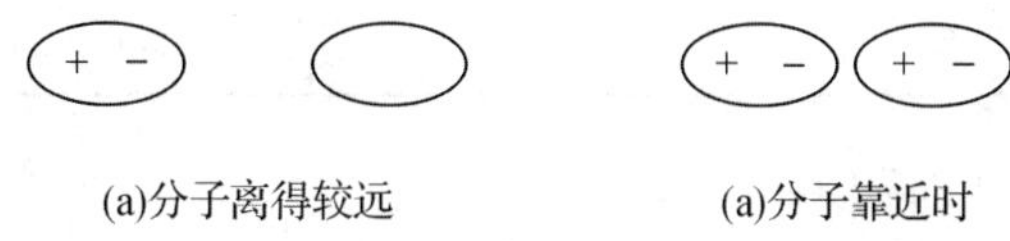

图 1-31　极性分子与非极性分子相互作用

(3)取向力　它是发生在极性分子之间的作用力。当两个极性分子靠近时，由于同极相斥，异极相吸，使得分子在空间按异极相邻的状态定向排列[图 1-32(b)]，因此产生的分子间力称为取向力。分子的极性越大，分子间距离越小，取向力就越大。

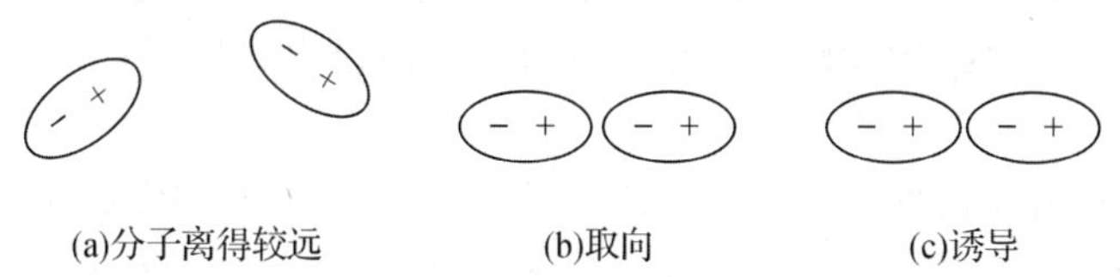

图 1-32　极性分子间相互作用

总之，在非极性分子之间只存在色散力，例如，SO_3 和 CO_2 分子都是非极性分子，它们之间仅存在色散力；在极性与非极性分子之间存在色散力和诱导力，如 SO_2 是极性分子，BF_3 是非极性分子，它们之间存在色散力和诱导力；在极性分子之间，色散力、诱导力、取向力都存在，如 NCl_3 和 OF_2 都是极性分子，因此分子间存在色散力、诱导力、取向力。

分子间力具以下特点：

①是永远存在于分子之间的一种作用力，其本质是一种静电吸引力；

②分子间力作用能一般在 2～20 kJ · mol^{-1}，比化学键能(100～600 kJ · mol^{-1})小约 1～2 数量级；

③是一种短程力，作用范围约 500 pm 以内。分子间力与分子间距离的 6 次方成反比，距离太远，分子间力可迅速减小甚至消失。分子间力没有方向性和饱和性；

④大多数分子间的作用力以色散力为主。只有极性很大的分子，取向力才占较大的比重。从表 1-17 列举的几种物质分子间吸引作用能的数值可以看出，除了偶极矩很大的分子(如

H_2O)外，色散作用是最主要的吸引作用，诱导作用所占成分最少。

表 1-17　分子间的吸引作用(10^{-22} J)(两分子间距离＝500 pm，T＝298 K)

分子	取向能	诱导能	色散能	总和
He	0	0	0.05	0.05
Ar	0	0	2.9	2.9
Xe	0	0	18	18
CO	0.00021	0.0037	4.6	4.6
CCl_4	0	0	116	116
HCl	1.2	0.36	7.8	9.4
HBr	0.39	0.28	15	16
HI	0.021	0.10	33	33
H_2O	11.9	0.65	2.6	15
NH_3	5.2	0.63	5.6	11

4. 分子间力对物质性质的影响

分子间力对物质的物理性质，包括熔点、沸点、熔化热、气化热、溶解度和黏度等都有较大的影响。

(1)熔沸点

一系列组成相似的非极性或极性分子，其熔沸点随分子量的增加而升高。例如，卤素单质 F_2、Cl_2、Br_2、I_2，在常温下，F_2、Cl_2 是气体，Br_2 是液体，而 I_2 是固体。这是因为从 F_2 到 I_2，随相对分子质量的增加，分子的变形性增强，由此产生的瞬时偶极也就增加，分子间的色散力随之增强。

对于摩尔质量相近而极性不同的分子来说，极性分子的熔点和沸点往往高于非极性分子。这是因为非极性分子间只存在色散力，极性分子间除色散力外，还存在取向力和诱导力。如 CO 和 N_2 分子的摩尔质量相近，但 CO 熔、沸点较 N_2 更高。具有离域 π 键的分子(如苯)，因 π 电子间的结合力较弱，分子容易变形，因而分子间作用力较大，此类物质的熔、沸点往往高于无离域 π 键的分子(如环已烷)。

(2)溶解度

一般来说，极性分子易溶于极性溶剂中，非极性分子易溶于非极性的有机溶剂中，即"极性相似相溶"。例如 NH_3、HCl 极易溶于水，难溶于 CCl_4 和苯；而 Br_2、I_2 难溶于水，易溶于 CCl_4、苯等有机溶剂。根据此性质，可用 CCl_4、苯等溶剂将 Br_2、I_2 从它们的水溶液中萃取出来。

图 1-33 给出了ⅣA～ⅦA 同族元素氢化物熔点、沸点的递变情况。图中除 F、O、N 外，其余氢化物熔点、沸点的变化趋势可以用分子间作用力的大小很好地加以解释。

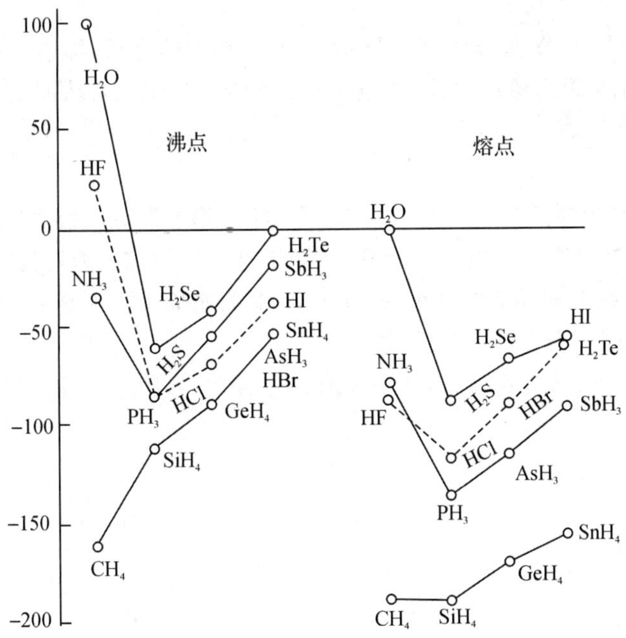

图 1-33　IVA～VIIA 同族元素氢化物熔点、沸点的递变情况

(3)硬度

物质的硬度与分子排列、分子间的作用力有关系。分子间作用力大,其硬度也大,分子间排列紧凑,硬度也大。比如钻石就是原子间作用力大而且各个方向都相同,所以硬度大;而石墨虽然在同一层面上原子间作用力很大,但是是由无数个层组成,层与层之间只是分子间力,不是共价键,所以很柔软。

1.8.2　氢键

1. 氢键的形成

当 H 原子与电负性很大、半径很小的原子 X(如 F、O、N 等)以共价键结合时,由于 X 原子吸引电子的能力很强,共用电子对强烈偏向 X 原子,使 H 原子成为几乎没有电子云的只带有正电荷的“裸露”的质子。由于质子的半径很小(30 pm),正电荷密度很高,因此还可以吸引另一个电负性大,且半径较小的原子 Y(如 F、O、N 等)的孤对电子,于是就形成了氢键。通常表示为 X—H…Y,形成氢键的条件是:

(1)有一个与电负性很大、半径很小的原子 X 以共价键结合的 H 原子;

(2)靠近 H 原子的另一个原子 Y 必须电负性很大、半径很小且有孤对电子。X 和 Y 可以是同种元素,也可以是不同种的元素。

氢键的键能是指打开 1 mol H…Y 键所需要的能量。它比共价键的键能小得多,约为 10～40 kJ·mol^{-1},与分子间作用力的数量级相同,所以称之为特殊的分子间作用力。但它又不完全类同于分子间作用力。氢键的强弱与 X、Y 的电负性和半径大小有密切关系。元素的电负性越大,形成的氢键越强。

F—H…F>O—H…O>O—H…N>N—H…N>O—H…Cl>O—H…S

Cl 电负性和 N 相同,但半径比 N 大,只能形成极弱的氢键(O—H…Cl);O—H…S 氢键更弱;C 因电负性甚小,一般不形成氢键。氢键具以下特点

(1)方向性

在氢键 X—H…Y 中,Y 原子取 X—H 的键轴方向与 H 靠近,即 X—H…Y 中三个原子在一直线上,以使 Y 与 X 距离最远,两原子电子云之间的斥力最小,从而能形成较强的氢键,即氢键键角为 180°。

(2)饱和性

由于 H 原子半径比 X 和 Y 小得多,当 X—H 与 Y 原子形成氢键后,如果再有另一个电负性大的原子靠近,则这个原子的电子云受到 X 和 Y 电子云的排斥力远远大于受到带正电荷的 H 的吸引力,所以很难与 H 靠近,因此 X—H…Y 上的氢原子不可能再与另一个电负性大的原子形成氢键,即氢键中 H 原子的配位数为 2。

除了分子间氢键外,某些化合物,如一些有机化合物(邻硝基苯酚、水杨醛等),可以形成分子内氢键(图 1-34)。

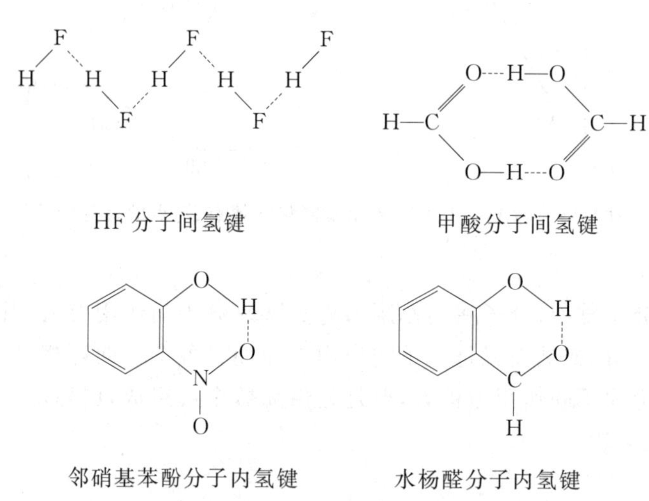

图 1-34 分子间氢键与分子内氢键示例

2. 氢键对物质性质的影响

氢键的形成对物质的性质有很大的影响。表现在以下几方面:

(1)熔沸点

分子间氢键的形成会增加分子间的作用力,从而使物质的熔、沸点显著升高。图 1-33 中 HF、H_2O、NH_3的熔、沸点与同族氢化物相比都特别的高,原因就是这些分子之间存在着氢键。必须指出,当物质存在分子内氢键时,反而会使其熔、沸点下降。如对位和邻位硝基苯酚的沸点分别为 114℃和 45℃,这是因为前者只能生成分子间氢键,而后者可以生成分子内氢键。

(2)溶解度

溶质和极性溶剂间形成分子间氢键会使溶质的溶解度增加,如 NH_3与 H_2O 之间可形成氢键,所以 NH_3在水中的溶解度很大;若溶质分子能形成分子内氢键,则其在极性溶剂中的溶解度反而会减小,在非极性溶剂中的溶解度反而会增加。

(3)酸性

苯甲酸(C_6H_5COOH)是一元有机酸,解离常数 $K_a^{\ominus}=6.2\times10^{-12}$,若—COOH 的邻位上有羟基(—OH),其电离常数变为 $K_a^{\ominus}=9.9\times10^{-11}$;如果—COOH 的邻位上有两个羟基,其电离

常数又变为 $K_a^{\ominus}=5.0\times10^{-9}$。酸性依次增强的原因是取代基—OH 和—COOH 之间形成了六圆环的分子内氢键，使得氢离子更容易解离(图 1-35)。

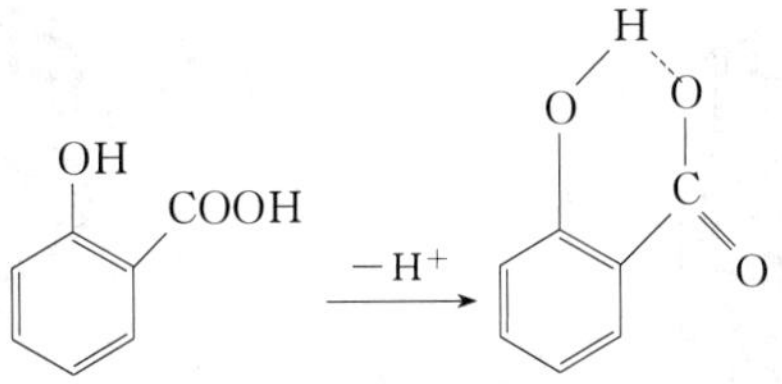

图 1-35 邻羟基苯甲酸形成分子内氢键促进氢离子的离解

此外，氢键的形成还会影响物质的密度、介电常数等性质。例如，在液态水中，H_2O 分子间可以形成缔合分子(图 1-36)。当水凝固成冰时同样以氢键结合形成了缔合分子(图 1-37)。由于分子必须按照氢键轴排列，所以冰的排列不是最紧密排列，冰的密度反而比水小；水的另一个反常现象就是在 4℃时密度最大。因为大于 4℃时，分子的热运动使水的体积膨胀，密度减小；小于 4℃时，分子间热运动降低，形成氢键的倾向增加，分子间的空隙增大，密度也减小。0℃时水结成冰，全部水分子都以氢键相连，形成空旷的结构，所以体积更大，密度更小。

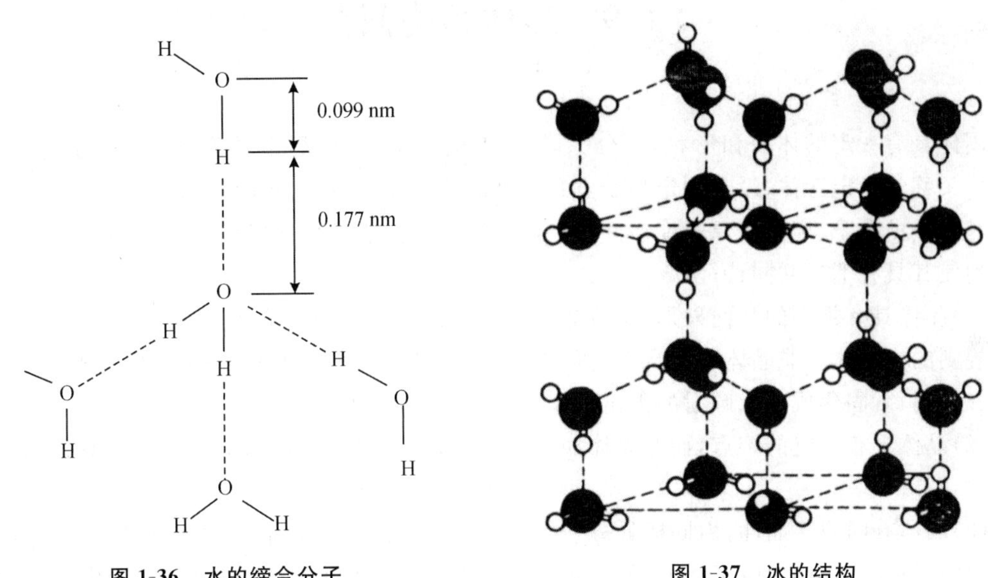

图 1-36 水的缔合分子 **图 1-37 冰的结构**

(4)对生物体的影响

氢键广泛存在于无机含氧酸、有机羧酸、醇、酚、胺等分子内。氢键在生物大分子，如蛋白质、核酸、糖类等中起着重要作用。蛋白质分子的 α-螺旋结构就是靠羰基(C=O)上的 O 和亚氨基(—NH)上的 H 以氢键(C=O…H—N)彼此连接成的(图 1-38)。脱氧核糖核酸(DNA)的双螺旋结构各圈之间也是靠氢键连接而维持其一定的空间构型、并增强其稳定性的(图 1-39)。可以说，没有氢键的存在，就没有这些特殊而稳定的大分子结构，而正是这些大分子支撑了生物机体，担负着贮存营养、传递信息等各种生物功能。

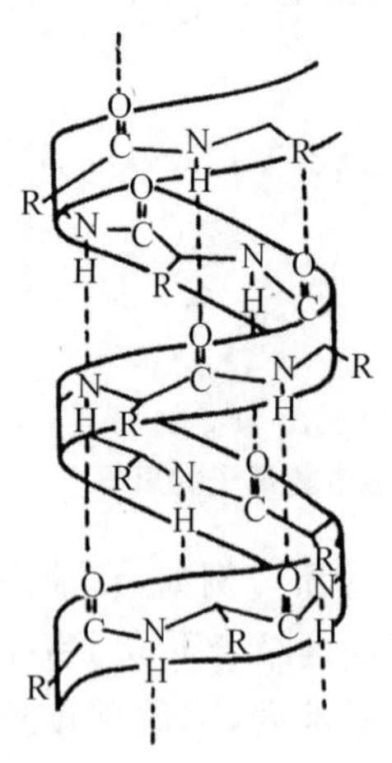

图 1-38 蛋白质 α-螺旋结构结构

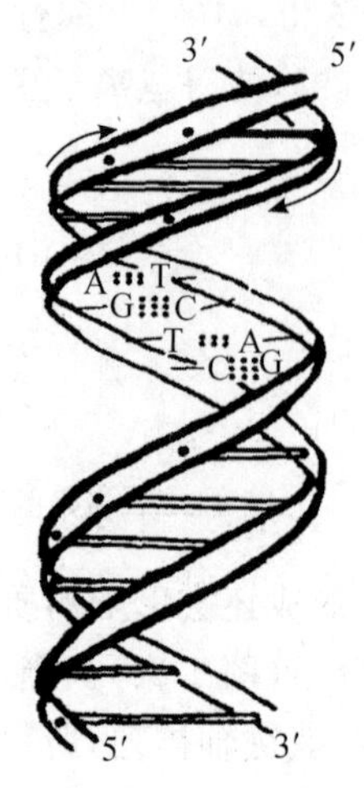

图 1-39 DNA 分子双螺旋结构

*1.9 晶体结构简介

固体具有一定的体积和形状，可分为晶体和非晶体。自然界中的固体绝大多数是晶体。非晶体又称为无定形体，没有固定的熔点和规则的几何外形，各向是同性的。

晶体是由分子、离子或原子在空间按一定规律周期性地重复排列而成的，晶体的这种周期性排列使其具有下述共同特征：

(1)晶体具有规则的几何外形，组成晶体的质点(分子、离子或原子)在空间有规则地排列而成规则的多面体。非晶体不会自发地形成多面体外形，从熔融状态冷却时，其内部粒子来不及整齐排列，就固化成表面圆滑的无定形体；

(2)晶体具有固定的熔点，而非晶体如玻璃受热渐渐软化成液态，有一段宽的软化温度范围；

(3)晶体有同质多晶性，由同样的分子(或原子)以不同的方式堆积成不同的晶体，这种现象叫做同质多晶性，例如由 ZnS 可形成闪锌矿和纤锌矿。因此在研究晶体时，确定化学成份仅仅是第一步，只有进一步确定其结构，才能深入探讨晶体的性质；

(4)晶体的几何度量和物理效应常随方向的不同而表现出量上的差异，这种性质称为各向异性。如光学性质、导电性、热膨胀系数和机械强度等在晶体的不同方向上测定时其结果是各不相同的，而非晶体的各种物理性质不随测定的方向而改变。

晶体内部的质点以确定的位置在空间作有规则的排列，这些点群具有一定的几何形状，称为晶格。晶格上的点叫结点。晶格中含有晶体结构的具有代表性的最小重复单位，为单元晶胞，简称晶胞。晶胞在三维空间无限重复就产生晶体。故晶体的性质是由晶胞的大小、形状和质点的种类以及质点间的作用力所决定的。

按照晶格上质点的种类和质点间作用力的不同把晶体分为四种类型：离子晶体、原子晶体、分子晶体、金属晶体。

1. 离子晶体

(1)概述

离子晶体是晶格结点上的正、负离子通过离子键相互结合形成的,如 NaCl 晶体。通常离子晶体具有较高的熔、沸点,硬度较大。

离子键无方向性与饱和性,故在离子周围可以尽量多地排列异号离子,而这些异号离子之间也存在斥力,故要尽量远离。离子晶体的配位数取决于正负离子半径之比和离子的电子构型。CsCl、NaCl、ZnS 是 AB 型离子晶体中常见的三种类型,其晶体在空间的分布见图 1-40。

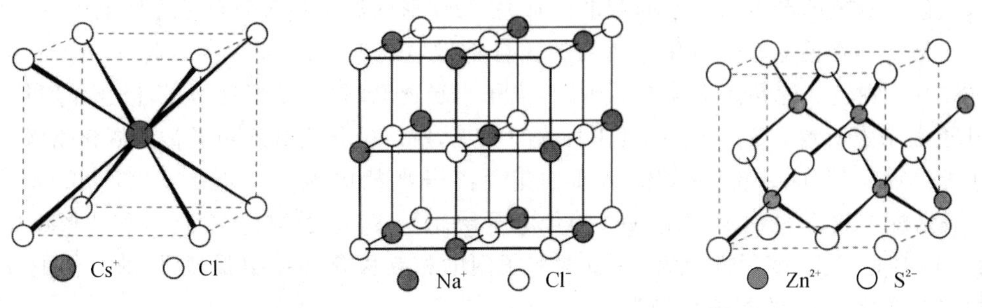

图 1-40 CsCl、NaCl、ZnS 离子晶体晶胞示意图

NaCl 型:晶胞为面心立方;阴阳离子均构成面心立方且相互穿插而形成;每个阳离子周围紧密相邻有 6 个阴离子,每个阴离子周围也有 6 个阳离子,均形成正八面体;每个晶胞中有 4 个阳离子和 4 个阴离子,组成比为 1∶1。

CsCl 型:晶胞为体心立方;阴阳离子均构成空心立方体,且相互成为对方立方体的体心;每个阳离子周围有 8 个阴离子,每个阴离子周围也有 8 个阳离子,均形成立方体;每个晶胞中有 1 个阴离子和 1 个阳离子,组成比为 1∶1。

ZnS 型:晶胞为立方晶胞;阴阳离子均构成面心立方且互相穿插而形成;每个阳离子周围有 4 个阴离子,每个阴离子周围也有 4 个阳离子,均形成正四面体;晶胞中有 4 个阳离子和 4 个阴离子,组成比为 1∶1。

(2)离子极化和键的变异现象

离子极化是指在电场的作用下产生的离子电子云变形的现象。对于离子晶体来说,离子本身带有电荷,形成一个电场,离子在相互电场作用下发生电子云变形,正、负电荷中心进一步远离,并导致物质在结构和性质上发生相应的变化。

一种离子使异号离子极化而变形的作用称为离子的极化作用;被异号离子极化而发生离子电子云变形的性能,称为离子的变形性或可极化性。对正、负离子来讲都具有极化作用和变形性两方面,但由于正离子的半径一般都比负离子小,电场强,所以正离子极化作用大,而负离子变形性大。阳离子极化作用的强弱,决定于该离子对周围离子施加的电场强度。电荷高、半径小的正离子有强的极化作用,如 $Na^{+}<Mg^{2+}<Al^{3+}$;对于不同电子层结构的正离子,极化作用大小顺序为:18 电子构型或 18+2 电子构型的离子>9～17 电子构型的离子>8 电子构型的离子。而最容易变形的离子是体积大的负离子(如 I^{-}、S^{2-})和 18 或 18+2 以及不规则电子层的少电荷的正离子(如 Ag^{+}、Hg^{2+})。

离子的相互极化使得正、负离子的电子云强烈变形,外层电子云发生重叠,键的极性减弱,键长缩短,最终导致离子键向共价键过渡。离子的极化会影响化合物的性质。例如:

①熔、沸点 AgCl 与 NaCl 同属 NaCl 型晶体,但 Ag^{+} 离子的极化力和变形性远大于 Na^{+}

离子，所以 AgCl 的键型为过渡型，因而 AgCl 的熔点(455 ℃)远低于 NaCl 的熔点(800 ℃)；

②溶解度　以 AgX 为例，AgF、AgCl、AgBr、AgI 在水中的溶解度依次降低。这是因为卤离子 X^- 的变形性大小顺序为 $F^- < Cl^- < Br^- < I^-$，Ag^+ 的极化力和变形性都很强，相互极化的结果使 AgX 中键的离子性逐渐减弱，共价性逐渐增强，所以它们在极性溶剂水中的溶解度降低。S^{2-} 和 O^{2-} 的电荷、半径以及变形性都较卤素更大些，所以它们与具有 18、(18+2)、9～17 电子构型的金属离子(如 Cu^{2+}、Ag^+、Pb^{2+}、Bi^{3+}、Cd^{2+}、Hg^{2+} 等)形成的硫化物和氧化物一般都难溶于水；

③颜色　颜色的产生与离子的变形性有关，易变形的离子易吸收可见光使电子发生跃迁，因而化合物常具颜色。离子极化作用强的化合物颜色比较深。如 AgI 为黄色，AgBr 为浅黄色，AgCl 则为白色。这是因为从 Cl^- 到 I^-，离子半径逐渐增大，变形性增强，极化作用从 AgCl 到 AgI 逐渐增强所致。S^{2-} 离子的变形性大于 O^{2-}，所以硫化物的颜色通常比氧化物深。

④配位数　例如，AgCl、AgBr、AgI 的正负离子半径比为 $r^+/r^- = 0.696 \sim 0.583$，类似 NaCl 晶格，配位数应为 6，但由于 Ag^+ 的价电子层属于 18 电子构型，极化力和变形作用都很大，而且 I^- 半径很大，变形性也大，所以两离子间的相互极化作用很强烈，导致它们的配位数往小的方向变化，AgI 的配位数仅为 4。

离子极化作用在许多方面影响着化合物的性质，可以把它看作是离子键理论的补充。

2. 原子晶体

原子晶体中，组成晶体的微粒是原子，原子间通过共价键形成的晶体统称为原子晶体。如金刚石、晶体硅、碳化硅、二氧化硅等。原子晶体中不存在独立的简单分子，整个晶体构成一个巨型的分子，其化学式仅表示物质的组成。单质的化学式直接用元素符号表示，两种以上元素组成的原子晶体，则按各原子数目的最简比写化学式。

例如，金刚石晶体是一个以 C 原子为中心，通过共价键连接 4 个 C 原子而形成的正四面体结构，所有的 C—C 键键长均为 1.55×10^{-10} 米，键角为 $109°28'$，键能也都相等，金刚石是典型的原子晶体，熔点高达 3550 ℃，是自然界中硬度最大的单质。

原子晶体中，原子间通过共价键相结合，共价键结合牢固，相应地熔、沸点高，硬度大，不溶于一般的溶剂，多数原子晶体为绝缘体，有些如硅、锗等是优良的半导体材料。

3. 分子晶体

由共价键形成的单质或化合物，当温度降至一定程度时，会形成晶体。这种共价分子作为晶格结点上的微粒，分子间以分子间作用力(及氢键)相结合而形成的晶体称为分子晶体。分子晶体用分子式表示组成，大多为非金属间形成的小分子，平均每个原子形成 σ 键数目不多于两个。

分子间作用力的大小可由色散力、取向力和诱导力来判断，但一般只要判断其色散力大小即可。故一般由分子量的大小可大致判断分子间力的大小。大多数非金属单质及其形成的化合物如干冰(CO_2)、I_2、大多数有机物，其固态均为分子晶体。

由于分子间的作用力很弱(应注意分子晶体的分子内原子之间是共价键。不要把分子间力与分子内的化学键弄混，而且分子晶体中存在独立的分子，这与离子晶体和原子晶体不相同)，所以分子晶体的熔沸点比较低，硬度较小，挥发性大。由于分子晶体的结点是电中性的分子，所以在固态和熔融时导电性差，是电的不良导体。

4. 金属晶体

金属晶体的晶格结点上排列的是金属原子和金属阳离子，在金属晶格空间充填着自由电

Shechtman D,1941—

子,金属原子(离子)好像浸没在自由电子的海洋中,这些电子可被所有金属原子共用,自由电子与金属离子间的作用力称为金属键。金属键可看成是由许多原子共用许多电子的一种特殊形式的共价键,故金属键是无方向性和饱和性的。为形成稳定结构,金属原子采取尽可能紧密的堆积方式,所以金属一般密度较大,配位数较大。

通常,金属晶体熔、沸点高,不溶于水,硬度大,导电性和延展性也较好。

除了上述四种典型的晶体外,最近几十年,科学界对介于晶体和非晶体之间的物质进行探索。1982 年底,以色列科学家 Shechtman D(谢赫特曼)等人在急冷凝固的 Al-Mn 合金中发现了准晶体(quasicrystals)。它是一种介于晶体和非晶体之间的固体,具有与晶体相似的长程有序的原子排列,然而又不具有晶体所应有的平移对称性。2011 年 10 月 5 日上午,瑞典皇家科学院宣布,将 2011 年诺贝尔化学奖授予谢赫特曼,以表彰其在晶体学研究中的突破。目前,准晶体的相关研究成果已被应用到材料学、生物学等多种领域。瑞典皇家科学院在颁奖声明中提到:获奖者的发现改变了科学家对固体物质结构的认识。

※ 阅读材料

关于激光的发明、原理及应用

激光的最初的中文名叫做“镭射”、“莱塞”,是其英文缩写词 LASER(Light Amplification by Stimulated Emission of Radiation)的音译,意思是“通过受激发射光扩大”。激光的英文全名已经完全表达了制造激光的主要过程。1964 年按照我国著名科学家钱学森建议将“光受激发射”改称“激光”。

导致激光发明的理论基础可以追溯到 1917 年,爱因斯坦在量子理论的基础上提出了一个崭新的概念:在物质与辐射场的相互作用中,构成物质的原子或分子可以在光子的激励下产生光子的受激发射或吸收。

1958 年,美国科学家 Schawlow A L(肖洛)和 Townes C H(汤斯)发现了一种神奇的现象:当他们将氖光灯泡所发射的光照在一种稀土晶体上时,晶体的分子会发出鲜艳的、始终会聚在一起的强光。根据这一现象,他们提出了“激光原理”,即物质在受到与其分子固有振荡频率相同的能量激发时,都会产生这种不发散的强光—激光。1960 年,他们研制出第一台激光器。从此,激光成为探测原子和分子特性的有效工具。汤斯与肖洛分别获得 1964 年与 1981 年的诺贝尔物理学奖。

1960 年 7 月 7 日,美国科学家 Maiman T H(梅曼)宣布世界上第一台激光器诞生。他利用一个高强闪光灯管,来刺激红宝石。由于红宝石实质上是一种掺有铬原子的刚玉,所以当红宝石受到刺激时,就会发出一种红光。在一块表面镀上反光镜的红宝石的表面钻一个孔,使红光可以从这个孔溢出,从而产生一条相当集中的纤细的红色光柱,当它射向某一点时,可使其达到比太阳表面还高的温度。实验证实激光确实具有理论预期的,完全不同于普通光(自发辐射光)的特性:单色性、方向性、相干性和高亮度。这些独特性质加上由此而来的超高亮度,超短脉冲等性质使它已经而且必将深刻地影响当代科学、技术、经济和社会的发展和变革。以下列举激光器发明后的一些重要应用:

1961 年:激光首次在外科手术中用于杀灭视网膜肿瘤。

1962 年:发明半导体二极管激光器,这是今天小型商用激光器的支柱。

1969 年:激光用于遥感勘测,激光被射向阿波罗 11 号放在月球表面的反射器,测得的地月距离误差在几米范围内。

1971 年:激光进入艺术世界,用于舞台光影效果,以及激光全息摄像。英国籍匈牙利裔物理学家 Dennis Gabor 凭借对全息摄像的研究获得诺贝尔奖。

1974 年:第一个超市条形码扫描器出现

1975 年:IBM 投放第一台商用激光打印机

1978 年:飞利浦制造出第一台激光盘(LD)播放机,不过价格很高

1982 年:第一台紧凑碟片(CD)播放机出现,第一部 CD 盘是美国歌手 Billy Joel 在 1978 年的专辑 52nd Street。

1983 年:里根总统发表了“星球大战”的演讲,描绘了基于太空的激光武器

1988 年:北美和欧洲间架设了第一根光纤,用光脉冲来传输数据。

1990 年:激光用于制造业,包括集成电路和汽车制造

1991 年:第一次用激光治疗近视,海湾战争中第一次用激光制导导弹。

1996 年:东芝推出数字多用途光盘(DVD)播放器

2008 年:法国神经外科学家使用广导纤维激光和微创手术技术治疗了脑瘤

2010 年:美国国家核安全管理局(NNSA)表示,通过使用 192 束激光来束缚核聚变的反应原料—氢的同位素氘(质量数 2)和氚(质量数 3),解决了核聚变的一个关键困难。

激光器发明 50 多年来,激光科学与技术以其强大的生命力谱写了一部典型的学科交叉的创新发明史。激光的应用已经遍及科技、经济、医学、军事和社会发展的众多领域,远远超出了 50 年前人们原有的预想。激光技术的发展推动了人类技术的进步,改变了人类的生活方式,试想如果没有以高速光纤通信为基础的互联网,现在的世界会是什么样?激光让我们的生命更加健康,激光早已走进了医院成为健康检查、疾病诊断与治疗的重要工具。

展望未来,激光在科学研究与技术应用两方面都还有巨大的机遇、挑战和创新的空间。在技术应用方面:工业激光加工与计量将为未来的制造业提供先进的、精密的、灵巧的特殊加工与测量手段;激光医学与生物光子学在 21 世纪的发展前景和重要性绝不亚于信息光电子技术;激光光谱分析和激光雷达技术将为环境保护和污染检测提供有力的手段;激光聚变有可能为人类提供取之不尽的绿色能源;以半导体量子阱激光器和光纤器件为基础的信息光电子技术将继续成为未来信息技术的基础之一,为人们提供高清晰度电视、远程教育、远程医疗等质高价廉的信息服务;光盘、全息以至更新型的信息存储技术将为此提供丰富的信息资源;光纤传感技术和材料工程的交叉正在创造未来的灵巧结构材料,它能感知并自动控制自己的应力,温度等状态从而为未来的飞机、桥梁和水坝等结构提供安全的保障。面向未来,激光技术的研发工作应该以国家需求或市场为导向,以推动经济发展方式转变为目的,创造性地利用激光独有的特性,寻找激光不可替代的应用。

思考题与习题

1-1 回答下列问题

(1)比较波函数角度分布图与电子云角度分布图,它们有哪些不同之处?

(2)几率和几率密度的区别?

(3)原子共价半径、金属半径和范德华半径的定义?

(4)试用杂化轨道理论说明 BF_3 是平面三角形,而 NF_3 是三角锥形。

(5)分子式、化学式、分子轨道式、分子结构式的概念?

1-2　下列说法是否正确?

(1)当原子中电子从高能级跃迁至低能级时,两能级间的能量相差越大,则辐射出的电磁波波长越大。

(2)在多电子原子中,电子的能量只取决于主量子数 n。

(3)3个p轨道的能量形状大小都相同,不同的是在空间的取向。

(4)波函数 ψ 是描述微观粒子运动的数学函数式。

(5)电子云的黑点表示电子可能出现的位置,疏密程度表示电子出现在该范围的机会大小。

(6)电子具有波粒二象性,就是说它一会儿是粒子,一会儿是波动。

(7)所谓不等性杂化,是指有孤对电子占据其中一个或以上杂化轨道的杂化方式。

(8)所谓 sp^2 杂化,是指1个s电子与2个p电子的混杂。

(9)中心原子中的几个原子轨道杂化时必定形成数目相同的杂化轨道。

(10)原子在基态时没有未成对电子,就一定不能形成共价键。

(11)非极性分子只含非极性共价键。

(12)全由共价键结合形成的化合物只能形成分子晶体。

1-3　微观粒子运动的特征是________和________。

1-4　在 He^+ 离子中,3s、3p、3d、4s轨道能量自低至高排列顺序为________,在K原子中,顺序为________,在Mn原子中,顺序为________。

1-5　当 $n=4$ 时,电子层的最大电子容量为________。其各轨道能级的顺序为________。实际上第一个4f电子将在周期表中第________周期、________元素中的第________个元素中出现。该元素的名称为________。

1-6　HF、HCl、HBr、HI分子极性由强至弱的顺序为________;分子间取向力由强至弱的顺序为________;分子间色散力由强至弱的顺序为________;沸点由高至低的顺序为________。

1-7　已知 M^{2+} 离子3d轨道中有5个电子,试推出:(1)M原子的核外电子排布;(2)M原子的最外层和最高能级组中电子数;(3)M元素在周期表中的位置。

1-8　以下哪些原子或离子的电子组态是基态、激发态还是不可能的组态?

(1) $1s^2 2s^2$;(2) $1s^2 3s^1$;(3) $1s^2 3d^3$;(4) $[Ar]3d^2 4s^2$;(5) $1s^2 2s^2 2p^6 3s^1$;(6) $[Ne]3s^2 3d^{12}$。

1-9　某元素的原子序数为35,试回答:

(1)其原子中的电子数是多少?有几个未成对电子?

(2)其原子中填有电子的电子层、能级组、能级、轨道各有多少?价电子数有几个?

(3)该元素属于第几周期,第几族?是金属还是非金属?最高氧化态是多少?

1-10　写出符合下列电子结构的元素,并指出它们在周期表中的位置。

(1)3d轨道全充满,4s上有2个电子的元素。

(2)第ⅢA元素外层具有2个s电子和1个p电子的元素。

1-11　已知某元素在氪之前,当该元素的原子失去一个电子后,在其角量子数为2的轨道内恰好达到全满,试判断该元素的名称,并说明它属于哪一周期、族、区。

1-12　已知 NH_4^+、CS_2、C_2H_4(乙烯)分子中,键角分别为109°28′、180°、120°,试判断各中心原子的杂化方式。

1-13 用杂化轨道理论，判断下列分子的空间构型(要求写出具体杂化过程，即杂化前后电子在轨道上的排布情况)：PCl_3、$HgCl_2$、BCl_3、H_2S

1-14 判断下列分子哪些是极性分子，哪些是非极性分子？

Ne、Br_2、HF、NO、CS_2、$CHCl_3$、NF_3、C_2H_4、C_2H_5OH、$C_2H_5OC_2H_5$、C_6H_6

1-15 下列哪些分子之间能够形成氢键：

(1)H_2O 与 H_2S；(2)CH_4 与 NH_3；(3)$C_2H_5OC_2H_5$ 和 H_2O；(4)C_2H_5OH 和 HF。

1-16 有无以下运动状态？为什么？应怎样改正？

(1)$n=1, l=1, m=0$；　(2)$n=2, l=0, m=\pm 1$；

(3)$n=3, l=3, m=\pm 3$；　(4)$n=4, l=3, m=\pm 2$。

1-17 Write the electron configuration beyond a noble gas core for(for example, F, [He] $2s^2 2p^5$)

Cr, Tl, Rb, Cu^{2+}, Ti^{3+}, Sn^{2+}

1-18 Predict the geometry of the following species(by VSEPR theory):

(1)NO_2^-；(2)I_3^-；(3)SF_6；(4)SO_4^{2-}；(5)NCl_3；(6)CS_2。

第 2 章

化学反应的基本原理

没有科学想象，就不可能有所创造。

——范特霍夫

化学反应所涉及的问题包括了化学反应发生的可能性与现实性两方面。化学热力学主要解决化学反应中的可能性问题:即化学反应中能量是如何转化的，化学反应朝着什么方向进行，反应限度如何。而化学动力学主要解决化学反应中的现实性问题:反应如何进行(反应机理)以及反应需要多长时间(反应速率)。

2.1 化学反应的能量变化

热力学是研究热能和机械能以及其他形式能量之间转换规律的一门科学，用热力学的理论和方法研究化学则产生了化学热力学。化学热力学在讨论物质的变化时，着眼于宏观性质的变化，不需涉及物质的微观结构。运用化学热力学方法研究化学问题时，只需知道研究对象的起始状态和最终状态而无需知道变化过程的机理，即可对许多过程的一般规律加以探讨。

化学热力学的主要研究内容是化学反应及相关过程中的能量效应和化学反应及相关过程的方向和限度问题。即利用热力学第一定律来计算化学反应中的热效应;利用热力学第二定律来解决化学和物理变化的方向和限度，以及相平衡和化学平衡等问题;用热力学第三定律阐明绝对熵的数值。

2.1.1 热力学基本概念与定律

2.1.1.1 体系与环境

物质世界在空间与时间都是无限的。但是人们在研究具体物质时必须先确定研究对象，把一部分物质与其余分开，这种分离可以是实际的，也可以是想象的。这种被划定的研究对象称为体系，亦称为物系或体系系统。与体系密切相关、有相互作用或影响所能及的部分称为环境。比如研究杯中的水，则水是体系，水面以上空气、盛水的杯子，乃至放杯子的桌子等都是环境。

根据体系与环境之间的关系，将体系分为三类：

(1)敞开体系(open system)体系与环境之间既有物质交换，又有能量交换。

(2)封闭体系(closed system)体系与环境之间无物质交换，但有能量交换。

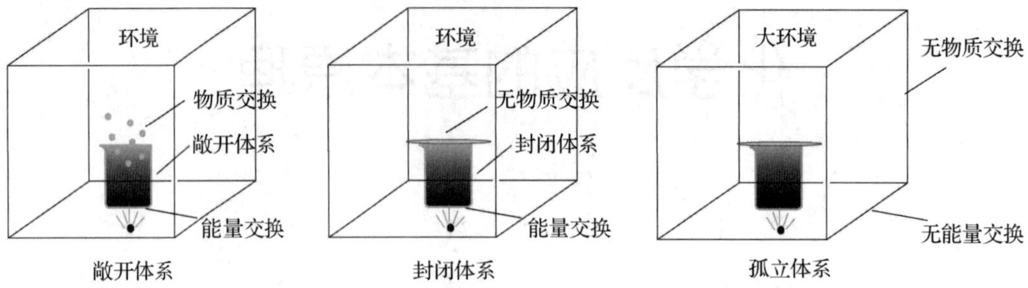

敞开体系　　封闭体系　　孤立体系

例如，在一敞开杯中盛满热水，以热水为体系则是一敞开体系。降温过程中体系向环境放出热量，又不断有水分子变为水蒸气逸出。若在杯上加一个盖子则避免理论与环境间的物质交换，就得到一个封闭体系。

(3)孤立体系(isolated system)

体系与环境之间既无物质交换，又无能量交换，故又称为隔离体系。事实上，自然界中并不存在绝对孤立的体系，但因研究的需要，常将一些体系近似地看作孤立体系，同样是上例中的封闭体系，若将杯子换成一个理想保温杯杜绝了能量交换，就可得到一个孤立体系。此外，有时把封闭体系和体系影响所及的环境看作是一个超大孤立体系来考虑。

2.1.1.2　状态与状态函数

热力学体系的状态是体系的各种宏观物理性质和化学性质的总和。状态函数是描述体系状态的物理量，如温度(T)、压力(p)、体积(V)、物质的量(n)、密度(ρ)等等。这些物理量确定，则状态确定。若其中的一个或几个物理量发生变化，状态一定变化；状态变化时，一定有状态函数发生变化，但不一定都变。状态函数的特征是：其变化值只取决于体系的始态和终态，与中间变化过程无关。

用宏观可测性质来描述体系的热力学状态，故这些性质又称为热力学变量，可分为两类：

广度性质(extensive properties)

又称为容量性质，它的数值与体系的物质的量成正比，如体积、质量、熵等。这种性质具有加和性，在数学上是一次齐函数。

强度性质(intensive properties)

它的数值取决于体系自身的特点，与体系的数量无关，不具有加和性，如温度、压力等。它在数学上是零次齐函数。指定了物质的量的容量性质即成为强度性质，如摩尔热容。

容量性质物理量与强度性质物理量之间有一定的关系。在明确体系的物质的量后，两个容量性质物理量相除，就可以得到一个强度性质物理量。例如，体积 V 和质量 m 都是具有容量性质的物理量，而密度($p=m/V$)就是强度性质的物理量。

2.1.1.3　过程和途径

体系状态发生变化的经过叫做过程。而完成这个过程的具体步骤则称为途径。

由于状态函数的数值仅取决于体系所处的状态，因此，状态函数的变化值只与变化的过程

(体系的始态和终态)有关,而与变化的途径无关。根据状态函数的这一重要特征,体系要完成一个变化过程,可以经由多种不同的途径来完成。例如,一封闭体系,可由两个不同的途径到达同一终点:

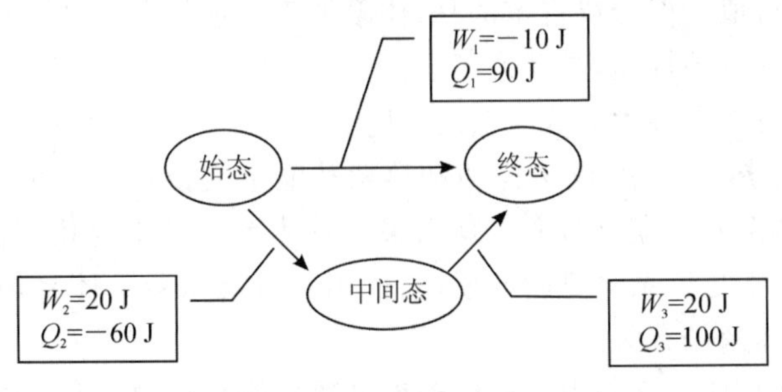

图 2-1　过程与途径

状态函数的这种特性使复杂问题的处理大为简化。对于比较复杂的过程往往可以设计出比较简单的途径来完成,并依此计算状态函数的变化量,其计算结果与按实际途径进行的计算值是一样的。热力学方法之所以简便,就是基于这个原理。热力学上经常遇到的过程有下列几种:

①等压过程:体系始态压力(p_1)和终态压力(p_2)相同(允许中间过程有压力波动),且等于环境压力(p_e)的过程,即 $p_1=p_2=p_e$。在敞口容器中进行的反应,可看作是等压过程。因为体系始终经受相同的大气压力。绝大多数化学反应是在敞口容器中进行的,所以等压过程是化学反应的主要过程。

②等容过程:体系体积始终恒定不变的过程。在密闭容器中进行的反应,就是等容过程。

③等温过程:体系状态变化过程中始态和终态温度相同(允许中间过程有温度波动),且等于环境温度的过程。当化学反应发生后,由于反应的热效应,会引起体系的温度升高或降低。如果把过程设计成:使反应后生成物的温度,经冷却或升温后与反应前反应物的温度相同,那么该反应就可以按等温过程处理了。

2.1.1.4　相

体系中物理性质和化学性质完全相同的而与其他部分有明确界面分隔开来的任何均匀部分叫做相。只含一个相的体系叫做均相体系或单相体系。例如,NaCl 水溶液、碘酒、天然气、金刚石等。相可以由纯物质或均匀混合物组成。相可以是气、液、固等不同形式的聚集状态。体系内可能有两个或多个相,相与相之间有界面分开,这种体系叫做非均相体系或多相体系。例如一杯水中浮有几块冰,水面上还有水蒸气和空气的混合气体,这是一个三相体系。又如油浮在水面上的系统是两相体系。为书写方便,通常以 g,l,s 分别代表气态、液态和固态,用 aq 表示水溶液。

2.1.1.5　热力学第一定律

1. 热和功

能量是物质运动的基本形式。体系的总能量,一般由动能、势能和内能组成。动能由体系的整体运动所决定,势能由体系在外力场中的位置所决定,内能是体系内部所储藏的能量。化学热力学通常只研究静止的、且不考虑外力场作用的体系,则热力学体系能量,仅指内能,又称热力学能。

热力学能是热力学体系内各种形式的能量总和,用符号 U 表示,它包括组成体系的各种粒子(如分子、原子、电子、原子核等)的动能(如分子的平动能、振动能、转动能等)以及粒子间相互作用的势能(如分子的吸引能、排斥能,化学键能等),SI 单位为 J。热力学能的大小与体系的温度、体积、压力以及物质的量有关,由于体系内部各种粒子运动的复杂性,至今仍无法确定体系热力学能的绝对值。但可以肯定的是,体系处于一定状态时必有一个确定的热力学能,因此热力学能是体系本身的性质,是状态函数。

体系能量的改变可以由多种方式来实现,从大的方面来看,有功(work)、热(heat)和辐射(radiation)三种形式。热力学中,仅考虑功和热两种能量交换形式。由于功和热是能量交换的形式,因此只有在体系发生变化时才表现出来。若体系不发生变化,就没有能量交换,也就没有功或热,故功和热不是体系自身的性质,它们不是状态函数。体系做多少功、放多少热与体系变化所经历的具体途径有关。

热力学中,称体系和环境之间由于温度差而导致的能量传递为热,用符号 Q 表示,通常规定,体系吸热,$Q>0$,体系放热,$Q<0$,热的 SI 单位为 J。除热以外,体系与环境之间以其他形式交换或传递的能量为功,用符号 W 表示,通常规定,环境对体系作功,$W>0$,体系对环境作功,$W<0$,功的 SI 单位为 J。

功是由于压力差或其他机电“力”所引起的能量在体系与环境之间的一种流动。为研究方便,热力学中将功分为体积功和非体积功两类。在许多过程中,体系在反抗外界压强发生体积变化时,有功产生,这种功称为体积功。例:膨胀过程中,气体将活塞从Ⅰ位推到Ⅱ位。位移为 Δl,则 $W=F\cdot\Delta l$,而 $F=p\cdot S$,所以 $W=p\cdot S\cdot\Delta l=p\cdot\Delta V$($W$ 为功、F 为力、p 为压强、S 为活塞面积、ΔV 为体积改变量)。

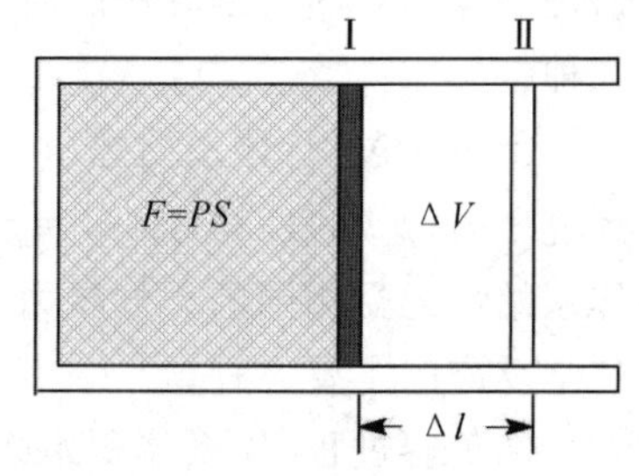

图 2-2 体积功

体积功因难以被人们所利用,通常也称为无用功;除体积功外,其他各种形式的功统称为非体积功,如电功、表面功(体系表面积变化时所作的功)等。这些形式的功易于被人们所利用,通常也称为有用功。在化学反应中,体系一般只做体积功。因为非体积功,如电功,一定要在原电池这种特殊的装置中才可能产生。所以,本章下面讨论中,除特别指明外,都限于体系只做体积功的情况。在等温、定压条件下,如果化学反应中有气体产生或消耗,那么体系就会做体积功。例如,

$$CaCO_3(s)═CaO(s)+CO_2(g)$$

$$NH_3(g)+HCl(g)═NH_4Cl(s)$$

设定压过程中环境外压为 p_e,体系体积变化为 V,所做体积功可表示为

$$W=-p_e\Delta V \tag{2-1}$$

2. 热力学第一定律

热力学第一定律,又称为能量守恒与转换定律。其定义为:自然界一切物体都具有能量,能量有各种不同形式,它能从一种形式转化为另一种形式,从一个物体传递给另一个物体,在转化和传递过程中能量的总和不变。能量守恒定律是自然界的基本规律之一,它是 19 世纪物理学的最伟大的发现之一,正如科学史家丹皮尔所说的那样:“由于能量守恒原理的实际用途和它固有

Joule J P,1818—1889

Mayer J R,1814—1878

的意义，它可以被视为人类心智的最伟大成就之一。"一般认为对能量守恒定律作出重要贡献的主要有 Mayer J R(迈耶)、Joule J P(焦耳)和 Helmholtz V(亥姆霍兹)等科学家。其中焦耳花费了近 40 年的时间所进行的热功当量实验为这一定律的科学表述奠定了基础。

表征热力学体系能量的是内能，通过作功和传热，体系与外界交换能量，使内能有所变化。设由初态Ⅰ经过任意过程到达终态Ⅱ后，体系与环境之间交换的热为 Q，与环境交换的功为 W，根据能量守恒定律，可得体系热力学能(亦称内能)的变化 ΔU 为 Q 与 W 之和，即

$$\Delta U = Q + W \tag{2-2}$$

其中，体系吸热，$Q>0$；体系放热，$Q<0$；热的 SI 单位为 J。环境对体系作功，$W>0$；体系对环境作功，$W<0$；功的 SI 单位为 J。

由热力学第一定律可看出，体系经由不同途径发生同一过程时，不同途径中的热和功不一定相同，但热和功的代数和却是相同的，即只与过程有关，与途径无关。著名的焦耳热功当量实验结果 1 cal＝4.1840 J，为能量守恒原理提供了科学的实验证明。

【例 2-1】 某化学反应体系在过程中吸收热量 1000 kJ，并对环境做了 550 kJ 的功，试计算体系的热力学能变化。

解
$$\Delta U = Q + W = 1000\ \text{kJ} - 550\ \text{kJ} = 450\ \text{kJ}$$

即该体系的热力学能增加了 450 kJ。

上述变化中，体系吸热，环境就要放热。因此对于环境而言，$Q=-1000$ kJ，环境接受体系做的功，所以 W＝550 kJ，那么环境的热力学能变为

$$\Delta U_{环} = Q + W = -1000\ \text{kJ} + 550\ \text{kJ} = -450\ \text{kJ}$$

通过计算可知：体系与环境的能量变化之和等于零，遵循能量守恒定律。由热力学第一定律表达式还可以得出以下结论：

由于孤立体系与环境之间没有物质和能量交换，所以孤立体系中发生的任何过程，有 $Q=0$、$W=0$、$U=0$，即孤立体系的内能恒定不变，这是热力学第一定律的一个推论。

2.1.2　化学反应热

2.1.2.1　化学反应进度

1. 化学计量数

对任一化学反应：

$$a\text{A} + b\text{B} + \cdots = \cdots + y\text{Y} + z\text{Z}$$

式中，A、B 代表反应物，Y、Z 代表生成物，它们可以是原子、分子、离子、自由基；a,b,y,z 分别代表相应物质的系数。上式亦可写为

$$-\nu_{\text{A}}\text{A} - \nu_{\text{B}}\text{B} - \cdots = \cdots + \nu_{\text{Y}}\text{Y} + \nu_{\text{Z}}\text{Z}$$

式中，ν_{A}、ν_{B}、ν_y，ν_z 为相应物质的化学计量数。对比以上两个反应式，可知：

$$\nu_{\text{A}} = -a, \nu_{\text{B}} = -b, \nu_y = y, \nu_z = z$$

因此，对于反应物来说，ν 取负值；对于生成物来说，ν 取正值。ν 的 SI 单位为 1，ν 可以是整数也可以是简分数。

将上式移项后得：

$$\cdots - \nu_{\text{A}}\text{A} - \nu_{\text{B}}\text{B} \cdots - \nu_{\text{Y}}\text{Y} - \nu_{\text{Z}}\text{Z} = 0$$

其可简化为：

$$\sum \nu_{\text{B}}\text{B} = 0$$

该式子表明化学反应方程式的书写依据为质量守恒定律，即反应物和生成物的质量的代数和为 0。式中，B 既代表反应物，也代表生成物。

例如，合成氨反应，$3H_2(g)+N_2(g)$ ══ $2NH_3(g)$，其中，

$$\nu(H_2)=-3,\nu(N_2)=-1,\nu(NH_3)=2$$

若将反应式写为如下形式：

$$H_2(g)+\frac{1}{3}N_2(g)=\!=\!=\frac{2}{3}NH_3(g)$$

则

$$\nu(H_2)=-1,\nu(N_2)=-\frac{1}{3},\nu(NH_3)=\frac{2}{3}$$

2. 反应进度

化学反应的反应进度是表征化学反应进行程度的物理量，用符号 ξ(读 ksai)表示。对任一化学反应

$$\sum \nu_B B = 0$$

达到平衡时，若参与反应的某一物质 B 的物质的量从状态Ⅰ的 $n_{B,1}$ 变为状态Ⅱ的 $n_{B,2}$，则该反应的反应进度 ξ 为

$$\xi=\frac{n_{B,2}-n_{B,1}}{\nu_B}=\frac{\Delta n_B}{\nu_B} \tag{2-3}$$

式中，n_B 单位是 mol，ν_B 的 SI 单位是 1，所以，反应进度 ξ 的 SI 单位为 mol。

例如，对于反应

$$3H_2(g)+N_2(g)=\!=\!=2NH_3(g)$$

若 ξ=1 mol，则

$$\Delta n(H_2)=\xi\times\nu(H_2)=1\times(-3)=-3\ \text{mol}$$
$$\Delta n(N_2)=\xi\times\nu(N_2)=1\times(-1)=-1\ \text{mol}$$
$$\Delta n(NH_3)=\xi\times\nu(NH_3)=1\times2=2\ \text{mol}$$

计算结果表明 1 mol 反应进度的含义为 3 mol H_2 与 1 mol N_2 完全反应，生成了 2 mol NH_3。

若反应式写为

$$H_2(g)+\frac{1}{3}N_2(g)=\!=\!=\frac{2}{3}NH_3(g),$$

则 1 mol 反应进度表示为 1 mol H_2 与 $\frac{1}{3}$ mol N_2 完全反应，生成 $\frac{2}{3}$ mol NH_3。

这是由于 ξ 与 ν 有关，而 ν 与反应式的写法有关，所以 ξ 的数值也与反应式的写法有关。因此在使用反应进度概念时，必须指明与之对应的反应式。

但是，反应进度与选择反应体系中何种物质来表示是无关的。计算反应进度时，选用反应体系中的任一物质的变化量来计算，都可得到相同的结果。

2.1.2.2　化学反应热

化学反应总是伴有热量的变化，对化学反应系统来说，这种能量的变化是非常重要的。利用热力学原理和方法，讨论和计算化学反应的热量变化的学科称为热化学。化学反应的热效应(简称反应热)是指化学反应发生后，当反应物的温度与产物的温度相同，且体系不做非体积功时所吸收或放出的热量。

由于热不是状态函数，热与途径有关。因此，在讨论反应热时不但要明确体系的始、终态，还应指明具体的反应途径。根据化学反应进行的具体过程的不同，化学反应热可分为定容反

应热和定压反应热。

1. 定容反应热与热力学能变

在恒容条件($\Delta V=0$)下进行的化学反应的反应热即为定容反应热，用符号 Q_V 表示，单位 J 或 kJ。依据反应热的定义，若反应体系不做非体积功、且在等温条件下进行，此时的定容反应热 Q_V 为

$$Q_V = \Delta U - W = \Delta U \tag{2-4}$$

式(2-4)表明定容过程中，体系吸收的热量 Q_V 全部用来增加体系的热力学能。或者说，定容过程中，体系的热力学能减少全部以热的形式放出。由于热力学能是状态函数，所以虽然定容反应热 Q_V 不是状态函数，但其数值只与过程有关，而与途径无关。

2. 定压反应热与焓变

在恒压条件($\Delta p=0$)下的化学反应的反应热即为定压反应热。用符号 Q_p 表示，单位 J 或 kJ。依据反应热的定义，若反应过程中体系不做非体积功、且在等温条件下进行，此时的定压反应热为

$$Q_p = \Delta U - W = \Delta U + p\Delta V \tag{2-5}$$

式(2-5)表明定压过程中，体系吸收的热量 Q_p 除用来增加体系的热力学能外还要做体积功。展开(2-5)式，得：

$$Q_p = (U_2 - U_1) + (p_2V_2 - p_1V_1) = (U_2 + p_2V_2) - (U_1 + p_1V_1)$$

因为 U、p、V 均为状态函数，所以它们的组合也必为状态函数。热力学将其定义为一个新的状态函数——焓，用符号 H 表示：

$$H \equiv U + pV \tag{2-6}$$

结合(2-5)和(2-6)式则有：

$$Q_p = H_2 - H_1 = \Delta H \tag{2-7}$$

上式表明，在等温等压过程中，体系吸收的热量全部用来增加它的焓。或者说，等温等压过程中，体系焓的减少，全部以热的形式放出。所以，等压反应热等于体系的焓变。

焓是一个非常重要的状态函数，其 SI 单位为 J，但焓没有确切的物理意义，它仅是由式(2-6)所定义出来的一个状态函数。与热力学能一样，焓的绝对值也是不可测的。化学反应定压热在数值上等于体系的焓变。尽管定压热不是状态函数，但由于焓是状态函数，所以定压热在数值上只与过程有关，而与途径无关。凡放热反应，表示体系放出热量，$\Delta H<0$；吸热反应，$\Delta H>0$。

由焓的定义式 $H=U+pV$ 可知，在等压变化过程中，体系的焓变(ΔH)和热力学能的变化(ΔU)之间的关系为

$$\Delta H = \Delta U + p\Delta V \text{（或 } Q_p = Q_V + p\Delta V\text{）} \tag{2-8}$$

当反应物和生成物都是固态或液态时，反应前后体系的体积变化 ΔV 值必然很小，$p\Delta V$ 可忽略，故 $\Delta H \approx \Delta U$(或 $Q_p \approx Q_V$)；对于有气体参加的反应，ΔV 值往往较大，$p\Delta V$ 不能忽略，由理想气体状态方程可得：

$$p\Delta V = p(V_2 - V_1) = (n_2 - n_1)RT = (\Delta n)RT$$

式中，Δn 为气态生成物的总物质的量与气态反应物的总物质的量之差。将此关系式代入(2-8)式可得：

$$\Delta H = \Delta U + (\Delta n)RT \quad \text{或} \quad Q_p = Q_V + (\Delta n)RT \tag{2-9}$$

【例 2-2】 在 298.15 K 和 100 kPa 下，4.0 mol 的 $H_2(g)$ 和 2.0 mol 的 $O_2(g)$ 反应，生成 4.0 mol 的 $H_2O(l)$，共放出 1143 kJ 的热量。求该反应过程的 ΔH 和 ΔU。

解 $O_2(g)+2H_2(g)═══2H_2O(l)$

因反应在等压下进行，所以 $\Delta H=Q_p=-1143\ kJ$

$$\begin{aligned}\Delta U&=\Delta H-(\Delta n)RT\\&=-1143-[0-(4.0+2.0)]\times 8.314\times 10^{-3}\times 298.15\\&=-1143-(-14.87)=-1128.13\ kJ\end{aligned}$$

由上例可见，尽管反应前后体积变化很大，但 $p\Delta V$ 值与 ΔH 或 ΔU 相比还是很小的。因此对大多数反应来说，ΔU 和 ΔH（或 Q_V 和 Q_p）还是相近的。

2.1.2.3 化学反应热的计算

1. 热化学方程式

表示化学反应和反应热（摩尔热力学能变 $\Delta_r U_m$ 或摩尔焓变 $\Delta_r H_m$）关系的方程式称为热化学方程式。由于大量的化学反应是在敞口的容器中以及基本恒定的大气压力下进行的，所以反应的摩尔焓变要比摩尔热力学能变更常见更重要，一般所说的反应热，大都指反应的摩尔焓变。

例如，氢气在氧气中完全燃烧，其热化学方程式可表示为

$$H_2(g,298.15\ K,100\ kPa)+\frac{1}{2}O_2(g,298.15\ K,100\ kPa)═══H_2O(l,298.15\ K,100\ kPa)$$

$$\Delta_r H_m^{\ominus}(298.15\ K)=-285.84\ kJ\cdot mol^{-1}$$

上式表示 298.15 K、100 kPa 时按上述方程式进行反应，反应进度达 1 mol 时，体系的焓减少了 285.84 kJ，或者说反应放热 285.84 kJ。

书写热化学方程式时要特别注意以下几点：

(1)符号 $\Delta_r H_m^{\ominus}(298.15k)$ 中，H 的左下标 r 表示“反应”(reaction)，$\Delta_r H$ 表示反应的焓变，H 的右下标 m 表示反应进度为 1 mol，所以 $\Delta_r H_m$ 表示在 $\xi=1$ mol 时所产生的焓变，称之为摩尔焓变，其单位为 $kJ\cdot mol^{-1}$。H 的右上标$^{\ominus}$（读作“标准”），表示该反应在标准状态下进行。

(2)要注明参与反应的各种物质的温度、压力、聚集状态。若温度为 298.15 K，压力为 $p^{\ominus}$(100 kPa)，可不必注明。

(3)由于反应进度与反应式的写法有关，所以热效应数值与反应式要一一对应。如上述热化学方程式若表示成如下形式：

$$2H_2(g,298.15\ K,100\ kPa)+O_2(g,298.15\ K,100\ kPa)═══2H_2O(l,298.15\ K,100\ kPa)$$

其热效应值则相应变为 $\Delta_r H_m^{\ominus}=-285.84\ kJ\cdot mol^{-1}\times 2=-571.6\ kJ\cdot mol^{-1}$

(4)正逆反应的热效应数值相等、符号相反。如

$$2H_2O(l,298.15\ K,100\ kPa)=2H_2(g,298.15\ K,100\ kPa)+O_2(g,298.15\ K,100\ kPa)$$

为上述反应的逆反应，则其热效应值为

$$\Delta_r H_m^{\ominus}=571.6\ kJ\cdot mol^{-1}$$

同一体系由于所处的状态不同，其性质也不尽相同。在热力学研究中需要对物质的状态规定一个统一的比较标准，即热力学标准状态。物质的热力学标准状态是指在某一指定温度 T 和 100 kPa 的压力下该物质的物理状态。在 SI 单位制中，标准压力应为 101.325 kPa，但这个数字使用不太方便，国际纯粹与应用化学学会(IUPAC)建议以 1×10^5 Pa 作为气态物质的热力学标准压力。因此热力学规定 100 kPa 为标准压力，用符号 $p^{\ominus}$ 表示，p 的右上标$^{\ominus}$读作标准。同一种物质，所处的状态不同，标准状态的含义也不同，具体规定如下：

①气体的标准状态　物质的物理状态为气态，气体具有理想气体的性质，且气体的压力

(或分压)值为标准压力。

②纯液体(或纯固体)的标准状态　处于标准压力下,且物理状态为纯液体(或纯固体)。

③溶液的标准状态　处于标准压力下,且溶质的质量摩尔浓度 $b^{\ominus}=1\ \mathrm{mol\cdot kg^{-1}}$ 的状态。热力学用 $b^{\ominus}$ 表示标准浓度,且 $b^{\ominus}=1\ \mathrm{mol\cdot kg^{-1}}$。对于比较稀的溶液,通常做近似处理,用物质的量浓度 c 代替 b,这样标准状态就可近似看做 $c=1\ \mathrm{mol\cdot L^{-1}}$ 时的状态,记为 $c^{\ominus}$。

热力学标准状态与理想气体状态方程中所提到的“标准状况”含义不同。后者指的是压力 101.325 kPa、温度 273.15 K 的状况,而前者只规定了浓度(或压力),但未指定温度。因从手册中查到的热力学常数大多是 298.15 K 下的数据,所以本书以 298.15 K 为参考温度。如果反应体系中各物质均处于标准状态下,则称反应在标准状态下进行。在热力学的计算中,必须标明物质所处的状态,这样的计算结果才是有意义的。

原则上,反应的热效应可以用实验方法直接测定。(1)用特殊的量热计直接测定化学反应的反应热,例如使反应在绝热的密闭容器中进行,通过能量衡算便可算出反应热;(2)对于难以准确测定的反应热:如动物体内所发生的化学反应,由于体内外实验条件不同导致测定结果往往不一致;又如有些反应受自身的特点(如速率慢、副反应多等),或测试条件的限制。可先测定不同温度下的反应平衡常数,然后用关联反应热、反应平衡常数和温度的热力学公式计算反应热。

Hess G,1802—1850

对于难以控制和测定其反应热或平衡常数的化学反应,可根据 1840 年俄籍瑞士化学家Hess G H(盖斯)所提出的热量加和定律(也称盖斯定律)求算。

2. 热化学定律(盖斯定律)

盖斯定律来自于许多实验结果的总结,是热化学的一个重要定律。可将它描述为:不管化学反应是一步完成,还是分步完成,其热效应总是相同的。热化学最初是作为实验科学先于热力学发展起来的,当热力学第一定律提出之后,盖斯定律就可以看成是热力学第一定律的一个必然结论。

由于化学反应一般都在定压或定容条件下进行,而定压反应热 $Q_p=\Delta H$,定容反应热 $Q_V=\Delta U$,因此只要反应的始态和终态确定,其反应热就是定值,与反应的具体的途径无关。盖斯定律是热化学计算的理论基础,有着广泛的应用,它不仅适用于 ΔU、ΔH 的计算,还适用于所有的状态函数。利用一些反应热的数据,就可以计算出另一些反应的反应热。尤其是不易直接准确测定或根本无法直接测定的反应热,常可利用盖斯定律来间接计算。还可将热化学方程式,在保证始态与终态相同的情况下,象代数方程一样运算,所得的新反应的热效应(焓变)就是各分反应的代数运算的结果。换言之,如果一过程等于几个过程之和,则该过程的焓变应等于各分过程的焓变之和。这一性质称为状态函数的加和性。

【例 2-3】 298.15 K 时碳的燃烧反应,可按反应式(1)一步完成:

$$(1)\mathrm{C(石墨)}+\mathrm{O_2(g)}=\!=\!=\mathrm{CO_2(g)}\qquad \Delta_r H_m^{\ominus}(1)=-393.5\ \mathrm{kJ\cdot mol^{-1}}$$

也可以分两步完成:

$$(2)\mathrm{C(石墨)}+\frac{1}{2}\mathrm{O_2(g)}=\!=\!=\mathrm{CO(g)}\qquad \Delta_r H_m^{\ominus}(2)=?$$

$$(3)\mathrm{CO(g)}+\frac{1}{2}\mathrm{O_2(g)}=\!=\!=\mathrm{CO_2(g)}\qquad \Delta_r H_m^{\ominus}(3)=-282.98\ \mathrm{kJ\cdot mol^{-1}}$$

其中，反应式(2)的反应热难以通过实验测得，但是可利用盖斯定律计算出来。

上述三个反应方程式之间的关系为：反应式(1)＝反应式(2)＋反应式(3)。以C(石墨)＋O_2(g)为始态，CO_2(g)为终态，从始态到终态有两条途径：途径(1)和途径(2)＋(3)，以上三个反应的关系可用热化学循环图表示如下：

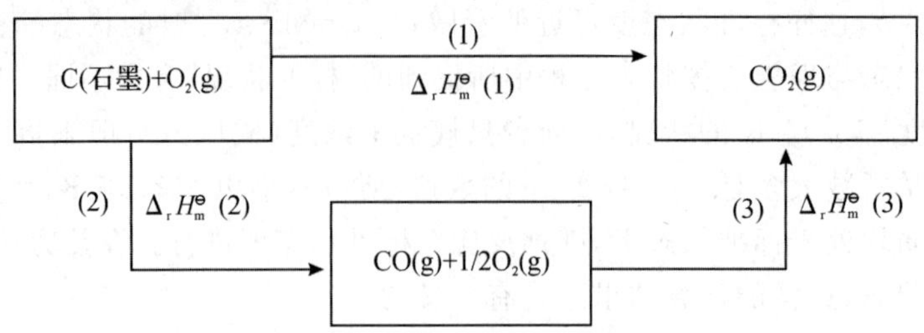

根据盖斯定律有

$$\Delta_r H_m^\ominus(1)=\Delta_r H_m^\ominus(2)+\Delta_r H_m^\ominus(3)$$

代入已知的$\Delta_r H_m^\ominus(1)$和$\Delta_r H_m^\ominus(3)$，即可计算得到：

$$\Delta_r H_m^\ominus(2)=\Delta_r H_m^\ominus(1)-\Delta_r H_m^\ominus(3)=-393.5+282.98=-110.52\ \text{kJ}\cdot\text{mol}^{-1}$$

利用热化学定律进行计算时应注意：

(1)消去各反应中的相同物质时，不仅物质种类要相同，物质的所处的状态，如温度、聚集状态、压力等条件也应该相同，否则不能相消。

(2)方程式的计量系数变动时，反应的热力学能变(或焓变)的数值也应有相应的系数变动。

(3)所选取的有关反应的数量越少越好，以避免误差积累。

3. 化学反应焓变的计算

利用热化学定律计算反应热，关键在于寻找到有关的已知$\Delta_r U_m^\ominus$或$\Delta_r H_m^\ominus$的反应，并设计出热化学循环。但化学反应种类繁多，任何化学手册也无法刊载完全的数据，加之对复杂的反应，热化学循环有时很难设计，所以化学家们还设想出了几种十分简单的计算反应热方法，如使用物质的标准摩尔生成焓和标准摩尔燃烧焓来计算反应的标准摩尔焓变等。

(1)物质的标准摩尔生成焓

物质B的标准摩尔生成焓是指在指定温度T(通常为298.15 K)及标准压力下，由元素的指定单质生成1 mol纯物质B时反应的标准摩尔焓变，用$\Delta_f H_m^\ominus$(B)表示，下标f是(formation)"生成"之意，SI单位为$\text{kJ}\cdot\text{mol}^{-1}$。这里的指定单质一般是指每个元素在标准压力100 kPa和298.15 K时最稳定的单质。例如，碳的最稳定单质是石墨，硫的最稳定单质是斜方硫等。但也有少数例外，例如，磷的最稳定单质是黑磷，其次是红磷，最不稳定的是白磷，但是磷的指定单质是白磷。这是因为白磷比较常见，结构简单，易制得纯净物。

1996年英国科学家Kroto H W(克鲁托)与美国科学家Smalley R E(斯莫利)及Carl R F(柯尔)，因一起发现碳元素的第三种存在形式—C60(又称"富勒烯")，而获1996年诺贝尔化学奖。

例如，298.15 K时，下列各反应的标准摩尔焓变即为各生成物在298.15 K时的标准摩尔生成焓：

$$H_2(g)+\frac{1}{2}O_2(g)=\!=\!=H_2O(l)$$

$$\Delta_r H_m^\ominus(298.15\ \text{K})=\Delta_f H_m^\ominus(H_2O,l,298.15\ \text{K})=-285.8\ \text{kJ}\cdot\text{mol}^{-1}$$

$$H_2(g)+\frac{1}{2}O_2(g)=\!=\!=H_2O(g)$$

$\Delta_r H_m^\ominus(298.15\ K)=\Delta_f H_m^\ominus(H_2O,g,298.15\ K)=-241.8\ kJ\cdot mol^{-1}$

$$C(石墨)+2H_2(g)+\frac{1}{2}O_2(g)=\!=\!=CH_3OH(l)$$

$\Delta_r H_m^\ominus(298.15\ K)=\Delta_f H_m^\ominus(CH_3OH,l,298.15\ K)=-239.2\ kJ\cdot mol^{-1}$

根据标准摩尔生成焓的定义可知，指定单质的 $\Delta_f H_m^\ominus$ 在所有温度均为零。如 $\Delta_f H_m^\ominus(O_2,g,298.15\ K)=0$、$\Delta_f H_m^\ominus(C,石墨,298.15\ K)=0$、$\Delta_f H_m^\ominus(I_2,s,298.15\ K)=0$、$\Delta_f H_m^\ominus(P,白磷,298.15\ K)=0$ 等。由此可知，物质的标准摩尔生成焓实际上是一种特殊的焓变，它是以指定单质的标准摩尔生成焓（等于零）为基准，与之相比较所得出的一个相对焓值。一些物质在 298.15 K 时的标准摩尔生成焓见本书附录。

根据物质标准摩尔生成焓的数据可方便地计算 298.15 K 时化学反应的标准摩尔焓变。对任一化学反应

$$\Delta_r H_m^\ominus(298.15\ K)=\sum \nu_B \Delta_f H_m^\ominus(B,298.15\ K) \tag{2-10}$$

即反应的标准摩尔焓变等于各反应物和生成物的标准摩尔生成焓与各自化学计量数乘积之和。根据热化学定律，很容易理解以上结论。如下图：由始态到终态有两条途径：从指定单质直接转化为生成物为途径Ⅰ；由指定单质先转化为反应物，然后由反应物再转化为生成物为途径Ⅱ：

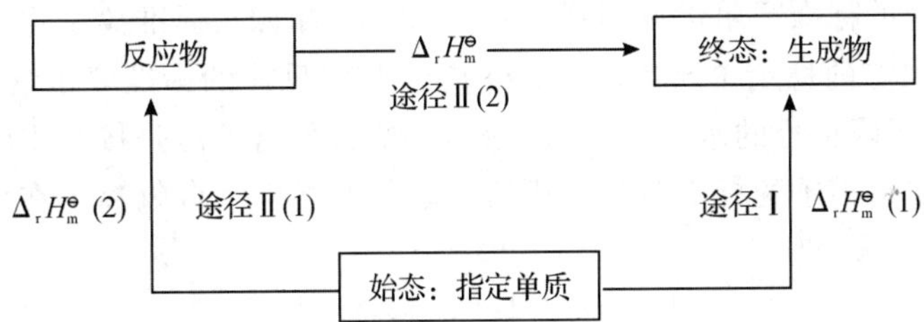

途径Ⅰ：指定单质→生成物。$\Delta_r H_m^\ominus(1)$ 等于各生成物 $\Delta_f H_m^\ominus$ 与其化学计量数乘积之和：

$$\Delta_r H_m^\ominus(1)=\sum_B \nu_B \Delta_f H_m^\ominus(生成物)$$

途径Ⅱ：(1)指定单质→反应物。$\Delta_r H_m^\ominus(2)$ 等于各反应物 $\Delta_f H_m^\ominus$ 与其化学计量数乘积之和的相反数，即：

$$\Delta_r H_m^\ominus(2)=-\sum_B \nu_B \Delta_f H_m^\ominus(反应物)$$

(2)反应物→生成物。因 $\Delta_r H_m^\ominus(1)=\Delta_r H_m^\ominus(2)+\Delta_r H_m^\ominus$，则有：

$$\Delta_r H_m^\ominus=\Delta_r H_m^\ominus(1)-\Delta_r H_m^\ominus(2)=\sum_B \nu_B \Delta_f H_m^\ominus(B)$$

【例 2-4】 碳化硅（俗称金刚砂）是一种重要的工业材料，已知反应 $SiO_2(s)+3C(石墨)=\!=\!=SiC(s)+2CO(g)$，$\Delta_r H_m^\ominus=+624\ kJ\cdot mol^{-1}$。试用附录中有关数据计算 SiC 的标准生成焓。

解　　$SiO_2(s)+3C(石墨)=\!=\!=SiC(s)+2CO(g)$

$\Delta_f H_m^\ominus/kJ\cdot mol^{-1}$　　-910.7　　0　　　　-110.5

根据 Hess 定律，

$\Delta_r H_m^\ominus=[2\Delta_f H_m^\ominus(CO,g)+\Delta_f H_m^\ominus(SiC,s)-\Delta_f H_m^\ominus(SiO_2,s)-3\Delta_f H_m^\ominus(C,石墨)]$

$=[2\times(-110.5)+\Delta_f H_m^\ominus(SiC,s)-(-910.7)+3\times 0]\ kJ\cdot mol^{-1}$

求得　　$\Delta_f H_m^\ominus(SiC,s)=-65.7\ kJ\cdot mol^{-1}$

【例 2-5】 煤的汽化技术是由下列热化学反应组成，由碳与水反应生成甲烷。已知：

(1)C(石墨)$+H_2O(g)$══$CO(g)+H_2(g)$ $\quad\Delta_r H^{\ominus}_{m,1}=+131.4\ kJ\cdot mol^{-1}$

(2)$CO(g)+H_2O(g)$══$CO_2(g)+H_2(g)$ $\quad\Delta_r H^{\ominus}_{m,2}=-41.4\ kJ\cdot mol^{-1}$

(3)$CO(g)+3H_2(g)$══$CH_4(g)+H_2O(g)$ $\quad\Delta_r H^{\ominus}_{m,3}=-206.2\ kJ\cdot mol^{-1}$

试计算反应 2C(石墨)$+2H_2O(g)$══$CH_4(g)+CO_2(g)$的标准热效应，并与用标准生成焓公式法计算结果相比较。

解 (1)研究上述反应，其关系应为 2×(1)+(2)+(3)即得，

$$2C(石墨)+2H_2O(g)══CH_4(g)+CO_2(g)$$

故$[2\times(131.4)+(-41.4)+(-206.2)]kJ\cdot mol^{-1}=15.2\ kJ\cdot mol^{-1}$

(2)用公式法计算：

$$2C(石墨)+2H_2O(g)══CH_4(g)+CO_2(g)$$

$\Delta_f H^{\ominus}_m/kJ\cdot mol^{-1}$ 0 −241.8 −74.6 −393.5

$$\Delta_r H^{\ominus}_m=\Delta_f H^{\ominus}_m(CH_4,g)+\Delta_f H^{\ominus}_m(CO_2,g)-2\Delta_f H^{\ominus}_m(C,石墨)-2\Delta_f H^{\ominus}_m(H_2O,g)$$
$$=[(-74.6)+(-393.5)-2\times0-2\times(-241.8)=15.5\ kJ\cdot mol^{-1}$$

由两种方法所得的结果基本是一致的。

还应补充说明的是，对于有离子参加的水溶液化学反应，如能求出每种离子的标准摩尔生成焓，则这一类反应的标准摩尔焓变同样可用式(2-10)计算。标准离子生成焓是指在指定温度下，由处于标准状态的稳定单质生成 1 mol 离子 B 时反应的标准摩尔焓变，用 $\Delta_f H^{\ominus}_m(B,aq\infty)$表示，aq∞表示无限稀释的水溶液。由于溶液中正、负离子总是按电中性的原则而共同存在，因此无法测出单一离子的标准摩尔生成焓。国际上规定水合氢离子在无限稀释水溶液中的标准摩尔生成焓为零，即

$$\Delta_f H^{\ominus}_m(H^+,aq\infty)=0$$

由此可获得其他离子的标准摩尔生成焓。一些离子的标准摩尔生成焓见附录。

实验证明，化学反应的焓变随温度变化不大，在一般化学计算中可近似地认为

$$\Delta_r H^{\ominus}_m(T)\approx\Delta_r H^{\ominus}_m(298.15\ K)$$

(2)物质的标准摩尔燃烧焓

一般来说，有机化合物的标准摩尔生成焓很难测定，但有机物大多可在氧气中燃烧，其燃烧热容易准确测得，故可用标准摩尔燃烧焓的数据进行相关计算。

物质 B 的标准摩尔燃烧焓是指在指定温度 T 及标准压力下，物质 B 完全燃烧生成稳定产物时反应的标准摩尔焓变，用 $\Delta_c H^{\ominus}_m$表示，下标 c 表示 combustion“燃烧”之意，SI 单位也是 $kJ\cdot mol^{-1}$。热力学规定，完全燃烧是指有机物中各元素均氧化为最稳定的氧化产物，如 C→$CO_2(g)$、N→$NO_2(g)$、H→$H_2O(l)$、S→$SO_2(g)$、Cl_2→HCl(aq)等。因为上述燃烧产物及 O_2已不能再燃烧，所以它们的标准摩尔燃烧焓均为零。表 2-1 列出了一些物质的标准摩尔燃烧焓。

有了标准摩尔燃烧焓的数据，就可方便地计算 298.15 K 时化学反应的标准摩尔焓变：

$$\Delta_r H^{\ominus}_m(298.15\ K)=-\sum_B \nu_B\Delta_c H^{\ominus}_m(B,298.15\ K) \tag{2-11}$$

【例 2-6】 乙醇 $C_2H_5OH(l)$和乙醛 $CH_3CHO(l)$完全燃烧时，分别放出热量为−1366.8 $kJ\cdot mol^{-1}$和−1166.4 $kJ\cdot mol^{-1}$。计算乙醇氧化为乙醛反应的标准热效应。

解 $C_2H_5OH(l)+3O_2(g)$══$2CO_2(g)+3H_2O(l)$， $\quad\Delta_r H^{\ominus}_{m,1}=-1366.83\ kJ\cdot mol^{-1}$

$CH_3CHO(l)+5/2O_2(g)$══$2CO_2(g)+2H_2O(l)$， $\quad\Delta_r H^{\ominus}_{m,2}=-1166.4\ kJ\cdot mol^{-1}$

$C_2H_5OH(l)+1/2O_2(g)=\!=\!=CH_3CHO(l)+H_2O(l)$,

$$\Delta_r H_m^{\ominus}(298.15\ K)=-[-\Delta_c H_m^{\ominus}(C_2H_5OH)-\frac{1}{2}\Delta_c H_m^{\ominus}(O_2)+\Delta_c H_m^{\ominus}(CH_3CHO)+\Delta_c H_m^{\ominus}(H_2O)]$$
$$=-[-(-1366.8)-0+(-1166.4)+0]\ kJ\cdot mol^{-1}$$
$$=-200.43\ kJ\cdot mol^{-1}$$

表 2-1　一些物质的标准摩尔燃烧焓(298.15 K)

物　质	$\Delta_c H_m^{\ominus}/kJ\cdot mol^{-1}$	物　质	$\Delta_c H_m^{\ominus}/kJ\cdot mol^{-1}$
$H_2(g)$	−285.84	$(COOH)_2(s)$草酸	−246.0
C(石墨)	−393.51	$C_6H_6(l)$	−3267.62
CO(g)	−283.0	$C_6H_{12}(l)$环己烷	−3919.91
$CH_4(g)$	−890.31	$C_7H_8(l)$甲苯	−3909.95
$C_2H_2(g)$	−1299.63	$C_8H_{10}(l)$对二甲苯	−4552.86
$C_2H_4(g)$	−1410.97	$C_6H_5COOH(s)$	−3227.5
$C_2H_6(g)$	−1559.88	$C_6H_5OH(s)$	−3053.48
$C_3H_6(g)$	−2058.49	$C_6H_5CHO(l)$	−3527.95
$C_3H_8(g)$	−2220.07	$C_{10}H_8(s)$萘	−5153.9
$C_4H_{10}(g)$正丁烷	−2878.51	$CH_3OH(l)$	−726.64
$C_4H_{10}(g)$异丁烷	−2871.65	$C_2H_5OH(l)$	−1366.83
$C_4H_8(g)$	−2718.6	$(CH_2OH)_2(l)$乙二醇	−1192.9
$C_5H_{12}(g)$	−3536.15	$C_6H_5OH(s)$苯酚	−3063
HCHO(g)	−563.6	$C_3H_8O_3(l)$甘油	−1664.4
$CH_3CHO(g)$	−1192.4	$C_2N_2(g)$氰	−1087.8
$CH_3COCH_3(l)$	−1802.9	$CO(NH_2)_2(s)$尿素	−631.99
$CH_3COOC_2H_5(l)$	−2246.5	$C_6H_5NH_2(l)$苯胺	−3397.0
$(C_2H_5)_2O(l)$	−2730.9	$CS_2(l)$	−1075
HCOOH(l)	−269.9	$C_6H_{12}O_6(s)$葡萄糖	−2815.8
$CH_3COOH(l)$	−871.54	$C_{12}H_{22}O_{11}(s)$蔗糖	−5648

2.2　化学反应的方向

热力学第一定律解决了化学反应过程中的能量变化问题,即反应的热效应问题。而化学反应的方向以及限度问题需要用热力学第二定律来说明。

2.2.1　化学反应的自发性

自然界中存在着许多能够自动发生的过程,即是不需要人为干涉而自行发生的变化。这些没有外力作用或人为干预而能自动进行的过程，叫做自发过程。例如，两个温度不同的物体相接触，热总是由高温物体传向低温物体，直至两物体达到温度相同为止；而从未见到热由低温体传向高温体这一过程能自动发生。类似的例子很多。又如，水总自动地从高处流向低处。水流动的原因是两处的水位不同，有“水位差”Δh 存在；水位差越大，水自动向下流动的趋势越大，直到 $\Delta h=0$ 时，水的流动才会停止。而相反的过程，即水决不会自动从低水位流向高水位，除非借助水泵做功。再如，电流总是自动地从高电势流向低电势；气体总是从高压区流向低压区；流体中的扩散总是从浓度大的区域向着浓度较小的区域，相反的过程决不会自动发生。这些过程之所以自动进行，是由于体系中存在着电势差(ΔV)、压力差(Δp)和浓度差(Δc)，过程总是向减少这些差值的方向进行，直到上述差值消失。

大多数自发过程都有对外做功的能力。只要有适当的装置，就可以获得有用功。例如，水流可以转动水轮机；一个自发的化学反应，可通过电池而产生电流、做电功等。非自发过程只是不能自动发生，需要靠外界做功才能进行。

人们通过长期的实践，概括出能够反映一切自发过程的本质特征：

(1)自发过程具有不可逆性，即它们只能朝某一确定的方向进行。自发过程之所以单向进行，是由于体系内部存在某种性质的差别(如温度差 ΔT 等)，过程总是向着消除这些差值的方向进行。换言之，这些差值就是推动过程自动发生的原因和动力。反之，自发过程的逆过程就不可能自动进行，若要它们进行，必须借助外力，即环境对体系做功。这样，环境和体系都不可能恢复到原有状态。

(2)过程有一定的限度——平衡状态。当上述过程的温差 ΔT、水位差 Δh、电势差 ΔV、压力差 Δp 和浓度差 Δc 分别为零时，就达到了一个相对静止的平衡状态，这就是自发过程在一定条件下进行的限度。可见，不可逆过程就是体系从不平衡状态向平衡状态变化的过程。

(3)有一定的物理量判断变化的方向和限度。例如，在传热传导中，用温度可判断过程的方向和限度，变化方向是从高温物到低温物，温度差为零时，就是过程的限度，即热传导不再进行。在水流过程中，水位可以判断过程的方向和限度，其余如压力、电势和浓度可分别判断气流、电流和物质扩散等过程的方向和限度。这些物理量统称为过程的判据。

对于化学反应，有无判据来判断它们进行的方向和限度呢？早在 1787 年，德国化学家 Berthelot E(贝特洛)与丹麦化学家 Thomsen J(汤姆生)就曾提出一个经验原则：“任何没外界能量参与的化学反应，总是趋向于能放热更多的方向”。显然，这是将焓作为化学反应方向和限度的判据。这个原则可说明不少化学反应，但它是片面的，其主要是无法说明吸热反应的存在。例如，$NH_4HCO_3(s) = NH_3(g) + H_2O(g) + CO_2(g)$，$\Delta_r H_m^{\ominus} = 185.57\ kJ \cdot mol^{-1}$。类似的例子还不少。此外，上述原理无法说明大多数化学反应的可逆性。因此，焓不能作为化学反应的判据。

经验证明，自然界自发过程都受两种相反因素的制约，即体系或趋于取得最低的能量(称为焓效应)，或趋向于取得最大的混乱度(称为熵效应)。

2.2.2 混乱度和熵

1. 混乱度

体系混乱的程度称为混乱度。用Ω表示。

实践和研究表明，许多自发过程还会导致体系的混乱度增加。例如：理想气体的扩散。在扩散的自发过程中，体系的温度、压力都无变化，不同的只是体系比先前更无秩序、亦即混乱度增加了。又如，在一定温度下固体 NH_4NO_3 的溶解也是自发的。NH_4NO_3 在水中先离解出 NH_4^+ 和 NO_3^-，继而向水中扩散，直至形成均匀溶液。显然，溶解后的混乱度要比溶解前大得多。换言之，这些过程是自发地趋向于混乱度大的状态。

2. 熵

化学研究的对象包含大量微观粒子的体系。在热力学研究中，无法一一描述每一粒子的行为，而只能掌握它们平均行为的总表现。体系中粒子运动混乱度的宏观量度称为熵。它也是状态函数，用符号 S 表示。熵值小，对应于混乱度小或较有秩序的状态；熵值大，则对应于混乱度大或较无秩序的状态。熵是热力学第二定律的直接产物，也是许多热力学公式出现不等号的源头。又是为了处理问题的方便而定义出来的。

1906 年，德国物理化学家 Nernst W H(能斯特)提出了热力学第三定律，经 Planck M(普朗克)和 Lewis G N(路易斯)等改进后，形成了以下表述：在 0 K 时任何完整晶体中的原子或分子只有一种排列方式，即只有唯一的微观状态，其熵值为零。从熵值为零的状态出发，使体系变化到 $p=1.013\times10^5$ Pa 和某温度 T，如果知道这一过程中的热力学数据，原则上可以求出过程的熵变值，它就是体系的绝对熵值。于是人们求得了各种物质在标准状态下的摩尔绝对熵值，简称标准熵，用 $S_m^\ominus$ 表示，单位为 J・K^{-1}・mol^{-1}。298.15 K 时各物质 $S_m^\ominus$ 数据列在附录 3。有别于前面介绍的 $\Delta_f H_m^\ominus$，标准熵 $S_m^\ominus$ 的值不是相对数值，是可以求得。而标准生成热 $\Delta_f H_m^\ominus$ 是以指定单质的热焓值为零的相对数值，它的实际数值不能得到。

影响物质熵的因素：

(1)物质的熵值总是和其内部的结构相联系。对同一物质而言，固态熵值最小，液态较高，气态时最高，即：$S(\text{s})<S(\text{l})<S(\text{g})$。如 298.15 K 时，$H_2O(g)$、$H_2O(l)$ 和 $H_2O(s)$ 的 $S_m^\ominus$ 分别为 188.7 J・K^{-1}・mol^{-1}、69.91 J・K^{-1}・mol^{-1} 和 39.33 J・K^{-1}・mol^{-1}。

(2)对同一聚集态来说，温度升高，热运动增加，体系的混乱度增大，熵值也随之变大。对于气体物质，压力降低时，体积增大，粒子在较大空间里运动，将更为混乱，故有 $S^\ominus_{高温}>S^\ominus_{低温}$；$S^\ominus_{低压}>S^\ominus_{高压}$。

(3)对不同物质，熵值大小与其组成和结构有关。一般说，粒子越大，结构越复杂，其运动情况也越复杂，混乱度就大，熵值也越大。例如，相同温度下 CH_4、C_2H_6、C_3H_8 的 $S_m^\ominus$ 分别为 186 J・K^{-1}・mol^{-1}、230 J・K^{-1}・mol^{-1}、270 J・K^{-1}・mol^{-1}。

(4)固体与液体溶于水之后，体系的熵值增加；气体溶于水形成水合物后，体系的熵值减小。

3. 热力学第二定律

1850 年左右，Clausius R(克劳修斯)、Kelvin B(开尔文)、Ostward F(奥斯特瓦德)分别提出了热力学第二定律。即热力学第二定律有多种等效的表达方式，从一种说法可以推证出其他的说法，其中一种表达方式是：孤立体系的任何自发过程，其熵值总是增加的。即

$$\Delta S_{孤}>0 \tag{2-12}$$

式中，$\Delta S_{孤}$ 代表孤立体系的熵变。如前所述，孤立体系是指与环境不发生物质和能量交换的体

Clausius R,1822—1888

Kelvin B,1824—1907

系。真正的孤立体系是不存在的，因为能量交换不能完全避免。但是，若将体系以及与体系有物质或能量交换的那一部分环境合起来一起作为研究对象，那么新组成的大体系就可算作孤立体系。因此式(2-12)可改写为

$$\Delta S_{系}+\Delta S_{环}>0 \tag{2-13}$$

式中，$\Delta S_{系}$ 和 $\Delta S_{环}$ 分别代表体系的熵变和环境的熵变。如果某一变化过程的 $\Delta S_{系}$ 和 $\Delta S_{环}$ 都已知，则可用式(2-13)来判断该过程是否自发。即：

$$\Delta S_{系}+\Delta S_{环}>0 \quad 过程自发$$

$$\Delta S_{系}+\Delta S_{环}<0 \quad 过程不自发$$

由于环境的熵变 $\Delta S_{环}$ 很难计算，所以在化学反应中，很少用孤立体系的熵变 $\Delta S_{孤}>0$ 来判断反应的自发方向。但我们有理由认为体系的熵变也是影响反应自发性的一个重要因素。

热力学第二定律是建立在对实验结果的观测和总结的基础上的定律。虽然在过去的一百多年间未发现与第二定律相悖的实验现象，但始终无法从理论上严谨地证明第二定律的正确性。自 1993 年以来，Evans D J 等学者在理论上对热力学第二定律产生了质疑，从统计热力学的角度发表了一些关于“熵的涨落”的理论，比如其中比较重要的 FT 理论。而后 Wang G M 等人从实验观测的角度证明了在一定条件下，孤立系统的自发熵减反应是有可能发生的。虽然这些新的发现不至于影响到现存热力学的应用，但必然将对未来热力学的研究产生一定的影响。热力学第二定律是宏观定律，不是微观定律，因此这里所说的“质疑”，并不是对热力学第二定律的质疑，只是一种就像量子力学对牛顿力学一样的补充。

4. 化学反应熵变的计算

在热力学计算中，对一般过程来说，体系的熵变 ΔS，是用体系在可逆过程中吸收的热量 Q_r 与体系的热力学温度(T)之商，(称为热温商，熵名称由来)，即下列关系式计算的：

$$\Delta S=S_2-S_1=Q_r/T \tag{2-14}$$

根据熵的状态函数性质，一个化学反应前后的熵变应等于生成物(终态)的熵之总和减去反应物(始态)的熵之总和。即

$$\Delta_r S_m^{\ominus}=\sum_B \nu_B S_m^{\ominus}(B) \tag{2-15}$$

对于反应　$aA+bB+\cdots \!=\!=\!= \cdots+yY+zZ$

其总熵变 $\Delta_r S_m^{\ominus}$ 可表示为：

$$\Delta_r S_m^{\ominus}=(yS_m^{\ominus}(Y)+zS_m^{\ominus}(Z)+\cdots)-(aS_m^{\ominus}(A)+bS_m^{\ominus}(B)+\cdots)$$

【例 2-7】 计算下列反应在 298.15 K 时的标准摩尔熵变。

(1)$C(石墨)+CO_2(g) \!=\!=\!= 2CO(g)$

(2)$NH_3(g)+HCl(g) \!=\!=\!= NH_4Cl(s)$

解　(1)根据熵的状态函数特性，可推出 $\Delta_r S_m^{\ominus}=\sum(S_m^{\ominus})_{生成物}-\sum(S_m^{\ominus})_{反应物}$

	$C(石墨)$	$+CO_2(g)$	$\!=\!=\!=2CO(g)$
$S_m^{\ominus}/J\cdot K^{-1}\cdot mol^{-1}$	5.7	213.8	197.7

$$\begin{aligned}\Delta_r S_m^{\ominus}&=2S_m^{\ominus}(CO,g)-S_m^{\ominus}(C,石墨)-S_m^{\ominus}(CO_2,g)\\&=[2\times(197.7)-5.7-213.8]\ J\cdot K^{-1}\cdot mol^{-1}\\&=175.9\ J\cdot K^{-1}\cdot mol^{-1}\end{aligned}$$

(2)

	$NH_3(g)$	$+HCl(g)$	$\!=\!=\!=NH_4Cl(s)$
$S_m^{\ominus}/J\cdot K^{-1}\cdot mol^{-1}$	192.8	186.9	94.6

$$\begin{aligned}\Delta_r S_m^\ominus &= S_m^\ominus(NH_4Cl,s) - S_m^\ominus(NH_3,g) - S_m^\ominus(HCl,g)\\ &= (94.6-192.8-186.9)\ J\cdot K^{-1}\cdot mol^{-1}\\ &= -285.1\ J\cdot K^{-1}\cdot mol^{-1}\end{aligned}$$

由计算可知反应(2)的 $\Delta_r S_m^\ominus<0$，然而该反应在指定条件下，却能够自发进行。这说明仅仅依据体系的熵变 $\Delta_r S_m^\ominus>0$ 来判断反应的自发性也是不全面的。熵增的过程不一定自发，熵减的过程也可能是自发的。

依据物质 $S_m^\ominus$ 的变化规律，可初步估计一个反应的熵变情况：

①反应前后气态物质的分子数增加的反应，$\Delta_r S_m^\ominus$ 总是正值，如例 2-7(1)；

②反应前后气态物质的分子数减少的反应，$\Delta_r S_m^\ominus$ 总是负值，如例 2-7(2)；

③对于不涉及气态物质，或反应前后气态物质的分子数不变的反应，$\Delta_r S_m^\ominus$ 一般总是很小。

尽管物质的熵值随温度升高而增加，但对一个反应来说，温度升高时产物和反应物的熵值增加程度接近，所以反应的熵变受反应温度的影响并不十分显著。故在实际应用中，若温度变化范围不是很大，作为一般估算时，可忽略温度对反应摩尔熵变的影响，即

$$\Delta_r S_m^\ominus(T) \approx \Delta_r S_m^\ominus(298.15\ K)$$

2.2.3　化学反应方向判断

由上述讨论可知，决定某过程的自发性有焓变和混乱度变化两大因素，即受过程的焓效应(ΔH)和熵效应($T\cdot\Delta S$)的影响。一般说，需综合评定是焓效应或是熵效应何者起主要作用来判定化学反应的方向。

1. 吉布斯自由能

1873 年，美国化学家 Gibbs J W(吉布斯)综合评定焓效应和熵效应的作用，将上述两种相反的因素统一起来，引进了一个新的状态函数——Gibbs 函数(也称 Gibbs 自由焓或自由焓)，用符号 G 表示，以此作为化学反应自发性的判据。Gibbs 函数的定义式为：

$$G \equiv H - TS \tag{2-16}$$

即某过程的自发性受过程的焓效应(ΔH)和熵效应($T\cdot\Delta S$)的影响。

Gibbs J, 1839—1903

Gibbs 函数有明确的物理意义：

(1)Gibbs 函数是状态函数：式(2-16)中，焓 H、熵 S 和热力学温度 T 都是状态函数，因此 Gibbs 函数 G 是一组合的状态函数。

(2)Gibbs 函数是可利用的能量：如果体系在恒温下变化，则有 $\Delta G=\Delta H-T\Delta S$。式中的 ΔH，即体系的焓变可看作由两部分能量组成，一部分为 $T\cdot\Delta S$，是在该温度下维持体系内部一定混乱度所需的能量变化，这部分能量是人们无法利用的，对应着体系中的无序变化；另一部分则是可以自由地用来做有用功的能量，即 Gibbs 函数变 ΔG，对应于体系中有序变化的能量。

(3)Gibbs 函数变是自发过程的推动力：从 Gibbs 函数判据可见，在只做体积功的恒温、恒压条件下，自发过程进行的方向是使体系的 Gibbs 函数减少。就是说，体系之所以能从一种状态自发地变到另一种状态，是因为在这两个状态间存在着 Gibbs 函数的差值 ΔG，就像在前面提到的温度差 ΔT、水位差 Δh 等一样，Gibbs 函数差 ΔG 是自发过程进行的一种推动力。在上述条件下，自发过程总是从 Gibbs 函数大的状态向 Gibbs 函数小的状态进行，直到 $\Delta G=0$，达到平衡状态为止。从另一角度看，Gibbs 函数越大的体系，越不稳定，有自动向 Gibbs 函数小

的状态变化的趋势；Gibbs 函数较小的状态，就比较稳定。因此，Gibbs 函数是体系稳定性的量度；任何体系，都有减少其 Gibbs 函数的自发趋势。

2. 吉布斯自由能与反应的自发性

在恒温、恒压，体系只做体积功的过程发生变化时，其相应的 Gibbs 函数变(ΔG)则应为：

$$\Delta G=\Delta H-T\Delta S \tag{2-17}$$

式(2-17)称为 Gibbs-Helmholtz(吉布斯-亥姆霍兹)方程，是一个十分重要的公式。由此，可得到只做体积功的恒温、恒压条件下，某过程自发性的判据，即：

$\Delta G<0$ 或 $\Delta H-T\Delta S<0$　过程自发

$\Delta G>0$ 或 $\Delta H-T\Delta S>0$　过程非自发

$\Delta G=0$ 或 $\Delta H=T\Delta S$　过程处于平衡状态

这就是说，在只做体积功的恒温、恒压下的体系发生自发过程时，体系的 Gibbs 函数将减小；体系达到平衡时，其 Gibbs 函数将减至最小，并保持恒定不变(这称为 Gibbs 函数最小原理)；如体系的 Gibbs 函数变大，则必须依靠外力做功，过程才能发生，则该过程为非自发过程。

将此式应用于化学反应：

$$\Delta_r G_m=\Delta_r H_m-T\Delta_r S_m \tag{2-18}$$

若反应在标准状态下进行，则有

$$\Delta_r G_m^{\ominus}=\Delta_r H_m^{\ominus}-T\Delta_r S_m^{\ominus} \tag{2-19}$$

式中，$\Delta_r G_m$ 和 $\Delta_r G_m^{\ominus}$ 分别称为反应的摩尔吉布斯自由能变和反应的标准摩尔吉布斯自由能变，SI 单位为 $kJ \cdot mol^{-1}$。

由吉布斯-亥姆霍兹方程 $\Delta G=\Delta H-T\Delta S$ 可知，一个体系的 Gibbs 函数变 ΔG 是由焓变 ΔH 与熵变 ΔS 组成的，由于热力学温度 T 恒为正值，故 ΔG 的符号和大小，就取决于 ΔH 和 ΔS 的符号和大小。对于一个具体的化学反应来说，反应的 $\Delta_r H$ 和 $\Delta_r S$ 随温度的变化不大，因此，$\Delta_r G$ 和 $\Delta_r H$、$\Delta_r S$ 间，就可能有下面的几种情况。

表 2-2　$\Delta_r H$、$\Delta_r S$ 和 $\Delta_r G$ 的符号与化学反应的自发性

反应情况	$\Delta_r H$	$\Delta_r S$	$\Delta_r G$	化学反应	例子
放热熵增	<0	>0	在任何温度下均为负值	在任何温度下都能自发进行	暗处爆炸：$H_2(g)+F_2(g)=\!=\!=2HF(g)$；大气平流层发生的自发分解反应：$2O_3(g)=\!=\!=3O_2(g)$
放热熵减	<0	<0	低温为负值 高温为正值	低温下自发进行	$PCl_3(g)+Cl_2(g)=\!=\!=PCl_5(g)$ $CaO(s)+CO_2(g)=\!=\!=CaCO_3(s)$
吸热熵增	>0	>0	低温为正值 高温为负值	高温下自发进行	$2H_2O(g)=\!=\!=2H_2(g)+O_2(g)$ $2NaHCO_3(s)=\!=\!=Na_2CO_3(s)+CO_2(g)+H_2O(g)$
吸热熵减	>0	<0	在任何温度下均为正值	在任何温度下都不能自发进行	$2HF(g)=\!=\!=H_2(g)+F_2(g)$ $3O_2(g)=\!=\!=2O_3(g)$

由表 2-2 可知：

(1)如 $\Delta_r S\approx 0$，即熵值变化极小的化学反应，$\Delta_r G\approx\Delta_r H$，其反应方向就取决于焓变，即反应的热效应。放热反应，$\Delta_r H<0$(实际是 $\Delta_r G<0$)，则能自动发生；而吸热反应 $\Delta_r H>0$(即 $\Delta_r G>0$)，则不能自动进行。只有在这种情况下，热效应 $\Delta_r H$ 才能单独决定化学反应的方向。

(2)当 $\Delta_r H \approx 0$,即热效应极小,甚至可以忽略的反应,$\Delta_r G = \Delta_r H - T\Delta_r S$,反应进行的方向取决于 $\Delta_r S$,此时,化学反应将向熵值增加的方向自发进行。

(3)对于 $\Delta_r S > 0$,即熵增的反应,则无论 $\Delta_r H$ 的符号如何,即无论是吸热还是放热反应,在适当的温度下都有可能自发进行。

综上所述,可得出以下结论:一个自发过程倾向于:①降低体系的能量(ΔH 项,焓效应);②增加体系的混乱度($T \cdot \Delta S$ 项,熵效应)。实际计算过程中,常用到的是化学反应的标准 Gibbs 函数。

3. 化学反应吉布斯自由能变的计算

(1)利用物质的标准摩尔生成吉布斯自由能计算

在热力学标准态下(100 kPa),由稳定单质(其吉布斯自由能为零)生成 1 mol 化合物的吉布斯自由能,称该物质的标准摩尔生成吉布斯自由能($\Delta_f G_m^\ominus$),单位与 $\Delta_f H_m^\ominus$ 相同,也是 $kJ \cdot mol^{-1}$。释放能量为负,吸收能量为正。一般说,化合物 $\Delta_f G_m^\ominus$ 的负值越大,其稳定性越大,$\Delta_f G_m^\ominus$ 的负值越小,甚至为正值者,稳定性越小。例如,下列各反应的标准摩尔吉布斯自由能变即为各生成物的标准摩尔生成吉布斯自由能。

$$H_2(g) + \frac{1}{2}O_2(g) = H_2O(l)$$

$$\Delta_r G_m^\ominus(298.15\ K) = \Delta_f G_m^\ominus(H_2O, l, 298.15\ K) = -237.1\ kJ \cdot mol^{-1}$$

$$H_2(g) + \frac{1}{2}O_2(g) = H_2O(g)$$

$$\Delta_r G_m^\ominus(298.15\ K) = \Delta_f G_m^\ominus(H_2O, g, 298.15\ K) = -228.6\ kJ \cdot mol^{-1}$$

$$C(\text{石墨}) + 2H_2(g) + \frac{1}{2}O_2(g) = CH_3OH(l)$$

$$\Delta_r G_m^\ominus(298.15\ K) = \Delta_f G_m^\ominus(CH_3OH, l, 298.15\ K) = -116.6\ kJ \cdot mol^{-1}$$

一些物质在 298.15 K 时的 $\Delta_f G_m^\ominus$ 列于附录 3 中。利用这些数据可方便地计算 298.15 K 时化学反应的标准摩尔吉布斯自由能变($\Delta_r G_m^\ominus$):

$$\Delta_r G_m^\ominus(298.15\ K) = \sum_B \nu_B \Delta_f G_m^\ominus(298.15\ K) \tag{2-20}$$

即反应的标准摩尔吉布斯自由能变等于各反应物和生成物的标准摩尔生成吉布斯自由能与各自相应的化学计量数乘积之和。

【例 2-8】 根据物质的 $\Delta_f G_m^\ominus$,计算下列反应在 298.15 K 时,标准态下能否自发进行?

$$SiO_2(s) + 2H_2 = Si(s) + 2H_2O(g)$$

解 先从附录 3 中查出各物质相应的 $\Delta_f G_m^\ominus$ 值,注意有关物质的状态,

	$SiO_2(s)$	$+2H_2(g)$	$=Si(s)$	$+2H_2O(g)$
$\Delta_f G_m^\ominus / kJ \cdot mol^{-1}$	-856.3	0	0	-228.6

根据 $\Delta_r G_m^\ominus(198.15\ K) = \sum_B \nu_B \cdot \Delta_f G_m^\ominus(298.15\ K)$

$$= [0 + 2 \times (-228.6) - (-856.3) - 2 \times 0]\ kJ \cdot mol^{-1}$$

$$= 399.1\ kJ \cdot mol^{-1}$$

该反应的 $\Delta_r G_m^\ominus > 0$,正值很大,表明它在室温下不可能自发进行。换言之,在 298.15 K 时,用 $H_2(g)$ 还原 $SiO_2(s)$ 的反应是不可能的;其逆方向的反应(硅分解水蒸气的反应)在热力学上是可自动进行的。

在此要特别指出，等温、定压条件下反应是否自发的判据是 $\Delta_r G_m < 0$，而不是 $\Delta_r G_m^\ominus < 0$，即 $\Delta_r G_m^\ominus$ 只能用来判断标准状态下反应是否自发，而在任一指定条件下反应是否自发的判据应为 $\Delta_r G_m$。

(2)根据吉布斯-亥母霍兹公式计算

如果某物质的标准生成 Gibbs 函数变 $\Delta_f G_m^\ominus$ 为未知，则可先利用各物质的标准生成焓 $\Delta_f H_m^\ominus$ 和标准熵 $S_m^\ominus$，分别计算出反应的标准热效应 $\Delta_r H_m^\ominus$ 和标准熵变 $\Delta_r S_m^\ominus$，再用吉布斯-亥母霍兹公式(2-19)计算反应的标准 Gibbs 函数 $\Delta_r G_m^\ominus$。

因 $\Delta_r H_m^\ominus$(T)和 $\Delta_r S_m^\ominus(T)$ 受温度影响较小，若忽略温度对二者的影响，则可得吉布斯-亥母霍兹公式的近似式：

$$\Delta_r G_m^\ominus(T) \approx \Delta_r H_m^\ominus(298.15\ \mathrm{K}) - T\Delta_r S_m^\ominus(298.15\ \mathrm{K}) \qquad (2\text{-}21)$$

因此，依据上式，只要求得 298.15 K 时反应的 $\Delta_r H_m^\ominus$ 和 $\Delta_r S_m^\ominus$，就可求算任一温度时的 $\Delta_r G_m^\ominus$。

【例 2-9】 已知在标准态下各物质的有关热力学数据，试判断下列反应在 298.15 K 时能否自发进行？

	$2Al(s)$	$+Fe_2O_3(s)$	$=\!=\!= Al_2O_3(s)$	$+2Fe(s)$
$\Delta_f H_m^\ominus/\mathrm{kJ \cdot mol^{-1}}$	0	−742.2	−1675.7	0
$S_m^\ominus/\mathrm{J \cdot K^{-1} \cdot mol^{-1}}$	28.3	87.4	50.9	27.3

解 先分别算出反应的标准热效应和标准熵变

$$\begin{aligned}\Delta_r S_m^\ominus &= S_m^\ominus(Al_2O_3,s) + 2S_m^\ominus(Fe,s) - 2S_m^\ominus(Al,s) - S_m^\ominus(Fe_2O_3,s)\\ &= [50.9 + 2\times27.3 - 2\times28.3 - 87.4]\ \mathrm{J \cdot K^{-1} \cdot mol^{-1}}\\ &= -38.5\ \mathrm{J \cdot K^{-1} \cdot mol^{-1}}\end{aligned}$$

$$\begin{aligned}\Delta_r H_m^\ominus &= \Delta_f H_m^\ominus(Al_2O_3,s) + 2\Delta_f H_m^\ominus(Fe,s) - 2\Delta_f H_m^\ominus(Al,s) - \Delta_f H_m^\ominus(Fe_2O_3,s)\\ &= [-1675.7 + 2\times0 - 2\times0 - (-742.2)]\ \mathrm{kJ \cdot mol^{-1}}\\ &= -933.5\ \mathrm{kJ \cdot mol^{-1}}\end{aligned}$$

$$\begin{aligned}\Delta_r G_m^\ominus &= \Delta_r H_m^\ominus - T\Delta_r S_m^\ominus\\ &= [-933.5 - 298.15\times(-38.5)\times10^{-3}]\ \mathrm{kJ \cdot mol^{-1}}\\ &= -922.0\ \mathrm{kJ \cdot mol^{-1}}\end{aligned}$$

这是大家熟知的铝热剂的化学原理。尽管该反应的标准熵值减小，但由于 $\Delta_r H_m^\ominus$ 的负值很大，是一强烈的放热反应，故 $\Delta_r G_m^\ominus$ 仍是一个大的负值，表明该反应在标准态下，298.15 K 时自动进行的趋势很大。

【例 2-10】 已知在 298.15 K 时，反应 C(石墨)$+CO_2(g) =\!=\!= 2CO(g)$不能自发，试问在 1000 K 下，该反应能否自发进行？

解 从附录 3 中查出 298.15 K 时的有关数据，计算出该温度下反应的 $\Delta_r H_m^\ominus$ 和 $\Delta_r S_m^\ominus$，再代入式(2-21)中做近似计算，注意此时，$T=1000$ K。

	C(石墨)	$+CO_2(g)$	$=\!=\!= 2CO(g)$
$\Delta_f H_m^\ominus/\mathrm{kJ \cdot mol^{-1}}$	0	−393.5	−110.5
$S_m^\ominus/\mathrm{J \cdot K^{-1} \cdot mol^{-1}}$	5.7	213.8	197.7

$$\begin{aligned}\Delta_r H_m^\ominus &= 2\Delta_f H_m^\ominus(CO,g) - \Delta_f H_m^\ominus(\text{C,石墨}) - \Delta_f H_m^\ominus(CO_2,g)\\ &= 2\times(-110.5) - 0 - (-393.5)\ \mathrm{kJ \cdot mol^{-1}}\\ &= 172.5\ \mathrm{kJ \cdot mol^{-1}}\end{aligned}$$

$$\Delta_r S_m^\ominus = 2S_m^\ominus(CO,g) - S_m^\ominus(\text{C,石墨}) - S_m^\ominus(CO_2,g)$$

$=(2\times197.7-5.7-213.8)\ \text{J}\cdot\text{K}^{-1}\cdot\text{mol}^{-1}$

$=175.9\ \text{J}\cdot\text{K}^{-1}\cdot\text{mol}^{-1}$

代入吉布斯-亥母霍兹近似公式，则有

$\Delta_r G_m^{\ominus}=\Delta_r H_m^{\ominus}-T\Delta_r S_m^{\ominus}=[172.5-1000\times175.9\times10^{-3}]\text{kJ}\cdot\text{mol}^{-1}=-3.4\ \text{kJ}\cdot\text{mol}^{-1}$

$\Delta_r G_m^{\ominus}<0$，故此时反应可自发进行；它属于吸热、熵增的反应，即低温不能而在高温下可以自发进行的反应。

4. 吉布斯-亥母霍兹公式的应用

(1)估算反应的温度条件

在等温方程式中，$\Delta H^{\ominus}$、$\Delta S^{\ominus}$可近似看作是不随温度改变的常数，就可用标准热力学数据近似地估算出化学反应进行时所需温度条件：

$$\Delta_r G_{m,T}^{\ominus}=\Delta_r H_{m,298.15\ K}^{\ominus}-T\Delta_r S_{m,298.15\ K}^{\ominus}<0 \tag{2-22}$$

(2)转变温度的计算

若定义 $\Delta_r G_{m,T}^{\ominus}=0$ 时的温度，即 $\Delta_r G_{m,T}^{\ominus}$改变正、负号时的温度为转变温度 $T_{转}$，则：

$$T_{转}=\frac{\Delta_r H_m^{\ominus}(298.15\ \text{K})}{\Delta_r S_m^{\ominus}(298.15\ \text{K})} \tag{2-23}$$

据此，即可估算化学反应自发进行的温度条件。

若反应的 $\Delta_r H_m^{\ominus}(298.15\ \text{K})<0$，$\Delta_r S_m^{\ominus}(298.15\ \text{K})<0$，则温度小于 $T_{转}$时，反应正向自发；

若反应的 $\Delta_r H_m^{\ominus}(298.15\ \text{K})>0$，$\Delta_r S_m^{\ominus}(298.15\ \text{K})>0$，则温度大于 $T_{转}$时，反应正向自发。

【例 2-11】　用 $BaCO_3$ 热分解制取 BaO，反应温度要在 1640 K 左右。如将 $BaCO_3$ 与炭黑或碎碳混合，按下式反应：$BaCO_3(s)+C(s)=\!=\!=BaO(s)+2CO(g)$，则所需的反应温度可显著降低。试用热力学计算说明这一过程。

解　　$BaCO_3(s)+C(s)=\!=\!=BaO(s)+2CO(g)$

	$BaCO_3(s)$	$C(s)$	$BaO(s)$	$2CO(g)$
$\Delta_f H_m^{\ominus}/\text{kJ}\cdot\text{mol}^{-1}$	−1213.0	0	−548.0	−110.5
$S_m^{\ominus}/\text{J}\cdot\text{K}^{-1}\cdot\text{mol}^{-1}$	112.1	5.7	72.1	197.7

$\Delta_r H_m^{\ominus}=[(-548.0)+2\times(-110.5)-(-1213.0)]\ \text{kJ}\cdot\text{mol}^{-1}=444.0\ \text{kJ}\cdot\text{mol}^{-1}$

$\Delta_r S_m^{\ominus}=[72.1+2\times197.7-112.1-5.7]\ \text{kJ}\cdot\text{mol}^{-1}=349.7\ \text{J}\cdot\text{K}^{-1}\cdot\text{mol}^{-1}$

该反应为吸热熵增型，足够的高温即可使之自发。

$T_{转}=\Delta_r H_m^{\ominus}/\Delta_r S_m^{\ominus}=444.0\times10^3\ \text{J}\cdot\text{mol}^{-1}/349.7\ \text{J}\cdot\text{K}^{-1}\cdot\text{mol}^{-1}=1269.6\ \text{K}$

分解温度从 1640 K 降至 1269.6 K。

【例 2-12】　水煤气制造的反应 $C(s)+H_2O(g)=\!=\!=CO(g)+H_2(g)$，试计算：(1)该反应在 298.15 K、100 KPa 下能否自发进行？(2)该反应在 1000 K、100 kPa 下能否自发进行？

解　(1)　　$C(s)+H_2O(g)=CO(g)+H_2(g)$

	$C(s)$	$H_2O(g)$	$CO(g)$	$H_2(g)$
$\Delta_f G_m^{\ominus}/\text{kJ}\cdot\text{mol}^{-1}$	0	−228.6	−137.2	0

$\Delta_r G_m^{\ominus}=[(-137.2)-(-228.6)]\ \text{kJ}\cdot\text{mol}^{-1}=91.4\ \text{kJ}\cdot\text{mol}^{-1}$

$\Delta_r G_m^{\ominus}>0$，故该反应在 298.15 K，100 kPa 下不能自发进行。

(2)　　$C(s)+H_2O(g)=\!=\!=CO(g)+H_2(g)$

	$C(s)$	$H_2O(g)$	$CO(g)$	$H_2(g)$
$\Delta_f H_m^{\ominus}/\text{kJ}\cdot\text{mol}^{-1}$	0	−241.8	−110.5	0
$S_m^{\ominus}/\text{J}\cdot\text{K}^{-1}\cdot\text{mol}^{-1}$	5.7	188.8	197.7	130.7

$\Delta_r \text{H}_m^{\ominus}=[(-110.5)-(-241.8)]\ \text{kJ}\cdot\text{mol}^{-1}=131.3\ \text{kJ}\cdot\text{mol}^{-1}$

$\Delta_r S_m^{\ominus}=(197.7+130.7-5.7-188.8)\ \text{J}\cdot\text{K}^{-1}\cdot\text{mol}^{-1}=133.9\ \text{J}\cdot\text{K}^{-1}\cdot\text{mol}^{-1}$

$\Delta_r G_m^\ominus = (131.3\ \text{kJ} \cdot \text{mol}^{-1} - 1000\ \text{K} \times 133.9 \times 10^{-3}\ \text{J} \cdot \text{K}^{-1} \cdot \text{mol}^{-1}) = -2.6\ \text{kJ} \cdot \text{mol}^{-1}$

$\Delta_r G_m^\ominus < 0$，故该反应在 1000 K，100 kPa 下可以自发。

【例 2-13】 用甲醇分解来制备甲烷：$CH_3OH(l) = CH_4(g) + 1/2O_2(g)$，在 298.15 K、1000 KPa 下不能自发，试计算该反应自发进行的温度条件(假定反应中各物质均处于标准态)。

解 $$CH_3OH(l) = CH_4(g) + \frac{1}{2}O_2(g)$$

	$CH_3OH(l)$	$CH_4(g)$	$O_2(g)$
$\Delta_f H_m^\ominus / \text{kJ} \cdot \text{mol}^{-1}$	-239.2	-74.6	0
$S_m^\ominus / \text{J} \cdot \text{K}^{-1} \cdot \text{mol}^{-1}$	126.8	186.3	205.2

$$\begin{aligned}\Delta_r H_m^\ominus &= \Delta_f H_m^\ominus(CH_4, g) + \frac{1}{2}\Delta_f H_m^\ominus(O_2, g) - \Delta_f H_m^\ominus(CH_3OH, l) \\ &= [(-74.6) + 0 - (-239.2)]\ \text{kJ} \cdot \text{mol}^{-1} \\ &= 164.6\ \text{kJ} \cdot \text{mol}^{-1}\end{aligned}$$

$$\begin{aligned}\Delta_r S_m^\ominus &= S_m^\ominus(CH_4, g) + \frac{1}{2}S_m^\ominus(O_2, g) - S_m^\ominus(CH_3OH, l) \\ &= (186.3 + \frac{1}{2} \times 205.2 - 126.8)\ \text{J} \cdot \text{K}^{-1} \cdot \text{mol}^{-1} \\ &= 162.1\ \text{J} \cdot \text{K}^{-1} \cdot \text{mol}^{-1}\end{aligned}$$

$$T_{转} = \frac{164.6\ \text{kJ} \cdot \text{mol}^{-1}}{162.1 \times 10^{-3}\ \text{kJ} \cdot \text{K}^{-1} \cdot \text{mol}^{-1}} = 1015.4\ \text{K}$$

2.3 化学反应的限度——化学平衡

前面介绍了几个重要的热力学函数，通过 $\Delta_r G_m$ 的符号可以判断化学反应进行的方向。研究化学反应，人们除了关注一定条件下反应的能量和方向外，还非常关心化学反应完成的程度，即在一定条件下，化学反应进行的最大限度(反应物的最大转化率)及反应达到最大限度时各物质间量的关系，这便是化学平衡要解决的问题。

2.3.1 可逆反应与化学平衡状态

大多数反应不能进行到底，只有一部分反应物能转变为产物。这种在一定条件下，既可按反应方程式从左向右进行，又可以从右向左进行的反应称为可逆反应。例如，氮气和氢气合成氨的反应

$$N_2(g) + 3H_2(g) \rightleftharpoons 2NH_3(g)$$

当压力为 300 大气压，温度为 500 ℃时，氨的合成率只有 24.6%。为什么氮气和氢气不能完全化合成氨呢？这是因为合成氨的反应是一个比较显著的可逆反应。在氮气与氢气反应开始时，氮气和氢气的浓度较大，正反应速度大，随着反应的进行，氨的浓度增加，逆反应的速度也就增加，随时间的增加，正反应速度减慢而逆反应的速度加快，经过一段时间后，正逆反应的速度相等，反应处于平衡状态，反应物和生成物的浓度不再改变。

这说明，任何一个向一定方向(正向或逆向)自发进行的反应，反应物都不可能百分之百完全转化为生成物，任何化学反应都不能完全进行到底，反应进行到一定程度时，必然宏观上停

止，即达到化学平衡(chemical equilibrium)状态。化学平衡状态有如下三个特征：

(1)化学平衡状态是 $\Delta_r G_m = 0$ 时的状态。从热力学原理，即从宏观上分析，当反应 $\Delta_r G_m < 0$ 时，反应有正向进行的趋势，随着反应的进行，$\Delta_r G_m$ 负值减小，最后达到 $\Delta_r G_m = 0$；同理，当反应 $\Delta_r G_m > 0$ 时，反应有逆向进行的趋势，随着反应的进行，$\Delta_r G_m$ 正值减小，最后达到 $\Delta_r G_m = 0$。因此化学平衡状态是反应在一定条件下所能达到的最大限度的状态。

(2)化学平衡是一种动态平衡。从化学动力学，即从微观角度分析，达到化学平衡状态时，正向反应和逆向反应的速率相等，表面上看好像反应停止了，其实正、逆反应仍在进行，只不过单位时间内每一种物质的生成量等于它的消耗量，因此，达到平衡状态时系统内反应物和生成物的浓度或分压均不再随时间而变化。

(3)化学平衡是有条件的平衡。对于在一定条件下达到化学平衡的系统，若反应条件发生改变，则可能引起反应的摩尔吉布斯自由能的改变，使 $\Delta_r G_m$ 不再等于 0，即原有的平衡状态被破坏了。此时，从宏观上看，反应或正向自发、或逆向自发，直到在新的条件下建立新的平衡。

2.3.2　标准平衡常数

达到化学平衡状态的系统中，各反应物、产物的组成均不再发生变化，那么各物质浓度或分压力之间有无一定的关系？

根据化学反应等温式

$$\Delta_r G_m(T) = \Delta_r G_m^{\ominus}(T) + RT\ln Q$$

当系统达到平衡状态时，

$$\Delta_r G_m(T) = 0$$

则必有

$$-\Delta_r G_m^{\ominus}(T) = RT\ln Q^{eq}$$

式中 Q^{eq} 为平衡状态时的反应商。在热力学中，习惯上用标准平衡常数(standard equilibrium constant)$K^{\ominus}(T)$来表示 Q^{eq}，所以

$$\ln K^{\ominus}(T) = -\Delta_r G_m^{\ominus}(T)/RT \qquad (2\text{-}24)$$

在使用标准平衡常数时，下列几点需特别注意：

(1)标准平衡常数只与反应温度有关，而与浓度或压力无关。故在使用标准平衡常数时，必须注明反应温度。

(2)由于反应的标准摩尔吉布斯自由能与反应式的写法有关，因此标准平衡常数以及标准平衡常数表达式也必然与反应方程式的写法有关。

例如，298.15 K 时，反应(a)：$N_2(g) + 3H_2(g) \rightleftharpoons 2NH_3(g)$

$$\Delta_r G_m^{\ominus}(298.15\ \text{K}) = -32.8\ \text{kJ} \cdot \text{mol}^{-1}$$

$$\ln K^{\ominus}(\text{a}, 298.15\ \text{K}) = -\Delta_r G_m^{\ominus}(298.15\ \text{K})/RT = 13.23$$

$$K^{\ominus}(\text{a}, 298.15\ \text{K}) = 5.6 \times 10^{5}$$

若反应式写为(b)：$2N_2(g) + 6H_2(g) \rightleftharpoons 4NH_3(g)$，则：

$$\Delta_r G_m^{\ominus}(298.15\ \text{K}) = 2\Delta_r G_m^{\ominus}(298.15\ \text{K}) = -65.6\ \text{kJ} \cdot \text{mol}^{-1}$$

$$\ln K^{\ominus}(\text{b}, 298.15\ \text{K}) = -\Delta_r G_m^{\ominus}(298.15\ \text{K})/RT = 26.46$$

$$K^{\ominus}(\text{b}, 298.15\ \text{K}) = \{K^{\ominus}(\text{a}, 298.15\ \text{K})\}^2 = (5.6 \times 10^5)^2 = 3.1 \times 10^{11}$$

若反应式写为(c)：$2NH_3(g) \rightleftharpoons N_2(g) + 3H_2(g)$

$$K^{\ominus}(\text{c}, 298.15\ \text{K}) = 1/K^{\ominus}(\text{a}, 298.15\ \text{K})$$

$$= 1/6.1 \times 10^{-5} = 1.6 \times 10^{-6}$$

一般说来，若化学反应式中各物种的化学计量数均变为原来的 n 倍，则对应的标准平衡常数等于原标准平衡常数的 n 次方。

(3)若有纯固体、纯液体参加反应，或在稀的水溶液中发生的反应，则固体、液体以及溶剂水都不会在平衡常数表达式中出现。原理请参阅有关反应商的说明。如：

$$Cr_2O_7^{2-}(aq)+H_2O \rightleftharpoons 2CrO_4^{2-}(aq)+2H^+(aq)$$

$$K^\ominus=\frac{[c^{eq}(CrO_4^{2-})/c^\ominus]^2[c^{eq}(H^+)/c^\ominus]^2}{[c^{eq}(Cr_2O_7^{2-})/c^\ominus]}$$

$$CaCO_3(s) \rightleftharpoons CaO(s)+CO_2(g)$$

$$K^\ominus=[p^{eq}(CO_2)/p^\ominus]$$

平衡常数的物理意义：①平衡常数是反应的特征常数，它不随物质的初始浓度而改变。因为对于特定的反应，只要温度一定，平衡常数就是定值，该常数与反应物或生成物的初始浓度无关；②平衡常数数值的大小是反应进行程度的标志。因为平衡状态是反应进行的最大限度，而平衡常数的表达式很好的表示出了在反应达到平衡时的生成物和反应物的浓度关系，一个反应的平衡常数越大，说明反应物的转化率越高；③平衡常数明确了在一定温度下，体系达到平衡的条件。一个化学反应是否达到平衡状态，它的标志就是正反应速度等于逆反应速度，此时，各物质的浓度将不随时间而改变，而且，产物的浓度次方的乘积与反应物的浓度次方的乘积为一常数。

【例 2-14】 在 1 升容器中，将 2.659 克 $PCl_5(g)$加热分解为 $PCl_3(g)$和 $Cl_2(g)$，在 523 K 时达到平衡后，总压力 $p_{总}$ 为 101.3 kPa，计算该温度时反应的 $K^\ominus$。

解 未反应时，PCl_5的物质的量 $n(PCl_5)=\frac{2.659\ g}{208.2\ g\cdot mol^{-1}}=0.01277\ mol$

设反应达到平衡时，气体总的物质的量为：

$$n=\frac{PV}{RT}=\frac{101.3\ kPa\times1.00L}{8.314\ kPa\cdot L\cdot mol^{-1}\cdot K^{-1}\times523\ K}=0.0233\ mol$$

根据反应式：$PCl_5 \rightleftharpoons PCl_3+Cl_2$ 可得，达到平衡时，

$$n(PCl_5)=0.0023\ mol, n(PCl_3)=n(Cl_2)=0.0105\ mol$$

根据理想气体分压定律：

$$p(PCl_5)=x(PCl_5)\cdot p_{总}=\frac{0.0023}{0.0233}\times101.3\ kPa=10.0\ kPa$$

$$p(PCl_3)=p(Cl_2)=\frac{101.3-10.0}{2}\ kPa=45.7\ kPa$$

$$K^\ominus=\frac{\{p(PCl_3)/p^\ominus\}\{p(Cl_2)/p^\ominus\}}{p(PCl_5)/p^\ominus}=2.09$$

【例 2-15】 298.15 K 时，反应 $Ag^+(aq)+Fe^{2+}(aq) \rightleftharpoons Ag(s)+Fe^{3+}(aq)$的标准平衡常数 $K^\ominus=3.2$。若反应前 $c(Ag^+)=c(Fe^{2+})=0.10\ mol\cdot L^{-1}$，计算反应达平衡后各离子的浓度。

解 设平衡时 $c(Fe^{3+})/c^\ominus=x$，则根据反应式可知：

	$Ag^+(aq)$	$+Fe^{2+}(aq) \rightleftharpoons$	$Ag(s)$	$+Fe^{3+}(aq)$
$c_0/mol\cdot L^{-1}$：	0.10	0.10		0
$c^{eq}/mol\cdot L^{-1}$：	$0.10-x$	$0.10-x$		x

$$K^\ominus=\frac{c(Fe^{3+})/c^\ominus}{\{c(Ag^+)/c^\ominus\}\{c(Fe^{2+})/c^\ominus\}}=\frac{x}{(0.10-x)^2}=3.2$$

得：$x=0.020$

即平衡时，$c(Fe^{3+})=0.020\ mol\cdot L^{-1}$　$c(Fe^{2+})=0.080\ mol\cdot L^{-1}$

$c(Ag^{+})=0.080\ mol\cdot L^{-1}$

2.3.3　多重平衡规则

化学平衡系统往往同时包含多个相互有关的平衡，体系内有些物质，同时参加了多个平衡。此种平衡体系，称为多重平衡体系。例如，碳在氧气中燃烧的反应，达到平衡时体系内存在以下三个化学平衡：

(1)$C(s)+\frac{1}{2}O_2(g)\rightleftharpoons CO(g)$　　$K^{\ominus}(1)=\frac{p(CO)/p^{\ominus}}{[p(O_2)/p^{\ominus}]^{\frac{1}{2}}}$

(2)$CO(g)+\frac{1}{2}O_2(g)\rightleftharpoons CO_2(g)$　　$K^{\ominus}(2)=\frac{p(CO_2)/p^{\ominus}}{[p(CO)/p^{\ominus}][p(O_2)/p^{\ominus}]^{\frac{1}{2}}}$

(3)$C(s)+O_2(g)\rightleftharpoons CO_2(g)$　　$K^{\ominus}(3)=\frac{p(CO_2)/p^{\ominus}}{p(O_2)/p^{\ominus}}$

从上述反应式我们不难看出，氧气同时参与了三个平衡。由于处在同一个体系中，所以氧气的相对分压力只可能有一个值，且此值必然同时要满足所有三个平衡，即在反应(1)，(2)，(3)的标准平衡常数表达式中，$p(O_2)$是相同的。同理，一氧化碳、二氧化碳均参与了两个平衡，在反应(1)，(2)的标准平衡常数表达式中，$p(CO)$相同；反应(2)，(3)的标准平衡表达式中，$p(CO_2)$相同。如此，相关的三个反应的标准平衡常数间必定具有确定的关系，现证明如下：

对反应(1)、(2)、(3)，它们的标准平衡常数和反应的标准摩尔吉布斯自由能的关系分别为：

$$\Delta_r G_m^{\ominus}(1)=-RT\ln K^{\ominus}(1)$$
$$\Delta_r G_m^{\ominus}(2)=-RT\ln K^{\ominus}(2)$$
$$\Delta_r G_m^{\ominus}(3)=-RT\ln K^{\ominus}(3)$$

反应(3)＝反应(1)＋反应(2)

由盖斯定律则有：　$\Delta_r G_m^{\ominus}(3)=\Delta_r G_m^{\ominus}(1)+\Delta_r G_m^{\ominus}(2)$，

则有：　$-RT\ln K^{\ominus}(3)=-RT\ln K^{\ominus}(1)-RT\ln K^{\ominus}(2)$

故得：　$K^{\ominus}(3)=K^{\ominus}(1)\cdot K^{\ominus}(2)$

同理，不难证明如果一个体系满足：

反应(4)＝反应(5)－反应(6)

则有：　$-RT\ln K^{\ominus}(4)=-RT\ln K^{\ominus}(5)+RT\ln K^{\ominus}(6)$

$$K^{\ominus}(4)=K^{\ominus}(5)/K^{\ominus}(6)$$

利用多重平衡规则可间接求算反应的标准平衡常数。但使用时应注意，由于$K^{\ominus}$与温度有关，故体系中所有平衡的平衡常数必须是同一温度下的数据。

利用这个结论，可以十分方便地根据已知反应的标准平衡常数求算相关较复杂反应的标准平衡常数。

【例 2-16】　若煤气发生炉中，下列反应均达到平衡状态，且炉内一氧化碳的分压为$p(CO)$，计算炉内二氧化碳的分压。

$2C(s)+O_2(g)\rightleftharpoons 2CO(g)$　　$K^{\ominus}(1)$

$C(s)+O_2(g)\rightleftharpoons CO_2(g)$　　$K^{\ominus}(2)$

解　$K^{\ominus}(1)=\frac{\{p^{eq}(CO)/p^{\ominus}\}^2}{p^{eq}(O_2)/p^{\ominus}}$；　$K^{\ominus}(2)=\frac{p^{eq}(CO_2)/p^{\ominus}}{p^{eq}(O_2)/p^{\ominus}}$

$$\frac{K^{\ominus}(1)}{K^{\ominus}(2)}=\frac{\{p^{eq}(CO)/p^{\ominus}\}^2}{p^{eq}(CO_2)/p^{\ominus}}$$

$$\therefore p^{eq}(CO_2)=\frac{K^{\ominus}(2)}{p^{\ominus}\cdot K^{\ominus}(1)}\{p^{eq}(CO)\}^2$$

2.3.4 化学反应方向的判断

由化学反应等温方程式及反应的标准平衡常数定义，可知：

$$\Delta_r G_m(T)=\Delta_r G_m^{\ominus}(T)+RT\ln Q=-RT\ln K^{\ominus}+RT\ln Q=RT\ln(Q/K^{\ominus}) \tag{2-25}$$

通过比较 $K^{\ominus}$ 与 Q 的相对大小可对反应达到平衡与否作出判断：

若 $Q>K^{\ominus}$，则反应的 $\Delta_r G_m(T)>0$，反应逆向自发进行；

若 $Q<K^{\ominus}$，则反应的 $\Delta_r G_m(T)<0$，反应正向自发进行；

若 $Q=K^{\ominus}$，则反应的 $\Delta_r G_m(T)=0$，反应处于平衡状态。

【例 2-17】 CO 与 H_2 合成甲醇的可逆反应为 $CO(g)+2H_2(g) \rightleftharpoons CH_3OH(g)$，根据 298.15 K、标准状态下的热力学数据

物质	CO(g)	H_2(g)	CH_3OH(g)
$\Delta_f H_m^{\ominus}(kJ\cdot mol^{-1})$	−110.5	0	−201.0
$S_m^{\ominus}(J\cdot mol^{-1}\cdot K^{-1})$	197.7	130.7	239.9

计算：(1)该反应的 $\Delta_r G_m^{\ominus}$(350 K)和 $K^{\ominus}$(350 K)；(2)若 350 K 时测得密闭容器内所含各物质的分压为 $p(CO)=2.03\times10^4$ Pa，$p(H_2)=3.04\times10^4$ Pa，$p(CH_3OH)=0.300\times10^4$ Pa，判断此时反应将向哪个方向进行？

解 (1) $\Delta_r H_m^{\ominus}=-201.0-(-110.5)=-90.5\ kJ\cdot mol^{-1}$

$\Delta_r S_m^{\ominus}=239.9-130.7\times2-197.7=-219.2\ J\cdot mol^{-1}\cdot K^{-1}$

$\Delta_r G_m^{\ominus}(350\ K)=\Delta_r H_m^{\ominus}-T\Delta_r S_m^{\ominus}=-90.5-350\times(-219.2)\times10^{-3}=-13.78\ kJ\cdot mol^{-1}$

(2) $\ln K^{\ominus}(350\ K)=-13.78/0.00831\times350=4.74$

$K^{\ominus}(350\ K)=114.8$

$$Q=\frac{\{p(CH_3OH)/p^{\ominus}\}}{\{p(CO)/p^{\ominus}\}\{p(H_2)/p^{\ominus}\}^2}=\frac{0.30\times10^4/10^5}{(2.03\times10^4/10^5)(3.04\times10^4/10^5)^2}=1.6$$

$Q<K^{\ominus}(350\ K)$，所以反应向正反应方向进行。

2.3.5 化学平衡的移动

化学平衡是反应体系在特定条件下达到的动态平衡状态，故一旦条件发生改变，平衡即有可能被破坏，反应或正向自发、或逆向自发进行，最终在新的条件下建立起新的平衡。这种因条件改变而使化学平衡由旧的平衡状态向新的平衡状态移动的现象称为化学平衡的移动。由 $\Delta_r G_m(T)=RT\ln(Q/K^{\ominus})$ 可知，处于平衡状态时 $Q=K^{\ominus}$，凡是能使反应商 Q 或标准平衡常数 $K^{\ominus}$ 改变的因素，都会导致化学平衡的移动。一般来说，影响化学平衡的因素主要有浓度、压力和温度。

1. 浓度对化学平衡的影响

增加反应物的浓度或减少生成物的浓度，平衡将正向移动；减少反应物浓度或增加生成物浓度，平衡将逆向移动。例如，将 $FeCl_3$(s)加入水中，由于下列反应的发生，有 $Fe(OH)_3$ 沉淀生成，且溶液显酸性。

$$Fe^{3+}(aq)+3H_2O(l) \rightleftharpoons Fe(OH)_3(s)+3H^+(aq)$$

若向此体系中加入盐酸，即增大产物氢离子的浓度，则由于平衡逆向移动，$Fe(OH)_3$沉淀将减少直至完全溶解。

对于已达化学平衡的体系，改变任何一种反应物或产物的浓度，都将使反应商 Q 发生变化，导致 $Q \neq K^{\ominus}$。增加反应物或减少产物浓度，Q 值减小，必使 $Q<K^{\ominus}$，平衡正向移动；反之，若减少反应物或增加产物浓度，Q 值增大，必使 $Q>K^{\ominus}$，平衡逆向移动。增加某一种反应物浓度后，要使得被减小了的反应商 Q 重新等于 $K^{\ominus}$ 而达到新的平衡状态，只有减少其他反应物的浓度或者增加产物浓度。所以增加某一种反应物的浓度会使得其他反应物的转化率变大。工业生产中，经常用增大廉价、易得的反应物浓度的方法，提高贵重反应物的转化率。如合成氨反应中，加大 N_2 的用量可以提高 H_2 的转化率。又如在 $CO(g)+H_2O(g) \rightleftharpoons CO_2(g)+H_2(g)$ 反应中，增加水蒸气的用量可使 CO 的转化率大大提高。在工业制备硫酸 $2SO_2+O_2 \rightleftharpoons 2SO_3$ 的反应中，为了尽可能利用成本较高的 SO_2，就要用过量的氧(空气)，以高于反应计量的反应物($n_{SO_2}:n_{O_2}=1:1.06$)投料生产。

2. 压力对化学平衡移动的影响

压力对溶液的浓度几乎没有影响，因此对无气体参加的反应，压力对平衡状态的影响可以不考虑。对于有气态物质参加或生成的可逆反应，可有多种方法来改变平衡状态时气体的压力，如改变体系的体积，即同样倍数改变参加平衡的所有气体的分压力；在体积不变或总压力不变条件下改变某一种或某几种气体的分压力；在体积不变或总压力不变条件下向体系内加入惰性气体等等。无论采用何种方法，只要能改变反应商 Q，就会使化学平衡发生移动。在此，仅讨论改变平衡体系的体积，使体系总压力发生变化时对化学平衡移动的影响。

(1)有气体参加，但反应前后气体分子总数相等的反应。如：

$$H_2(g)+I_2(g) \rightleftharpoons 2HI(g)$$

等温下达平衡时：

$$K^{\ominus}=\frac{[p(HI)/p^{\ominus}]^2}{[p(H_2)/p^{\ominus}][p(I_2)/p^{\ominus}]}$$

若体系总压力增加为原来的两倍时，则各组分的分压也增加为原来的两倍，此状态下，

$$Q=\frac{[2p(HI)/p^{\ominus}]^2}{[2p(H_2)/p^{\ominus}][2p(I_2)/p^{\ominus}]}=\frac{4[p(HI)/p^{\ominus}]^2}{4[p(H_2)/p^{\ominus}][p(I_2)/p^{\ominus}]}=K^{\ominus}$$

如果将体系的总压力降低为原来的一半，同样可以导出 $Q=K^{\ominus}$。因此，对反应前后气体分子总数不变的反应，增加或降低体系的总压力，对平衡没有影响。

(2)有气体参加，但反应前后气体分子总数不等的反应。例如：

$$N_2(g)+3H_2(g) \rightleftharpoons 2NH_3(g)$$

在一定温度下反应达到平衡，则：

$$K^{\ominus}=\frac{[p(NH_3)/p^{\ominus}]^2}{[p(H_2)/p^{\ominus}]^3[p(N_2)/p^{\ominus}]}$$

如果减小平衡体系的体积，使体系总压力增加为原来的两倍，此时各组分的分压也增加为原来的两倍，则此状态下：

$$Q=\frac{[2p(NH_3)/p^{\ominus}]^2}{[2p(H_2)/p^{\ominus}]^3[2p(N_2)/p^{\ominus}]}=\frac{4[p(NH_3)/p^{\ominus}]^2}{16[p(H_2)/p^{\ominus}]^3[p(N_2)/p^{\ominus}]}=\frac{1}{4}K^{\ominus}$$

$$Q<K^{\ominus}$$

该体系的平衡已被破坏，反应向生成氨（气体分子总数减小）的方向移动。

同理，如果将体系的总压力降低到原来的一半，这时，

$$Q=\frac{\left[\frac{1}{2}p(NH_3)/p^{\ominus}\right]^2}{\left[\frac{1}{2}p(H_2)/p^{\ominus}\right]^3\left[\frac{1}{2}p(N_2)/p^{\ominus}\right]}=\frac{16\left[p(NH_3)/p^{\ominus}\right]^2}{4\left[p(H_2)/p^{\ominus}\right]^3\left[p(N_2)/p^{\ominus}\right]}=4K^{\ominus}$$

$$Q>K^{\ominus}$$

因此，反应向氨分解（气体分子总数增大）的方向移动。

综合以上讨论可以得出，体系总压力变化只对那些反应前后气体物质的量有变化的反应有影响。当增加压力时，平衡就向能减少压力（即减少气体分子数目）的方向移动。当降低压力时，平衡就向能增大压力（即增加气体分子数目）的方向移动。

3. 温度对化学平衡移动的影响

温度对化学平衡的影响与前两种情况有着本质的区别。改变浓度、压力或体积，只能使反应的平衡点改变，它们对化学平衡的影响都是通过改变 Q 而得以实现的。而温度的变化，却导致了平衡常数 $K^{\ominus}$ 数值的改变，使得 $Q\neq K^{\ominus}$。可以从热力学的知识导出这个结论。

由以下两式：

$$\Delta_r G_m^{\ominus}(T)=\Delta_r H_m^{\ominus}(T)-T\Delta_r S_m^{\ominus}(T)$$

$$\ln K^{\ominus}(T)=-\Delta_r G_m^{\ominus}(T)/RT$$

得：

$$\ln K^{\ominus}=-\frac{\Delta_r H_m^{\ominus}}{RT}+\frac{\Delta_r S_m^{\ominus}}{R} \tag{2-26}$$

Van't Hoff，1852—1911

上式是化学热力学中表述标准平衡常数与温度关系的重要方程，称为 Van't Hoff 方程式。它表示，当把 $\Delta_r H_m^{\ominus}$ 和 $\Delta_r S_m^{\ominus}$ 近似视为常数时，反应的标准平衡常数的对数 $\ln K^{\ominus}$ 与反应温度的倒数 $1/T$ 呈线性关系，直线的斜率等于 $-\Delta_r H_m^{\ominus}/R$。若反应为吸热，$\Delta_r H_m^{\ominus}>0$，则直线的斜率 <0，即随反应温度 T 的升高，$K^{\ominus}$ 值变大，使得 $Q<K^{\ominus}$，平衡正向移动；若反应为放热，$\Delta_r H_m^{\ominus}<0$，则直线的斜率 >0，即随反应温度的升高，$K^{\ominus}$ 值变小，使得 $Q>K^{\ominus}$，平衡逆向移动。

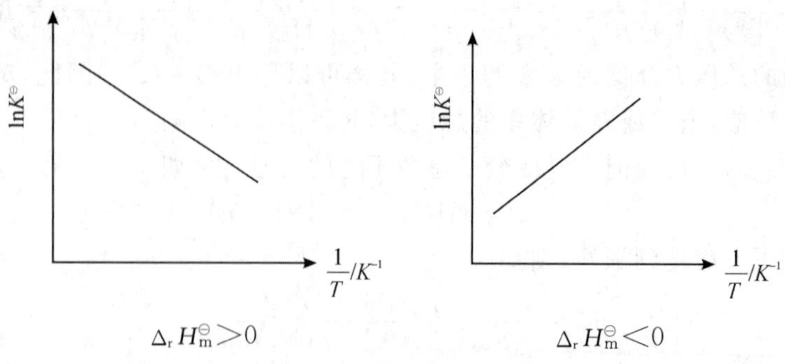

图 2-3　化学反应的 $\ln K^{\ominus}$ 与 $1/T$ 关系

若仅从化学平衡角度考虑，为提高反应的完成程度，对 $\Delta_r H_m^{\ominus}>0$ 的反应，应在较高温度条件下进行，对 $\Delta_r H_m^{\ominus}<0$ 的反应，则应在较低温度条件下进行。例如，重水与硫化氢气体的反应是 $\Delta_r H_m^{\ominus}>0$ 的反应：

$$D_2O(l)+H_2S(g) \rightleftharpoons D_2S(g)+H_2O(g)$$

将硫化氢气体通入高温的重水中，以上平衡向右移动，反应完成程度较高；再将得到的气体产物冷却，由于温度下降，平衡向左移动，得到重水。原子能工业中利用此方法富集普通水中的重水(重水在普通水中的质量分数约为七千分之一)。又如利用 $\Delta_r H_m^\ominus>0$ 的反应

$$TaS_2(s)+2I_2(g) \rightleftharpoons TaI_4(g)+S_2(g)$$

可将固体 TaS_2 置于一密封、真空的石英管的一端，同时在管内放入少量 $I_2(s)$。将石英管按一定的温度梯度加热，使放有 TaS_2 的一端温度较高，另一端温度较低。则在高温端，正向反应进行得很完全，得到的气体产物扩散到低温端后，平衡又逆向移动，最终得到纯净的 TaS_2 晶体。这是一种提纯物质的新技术，称为"化学蒸气转移法"。

利用 $\ln K^\ominus - 1/T$ 曲线，可根据直线的斜率计算出反应的 $\Delta_r H_m^\ominus$，也可计算指定温度下反应的 $K^\ominus$。若已知反应的 $\Delta_r H_m^\ominus$、温度为 T_1 时反应的标准平衡常数 $K^\ominus(1)$，则温度为 T_2 时反应的标准平衡常数 $K^\ominus(2)$ 亦可用下法近似计算得到：

$$\ln K^\ominus(1)=-\frac{\Delta_r H_m^\ominus}{RT_1}+\frac{\Delta_r S_m^\ominus}{R}$$

$$\ln K^\ominus(2)=-\frac{\Delta_r H_m^\ominus}{RT_2}+\frac{\Delta_r S_m^\ominus}{R}$$

结合上两式：

$$\ln\frac{K^\ominus(2)}{K^\ominus(1)}=\frac{\Delta_r H_m^\ominus}{R}\left(\frac{T_2-T_1}{T_1 T_2}\right) \tag{2-27}$$

【例 2-18】 已知反应 $2Hg(g)+O_2(g) \rightleftharpoons 2HgO(s)$，在 298.15 K 时，$\Delta_r H_m^\ominus=-304.2\ kJ\cdot mol^{-1}$，$\Delta_r G_m^\ominus=-180.7\ kJ\cdot mol^{-1}$。计算该反应在 298.15 K 和 398 K 时的标准平衡常数。

解 根据 $\ln K^\ominus(T)=-\Delta_r G_m^\ominus(T)/RT$

可得 $\ln K^\ominus(298.15\ K)=-\dfrac{-180.7\times10^3\ J\cdot mol^{-1}}{8.314\ J\cdot mol^{-1}\cdot K^{-1}\times298.15\ K}=72.9$

所以　$K^\ominus(298.15\ K)=4.57\times10^{31}$

又根据式 $\ln\dfrac{K^\ominus(2)}{K^\ominus(1)}=\dfrac{\Delta_r H_m^\ominus}{R}\cdot\dfrac{T_2-T_1}{T_1T_2}$

可得 $\ln\dfrac{K^\ominus(398\ K)}{4.57\times10^{31}}=\dfrac{-304.2\times10^3\ J\cdot mol^{-1}}{8.314\ J\cdot mol^{-1}\cdot K^{-1}}\cdot\dfrac{(398\ K-298.15\ K)}{398\ K\times298.15\ K}$

解方程得：$K^\ominus(398\ K)=1.95\times10^{18}$

对于液体，如水的汽化过程：$H_2O(l) \rightleftharpoons H_2O(g)$

反应的标准平衡常数 $K^\ominus=p(H_2O)/p^\ominus$，即等于平衡时气体的相对蒸气压力。将上式应用于液体的汽化过程，得：

$$\ln\frac{p_2}{p_1}=\frac{\Delta_{vap}H_m^\ominus}{R}\left(\frac{T_2-T_1}{T_1T_2}\right)$$

此式称为克拉伯龙-克劳修斯方程式，表示 T_1 与 T_2 两个热力学温度与相应两个蒸气压力 p_1 与 p_2 间的关系。式中 $\Delta_{vap}H_m^\ominus$ 为液体的标准摩尔汽化焓。此式也可用来表示两个不同压力下的相应沸腾温度间的关系。

【例 2-19】 压力锅内，水的蒸气压力可达到 150 kPa，计算水在压力锅中的沸腾温度。

解　$H_2O(l) \rightleftharpoons H_2O(g)$　　$\Delta_r H_m^\ominus=44.0\ kJ\cdot mol^{-1}$

水的正常沸点 $T_1=373.15\ \mathrm{K}$，故可得：

$$\ln\frac{p_2}{p_1}=\frac{\Delta_{\mathrm{vap}}H_{\mathrm{m}}^{\ominus}}{R}\left(\frac{T-T_1}{T_1T}\right)$$

$$\ln\frac{150\ \mathrm{kPa}}{101.3\ \mathrm{kPa}}=\frac{44.0\ \mathrm{kJ\cdot mol^{-1}}}{8.314\ \mathrm{J\cdot mol^{-1}\cdot K^{-1}}}\left(\frac{T-373\ \mathrm{K}}{373\ \mathrm{K}\times T}\right)$$

得 $T=383\ \mathrm{K}$

4. 催化剂对化学平衡的影响

催化剂对反应的影响只是一个动力学问题，它对热力学参数 $\Delta_r H_m^{\ominus}$ 和 $\Delta_r G_m^{\ominus}$ 均无影响，故不影响化学平衡。事实上，对于可逆反应，催化剂能同等程度地加快正、逆反应的速度，它能加快反应达到平衡状态，缩短化学平衡实现的时间。

综上所述，浓度、压力、温度和催化剂这些因素对化学平衡的影响各有其特点，1887 年法国化学家 Le Chatelier（勒夏特列）把外界条件对化学平衡的影响概括为一条普遍规律：假如改变平衡体系的条件之一，如浓度、温度或压力，平衡向着减弱这个改变的方向移动。此即勒夏特列原理，又称为平衡移动原理。

Le Chatelier，1850—1936

平衡移动原理是一条普遍的规律，它对于所有的动态平衡（包括物理平衡）都是适用的。但必须注意，它只能应用在已经达到平衡的体系，对于未达到平衡的体系是不适用的。

德国化学家 Haber F（哈伯）在勒夏特列原理的启发下，发明工业合成氨方法而获得 1918 年的诺贝尔化学奖。在实现合成氨的工业化的进程中，德国科学家 Bosch C（博施）与 Bergius F（贝吉乌斯）应用的高压方法提高了合成氨的反应速率而获得 1931 年诺贝尔化学奖。

Haber F，1868—1930

Bosch C，1874—1940

Bergius F，1894—1949

2.4 化学反应速率

根据化学热力学和化学平衡的知识，可以判断一个化学反应发生的可能性及其进行的程度。例如，在 298.15 K，$N_2(g)+3H_2(g)\rightleftharpoons 2NH_3(g)$ 反应的 $\Delta_r G_m^{\ominus}=-32.8\ \mathrm{kJ\cdot mol^{-1}}$，$K^{\ominus}=5.6\times10^5$。从热力学的角度分析，反应可以自发进行且转化率较大。但实际上，在此温度条件下 H_2 与 N_2 混合后，很长时间看不出有任何变化，即反应速率太慢。若改变条件，如加入催化剂，或升温、加压，则反应可以较快进行。人们总希望对人类有益的反应，如有机物的合成、钢铁的冶炼等进行得快些；而对另一类反应，如金属的腐蚀，橡胶的老化等进行得慢些。因此研究化学反应，不仅要考虑它发生的可能性，而且要研究反应的速率和反应的机理，确定反应历程，深入揭示反应的本质。这就是化学动力学研究的内容。

2.4.1　化学反应速率的表示方法

不同的化学反应，其速率千差万别。酸碱中和反应可很快完成，而塑料薄膜在田间降解，则需几年甚至几十年。即使是同一反应，在不同条件下速率也可能有很大的差别。

化学反应速率(rate of chemical reaction)(定容反应器中)通常用单位时间内反应物或生成物浓度的变化来表示，其值为正。浓度单位常用 $mol \cdot L^{-1}$，时间单位可用 s、min、h 等，故反应速率的常用单位为 $mol \cdot L^{-1} \cdot s^{-1}$，$mol \cdot L^{-1} \cdot min^{-1}$，$mol \cdot L^{-1} \cdot h^{-1}$等。

以 N_2O_5分解反应为例：

$$N_2O_5 \xlongequal{} 2NO_2 + \frac{1}{2}O_2$$

分解过程中 N_2O_5的浓度与时间的关系列于表 2-3。表 2-3 中，$\bar{v}$ 表示在时间间隔 Δt 内反应的平均速率，可表示为：

$$\bar{v} = \pm\frac{\Delta c}{\Delta t} \tag{2-28}$$

表 2-3　N_2O_5浓度与时间关系

t/s	$c(N_2O_5)/mol \cdot L^{-1}$	$\bar{v} = -\frac{\Delta c}{\Delta t}$ $mol \cdot L^{-1} \cdot s^{-1}$
0	2.00	
		$\frac{0.58}{100}=0.0058$
100	1.42	
		$\frac{0.43}{100}=0.0043$
200	0.99	
		$\frac{0.28}{100}=0.0028$
300	0.71	
		$\frac{0.15}{100}=0.0015$
400	0.56	

由于反应物的浓度随着时间的进行而减少，而生成物的浓度随着时间的进行而增大。所以，若以反应物浓度随时间的变化表示反应的平均速率，Δc 前应加负号，$\bar{v}$(反应物)$=-\Delta c/\Delta t$；若以生成物浓度随时间的变化表示反应的平均速率，$\bar{v}$(生成物)$=\Delta c/\Delta t$。因此上述分解反应的反应速率可表示为：

$$\bar{v}(N_2O_5) = -\frac{\Delta c(N_5O_2)}{\Delta t} \qquad \bar{v}(NO_2) = \frac{\Delta c(NO_2)}{\Delta t} \qquad \bar{v}(O_2) = \frac{\Delta c(O_2)}{\Delta t}$$

从表 2-3 可以看出，在不同时间段反应的平均速率不同，而且在任一时间段内，前半段的平均速率与后半段的平均速率也不同。为了准确表示某一时刻的反应速率，即瞬时速率，可以将观察的时间间隔缩短，时间间隔越短，所得平均速率就越趋近于瞬时速率。因此所谓瞬时速

率应为观察时间 Δt 趋近于 0 时平均速率的极限值：

$$v=\pm\lim_{\Delta t\to 0}\frac{\Delta c}{\Delta t}=\pm\frac{\mathrm{d}c}{\mathrm{d}t} \tag{2-29}$$

$\mathrm{d}c/\mathrm{d}t$ 是浓度 c 对时间 t 的微商，是 $c\sim t$ 曲线切线的斜率(图 2-4)。取曲线上任一点，对该曲线做切线，切线的斜率即为该点对应时刻的瞬时速率。欲求出在某给定时刻 t 时的瞬时速率，可在曲线上对应于时刻 t 的 p 点作一条切线，在切线上任取两点 b 和 d，过 b 和 d 点作直线

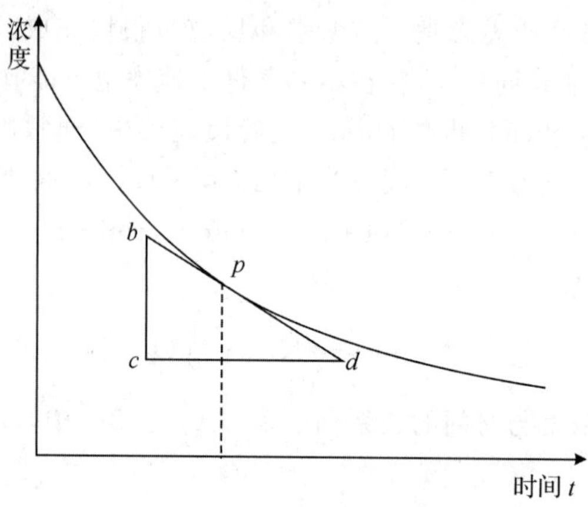

图 2-4　反应物浓度—时间变化

分别平行于纵坐标轴和横坐标轴，并交于 c 点，构成一个直角三角形 Δbcd。bc 线表示反应物浓度的变化，cd 线表示时间的变化。则 t 时刻反应的瞬时速率为：

$$v=-\frac{\mathrm{d}c_{\mathrm{A}}}{\mathrm{d}t}=\frac{bc}{cd}\quad\left(\frac{bc}{cd}\text{即 } p \text{ 点处的斜率}\right)$$

上例中 N_2O_5 分解反应的瞬时速率可表示为：

$$v(N_2O_5)=-\frac{dc(N_2O_5)}{\mathrm{d}t}\qquad v(NO_2)=\frac{dc(NO_2)}{\mathrm{d}t}\qquad v(O_2)=\frac{dc(O_2)}{\mathrm{d}t}$$

由于反应式中各物质化学计量数往往不同，因此在同一反应中，用不同反应物或生成物表示的反应速率，数值往往是不同的。为避免出现混淆，现行的国际单位制建议用 B 物质的化学计量数 ν_{B} 去除 $\mathrm{d}c_{\mathrm{B}}/\mathrm{d}t$ 来表示一个反应的速率。这样，对一个反应，无论选用反应体系中何种物质的浓度改变来表示该反应的速率，数值均相同。对于一般的化学反应

$$-\nu_{\mathrm{A}}\mathrm{A}-\nu_{\mathrm{B}}\mathrm{B}-\cdots=\!=\!=+\nu_{\mathrm{Y}}\mathrm{Y}+\nu_{\mathrm{Z}}\mathrm{Z}+\cdots$$

反应的平均速率：

$$\overline{v}=\frac{\Delta c(\mathrm{A})}{\nu_{\mathrm{A}}\Delta t}=\frac{\Delta c(\mathrm{B})}{\nu_{\mathrm{B}}\Delta t}=\frac{\Delta c(\mathrm{Y})}{\nu_{\mathrm{Y}}\Delta t}=\frac{\Delta c(\mathrm{Z})}{\nu_{\mathrm{Z}}\Delta t} \tag{2-30}$$

反应的瞬时速率：

$$v=\frac{\mathrm{d}c(\mathrm{A})}{\nu_{\mathrm{A}}\mathrm{d}t}=\frac{dc(\mathrm{B})}{\nu_{\mathrm{B}}\mathrm{d}t}=\frac{dc(\mathrm{Y})}{\nu_{\mathrm{Y}}\mathrm{d}t}=\frac{dc(\mathrm{Z})}{\nu_{\mathrm{Z}}\mathrm{d}t} \tag{2-31}$$

2.4.2　影响化学反应速率的因素

化学反应的速率主要取决于参加反应的物质的本性，此外还受到外界因素的影响。影响化学反应的因素很多，如浓度、温度、催化剂、压力、介质、光、反应物颗粒大小等，这里主要讨论浓度、温度、催化剂对化学反应速率的影响。

1. 浓度对化学反应速率的影响

(1)反应机理

一般的化学反应，表面上看都是从反应物直接转变成产物，但实际上绝大多数反应不是一步完成的，它们常常经历许多中间步骤。化学反应经历的途径叫反应机理或反应历程。即微观上反应物怎样变成产物的过程。一般的化学反应方程式，除非特别注明，都属于化学反应计量方程，只说明反应的始态和终态及反应物与产物之间的数量变化比例关系，不能说明反应历程。

从反应机理的角度考虑，可以把化学反应分为“基元反应”和“非基元反应”两大类。所谓“基元反应”是指反应物分子在碰撞中一步直接转化为产物的反应，亦称为简单反应。

例如

$$C_2H_5Cl = C_2H_4 + HCl$$

$$SO_2Cl_2 = SO_2 + Cl_2$$

$$2NO_2 = 2NO + O_2$$

都是简单反应。

若反应物分子需要经过多步才能转化为产物，则称该反应为非基元反应或复杂反应。非基元反应一般由两个或两个以上的基元反应所组成。例如，反应 $H_2+I_2=2HI$，半个多世纪以来，一直认为它是个简单反应。但近年来的研究却表明该反应为一个复杂反应。反应机理为

(1) $I_2 = 2I$(快反应)

(2) $H_2 + 2I = 2HI$(慢反应)

碘分子首先离解为两个碘原子，然后一个氢分子再和两个碘原子生成两个碘化氢分子。又如反应

$$2NO + 2H_2 = N_2 + 2H_2O$$

最可能的反应机理为

(1) $2NO + H_2 = N_2 + H_2O_2$ (慢反应)

(2) $H_2O_2 + H_2 = 2H_2O$ (快反应)

上述反应都是由两个或两个以上基元反应构成的复杂反应。化学反应速率的快慢与反应机理有关。对于非基元反应，其反应速率主要取决于速率最慢的基元反应。我们把决定复杂反应速率的反应称为定速反应。对于绝大多数的化学反应方程式来说，除非特别指明是基元反应，一般都为复杂反应。

化学史上，在相当长的一段时间中，化学家只注重于化学的始态和终态的研究，而忽视了过程，使化学动力学和化学过程的研究，落后于其他领域的研究，例如，对化学过程的研究就不如对化学结构研究深入。自从范特霍夫 1901 年首次获得诺贝尔化学奖以后，经过了 55 年，科学的最高奖励才再次颁发给研究化学反应动力学和化学反应历程的两位科学家——苏联化学家 Semyonov N(谢苗诺夫)和英国物理化学家 Hinshelwood C N(欣谢尔伍德)，特别表彰了他们在气相反应化学动力学领域的科学贡献。谢苗诺夫指出：“研究化学历程的理论的发展，比研究化学结构的理论的发展要曲折、复杂、困难得多。”在此之后，化学动力学的研究领域里涌现出多位杰出的科学家。

Semyonov, 1896—1986

Hinshelwood, 1897—1967

(2)质量作用定律和速率常数

Guldberg C, 1836—1902
Waage P, 1833—1900

大量的实验事实表明，在一定温度下，增加反应物的浓度可以增大反应速率。基元反应的反应速率与反应物浓度之间的关系比较简单。1864 年，挪威科学家 Gudberg C(古德贝格)和 Waage P(瓦格)对其定量关系进行了总结，得到了质量作用定律：化学反应速率与反应物的有效质量(实际上指分压或浓度或摩尔分数)成正比。近代实验证明，质量作用定律只适用于基元反应，因此该定律可以更严格完整地表述为：当温度一定时，基元反应的反应速率与反应物浓度以其计量系数为幂的乘积成正比。即对于一般的基元反应

$$aA + bB = dD + eE$$

其速率方程式(rate equation)为：

$$v = k \cdot c^a(A) \cdot c^b(B) \tag{2-32}$$

式中，$c(A)$、$c(B)$为反应物 A、B 的浓度，单位为 $mol \cdot L^{-1}$。比例系数 k 称为速率常数。指数之和$(a+b)$称为该反应的反应级数(reaction order)。

如基元反应： $2NO + O_2 = 2NO_2$

根据质量作用定律，其速率方程可表示为：$v = kc(NO)^2 c(O_2)$

应当强调的是：

①质量作用定律只适用于基元反应，不适用于非基元反应。

②速率常数是反应物浓度均为单位浓度时的反应速率，一般由实验测定。k 的大小取决于反应的本性，不随反应物浓度的变化而变化。不同的反应有不同的 k 值。同一反应的 k 值随温度的改变而发生变化。

③如果反应物中有固体、纯液体或稀溶液中的溶剂参加化学反应，这些物质的浓度可视为常数，合并入速率常数中，不用在速率方程中写出。例如碳的燃烧反应

$$C(s) + O_2(g) = CO_2(g)$$

速率方程为：$v = k \cdot c(O_2)$

又如金属钠与水的反应

$$2Na(s) + 2H_2O(l) = 2NaOH(aq) + H_2(g)$$

其速率方程为 $v = k$，反应速率与反应物浓度无关。

(3)反应级数(reaction order)

在速率方程中，各反应物浓度的指数之和称为反应的反应级数。因而如果没有特别指明是基元反应，不能直接由反应方程式导出非基元反应的速率方程和反应级数，需要经过实验

测定。

例如，对于一般的化学反应：

$$cC+dD = eE+fF$$

可先假设其速率方程为：

$$v=k\cdot c^{x}(C)\cdot c^{y}(D) \qquad (2\text{-}33)$$

然后通过实验来确定 x 和 y 的值。(2-33)式中，浓度的指数 x 和 y 分别为反应物 C 和 D 的反应级数，即该反应对 C 来说是 x 级反应，对 D 来说是 y 级反应。反应物级数的代数和 $(x+y)$ 称为该反应的总级数。

反应级数的大小，表示浓度对反应速率的影响程度，级数越大，速率受浓度的影响越大。若 $x+y=1$，称为一级反应；$x+y=2$，称为二级反应；依次类推。四级及四级以上反应不存在。但反应级数可以是分数或是零。

【例 2-19】 660 K 时，反应 $2NO(g)+O_2(g) = 2NO_2(g)$，NO 和 O_2 的初始浓度 $c(NO)$ 和 $c(O_2)$ 以及反应初始时 $-\frac{dc(NO)}{dt}$ 的实验数据如下：

$c(NO)/mol\cdot L^{-1}$	$c(O_2)/mol\cdot L^{-1}$	$-\frac{dc(NO)}{dt}/mol\cdot L^{-1}\cdot s^{-1}$
0.10	0.10	3.0×10^{-2}
0.10	0.20	6.0×10^{-2}
0.30	0.20	0.54

(1)写出反应的速率方程；

(2)求反应级数及 660 K 时的速率常数；

(3)计算 660 K，$c(NO)=c(O_2)=0.15\ mol\cdot L^{-1}$ 时的反应速率。

解　(1)设反应速率方程为：$\nu=kc^{m}(NO)c^{n}(O_2)$

(2)将表中数据代入上式得：

$$(a)\ v_1=k(0.10\ mol\cdot L^{-1})^{m}(0.10\ mol\cdot L^{-1})^{n}=\frac{3.0\times10^{-2}}{2}mol\cdot L^{-1}\cdot s^{-1}$$

$$(b)\ v_2=k(0.10\ mol\cdot L^{-1})^{m}(0.20\ mol\cdot L^{-1})^{n}=\frac{6.0\times10^{-2}}{2}mol\cdot L^{-1}\cdot s^{-1}$$

$$(c)\ v_3=k(0.30\ mol\cdot L^{-1})^{m}(0.20\ mol\cdot L^{-1})^{n}=\frac{0.54}{2}mol\cdot L^{-1}\cdot s^{-1}$$

$$(a)/(b)得：\left(\frac{1}{2}\right)^{n}=\frac{1}{2}\qquad n=1;\qquad (b)/(c)得：\left(\frac{1}{3}\right)^{m}=\frac{1}{9}\qquad m=2$$

$$k=\frac{v}{c^{2}(NO)c(O_2)}=\frac{3.0\times10^{-2}\ mol\cdot L^{-1}\cdot s^{-1}/2}{(0.10\ mol\cdot L^{-1})^{2}(0.10\ mol\cdot L^{-1})}=15\ mol^{-2}\cdot L^{2}\cdot s^{-1}$$

$$(3)\nu=15\ mol^{-2}\cdot L^{2}\cdot s^{-1}\times(0.15\ mol\cdot L^{-1})^{2}(0.15\ mol\cdot L^{-1})$$

$$=5.0\times10^{-2}mol\cdot L^{-1}\cdot s^{-1}$$

总之，反应级数和速率常数一经确定，一个化学反应的速率方程也就确定了。速率常数 k 的量纲取决于反应级数，二者的关系为：$L^{n-1}\cdot mol^{1-n}\cdot s^{-1}$。表 2-4 列出了一些化学反应的速率方程、反应级数和 k 的量纲。

表 2-4 某些化学反应的速率方程、反应级数和速率常数的量纲

反应	速率方程	反应级数	k 的量纲
$2NH_3 \xlongequal{Fe} N_2+3H_2$	$v=k$	0	$mol \cdot L^{-1} \cdot s^{-1}$
$2H_2O_2 \xlongequal{} 2H_2O+O_2$	$v=k \cdot c(H_2O_2)$	1	s^{-1}
$CH_3CHO \xlongequal{} CH_4+CO$	$v=k \cdot [c(CH_3CHO)]^{3/2}$	3/2	$mol^{-1/2} \cdot L^{1/2} \cdot s^{-1}$
$4HBr+O_2 \xlongequal{} 2H_2O+2Br_2$	$v=k \cdot c(HBr) \cdot c(O_2)$	2	$mol^{-1} \cdot L \cdot s^{-1}$
$2NO+2H_2 \xlongequal{} N_2+2H_2O$	$v=k \cdot c^2(NO) \cdot c(H_2)$	3	$mol^{-2} \cdot L^2 s^{-1}$

2. 温度对化学反应速率的影响

温度对反应速率的影响通常有五种类型(图 2-5)。①反应速率随温度的升高而逐渐加快,反应速率与温度之间呈指数关系,这种类型最为常见。②开始时温度影响不大,达一定极限时,反应极快以爆炸的形式进行。③在温度不太高时,反应速率随温度的升高而加快,到达一定的温度,反应速率反而随温度的升高而下降,如多相催化反应和酶反应。④速率在温度升高到某一温度时下降,再升高温度,反应速率又迅速上升,可能发生了副反应。⑤随反应温度的升高,反应速率下降,这种类型很少见,如一氧化氮氧化成二氧化氮。

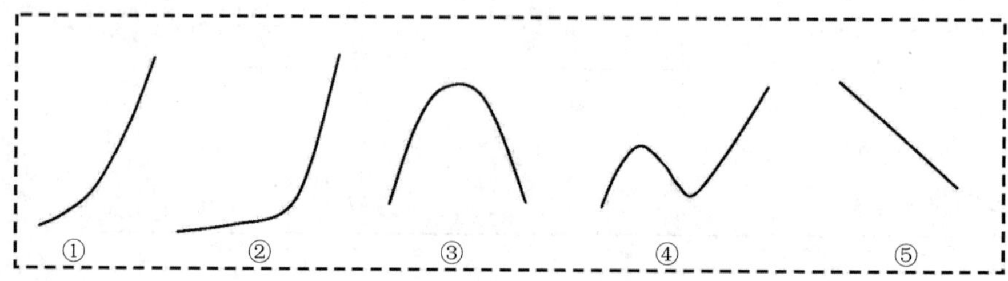

图 2-5 温度对反应速率影响的类型

(1) Van't Hoff 规则

温度对化学反应速率的影响特别显著。日常生活中,夏天的食物较冬天更容易变质;冰块在热水中更易融化;由于压力升高可使溶液的沸点升高,故食物在高压锅中更快、更易熟。大量的事实都说明升高温度可使大多数反应的速率加快。1884 年,Van't Hoff(范特霍夫)曾依据大量实验事实总结出一条经验规则:如果反应物的浓度或分压恒定,温度每升高 10 K(或℃),反应速率大约增大至原来的 2~4 倍,即:

$$\frac{k_{T+10}}{k_T}=2\sim4 \tag{2-34}$$

式中,k_T,k_{T+10}分别表示温度在 TK、(T+10) K 时反应的速率常数。这个规律称为范特霍夫规则。利用范特霍夫规则可粗略估计温度变化对反应速率的影响。如果实际工作中不需要精确的数据或现有的资料不全,则可根据这个规则大约估算出温度对反应速率的影响。

(2) Arrhenius 方程

范特霍夫规则只能粗略的估计温度变化对反应速率的影响,无法给出化学反应速率和温度的定量关系。1889 年瑞典化学家 Arrhenius S A(阿仑尼乌斯)在总结大量实验事实的基础上,提出了著名的反应速率与温度的关系式,即阿仑尼乌斯公式

$$k=Ae^{-E_a/RT} \tag{2-35}$$

Arrhenius,1859—1927

式中,A 为指前因子,对于指定反应是一个常数,不随浓度改变而改变,量纲与 k 相同;E_a 称为反应的活化能(activation energy),单位为 $J \cdot mol^{-1}$;R 为摩尔气体常数,常用值为 $8.314\ J \cdot K^{-1} \cdot mol^{-1}$。

同一反应,E_a 相同,T 越大,k 越大,反应速度越快;不同的反应,E_a 不同,E_a 越大,k 越小,反应速度越慢。一般化学反应的活化能约在 42~420 $kJ \cdot mol^{-1}$ 之间,大多数反应的活化能约在 62~250 $kJ \cdot mol^{-1}$ 之间。活化能小于 42 $kJ \cdot mol^{-1}$ 的反应极其迅速,以致反应速率不能用普通方法测定;活化能大于 420 $kJ \cdot mol^{-1}$ 的反应非常缓慢,常温下可能看不出有丝毫的反应迹象。

对于同一反应,如果采取措施改变活化能,则反应速率随之改变。例如在 300 K 时某反应的活化能降低了 4 $kJ \cdot mol^{-1}$,通过计算可知其速率常数可增大到 5 倍,即反应速率增大到 5 倍。

若在温度 T_1 和 T_2 时,反应速率常数分别为 k_1 和 k_2,则:

$$k_1 = Ae^{-E_a/RT_1} \qquad k_2 = Ae^{-E_a/RT_2}$$

结合以上两式,得:

$$\ln \frac{k_2}{k_1} = \frac{-E_a}{R}\left(\frac{1}{T_2} - \frac{1}{T_1}\right) \tag{2-36}$$

或

$$\lg \frac{k_2}{k_1} = \frac{-E_a}{2.303R}\left(\frac{1}{T_2} - \frac{1}{T_1}\right) \tag{2-37}$$

式(2-35)~式(2-37)都称为阿仑尼乌斯方程,它反映了反应的活化能、速率常数和温度之间的定量关系。利用式(2-36),可根据一个温度下的反应速率常数求另一温度下的速率常数;也可从不同温度下测得的 k 求算反应的活化能;对于活化能不同的反应,当温度升高时活化能大的反应速率增大的倍数(k_2/k_1)反而比活化能小的反应速率增大的倍数大,也就是说,若几个反应同时发生,升高温度对活化能大的反应更为有利。

【例 2-20】 反应 $C_2H_5Br(g) = C_2H_4(g) + HBr(g)$ 的 E_a 为 226 $kJ \cdot mol^{-1}$,650 K 时 $k = 2.6 \times 10^{-5}\ s^{-1}$。计算 600 K 时的速率常数。

解 $\ln \frac{k_2}{k_1} = \frac{-E_a}{R}\left(\frac{1}{T_2} - \frac{1}{T_1}\right)$

$$\ln \frac{2.6 \times 10^{-5}\ s^{-1}}{k_1} = \frac{226 \times 10^3\ J \cdot mol^{-1}}{8.314\ J \cdot mol^{-1} \cdot K^{-1}}\left(\frac{650\ K - 600\ K}{650\ K \times 600\ K}\right) \quad 得\ k_1 = 6.1 \times 10^{-7}\ s^{-1}$$

【例 2-21】 反应 $2NOCl(g) = 2NO(g) + Cl_2(g)$,在 300 K 时 $k_1 = 2.8 \times 10^{-5}\ L \cdot mol^{-1} \cdot s^{-1}$;400 K 时,$k_2 = 7.0 \times 10^{-1}\ L \cdot mol^{-1} \cdot s^{-1}$,求反应的活化能 E_a。

解 已知 $T_1 = 300\ K$,$k_1 = 2.8 \times 10^{-5}\ L \cdot mol^{-1} \cdot s^{-1}$;$T_2 = 400\ K$,$k_2 = 7.0 \times 10^{-1}\ L \cdot mol^{-1} \cdot s^{-1}$

将数据代入式(2-36)可得:

$$\ln \frac{7.0 \times 10^{-1}\ L \cdot mol^{-1} \cdot s^{-1}}{2.8 \times 10^{-5}\ L \cdot mol^{-1} \cdot s^{-1}} = -\frac{E_a}{8.314\ J \cdot K^{-1} \cdot mol^{-1}}\left(\frac{1}{400\ K} - \frac{1}{300\ K}\right)$$

解方程得:$E_a = 1.01 \times 10^5\ J \cdot mol^{-1} = 101\ kJ \cdot mol^{-1}$

从阿仑尼乌斯方程可以看出,反应的活化能是决定化学反应速率的最重要的因素。反应的活化能高低,是由反应的本质决定的。活化能较小的化学反应可在室温下或在稍高的温度下进行,活化能较大的反应则需在很高的温度下进行。

3. 催化剂对化学反应速率的影响

"催化"一词是 1835 年 Berzelius J J(贝采利乌斯)引用到化学学科中来的。1902 年 Ostward F(奥斯特瓦尔德)将催化定义为:"加速化学反应而不影响化学平衡的作用"。1910 年实现合成氨的大规模生产,是催化工艺发展史上的里程碑。20 世纪以来,催化工艺迅速发展,例如,20 年代研究成功用钴催化剂由一氧化碳和氢合成液体燃料的费-托法;1955 年研究成功 Ziegler-Natta catalyst(齐格勒-纳塔催化剂),用于烯烃定向聚合;现代化学工业和炼油工业的生产过程,已有 80%以上使用了催化方法。

(1)催化剂

催化剂是能改变反应速率而本身的组成和质量及化学性质在反应前后保持不变的物质。催化剂改变反应速率的作用被称为催化作用。能加快反应速率的催化剂称为正催化剂,如氯酸钾分解制氧气时加入少量 MnO_2;过氧化氢分解时加入少量 MnO_2,都可以大大加快反应速率。并不是所有的催化剂都是加快反应速率的。如为防止金属腐蚀、橡胶老化,常在产品中加入少量的物质,减慢其反应速率。像这种使反应速率减慢的催化剂叫负催化剂(阻化剂)。一般使用催化剂都是为了加快体系的反应速率,若不特别指明,本教材中所指的催化剂均为正催化剂。

(2)催化作用的特点

通过对催化剂作用机理的研究,发现催化作用有以下几个特点:

(a)催化剂之所以能改变反应速率,是因为催化剂本身参与了化学过程,改变了原来反应的途径,降低了反应的活化能。例如反应:

$$①A+B \longrightarrow AB \qquad 活化能\ E_a$$

若向体系中加入催化剂 C,改变了反应途径,具体反应历程如下:

$$②A+C \longrightarrow AC \qquad 活化能\ E_{a1}$$

$$AC+B \longrightarrow AB+C \qquad 活化能\ E_{a2}$$

图 2-6 表示上述两种历程①②中能量的变化。在非催化历程①中势垒较高,活化能为 E_a;而在催化历程②中,只有两个较低的势垒(活化能 E_{a1} 和 E_{a2} 均小于 E_a)。显然,催化剂的加入使反应沿着一条活化能较原来低的反应途径进行,因而大大加快了反应速率。

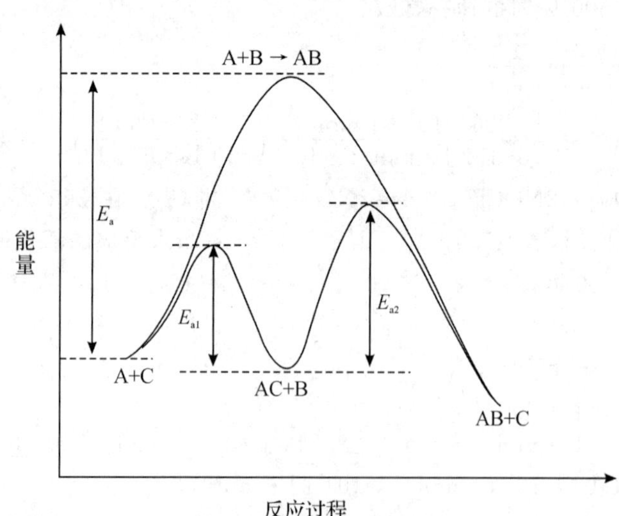

图 2-6 反应进程中能量的变化

(b)从反应历程②中还可以看出,催化剂虽然参与了化学反应,但反应前后催化剂的质量并没有改变。但由于参与反应后催化剂的某些物理性状,特别是表面性状发生了变化,因此工业生产中使用的催化剂仍须经常“再生”或补充。

(c)催化剂只能改变反应达到平衡的时间，而不会改变反应的标准平衡常数和平衡状态。由图 2-6 可看出，催化剂并没有改变反应的始态和终态，只是改变了反应的具体途径，也就是说状态函数的变化量，反应的 $\Delta_r G_m^{\ominus}(T)$ 不因使用催化剂而改变。又由 $\ln K^{\ominus}(T)=-\Delta_r G_m^{\ominus}(T)/RT$ 可知，对一指定的反应，$\Delta_r G_m^{\ominus}(T)$ 和 $K^{\ominus}(T)$ 都不因催化剂的存在而变化。因此对于热力学计算不可能发生的反应，即 $\Delta_r G_m^{\ominus}(T)>0$ 的反应，使用任何催化剂都无法使反应变为可能。

(d)催化剂具有一定的选择性。这主要表现在两方面：①不同的反应要用不同的催化剂来催化，即使是同一类型的反应也是如此，不存在万能的催化剂。例如氯酸钾分解制氧气时加入少量 MnO_2；合成氨生产中用 Fe 做催化剂。②许多化学反应往往生成多种产物，筛选适当催化剂可以使反应定向进行，以获取所需的产物。例如乙醇在不同催化剂条件下能得到不同产物。

$$C_2H_5OH \xrightarrow[\text{Cu}]{473-523\ \text{K}} CH_3CHO + H_2$$

$$C_2H_5OH \xrightarrow[Al_2O_3\ \text{or}\ ThO_2]{623-633\ \text{K}} C_2H_4 + H_2O$$

$$C_2H_5OH \xrightarrow[H_2SO_4]{413.2\ \text{K}} (C_2HS)_2O + H_2O$$

$$C_2H_5OH \xrightarrow[ZnO\cdot Cr_2O_3]{673.2-773.2\ \text{K}} CH_2=CH-CH=CH_2 + H_2O + H_2$$

(e)某些物质会影响催化剂的催化效果。有时反应体系中的少量杂质，会严重降低甚至完全破坏催化剂的活性，这种物质称为催化毒物，这种现象称为催化剂中毒。如在接触法制 H_2SO_4 的过程中，少量的 AsH_3 就能使铂催化剂中毒。同时，有些物质会使催化剂的活性增强，这些物质称为助催化剂。如在合成氨反应中铁是催化剂，而少量的 K_2O 和 Al_2O_3 能作为助催化剂。

(3)酶催化反应(enzyme catalysis)

早在 1833 年，法国化学家 Payen A(佩耶)就从麦芽的水抽提物中沉淀出一种可促使淀粉水解成可溶性糖的物质并被称之为淀粉糖化酶(diastase)。随着研究的深入，人们逐渐意识到生物细胞中可能存在一种类似催化剂的物质。1878 年德国人 Kühne W(库内)首先把这类物质称为“enzyme”，中文译为“酶”。酶是由活细胞产生的，能在体内或体外起同样催化作用的、具有活性中心和特殊构象的一类生物大分子，其本质是蛋白质或核酸，包括 RNA 和 DNA。美国人Altman S(奥特曼)与 Cech T R(柴克)因发现 RNA 的生物催化作用而获得 1989 年的诺贝尔化学奖。几乎所有的生物都能合成自身所需要的酶，包括许多病毒。

酶具有一般催化剂的特征外，还具有如下特点：

(a)催化效率高。酶在生物体内的量很少，一般以微克或纳克计。而且酶催化反应的速率比非酶催化反应的速率高 108～1020 倍，比一般催化剂高 107～1013 倍。例如，用脲酶催化脲素水解反应比非酶催化快 10^4 倍。

(b)酶的催化反应条件温和。例如，在实验室将肉水解成氨基酸，需加强酸并加热煮沸二十多小时，但在动物消化道内，由于有酶的催化作用，温度仅 37～40 ℃，且无强酸强碱作用，却只需两个小时就可完成。

(c)酶具有高度专一性。酶作用的专一性，是指酶对它所催化的反应或反应物有严格的选择性，酶往往只能催化一种或一类反应，作用于一种或一类物质。这是酶与非酶催化剂最重要的区别之一。如果没有这种专一性，生命本身有序的代谢活动就不存在，生命也就不复存在。例如有专管催化淀粉水解成糊精的淀粉酶；有专管催化蛋白质水解成氨基酸的蛋白酶等等。

实验证明，与酶的催化活性有关的，并非酶的整个分子，而往往只是酶分子中的一小部分结构。酶的活性部位，也称活性中心，是酶分子中直接参与和底物结合、并与酶的催化作用直接有关的部位。它是酶行使催化功能的结构基础。酶活性中心有两个功能部位：一个是结合部位，一定的底物靠此部位结合到酶分子上；一个是催化部位，底物分子中的化学键在此处被打断或形成新的化学键，从而发生一定的化学反应。但这两个功能部位并不是各自独立存在的，有的同时兼有结合底物和催化底物发生反应的功能。

研究酶催化作用，可以更深入了解生命现象。酶催化反应若用于工业生产，可以简化工艺过程，降低能耗，节省资源，减少污染。因此，酶及酶催化作用是当前化学家和生物学家共同感兴趣的研究领域。随着研究的不断深入，有可能用模拟酶代替普通催化剂，这必将引发意义深远的技术革新。

2.4.3 反应速率理论简介

化学反应速率方程和阿仑尼乌斯方程，是人们对大量化学反应研究总结出的经验式。如何理解速率常数、反应的活化能等的物理意义，进而揭示出各种影响反应速率的因素如何对反应速率起着不同的作用，有着重要的理论和实践意义。为了从微观上对化学反应速率及其影响因素做出理论解释，提示化学反应速率的内在本质并预测反应速率，人们提出了种种关于反应速率的理论，其中影响较大的是 20 世纪初发展起来的碰撞理论和过渡态理论。

1. 碰撞理论(Collision Theory)

1918 年，Lewis G N 在 Arrhenius S A(阿仑尼乌斯)研究的基础上，以气体分子运动论为基础，提出了适用于气体双分子反应的有效碰撞理论。其理论要点如下：

Lewis G，1875—1946

对于反应 $A_2+B_2 \longrightarrow 2AB$

(1)原子、分子或离子只有相互碰撞才能发生反应，或者说碰撞是反应发生的先决条件。对气相双分子基元反应，反应物分子必须相互碰撞才有可能发生反应，反应速率的快慢与单位时间内分子的碰撞频率 Z(单位时间、单位体积内分子的碰撞次数)成正比。而碰撞频率与反应物浓度成正比：$Z(AB)=Z_0 \cdot c(A) \cdot c(B)$($Z_0$ 为 $c(A)=c(B)=1\ mol \cdot L^{-1}$ 时的碰撞频率)。碰撞频率越高，反应速率越大。

以 HI 气体的分解为例：

$$2HI(g) = H_2(g) + I_2(g)$$

根据理论计算，浓度为 $1.0\ mol \cdot L^{-1}$ 的 HI 气体，在 973 K 时，分子碰撞次数为 $3.5\times10^{28}\ s^{-1}$。如果每次碰撞都发生反应，反应速率约为 $5.8\times10^{4}\ mol \cdot L^{-1} \cdot s^{-1}$。但在该条件下实验测得实际反应速率约为 $1.2\times10^{-8}\ mol \cdot L^{-1} \cdot s^{-1}$，两者相差 10^{12} 倍。所以在千万次的碰撞中，只有极少数碰撞是有效的。因此，反应速率并不仅仅只与碰撞频率有关，分子间发生碰撞仅是反应进行的必要条件，而不是充分条件。

(2)只有动能足够大的分子间的碰撞才是有效的。

碰撞理论认为，并非分子间的每一次碰撞都能使旧的化学键断裂进而形成新的化学键。只有那些相对动能足够大，且超过一临界值 E_a 的分子间的碰撞才是有效碰撞，才可能发生反应。碰撞理论中，称 E_a 为反应的活化能，是发生有效碰撞所需要的最低能量。有效碰撞在总碰撞次数中所占的比例 f 符合 Maxwell-Boltzmann(麦克斯韦—玻尔兹曼)能量分布规律：

$$f=\frac{有效碰撞频率}{总的碰撞频率}=e^{-\frac{E_a}{RT}}$$

式中，f 称为能量因子，R 为摩尔气体常数，T 为反应的热力学温度。

某一温度下，气体分子的能量分布曲线如图 2-7 所示，称为麦克斯韦(Maxwell)分布曲线。

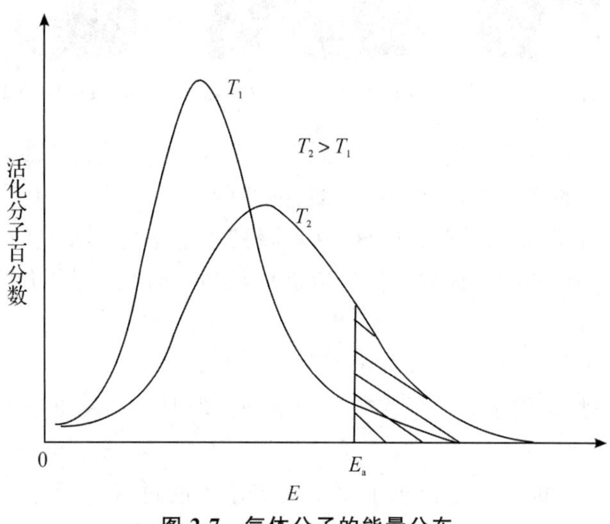

图 2-7　气体分子的能量分布

图中能量 $E_a\to\infty$ 的阴影面积表示能量高于活化能的分子(活化分子 activated molecule)占全部分子的百分数。可以看出，一定条件下，反应的 Ea 越大，活化分子所占百分数越小，发生有效碰撞的几率越低，反应速率就越慢。但随着温度的升高，活化分子所占百分数却随之增大，反应速率就越快。

(3)要使分子间发生反应，即发生有效碰撞，除了要求分子必须具有足够高的能量之外，还必须考虑碰撞时分子的空间取向。

总之，只有能量足够、方位适当的分子间的碰撞才是有效的。因此，由碰撞理论我们可以得出下列速率表达式：

$$v=P\cdot f\cdot Z \tag{2-38}$$

式中 P 为方位因子，表示方位适当的分子间的碰撞频率与总碰撞频率的比值。

分别代入相关因子的表达式得：

$$v=P\cdot e^{-\frac{E_a}{RT}}\cdot Z_0\cdot c(\mathrm{A})\cdot c(\mathrm{B}) \tag{2-39}$$

令 $k=P\cdot e^{-\frac{E_a}{RT}}\cdot Z_0$

则有

$$v=k\cdot c(\mathrm{A})\cdot c(\mathrm{B})$$

碰撞理论从理论上说明了浓度、温度对反应速率的影响，并对速率常数、活化能做出了解释。碰撞理论说明，升高温度，分子间碰撞频率变化并不显著，但会使能量因子 f 增大，所以反应速率明显加快。尽管碰撞理论比较直观，而且可以成功地解决某些反应体系的速率计算问题，但该理论无法从理论上计算活化能 E_a，只能借助阿仑尼乌斯公式通过实验而测得，因此碰撞理论无法预测化学反应速率。

德国化学家 Eigen M(艾根)与英国的 Norrish G W(诺里什)和 Porter G(波特)发展了溶

Eigen M,1927—　　Norrish G W,, 1897—1978　　Porter G,1920—2002

液中半衰期在毫秒以下的极快反应动力学的温度跳跃法，共同获得 1967 年的诺贝尔化学奖。此法的原理是给予平衡的样品体系一个高速的、突然的温度脉冲，使体系稍微偏离平衡，然后利用电导、光谱等手段监测体系的弛豫时间，从而得到体系中化学反应的速率常数。经不断改进的这种方法，能对在 10 秒内完成的极快反应进行观测和研究。将"快"反应的观念一下提高了 4～5 个数量级。

2. 过渡态理论(Transition state theory)

碰撞理论比较直观，应用于简单反应中较为成功。但对于结构复杂的分子反应，这个理论适应性较差。随着原子结构和分子结构理论的发展，]1930 年，Eyring H(艾林)和 Polanyi M 等在量子力学和统计力学的基础上提出了化学反应速率的过渡态理论(transition state theory)。该理论认为化学反应并不是反应物通过碰撞直接完成的，而是必须经过一个中间过渡态(transition state)，即由反应物分子活化而形成的活性复合物(activated complex)，然后再转化成产物。这个中间过渡态就是活化状态。例如：反应 A＋BC ══ AB＋C，过渡态理论认为其实际过程是：

$$A+BC \longrightarrow [A\cdots B\cdots C] \longrightarrow AB+C$$

反应物　　活性复合物　　生成物
　　　　　过渡态

反应过程的势能变化如图 2-8 所示。图中 E_1 表示反应物分子 A＋BC 的平均势能，E_2 表示产物分子 AB＋C 的平均势能，E^* 表示过渡态分子[A…B…C]的平均势能。

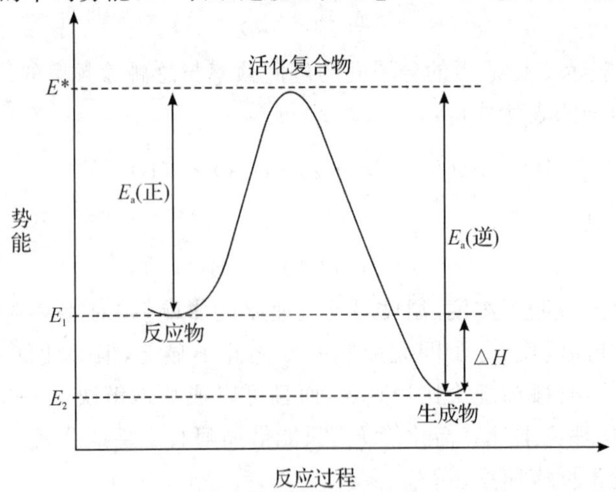

图 2-8　反应过程势能变化

Ahmed Z,1946—

从图 2-8 中不难看出,反应物分子(A+BC)和生成物分子(AB+C)分子均处于能量较低的稳定状态,过渡态是能量高的不稳定状态。要使反应发生,反应物分子必须吸收一定能量先成为过渡态,反应物处于过渡态[A…B…C]时,原有的化学键 B—C 被削弱但未完全断裂,新的化学键 A—B 开始形成但未完全形成。它既有可能分解为原来的反应物(A+BC),也有可能分解成产物(AB+C)。反应速率的大小取决于活性复合物的浓度、活性复合物的分解速率和分解百分率等因素。

20 世纪 80 年代末科学家 Zewail A(泽维尔),利用激光闪烁照相机,即飞秒(一秒的千万亿分之一)光学技术来研究反应过程中化合物的变化,拍摄到化学反应中化学键断裂和形成的过程。他的研究成果可以让人们通过"慢动作"观察处于化学反应过程中的原子与分子的转变状态,犹如通过慢动作来观看足球赛精彩镜头那样,从根本上改变了人类对化学反应过程的认识。泽维尔给化学以及相关科学领域带来了一场革命。他也因此荣获 1999 年诺贝尔化学奖。

反应物分子(A+BC)成为过渡态所吸收的能量 $E^{*}-E_1$,即为正反应的活化能 E_a(正);而生成物分子(AB+C)成为过渡态所吸收的能量 $E^{*}-E_2$,即为逆反应的活化能 E_a(逆)。E_a(正)与 E_a(逆)之差就是反应的焓变(ΔH)或热力学能变(ΔU)。若 E_a(正)$<E_a$(逆),ΔH 为负,所以反应为放热反应;若 E_a(正)$>E_a$(逆),ΔH 为正,则反应为吸热反应。不论是放热反应还是吸热反应,反应物分子必须先爬过一个能垒反应才能进行。如果正反应是经过一步即完成的反应,则其逆反应也可经过一步完成,而且正、逆两个反应经过同一活化配合物中间体,这就是微观可逆性原理。

从原则上讲,只要知道过渡态的结构,就可以运用光谱学数据及量子力学和统计力学的方法,计算化学反应的动力学数据,如活化能、速率常数 k 等。过渡态理论考虑了分子结构的特点和化学键的特性,较好地揭示了活化能的本质,这是该理论的成功之处。而对于复杂的反应体系,过渡态的结构难以确定,而且量子力学对多质点体系的计算也是尚未解决的困难问题。这些因素造成了过渡态理论在实际反应体系中应用的困难。

❋ 阅读材料

高能燃料

高能燃料是指燃烧时单位质量能释放出很大热量的物质,它们在现代工业,特别是在火箭、航天等尖端技术中有十分重要的应用。根据 Hess 定律,要能产生大的反应热效应,即 $\Delta_r H_m^{\ominus}$是一很大的负值,则作为高能燃料必需满足下列条件:

(1)反应物(燃料)的标准生成热 $\Delta_f H_m^{\ominus}$负值小,甚至为正值;

(2)生成物(产物)的标准生成热 $\Delta_f H_m^{\ominus}$负值要大;

(3)反应物的相对分子质量要小,以保证单位质量的燃料可提供较大的热量;

(4)不要产生有害、有毒的物质,这是环境保护的要求。

利用标准燃烧热和标准反应热的概念,可对燃料进行筛选,根据不同需要找到合适的燃料。例如:

1. 乙炔

乙炔的 $\Delta_f H_m^{\ominus}=+226.73\ kJ\cdot mol^{-1}$，正值很大，相对分子质量又小(M=26)，燃烧时强烈放热，氧炔焰可进行气焊和切割，在工业上应用广泛。除乙炔外，还有不少的气体和液体(如乙烯和甲醇等)的有机化合物都是性能很好的燃料。

2. 硼烷或硅烷

它们的标准生成焓都为正值，极不稳定，其相对分子质量也小，燃烧时提供很大的热量。例如，硼乙烷 $B_2H_6(g)$ 和硅烷 $SiH_4(g)$ 的标准生成焓分别为 $+36.56\ kJ\cdot mol^{-1}$ 和 $+34.31\ kJ\cdot mol^{-1}$，而它们燃烧产物 $B_2O_3(s)$，$SiO_2(s)$ 和 $H_2O(l)$ 的标准生成焓又有较大的负值，因而也可作为高能燃料。

$$B_2H_6(g)+3O_2(g)=B_2O_3(s)+3H_2O(l),\quad \Delta_r H_m^{\ominus}=-2026.6\ kJ\cdot mol^{-1}$$

$$SiH_4(g)+2O_2(g)=SiO_2(s)+2H_2O(l),\quad \Delta_r H_m^{\ominus}=-1516.8\ kJ\cdot mol^{-1}$$

3. 肼 $N_2H_4(l)$ 及其一系列衍生物

肼的标准生成焓为 $+50.6\ kJ\cdot mol^{-1}$，与氧或氧化物反应时，放出大量的热，燃烧速率极快，其生成的产物稳定、无害，是理想的液体高能燃料，至今仍广泛用于导弹和宇航工业中。例如，

$$N_2H_4(l)+O_2(g)=N_2(g)+2H_2O(l),\quad \Delta_r H_m^{\ominus}=-622.2\ kJ\cdot mol^{-1}$$

$$2N_2H_4(l)+N_2O_4(g)=3N_2(g)+4H_2O(l),\quad \Delta_r H_m^{\ominus}=-1253.6\ kJ\cdot mol^{-1}$$

4. 氟

氟是最活泼的非金属元素，几乎可与所有的非金属(除氧和氮外)直接生成化合物，甚至在低温下仍可与 S、P、Si 和 C 等猛烈反应。其原因之一是由于生成的氟化物多具有挥发性，不能阻止非金属的表面与 F_2 继续反应，在低温或加热时，F_2 可与几乎所有的金属直接作用生成高价的氟化物。在常温下可与许多无机物和所有的有机物强烈反应，放出大量的热，并常着火燃烧。例如，肼与氟的反应，放出的热量几乎是肼与氧反应热效应的一倍：

$$N_2H_4(g)+2F_2(g)=N_2(g)+4HF(g),\quad \Delta_r H_m^{\ominus}=-1135.4\ kJ\cdot mol^{-1}$$

使用肼和氟的液态混合物，可获得 4400 K 以上的高温和强大的推力，用作高能火箭燃料。极强氧化剂和氟化剂 O_2F_2 也可望用作新型火箭燃料。当然，氟及氟的许多化合物都是腐蚀性极强的物质，使用时要特别注意。

思考题与习题

2-1　简答题

(1)请描述热力学第一定律的具体内容？

(2)热力学中的标准状态是指什么？

(3)化学平衡状态有何特点？

(4)简述标准平衡常数的意义及其使用的注意事项？

(5)简述多重平衡体系的特点，在进行多重平衡有关计算时，参与多个反应的物质的浓度或压力应如何处理？

(6)影响化学平衡移动的因素有哪些？

(7)反应 $H_2(g)+I_2(g)=2HI(g)$ 的速率方程为 $v=kc(H_2)c(I_2)$，能否断言该反应为基元反应？

(8)按反应速率的碰撞理论，阿仑尼乌斯方程中，指前因子 A 和指数项各有什么物理

意义？

(9)对基元反应，升高反应温度，单位碰撞频率 Z_0、方位因子 P、能量因子 f、速率常数 k 以及反应速率 v 如何变化？

(10)化学反应速率如何表示？速率方程中的速率，指的是平均速率还是瞬时速率？

2-2　判断题

(1)不做非体积功条件下，Q_p、Q_V 与途径无关，故 Q_p、Q_V 均为状态函数。

(2)热力学上能自发进行的反应，一定能实现。

(3)$\Delta_r G_m^\ominus(T)$只能判断标准状态下反应是否自发进行。

(4)化学反应商 Q 和标准平衡常数 $K^\ominus$ 的单位均为 1。

(5)对 $\Delta_r H_m^\ominus<0$ 的反应，温度越高，$K^\ominus$ 越小，故 $\Delta_r G_m^\ominus$ 越大。

(6)一定温度下，两反应的标准摩尔吉布斯自由能之间的关系为 $\Delta_r G_m^\ominus(1)=2\Delta_r G_m^\ominus(2)$，则两反应标准平衡常数间关系为：$K^\ominus(2)=[K^\ominus(1)]^2$。

(7)某气相反应达到平衡，改变温度或压力，平衡必定移动。

(8)某反应的 $K^\ominus=2.4\times10^{34}$，表明该反应在此温度下可在极短时间内完成。

(9)根据质量作用定律，反应物浓度增大，则反应速率常数增大，所以反应速率加快。

(10)复杂反应的速率主要由最慢的一步基元反应决定。

(11)催化剂不仅能提高反应速率，还能改变化学反应的标准平衡常数。

(12)实验测得 $CO+NO_2 \longrightarrow CO_2+NO$ 是二级反应，由此可知，该反应是基元反应。

2-3　填空题

1. 在温度为 298.15 K 时，反应 $A(s)+B(g)=C(g)$，$\Delta_r H_m^\ominus=-41.8\ kJ\cdot mol^{-1}$，B、C 都是理想气体。反应在 298.15 K、标准状态下按以下途径进行：体系做了最大功，放热 1.67 $kJ\cdot mol^{-1}$。则此过程的 $Q=$________，$W=$________，$\Delta_r U_m^\ominus=$________，$\Delta_r H_m^\ominus=$________，$\Delta_r S_m^\ominus=$________，$\Delta_r G_m^\ominus=$________。

2. 浓硫酸溶于水时，其过程 ΔH ________ 0，ΔS ________ 0，ΔG ________ 0。

3. 已知 298 K 时，$\frac{1}{2}N_2(g)+\frac{3}{2}H_2(g) \rightleftharpoons NH_3(g)$，$\Delta_r H_m^\ominus=-46.2\ kJ\cdot mol^{-1}$，$\Delta_r S_m^\ominus=-99.2\ J\cdot K^{-1}\cdot mol^{-1}$，则其 $\Delta_r G_m^\ominus(298)=$________ $kJ\cdot mol^{-1}$；当 $T>$________ K 时，该反应在标准状态下自发地向逆反应方向进行。

4. 25℃时，$N_2(g)+O_2(g) \rightleftharpoons 2NO(g)$　　$\Delta_r G_m^\ominus(1)$

$N_2(g)+3H_2(g) \rightleftharpoons 2NH_3(g)$　　$\Delta_r G_m^\ominus(2)$

$2H_2(g)+O_2(g) \rightleftharpoons 2H_2O(g)$　　$\Delta_r G_m^\ominus(3)$

则反应 $4NH_3(g)+5O_2(g) \rightleftharpoons 4NO(g)+6H_2O(g)$ 的 $\Delta_r G_m^\ominus=$________。

5. 673 K 时，反应 $N_2(g)+3H_2(g) \rightleftharpoons 2NH_3(g)$ 的 $K^\ominus=6.2\times10^{-4}$，则反应

$NH_3(g) \rightleftharpoons \frac{1}{2}N_2(g)+\frac{3}{2}H_2(g)$ 的 $K^\ominus=$________。

6. 反应 $Fe(s)+2H^+(aq) \rightleftharpoons Fe^{2+}(aq)+H_2(g)$ 的标准平衡常数表达式为：

$K^\ominus=$________。

7. 已知下列反应在指定温度的 $\Delta_r G_m^\ominus$ 和 $K^\ominus$：

(1)$N_2(g)+\frac{1}{2}O_2(g) \rightleftharpoons N_2O(g)$，$\Delta_r G_m^\ominus(1)$，$K^\ominus(1)$；

(2) $N_2O_4(g) \rightleftharpoons 2NO_2(g)$，$\Delta_r G_m^\ominus(2)$，$K^\ominus(2)$；

(3) $\frac{1}{2}N_2(g)+O_2(g) \rightleftharpoons NO_2(g)$，$\Delta_r G_m^\ominus(3)$，$K^\ominus(3)$；

则反应 $2N_2O(g)+3O_2(g) \rightleftharpoons 2N_2O_4(g)$ 的 $\Delta_r G_m^\ominus$= ________，$K^\ominus$= ________。

8. 已知 $\Delta_f H_m^\ominus(NO,g)=90.25\ kJ \cdot mol^{-1}$，在 2273 K 时反应 $N_2(g)+O_2(g) \rightleftharpoons 2NO(g)$ 的 $K^\ominus=0.100$。在 2273 K 时，若 $p(N_2)=p(O_2)=10\ kPa$，$p(NO)=20\ kPa$，反应商 Q= ________，反应向________方向自发；在 2000 K 时，若 $p(NO)=p(N_2)=10\ kPa$，$p(O_2)=100\ kPa$，反应商 Q= ________，反应________。

9. 已知：(1) $2CO(g)+O_2(g) = 2CO_2(g)$，$\Delta_r H_m^\ominus=-566\ kJ \cdot mol^{-1}$；(2) $2C(s)+O_2(g) = 2CO(g)$，$\Delta_r H_m^\ominus=-221\ kJ \cdot mol^{-1}$。随反应温度升高，反应(1)的 $\Delta_r G_m^\ominus$ 变________，$K_1^\ominus$ 变________；反应(2)的 $\Delta_r G_m^\ominus$ 变________，$K_2^\ominus$ 变________。

10. 一般来说，升高温度及催化剂的作用均能加快化学反应的速率。升高温度主要是增加了反应的________；使用催化剂则主要降低了反应的________。

11. 已知反应：$mA(g)+nB(g) = pC(g)+qD(g)$，当体系总压力增大一倍时，反应速度为原来的 8 倍。而若 A 的分压变为原来的一半时，反应速度为原来的 $\frac{1}{4}$，则该反应的速度方程为____________，总反应级数为________。

12. 已知某反应在 35℃时反应速率常数 $k=5.6\times10^{-4}\ s^{-1}$，此反应为________级反应，计算当反应物浓度为 $1.58\ mol \cdot L^{-1}$ 时的反应速率 v= ________，若反应的 $\Delta_r H^\ominus>0$，升高温度，反应速率将________，平衡向________方向移动。

13. 某一级反应在 400 K 时的 $k_1=3.0\times10^{-3}\ s^{-1}$，500 K 时 $k_2=9.0\times10^{-2}\ s^{-1}$，则反应的活化能为________，若反应的初始浓度为 $1.0\ mol \cdot L^{-1}$，则反应在 500 K 时的初始速率为________。

2-4 计算题

1. 已知 BN(s) 的 $\Delta_f H_m^\ominus$ 和 $S_m^\ominus$ 分别为 $-232.8\ kJ \cdot mol^{-1}$ 和 $14.81\ J \cdot K^{-1} \cdot mol^{-1}$，试计算反应 $B_2O_3(s)+2NH_3(g) = 2BN(s)+3H_2O(g)$ 自发进行所需的温度条件。

2. 在一定温度下，$Ag_2O(s)$ 和 $AgNO_3(s)$ 受热均分解。已知

$$2AgNO_3(s) = Ag_2O(s)+2NO_2(g)+\frac{1}{2}O_2(g)$$

又知 $Ag_2O(s) = 2Ag(s)+\frac{1}{2}O_2(g)$ 分解时的最低温度为 467.8 K，试确定 $AgNO_3(s)$ 分解的最终产物。

3. 在 1 升容器中，将 2.659 克 $PCl_5(g)$ 加热分解为 $PCl_3(g)$ 和 $Cl_2(g)$，在 523 K 时达到平衡后，总压力为 101.3 kPa，求 PCl_5 的分解率和 $K^\ominus$。

4. 反应 $2SO_2(g)+O_2(g) \rightleftharpoons 2SO_3(g)$ 在 1100 K 时达到平衡，SO_2 和 O_2 的初始分压分别是 100 kPa 和 50 kPa，平衡时的总压为 130 kPa，计算该温度时反应的 $K^\ominus$。

5. 383 K 时，反应 $Ag_2CO_3(s) \rightleftharpoons Ag_2O(s)+CO_2(g)$ 的 $\Delta_r G_m^\ominus=14.8\ kJ \cdot mol^{-1}$，求此反应的 $K^\ominus$(383 K)；在 383 K 烘干 $Ag_2CO_3(s)$ 时，为防止其受热分解，空气中 $p(CO_2)$ 最低应为多少？

6. 根据有关热力学数据，近似计算 $CCl_4(l)$ 在 101.3 kPa 压力下和 20 kPa 压力下的沸腾温度。已知 $\Delta_f H_m^\ominus(CCl_4,g,298.15\ K)=-102.93\ kJ \cdot mol^{-1}$，$S_m^\ominus(CCl_4,g,298.15\ K)$=

309.74 $J \cdot K^{-1} \cdot mol^{-1}$，其他数据见书后附录。

7. 在某温度下，测得反应 $4HBr(g)+O_2(g)=\!=\!=2H_2O(g)+2Br_2(g)$ 中 $\dfrac{dc(Br_2)}{dt}=4.0\times 10^{-5}\ mol \cdot L^{-1} \cdot s^{-1}$，求：(1)此时的 $\dfrac{dc(O_2)}{dt}$ 和 $\dfrac{dc(HBr)}{dt}$；(2)此时的反应速率 v。

8. 300 K 时，反应 $2NOCl(g)=\!=\!=2NO(g)+Cl_2(g)$ 的实验数据如下：

$c(NOCl)/mol \cdot L^{-1}$	0.200	0.400	0.600
$-\dfrac{dc(NOCl)}{dt}/mol \cdot L^{-1} \cdot s^{-1}$	4.8×10^{-5}	1.92×10^{-4}	4.32×10^{-4}

写出反应的速率方程，计算 300 K 时反应速率常数及 $c(NOCl)=0.500\ mol \cdot L^{-1}$ 时的反应速率。

9. 反应 $CH_3CHO(g)=\!=\!=CH_4(g)+CO(g)$ 在 303 K 时反应速率与乙醛浓度的关系如下：

$c(CH_3CHO)/mol \cdot L^{-1}$	0.10	0.20	0.30	0.40
$v/mol \cdot L^{-1} \cdot s^{-1}$	0.025	0.102	0.228	0.406

(1)写出该反应的速率方程；

(2)求速率常数 k；

(3)求 $c(CH_3CHO)=0.25\ mol \cdot L^{-1}$ 时的反应速率。

10. 某反应，20℃及 30℃时反应速率常数分别为 $1.3\times 10^{-5}\ mol^{-1} \cdot L \cdot s^{-1}$ 和 $3.5\times 10^{-5}\ mol^{-1} \cdot L \cdot s^{-1}$。根据范特霍夫规则，估算 50℃时的反应速率常数。

11. 反应 $C_2H_4(g)+H_2(g)=\!=\!=C_2H_6(g)$ 在 700 K 时速率常数 $k_1=1.3\times 10^{-8}\ mol^{-1} \cdot L \cdot s^{-1}$，求 730 K 时的速率常数 k_2。已知该反应的活化能 $E_a=180\ kJ \cdot mol^{-1}$。

12. The value of $K^{\ominus}$ for the equilibrium

$$COCl_2(g)=\!=\!=CO(g)+Cl_2(g)$$

is 1.0×10^{-1} at a certain temperature. If the partial pressure of $COCl_2$ is 10 kPa.

(a) what will be the equilibrium partial pressure of $COCl_2$, CO, and Cl_2?

(b) What will be the total pressure of the system at equilibrium

13. The decomposition of HI has rate constants $k=0.079\ L \cdot mol^{-1} \cdot s^{-1}$ at 781 K and $k=0.24\ L \cdot mol^{-1} \cdot s^{-1}$ at 813 K. What is the activation energy of the reaction?

第3章

气体、溶液和胶体

多看、多学、多试。如果有成果，绝不炫耀。
一个人如果怕费时、费事，则将一事无成。
——拉姆赛

在自然界和工农业生产中常遇到如海水、泥浆、牛奶等这样一种或几种物质分散在另一种物质中的混合分散体系(dispers system)。分散体系由分散质和分散剂组成。被分散的物质称为分散质(或者分散相)，是不连续的；容纳分散质的物质称为分散剂(或者分散介质)，它是连续的。例如，盐水是一种分散系，其中 NaCl 是分散质，水是分散剂；泥浆也是一种分散系，其中泥土是分散质，水是分散剂。

根据分散质和分散剂聚集状态的不同，分散系可分为气-气、液-液等 9 类，见表 3-1。

表 3-1　按聚集状态分类的各种分散系

分散质	分散剂	实　例
气	气	空气、家用煤气
液	气	云、雾
固	气	烟、灰尘
气	液	泡沫、汽水
液	液	牛奶、豆浆、农药乳浊液
固	液	泥浆、油漆
气	固	泡沫塑料、木炭
液	固	肉冻、硅胶
固	固	红宝石、合金、有色玻璃

其中分散剂的聚集状态为液态的分散体系(气-液、液-液和固-液)均称为液态分散系。它是一种最为常见，也最为重要的分散体系。因为人们的日常生活、科学研究和工农业生产都会接触到液态分散系；生物体内的各种生理、生化反应也都是在液体介质中完成。液态分散系通常按分散质粒子的大小，将液态分散系分成粗分散系、胶体分散系和分子(离子)分散系 3 类，

见表 3-2。

表 3-2　按分散质粒子大小分类的各种分散系

分散系类型	分子或离子分散系	胶体分散系		粗分散系
		高分子溶液	溶　胶	
粒子直径	小于 1 nm	1～100 nm	1～100 nm	大于 100 nm
存在形式	小分子或离子	高分子	小分子聚集体	分子的大聚集体
主要性质	均相，电子显微镜也不可见分散质颗粒，最稳定，扩散快，能透过半透膜	单相，很稳定，超显微镜可见分散质颗粒，扩散慢，能透过滤纸，但不可透过半透膜	多相，较稳定，超显微镜可见分散质颗粒，扩散慢，能透过滤纸，但不可透过半透膜	多相，不稳定，普通显微镜可见分散质颗粒，扩散很慢，不能透过滤纸
实　例	氯化钠、蔗糖等水溶液	蛋白质、核酸等水溶液	氢氧化铁、氯化银等溶胶	泥浆、牛奶等

上述三种液态分散系之间虽然有明显的区别，但彼此之间并没有绝对的界限，三者之间的过渡是渐变的。分散系的分类严格来说是很复杂的，有的体系会同时表现出两种或者两种以上分散系的性质。例如，已经发现颗粒直径为 500 nm 的分散系，也表现出胶体的性质。

瑞典科学家 Svedberg T(斯维德伯格)发明了超速离心机并用于分散体系的研究而获得 1926 年诺贝尔化学奖。

Svedberg T，1884—1971

3.1　气　体

自然界中物质通常以气、液、固三种状态存在。与液体、固体相比，气体是物质的一种较简单的聚集状态。在科学研究和工业生产中，许多气体参与了重要的化学反应。在认识世界的历史长河中，科学家们首先对气体的研究给予了特别的关注。

气态物质的基本特征是它的扩散性和可压缩性。组成气体的分子处在永恒的无规则的运动中。气体既没有固定的体积又没有固定的形状。所谓气体的体积就是指它们所在容器的容积。

在一定温度下，无规则运动的气体分子具有一定的能量，在运动中分子彼此间发生碰撞，气体分子也碰撞器壁，这种碰撞产生了气体的压力。气体的状态常用四个物理量描述，即物质的量(n)、体积(V)、压力(p)和热力学温度(T)。

3.1.1　理想气体状态方程

理想气体是分子之间没有相互吸引和排斥，分子本身的体积相对于气体所占有体积完全可以忽略的一种假想情况。对于真实气体，只有在低压(不高于数百千帕)、高温(如不低于 273 K)时，才能近似地看成理想气体。在通常温度的条件下，理想气体的状态方程对大多数气体都是适用的。17 世纪中期开始，经过百余年的努力，人们最终确立了描述理想气体状态的四个物理量之间的关系，即：

$$pV=nRT \tag{3-1}$$

式中，p 是气体的压力，单位是 Pa 或 kPa；V 为气体体积，单位 L 或 m^3；T 是气体温度，单位 K；n 是气体物质的量，单位 mol；R 是气体常数。

3.1.2 气体分压定律

在实际生产和科学研究中遇到的气体常常是气体混合物。如果有几种互相不起化学反应的气体放在一个容器中时，每种气体所表现的压力并不受共存的其他气体的影响，就如同这种气体单独占有此容器时所表现的压力一样。在一定温度下，各组分气体单独占据与混合气体相同体积时所呈现的压力叫做该组分气体的分压。用数学式表示为：

$$p = p_1 + p_2 + p_3 + \cdots = \sum p_i$$

式中，p 是混合气体的总压力，p_1、p_2、p_3…是气体 1、2、3…的分压。

根据状态方程式有

$$pV=nRT \quad p_iV=n_iRT$$

两式相除得，

$$\frac{p_i}{p}=\frac{n_i}{n}$$

式中，n 为混合气体总物质的量，即 $n = n_1 + n_2 + n_3 + \cdots = \sum n_i$ ，n_i 为某组分气体物质的量。将 $\frac{n_i}{n}$ 称为摩尔分数，用 x_i 表示。故有 $\sum x_i = 1$

所以，某一组分气体的分压和该气体组分的摩尔分数成正比。

$$p_i=px_i \tag{3-2}$$

可见，气体的分压只与它的摩尔分数和混合气体的总压力有关，而不涉及它的体积。

综上所述，在温度与体积恒定时，混合气体的总压力等于各组分气体分压力之和；某组分气体的压力等于混合气体的总压力和该气体摩尔分数的乘积。此定律是在 1801 年由英国科学家 Dalton J(道尔顿)首先提出来的，故称为道尔顿分压定律。对于液面上的蒸气部分，道尔顿分压定律也适用。例如，实验室中常用水集气法收集气体，所收集的气体含有水蒸气，因此容器内的压力是气体分压与水的饱和蒸气压之和。而水的饱和蒸气压只与温度有关，在一定温度下为一定值，其数值查附录Ⅶ可得。那么所收集气体的分压为：

$$p_{气}=p_{总}-p_{水}$$

【例 3-1】 氯乙烯、氯化氢及乙烯构成的混合气体中，各组分的摩尔分数分别力 0.89，0.09 及 0.02。于恒定压力 $p_{恒}$ 为 101.325 kPa 条件下用水吸收其中的氯化氢，所得混合气体中增加了分压为 2.670 kPa 的水蒸气。试求洗涤后的混合气体中 C_2H_3Cl 及 C_2H_4 的分压。

解 洗涤后混合气体户所含水蒸气的分压力：$p(H_2O)=2.670$ kPa

$$p(C_2H_3Cl)=\{p_{恒}-p(H_2O)\}\times\frac{0.89}{0.91}=(101.325-2.670)\ \text{kPa}\times\frac{0.89}{0.91}=96.49\ \text{kPa}$$

$$p(C_2H_2)=\{p_{恒}-p(H_2O)\}\times\frac{0.02}{0.91}=(101.325-2.670)\ \text{kPa}\times\frac{0.02}{0.91}=2.168\ \text{kPa}$$

3.2 溶液

分子或离子分散系通常又称为溶液，它是分散质以小分子、离子和原子为质点均匀地分散在分散剂中所形成的分散体系。溶液是由溶质和溶剂组成的，根据溶质的聚集状态的不同可以分为气体溶液、液体溶液和固体溶液，但最重要的还是液体溶液。最常见的是以水为溶剂的溶液。溶液的性质与溶质和溶剂的相对含量，即与溶液的浓度有关。溶液的浓度有不同的表示方法，常见的有物质的量浓度、质量摩尔浓度、摩尔分数、质量分数等。

3.2.1　物质的量浓度

溶质 B 的物质的量与混合物的体积之比称为溶质 B 的物质的量浓度。其数学表达式为

$$c_B = \frac{n_B}{V} \tag{3-3}$$

式中，n_B为物质 B 的物质的量，SI 单位为 mol；V 为混合物的体积，SI 单位为 m^3。体积常用的非 SI 单位为 L，故物质的量浓度 c_B的常用单位为 $mol \cdot L^{-1}$。

根据 SI 规定，使用物质的量单位“摩尔”时，要指明溶质的基本单元。因为物质的量浓度单位是由基本单位“摩尔”推导而来的，所以在使用物质的量浓度时必须注明物质的基本单元。

3.2.2　质量摩尔浓度

溶液中溶质 B 的物质的量除以溶剂的质量称为溶质 B 的质量摩尔浓度。其数学表达式为

$$b_B = \frac{n_B}{m_A} \tag{3-4}$$

式中，n_B为溶质 B 的物质的量，SI 单位为 mol；m_A为溶剂的质量，SI 单位为 kg。溶质 B 的质量摩尔浓度 b_B的 SI 单位为 $mol \cdot kg^{-1}$。

由于物质的质量不受温度的影响，所以溶液的质量摩尔浓度是一个与温度无关的物理量。

3.2.3　摩尔分数

溶液中组分 B 的物质的量与各组分总的物质的量之比称为组分 B 的摩尔分数，其数学表达式为

$$x_B = \frac{n_B}{n} \tag{3-5}$$

式中，n_B为组分 B 的物质的量，SI 单位为 mol；n 为各组分的物质的量之和，SI 单位为 mol；溶质 B 的摩尔分数 x_B 的 SI 单位为 1。

若溶液由溶剂 A 和溶质 B 两种组分组成，溶质 B 的摩尔分数与溶剂 A 的摩尔分数分别为

$$x_B = \frac{n_B}{n_A + n_B} \qquad x_A = \frac{n_A}{n_A + n_B}$$

显然

$$x_A + x_B = 1$$

若将这个关系推广到任何一个多组分系统中，则 $\sum x_i = 1$ 。

3.2.4 质量分数

溶液中组分 B 的质量与各组分总的质量之比称为组分 B 的质量分数，其数学表达为

$$w_B=\frac{m_B}{m} \tag{3-6}$$

式中，m_B为组分 B 的质量；m 为各组分的总质量；w_B 为组分 B 的质量分数，SI 单位为 1(也可用百分数表示)。

若溶液由多种组分组成，则溶液各组分的质量分数之和等于 1，即 $\sum w_i = 1$ 。

3.2.5 质量浓度

溶液中溶质 B 的质量与混合物的体积之比称为 B 的质量浓度，其数学表达为

$$\rho_B=\frac{m_B}{V} \tag{3-7}$$

式中，m_B为溶质 B 的质量；V 为混合物的体积；ρ_B 为溶质 B 的质量浓度，SI 单位为 $kg \cdot m^{-3}$，常用单位为 $g \cdot mL^{-1}$。

【例 3-2】 在常温下取 NaCl 饱和溶液 10.00 cm^3，测得其质量为 12.003 g，将溶液蒸干，得 NaCl 固体 3.173 g。求：$c(NaCl)$，$b(NaCl)$，$x(NaCl)$和 $x(H_2O)$，$w(NaCl)$，$\rho(NaCl)$。

解 $c(NaCl)=\dfrac{n(NaCl)}{V}=\dfrac{3.173\ g/58.44\ g\cdot mol^{-1}}{10.00\times10^{-3}\ L}=5.42\ mol\cdot L^{-1}$

$$b(NaCl)=\frac{n(NaCl)}{m(H_2O)}=\frac{3.173\ g/58.44\ g\cdot mol^{-1}}{(12.003-3.173)\times10^{-3}\ kg}=6.14\ mol\cdot kg^{-1}$$

$$n(NaCl)=3.173\ g/58.44\ g\cdot mol^{-1}=0.0542\ mol$$

$$n(H_2O)=(12.003-3.173)\ g/18\ g\cdot mol^{-1}=0.491\ mol$$

$$x(NaCl)=\frac{n(NaCl)}{n(NaCl)+n(H_2O)}=\frac{0.0542\ mol}{0.0542\ mol+0.491\ mol}=0.10$$

$$x(H_2O)=1-x(NaCl)=1-0.10=0.90$$

$$\omega(NaCl)=\frac{m(NaCl)}{m(NaCl)+m(H_2O)}=\frac{3.173\ g}{12.003\ g}=0.2644=26.44\%$$

$$\rho=\frac{m_B}{V}=\frac{3.173\ g}{10.00\times10^{-3}\ L}=317.3\ g\cdot L^{-1}$$

【例 3-3】 称取 1.2346 g $K_2Cr_2O_7$ 基准物质，溶解后转移至 100.0 mL 容量瓶中定容，试计算 $c(K_2Cr_2O_7)$和 $c\left(\frac{1}{6}K_2Cr_2O_7\right)$。

解 已知 $m(K_2Cr_2O_7)=1.2346\ g$ $M(K_2Cr_2O_7)=294.18\ g\cdot mol^{-1}$

$$M\left(\frac{1}{6}K_2Cr_2O_7\right)=\frac{1}{6}\times294.18\ g\cdot mol^{-1}=49.03\ g\cdot mol^{-1}$$

$$c(K_2Cr_2O_7)=\frac{m(K_2Cr_2O_7)}{M(K_2Cr_2O_7)\cdot V}=\frac{1.2346\ g}{294.18\ g\cdot mol^{-1}\times100.0\ mL\times10^{-3}}=0.04197\ mol\cdot L^{-1}$$

$$c\left(\frac{1}{6}K_2Cr_2O_7\right)=\frac{m(K_2Cr_2O_7)}{M\left(\frac{1}{6}K_2Cr_2O_7\right)\cdot V}=\frac{1.2346\ g}{49.03\ g\cdot mol^{-1}\times100.0\ mL\times10^{-3}}=0.2518\ mol\cdot L^{-1}$$

由计算结果可知，同一溶液，由于基本单元选择不同，其物质的量浓度的数值也不相同。

3.3　稀溶液的依数性

溶液有两类不同的性质：一类性质由溶质的本质决定，如溶液的颜色、导电性、酸碱性等；而另一类性质，如溶液的蒸气压下降、沸点升高、凝固点降低和渗透压仅决定于溶质的独立质点数，即溶液的浓度。而且溶液越稀，这种性质表现得越有规律，德国化学家Ostwald W F(奥斯特瓦尔德)把这类性质称为稀溶液的依数性。依数性规律是难挥发的非电解质稀溶液的共性。

3.3.1　溶液的蒸气压下降

在一定条件下，溶液内部那些能量较大的分子会克服液体分子间的引力从液体表面逸出，成为蒸气分子，这个过程叫做蒸发或气化(Vaporize)。蒸发是吸热过程。相反，蒸发出来的蒸气分子也可能撞到液面，为液体分子所吸引而重新进入液体中，这个过程叫做凝聚(Condense)。凝聚是放热过程。

将一种纯溶剂置于一个封闭的容器中，当溶剂达到蒸发与凝结的动态平衡时，液面上方的蒸气所具有的压力称为溶剂在该温度下的饱和蒸气压，简称蒸气压(p^*)。任何纯溶剂在一定温度下都有一定的饱和蒸气压，并且随着温度的升高而增大。如果纯溶剂中溶解了一定量的难挥发的溶质，在同一温度下，溶液的蒸气压就会低于纯溶剂的饱和蒸气压，这种现象称为溶液的蒸气压下降。这是因为溶质溶解后，溶剂的部分表面就会被溶质粒子所占据，造成单位面积上溶剂的分子数目减少，使单位时间逸出液面的溶剂分子数相应地减少，因而平衡时溶液液面上单位体积内气态溶剂分子数目也相应减少，引起溶液的蒸气压低于纯溶剂的蒸气压(图 3-1)。

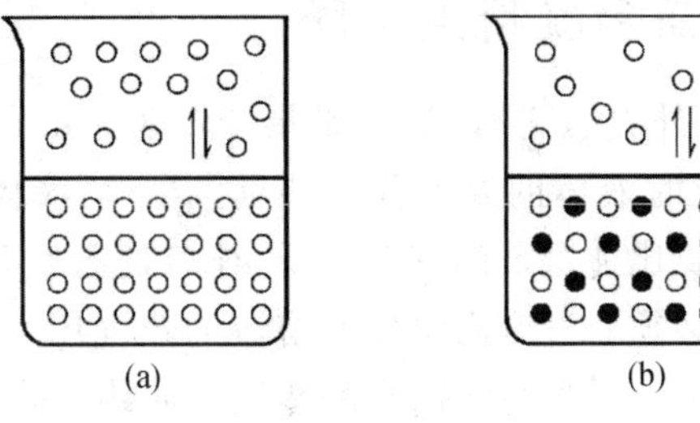

○代表溶剂分子　●代表溶质分子

图 3-1　纯溶剂(a)和溶液(b)蒸发

Raoult F, 1830—1901

1887 年，法国物理学家 Raoult F M(拉乌尔)在总结出一条关于溶剂蒸气压的规律：一定的温度下，难挥发非电解质稀溶液的蒸气压等于纯溶剂的饱和蒸气压与溶液中溶剂的摩尔分数的乘积，其数学表达式为

$$p=p^*\frac{n_A}{n_A+n_B}=p^*x_A \tag{3-8}$$

式中，p 为溶液中溶剂的蒸气压(因为溶质是难挥发的)，SI 单位为 Pa；p^* 为溶剂的饱和蒸气压，SI 单位为 Pa；n_A 为溶剂的物质的量；n_B 为溶质的物质的量。

对于双组分溶液，$x_A=1-x_B$，则

$$p=p^*(1-x_B)=p^*-p^*x_B$$

$$p^*-p=\Delta p=p^*x_B$$

式中，Δp 为溶液蒸气压的下降值，单位为 Pa；x_B为溶质的摩尔分数。

在稀溶液条件下，$n_A \gg n_B$，$n_A+n_B \approx n_A$，则

$$x_B=\frac{n_B}{n_A+n_B}\approx\frac{n_B}{n_A}=\frac{n_BM_A}{n_AM_A}=\frac{n_BM_A}{m_A}=\frac{b_BM_A}{1000}$$

$$\Delta p=p^*\frac{b_BM_A}{1000}=p^*\frac{M_A}{1000}b_B=Kb_B \tag{3-9}$$

式中，$K=p^*\frac{M_A}{1000}$，为一常数；b_B为溶质的质量摩尔浓度；m_A为溶剂的质量(以 g 为单位)。

因此，拉乌尔定律也可表述为：在一定温度下，难挥发非电解质稀溶液的蒸气压下降值近似地与溶液中溶质 B 的质量摩尔浓度 b_B成正比。

【例 3-4】 293.15 K 时水的蒸气压是 2.4 kPa，将 114 g 蔗糖溶于 1000 g 水中，溶液的蒸气压降低了 0.015 kPa。求蔗糖的分子量 M。

解 $0.015\ \text{kPa}=2.4\ \text{kPa}\times\dfrac{\dfrac{114\ \text{g}}{M\ \text{g}\cdot\text{mol}^{-1}}}{\dfrac{114\ \text{g}}{M\ \text{g}\cdot\text{mol}^{-1}}+\dfrac{1000\ \text{g}}{18.02\ \text{g}\cdot\text{mol}^{-1}}}$

得 $M=\dfrac{114\ \text{g}\times(2.4-0.015)\ \text{kPa}\times18.02\ \text{g}\cdot\text{mol}^{-1}}{0.015\ \text{kPa}\times1000\ \text{g}}=326.6\ \text{g}\cdot\text{mol}^{-1}$

蔗糖的分子式 $C_{12}H_{22}O_{11}$，理论分子量 342.3，因要将蒸气压测准很难，故多用其他依数性。某些固体物质在空气中易吸收水分而潮解，是和溶液蒸气压下降有关。因此，许多易潮解物质就常用作干燥剂，如氯化钙、五氧化二磷等。

3.3.2 溶液的沸点升高和凝固点下降

当某一液体的蒸汽压等于外界压力时(通常是指 101.325 kPa)，液体的表面和内部同时进行气化，此过程称为沸腾，此时液体的温度称为沸点。显然，液体的沸点与外界气压有关。在一定温度下，溶液的蒸气压要比纯溶剂的蒸气压低，纯溶剂已经开始沸腾，而溶液却未能沸腾。为了使溶液达到沸腾，就必须通过升高温度使溶液的蒸气压上升到与外界压力相等。以水为溶剂来讨论，如图 3-2 所示，aa'为纯溶剂水的蒸气压曲线，bb'为稀溶液的蒸气压曲线，ac为冰的蒸气压曲线。当纯水的蒸气压等于外界大气压 101.3 kPa 时，所对应的温度为 T_b^*(373.15 K)，即水的沸点为 373.15 K。若在纯水中加入难挥发的非电解质，由于溶液的蒸气压下降，在 373.15 K 时，溶液的蒸气压低于 101.3 kPa，因而水溶液不能沸腾，必须升高温度至 T_b，溶液的蒸气压才达到 101.3 kPa，溶液才能沸腾。因此溶液的沸点比纯水的沸点上升了。例如，常压下，海水的沸点总是高于 373.15 K。溶液浓度越大，其蒸气压降低越多，则沸点升高也越多。有的化学反应需要用水浴加热，且温度要高于 100 ℃，这时可用食盐水溶液浴即可。

若 T_b^*、T_b分别为纯溶剂的沸点和溶液的沸点，则沸点升高值 ΔT_b为

$$\Delta T_b=T_b-T_b^*$$

物质的凝固点是指在一定的外界压力下该物质的液相和固相蒸气压相等，固、液两相能够平衡共存时的温度。水的正常凝固点是 T_f^*(273.15 K)。此时，液相水和固相冰的蒸气压相等，冰和水能够平衡共存。如图 3-2 所示，当冰水平衡系统中加入难挥发的非电解质后，引起

液相水的蒸气压下降，而固态物质冰的蒸气压则不会改变。因此，两相不能平衡共存。由于溶液的蒸气压下降，冰的蒸气压高于水的蒸气压，冰融化成水。由图可见，冰的蒸气压和溶液的蒸气压虽然都随温度降低而减小，但冰的蒸气压降低程度更大。因此当温度降到 273.15 K 以下的某一温度 T_f时，冰的蒸气压和溶液的蒸气压相等。显然，溶液的凝固点总是比纯溶剂的凝固点要低。

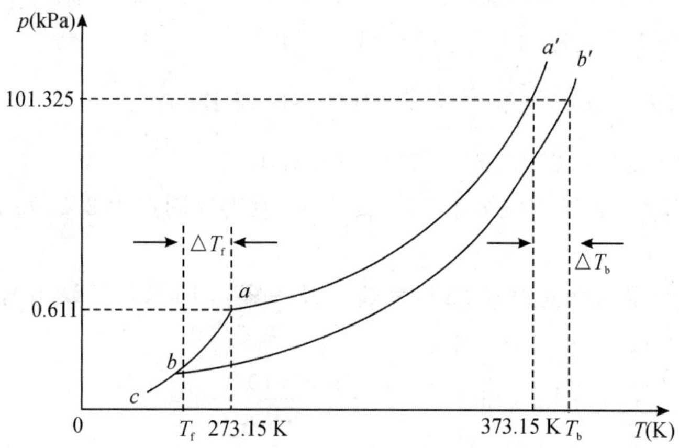

图 3-2　溶液的沸点升高凝固点降低

通过以上分析可以得出，溶液的沸点升高和凝固点下降的根本原因是溶液的蒸气压下降，而蒸气压下降只与溶液中溶质的独立质点数的多少(浓度)有关。因此，拉乌尔定律指出：沸点上升和凝固点下降的程度也只与溶液的浓度有关，与溶质本性无关，其数学表达式为

$$b_B = \frac{\Delta T_b}{K_b} = \frac{\Delta T_f}{K_f} \tag{3-10}$$

式中，ΔT_b和 ΔT_f分别为溶液沸点和凝固点的变化值，单位为 K 或℃；K_b和 K_f分别为溶剂的沸点上升常数和凝固点下降常数，只与溶剂的性质有关，单位为 $K \cdot kg \cdot mol^{-1}$。它们一般是由稀溶液性质的一些实验结果推算出来的。表 3-3 列举了几种常见溶剂的 K_b 和 K_f 值。

表 3-3　几种溶剂的 K_f和 K_b值

溶　剂	T_f/K	$K_f/K \cdot kg \cdot mol^{-1}$	T_b/K	$K_b/K \cdot kg \cdot mol^{-1}$
水	273.15	1.86	373.15	0.52
苯	278.66	5.12	353.35	2.53
萘	353.0	6.9	491	5.80
乙酸	289.6	3.90	390.9	3.07
环己烷	279.5	20.2	354	2.79
四氯化碳	250.2	29.8	351.65	4.88

溶液沸点的上升和凝固点下降都与加入的溶质的质量摩尔浓度成正比，而质量摩尔浓度又与溶质的相对分子质量有关。因此，可以通过对溶液沸点上升和凝固点下降的测定来估算溶质的相对分子质量大小。由于溶液凝固点下降常数要比沸点升高常数来得大，而且溶液凝固点测定的实验现象也要比沸点测定的现象更容易观察，再加上凝固点下降公式对挥发性和非挥发性非电解质稀溶液都适用，因此实际工作中常用测凝固点的方法来估算溶质的相对分子质量。

【例 3-5】 293.15 K 时，葡萄糖($C_6H_{12}O_6$)15.0 g 溶于 200 g 水中，试计算该溶液的蒸气压、沸点和凝固点。(已知 293.15 K 时，水的 $p^*=2333.14$ Pa)

解 $p=p^*x_A=2333.14\times\dfrac{200/18.0}{200/18.0+15.0/180.0}=2.32\times10^3$ Pa

$$\Delta T_b=K_b b_B=0.52\times\frac{15.0/180}{200}\times1000=0.22 \text{ K}$$

$$T_b=\Delta T_b+T_b^*=373.15+0.22=373.37 \text{ K}$$

同理 $\Delta T_f=K_f b_B=1.86\times\dfrac{15.0/180}{200}\times1000=0.78$ K

$$T_f=T_f^*-\Delta T_f=273.15-0.78=272.37 \text{ K}$$

【例 3-6】 将 0.749 g 谷氨酸溶于 50.0 g 水中，测得凝固点为 272.96 K，计算谷氨酸的摩尔质量。

解 设谷氨酸的摩尔质量为 M，$\Delta T_f=T_f^*-T_f=273.15\text{ K}-272.96\text{ K}=0.19\text{ K}$

根据 $\Delta T_f=K_f\cdot b_B$

$0.19\text{ K}=1.86\text{ K}\cdot\text{kg}\cdot\text{mol}^{-1}\times\dfrac{0.749\text{ g}\times1000}{M\times50.0\text{ g}}$，得

$$M=147\text{ g}\cdot\text{mol}^{-1}$$

在有机合成中，常用测定沸点和熔点来检验化合物的纯度。

现代科学研究表明，植物的抗旱性和抗寒性与溶液蒸气压下降和凝固点下降规律有关。当植物所处的环境温度发生较大改变时，植物细胞中的有机体就会产生大量的可溶性的物质如氨基酸、糖等，使细胞液浓度增大，蒸气压下降，凝固点降低，从而使细胞液能在较低的温度环境中不结冻，表现出一定的抗寒能力。同样，由于细胞液浓度增加，细胞液的蒸气压下降较大，细胞的水分蒸发减少，因此植物具有一定的抗旱能力。溶液的蒸气压下降和凝固点降低的原理在日常生活中也有广泛的应用。如汽车水箱中加入甘油或乙二醇等物质以防止水箱在冬天结冰而胀裂。

3.3.3 溶液的渗透压

溶质的溶解是溶质粒子在溶剂中热扩散运动的结果，粒子的热扩散运动使得溶质粒子从高浓度处向低浓度处迁移，与此同时溶剂粒子也在发生类似的迁移。当双向迁移达到平衡时，溶质在溶剂中的溶解达到最大程度。这种物质自发地由高浓度处向低浓度处迁移的现象称为扩散。任何不同浓度的溶液混合时都存在扩散现象，但是，如果溶液之间粒子的自由迁移受到半透膜(有选择地通过或阻止某些粒子迁移的物质)限制时，就会观察到单向扩散的现象。以蔗糖水溶液为例(见图 3-3)。在一连通器两边各装入等量蔗糖溶液与纯水，中间用半透膜隔开。扩散开始前，连通器两边的液面高度是相同的。经过一段时间以后，蔗糖溶液的液面高度较纯水的液面更高了。这是为什么呢？原来，半透膜能够阻止蔗糖分子的迁移，却不能阻止水分子的双向自由迁移。由于单位体积纯水中所包含的水分子数目要比单位体积糖水溶液中所包含的水分子多，因此单位时间内通过半透膜进入糖溶液的水分子总数要比离开糖溶液的水分子总数多，因而导致了蔗糖溶液液面高度的升高。这种物质粒子通过半透膜发生单向扩散的现象称为渗透现象。随着蔗糖溶液液面的升高，液柱的静压力增大，使蔗糖溶液中水分子从左向右通过半透膜的速度加快。当糖溶液液面上升至某一高度 h 时，水分子向两个方向渗透的速率正好相等，此时渗透达到平衡，两侧液面高度不再发生变化。换句话说，高度为 h 的水

柱所产生的静水压正好阻止了纯水向蔗糖溶液的渗透。这种为维持溶液与纯溶剂之间的渗透平衡而需外加的压力就称为该溶液的渗透压。换句话说渗透压就是为阻止渗透进行而施于溶液液面上的额外压力(等于平衡时玻璃管内液面高度所产生的静压力),用符号 Π 表示,单位为 Pa 或 kPa(图 3-4)。

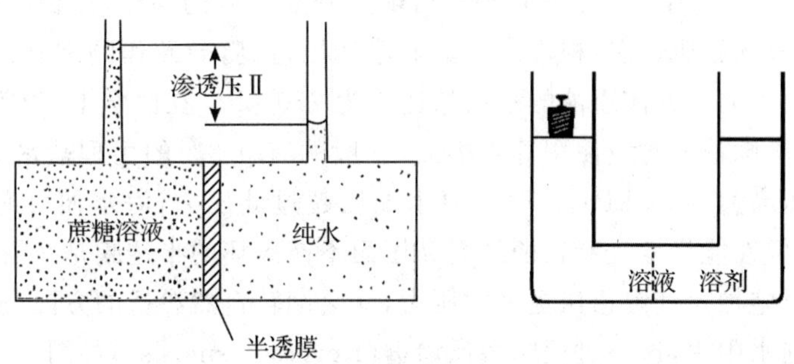

图 3-3　蔗糖水溶液中的渗透现象　　　　图 3-4　渗透压示意图

植物学家 Pfeffer W(普费弗)最先注意到溶液的渗透压现象,他在研究中发现:在一定温度下,溶液的渗透压与溶液的浓度成正比;浓度相同时,渗透压与温度成正比。荷兰物理学家范特霍夫注意到上述关系与气体定律完全符合,1886 年他总结了前人的大量实验结果指出:稀溶液的渗透压与浓度和热力学温度的关系同理想气体状态方程一致,表示为

$$\Pi V = n_B RT \quad 或 \quad \Pi = c_B RT \tag{3-11}$$

式中,Π 为渗透压,单位为 kPa;c 为溶液的物质的量浓度,单位为 $mol \cdot L^{-1}$;R 为摩尔气体常数,$8.314\ kPa \cdot L \cdot K^{-1} \cdot mol^{-1}$;$T$ 为热力学温度,单位为 K。

由式(3-11)可见,在一定温度下,稀溶液的渗透压与溶液的浓度成正比,而与溶质的本性无关。

渗透不仅可以在纯溶剂与溶液之间进行,同时也可以在两种不同浓度的溶液之间进行。因此,产生渗透作用必须具备两个条件:一是有半透膜存在;二是半透膜两侧单位体积内溶剂的分子数目不同(如水和水溶液之间或稀溶液和浓溶液之间)。如果半透膜两侧溶液的浓度相等,则渗透压相等,这种溶液称为等渗溶液。如果半透膜两侧溶液的浓度不等,则渗透压就不相等,渗透压高的溶液称为高渗溶液,渗透压低的溶液称为低渗溶液,渗透是从稀溶液向浓溶液方向扩散。

虽然稀溶液的渗透压与浓度、温度的关系和理想气体完全相符,但稀溶液的渗透压和气体的压力本质上并无相同之处。气体压力是由于气体分子撞击容器壁而产生的,而渗透压是与溶剂分子的移动趋势有关的性质,并不是溶质分子直接运动的结果。

通过测定溶液的渗透压,可计算物质的相对分子质量。例如,溶质的质量为 m_B,测得渗透压为 Π,溶质的摩尔质量为 M,则

$$M = \frac{m_B RT}{\Pi V}$$

对于蛋白质、血红素等生物大分子,渗透压法比凝固点下降法灵敏,所以可利用渗透压法测定其相对分子质量。

【例 3-6】　298 K 时测得含有 5.0 g 血红素的 1 L 溶液渗透压为 182 Pa,求血红素的平均摩尔质量。

解 根据公式 $\Pi=c_BRT$，得

$$M=\frac{m_BRT}{\Pi V}=\frac{5.0\ g\times 8.314\ kPa\cdot L\cdot K^{-1}\cdot mol^{-1}\times 298\ K}{182\ Pa\times 1\ L}=6.8\times 10^4\ g\cdot mol^{-1}$$

渗透现象在自然界中广泛存在，在许多生命过程中有着不可缺少的作用。例如植物细胞液的渗透压达 2000 kPa，所以水由植物根部可输送到数十米的高度；庄稼施肥不当出现的“烧苗”现象就是由于根部施肥过多，根部土壤溶液渗透压过高，导致作物细胞内的水分子向根部土壤溶液渗透而脱水的。人体血液的平均渗透压为 780 kPa，在医学上，当需要给危重病人补充水分和营养时，静脉输液时应使用等渗溶液，一般的有 0.9% 的生理盐水和 5% 的葡萄糖溶液。海水的渗透压高达 3000 kPa，只要对海水加压超过此压力，海水便可通过半透膜发生反渗透而流出淡水，但性能优良且能长期经受高压而不被破坏的半透膜是必需的。

如果在溶液上施加比其渗透压更大的压力，就会倒转自然渗透的方向，使溶液中的水分通过半透膜扩散到纯水中去，这一过程叫做反渗透(Reverse osmosis)，如图 3-4 所示。反渗透的原理广泛应用于海水淡化、工业废水或污水处理和溶液的浓缩等方面。如速溶咖啡和浓缩果汁的制造。

特别指出，对挥发性溶质的溶液来说，挥发性溶质对溶液依数性的影响更为复杂。例如，将少量乙醇加入水中，由于乙醇的挥发性大于水，在一定的温度下，乙醇水溶液的蒸气压等于水蒸气压与溶质蒸气压之和，即比纯溶剂水的蒸气压还高。由于易挥发溶质的加入使溶液的蒸气压升高了，所以其沸点必然下降。而乙醇水溶液的凝固点是冰的蒸气压与溶液中水的蒸气压分压达到平衡时的温度，因此不管是难挥发还是易挥发的溶质，都会使溶液中水的蒸气分压降低，所以凝固点都是下降的。

3.4 强电解质理论

与上述难挥发的非电解质稀溶液相似，电解质溶液也有蒸气压下降、凝固点下降、沸点升高以及渗透压，但是各项依数性数值比根据拉乌尔定律计算的数值要大得多，这种现象称为电解质溶液的反常现象。表 3-4 列出了几种无机盐水溶液的凝固点下降数值。

表 3-4 几种无机盐水溶液凝固点下降值

电解质	$b/mol\cdot kg^{-1}$	ΔT_f(计算值)/℃	$\Delta T_f'$(实验值)/℃	$i=\frac{实验值}{计算值}$
KCl	0.1	0.186	0.346	1.86
	0.01	0.0186	0.0361	1.94
K_2SO_4	0.1	0.186	0.454	2.44
	0.01	0.0186	0.0521	2.80
KNO_3	0.2	0.372	0.664	1.78
$MgCl_2$	0.1	0.186	0.591	2.79

由表可见，同浓度的电解质稀溶液凝固点下降 $\Delta T_f'$皆比非电解质稀溶液的凝固点下降 ΔT_f数值要大，两者之比用 i 表示：

$$i=\frac{\Delta T_f'}{\Delta T_f}$$

对于同种电解质稀溶液，不仅凝固点下降 $\Delta T_f'$，而且蒸气压下降 $\Delta p'$、沸点上升 $\Delta T_b'$、渗透压 Π'等均比同浓度的非电解质稀溶液的相应数值要大，且存在着下列关系：

$$i=\frac{\Delta T_f'}{\Delta T_f}=\frac{\Delta T_b'}{\Delta T_b}=\frac{\Delta p'}{\Delta p}=\frac{\Pi'}{\Pi} \tag{3-12}$$

i 称为范特霍夫校正系数。在运用电解质稀溶液的依数性时，必须乘以范特霍夫系数 i，才符合实验结果。

上表数据表明：对于正负离子都是一价的电解质，如 KNO_3，KCl，其 ΔT_f(实)较为接近，而且近似为计算值 ΔT_f的 2 倍；正负离子为二价的电解质溶液的实验值 ΔT_f(实)与计算值 ΔT_f(计)比值较一价的更大；电解质溶液越浓，实验值与计算值比值越大。

100 多年前，瑞典化学家 Arrhenius S A(阿仑尼乌斯)正是从电解质溶液对依数性的偏差及溶液的导电性实验事实出发提出了他的电离理论。阿仑尼乌斯认为，电解质溶于水，其质点数因电离而增加，所以，ΔT_f等依数性数值会增大。例如，对于 0.01 $mol \cdot kg^{-1}$的 KCl 溶液，若不发生电离的话，其 ΔT_f的计算值应为 0.0186℃。若强电解质在水中是完全电离的，那么理论上来说，其 $\Delta T_f'=K_f \cdot b'=2K_f b=2\Delta T_f=0.0372$℃。然而，实测值为 0.0361℃。这些事实似乎又显示出强电解质在溶液中并不是全部电离的。经计算得出 94%的 KCl 电离成 K^+ 和 Cl^-了。所求得的电离度称为表观电离度。

那么，强电解质在溶液中既然是完全电离的，为什么电离度又小于 100%呢？

1923 年，Deby P(德拜)和 Hückel E(休克尔)等认为，强电解质在溶液中是完全电离的，在溶液中的离子浓度很大。但电离产生的离子由于带电而相互作用，每个离子都被异性离子包围，形成了“离子氛”，阳离子周围有较多的阴离子，阴离子周围有较多的阳离子，使得离子在溶液中不能完全自由。当溶液中通过电流时，阳离子将向阴极移动，但它的离子氛将向阳极移动，加上强电解质溶液中的离子较多，离子间平均距离小，离子间吸引力和排斥力较显著等因素，离子之间相互牵制，离子的运动速度显然比毫无牵挂要来得慢些，因此，所测得的溶液的导电性就比完全电离的理论模型要低些，产生不完全电离的假象。

为了定量描述电解质溶液中离子间的牵制作用，引入了活度的概念。活度是单位体积溶液在表观上所含的离子浓度，即有效浓度。活度 a 与实际浓度 c 的关系为：

$$a=\gamma c \tag{3-13}$$

式中 γ 为活度系数。它反映了电解质溶液中离子间相互牵制作用的大小，溶液越浓，离子电荷越高，离子间的牵制作用越强烈。当溶液稀释时，离子间相互作用极弱，$\gamma \to 1$，此时活度与浓度基本趋于一致。

电解质溶液的浓度和活度之间一般是有差别的，严格说来，都应该用活度来计算，但对于稀溶液、弱电解质溶液、难溶强电解质溶液作近似计算时，通常就用浓度进行计算。这是因为在这些情况下溶液中的离子浓度很低，离子强度很小，γ 值十分接近 1 的缘故。

3.5 胶体溶液

胶体是一种高度分散的多相系统，其分散相颗粒的大小在 1～100 nm 之间。早在 1861 年，英国化学家 Graham T(格莱姆)就提出了胶体的概念，他在研究各种物质在水溶液中的扩散性质及能否通过半透膜时把物质分为晶体(其溶液能通过半透膜，蒸发析出晶体)和胶体(不能通过半透膜，蒸发得到胶状物)。1905—1916 年俄国科学家 Weimarn V(维伊曼)通过大量实验证明，典型的晶体物质也可以用降低其溶解度或选用适当分散剂而制成溶胶。这使人们认识到胶体是物质以一定的分散程度存在的一种分散体系，而不是一类特殊物质。如 NaCl 溶于水形成溶液，如果分散在酒精中可形成胶体。可见，同种分散质在不同的分散剂中可以得到不同的分散系。1903 年 Zsigmondy R(齐格蒙迪)发明了超显微镜，第一次成功地观察到溶胶中粒子的运动，证明了溶胶的超微不均匀性(由于他在胶体研究上的成就获得 1925 年诺贝尔化学奖)。

Zsigmondy, 1865—1929

胶体分散系可分为两类：一类是胶体溶液，又称溶胶，其分散质是由小分子、原子或离子聚集而成的大颗粒，因此溶胶是个多相体系，如 $Fe(OH)_3$ 胶体和 As_2S_3 胶体等；另一类是高分子溶液，其分散质是一些相对分子质量较大的高分子化合物，由于其分子大小正好落入 1～100 nm，表现出许多与胶体相同的性质，因此也归属于胶体分散系，如淀粉溶液和蛋白质溶液及血液、淋巴液等。事实上，高分子溶液是均相的真溶液。胶体还可以按照分散剂的状态分作固溶胶(比如烟水晶，有色玻璃)，气溶胶(雾，云，烟)和液溶胶(如 AgI 胶体)。

通常制备胶体的方法有分散法和凝聚法两种。分散法将大颗粒分散质与分散剂一起在胶体磨中研磨，使大颗粒分散质分细至胶粒大小，如工业上制取胶体石墨。凝聚法借助化学反应或通过改变溶剂，使单个分子或离子聚集成较大的胶体粒子。如将硫的酒精溶液逐滴滴加到水中以制得硫溶胶。胶体粒子可以透过滤纸但不能透过半透膜，因而可以使用半透膜渗析的方法来精制胶体。

胶体分散系统在自然界尤其是在生物界普遍存在，它与人类的生活及环境有着密切的关系。因此，研究胶体分散系统的形成、破坏及其物理化学性质具有重要意义。

3.5.1 分散度和表面吸附

溶胶是一个高度分散的体系，其分散度常用比表面积来衡量。比表面积就是单位体积的物质所具有的表面积，其数值随着分散粒子的变小而迅速增加，其数学表达式为

$$A_0 = \frac{A}{V} \tag{3-14}$$

式中，A_0 为分散质的比表面积，单位是 m^{-1}；A 代表体积为 V 的物质所具有的表面积，单位是 m^2；V 为分散质的体积，单位是 m^3。

从上面的公式可以看出，单位体积的分散质表面积越大，则比表面积越大，即分散质的颗粒越小，体系的分散度就越高。具有很大的比表面是胶体体系的一个重要特点。

表 3-5　逐渐分割时，立方体数、比表面积的增长

边长/cm	立方体数	比表面 A_0/cm	线性大小与此相近的系统
1	1	6×10^0	…
10^{-1}	10^3	6×10^1	…
10^{-2}	10^6	6×10^2	牛奶内的油粒
10^{-3}	10^9	6×10^3	…
10^{-4}	10^{12}	6×10^4	…
10^{-5}	10^{15}	6×10^5	藤黄溶胶
10^{-6}	10^{18}	6×10^6	金溶胶
10^{-7}	10^{21}	6×10^7	细分散的金溶胶

由表 3-5 可见，粒子分割得愈细，比表面积就愈大，表面积愈大，表现出的表面效应愈强。如胶体粒子的大小约为 1 nm～0.1 μm，具有很大的比表面积，突出地表现出表面效应。在自然界中，表面或表面现象包罗万象，迄今已发展成为一门独立的分支学科——表面化学，它是一门实用性较强的学科。

下面以液体为例，来考察表面的特殊情况。液体表面分子与内部分子的受力情况不同(如图 3-5)，因质点所处的环境不同，表面上质点 A 与内部质点 B 所受的作用力大小也不相同，质点 B 处于力平衡状态，它所受到的合力为零。而表面上的质点 A 则处在一种力不稳定状态，它受到的来自各个方向的作用力的合力不等于零，因此它有减小自身所受作用力的趋势。换句话说，就是处在物质表面的质点 A 比处在内部的质点 B 能量要高。这种表面质点比内部质点所多余的能量就称为表面能。若体系的表面积越大，表面分子越多，其表面能越高，就越不稳定。因此，体系有自动减小表面能的趋势。凝聚和表面吸附是降低表面能的两种途径。在表面化学和吸附理论的研究方面做出了突出贡献的美国化学家 Langmuir I(兰缪尔)获得了 1932 年诺贝尔化学奖。

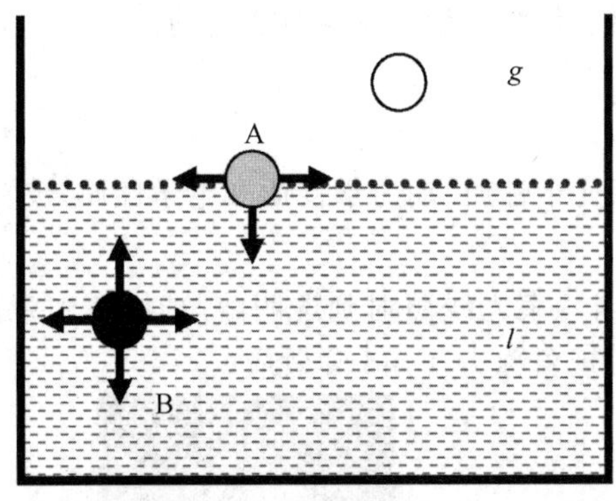

图 3-5　液体表面分子与内部分子的受力情况

Langmuir，1881—1957

与液体表面的情况相似，溶胶体系作为一种表面积大的多相体系易发生比较复杂的固相分散质对液态分散剂的吸附。固体表面能同时吸附溶质和溶剂。根据固体对溶液中的溶质的吸附状况可以将吸附分成两类，一类是分子吸附，另一类是离子吸附。

(1)分子吸附。固体对非电解质和弱电解质溶液的吸附可以看成分子吸附。一般地说，极

性吸附剂易于吸附溶液中极性较大的组分，非极性吸附剂易于吸附非极性的组分。活性炭可以使水溶液脱色，就是因为有色物质大多是非极性分子。

(2)离子吸附。固体对强电解质溶液的吸附是离子吸附。在强电解质溶液中，固体吸附剂对溶质离子的吸附称为离子吸附，它又分为离子选择吸附和离子交换吸附两种。

吸附剂从溶液中吸附某种离子时，总是选择性地吸附与它本身结构相似、极性相近的离子，这称为离子选择性吸附，也称为 Liepatoff's rule(李伯托夫规则)。例如，AgCl 溶胶形成以后，如 $AgNO_3$ 过量时，则 Ag^+ 会被吸附在 AgCl 胶粒的表面上，结果固体表面带正电。如果 KCl 过量，则 AgCl 优先吸附 Cl^- 而使固体带负电，通常把决定胶体粒子带电的离子(如 Ag^+、Cl^-)称为电势决定离子或电位离子。由于胶粒表面带有电荷，则溶液中必然有数量相等而带相反电荷的离子停留在胶粒的周围，以保持整个胶体溶液是电中性的。这些带相反电荷的离子称为反离子，如因选择吸附 Cl^- 而带上负电的 AgCl 胶粒周围停留的 K^+。

由于反离子只是靠库仑引力维持在胶粒周围，所以它有一定的自由活动余地。它还可以被其他带有相同电荷的离子所代替。例如，带正电的 AgCl 胶粒外面，反离子是 NO_3^-。如果溶液中还有 SO_4^{2-} 时，SO_4^{2-} 可以将 NO_3^- 替代下来，进入反离子层。当然 1 个 SO_4^{2-} 可以代替 2 个 NO_3^-。这个过程叫做离子交换吸附或离子交换。离子交换吸附是一个可逆过程。一般地说，溶液中离子浓度大时，交换下来的离子也要多些，溶液中离子浓度小时，交换下来的离子也少。

另外，不同离子的交换能力也不相同。离子电荷多时，交换能力大。电荷相同的离子，交换能力又随着水化半径的增大而减弱。对阳离子的交换能力大致有下列顺序：

$$Al^{3+} > Ca^{2+} > K^+ \qquad Cs^+ > Rb^+ > K^+ > Na^+ > H^+ > Li^+$$

对阴离子的交换能力顺序为

$$PO_4^{3-} > C_2O_4^{2-} > F^- \qquad CNS^- > F^- > Br^- > Cl^- > NO_3^- > ClO_4^- > CH_3COO^-$$

离子交换吸附在土壤学中得到广泛的应用。土壤中黏土粒子上可交换的反离子是 Ca^{2+}、Mg^{2+}、K^+、Na^+ 等阳离子。当施用 $(NH_4)_2SO_4$ 等肥料时，NH_4^+ 可以同这些离子进行交换，而把肥料的重要成分储藏在土壤中。土壤中的这种交换是在植物的根不断地吸取养分，微生物不断地繁殖，矿物岩石不断地风化，土壤溶液也不断地被冲洗等情况下进行的，所以土壤溶液间的离子交换很难达到平衡，因而及时施肥对于作物的生长是十分必要的。

3.5.2 胶体溶液的性质

溶胶体系具有一些特殊的性质，主要包括光学性质、动力学性质和电学性质。

1. 溶胶的光学性质

英国物理学家 Tyndall J(丁达尔)发现，当一束光线照射到透明溶胶时，在光束的垂直方向上可以看一个发光的圆锥体(图 3-6)。这一现象称为 Tyndall 效应。

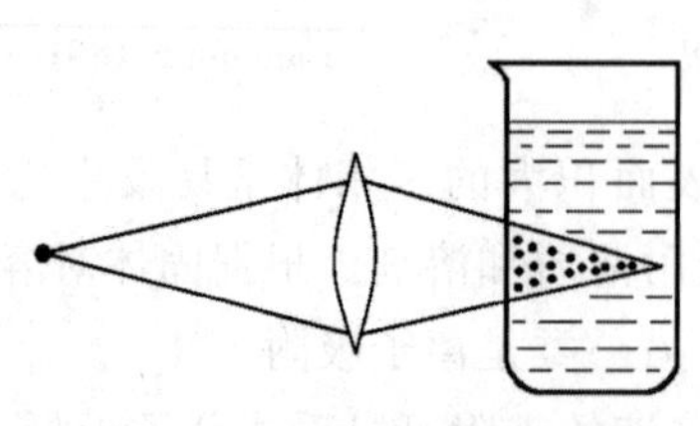

图 3-6 丁达尔现象

Tyndall J，1820—1893

当光线照射分散系统时，如果分散质颗粒的直径大于入射光的波长，此时入射光被完全反射，不出现丁铎尔效应。粗分散系就属于这种情况。如果分散质颗粒直径比入射光的波长小，则主要发生光的散射作用，此时每个粒子变成一个新的小光源，向四面八方发射与入射光波长相同的光，这时就出现了丁达尔效应。因为溶胶的粒子直径为 1～100 nm，而一般可见光的波长范围为 400～760 nm，所以可见光通过溶胶时便产生明显的散射作用。丁达尔效应是由于胶体粒子对光的散射形成的，是胶体的一个重要特征。真溶液中的分子离子体积太小，光散射现象非常微弱，肉眼难以观察。因此可以用丁达尔效应来区分胶体与真溶液。

2. 溶胶的动力学性质

1827 年英国植物学家 Brown R(布朗)用显微镜观察到悬浮在水中的花粉其他悬浮的微小颗粒不停地作不规则的曲线运动(图 3-7)，即布朗运动。胶体的布朗运动是胶体粒子不断地受到分散剂粒子从各个方向碰撞的结果。由于溶胶粒子的质量与体积都较小，所以在单位时间内所受到的力也较少，容易在瞬间受到冲击后产生一合力并产生较大的位移。由于粒子热运动的方向和速率无法预测，因而溶胶粒子的运动是无规则的。

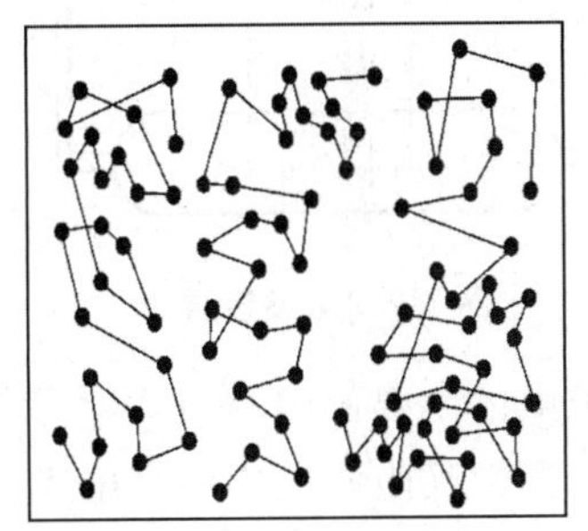

图 3-7　胶体的布朗运动

Brown R，1773—1858

布朗运动自发现之后，经过多半个世纪的研究，人们逐渐接近对它的正确认识。1905 年和 1906 年 Einstein A(爱因斯坦)和 Smoluchowski M(斯莫鲁霍夫斯基)分别推导了布朗运动扩散方程式。奥地利科学家 Perrrin J B(佩兰)对布朗运动所作的测量进一步证明了爱因斯坦理论与实际完全符合并测得阿伏伽德罗常数 $N_A=6.08\times10^{23}$，与用其他精确方法测得的 6.02×10^{23} 非常接近，这也就是为分子的真实存在提供了一个直观的、令人信服的证据，为分子运动论提供了有力的实验依据。此后分子运动论也就成为被普遍接受的理论。这对基础科学和哲学有着巨大的意义。从这以后，科学上关于原子和分子真实性的争论即告终结。

Perrrin J，1870—1942

正如原先原子论的主要反对者 Ostwald W F(奥斯特瓦尔德)所说："布朗运动和动力学假说的一致，已经被佩兰十分圆满地证实了，这就使哪怕最挑剔的科学家也得承认这是充满空间的物质的原子构成的一个实验证据"。1913 年，数学家和物理学家 Poincaré J H(庞加莱)总结性地说道："佩兰对原子数目的光辉测定完成了原子论的胜利……化学家的原子论现在是一个真实存在。"佩兰也因研究物质结构的不连续性，特别是发现胶体的沉积平衡，获得了 1926 年度的诺贝尔物理学奖。

3. 溶胶的电学性质

在电场中，溶胶体系的溶胶粒子在分散剂中能发生定向迁移，这种现象称为溶胶的电泳，可以通过溶胶粒子在电场中的迁移方向来判断溶胶粒子的带电性。图 3-8 为电泳的实验装置。在一个U形管下部装上新鲜的$Fe(OH)_3$胶体溶液，上面小心地加入少量水，可以清楚地看到它们之间有一个分界面。然后通入直流电，经过一段时间的观察，发现胶体粒子向负极移动，水分子则向正极移动。说明$Fe(OH)_3$胶粒带正电，在电场中往负极一端迁移，这就是$Fe(OH)_3$溶胶的电泳。如果用一种装置限制胶体粒子不得移动，使分散剂在电场作用下向一个电极方向移动，这种现象称为电渗(图3-9)。电泳和电渗现象统称为电动现象。分散剂的电渗方向总是和胶体粒子电泳的方向相反。

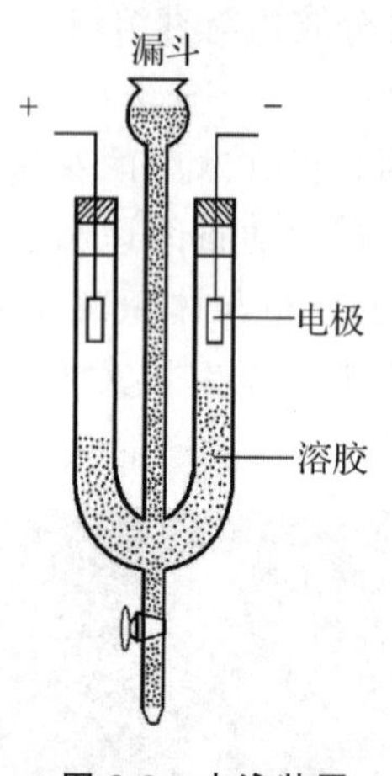

图3-8 电泳装置

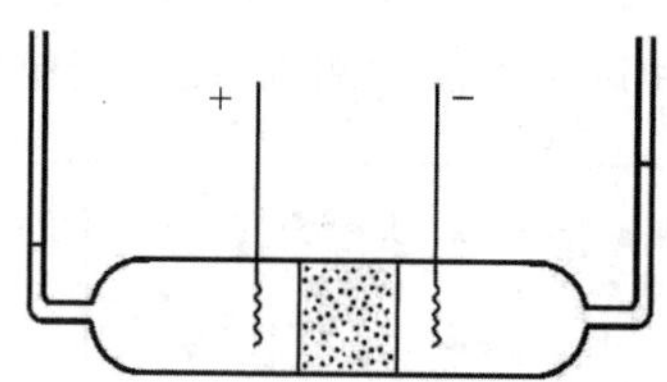

图3-9 电渗装置

电动现象说明胶体粒子是带电的。使溶胶粒子带电的主要原因有：

(1)吸附作用。胶体粒子具有较高的表面能，因选择性吸附溶液中的带电离子而带电。以$Fe(OH)_3$溶胶为例，该溶胶是用$FeCl_3$溶液在沸水中水解制成的。在整个水解过程中，有大量的FeO^+存在，$Fe(OH)_3$对FeO^+的优先吸附因而使该溶胶粒子带正电。相关的反应式如下：

$$FeCl_3+3H_2O \rightleftharpoons Fe(OH)_3+3HCl$$

$$Fe(OH)_3+3HCl \rightleftharpoons FeOCl+2H_2O$$

$$FeOCl \rightleftharpoons FeO^+ +Cl^-$$

(2)电离作用。部分溶胶粒子带电是由于自身表面电离所造成的。例如，硅胶粒子带电就是H_2SiO_3电离形成$HSiO_3^-$或SiO_3^{2-}，并附着在溶胶表面的结果。其反应式为

$$H_2SiO_3 \rightleftharpoons HSiO_3^- +H^+ \rightleftharpoons SiO_3^{2-} +2H^+$$

需要指出，溶胶粒子带电原因十分复杂，以上两种情况只能说明溶胶粒子带电的某些规律。至于溶胶粒子究竟怎样带电，或者带什么电荷都还需要通过实验来证实。一般情况下金属氢氧化物与金属氧化物的胶粒带正电，如$Al(OH)_3$、$Fe(OH)_3$溶胶；非金属氧化物、金属硫化物溶胶带负电，如H_2SiO_3、As_2S_3溶胶体。

1937年瑞典生化学家和物理化学家Tiselius W K(蒂塞利乌斯)发明了Tiselius电泳仪，成功地分离了血清中的蛋白质并对其进行了性质分析，发展了生物化学的研究手段。1948年，为了表彰蒂塞利乌斯对电泳现象和吸附作用的分析，特别是对血清蛋白复杂性质的发现，瑞典皇家科学院授予了他诺贝尔化学奖。

Tiselius A,1870—1942

电泳、电渗在实际工作中应用广泛。医疗上用电泳来检验病毒，陶瓷工业上用电泳制得高质量的黏土等。电渗法不仅可用于中草药有效成分提取，还是一种有效的水处理技术，广泛应用于污水处理等领域。

3.5.3　胶团的结构

人们对胶团结构的认识经历了一百多年漫长的历程。1879 年 Helmholtz(亥姆霍兹)提出了类似与平行板电容器的“平板双电层模型”;1910 年 Gouy(古埃)、1913 年 Chapman(恰特曼)建立了“扩散模型”,认为液相中的反离子呈单纯的扩散分布;1924 年 Stern(斯特恩)提出了兼有前两种模型特点的“扩散双电层模型”;1947 年 Grahame D C(格雷厄姆)提出了紧密层中水化正离子的问题,使人们对双电层的结构有了更清楚的认识。在此,以碘化银溶胶为例来说明溶胶的双电层结构。将 $AgNO_3$ 溶液逐滴加入到 KI 溶液中,首先 Ag^+ 与 I^- 反应后生成 AgI 分子,大量的 AgI 分子聚集成大小为 1～100 nm 的颗粒(称为胶核),以 $(AgI)_m$ 表示。随着胶核大量的形成,体系就具有较高的表面能,胶核有选择地吸附与其有共同组成的离子。由于此时体系中 KI 过量,溶液中有大量的 K^+、I^- 和 NO_3^- 等离子,根据“相似相吸”的原则,I^- 被胶核优先吸附,因而胶核表面带上了负电。被胶核优先吸附的离子 I^- 称为电位离子(也称电势离子)。此时,由于胶核表面带有较为集中的负电荷,它就通过静电引力而吸引与其电性相反的的 K^+(称为反离子)。反离子一方面受静电引力作用有向胶粒表面靠近的趋势,另一方面受热扩散作用趋向于在整个体系中均匀分布,越靠近胶核表面反离子的浓度越高,越远离则浓度越低。两种趋势使反离子在胶粒表面区域形成一种平衡分布,到某一距离时反离子与其他同号离子浓度相等。这样,胶粒表面的电荷与周围介质中的反离子电荷就构成双电层结构(图 3-10)。

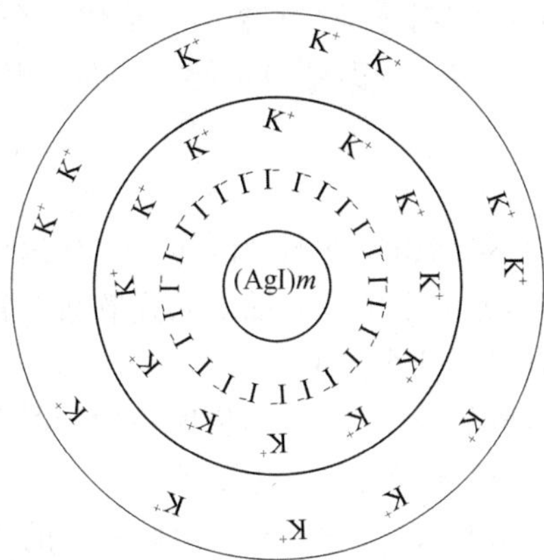

3-10　KI 过量时形成的 AgI 胶团结构

电位离子以及部分被强烈吸附的反离子组成胶体的吸附层。胶核与吸附层构成胶粒,在溶胶中,胶粒是独立的运动单位。剩余的松散地分布在胶粒外面的反离子形成了扩散层。扩散层和胶粒合并构成不带电的胶团。AgI 的胶团结构可用如下简式表示:

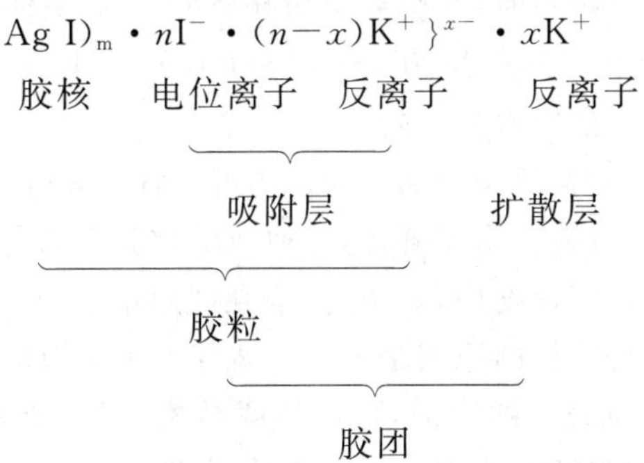

同理，$Fe(OH)_3$和 H_2SiO_3的胶团结构式可分别表示如下

$$\{(Fe(OH)_3)_m \cdot nFeO^+ \cdot (n-x)Cl^-\}^{x+} \cdot xCl^-$$

$$\{(H_2SiO_3)_m \cdot nHSiO_3^- \cdot (n-x)H^+\}^{x-} \cdot x\,H^+$$

3.5.4 溶胶的稳定性和聚沉

胶体的性质与其结构有关。

1. 溶胶的稳定性

从理论上分析，溶胶粒子不仅会在重力作用下发生沉降，而且高度分散的溶胶体系具有很大的表面能，胶粒间会相互凝聚成大颗粒而聚沉，因而是溶胶不稳定性体系。但事实上，溶胶系统较稳定，其主要原因是溶胶具有动力学稳定性和聚结稳定性。

溶胶的动力学稳定性是指胶粒不会在重力作用下从分散剂中分离出来。一方面，由于胶粒的质量较小，其受重力的作用也较小。另一方面是由于强烈的布朗运动能有效地阻止溶胶粒子在重力场中的沉降。

溶胶的聚结稳定性是指溶胶在放置过程中，不会发生分散质粒子的相互聚结而产生沉淀。由于溶胶粒中的双电层结构，当两个带同种电荷的胶粒相互靠近时，胶粒之间就会产生静电排斥作用，从而阻止胶粒的相互碰撞，使溶胶趋向稳定。尽管布朗运动会增加胶粒之间的碰撞机会，而胶粒要克服双电层结构也并非是一件容易的事。另外，溶胶粒子中的带电离子和极性溶剂通过静电引力的相互作用，使得溶剂分子在胶粒表面形成一个溶剂化膜，该溶剂化膜也起到阻止胶粒相互碰撞的作用。因此，溶胶的聚结稳定性主要是胶粒的双电层结构和溶剂化膜共同作用的结果。

2. 溶胶的聚沉

如果溶胶的动力学稳定性与聚结稳定性遭到破坏，胶粒就会因碰撞而聚结沉淀，澄清透明的溶胶就会变得混浊。这种胶体分散系中的分散质从分散剂中分离出来的过程称为聚沉。造成溶胶聚沉的因素很多，主要有以下几个方面：

(1)溶胶本身浓度过高。溶胶的浓度过高，单位体积中胶粒的数目较多，胶粒间的空间相对减小，胶粒的碰撞机会增加，因而溶胶容易发生聚沉。

(2)溶胶被长时间加热。将溶胶长时间的加热，溶胶粒子的热运动加剧使得胶粒表面的溶剂化膜被破坏，胶粒暴露在溶剂当中；同时胶粒的热运动的加剧也使胶粒表面的电位离子和反离子数目减小，双电层变薄，胶粒间碰撞聚结的可能性就会大大增加。

(3)电性相反溶胶的相互混合。如果将两种带有相反电荷的溶胶按适当比例相互混合，溶胶同样会发生聚沉。这种现象称为溶胶的互聚。只有当正溶胶的胶粒所带总正电荷量恰好等于负溶胶的胶粒所带总负电荷量时，才会完全相互聚沉，否则只能发生部分聚沉，甚至不聚沉。天然水中常含有 SiO_2负溶胶，若加入明矾[$KAl(SO_4)_2 \cdot 12H_2O$]，明矾水解后形成 $Al(OH)_3$正溶胶，二者相互中和，以达到净水的目的。

(4)加入高分子化合物。在溶胶中加入少量的可溶解的高分子化合物，可导致溶胶迅速形成疏松的棉絮状沉淀，这类沉淀称为絮凝物，这种现象称为絮凝作用，产生絮凝作用的高分子称为絮凝剂。高分子絮凝作用速度快，效率高，絮凝剂用量少，沉淀疏松。这种作用又称为高分子的敏化作用。产生敏化作用的原因是加入的高分子化合物量太少，不足以包住胶粒，反而使大量的胶粒同时吸附在高分子的表面，形成桥联结构，把多个胶粒拉在一起而导致絮凝作用。此外，当絮凝剂带有与胶粒电荷相反的电荷时，电性中和作用也会对絮凝产生促进作用。

(5)加入强电解质。当溶胶内电解质浓度较低时,胶粒周围的反离子扩散层较厚,因而胶粒之间的间距较大。这时两个胶粒相互接近时,带有相同电荷的扩散层就会产生斥力,防止胶粒碰撞而聚结沉淀。当溶胶中加入了大量的电解质后,由于离子总浓度的增加,大量的离子进入扩散层内,迫使扩散层中的反离子向胶粒靠近,扩散层就会变薄。同时由于离子浓度的增加,减小了胶粒所带电荷,使胶粒之间的静电斥力减弱,胶粒之间的碰撞机会就增加,聚沉的变得更加容易了。电解质中对溶胶的聚沉起主要作用的是与胶粒所带电荷相反的离子,而且离子所带的电荷越高,对溶胶的聚沉作用就越大。

电解质的聚沉能力通常用聚沉值来表示。聚沉值是指一定时间内,使一定量的溶胶完全聚沉所需要的电解质的最低浓度,单位为 mmol · L^{-1}。表 3-6 是不同电解质对一些溶胶的聚沉值。

表 3-6 不同电解质的聚沉值(mmol · L^{-1})

As_2S_3(负溶胶)		AgI(负溶胶)		Al_2O_3(正溶胶)	
LiCl	58	$LiNO_3$	165	NaCl	43.5
NaCl	51	$NaNO_3$	140	KCl	46
KCl	49.5	KNO_3	136	KNO_3	60
KNO_3	50	$RbNO_3$	126		
$CaCl_2$	0.65	$Ca(NO_3)_2$	2.40	K_2SO_4	0.30
$MgCl_2$	0.72	$Mg(NO_3)_2$	2.60	$K_2Cr_2O_7$	0.63
$MgSO_4$	0.81	$Pb(NO_3)_2$	2.43	K_2CrO_4	0.69
$AlCl_3$	0.093	$Al(NO_3)_3$	0.067	$K_3[Fe(CN)_6]$	0.08
$1/2Al_2(SO_4)_3$	0.096	$La(NO_3)_3$	0.069		
$Al(NO_3)_3$	0.095	$Ce(NO_3)_3$	0.069		

归纳许多实验结果,可得如下一些规律:

①电解质对溶胶的聚沉作用,主要由其中电荷符号和胶粒电荷相反的离子所引起的,即电解质中的负离子对带正电荷的溶胶起聚沉作用,正离子对带负电荷的溶胶起聚沉作用。带相反电荷离子的价数越高,其聚沉能力越大,聚沉值越小,这就是 Schulze-Hardy(叔采-哈迪)规律。由叔采于 1882 年提出,后经哈迪等人提供大量数据而建立。与溶胶具有不同电荷离子所带电荷相同时,与溶胶所带电荷相同的离子价数越高,电解质聚沉能力越弱。如 $MgCl_2$、$MgSO_4$ 对负溶胶的聚沉作用,此两电解质均含有 Mg^{2+},但 SO_4^{2-} 价数较 Cl^- 价数多,故 $MgSO_4$ 较 $MgCl_2$ 对负溶胶的聚沉能力小,也即 $MgSO_4$ 聚沉值较大。

②同价离子的聚沉能力虽然相近,但也略有不同。

若用碱金属离子聚沉负溶胶时,其聚沉能力的次序为:

$$Cs^+ > Rb^+ > K^+ > Na^+ > Li^+$$

而用不同的一价负离子聚沉正溶胶时,其聚沉能力的次序为:

$$F^- > Cl^- > Br^- > NO_3^- > I^- > CNS^-$$

这类次序称为感胶离子序。这是因为正离子半径小,水合程度大,所以半径最小的 Li^+ 的水合半径反而比半径最大的 Cs^+ 的水合半径更大。而对正溶胶来说,聚沉能力的顺序却为 $F^- > Cl^- > Br^- > I^-$。这是因为,一般来负离子半径较大,水合程度小,所以离子半径的大小次序基本上决定了其水合离子半径的次序。

实际生活中经常遇到胶体的保护和聚沉。有时需要对胶体进行保护。例如，墨水、颜料等需要加入适量的动物胶等高分子物质来保护，使其不聚沉。这是因为动物胶都是链状且能卷曲的线性分子，很容易吸附在胶粒表面，包住胶粒而使其稳定。

有时溶胶的生成也会带来许多麻烦。例如，一些工厂烟囱排放的气体中的碳粒和尘粒呈胶体状态，这些粒子都带有电荷。为了消除这些粒子对大气的污染，可让气体在排放前经过一个带电的平板，中和烟尘的电荷，使其聚沉。胶体聚沉后一般情况下都生成沉淀，但有些胶体聚沉后，胶体粒子和分散剂凝聚在一起，成为不流动的冻状物，这类物质叫凝胶。常见的重要的凝胶有(1)豆腐——重要的植物蛋白质；(2)硅胶——硅酸胶体聚沉，在空气中失水成为含水4%的 SiO_2，其表面积大，吸附性强，因而常用做干燥剂、吸附剂及催化剂载体。

3.6　高分子溶液、表面活性物质和乳浊液

3.6.1　高分子溶液

1. 高分子溶液的特性

高分子溶液中的溶质是分子质量在10000以上的有机大分子化合物(如蛋白质、纤维素、淀粉、橡胶以及人工合成的塑料、纤维、树脂等都是高分子化合物)，它与溶胶粒子大小相近，因而表现出某些与溶胶相同的性质，如不能透过半透膜、扩散速度慢等。另一方面，由于高分子溶液的分散质粒子为单个大分子，是一个分子分散的单相均匀体系，因此它又表现出真溶液的某些性质。在适当溶剂中高分子化合物能强烈自发溶剂化而逐步溶胀，形成很厚的溶剂化膜，因此它能稳定地分散于溶液中而不凝结，最后溶解成溶液，例如，蛋白质和淀粉溶于水就形成高分子溶液。除去溶剂后，重新加入溶剂时仍可溶解，因此高分子化合物具有溶解的可逆性，高分子溶液是一种热力学稳定体系。这一点与溶胶不同，溶胶一旦聚沉，就很难用简单的方法使其再成为溶胶。此外，高分子溶液溶质与溶剂之间没有明显的界面，因而对光的散射作用很弱，丁铎尔效应不像溶胶那样明显。

2. 高分子溶液的盐析和保护作用

高分子溶液具有一定的抗电解质聚沉能力，加入少量的电解质，它的稳定性并不受影响。这是因为高分子化合物不但本身带有较多的可电离或已电离的亲水基团(如 $-OH$、$-COOH$、$-NH_2$ 等)，而且它们具有很强的水化能力，能在高分子化合物表面形成一层较厚的水化膜，从而使高分子化合物能稳定地存在于溶液之中，不易聚沉。为了让高分子化合物从溶液中析出，可以加入大量的电解质。因为电解质的离子在实现其自身的水化过程中，会大量夺取高分子化合物水化膜上的溶剂化水，使高分子溶液失去稳定性而聚沉。这种通过加入大量电解质使高分子化合物聚沉的作用称为盐析。加入乙醇、丙酮等溶剂，也能将高分子溶质沉淀出来。这是因为这些溶剂也像电解质离子一样有强的亲水性，会破坏高分子化合物的水化膜。在研究天然产物时，常用盐析和加入乙醇等溶剂的方法分离蛋白质和其他的物质。

在溶胶中加入适量的高分子化合物(如动物胶、蛋白质等)可以使溶胶稳定性增加。因为高分子化合物的加入不仅使原先憎液的胶粒变成亲液溶胶，提高了胶粒的溶解度，而且它能在胶粒表面形成一个高分子保护膜，增强了溶胶的抗电解质的能力。例如，少量的电解质加到红

色金溶胶中可以引起聚沉，如果先在红色金溶胶中加入少量动物胶，摇动均匀后再加入电解质，可以发现，等量或适当过量的电解质不再引起金溶胶的聚沉。

3.6.2　表面活性物质

能显著减小表面张力的物质称为表面活性剂。它的加入能使一些极性相差较大的物质相互均匀分散、稳定存在。例如，水和油这两种极性相差很大的物质很难通过机械分散方式形成一个均匀混合的稳定单相体系。即使通过机械方式混合后，很快又会自动分层。但是，当往水油体系中加入适量的表面活性物质(如洗涤剂)之后，混合均匀的水油体系就不再分层，形成了一个相对稳定的混合体系。

表面活性剂分子中一般同时含有疏水性基团和亲水性基团。极性部分通常由$-OH$、$-COOH$、$-NH_2$、$=NH$、$-NH_3^+$等基团构成，而非极性部分主要由碳氢组成的长链烃或芳香基团所构成。表面活性剂的活性决定于其组成中的亲水基团和亲脂基团的相对强弱，若亲脂基团的疏水性影响较大，表面活性就增大，它有集中在溶液表面形成正吸附的倾向，从而降低表面张力。依据表面活性剂的结构特点，通常将其分成 5 大类，即阴离子型、阳离子型、两性型、非离子型和高分子表面活性物质。

表面活性物质用途广泛，在许多领域如造纸、农业、食品、医药、环保、石油等都有重要应用，其特点是用量少，功效大，素有工业“味精”的美称。

3.6.3　乳浊液

乳浊液是指一种或多种液体分散在另一种与它不相溶的液体中的体系。分散的液珠直径一般为 0.1～50 μm。通常把乳浊液中以液珠形式存在的那一个相称为内相或分散相，也称为不连续相；另一个相称为外相或分散介质，也称为连续相。组成乳浊液的两相，一个是水相，另一个是与水不溶的有机液体，称为油相；通常把乳浊液分为两种类型(图 3-10)。一种是外相为水，内相为油的乳浊液，称为水包油型乳浊液，用 O/W 来表示。例如，牛奶是奶油分散在水中属水包油型乳浊液。若外相是油，内相为水的乳浊液，称为油包水型乳浊液，用 W/O 来表示。例如，天然原油中带有的小水滴是水分散在原油中的 W/O 型乳浊液。仅靠油与水不易得到稳定的乳浊液。如加入一些表面活性剂即乳化剂或固体粉末等，就可以得到稳定的乳浊液。凡是能提高乳浊液稳定性的物质都称为乳化剂(Emulsifier)。乳化剂可分为两大类。能形成 W/O 型稳定乳浊液的称为油包水型乳化剂。另一类能形成 O/W 型稳定乳浊液称为水包油型乳化剂。

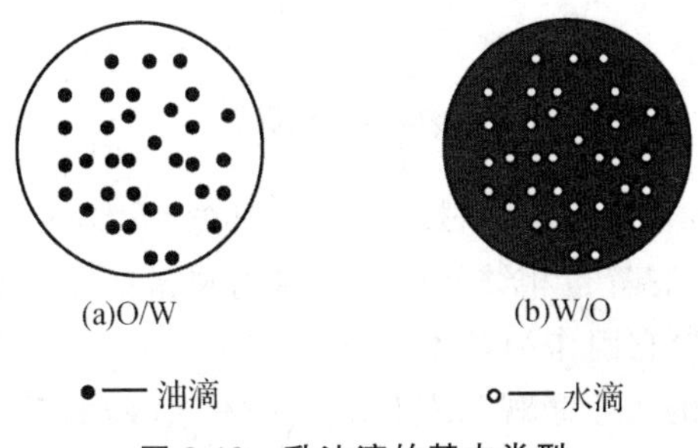

图 3-10　乳浊液的基本类型

乳剂属热力学不稳定体系，易分成油—水两相，故乳剂中必须加入乳化剂使之稳定。乳化剂能吸附在油—水界面上而大幅度降低界面张力并形成具有一定的强度的吸附膜而阻碍了液滴的聚集。乳化剂的种类很多，一般可分为合成表面活性剂、天然产物和固体粉末三大类，其中表面活性剂应用的最多。乳化剂可根据其亲和能力的差别分为亲水性乳化剂和亲油性乳化剂。常用的亲水性乳化剂有二氧化硅、钾肥皂、钠肥皂、蛋白质、植物胶、淀粉等。亲油性乳化剂有钙肥皂、镁肥皂、高级醇类、高级酸类、石墨等。制备水包油型乳浊液时应采用亲水型乳化剂(图 3-11(a))。反之，亲油型乳化剂只适合于制备油包水型乳浊液(图 3-11(b))。

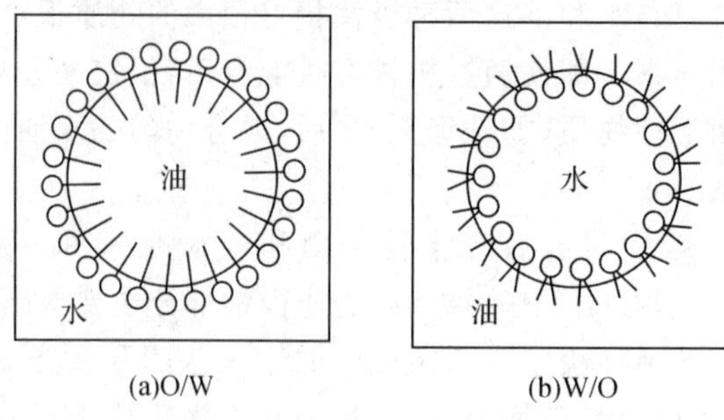

图 3-11　不同类型乳化剂对乳浊液类型的影响

乳浊液及乳化剂在生产中的应用非常广泛，绝大多数有机农药、植物生长调节剂的使用都离不开乳化剂。例如，有机农药水溶性较差，不能与水均匀混合。为了能使农药与水较好地混合，可加入适量的乳化剂，以减小它们的表面张力，从而达到均匀喷洒、降低成本、提高杀虫治病的目的。在人体的生理活动中，乳浊液也有重要的作用。例如，食物中的脂肪在消化液(水溶液)中是不溶解的，但经过胆汁中胆酸的乳化作用和小肠的蠕动，使脂肪形成微小的液滴，其表面积大大增加，有利于肠壁的吸收。此外，乳浊液在日用化工、制药、食品、制革、涂料、石油钻探等工业生产中都有许多应用。但有时在工农业生产中又必须设法破坏天然形成的乳浊液。例如，刚开采出的原油是水/油型乳浊液，必须通过破乳技术才能使水、油两相分开。一些物质加入乳浊液时能破坏乳浊液的稳定性而使水油分离的作用称为破乳作用，这些物质称为破乳剂。利用表面活性剂破乳是目前工业上最常用的破乳方法。选择能强烈吸附于油-水界面上的表面活性剂，顶替原来的乳化剂，在油-水界面上形成新的膜，但新膜的强度比原乳化剂形成的膜降低很多，因而容易失去稳定性而破乳。一般油/水型乳化剂就是水/油型乳浊液的破乳剂，反之亦然。此外，添加无机盐、无机酸、升高温度等方法也能破坏乳浊液。实际生产中很少采用单一的破乳方法，通常都是多种方法并用进行破乳，以提高破乳效率。

※ 阅读材料

纳米材料

自从 20 世纪 80 年代中期纳米金属材料研制成功之后，纳米半导体薄膜、纳米陶瓷、纳米磁性材料和纳米生物医学材料等也相继问世。纳米材料是指在三维空间中至少有一维处于纳米尺度范围(1～100nm)或由它们作为基本单元构成的材料。纳米粒子处在原子簇和宏观物体交界的过渡区域，从通常的关于微观和宏观的观点看，这样的系统既非典型的微观系统亦非典型的宏观系统，是一种典型的介观系统，它具有表面效应、小尺寸效应和宏观量子隧道效应，它显示出许多奇异的特性，即它的光学、热学、电学、磁学、力学以及化学方面的性质和大块固体时相比将会有显著的不同。

纳米粒子是一种极好的催化剂，这是由于纳米粒子尺寸小、表面的体积分数较大、表面的化学键状态和电子态与颗粒内部不同、表面原子配位不全，导致表面的活性位置增加，使它具备了作为催化剂的基本条件。例如，镍的纳米粒子对某些有机物的氢化反应是极好的催化剂，可替代昂贵的铂或钯催化剂；纳米铂黑催化剂可以使乙烯的氧化反应的温度从 600 ℃降低到室温。纳米陶瓷材料具有极高的强度和高韧性以及良好的延展性，这些特性使纳米陶瓷材料可在常温或次高温下进行冷加工。如果在次高温下将纳米陶瓷颗粒加工成形，然后做表面退火处理，就可以使纳米材料成为一种表面保持常规陶瓷材料的硬度和化学稳定性，而内部仍具有纳米材料的延展性的高性能陶瓷。纳米磁性材料具有十分特别的磁学性质，用它制成的磁记录材料不仅音质、图像和信噪比好，而且记录密度比 γ-Fe_2O_3 高几十倍。纳米材料广泛应用于生物和医药领域。纳米粒子比血液中的红血球（大小为 6000～9000 nm）小得多，因此它可以在血液中自由运动。纳米材料粒子使药物在人体内的传输更为方便，用数层纳米粒子包裹的智能药物进入人体后可主动搜索并攻击癌细胞或修补损伤组织。使用纳米技术的新型诊断仪器只需检测少量血液，就能通过其中的蛋白质和 DNA 诊断出各种疾病。采用纳米材料技术对机械关键零部件进行金属表面纳米粉涂层处理，可以提高机械设备的耐磨性、硬度和使用寿命。用纳米材料制成的纳米材料多功能塑料，具有抗菌、除味、防腐、抗老化、抗紫外线等作用，可用为作电冰箱、空调外壳里的抗菌除味塑料。利用纳米二氧化锆、氧化镍、二氧化钛等陶瓷对温度变化、红外线以及汽车尾气都十分敏感的特性所制作的温度传感器、红外线检测仪和汽车尾气检测仪，检测灵敏度比普通的同类陶瓷传感器高得多。在合成纤维树脂中添加纳米 SiO_2、纳米 ZnO、纳米 SiO_2 复配粉体材料，经抽丝、织布，可制成杀菌、防霉、除臭和抗紫外线辐射的内衣和服装。环境科学领域利用功能独特的纳米膜探测和过滤由化学和生物制剂造成的污染。纳米材料正在各个领域里大显神通。

思考题与习题

3-1　回答下列问题：

(1)为什么往雪地里洒些盐，雪就熔化了？

(2)为什么在淡水中生活的鱼类不能在海水中生存？

(3)胶粒带电的原因是什么？

(4)什么是表面活性剂？试从其结构特点说明它能降低溶液表面张力的原因。

3-2　已知水在 25℃时的饱和蒸气压为 3.17 kPa，测得某蔗糖(相对分子质量为 342)稀溶液的沸点为 100.045 ℃，则该溶液中溶质的质量分数为________，摩尔分数为________，凝固点为________，25℃时的渗透压为________，25℃时溶液的蒸气压为________。

3-3　产生渗透现象的必备条件为______________。溶剂分子的渗透方向为________。

3-4　胶体是指________，区别溶胶和真溶液最简单的方法是用________，溶胶的核心部分是________，称为________它形成后在溶液中________，这部分物质称为________。

3-5　溶胶能稳定存在的主要原因是________。电解质使溶胶聚沉，起主要作用的是________。

3-6　O/W 乳状液称为________型，W/O 乳状液称为________型。________型乳状液能与水均匀混合。

3-7　在 25℃时，初始压力相同的 5.0 L 氮和 15 L 氧压缩到体积为 10.0 L 的真空容器中，混合气体的总压力是 150 kPa。试求：(1)两种气体的初始压力；(2)混合气体中氮和氧的分压；(3)如果把温度升到 210℃，容器的总压力。

3-8 将 7.00 g 结晶草酸 $H_2C_2O_4 \cdot 2H_2O$ 溶于 93.0 g 水，所得溶液的密度为 1.025 g·cm^{-3}，求该溶液的：(1)质量分数；(2)质量浓度；(3)物质的量浓度；(4)质量摩尔浓度；(5)物质的量分数。

3-9 373.15 K 时使 0.02 mol 蔗糖溶于 0.98 mol 水中，溶液的沸点为多少？

3-10 取 2.67 g 萘溶于 100 g 苯中，测得该溶液的凝固点下降了 1.07 K，求萘的摩尔质量。

3-11 为防止水箱结冰，可加入甘油以降低其凝固点，如需使凝固点降低到 270.00 K，在 100 g 水中应加入甘油多少 g？(甘油的 M=92 g·mol^{-1})

3-12 将 0.749 g 谷氨酸溶于 50.0 g 水中，测得凝固点为 272.96 K，计算谷氨酸的摩尔质量。

3-13 由实验测得人体血液的凝固点降低值 ΔT_f 是 0.56 K，求在体温 37℃时的渗透压。

3-14 临床上用来治疗碱中毒的针剂 NH_4Cl，其规格为 20.00 mL 一支，每支含 0.1600 g NH_4Cl，计算该针剂的物质的量浓度及该溶液的渗透浓度，在此溶液中红细胞的行为如何？

3-15 写出 As_2S_3(H_2S 为稳定剂)的胶团结构简式。

3-16 Of the following 0.10 mol·L^{-1} aqueous solution, which one will exhibit the largest freezing point depression?

(1)KCl (2)$C_6H_{12}O_6$ (3)NaCl (4)K_2SO_4 (5)$Al_2(SO_4)_3$

3-17 A solution containing 1 g of aluminum bromide in 100 g of benzene has a freezing point 0.099℃ below that of pure benzene. What are the molecular weight and the correct formula of the solute?

第 4 章

定量化学分析基础知识

化学家需要精细，必须杜绝含糊其辞的“大概”(about)。 ——贝采里乌斯

4.1 分析化学概述

4.1.1 分析化学的任务和作用

分析化学是人们获得物质化学组成、结构和信息的科学，即表征与测量的科学。

分析化学主要由定性分析(qualitative analysis)和定量分析(quantitative analysis)两部分组成。定性分析的任务是鉴定物质的化学组成；定量分析的任务是测定各组分物质的含量。在对物质进行分析时，通常先进行定性分析确定其组成，然后再进行定量分析。本教材主要讨论定量分析。

分析化学在化学学科和许多其他学科领域的发展中都起着重要作用，在工农业生产等国民经济建设诸多领域作用也是举足轻重的，不仅是科学技术的“眼睛”，用于发现生产和科研中的问题，而且参与实际问题的解决。

4.1.2 分析化学的分类

分析化学除了可按任务不同分为定性分析、定量分析及结构分析，也可以按被测物种类分为无机分析与有机分析，还可以按试样用量多少、被测组分含量高低等分为不同类型。

按组分含量，可分为常量组分分析、微量组分分析和痕量组分分析等(表 4-1)。

表 4-1　分析化学按组分含量分类

	常量组分分析	微量组分分析	痕量组分分析
组分质量分数	>1%	0.01%～1%	<0.01%

按试样用量，可分为常量、半微量、微量分析等(表 4-2)。

表 4-2　分析化学按试样用量分类

	固体试样用量/g	液体试样用量/mL
常量分析	>0.1	>10
半微量分析	0.01～0.1	1～10
微量分析	<0.01	<1

4.1.3　定量分析的一般程序

定量分析的任务是确定试样中有关组分的含量。完成一项定量分析任务，通常包括以下几个步骤。

1. 取样

所谓试样是指分析工作中被用来进行分析的物质体系，它可以是固体、液体或气体。分析化学对试样的基本要求是其在组成和含量上具有代表性，能代表被分析的总体。否则即使测定结果再准确也毫无意义，甚至可能导致错误的结论。因此合理的取样是分析结果是否准确可靠的前提。

2. 试样的预处理

包括试样的分解和预分离富集。

定量分析一般采用湿法分析，即将试样分解后制成溶液，然后进行测定。正确的分解方法应使试样分解完全，分解过程中待测组分不损失，尽量避免引入干扰组分。分解试样的方法很多，主要有酸溶法、碱溶法和熔融法，操作时可根据试样的性质和分析的要求选用适当的分解方法。

实际试样中往往有多种组分共存，当测定其中某一组分时，共存的其他组分可能对其测定产生干扰，因此，必须采用适当的方法消除干扰。加掩蔽剂是最简单的消除干扰的方法，但并不一定能消除所有干扰。在许多情况下，需要选用适当的分离方法使待测组分与其他干扰组分分离。有时试样中待测组分含量太低，需要用适当的方法将待测组分富集后再进行测定。

3. 测定

根据试样的性质和分析要求选择合适的方法进行测定。一般对于标准物和成品的分析，准确度要求较高，应选用标准分析法如国家标准；对生产过程的中间控制分析则要求快捷简便，宜选用在线分析；对常量组分的测定，常采用化学分析法，如滴定分析、重量分析；对微量组分的测定采用高灵敏度的仪器分析法。

4. 数据处理和结果表示

对测定所得数据，应利用统计学方法进行合理取舍和归纳，结果报告中，应对其可靠性和精密度进行正确表达。

固体试样中组分含量常用物质的质量分数 ω_B表示，溶液中被测组分含量常用质量浓度 ρ_B 或物质的量浓度 c_B度表示。

4.2 定量分析的误差

试样中各组分含量是客观存在的，即存在一个真实值。定量分析目的是准确测定试样中的某种组分的含量，但由于受到分析方法、测量仪器、所用试剂和分析人员主观条件等方面的限制，使测定的结果与真实含量不完全一致，这说明客观存在着难以避免的误差。因此，人们在进行定量分析时，不仅要得到被测组分的含量，而且必须对分析结果进行评价，判断分析结果的准确性（可靠程度），检查产生误差的原因，采取减小误差的有效措施，从而不断提高分析结果的准确度。

4.2.1 误差的种类及来源

根据误差的来源可以将误差分为系统误差和偶然误差。

系统误差（systematic error）是指在分析过程中由于某些比较固定的原因所造成的误差，在一定条件下，对测定结果的影响是固定的，具有单向性、可测性和重现性的特点。

系统误差主要来源于方法误差、仪器与试剂误差以及操作误差等三个方面。

方法误差（method error） 是因分析方法本身不尽完善而造成的。如滴定分析中，由于指示剂指示的滴定终点与化学计量点不完全一致；重量分析中，沉淀不可能100％完全，均将系统地影响结果偏高或偏低。

仪器与试剂误差（instrumental error） 仪器误差是因仪器本身不够精确造成的。如天平两臂不等长、砝码因磨损质量发生了变化、滴定管刻度不准确等，都会引起仪器误差。试剂误差则是因试剂、蒸馏水不纯而造成的。

操作误差（personal error） 是因在正常操作情况下，操作人员的某些主观原因造成的。如因对颜色敏感程度不同，辨别滴定终点颜色时有人偏深，有人偏浅，均将引入操作误差。

偶然误差（随机误差）（random error）是指在分析过程中由于某些随机的、无法控制的原因造成的误差，例如测量时环境温度、湿度及气压的微小变动，仪器性能微小变化等多个方面。其特点是偶然误差的大小和正负不定，即具有不可测性和非单向性，多次平行测量不会重复出现，但是偶然误差符合正态分布规律，即大小相等的正负误差出现的机会相等，大误差出现的机会少，小误差出现的机会多。

4.2.2 准确度和精密度

4.2.2.1 准确度与误差

准确度（accuracy）是指测定值（x）与真实值（T）的符合程度，用误差 E（error）来表示。误差可用绝对误差 E（absolute error）和相对误差 RE（relative error）两种方式表示，绝对误差表示的是测定值与真实值之间的差异，按下式计算：

$$\text{绝对误差 } E = x - T \tag{4-1}$$

相对误差表示绝对误差占真实值的比例，一般用百分比表示，即：

$$\text{相对误差 } RE = \frac{E}{T} \times 100\% \tag{4-2}$$

绝对误差和相对误差都有正负之分，正值表示分析结果偏高，负值表示分析结果偏低。分析结果的准确度常用相对误差表示。

【例 4.1】 用万分之一分析天平称量两试样，测得质量分别为 0.0081 g 和 6.1281 g。两试样真实质量分别为 0.0083 g 和 6.1283 g。计算两测定结果的绝对误差和相对误差。

解 $E_1 = x_1 - T_1 = 0.0081 - 0.0083 = -0.0002\ \text{g}$

$E_2 = x_2 - T_2 = 6.1281 - 6.1283 = -0.0002\ \text{g}$

$$RE_1 = \frac{E_1}{T_1} \times 100\% = \frac{-0.0002}{0.0083} \times 100\% = -2\%$$

$$RE_2 = \frac{E_2}{T_2} \times 100\% = \frac{-0.0002}{6.1283} \times 100\% = -0.003\%$$

由此可见，绝对误差相等，相对误差不一定相等。上例中，同样的绝对误差，称量物体越重，其相对误差越小。因此，用相对误差来表示测定结果的准确度更为确切。

4.2.2.2 精密度与偏差

在实际工作中，真值往往是不知道的，因此难以用准确度表示结果的可靠程度。分析结果的评价常用精密度。它反映了各测定结果的重现性，精密度大小用偏差、标准偏差表示。精密度(precision)是指对同一试样多次平行测定结果相互之间的符合程度，可用偏差 d(deviation)来表示。偏差是指某次测量结果 x_i 与 n 次平行测定结果的平均值 $\bar{x}$ 的差值。

1. 绝对偏差与相对偏差

$$\text{绝对偏差}\quad d_i = x_i - \bar{x} \tag{4-3}$$

$$\text{相对偏差}\quad d_r = \frac{d_i}{\bar{x}} \times 100\% \tag{4-4}$$

2. 平均偏差(deviation average)与相对平均偏差

为了表示一组平行测定结果之间接近程度，引入平均偏差与相对平均偏差。平均偏差指各单次测定结果偏差绝对值的平均值：

$$\text{平均偏差}\quad \bar{d} = \frac{|d_1| + |d_2| + \cdots + |d_n|}{n} = \frac{\sum_{i=1}^{n} |d_i|}{n} \tag{4-5}$$

相对平均偏差($\overline{d_r}$)为平均偏差与平均值之比，常用百分数形式表示：

$$\text{相对平均偏差}\quad \bar{d}_r = \frac{\bar{d}}{\bar{x}} \times 100\% \tag{4-6}$$

【例 4.2】 下列数据为两组平行测定中各次结果的绝对偏差，据此计算两组测定结果的绝对平均偏差。

(1) +0.1，+0.4，0.0，−0.3，+0.2，−0.3，+0.2，−0.2，−0.4，+0.3；

(2) −0.1，−0.2，+0.9，0.0，+0.1，+0.1，0.0，+0.1，−0.7，−0.2。

解 $\overline{d_1} = \frac{1}{10}(0.1 + 0.4 + 0.0 + 0.3 + 0.2 + 0.3 + 0.2 + 0.2 + 0.4 + 0.3) = 0.2$

$\overline{d_2} = \frac{1}{10}(0.1 + 0.2 + 0.9 + 0.0 + 0.1 + 0.1 + 0.0 + 0.1 + 0.7 + 0.2) = 0.2$

虽然 $\overline{d_1} = \overline{d_2}$，但在第 2 组中出现了 +0.9 和 −0.7 两个较大的偏差，精密度明显较差，其原因是一组平行测定结果小偏差占多数大偏差占少数，故将偏差取平均值后，有时大的偏差得不到应有的反映。可见用平均偏差表示精密度时，对极值反应不灵敏。

3. 标准偏差和相对标准偏差

当平行测定次数趋于无穷大时，标准偏差(standard deviation)定义为：

$$\text{标准偏差}\quad \sigma=\sqrt{\frac{\sum_{i=1}^{n}(x_i-\mu)^2}{n}} \tag{4-7}$$

式中，μ 为无限多次平行测定结果的总体平均值，如果消除了系统误差，μ 就是相对真值。实际工作中测量次数一般不会超过 20 次，即 $n<20$，根据统计学原理，这时用样本的标准偏差表示：

$$s=\sqrt{\frac{\sum_{i=1}^{n}(x_i-\overline{x})^2}{n-1}} \tag{4-8}$$

相比之下，用标准偏差 s 表示一组数据的精密度好坏最为确切，能更明显地反映出一组数据的离散趋势。相对标准偏差(relative standard deviation)也叫变异系数，用 CV 表示，按下式计算：

$$CV=\frac{s}{\overline{x}}\times 100\% \tag{4-9}$$

4.2.2.3　准确度与精密度的关系

准确度表示测定结果的准确性，它以真值为标准，由系统误差和随机误差所决定。精密度则表示测定结果的重现性，它以平均值为标准，仅由随机误差决定。因此准确度与精密度是两个完全不同的概念，但它们之间又有一定的关系。图 4-1 是用打靶命中图和测量值落点图来表明准确度与精密度的关系：①准确度好而精密度不好的定量分析结果就犹如打靶的命中点和定量分析结果的落点在靶的中心和被测组分的真值周围均匀分布，但很分散[图 4-1(1)]；②准确度和精密度都好的定量分析结果就犹如打靶的命中点和定量分析的结果的落点既集中又接近靶心和被测组分的真值[图 4-1(2)]；③准确度不好而精密度好的定量分析结果就犹如打靶的命中点和定量分析结果的落点虽很集中，但离靶心和被测组分的真值相距较远[图 4-1(3)]。

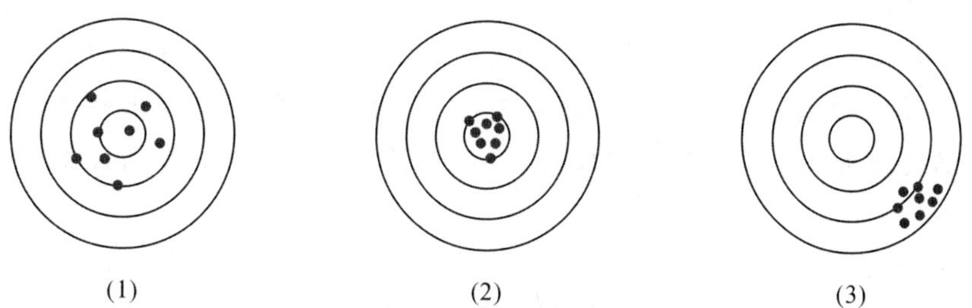

图 4-1　精密度与准确度的关系

由此可见，好的测定结果必然精密度、准确度均高；精密度差的测定，其结果绝不可信，即精密度是保证准确度的先决条件。但精密度高，不一定能保证准确度也高，即仅凭高的精密度不能判断结果一定好。

4.2.3　提高分析结果准确度的方法

误差产生的原因和特点不同，为了减小误差所采取的方法也不相同。下面我们从几个方面讨论减小误差，提高分析结果准确度的方法。

1. 选择合适的分析方法

为使测定结果可靠,首先要选择合适的分析方法。定量分析方法多种多样,各方法灵敏度和选择性不同,其测定的精密度和准确度也各异,应根据实际情况选择合适的方法。

化学分析法的相对误差一般是千分之几,准确度较高,但灵敏度较低,适用于高含量组分的测定(常量分析)。仪器分析测定灵敏度较高,但准确度较差(相对误差较大),适用于低含量组分的测定(微量分析)。例如对质量分数为 0.4 的铁试样测定,化学分析法测得的铁的质量分数可能为 0.3996~0.4004(相对误差±0.1%),若采用分光光度法可能测得的结果是 0.392~0.408(相对误差±0.2%),显然仪器分析法的误差大得多。如果铁的质量分数为 0.00040 的试样,因化学分析法灵敏度低,难以检测,若采用灵敏度高的分光光度法,测得的结果为 0.000392~0.000408。可见,同样±0.2%的相对误差,因低含量组分的绝对误差较小,所得结果仍可满足测定的要求。

2. 减少测量误差

为保证分析结果的准确度,应控制分析过程中各测量步骤的误差。取样量适当是保证准确度的一个重要因素,过小的取样量将影响测定结果的准确度。例如,在滴定分析中,常规滴定管的最小刻度只精确到 0.1 mL,其单次读数估计误差为±0.01 mL。在一次滴定中,需要读数 2 次,这样可能造成±0.02 mL 的误差。为了保证测量时的相对误差小于 0.1%,消耗滴定剂的体积必须在 20 mL 以上,一般控制在 20~30 mL。又如,一般分析天平的称量误差为±0.0001 g,用差减法称量 2 次,可能造成±0.0002 g 的误差,为了保证称量时的相对误差小于 0.1%,分析天平称取试样质量应保证在 0.2 g 以上。

不同的分析工作有不同的准确度要求,同时要特别注意测量准确度与分析方法本身的准确度相适应。如仪器分析法测量微量组分时通常要求其相对误差在 2%内,若称取试样 0.5 g,只要试样的称量误差不大于 0.5×2%=0.01 g 就可以达到分析要求,因而不需要用分析天平准确称量至±0.0001 g。

3. 减少偶然误差

在消除系统误差的前提下,平行测定的次数越多,平均值越接近真实值。因此增加测定次数,可以减少偶然误差。在一般化学分析中,对于同一试样,通常要求平行测定 3~4 次,以获得较准确的分析结果。更多的增加测定次数不仅收效甚微,而且消耗太多的时间和试剂。

4. 检验和消除系统误差

由于系统误差具有单向性,当重复进行测定时会重复出现,因此若能找出原因,并设法加以测定,就可以消除。为了减少系统误差,通常根据具体情况,可以采用对照试验、空白试验、仪器校准等方法来检验和消除系统误差。

对照试验是检查分析过程有无系统误差的最有效方法。可以选用与试样组成相近的标准试样来测定作对照;也可用标准方法(国家颁布的标准方法或公认可靠的“经典”分析方法)和选用方法同时测定某一样品作对照;还可以通过不同分析人员、不同实验室测定同一样品进行对照。

空白试验是指在不加试样的情况下,按与试样分析步骤和条件进行分析,所得结果称为“空白值”。从试样分析结果中扣除空白值,可以消除由试剂、水和容器等因素造成的误差。

在准确度要求较高的分析中，应按要求对分析仪器定期进行检查和校正。如对于滴定管、移液管、容量瓶等容量仪器，除注意其质量等级外，必要时要进行体积的校正，求出校正值，在计算结果时采用，以消除由仪器带来的误差。

4.3　有效数字及运算规则

4.3.1　有效数字

科学实验中，离不开使用各种不同精度的仪器对有关物理量的测量，所以测量结果不仅能表示量的大小，还能正确反映测量的精确度。为此，科技工作中使用有效数字记录测量数据。有效数字(significant figures)，即实际测量到的数字，规定其中仅最后一位数不甚准确，而其他各位数字均是确定的。例如，记录由 50 mL 滴定管中放液 31.34 mL，这 4 位数字中，前 3 位均是根据刻度线读出的，是准确的，最后 1 位则是根据液面在滴定管两刻度线间的位置估计出来的，不甚准确，有±0.02 mL 误差，但它并非臆造，即 31.34 这 4 个数字均为有效，所以称之为 4 位有效数字。

有效数字位数的保留，应根据仪器的精密度确定，所以根据有效数字最后 1 位是如何保留的，可大致判断测定的绝对误差及所用仪器的精度，根据有效数字位数，可大致判断测定相对误差的大小。如由有效数字 0.4270 g，可知测定的绝对误差±0.0002 g，相对误差±0.05%，所用仪器为万分之一分析天平。若将之错记为 0.42700 g，则会被误认为绝对误差±0.00002 g，相对误差±0.005%，是十万分之一分析天平称得；若将之错记为 0.427 g，则会被误认为绝对误差±0.002 g，相对误差±0.5%，是千分之一分析天平称得。可见若有效数字位数保留不当，会使测定的准确度人为不合理地提高或降低。

在确定有效数字位数时，需注意数字“0”的不同作用。若其作为普通数字使用，表示实际的测量结果，它就是有效数字；若其仅起定位作用，则不是有效数字。如 55.0 mg 中，“0”是测量得来，是有效数字，即此数据为 3 位有效数字；若将单位改用 g，应记为 0.0550 g，这时前面的两个“0”仅起定位作用，数据仍为 3 位有效数字；若将单位改用 μg，仍应保留 3 位有效数字，利用科学记数法为 5.50×10^{4} μg。若写为 55000 μg，则错误地将之记为 5 位有效数字，人为地将准确度提高。

分析化学计算中常用到倍数关系。倍数非测量所得，不是有效数字，可作为无限多位有效数字使用。对 pH、pM、lgK 等对数值，其有效数字的位数仅取决于小数部分(尾数)数字的位数，因整数部分(首数)只与相应的真数的 10 的多少次方有关。如 pH=2.02，换算为 $c(H^{+})$ 浓度时，为 9.5×10^{-3} mol·L^{-1}，有效数字的位数为两位，不是三位。

4.3.2　有效数字的修约及运算规则

分析测定的结果，是综合各测量值经一定运算得出的，所以各测量值的误差都要传递到最终计算结果中。为防止最终结果的准确度被错误地提高或降低，根据误差传递原理，总结了有效数字运算规则，以便在运算中对有效数字位数合理保留。

1. 有效数字加减法运算

和或差的绝对误差大小，主要由绝对误差最大的数据决定。故数据相加减时，和或差的有效数字位数保留，应以绝对误差最大的数据为依据。例如：

$$0.0121+25.64+1.0651+11.015+10.225$$

其中，25.64 绝对误差最大，故计算结果中小数点后只保留两位有效数字。

为简便，计算前应将各数据根据需要一次修约到位。如此例，运算前应先将各数据一次修约至两位小数。修约按“四舍六入五留双”规则进行。所谓“五留双”，意思为：若尾数为 5 或 5 后的数为 0，若 5 前面为偶数时则舍去尾数，5 前面为奇数时则进位；若 5 后面的数字不为 0 时，则入。故：

$$0.0121+25.64+1.0651+11.015+10.225=0.01+25.64+1.07+11.02+10.22=47.96$$

2. 有效数字乘除法运算

积或商的相对误差大小，主要由相对误差最大的数据决定。故数据相乘除时，积或商的有效数字位数保留，应与有效数字最少的数据相同。例如：

$$0.0121\times25.64\times1.0651\times11.015\times10.225$$

所得乘积应保留三位有效数字，即与 0.0121 一致：

$$0.0121\times25.64\times1.0651\times11.015\times10.225=0.0121\times25.6\times1.07\times11.0\times10.2=37.2$$

定量分析中，各数据有效数字位数及所用仪器的精度应根据实际要求及所用方法能达到的准确度来决定。如滴定分析的方法误差可达±0.1%以内，故各测量值和结果一般应是四位有效数字，称量样品时应用万分之一天平；而用仪器分析法测土壤或生物体内微量元素含量时，误差应小于±10%即可，则各数据只需保留两位有效数字，称量样品时用百分之一天平就可满足要求。

分析实验中所用容量瓶、移液管等精密量器的容积，一般均可保证四位有效数字。在计算误差或偏差时，一般只保留一两位有效数字。进行化学平衡计算时，因平衡常数一般仅两三位有效数字，结果也只需保留两三位有效数字。

4.4 有限次分析数据的处理

4.4.1 可疑值的取舍

在处理测定结果时，常常发现一组多次平行测定的测定结果中有个别特大或特小的数据，这样的数据称为可疑值(doubtful value)或离群值。若可疑值是过失引起的，必须舍弃；若非过失引起，则必须借助统计学的方法来决定取舍。

无限次平行测定时，偶然误差遵从正态分布规律，可大可小，且绝对值相等的正负误差出现机会相同。故任一测定结果，不论偏差大小都不应舍弃。但在对有限数据处理时，随便取舍可疑值会严重影响到结果的准确度和精密度。此时必须根据大的偶然误差出现机会小的特点，结合其他数据精密度的高低的要求，才能对其取舍做出判断。可疑值取舍的方法有很多，

常用的方法有 $4\bar{d}$ 法、Q 值检验法，其中 Q 值检验法较为严格。

1. $4\bar{d}$ 法

具体步骤为：

(1)求出不包括可疑值在内的其他数据的平均值 $\bar{x}_{n-1}$ 和平均偏差 $\bar{d}_{n-1}$；

(2)求可疑值 x' 与平均值 $\bar{x}_{n-1}$ 差值的绝对值；

(3)将第(2)步所得差值与 $4\bar{d}_{n-1}$ 进行比较，即

$$|x'-\bar{x}_{n-1}|\geqslant 4\bar{d}_{n-1} \tag{4-10}$$

经计算若可疑值符合上式，则应舍弃，否则应予以保留。

【例 4-3】 测定土壤中 Al_2O_3 的含量($mg\cdot kg^{-1}$)得到六个测定结果，按其大小顺序排列为 30.02、30.12、30.16、30.18、30.18、30.20，第一个数据 30.02 可疑，用 $4\bar{d}$ 法判断是否舍弃该数据？

解 可疑值 30.02 除外，计算

$$\bar{x}_{n-1}=\frac{30.12+30.16+30.18+30.18+30.20}{5}=30.17$$

$$\bar{d}_{n-1}=\frac{0.05+0.01+0.01+0.01+0.03}{5}=0.022$$

$$|x'-\bar{x}_{n-1}|=|30.02-30.17|=0.15$$

$$4\bar{d}_{n-1}=4\times 0.022=0.088$$

$|x'-\bar{x}_{n-1}|>4\bar{d}_{n-1}$，因此应舍弃 30.02 $mg\cdot kg^{-1}$ 这个数据，不能用于分析结果的计算。

2. Q 值检验法

具体步骤为：

(1)将一组数据由小到大排列为 $x_1, x_2, \cdots, x_n$，求出最大值与最小值的差值；

(2)求出可疑值与邻近值的差值($x_{可疑值}-x_{邻近值}$)；

(3)计算出 Q 值

$$Q_{计算}=\frac{|x_{可疑值}-x_{邻近值}|}{x_{最大}-x_{最小}} \tag{4-11}$$

(4)根据所要求的置信度查 Q 值表(见表 4-4)，若计算所得 $Q_{计算}$ 大于表中对应的 $Q_{表}$，则应舍弃，否则应予以保留。

表 4-4　舍弃商 Q 值表(置信度 0.90 和 0.95)

测定次数 n	3	4	5	6	7	8	9	10
$Q_{0.90}$	0.90	0.75	0.64	0.56	0.51	0.47	0.44	0.41
$Q_{0.95}$	0.97	0.84	0.73	0.64	0.59	0.54	0.51	0.49

【例 4-4】 测定某试样中铁的质量分数(%)，进行了 10 次测定，得到下列结果：30.22，30.23，30.15，30.24，30.21，30.20，30.27，30.20，30.25，30.23，用 Q 检验法判断有无可疑值需舍弃？($P=90\%$)

解 首先将数据按大小顺序排列为：30.15，30.20，30.20，30.21，30.22，30.23，30.23，30.24，30.25，30.27，其中最大值为 30.27，最小值为 30.15。30.27 和 30.15 为可疑值。

先检查最大值30.27是否应舍弃，

$$Q_{计算}=\frac{|x_{可疑值}-x_{邻近值}|}{x_{最大}-x_{最小}}=\frac{30.27-30.25}{0.12}=0.17$$

查 Q 值表，置信度为95%，$n=10$ 时，$Q_{表}=0.49>0.17$，因此30.27应保留。

同理进行最小值30.15的检验，

$$Q_{计算}=\frac{|x_{可疑值}-x_{邻近值}|}{x_{最大}-x_{最小}}=\frac{30.15-30.20}{0.12}=0.42$$

$Q_{计算}<Q_{表}$，所以30.15应保留。

【例4-5】 测定某土壤试样的含硒量($mg \cdot kg^{-1}$)，平行四次测定得到测定结果分别为：1.25，1.27，1.31，1.40，使用两种方法进行判断，测定结果中的1.40是否予以舍弃？

解 ①$4\bar{d}$ 法：

除去1.40后其他3个数据的平均值 $\bar{x}_{n-1}=1.28$，平均偏差为 $\bar{d}_{n-1}=0.0233$

$$|x'-\bar{x}_{n-1}|=|1.40-1.28|=0.12>4\times0.0233$$

因此，1.40应予以舍弃。

②Q 值检验法：

$$Q=\frac{1.40-1.31}{1.40-1.25}=0.6$$

查表得测定次数为4时，置信度为95%的 Q 值为0.84，因此，不能舍弃1.40。

可以看出，两种方法对可疑值的判断存在差异。通常，$4\bar{d}$ 法简单不需要查表，但不够严格；Q 值检验法既有统计依据，又比较简单，判断的准确度较高。当两种方法的判断结果发生冲突时，应以 Q 值检验法为准。

4.4.2 分析结果的数据处理

4.4.2.1 平均值的置信区间

Gosset，1876—1937

实际工作中，为减少偶然误差的影响，不可能做无限次平行测定。对于有限次平行测定，偶然误差不遵从正态分布，各测定结果平均值 $\bar{x}$ 也只接近 μ。因此在无系统误差的情况下，只可能在一定把握程度(统计学中称为置信度)估计总体平均值 μ 会在以平均值 $\bar{x}$ 为中心的多大的范围内出现。统计学中称此范围为置信区间(confidence interval)。英国化学家Gosset W S(戈塞特)根据统计学原理，证明了有限次测定结果的平均值 $\bar{x}$ 符合 t-分布，提出用 t-分布描述有限数据分布规律，并导出 $\bar{x}$ 和 μ 的关系：

$$\mu=\bar{x}\pm\frac{ts}{\sqrt{n}} \tag{4-12}$$

此式表示在一定的置信度下，以平均值 $\bar{x}$ 为中心，包含总体平均值 μ 的置信区间。式中 s 为标准偏差，n 为测定次数，t 为校正系数。t 的取值与选定的置信度 P(confidence level)及测定次数 n 有关，可从表4-5查出。表中 f 为偏差的自由度，取值为：$f=n-1$。

表 4-5　t 分布值表

自由度 $f=n-1$	置信度 P			
	0.50	0.90	0.95	0.99
1	1.00	6.31	12.71	63.66
2	0.82	2.92	4.30	9.93
3	0.76	2.35	3.18	5.84
4	0.74	2.13	2.78	4.60
5	0.73	2.02	2.57	4.03
6	0.72	1.94	2.45	3.71
7	0.71	1.90	2.37	3.50
8	0.71	1.86	2.31	3.36
9	0.70	1.83	2.26	3.25
10	0.70	1.81	2.23	3.17
20	0.69	1.73	2.09	2.85
∞	0.67	1.65	1.96	2.58

【例 4-6】 为检测鱼被汞污染的情况，测定了鱼体中汞的质量分数 $\omega(\mathrm{Hg})$。6 次平行测定结果分别为 2.06×10^{-6}，1.93×10^{-6}，2.12×10^{-6}，2.16×10^{-6}，1.89×10^{-6}，1.95×10^{-6}。试计算置信度 $P=0.90$ 和 0.95 时置信区间。

解　　$\bar{x}=2.02\times10^{-6}$，$s=0.11\times10^{-6}$

查表 4-5，当 $P=0.90$，$f=n-1=5$ 时，$t=2.02$ 得：

$$\mu=\bar{x}\pm\frac{ts}{\sqrt{n}}=2.02\times10^{-6}\pm\frac{2.02\times0.11\times10^{-6}}{\sqrt{6}}=(2.02\pm0.09)\times10^{-6}$$

当 $P=0.95$，$f=n-1=5$ 时，$t=2.57$ 得：

$$\mu=\bar{x}\pm\frac{ts}{\sqrt{n}}=2.02\times10^{-6}\pm\frac{2.57\times0.11\times10^{-6}}{\sqrt{6}}=(2.02\pm0.12)\times10^{-6}$$

即在 $(2.02\pm0.09)\times10^{-6}$ 和 $(2.02\pm0.12)\times10^{-6}$ 区间包括总体平均值 μ 的把握分别为 90% 和 95%。

由此例可知，置信度越高，置信区间就越大。置信度高低反映了估计把握程度大小，区间的大小反映了估计的精度高低。过高的置信度意味着极宽的置信区间，精度极差，结果毫无意义。分析化学中一般取置信度为 0.90 和 0.95。

由表 4-5 可知，一定置信度下，测定次数 n 越多，t 值越小，所得置信区间越小，对结果估计的精度越高。这说明平行测定次数越多，$\bar{x}$ 越接近真值，偶然误差对准确度的影响越小。但 n 超过 20 后，t 值基本不再减小，故实际工作中，对要求较高的分析，平行测定 10 次，一般分析，平行测定 3～4 次就可以了。

标准偏差 s 也影响置信区间：若测定的精密度差，则置信区间较宽，即偶然误差对准确度的影响较大。因此，“做多次平行测定取平均值以减少偶然误差对准确度影响”的前提是：必须保证测定的精密度符合要求。

4.4.2.2　显著性检验—系统误差的判断

在分析工作中，对测定结果的可靠性进行评价时，常常会遇到这样一些问题，如检验新的分析方法的可靠性；比较不同分析方法的测定结果；比较不同分析人员的测定结果等。由于偶然误差的影响，数据之间存在差异是毫无疑问的。因此，我们所要判断的只是这个差异是否属于显著性差异。若差异显著，则可能存在系统误差。在分析工作中常用的显著性检验(significance test)方法是 t 检验法和 F 检验法。

1. 平均值与标准值比较(t 检验)

为了检验某一分析方法是否可靠，常用标准试样，然后用 t 检验法检验测定结果的平均值 $\overline{x}$ 与标准值 μ 之间是否存在显著性差异。即在一定的置信度下，若标准值 μ 落在以 $\overline{x}$ 为中心的置信区间内，则两者无显著性差异，反之则差异显著。

做 t 检验时，习惯上先将标准值 μ 和平均值 $\overline{x}$ 代入下式计算 $t_{计算}$：

$$t_{计算}=\frac{|\overline{x}-\mu|}{s}\times\sqrt{n} \tag{4-13}$$

再根据置信度 P 和自由度 f，由 t 值表(表 4-4)中查出 $t_{值}$。若 $t_{计算}>t_{表}$，则 μ 定处于以 $\overline{x}$ 为中心的置信区间之外，$\overline{x}$ 与 μ 差异显著，说明存在系统误差。反之，则 $\overline{x}$ 与 μ 之间的差异可认为是由偶然误差引起的正常差异，并非显著性差异。

【例 4-7】 采用一种新方法分析标准试样中的硫含量，$\mu=0.123\%$。4 次测定结果(%)分别为 0.112，0.118，0.115 和 0.119。试判断新方法是否存在系统误差(置信度 0.95)。

解　$\overline{x}=\frac{0.112+0.118+0.115+0.119}{4}=0.116\%$

$$s=\sqrt{\frac{(0.004)^2+(0.002)^2+(0.001)^2+(0.003)^2}{4-1}}=0.0033\%$$

$$t_{计算}=\frac{|0.116-0.123|}{0.0033}\times\sqrt{4}=4.24$$

查 t 值表，$f=4-1=3$，置信度 0.95 时，$t_{表}=3.18$。由于 $t_{计算}>t_{表}$，说明 $\overline{x}$ 与 μ 存在显著差异。据此推断该新方法不可靠，存在系统误差。

2. 两组数据平均值 $\overline{x}_1$ 和 $\overline{x}_2$ 的比较

对两种分析方法，两个实验室或两个分析人员测定相同的样品所得结果进行比较时，需确定两组数据平均值之间是否存在有显著性差异；或者检验一种新方法是否可靠时找不到合适的标准样品，往往就用标准方法或公认成熟的老方法和新方法对同一样品分别测定，然后比较它们的测定平均值 $\overline{x}_1$ 和 $\overline{x}_2$ 间是否存在显著性差异。若存在显著性差异，则表明可能存在系统误差，说明新方法不可靠。反之新方法可靠。

要比较两组数据平均值 $\overline{x}_1$ 和 $\overline{x}_2$ 之间是否存在有显著性差异，必须首先确定这两组数据的方差 s_1^2 和 s_2^2 有无显著性差异。因为只有在两组数据的 s_1^2 和 s_2^2 无显著性差异的条件下，才能将两组数据合在一起求得合并标准偏差 $s_{合}$，然后才能比较 $\overline{x}_1$ 和 $\overline{x}_2$。所以比较两组数据平均值之间有无显著性差异，需分两步进行。

(1) s_1^2 和 s_2^2 间是否有显著性差异(F 检验)

标准偏差或方差反映测定结果的精密度。因此 F 检验法实质上是检验两组数据的精密度有无显著性差异。设两组数据的测定结果分别为 $\overline{x}_1$，$s_{大}$，n_1 和 $\overline{x}_2$，$s_{小}$，n_2。统计量 F 的定义为：

$$F_{计算}=\frac{s_{大}^2}{s_{小}^2} \tag{4-14}$$

计算时，以大方差($s_{大}^2$)为分子，小方差($s_{小}^2$)为分母。若两组测定的精密度相差很小，则$F_{计算}$值趋于1；反之，则$F_{计算}$值较大。把$F_{计算}$与F值表中的F值进行比较，若$F_{计算}>F_{表}$，则两组测定的精密度间差异显著；反之，无明显差异。F值表见表4-6。表中f_1、f_2分别为s较大的一组数据、s较小的一组数据偏差的自由度。

表4-6　置信度为0.95的F值

f_2($s_{小}$的自由度)	f_1($s_{大}$的自由度)									
	2	3	4	5	6	7	8	9	10	∞
2	19.00	19.16	19.25	19.30	19.33	19.35	19.37	19.38	19.40	19.50
3	9.55	9.28	9.12	9.01	8.94	8.89	8.85	8.81	8.79	8.53
4	6.94	6.59	6.39	6.26	6.16	6.09	6.04	6.00	5.96	5.63
5	5.79	5.41	5.19	5.05	4.95	4.88	4.82	4.77	4.74	4.36
6	5.14	4.76	4.53	4.39	4.28	4.21	4.15	4.10	4.06	3.67
7	4.74	4.35	4.12	3.97	3.87	3.79	3.73	3.68	3.64	3.23
8	4.46	4.07	3.84	3.69	3.58	3.50	3.44	3.39	3.35	2.93
9	4.26	3.86	3.63	3.48	3.37	3.29	3.23	3.18	3.14	2.71
10	4.10	3.71	3.48	3.33	3.22	3.14	3.07	3.05	2.98	2.54
∞	3.00	2.60	2.37	2.21	2.10	2.01	1.94	1.88	1.83	1.00

(2)用t检验法检验$\overline{x}_1$和$\overline{x}_2$有无显著性差异

若s_1、s_2无显著性差异，则按下式计算t值：

$$t_{计算}=\frac{|\overline{x}_1-\overline{x}_2|}{s_{小}}\sqrt{\frac{n_1n_2}{n_1+n_2}} \tag{4-15}$$

式中$s_{小}$为s_1、s_2中较小者。再从t值表中查出t值，此时自由度$f=n_1+n_2-2$。若$t_{计算}>t_{表}$，则$\overline{x}_1$和$\overline{x}_2$差异显著。若$\overline{x}_1$和$\overline{x}_2$无显著性差异，则两组数据的置信区间必定基本重合。

【例4-8】 用两种不同方法分析试样中硅含量的测定结果如下：

方法A：$\overline{x_1}=71.26\%$，$s_1=0.13\%$，$n_1=6$

方法B：$\overline{x_2}=71.38\%$，$s_2=0.11\%$，$n_2=9$

试判断方法A和方法B之间是否存在显著性差异(置信度0.95)。

解　(1)先用F检验法检验s_1、s_2是否存在显著性差异；

$$F_{计算}=\frac{s_{大}^2}{s_{小}^2}=\frac{0.13^2}{0.11^2}=1.40$$

查F值表，$f_1=5$，$f_2=8$，置信度0.95时，$F_{表}=3.69$。$F_{计算}<F_{表}$，故这两种方法的精密度无显著性差异。

(2)用t检验法检验$\overline{x}_1$和$\overline{x}_2$是否存在显著性差异。

$$t_{计算}=\frac{|\overline{x_1}-\overline{x_2}|}{s_{小}}\sqrt{\frac{n_1n_2}{n_1+n_2}}=\frac{|71.26-71.38|}{0.11}\sqrt{\frac{6\times9}{6+9}}=2.07$$

查t值表，$f=13$，置信度0.95时，$t_{表}=2.16$。$t_{计算}<t_{表}$，故方法A和方法B的测定结果无

显著性差异。

4.4.2.3　分析结果的数据处理与报告

在实际工作中，分析结果的数据处理非常重要。在实验和科研工作中，必须对试样进行多次平行测定($n\geqslant3$)，然后进行统计处理并写出分析报告。

【例 4-9】 某试样中待测组分的质量分数经 4 次测定，结果为 30.49%，30.52%，30.60%，30.12%。应该怎样报告分析结果？($P=0.90$)

解　根据数据统计处理过程做如下处理

①用 Q 检验法检验并判断有无可疑值舍弃，从数据中可判断 30.12%为可疑值

$$Q_{计}=\frac{|30.12-30.49|}{30.60-30.12}=0.77>Q_{表}=0.75$$

∴30.12%应舍去

②根据所有保留值，求出 $\overline{x}=30.54\%$

③求出标准偏差

$$s=\sqrt{\frac{0.06^2+0.02^2+0.05^2}{3-1}}\%=0.057\%$$

④分析结果可表示为：

$$\mu=\overline{x}\pm\frac{ts}{\sqrt{n}}=\left[30.54\pm\frac{2.92\times0.057}{\sqrt{3}}\right]\%=(30.54\pm0.10)\%$$

4.5　滴定分析法概述

滴定分析法是定量化学分析中最重要的方法。若被测物质可与某种试剂以一定的化学式计量关系相互作用，则可将一定量的被测物溶液置于三角瓶中，然后通过滴定管逐滴加入已知准确浓度的试剂溶液，直到所加试剂与被测物按化学式计量关系恰好定量作用。根据所加试剂溶液的浓度和体积，依两者相互作用时的化学计量关系，即可求算出被测物的含量。此种化学分析方法称为滴定分析法(titration analysis)。

4.5.1　滴定分析的基本概念

滴定分析中所用的已知准确浓度的试剂溶液叫“标准溶液”(standard solution)或“滴定剂”。利用滴定管把标准溶液逐滴加入被测溶液中的操作过程叫“滴定”(titration)。当滴定到滴定剂的量与被测物的量之间恰好符合两者相互作用时的化学计量关系时，称滴定反应达到了“化学计量点”(stoichiometric point)。滴定过程应在化学计量点时结束，但因为此时溶液往往无任何明显的外部特征变化，故通常需在被测物溶液中加入“指示剂”(indicator)。指示剂应在化学计量点附近变色或生成具有明显特征的沉淀，此时停止滴定，达到“滴定终点”(end point)。由于滴定终点与化学计量点不一定恰好相符，它们之间存在着一个很小的差别，由此而造成的分析误差称为“终点误差”(end point error)。终点误差是滴定分析误差的最主要的来源之一，一般可控制在±0.1%～±0.2%以内，其大小不仅受指示剂选择的影响，更与滴定反应的完全程度高低，即反应转化率高低密切相关。故作滴定分析时，首先要根据反应的完全

程度高低判断终点误差能否达到要求，再就是要选择适当的指示剂。

4.5.2　滴定分析法对反应的要求

滴定分析虽能应用多种类型的反应，但是并非所有化学反应都能用于滴定分析。滴定分析中所用的反应必须具备以下条件：

1. 反应要按一定的化学计量关系进行，无副反应发生，这是定量计算的基础。

2. 滴定反应的完全程度要高。完全程度高的反应，在化学计量点附近溶液的性质有较明显的变化，使指示剂变色敏锐，因此终点误差较小。如欲控制终点误差在±0.1%内，反应的转化率应达 99.9%以上。

化学反应的完全程度高低，由反应的平衡常数大小及反应物浓度大小及副反应发生程度而决定。因此，在进行不同类型的滴定分析时，首先应根据反应平衡常数、反应物浓度及有无副反应干扰来判断终点误差的大小能否符合要求。详见以后各章的学习。

3. 滴定反应速度要快，滴定反应要求瞬间完成，对于速度较慢的反应，需通过加热或加入催化剂等方法提高反应速度。

4. 要有适宜的指示剂或其他简便可靠的方法确定滴定终点。在滴定分析中，偶尔有这种情况，即标准溶液的颜色与反应产物颜色明显不同，此时可用稍过量的标准溶液的颜色指示滴定终点，而大多数情况下，必须选用能在化学计量点附近一定范围内产生明显外观变化的指示剂，或使用仪器分析法确定滴定终点。

4.5.3　滴定分析法的分类

根据标准溶液与被测物反应类型的不同，滴定分析法可分为 4 类：

1. 酸碱滴定法：是利用酸碱反应进行的滴定分析法。在农业分析中可用测定各类农业试样中含酸、碱的量，测定试样中氮、磷、碳酸盐等的含量。

2. 沉淀滴定法：是利用沉淀反应进行的滴定分析方法。农业分析中常用之测定试样中含氯量。

3. 配位滴定法：是利用配位反应进行的滴定分析法。农业分析中常用之测定钙、镁、硫酸盐、土壤的代换性钾、钠等。

4. 氧化还原滴定法：是利用氧化还原反应进行的滴定分析法。农业分析中常用之测定土壤肥料中有机质、钾、钙、铁的含量，以及农药中砷、铜等。

滴定分析通常用于常量分析，主要用来测定含量在 1%以上的物质。在适当条件下，其准确度可很高，误差可在±0.2%之内。与重量法相比，滴定分析法操作简便、迅速，易于掌握，应用广泛，可用于测定大量的无机物和有机物。因此，滴定分析法在工农业生产和科研中都具有很大实用价值。

滴定分析中常用仪器有滴定管、移液管、容量瓶、三角瓶、烧杯、分析天平等。

4.5.4　滴定分析方法的方式

由于滴定剂与被测物间的反应不一定完全满足以上 4 点要求，故为使滴定分析顺利进行，应根据反应的特点选用不同的滴定方式。

1. 直接滴定法

如果滴定反应符合上述滴定分析反应必须具备的 4 个要求就可用标准溶液直接滴定被测

物质，这种滴定方法称为直接滴定法(direct titration)。

如以 NaOH 标准溶液滴定 HAc 溶液、用 $K_2Cr_2O_7$ 标准溶液滴定 Fe^{2+} 等均属于直接滴定法。当标准溶液与被测物质的反应不完全符合上述要求时，则应考虑采用下述几种滴定方式。

2. 返滴定法(回滴法)

若滴定剂与被测物溶液反应速度慢，或用滴定剂直接滴定一固体时，反应不能立即完成，可先在被测物中加入已知量且过量的标准溶液 A，待反应作用完全后，再用另一种标准溶液 B 滴定剩余的标准溶液 A。根据两种标准溶液的浓度和用量，即可求得被测物质的含量，这种滴定方式称为返滴定法(back titration)。

例如，在石灰石样品中先加入过量的 HCl 标准溶液，再用 NaOH 标准溶液滴定剩余的 HCl，即可测得石灰石中碳酸盐的含量。

3. 置换滴定法

对于不按确定的反应式进行(伴有副反应)的反应，不能直接滴定被测物质，而是先用适当的试剂与被测物质反应，使之定量地置换生成另一可直接滴定的物质，再用标准溶液滴定此生成物，这种滴定方法称为置换滴定法(displace titration)。

例如，$Na_2S_2O_3$ 标准溶液不能直接测定 $K_2Cr_2O_7$，因为 $Cr_2O_7^{2-}$ 不仅把 $S_2O_3^{2-}$ 氧化为 $S_4O_6^{2-}$，还会有 SO_4^{2-} 生成，使两者间无一定的计量关系。但可先在 $K_2Cr_2O_7$ 酸性溶液中加入过量 KI，使 $K_2Cr_2O_7$ 还原并定量产生一定量 I_2，再用 $Na_2S_2O_3$ 滴定置换出的 I_2，即可测得 $K_2Cr_2O_7$ 的含量。

4. 间接滴定法

当被测物质不能与标准溶液直接反应时，可将试样通过和另一种能和标准溶液作用的物质反应后，再用适当的标准溶液滴定反应产物。这种滴定方式称为间接滴定(indirect titration)。

例如，Ca^{2+} 不能被 $KMnO_4$ 氧化，但可先使之沉淀为 CaC_2O_4，用酸溶解后，再用 $KMnO_4$ 标准溶液滴定与 Ca^{2+} 结合的 $C_2O_4^{2-}$，从而间接测定 Ca^{2+} 的含量。

4.5.5 标准溶液和基准物质

4.5.5.1 标准溶液浓度的表示方法

滴定分析中所用标准溶液的浓度必须是准确、已知的。其浓度常以物质的量浓度和滴定度来表示。

1. 物质的量浓度　这是最常用的表示方法，标准物质 B 的物质的量的浓度为

$$c_B = \frac{n_B}{V} \tag{4-20}$$

式中 n_B 为标准物质 B 的物质的量，V 为标准溶液的体积。

2. 滴定度　工农业生产中，在进行大批量固定试样分析时，为了便于快速计算出测定结果，时常使用滴定度来表示标准溶液的浓度。滴定度笼统地说是质量除以体积，它通常将标准溶液的反应强度说成是 1 mL 标准溶液相当于被滴定物质的质量。如果以 T 表示滴定度，以 m(B)表示被滴定物质的质量，以 V(T)表示标准溶液体积，则有：

$$T_{B/T} = \frac{m(B)}{V(T)} \tag{4-16}$$

滴定度常用的物理量符号为 T(B/T)，其中的 T 代表标准溶液的化学式，B 代表被滴定的

物质。常用的单位为 $g \cdot mL^{-1}$、$mg \cdot mL^{-1}$。

如用 $AgNO_3$ 标准溶液滴定 Cl^-，其滴定度为 $T(Cl^-/AgNO_3)=1.773\ mg \cdot mL^{-1}$，即表示 1 mL $AgNO_3$ 标准溶液相当于 1.773 mg Cl^-，或者可以说 1 mL $AgNO_3$ 可定量地滴定 1.773 mg Cl^-。因此，只要知道滴定 Cl^- 时所消耗 $AgNO_3$ 标准溶液的体积，就可以通过它和滴定度的乘积求出被测 Cl^- 的含量。

例如，若 $V(AgNO_3)=10.00\ mL$，则 Cl^- 的含量为：

$$m(Cl^-)=T(Cl^-/AgNO_3)\times V(AgNO_3)=1.773\ mg \cdot mL^{-1}\times 10.00\ mL=17.73\ mg$$

4.5.5.2 标准溶液的配制和标定

1. 标准溶液的配制

滴定分析中标准溶液的配制方法分直接法和间接法两种。

(1)基准物质与标准溶液直接法配制　准确称取一定质量的纯物质，溶于适量水后，完全转移至容量瓶中，用水稀释至刻度，根据称取物质的质量和配得溶液的体积，即可计算出该标准溶液的准确浓度。这种标准溶液的配制方法称为直接法。直接法配得的标准溶液可直接用于滴定分析。

【例 4-10】 欲用直接法配制 $c(H_2C_2O_4 \cdot 2H_2O)=0.2100\ mol \cdot L^{-1}$ 标准溶液 250.0 mL，应称取 $H_2C_2O_4 \cdot 2H_2O$ 多少克？如何配制？

解　已知 $M(H_2C_2O_4 \cdot 2H_2O)=126.07\ g \cdot mol^{-1}$

$$\begin{aligned} m(H_2C_2O_4 \cdot 2H_2O) &= c(H_2C_2O_4 \cdot 2H_2O)V(H_2C_2O_4 \cdot 2H_2O)M(H_2C_2O_4 \cdot 2H_2O) \\ &= 0.2100\ mol \cdot L^{-1}\times 0.2500\ L\times 126.07\ g \cdot mol^{-1}=6.619\ g \end{aligned}$$

在分析天平上准确称取纯 $H_2C_2O_4 \cdot 2H_2O$ 6.619 g，放入干净小烧杯中，加适量蒸馏水使之完全溶解后，将溶液定量转移至 250 mL 容量瓶中，定容后充分摇匀即可。

能够用以直接配制成标准溶液的纯物质叫基准物质(standard substance)。它必须具备以下条件：

①试剂纯度高(99.9%以上)，杂质含量应少到不足以影响分析的准确度；

②试剂的化学组成应与其化学式完全相同，若含结晶水，如 $Na_2B_4O_7 \cdot 10H_2O$、$H_2C_2O_4 \cdot 2H_2O$ 等，结晶水的含量也应与化学式完全相符；

③试剂应性质稳定，在配制和储存中不会发生变化。如在烘干时不分解，称量时不吸湿，不吸收 CO_2，也不易被空气氧化；

④应具有较大的摩尔质量(可降低称量误差)。

凡是基准物质，都可以用来直接配成标准溶液。现将一些常用的基准物质及其干燥温度和应用范围列入表 4-7。

表 4-7　常用基准物质的干燥条件和应用范围

基准物质		干燥后组成	干燥条件/℃	标定对象
名称	化学式			
碳酸氢钾	$KHCO_3$	K_2CO_3	270～300	酸
草酸	$H_2C_2O_4 \cdot 2H_2O$	$H_2C_2O_4 \cdot 2H_2O$	室温空气干燥	碱或 $KMnO_4$
邻苯二甲酸氢钾	$KHC_8H_4O_4$	$KHC_8H_4O_4$	110～120	碱
重铬酸钾	$K_2Cr_2O_7$	$K_2Cr_2O_7$	140～150	还原剂
溴酸钾	$KBrO_3$	$KBrO_3$	130	还原剂

续表

基准物质		干燥后组成	干燥条件/℃	标定对象
名称	化学式			
碘酸钾	KIO_3	KIO_3	130	还原剂
铜	Cu	Cu	室温干燥器中保存	还原剂
三氧化二砷	As_2O_3	As_2O_3	室温干燥器中保存	氧化剂
草酸钠	$Na_2C_2O_4$	$Na_2C_2O_4$	130	氧化剂
碳酸钙	$CaCO_3$	$CaCO_3$	110	EDTA
锌	Zn	Zn	室温干燥器中保存	EDTA
氧化锌	ZnO	ZnO	900～1000	EDTA
氯化钠	NaCl	NaCl	500～600	$AgNO_3$
氯化钾	KCl	KCl	500～600	$AgNO_3$
硝酸银	$AgNO_3$	$AgNO_3$	180～290	氯化物

(2)标准溶液的间接法配制　实际工作中，许多化学试剂是不符合基准物质条件的，如固体 NaOH，很容易吸收空气中的水分和 CO_2，因此称得的质量不能代表纯净 NaOH 的质量，盐酸也很难知道其中 HCl 的准确含量；$KMnO_4$、$Na_2S_2O_3$ 等均不易提纯，且见光易分解，均不宜用直接法配制成标准溶液。对于这类物质，可先大致配制成接近所需浓度的溶液，再用基准物质或另一种物质的标准溶液来确定它的准确浓度，这个操作过程称为标定。

2. 标准溶液浓度的标定

(1)用基准物质标定　称取一定量的基准物质，溶解后用待标定的溶液滴定。根据基准物质的质量及待标定溶液所消耗的体积，即可算出该溶液的准确浓度。如称取 4 g NaOH，溶于 1 L 水，粗配得 0.1 $mol \cdot L^{-1}$ NaOH 溶液后，称取一定量的邻苯二甲酸氢钾(基准物质)，溶解后用 NaOH 溶液滴定。由邻苯二甲酸氢钾的质量和消耗 NaOH 的体积，即可算出 NaOH 标准溶液的准确浓度。

(2)与标准溶液进行比较　准确吸取一定量的待标定溶液，用已知准确浓度的另一种标准溶液滴定，反之也可。根据两种溶液所消耗的体积及已知标准溶液的浓度就可以计算出待标定溶液的准确浓度，这个操作过程称“比较滴定”。如上述 NaOH 标准溶液的浓度已准确知道后，就可以用于比较滴定的方法来确定 HCl 标准溶液的准确浓度。

用基准物质标定，准确度优于比较法。标定时一般平行试验不少于 3 次，其结果的相对偏差不应在±0.2%之内。标定好的标准溶液应密闭存放，有的还需避光。长期或是频繁使用的标准溶液应装在下口瓶或有虹吸管的瓶中，且在进气口有时还需安装过滤管，内装适当物质用以吸收 CO_2、酸气、水汽等，对不稳定的溶液还需定期进行标定。

4.5.6　滴定分析法的计算

1. 有关标准溶液的配制与标定的计算

【例 4-11】　称取 0.1500 g $Na_2C_2O_4$ 为基准物，溶解后，在 H_2SO_4 介质中，用 $KMnO_4$ 标准溶液 20.00 mL 滴定至终点，计算 $KMnO_4$ 标准溶液浓度。

解　$2MnO_4^- + 5C_2O_4^{2-} + 16H^+ \longrightarrow 2Mn^{2+} + 10CO_2 + 8H_2O$

$5(Na_2C_2O_4) \sim 5(C_2O_4^{2-}) \sim 2(MnO_4^-)$

$$\Delta n(KMnO_4) = \frac{2}{5}\Delta n(Na_2C_2O_4)$$

$$c(KMnO_4) = \frac{2\times m(Na_2C_2O_4)}{5\times M(Na_2C_2O_4)V(KMnO_4)}$$

$$= \frac{2\times 0.1500\ g}{5\times 134.0\ g\cdot mol^{-1}\times 0.02000\ L} = 0.001119\ mol\cdot L^{-1}$$

【例 4-12】　用邻苯二甲酸氢钾($KHC_8H_4O_4$)标定浓度约为 0.1 $mol\cdot L^{-1}$的 NaOH 时，如要求体积测量的相对误差在±0.1%以内，则 NaOH 用量至少要多少？这时应至少称取邻苯二甲酸氢钾多少？如改用 $H_2C_2O_4\cdot 2H_2O$ 做基准物质，应称取多少？称量的相对误差是多少？

解　$KHC_8H_4O_4 + NaOH \longrightarrow NaKC_8H_4O_4 + H_2O$

$\Delta n(NaOH) = \Delta n(KHC_8H_4O_4)$

$$\therefore m(KHC_8H_4O_4) = c(NaOH)V(NaOH)M(KHC_8H_4O_4)$$

$$= 0.1\ mol\cdot L^{-1}\times 0.020\ L\times 204.2\ g\cdot mol^{-1} = 0.4\ g$$

$H_2C_2O_4\cdot 2H_2O + 2NaOH \longrightarrow Na_2C_2O_4 + 4H_2O$

$\Delta n(NaOH) = 2\Delta n(H_2C_2O_4\cdot 2H_2O)$

$$\therefore m(H_2C_2O_4\cdot 2H_2O) = \frac{1}{2}c(NaOH)V(NaOH)M(H_2C_2O_4\cdot 2H_2O)$$

$$= \frac{1}{2}\times 0.1\ mol\cdot L^{-1}\times 0.020\ L\times 126\ g\cdot mol^{-1} = 0.13\ g$$

$$RE = \frac{E}{T}\times 100\% = \frac{\pm 0.0002\ g}{0.13\ g}\times 100\% = \pm 0.15\% = \pm 0.2\%$$

2. 分析结果的计算

(1)直接滴定法

【例 4-13】　工业硼砂 1.000 g，用 $c(HCl) = 0.2000\ mol\cdot L^{-1}$的盐酸 25.00 mL 恰好滴定至终点：

$$Na_2B_4O_7\cdot 10H_2O + 2HCl \longrightarrow 4H_3BO_3 + 2NaCl + 5H_2O$$

计算样品中 $\omega(Na_2B_4O_7\cdot 10H_2O)$、$\omega(Na_2B_4O_7)$、$\omega(B)$。

解　$Na_2B_4O_7\cdot 10H_2O + 2HCl \longrightarrow 4H_3BO_3 + 2NaCl + 5H_2O$

$$\Delta n(Na_2B_4O_7\cdot 10H_2O) = \Delta n(Na_2B_4O_7) = \frac{1}{2}\Delta n(HCl) = \frac{1}{2}\Delta n(HCl)$$

$2\Delta n(B) = \Delta n(HCl)$

$$\therefore \omega(Na_2B_4O_7\cdot 10H_2O) = \frac{n(Na_2B_4O_7\cdot 10H_2O)M(Na_2B_4O_7\cdot 10H_2O)}{m_{样}}\times 100\%$$

$$= \frac{\frac{1}{2}c(HCl)V(HCl)M(Na_2B_4O_7\cdot 10H_2O)}{m_{样}}\times 100\%$$

$$= \frac{\frac{1}{2}\times 0.2000\ mol\cdot L^{-1}\times 0.02500\ L\times 381.4\ g\cdot mol^{-1}}{1.000\ g}\times 100\%$$

$$= 95.35\%$$

$$\omega(Na_2B_4O_7)=\frac{M(Na_2B_4O_7)}{M(Na_2B_4O_7\cdot 10H_2O)}\times\omega(Na_2B_4O_7\cdot 10H_2O)$$

$$=\frac{201.2\ g\cdot mol^{-1}}{381.4\ g\cdot mol^{-1}}\times 95.35\%=50.31\%$$

$$\omega(B)=\frac{4M(B)}{M(Na_2B_4O_7\cdot 10H_2O)}\times\omega(Na_2B_4O_7\cdot 10H_2O)$$

$$=\frac{4\times 10.81\ g\cdot mol^{-1}}{381.4\ g\cdot mol^{-1}}\times 95.35\%=10.81\%$$

【例 4-14】 有一 $KMnO_4$ 溶液，$c(KMnO_4)=0.02010\ mol\cdot L^{-1}$，求其在测定 Fe_2O_3 含量时对 Fe 及 Fe_2O_3 的滴定度。若一试样质量为 0.2718 g，在测定过程中用去此 $KMnO_4$ 溶液 26.30 mL，求试样中 $\omega(Fe_2O_3)$。

解 ①$KMnO_4$ 滴定 Fe^{2+} 的反应为：

$$MnO_4^- + 5Fe^{2+} + 8H^+ = Mn^{2+} + 5Fe^{3+} + 4H_2O$$

$$\Delta n(Fe^{2+})=5\Delta n(MnO_4^-)$$

$KMnO_4$ 对 Fe 的滴定度为：

$$T(Fe/KMnO_4)=5\times c(KMnO_4)M(Fe)$$

$$=5\times 0.02010\ mol\cdot L^{-1}\times 55.85\ g\cdot mol^{-1}$$

$$=0.005613\ g\cdot mL^{-1}$$

②$\Delta n(Fe_2O_3)=\frac{5}{2}\Delta n(KMnO_4)$，对 $KMnO_4$ 对 Fe_2O_3 的滴定度为：

$$T(Fe_2O_3/KMnO_4)=\frac{5}{2}c(KMnO_4)M(Fe_2O_3)$$

$$=\frac{5}{2}\times 0.02010\ mol\cdot L^{-1}\times 159.7\ g\cdot mol^{-1}=0.008025\ g\cdot mL^{-1}$$

$$③\omega(Fe_2O_3)=\frac{T(Fe_2O_3/KMnO_4)V(KMnO_4)}{m}$$

$$=\frac{0.008025\ g\cdot mL^{-1}\times 26.30\ mL}{0.2718\ g}=77.65\%$$

(2)置换滴定法和间接滴定法

置换滴定法和间接滴定法中涉及的反应较多，被测物与滴定剂间不是直接作用。计算时应根据各步反应式，直接找出被测物的量与滴定剂的量的关系。如利用置换滴定法以 $Na_2S_2O_3$ 标准溶液测定 $K_2Cr_2O_7$ 含量时，首先在酸性溶液中 $K_2Cr_2O_7$ 与过量 KI 作用，定量置换出 I_2：

$$Cr_2O_7^{2-} + 6I^- + 14H^+ = 2Cr^{3+} + 3I_2 + 7H_2O$$

然后用 $Na_2S_2O_3$ 标准溶液滴定生成的 I_2：

$$I_2 + 2S_2O_3^{2-} = 2I^- + S_4O_6^{2-}$$

由此可知 1 mol 滴定剂 $Na_2S_2O_3$ 与 $\frac{1}{2}$ mol I_2 完全作用，$\frac{1}{2}$ mol I_2 是 $\frac{1}{6}$ mol 被测物 $K_2Cr_2O_7$ 与过量 KI 作用的结果，故试样中含被测物 $K_2Cr_2O_7$ 的量 $n(K_2Cr_2O_7)$ 可依以下关系求出：

$$-\Delta n(K_2Cr_2O_7)=-\frac{1}{6}\Delta n(Na_2S_2O_3)$$

又如利用间接滴定法，以 $KMnO_4$ 标准溶液测定 Ca^{2+} 含量时，首先使 Ca^{2+} 沉淀为 CaC_2O_4：

$$Ca^{2+} + C_2O_4^{2-} = CaC_2O_4$$

过滤后，加 H_2SO_4 使之溶解：

$$CaC_2O_4 + 2H^+ = H_2C_2O_4 + Ca^{2+}$$

最后用 $KMnO_4$ 标准溶液滴定溶液中的 $H_2C_2O_4$：

$$5H_2C_2O_4 + 2MnO_4^- + 6H^+ = 2Mn^{2+} + 10CO_2 + 8H_2O$$

由反应式可知，1 mol 滴定剂 $KMnO_4$ 相当于 $\frac{5}{2}$ mol 被测物 Ca^{2+} 作用，则样品中含被测物 Ca^{2+} 的量可依下列关系求出：

$$-\Delta n(Ca^{2+}) = -\frac{5}{2}\Delta n(MnO_4^-)$$

【例 4-15】　碘量法测定试样中 $K_2Cr_2O_7$ 样品含量时，称取样品 0.5000 g，加入过量的 KI，生成的 I_2 用 0.2000 mol・L^{-1} $Na_2S_2O_3$ 标准溶液 25.00 mL 滴定至终点，求样品中 $w(K_2Cr_2O_7)$。

解　$Cr_2O_7^{2-} + 6I^- + 14H^+ = 2Cr^{3+} + 3I_2 + 7H_2O$

$2S_2O_3^{2-} + I_2 = 2I^- + S_4O_6^{2-}$

$$\Delta n(K_2Cr_2O_7) = \frac{1}{6}\Delta n(Na_2S_2O_3)$$

$$\omega(K_2Cr_2O_7) = \frac{\frac{1}{6}c(Na_2S_2O_3)V(Na_2S_2O_3)M(K_2Cr_2O_7)}{m}$$

$$= \frac{\frac{1}{6}\times 0.2000\ \text{mol}\cdot\text{L}^{-1}\times 0.02500\ \text{L}\times 294.2\ \text{g}\cdot\text{mol}^{-1}}{0.5000\ \text{g}} = 49.03\%$$

(3)返滴定法

返滴定法中所用第 1 种滴定剂与被测物作用，剩余部分被第 2 种滴定剂滴定。故由第 1 种滴定剂的总量减去与第 2 种滴定剂作用的量即可知与被测物作用的第 1 种滴定剂的量，进而可知样品中被测物的量。

【例 4-16】　在 1.000 g 碳酸钙试样中，加入 50.00 mL 过量 HCl 标准溶液溶解，$c(HCl) =$ 0.5100 mol・L^{-1}，过量的盐酸用 0.4900 mol・L^{-1} NaOH 标准溶液 25.00 mL 回滴至终点，求样品中 $w(CaCO_3)$。

解　$CaCO_3 + 2HCl = CaCl_2 + H_2O + CO_2$

$HCl + NaOH = NaCl + H_2O$

由反应式可知：

$$\Delta n(CaCO_3) = \frac{1}{2}\Delta n(HCl)$$

$$\Delta n(CaCO_3) = \frac{1}{2}[c(HCl)V(HCl) - c(NaOH)V(NaOH)]$$

$$\omega(CaCO_3) = \frac{\frac{1}{2}[c(HCl)V(HCl) - c(NaOH)V(NaOH)]\times M(CaCO_3)}{m_{样品}}$$

$$= \frac{\frac{1}{2}(0.5100\times 50.00 - 0.4900\times 25.00)\times 100.09}{1.0000} = 66.31\%$$

❋ 阅读材料

标准物质及其应用

标准物质是国家标准中的一种形式。为了判别产品质量，鉴定仪器的可靠程度和评价分析检测方法等等，都需要一个共同认可的标准，这就是标准物质。标准物质(reference material,RM)是一种“已确定其一种或几种特性，用于校准测量器具，评价测量方法或确定材料特性量值的物质”。

由分析测试方法、仪器设备和标准物质构成的分析测试体系，是获得准确可靠的物质结构和成分信息的保证。标准物质应用到国民经济和科学研究各个方面，作用巨大。

1. 工业生产的质量检查和工艺流程控制

工业生产中的质量检查和工艺流程控制是标准物质应用最为广泛、用量最大的领域，例如美国国家标准局为钢铁工业提供了330中标准物质，研制了65种铜的标准物质。在电解法制备铜的过程中，从选矿到冶炼直到成品，采用了18种铜的标准物质进行分析监控，确保生产正常运行，提高铜的回收率和保证产品质量稳定。钢铁工业使用标准物质约占全部标准物质销售量的35%，销售额则高达百万美元。实用标准物质给国民经济带来了巨大的经济效益。

2. 商业贸易中的仲裁依据

进出口商品检验已经发展成为庞大的分析检验部门。海关凭商检合格证书准许出口，但进口国仍需做质量核查，以防止不合格产品进入本国。由此往往引起争议。例如食品中农药残留、不安全色素、亚硝酸盐、重金属等，又如纯金属是否达标，钢铁中S、P是否超标等等。争议往往由第三国权威分析机构仲裁。而仲裁分析则需要品种繁多的标准物质作为检测标准。

3. 临床检验和药物鉴定的标准

临床检验结果是判断人体健康状况和疾病诊断的依据，但人体体液或组织样品分析难度较大，数据重现性不佳。为提高临床分析的准确度，必须使用临床标准物质。例如，卫生部门调查，206家医院测定血液中总胆固醇含量的相对标准偏差曾达到6.8%～10.8%，个别实验室超过30%。在使用了标准物质后，测定的相对偏差下降为3.9%～5.3%。但由于认识上的原因及制备难度，直到1967年美国国家标准局才颁布了第一个用于临床分析的标准物质“胆固醇标准物质”。迄今，以人血液、尿液、毛发为主体的标准物质已有百种之多。

4. 科学研究数据准确、可靠的保证

在研究和发展新的分析方法时，必须用标准物质作为已知物，对新方法进行考核，以判定可靠程度；标准物质又是分析仪器制造及使用过程中的校准依据，也是技术监督部门进行“计量认证”的依据。定期用标准物质进行核对，可以检验分析仪器的稳定性、分辨率和灵敏度；在日常测定过程中，常用一系列不同含量的标准物质做出校准曲线，以提高工作效率；标准物质又常用于考核、评价分析工作者和实验室的业务水平。方法就是将标准物质作为未知物之一以测试考核对象。建立一个由国际奥委会认可的兴奋剂实验室，难度之一就是兴奋剂标准品的收集和阳性尿的取得。因为检测结果关系到运动员的声誉和命运，确认是否服用兴奋剂必须慎之又慎。除了用运动员的尿样分析结果来确证是否服用某药物外，同时要用此药物的标准品、阳性尿和空白尿的色谱和质谱共同对照比较。当尿样与标准物质和阳性尿的数据完全符合时才可确证。

思考题与习题

4-1　简答题

(1)下列情况属于系统误差还是偶然误差?

①天平称量时最后一位读数估计不准;②终点与化学计量点不符合;③砝码腐蚀;④试剂中有干扰离子;⑤称量时试样吸收了空气中的水分;⑥重量法测定水泥中 SiO_2 含量时,试样中的硅酸沉淀不完全;⑦滴定管读数时,最后一位估计不准;⑧用含量为 99%的硼砂作为基准物质标定 HCl 溶液的浓度;⑨天平的零点有微小变动。

(2)如果分析天平的称量误差为±0.2 mg,拟分别称取试样 0.1 g 和 1 g 左右,称量时的相对误差各为多少?这些结果说明什么?

(3)下列情况,将造成哪类误差?如何改进?

①天平两臂不等长;②测定天然水硬度时,所用的蒸馏水中含 Ca^{2+}。

4-2　判断题

(1)误差是指测定值与真实值之差。

(2)精密度高,则准确度必然高。

(3)pH=10.02 换算成 $c(H^+)$浓度时的有效数字是 4 位。

(4)做平行测定的目的是减小系统误差对测定结果的影响。

(5)对照实验的目的是检测是否存在系统误差。

(6)有效数字能反映仪器的精度和测量的准确度。

(7)可采用 NaOH 作为基准物质来标定盐酸。

(8)系统误差影响测定结果的准确度。

(9)在分析测定中一旦发现特别大或特别小的数据,就要马上舍去不用。

(10)偶然误差影响测定结果的精密度。

4-3　填空题

1. 滴定管的读数误差为±0.01 mL,则在一次滴定中的读数的绝对误差为________mL,要使滴定误差在 0.1%之内,滴定剂的体积至少应该________mL。

2. 能用于滴定分析的化学反应,应具备的条件有:________、________、________、________。

3. 分析纯的 NaCl 试剂若不做任何处理就用以标定 $AgNO_3$ 溶液的浓度,结果________;若将 $H_2C_2O_4 \cdot 2H_2O$ 基准物质长期保存于放有干燥剂的干燥器中,用以标定 NaOH 溶液浓度时,结果________(偏高、偏低或无影响)。

4. $H_2C_2O_4 \cdot 2H_2O$ 和 $KHC_2O_4 \cdot H_2C_2O_4 \cdot 2H_2O$ 两种物质分别和 NaOH 作用时,$\Delta n(H_2C_2O_4 \cdot 2H_2O):\Delta n(NaOH)=$________;$\Delta n(KHC_2O_4 \cdot H_2C_2O_4 \cdot 2H_2O):\Delta n(NaOH)=$________。

5. 测定明矾中的钾时,先将钾沉淀为 $KB(C_6H_5)_4$,滤出沉淀后溶解于 EDTA-Hg(Ⅱ)溶液中,再以已知浓度的 Zn^{2+} 滴定释放出来的 EDTA:

$$KB(C_6H_5)_4+4HgY^{2-}+3H_2O+5H^+ = 4Hg(C_6H_5)^+ +4H_2Y^{2-}+H_3BO_3+K^+$$

$$H_2Y^{2-}+Zn^{2+} = ZnY^{2-}+2H^+$$

则 $\Delta n(K^+):\Delta n(Zn^{2+})$为________。

6. 基准物质指________,能作为基准物质的试剂必须具备以下条件:________、________、________、________。

7. 分析结果的准确度较高时,其精密度一般__________,而精密度高的数据,其准确度

__________高。

8. pH＝5.30，其有效数字为________位；1.057 是________位有效数字；5.24×10^{-10} 是________位有效数字；0.0230 是________位有效数字。

9. The pH range of an indication with an acid dissociation constant of 2.20×10^{-3} is ________。

10. 式子 $\omega=\dfrac{0.1023\times(0.02500-0.01921)\times106.0}{0.5123}$，计算结果应以________位有效数字报出。

4-4　选择题

1. 组分含量在 0.01%～1%的分析称为(　　)。

A. 常量分析　　B. 超痕量分析　　C. 微量分析　　D. 痕量分析

2. 单次测定的标准偏差越大，表明一组测定的(　　)越低。

A. 准确度　　B. 精密度　　C. 绝对误差　　D. 平均值

3. Which of the following could be used as the primary standard? (　　)

A. KOH　　B. H_2SO_4　　C. $KMnO_4$　　D. $K_2Cr_2O_7$

4. 在一定置信水平下(　　)。

A. 测量次数多，置信区间小　　B. 测量次数多，置信区间大

C. 精密度高，置信区间大　　D. 准确度低，置信区间小

5. 从精密度好就可以确认分析结果可靠的前提是(　　)。

A. 标准偏差小　　B. 平均偏差小

C. 系统误差小　　D. 偶然误差小

6. 某人以示差法测定某药物中主要成分含量时，称取此药物 0.0250 g，最后计算其主要成分含量为 98.25%，此结果是否正确；若不正确，正确值应为(　　)。

A. 正确　　B. 不正确，98.3%

C. 不正确，98%　　D. 不正确，98.2%

7. 在滴定分析法测定中出现下列情况，哪种导致系统误差(　　)。

A. 试样未经充分混匀　　B. 滴定管的读数读错

C. 滴定时有液滴溅出　　D. 砝码未经校正

8. 用 25 mL 移液管移出的溶液体积应记录为(　　)。

A. 25 mL　　B. 25.0 mL　　C. 25.00 mL　　D. 25.000 mL

9. 消除或减小试剂中微量杂质引起的误差常用的方法是(　　)。

A. 空白实验　　B. 对照试验　　C. 平行实验　　D. 校准仪器

4-5　计算题

1. 用氧化还原滴定法测定纯品 $FeSO_4\cdot7H_2O$ 中铁的质量分数，4 次平行测定结果分别为 20.10%、20.03%、20.04%、20.05%。计算测定结果的平均值、绝对误差、相对误差、相对平均偏差、标准偏差及变异系数。

2. 某试样 5 次测定结果为：12.42%、12.34%、12.38%、12.33%、12.47%。数据 12.47%是否应舍弃？

3. 在不同温度下测定某试样的结果如下：

10℃：96.5%，95.8%，97.1%，96.0%

37℃：94.2%，93.0%，95.0%，93.0%，94.5%

试比较两组结果是否存在显著性差异($P=0.95$)？温度对测定结果是否有影响？

4. 某试样中待测组分的质量分数经 4 次测定，结果分别为 30.49%、30.52%、30.60%、30.12%。应该怎样报告分析结果？

5. 用 $c(HCl)=0.1100\ mol \cdot L^{-1}$ 的盐酸标准溶液滴定 Na_2CO_3 至完全转化为 CO_2 时，$T(Na_2CO_3/HCl)$ 为多少？此 HCl 25.00 mL 滴定一含惰性杂质的碳酸钠样品 0.2500 g 至生成 CO_2，计算样品中 $\omega(Na_2CO_3)$。

6. 试计算以 Na_2CO_3 为基准物标定 $c(HCl)$ 约为 $0.1\ mol \cdot L^{-1}$ 的盐酸时，Na_2CO_3 的称量范围为多少？此时造成的称量误差为多少？如何才能使称量误差小于±0.1%？

7. 含惰性杂质的 K_2CO_3 样品 0.5000 g，溶解后用 $0.1064\ mol \cdot L^{-1}$ 盐酸标准溶液 27.31 mL 滴定至 CO_3^{2-} 恰完全转为 CO_2，计算试样中 $w(K_2CO_3)$、$w(K_2O)$、$w(K)$。

8. 测定试样中的含铝量时，称取试样 0.2000 g，溶解后加入 $c(EDTA)=0.05010\ mol \cdot L^{-1}$ 的 EDTA 标准溶液 25.00 mL，发生如下反应：

$$Al^{3+} + H_2Y^{2-} = AlY^{-} + 2H^{+}$$

控制条件，使 Al^{3+} 与 EDTA 配位反应完全，然后用 $c(Zn^{2+})=0.05005\ mol \cdot L^{-1}$ 的标准溶液返滴定，消耗 5.50 mL：

$$Zn^{2+} + H_2Y^{2-} = ZnY^{2-} + 2H^{+}$$

求试样中 Al_2O_3 质量分数。

9. 用 $KMnO_4$ 法间接测定石灰石中 CaO 的含量。若试样中 CaO 含量约为 40%，为使滴定时消耗 $c(KMnO_4)=0.02\ mol \cdot L^{-1}$ 的高锰酸钾标准溶液约为 30 mL，应该称取试样多少克？

第 5 章

酸碱反应与酸碱滴定分析

贝采里乌斯逝世后，从他手中落下的旗帜，今天又被另一位卓越的科学家阿伦尼乌斯举起。 ——克莱夫

酸和碱是生活实际、生产实践和科学研究中最常见的物质。酸碱反应是一类非常重要的化学反应，并且酸度是影响许多其他类型的化学反应（如沉淀反应、氧化还原反应、配位反应等）的外部条件之一。研究酸碱反应和酸碱平衡规律及其应用对工农业生产和科学研究具有重要的意义。以酸碱反应和酸碱平衡规律为基础建立起来的酸碱滴定法是滴定分析中重要的方法之一。本章将以酸碱质子理论为基础处理有关酸碱平衡的问题，重点讨论酸度对弱酸、弱碱溶液中各种型体分布的影响；各类酸碱水溶液 pH 的计算；缓冲溶液的性质、组成和应用；常见酸碱滴定的方法及其应用。

5.1 酸碱理论

人们对酸碱的认识经历了一个由浅入深、由感性到理性的过程。起初，对酸碱的认识是从纯粹的实际观察中得来的。有酸味，能使蓝色石蕊试纸变红的是酸；有涩味滑腻感，并能使红色石蕊试纸变蓝的是碱。直到 19 世纪后期才出现近代的酸碱理论。

5.1.1 酸碱电离理论

1884 年，瑞典化学家 Arrhenius S A（阿仑尼乌斯）提出了酸碱电离理论。该理论认为，在水中电离，得到的阳离子均为 H^+ 的物质为酸；在水中电离，得到的阴离子均为 OH^- 的物质为碱。水溶液中的酸碱反应的实质就是酸电离出的氢离子与碱电离出的氢氧根离子结合为水的反应。Arrhenius 首次赋予了酸碱科学的定义，在此之前人们对酸碱的认识只单纯地限于从物质表现出来的性质来区分。该理论对化学科学的发展有积极作用，直到现在仍普遍地被应用。然而，该理论的局限性也是明显的。它把酸、碱这两种密切相关的物质完全割裂开来，并把酸、碱以及酸碱反应局限在水溶液之中，将碱局限为含有氢氧根的物质。对非水溶液和无溶剂体系中发生的酸碱反应以及对许多不含 H^+ 和 OH^- 的物质所表现出的酸碱性无法解释。例如：NH_3、Na_2CO_3 为何在水溶液中是碱性？NH_4Cl 为何呈现明显的酸性？针对这些情况，1923 年，丹麦化学家 Brønsted J N(布朗斯特)和英国化学家 Lowry M(劳瑞)各自独立地提出了酸碱质子理论，也叫 Brønsted-Lowry 质子理论。

Brønsted,1879—1947

Lowry,1874—1936

5.1.2 酸碱质子理论

1. 质子酸碱概念

酸碱质子理论认为：在一定条件下，凡能给出质子(H^+)的物质为酸，如 HAc、NH_4^+ 等；凡能接受质子的物质为碱，如 Ac^-、NH_3 等。可用简式表示：

酸	$\rightleftharpoons$	碱	+	质子
HCl	$\rightleftharpoons$	Cl^-	+	H^+
HAc	$\rightleftharpoons$	Ac^-	+	H^+
NH_4^+	$\rightleftharpoons$	NH_3	+	H^+
HCO_3^-	$\rightleftharpoons$	CO_3^{2-}	+	H^+
H_2CO_3	$\rightleftharpoons$	HCO_3^-	+	H^+
H_2O	$\rightleftharpoons$	OH^-	+	H^+
H_3O^+	$\rightleftharpoons$	H_2O	+	H^+
$[Fe(H_2O)_6]^{3+}$	$\rightleftharpoons$	$[Fe(H_2O)_5(OH)]^{2+}$	+	H^+

因此，在酸碱质子理论中，酸和碱可以是中性分子，也可以是阳离子或阴离子，分别称为分子酸碱和离子酸碱。酸碱质子理论中，没有盐的概念，如 NH_4Ac 中，NH_4^+ 是酸，而 Ac^- 是碱。

在酸碱质子理论中，酸和碱是成对出现的。酸(HA)给出一个质子后变为碱(A^-)，碱(A^-)得到一个质子后变为酸(HA)，HA 与 A^- 之间的这种相互依存的关系称为共轭关系。上例中等号左边的酸(HAc、NH_4^+、$[Fe(H_2O)_6]^{3+}$ 等)与等号右边碱(Ac^-、NH_3、$[Fe(H_2O)_5(OH)]^{2+}$ 等)之间仅相差一个质子，互为共轭关系。HA 是 A^- 的共轭酸，A^- 是 HA 的共轭碱。HA 与 A^- 这一对酸碱称为共轭酸碱对，如 HCO_3^- 与 CO_3^{2-}、NH_4^+ 与 NH_3 均为共轭酸碱对。有些物质如 HCO_3^-、H_2O 等，既能给出质子，又能接受质子，因此称为两性物质。显然，一定条件下，酸给出质子的能力越强(即酸性越强)，其共轭碱接受质子的能力就越弱(即碱性越弱)，反之亦然。

还需提醒的是，以上表示共轭酸碱关系的反应式(也称为酸碱半反应式)，是不会独立发生的，因为游离的质子半径非常小、且电荷密度很高，在水溶液中只能瞬间独立存在，因此它必须与能接受质子的物质相结合，才能稳定存在。因此，为了实现酸碱反应，一对共轭酸碱对给出质子，必须存在另一对共轭酸碱对来接受质子。也就是说，一个酸碱反应必须由两个酸碱半反应组成。

$$\underset{酸_1}{HCl} \rightleftharpoons H^+ + \underset{碱_1}{Cl^-} \qquad (半反应 1)$$

$$+\quad \underset{碱_2}{NH_3} + H^+ \rightleftharpoons \underset{酸_2}{NH_4^+} \qquad (半反应 2)$$

$$(1)\quad \underset{酸_1}{HCl} + \underset{碱_2}{NH_3} \rightleftharpoons \underset{碱_1}{Cl^-} + \underset{酸_2}{NH_4^+} \qquad (总反应)$$

2. 酸碱反应的实质

酸碱质子理论认为，酸碱反应的实质就是两对共轭酸碱对之间质子的传递反应。如反应(1)，质子从酸 HCl 转移到了碱 NH_3。又如，HAc、Ac^- 在水溶液中的离解反应：

$$(2)\,HAc + H_2O \rightleftharpoons H_3O^+ + Ac^-$$

$$(3)\,H_2O + Ac^- \rightleftharpoons HAc + OH^-$$

质子从酸 HAc、H_2O 分别传给了碱 H_2O 和 Ac^-。在酸碱反应(质子传递)的过程中，越易给出质子的酸越强，越易得质子的碱也越强。反应的结果必然是强酸给出质子，强碱获得质子。因此酸碱反应的自发方向总是由较强的酸和较强的碱反应向着生成较弱的酸和较弱的碱的方向进行。从阿仑尼乌斯酸碱理论来看，反应(1)(2)和(3)依次是中和反应、酸的解离反应和盐类的水解反应。但是从酸碱质子理论来看，中和反应、解离反应和水解反应都可归结为酸碱质子反应。

酸碱反应可以在水溶液中进行，也可以在非水溶剂或者气相中进行，如反应(1)无论在水溶液中，还是在气相或苯溶液中进行，其实质都是涉及 H^+ 转移的酸碱反应。因此，酸碱质子理论不仅扩大了酸碱概念的范围，还把水溶液体系和非水溶液体系统一起来，使酸碱反应的内涵和应用范围都大大扩展了。

5.1.3 酸碱电子理论

Bronsted-Lowry 质子理论发展了 Arrhenius 酸碱的概念，它包括了所有显示碱性的物质，但对于酸，仍限制在含氢的物质上，故酸碱反应也只能局限于包含质子转移的反应。1923 年，美国的物理化学家 Lewis G N(路易斯)又提出另一种酸碱概念："凡能给出电子对的分子、离子或基团都叫做碱。凡能接受电子对的分子、离子或基团都叫做酸"。这样定义的酸碱称为路易斯碱和路易斯酸。路易斯酸碱反应的实质不再是质子转移而是电子转移，是碱性物质提供电子对与酸性物质生成配位共价键的反应，故该理论称为酸碱电子理论。例如反应：

	路易斯酸	+	路易斯碱	=	酸碱加和物
(1)	H^+	+	$:OH^-$	=	H_2O
(2)	Ni	+	$4\,:CO$	=	$Ni(CO)_4$
(3)	Ag^+	+	$2\,:NH_3$	=	$Ag(NH_3)_2^+$
(4)	BF_3	+	$:NH_3$	=	F_3BNH_3
(5)	SiF_4	+	$:F^-$	=	SiF_6^{2-}

反应(1)是质子论的典型例子，因此质子论可以认为是电子论的特例(由 H^+ 来接受外来电子对)。由反应(2)～(5)可见，能作为 Lewis 酸的物质不仅是含氢的物质，也可以是原子、金

属离子或缺电子的分子等。电子论立足于物质的普遍成分，以电子的授受关系来说明酸碱反应，扩大了酸碱概念的范围，故又被称为“广义的酸碱理论”。

5.1.4 软硬酸碱规则

路易斯酸碱理论虽然包括的范围很广，但也有不足之处。最主要的是没有统一的标度来确定酸碱的强弱。例如对路易斯酸 Fe^{3+} 来说，碱性强弱次序为：$F^- > Cl^- > Br^- > I^-$；但对 Hg^{2+} 来说，碱性强弱次序却为：$I^- > Br^- > Cl^- > F^-$。因此在酸碱电子论中，酸碱反应的方向难以判断，这种缺陷可由美国化学家 Pearson R G(皮尔逊)等提出的软硬酸碱规则来弥补。根据得失电子对的难易程度，皮尔逊把 Lewis 酸碱分为硬酸、软酸、交界酸和硬碱、软碱、交界碱各三类。硬酸的特征是正电荷较多，半径较小，外层电子被原子核束缚得较紧因而不易变形，如 B^{3+}、Al^{3+} 和 Fe^{3+} 等。软酸的特征则是正电荷较少，半径较大，外层电子被原子核束缚得较松因而易变形，如 Cu^+、Ag^+、Cd^{2+}、Hg^{2+} 等。介于硬酸和软酸之间的酸，如 Fe^{2+}、Cu^{2+} 等称为交界酸。硬碱的特征是负离子或分子，其配位原子的半径较小，电负性高，难失去电子，不易变形，如 F^-、OH^- 和 H_2O 等。作为软碱的负离子或分子，其配位原子则是一些吸引电子能力较弱(电负性较小)的元素，这些原子的半径较大，易失去电子，容易变形，如 I^-、SCN^-、CN^-、CO 等。介于硬碱和软碱之间的碱，如 Br^-、NO_2^- 等称为交界碱。对同一元素来说，一般来说，氧化数高的离子比氧化数低的离子具有较硬的酸度。例如，Fe^{3+} 是硬酸，Fe^{2+} 是交界酸，Fe 则是软酸，其他 d 区元素也大致如此。

皮尔逊把路易斯酸碱分类以后，根据实验事实总结出一条规律：“硬亲硬，软亲软”。及“硬酸更倾向于与硬碱结合，软酸更倾向于与软碱结合，如果酸碱是一硬一软，其结合力就不强”。这就是软硬酸碱(HSAB)规则。例如，硬酸 Fe^{3+} 与硬碱 F^- 可形成稳定的配离子。软酸 Hg^{2+} 和软碱 I^- 也能形成稳定的配离子，而 Fe^{3+} 与 I^-、Hg^{2+} 与 F^- 由于是软硬搭配，不能形成稳定的配离子。显然，这种规则比较粗略，但在目前仍不失为一个有用的简单规律。它在判断自然界和人体内金属元素的存在状态、判断反应方向以及指导某些金属非常见氧化钛化合物的合成等方面都得到广泛应用。

由于酸碱电子论不能定量化，只能定性说明问题，而且在水溶液中，酸碱反应的电子论也难以直接应用，在本章中所讨论的水溶液的酸碱平衡都是以酸碱质子理论为基础的。

5.2 酸碱平衡

5.2.1 水的离子积

水是最常见的溶剂，是两性物质，水分子之间也有质子的传递：

$$H_2O + H_2O \rightleftharpoons H_3O^+ + OH^-$$

其中一个水分子放出质子作为酸，另一个水分子接受质子作为碱，这种溶剂分子之间存在的质子传递反应为溶剂自递平衡。反应的平衡常数称为水的质子自递常数，也称为水的离子积。以 $K_w^{\ominus}$ 表示。

$$K_w^{\ominus} = \{c(H^+)/c^{\ominus}\} \cdot \{c(OH^-)/c^{\ominus}\} \tag{5-1}$$

由于水的质子自递反应是个 $\Delta_r H_m^\ominus>0$ 的反应，且 $\Delta_r H_m^\ominus$ 数值较大，所以 $K_w^\ominus$ 受温度的影响较明显。如表 5-1 中数据所示：

表 5-1 不同温度时水的质子自递常数

T/℃	0	10	20	24	25	50	100
$K_w^\ominus$	1.139×10^{-15}	2.920×10^{-15}	6.809×10^{-15}	1.000×10^{-14}	1.008×10^{-14}	5.474×10^{-14}	5.50×10^{-13}

所以在较严格的工作中，应使用实验温度条件下的 $K_w^\ominus$ 数值。若反应在室温进行，为方便起见，$K_w^\ominus$ 一般取值 1.0×10^{-14}。

5.2.2 酸碱的相对强弱

1. 酸碱平衡常数

根据酸碱质子理论，酸碱的强度不仅与酸碱的本性（得失质子的能力）有关，还与溶剂的性质（接受所给质子的能力）有关。例如，HAc 在水中是弱酸，在液氨中却是强酸，因为液氨接受质子的能力强于水。

$$HAc+NH_3 \rightleftharpoons Ac^- + NH_4^+$$

因此酸碱强弱的比较必须在同一溶剂中才有意义，酸碱强弱是一个相对的概念。

酸碱在水溶液中表现出来的强弱可用平衡常数表征，平衡常数越大，酸碱的强度也越大。酸的平衡常数用 $K_a^\ominus$ 表示，称为酸的解离常数，也叫酸常数。碱的平衡常数用 $K_b^\ominus$ 表示，称为碱的解离常数，也叫碱常数。例如一元弱酸 HAc 在水溶液中的电离平衡式为：

$$HAc+H_2O \rightleftharpoons H_3O^+ + Ac^-$$

通常可简写为：

$$HAc \rightleftharpoons H^+ + Ac^-$$

其标准解离平衡常数的表达式为：

$$K_a^\ominus(HAc)=\frac{\{c(H^+)/c^\ominus\}\cdot\{c(Ac^-)/c^\ominus\}}{c(HAc)/c^\ominus} \tag{5-2}$$

又如一元弱碱 Ac^- 在水溶液中的电离平衡式为：

$$Ac^- + H_2O \rightleftharpoons HAc+OH^-$$

其标准解离平衡常数的表达式为：

$$K_b^\ominus(Ac^-)=\frac{\{c(HAc)/c^\ominus\}\cdot\{c(OH^-)/c^\ominus\}}{\{c(Ac^-)/c^\ominus\}} \tag{5-3}$$

2. 共轭酸碱对 $K_a^\ominus$ 与 $K_b^\ominus$ 的关系

酸碱解离常数具有一般平衡常数的特点，即只与温度有关，与有关物质的浓度或压力无关。其值的大小表示了一定温度下，弱酸（或碱）在水中解离的程度，即解离常数越大，酸（碱）的强度也就越大。一种酸的酸性越强，$K^\ominus$ 越大，则其相应的共轭碱的碱性越弱，$K_b^\ominus$ 越小。互为共轭关系的一对酸碱其 $K_a^\ominus$ 和 $K_b^\ominus$ 之间有确定的关系。例如，共轭酸碱对 HAc-Ac^- 的 $K_a^\ominus$ 和 $K_b^\ominus$ 之间满足：

$$K_a^\ominus(HAc)\times K_b^\ominus(Ac^-)=K_w^\ominus(H_2O)$$

即水溶液中，共轭酸碱解离常数的乘积等于水的质子自递常数。这种定量关系可依下法证得：

$$HB+H_2O \rightleftharpoons H_3O^+ + B^- \qquad K_1^\ominus=K_a^\ominus(HB)$$

$$B^- + H_2O \rightleftharpoons OH^- + HB \qquad K_2^\ominus=K_b^\ominus(B^-)$$

以上两反应式相加，得：

$$H_2O+H_2O \rightleftharpoons H_3O^+ + OH^-, \qquad K_3^{\ominus}=K_1^{\ominus}\times K_2^{\ominus}=K_w^{\ominus}(H_2O)$$

故：

$$K_w^{\ominus}=K_1^{\ominus}\cdot K_2^{\ominus}=K_a^{\ominus}(HB)\cdot K_b^{\ominus}(B^-) \tag{5-4}$$

因此，只要知道了酸或碱的解离常数，则其共轭碱或酸的解离常数就可以通过(5-4)式求得。一些常用的分子酸碱的解离常数列于书后附录 4。

【例 5-1】 已知弱酸 HCN 的 $K_a^{\ominus}=6.2\times10^{-10}$，弱碱 NH_3 的 $K_b^{\ominus}=1.8\times10^{-5}$，求它们的共轭碱或共轭酸的 $K_b^{\ominus}$ 或 $K_a^{\ominus}$。

解　$\because K_a^{\ominus}(HCN)\times K_b^{\ominus}(CN^-)=K_w^{\ominus}$

$$\therefore K_b^{\ominus}(CN^-)=\frac{K_w^{\ominus}}{K_b^{\ominus}(HCN)}=\frac{1.0\times10^{-14}}{6.2\times10^{-10}}=1.61\times10^{-5}$$

同理可求得：$K_a^{\ominus}(NH_4^+)=\dfrac{K_w^{\ominus}}{K_b^{\ominus}(NH_3)}=\dfrac{1.0\times10^{-14}}{1.8\times10^{-5}}=5.56\times10^{-10}$

5.2.3　酸碱平衡的移动

酸碱解离平衡与其他任何化学平衡一样都是暂时的、相对的动态平衡，一旦外界条件改变，平衡就会发生移动，直至建立新的平衡。此时酸碱溶液的酸度、酸碱溶液中各存在型体的浓度等均会发生改变。因此，研究酸碱平衡移动的规律，具有十分重要的实用意义。

1. 稀释作用

对于浓度为 c 的弱一元酸 HB，在水溶液中达到解离平衡，假设溶液的解离度为 α，则各物种平衡浓度间关系为：

$$HB \rightleftharpoons H^+ + B^-$$

	HB	H^+	B^-
起始浓度	c	0	0
平衡浓度	$c-c\alpha$	$c\alpha$	$c\alpha$

$$K_a^{\ominus}=\frac{\{c(H^+)/c^{\ominus}\}\cdot\{c(B^-)/c^{\ominus}\}}{c(HB)/c^{\ominus}}=\frac{c\alpha/c^{\ominus}\cdot c\alpha/c^{\ominus}}{c/c^{\ominus}-c\alpha/c^{\ominus}}=\frac{c/c^{\ominus}\alpha^2}{1-\alpha}$$

对于弱酸，一般 α 很小，可近似处理 $1-\alpha\approx1$，则有：

$$K_a^{\ominus}=(c/c^{\ominus})\alpha^2, \quad \alpha=\sqrt{\frac{K_a^{\ominus}}{c/c^{\ominus}}} \tag{5-5}$$

式 5-5 为稀释定律的数学表达式。若向系统内加入水进行稀释，溶液的浓度 c 降低，则 α 增大。说明在一定的温度下，稀释溶液可使弱酸(碱)的解离度增大。但由于稀释后溶液体积增大的倍数比解离度增大的倍数大得多，所以稀释后弱酸(碱)水溶液的酸(碱)度反而降低了。

2. 同离子效应和盐效应

若向 HAc 水溶液中加入其共轭碱 Ac^-，或向 NH_3 水溶液中加入其共轭酸 NH_4^+，必使 HAc、NH_3 的解离平衡逆向移动，使 HAc、NH_3 的解离度降低。

$$HAc \rightleftharpoons H^+ + Ac^-$$

$$NH_3+H_2O \rightleftharpoons OH^- + NH_4^+$$

这种由于在弱电解质溶液中加入含有相同离子的强电解质，而使弱电解质解离度降低的效应称为同离子效应。

如果加入的强电解质不具有相同离子，如在 HAc 中加入 NaCl 固体，同样会破坏原来的解离平衡。这是因为强电解质完全解离，使得溶液中离子总浓度增大，离子间相互作用增强，

这时 Ac^- 和 H^+ 被众多异号离子(Na^+ 和 Cl^-)包围,那么 H^+ 与 Ac^- 结合成 HAc 分子的机会就会减少,因此平衡将向解离的方向移动,使 HAc 的解离度增大。我们把这种现象称为盐效应。当然,发生同离子效应的同时必然伴随着盐效应,但由于同离子效应较盐效应强得多,所以二者共存时,常忽略盐效应。

5.3　水溶液中弱酸(碱)各型体的分布

在酸碱平衡体系中,溶液中存在着各种不同形式的酸碱组分。例如,醋酸水溶液中,由于解离作用,存在着 HAc 和 Ac^- 两种组分。这些组分的浓度,随着溶液中 H^+ 浓度的改变而改变。酸碱溶液中各组分的平衡浓度占其总浓度(也称分析浓度)的分数,称为分布系数或分布分数(distribution fraction),用 δ 表示。分布系数能定量说明溶液中的各种酸碱组分的分布情况。分布系数 δ 随溶液 pH 变化的曲线称为分布曲线。通过分布系数求得溶液中酸碱组分的平衡浓度,这在分析化学中是十分重要的。

5.3.1　水溶液中一元弱酸各型体的分布

以 HAc 为例,设其总浓度为 c_0,HAc 和 Ac^- 的平衡浓度分别为 $c(\mathrm{HAc})$ 和 $c(\mathrm{Ac^-})$,其分布系数分别为 δ_{HAc} 和 $\delta_{\mathrm{Ac^-}}$,则

$$c_0=c(\mathrm{HAc})+c(\mathrm{Ac^-})$$

$$\delta_{\mathrm{HAc}}=\frac{c(\mathrm{HAc})/c^\ominus}{c(\mathrm{HAc})/c^\ominus+c(\mathrm{Ac^-})/c^\ominus}=\frac{1}{1+\dfrac{c(\mathrm{Ac^-})/c^\ominus}{c(\mathrm{HAc})/c^\ominus}}=\frac{1}{1+\dfrac{K_a^\ominus}{c(\mathrm{H^+})/c^\ominus}}=\frac{c(\mathrm{H^+})/c^\ominus}{c(\mathrm{H^+})/c^\ominus+K_a^\ominus}$$

同理,$$\delta_{\mathrm{Ac^-}}=\frac{c(\mathrm{Ac^-})/c^\ominus}{c(\mathrm{HAc})/c^\ominus+c(\mathrm{Ac^-})/c^\ominus}=\frac{1}{1+\dfrac{c(\mathrm{HAc})/c^\ominus}{c(\mathrm{Ac^-})/c^\ominus}}=\frac{1}{1+\dfrac{c(\mathrm{H^+})/c^\ominus}{K_a^\ominus}}=\frac{K_a^\ominus}{c(\mathrm{H^+})/c^\ominus+K_a^\ominus}$$

显然,$\delta_{\mathrm{HAc}}+\delta_{\mathrm{Ac^-}}=1$

依据上式可计算并做出 δ_{HAc} 和 $\delta_{\mathrm{Ac^-}}$ 随介质 pH 变化的曲线(图 5-1)。

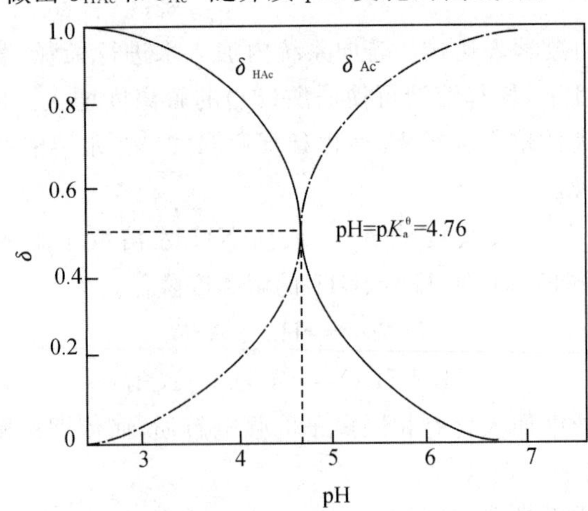

图 5-1　HAc 和 Ac^- 的分布系数与介质 pH 的关系曲线

由图 5-1 可知，当 $pH=pK_a^\ominus=4.76$ 时：$\delta_{HAc}=\delta_{Ac^-}=0.5$，此时 HAc 和 Ac^- 两种型体浓度相等，各占一半的比例。当 $pH<pK_a^\ominus$ 时，$\delta_{HAc}>\delta_{Ac^-}$，此时 HAc 为主要存在型体；当 $pH>pK_a^\ominus$ 时，$\delta_{HAc}<\delta_{Ac^-}$，此时 Ac^- 为主要存在型体。

5.3.2　水溶液中多元弱酸各型体的分布

以 $H_2C_2O_4$ 为例，设其总浓度为 c_0，溶液中存在着 $H_2C_2O_4$、$HC_2O_4^-$ 和 $C_2O_4^{2-}$ 三种型体，其分布系数分别为 $\delta_{H_2C_2O_4}$、$\delta_{HC_2O_4^-}$ 和 $\delta_{C_2O_4^{2-}}$，则 $c_0=c(H_2C_2O_4)+c(HC_2O_4^-)+c(C_2O_4^{2-})$

可推导出：$\delta_{H_2C_2O_4}=\dfrac{c(H_2C_2O_4)/c^\ominus}{c_0/c^\ominus}=\dfrac{[c(H^+)/c^\ominus]^2}{[c(H^+)/c^\ominus]^2+[c(H^+)/c^\ominus]K_{a_1}^\ominus+K_{a_1}^\ominus K_{a_2}^\ominus}$

$$\delta_{HC_2O_4^-}=\frac{c(HC_2O_4^-)/c^\ominus}{c_0/c^\ominus}=\frac{c(H^+)/c^\ominus K_{a_1}^\ominus}{[c(H^+)/c^\ominus]^2+[c(H^+)/c^\ominus]K_{a_1}^\ominus+K_{a_1}^\ominus K_{a_2}^\ominus}$$

$$\delta_{C_2O_4^{2-}}=\frac{c(C_2O_4^{2-})/c^\ominus}{c_0/c^\ominus}=\frac{K_{a_1}^\ominus K_{a_2}^\ominus}{[c(H^+)/c^\ominus]^2+[c(H^+)/c^\ominus]K_{a_1}^\ominus+K_{a_1}^\ominus K_{a_2}^\ominus}$$

显然，$\delta_{H_2C_2O_4}+\delta_{HC_2O_4^-}+\delta_{C_2O_4^{2-}}=1$

同理可得如图 5-2 所示的分布曲线。

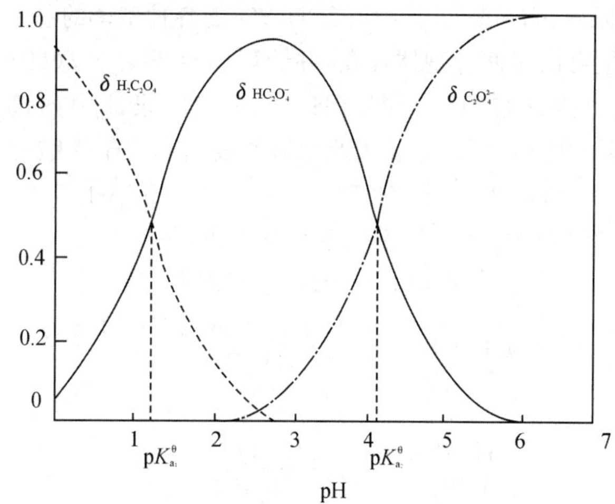

图 5-2　草酸水溶液中各型体的分布系数与介质 pH 的关系曲线

由图 5-2 可知，$pH<pK_{a_1}^\ominus$ 时，$H_2C_2O_4$ 型体浓度最大；$pK_{a_1}^\ominus<pH<pK_{a_2}^\ominus$ 时，$HC_2O_4^-$ 为主要存在型体；$pH>pK_{a_2}^\ominus$ 时，则主要是 $C_2O_4^{2-}$ 型体。

类似地，可对三元弱酸(碱)、四元弱酸(碱)等各种存在型体与介质酸度的关系进行分析，并做出弱多元酸(碱)型体分布曲线图，如图 5-3 为三元酸磷酸的分布曲线图。依图可清晰判断一定介质酸度下弱酸(碱)各种型体的存在情况。

由以上讨论可知，分布系数 δ 只与酸碱的强度及溶液的 pH 值有关，而与该溶液的初始浓度(分析浓度)无关。

【例 5-2】　计算 pH=5.0 时，0.10 $mol\cdot L^{-1}$ HAc 水溶液中 HAc 和 Ac^- 的浓度。

解　$\delta_{HAc}=\dfrac{c(H^+)/c^\ominus}{c(H^+)/c^\ominus+K_a^\ominus}=\dfrac{1.0\times10^{-5}}{1.0\times10^{-5}+1.7\times10^{-5}}=0.36$

$$\delta_{Ac^-}=\frac{K_a^\ominus}{c(H^+)/c^\ominus+K_a^\ominus}=\frac{1.7\times10^{-5}}{1.0\times10^{-5}+1.7\times10^{-5}}=0.64$$

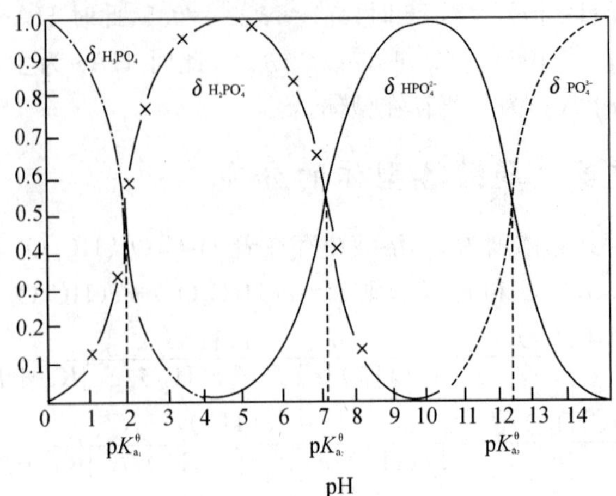

图 5-3　磷酸水溶液中各型体的分布系数与介质 pH 的关系曲线

$$c(\mathrm{HAc})=\delta_{\mathrm{HAc}}\cdot c_0=0.36\times 0.10=0.036\ \mathrm{mol\cdot L^{-1}}$$

$$c(\mathrm{Ac^-})=\delta_{\mathrm{Ac^-}}\cdot c_0=0.64\times 0.10=0.064\ \mathrm{mol\cdot L^{-1}}$$

【例 5-3】 正常人尿液 pH＝6.30，其中所含 H_3PO_4 的各种型体的总浓度为 0.020 $\mathrm{mol\cdot L^{-1}}$。判断在尿液中 H_3PO_4 主要以哪两种型体存在，并计算 $c(H_2PO_4^-)$、$c(HPO_4^{2-})$ 和 $c(PO_4^{3-})$。

解　由 H_3PO_4 的型体分布图可判断，pH＝6.30 时，尿液中的磷酸主要以 $H_2PO_4^-$ 和 HPO_4^{2-} 这两种型体存在。因而，可近似认为此二者浓度之和等于磷酸的总浓度，即：

$$c(H_2PO_4^-)+c(HPO_4^{2-})=0.020\ \mathrm{mol\cdot L^{-1}}$$

所以，在近似计算此二者浓度时，可只考虑以下化学平衡：

$$H_2PO_4^- \rightleftharpoons H^+ + HPO_4^{2-}$$

$$K_{a_2}^{\ominus}(H_3PO_4)=\frac{[c(H^+)/c^{\ominus}][c(HPO_4^{2-})/c^{\ominus}]}{c(H_2PO_4^-)/c^{\ominus}}$$

故：

$$\frac{c(H_2PO_4^-)}{c(HPO_4^{2-})}=\frac{c(H^+)/c^{\ominus}}{K_{a_2}^{\ominus}(H_3PO_4)}=8.13$$

又：

$$c(H_2PO_4^-)+c(HPO_4^{2-})=0.020\ \mathrm{mol\cdot L^{-1}}$$

得：$c(H_2PO_4^-)=0.018\ \mathrm{mol\cdot L^{-1}}$

$$c(HPO_4^{2-})=0.0020\ \mathrm{mol\cdot L^{-1}}$$

可根据磷酸的第三步解离平衡计算 $c(PO_4^{3-})$：

$$HPO_4^{2-} \rightleftharpoons H^+ + PO_4^{3-}$$

$$K_{a_3}^{\ominus}(H_3PO_4)=\frac{[c(H^+)/c^{\ominus}][c(PO_4^{3-})/c^{\ominus}]}{c(HPO_4^{2-})/c^{\ominus}}$$

得：$\dfrac{c(HPO_4^{2-})}{c(PO_4^{3-})}=\dfrac{c(H^+)/c^{\ominus}}{K_{a_3}^{\ominus}(H_3PO_4)}=2.3\times 10^6$

$$c(PO_4^{3-})=8.7\times 10^{-10}\ \mathrm{mol\cdot L^{-1}}$$

5.3.3　酸碱指示剂

在酸碱滴定过程中，溶液外观没有明显的变化，因此通常需要加入能在化学计量点附近发生颜色变化的指示剂来指示化学计量点的到达。这些随着溶液 pH 值改变而发生颜色转变的指示剂称为酸碱指示剂(acid-base indicator)。

1. 酸碱指示剂的作用原理

酸碱指示剂一般是弱的有机酸或有机碱，它的酸式组分与其共轭碱式组分具有不同的结构和颜色。当溶液的酸度改变时，酸碱平衡发生移动，指示剂失去质子由酸转变为共轭碱或得到质子由碱转化为共轭酸，从而引起溶液颜色的变化。

如甲基橙，它在溶液中存在下列平衡和颜色变化：

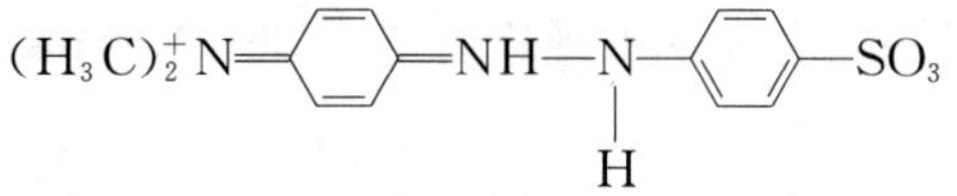

$$(H_3C)_2^+N{=}\langle\rangle{=}NH{-}N(H){-}C_6H_4{-}SO_3$$

红色(醌式)

$$\underset{H^+}{\overset{OH^-}{\rightleftharpoons}}(H_3C)_2N{-}C_6H_4{-}N{=}N{-}C_6H_4{-}SO_3$$

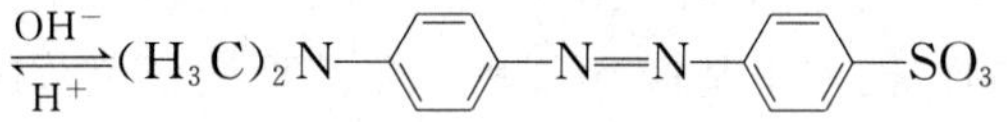

黄色(偶氮式)

甲基橙是一种弱酸($pK_a^\ominus=3.4$)，当溶液酸度升高 pH<3.4 时，甲基橙主要以醌式结构存在，溶液呈红色；当溶液酸度降低 pH>3.4 时，主要以偶氮式结构存在，所以溶液显黄色。

又如酚酞是一种弱碱($pK_a^\ominus=9.1$)，其酸式组分无色，碱式组分呈粉红色，所以当 pH<9.1 时，酸式组分是溶液中的主要组分，溶液无色；当 pH>9.1 时，碱式组分是溶液中的主要组分，溶液显粉红色。它在溶液中存在下列平衡和颜色变化：

HO　OH　OH　COO^-　$\underset{H^+}{\overset{OH}{\rightleftharpoons}}$　O^-　O　COO^-

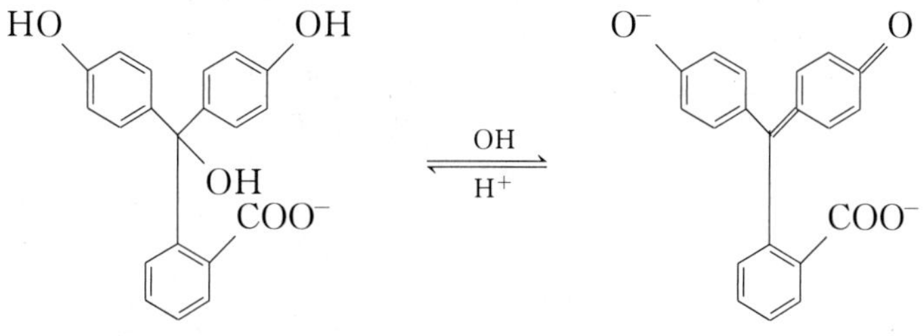

酚式(无色)　　　　醌式(红色)

2. 酸碱指示剂的变色范围

如以 HIn 代表指示剂，它在水溶液存在以下平衡：

$$HIn \rightleftharpoons H^+ + In^-$$

酸式色　　　碱式色

$$K_a^\ominus=\frac{\{c(H^+)/c^\ominus\}\{c(In^-)/c^\ominus\}}{\{c(HIn)/c^\ominus\}}$$

$$\frac{c(In^-)}{c(HIn)}=\frac{K_a^\ominus}{\{c(H^+)/c^\ominus\}}$$

由于 $K_a^\ominus$ 为一常数，因此比值$\frac{c(In^-)}{c(HIn)}$是$\{c(H^+)/c^\ominus\}$的函数。当$\frac{K_a^\ominus}{\{c(H^+)/c^\ominus\}}=1$即 $pH=pK_a^\ominus$ 时，$c(In^-)=c(HIn)$，两者浓度相等，溶液为酸式色与碱式色的混合色；当$\frac{K_a^\ominus}{\{c(H^+)/c^\ominus\}}>1$，即 $pH>pK_a^\ominus$ 时，$c(In^-)>c(HIn)$，指示剂主要以 In^- 形式存在；当$\frac{K_a^\ominus}{\{c(H^+)/c^\ominus\}}<1$ 即 pH<

$pK_a^{\ominus}$ 时，$c(In^-)<c(HIn)$，指示剂主要以 HIn 形式存在，一般说来，当$\frac{K_a^{\ominus}}{\{c(H^+)/c^{\ominus}\}}\geqslant 10$ 即 $pH \geqslant pK_a^{\ominus}+1$ 时，$\frac{c(In^-)}{c(HIn)}\geqslant 10$，看到的是 In^- 的颜色即碱式色；当$\frac{K_a^{\ominus}}{\{c(H^+)/c^{\ominus}\}}\leqslant 0.1$ 即 $pH\leqslant pK_a^{\ominus}-1$ 时，$\frac{c(In^-)}{c(HIn)}\leqslant 0.1$，看到的是 HIn 的颜色即酸式色。因此当溶液的 pH 值由 $pK_a^{\ominus}+1$ 改变到 $pK_a^{\ominus}-1$ 时，指示剂就由 In^- 的颜色即碱式色转变为 HIn 的颜色即酸式色；而当溶液的 pH 值由 $pK_a^{\ominus}-1$ 改变到 $pK_a^{\ominus}+1$ 时，指示剂就由 HIn 的颜色即酸式色转变为 In^- 的颜色即碱式色。因此将 $pH=pK_a^{\ominus}$ 称为酸碱指示剂的理论变色点，将 $pH=pK_a^{\ominus}\pm 1$ 称为指示剂的理论变色范围。

但是，指示剂的实际变色范围并不是根据 $pK_a^{\ominus}$ 计算出来的，而是依靠人眼观察出来的。由于人的眼睛对各种颜色的敏感度不同，加上两种颜色互相掩盖，影响观察，所以实际观察结果与理论计算结果是有差别的。例如甲基橙 $pK_a^{\ominus}=3.4$，其理论变色范围为 2.4～4.4，而实际变色范围为 3.1～4.4，就是因为人的眼睛对红色较之对黄色更为敏感的缘故。表 5-2 列出了一些常见酸碱指示剂的变色范围。

表 5-2　一些常见酸碱指示剂的变色范围

指示剂	变色范围 pH	颜色变化	$pK_a^{\ominus}(HIn)$	常用溶液	10 mL 试液用量/滴
百里酚蓝	1.2～2.8	红～黄	1.7	0.1%的 20%乙醇溶液	1～2
甲基黄	2.9～4.0	红～黄	3.3	0.1%的 90%乙醇溶液	1
甲基橙	3.1～4.4	红～黄	3.4	0.05 %的水溶液	1
溴酚蓝	3.0～4.6	黄～紫	4.1	0.1 %的 20%乙醇溶液或其钠盐水溶液	1
溴甲酚绿	4.0～5.6	黄～蓝	4.9	0.1%的 20%乙醇溶液或其钠盐水溶液	1～3
甲基红	4.4～6.2	红～黄	5.2	0.1%的 60%乙醇溶液或其钠盐水溶液	1
溴百里酚蓝	6.2～7.6	黄～蓝	7.3	0.1%的 20%乙醇溶液或其钠盐水溶液	1
中性红	6.8～8.0	红～黄橙	7.4	0.1%的 60%乙醇溶液	1
苯酚红	6.8～8.4	黄～红	8.0	0.1%的 60%乙醇溶液或其钠盐水溶液	1
酚酞	8.0～10.0	无～红	9.1	0.5%的 90%乙醇溶液	1～3
百里酚酞	9.4～10.6	无～蓝	10.0	0.1 %的 90%乙醇溶液	1～2

影响酸碱指示剂变色范围的因素主要有温度、指示剂用量和变色方向。

(1)温度

通常解离常数 $K_a^{\ominus}$ 随着温度的升高而增大，因此升高温度能使指示剂的变色范围发生改变。如常温下甲基橙的变色范围为 3.1～4.4，而在 100℃时为 2.5～3.7。所以酸碱滴定一般都在常温下进行，若有必要加热时，最好待溶液冷却后再滴定。

(2)指示剂的用量

由于指示剂本身就是弱的有机酸或有机碱，用量过大，会明显消耗一定量的滴定剂，带来误差。同时指示剂的浓度过大，对双色指示剂来说，会因颜色过深而使终点颜色不易判断；对于单色指示剂，指示剂用量的改变会引起变色范围的改变。例如，酚酞是单色指示剂，将0.1%的酚酞溶液2～3滴加入到50～100 mL酸碱溶液中，在pH≈9时出现微红色。若在相同条件下加入10～15滴的酚酞溶液时，则在pH≈8时出现微红色。因此，使用指示剂时，在不影响指示剂变色灵敏度的情况下，一般以用量少为宜。通常为1～3滴。

(3)变色方向

指示剂的变色方向也会影响颜色变化的明显程度，如酚酞，从无色变为红色时颜色变化明显，容易辨别。若从红色变为无色时则不易辨别，滴定剂易过量。又如甲基橙，由黄色变为红色就比由红色变为黄色更易辨别。因此强碱滴定强酸时一般选酚酞指示剂，而强酸滴定强碱时则选甲基橙指示剂。

3. 混合酸碱指示剂

以上介绍的酸碱指示剂都是单一指示剂，变色范围较宽，而在有些酸碱滴定中，需要把滴定终点限制在很窄的pH值范围内，以达到一定的准确度。这就需要变色范围比单一指示剂更窄，颜色变化更易察觉的指示剂。混合指示剂(mixed indicator)便能满足这一要求。

所谓混合指示剂，是由一种指示剂加上一种颜色不随溶液pH值变化而改变的染料混合而成，或是由 $pK_a^\ominus$ 相近的两种或两种以上指示剂混合而成。混和指示剂主要是利用颜色的互补，使得指示剂的变色范围变窄，指示剂的变色更敏锐。

例如将靛蓝染料与甲基橙按一定比例混合配制而成的混合指示剂，其溶液颜色与甲基橙相比较，变化如下：

溶液 pH 值	≤3.1	4.1	≥4.4
甲基橙	红色	橙色	黄色
靛蓝	蓝色	蓝色	蓝色
混合指示剂	紫色	浅灰色	绿色

溶液颜色的变化无论是从紫色到浅灰色或是从绿色到浅灰色与从红色到橙色或是从黄色到橙色相比较，都极为明显，颜色变化非常敏锐，很易辨别。

又如溴甲酚绿和甲基红混合后，它们的溶液颜色变化如下：

溶液 pH 值	≤4.0	5.1	≥6.2
溴甲酚绿	黄色	绿色	蓝色
甲基红	红色	橙色	黄色
混合指示剂	橙色	灰色	绿色

同上述作用原理一样，溶液颜色从橙色到灰色或从绿色到灰色也很敏锐，很易辨别。

5.4 酸碱溶液水溶液 pH 的计算

5.4.1 质子条件

按照酸碱质子理论，酸碱反应的实质是质子的转移。当酸碱反应达到平衡时，溶液中得到质子后的产物所获得的质子的物质的量与失去质子后的产物所失去的质子的物质的量必须相等，这一关系称为质子条件(proton condition)。其数学表达式称为质子条件式(proton balance equation)，用 PBE 表示。溶液中氢离子浓度的计算式均可通过 PBE 式加以推导。

在写质子条件式时，首先要选择合适的物质作为参考，以它们作为考虑质子得失的水准，称为质子参考水准或零水准。质子参考水准通常选择溶液中大量存在的并参与质子转移的物质。溶液中的其他组分与它们相比较质子少了，就是失质子产物；质子多了，就是得质子产物。选择好质子参考水准后，即可根据得失质子数必须相等的原则，列出质子条件式。

例如，对于一元弱酸 HB 的水溶液，其中大量存在并参与质子转移的物质是 HB 和 H_2O，它们之间的质子转移反应如下：

$$HB + H_2O \rightleftharpoons H_3O^+ + B^-$$

H_2O 分子之间亦有质子自递反应：

$$H_2O + H_2O \rightleftharpoons H_3O^+ + OH^-$$

由此可见，得质子后的产物为 H_3O^+，失质子后的产物为 B^- 和 OH^-。根据得失质子数相等的原则，考虑到它们是在同一溶液中，可用它们的物质的量浓度来表示这种得失质子的关系，于是得到：

$$c(H_3O^+) = c(OH^-) + c(B^-) \text{或简化为：} c(H^+) = c(OH^-) + c(B^-)$$

这就是一元弱酸 HB 溶液的质子条件式(PBE 式)。

通常，在选择好质子参考水准后，将溶液中其他组分与其相比较，把所有得质子后产物的物质的量浓度的总和写在等式一端，所有失质子后产物的物质的量浓度的总和写在等式另一端，即得到质子条件式。注意，在处理涉及多级解离关系的物质时，有些物质与质子参考水准相比较，质子转移数可能在 2 或 2 以上，这时，在它们的浓度之前必须乘以相应的系数，才能保持得失质子的平衡。

例如，对于 Na_2HPO_4 的水溶液，以 H_2O 和 HPO_4^{2-} 为质子参考水准。溶液中得质子后产物为 H^+，$H_2PO_4^-$、H_3PO_4；失质子后产物 OH^-、PO_4^{3-}。其中 H_3PO_4 是 HPO_4^{2-} 得到 2 个质子后的产物，故在质子条件式中，它的浓度必须乘以 2，才能保持得失质子数是相等。由此得 Na_2HPO_4 溶液的质子条件式为：

$$c(H^+) + c(H_2PO_4^-) + 2c(H_3PO_4) = c(OH^-) + c(PO_4^{3-})$$

又如，对于 $NH_4H_2PO_4$ 水溶液，选择 NH_4^+、$H_2PO_4^-$、H_2O 为质子参考水准，其质子条件式为：

$$c(H^+) + c(H_3PO_4) = c(OH^-) + c(NH_3) + c(HPO_4^{2-}) + 2c(PO_4^{3-})$$

再如，对于 Na_2S 水溶液，可选择 S^{2-}、H_2O 为质子参考水准，得到质子条件式为：

$$c(H^+) + c(HS^-) + 2c(H_2S) = c(OH^-)$$

5.4.2 弱一元酸(碱)水溶液 pH 的计算

弱一元酸 HB 水溶液的解离平衡式为

$$HB \rightleftharpoons H^+ + B^-$$

其标准解离平衡常数的表达式为

$$K_a^\ominus(HB)=\frac{[c(H^+)/c^\ominus][c(B^-)/c^\ominus]}{c(HB)/c^\ominus}$$

若弱酸的初始浓度为 c_0，达到平衡时有：

$$c(H^+)=c(B^-) \quad c(HB)=c_0-c(H^+)$$

代入上式可得：

$$K_a^\ominus(HB)=\frac{[c(H^+)/c^\ominus]^2}{[c_0-c(H^+)]/c^\ominus} \tag{5-6}$$

求解此一元二次方程，可得：

$$c(H^+)/c^\ominus=\frac{-K_a^\ominus+\sqrt{(K_a^\ominus)^2+4K_a^\ominus c_0/c^\ominus}}{2} \tag{5-7}$$

式(5-7)是计算一元弱酸水溶液的 $c(H^+)$ 的近似式(忽略了水本身解离所产生的 H^+)。

如果 $c(H^+)\ll c_0$，则 $c_0-c(H^+)\approx c_0$，式(5-6)可简化为

$$K_a^\ominus(HB)=\frac{[c(H^+)/c^\ominus]^2}{c_0/c^\ominus}$$

$$c(H^+)/c^\ominus=\sqrt{K_a^\ominus(HB)\cdot c_0/c^\ominus} \tag{5-8}$$

式(5-8)是计算一元弱酸水溶液 $c(H^+)$ 的最简式。

一般认为，当 $\frac{c_0/c^\ominus}{K_a^\ominus}\geqslant 10^{2.81}$ 时，弱酸解离度很小，可忽略弱酸的解离，即 $c_0\approx c(HB)$，可采用(5-8)式计算 $c(H^+)$，此时计算结果的相对误差不超过 2%；若 $\frac{c_0/c^\ominus}{K_a^\ominus}<10^{2.81}$，则不能用 HB 的初始浓度近似代替 HB 的平衡浓度，即 $c(HB)\neq c_0$，$c(H^+)$ 应采用(5-7)式计算。

同理，弱一元碱(B^-)水溶液中 OH^- 浓度的计算式如下：

若 $\frac{c_0/c^\ominus}{K_b^\ominus}\geqslant 10^{2.81}$，则采用最简式近似计算：

$$c(OH^-)/c^\ominus=\sqrt{K_b^\ominus\cdot c_0/c^\ominus} \tag{5-9}$$

若 $\frac{c_0/c^\ominus}{K_b^\ominus}<10^{2.81}$，则采用近似式近似计算：

$$c(OH^-)/c^\ominus=\frac{-K_b^\ominus+\sqrt{(K_b^\ominus)^2+4K_b^\ominus\cdot c_0/c^\ominus}}{2} \tag{5-10}$$

【例 5-4】 计算 0.10 mol·L^{-1} HF 水溶液的 $c(H^+)$、pH 及解离度 α。已知 $K_a^\ominus(HF)=6.3\times10^{-4}$。

解 因为 $\frac{c_0/c^\ominus}{K_a^\ominus}=\frac{0.10}{6.3\times10^{-4}}\geqslant 10^{2.81}$

故可用最简式计算：

$$c(H^+)/c^\ominus=\sqrt{K_a^\ominus\cdot c_0/c^\ominus}=\sqrt{6.3\times10^{-4}\times0.10}=7.9\times10^{-3}$$

$$c(H^+)=7.9\times10^{-3}\ \text{mol}\cdot\text{L}^{-1}$$

$pH = 2.10$

$$\alpha(HF) = \frac{c(H^+)}{c(HF)} \times 100\% = \frac{7.9 \times 10^{-3}}{0.10} \times 100\% = 7.9\%$$

【例 5-5】 计算 0.10 $mol \cdot L^{-1}$ NaAc 水溶液的 pH。

解 Ac^- 为一元弱碱，其 $K_b^\ominus(Ac^-) = K_w^\ominus / K_a^\ominus(HAc) = 5.88 \times 10^{-10}$

因为 $\frac{c_0/c^\ominus}{K_b^\ominus} \geqslant 10^{2.81}$，可依最简式计算：

$$c(OH^-)/c^\ominus = \sqrt{K_b^\ominus \cdot c_0/c^\ominus} = \sqrt{5.88 \times 10^{-10} \times 0.10} = 7.7 \times 10^{-6}$$

$$c(OH^-) = 7.7 \times 10^{-6}\ mol \cdot L^{-1}$$

$pH = 8.89$

5.4.3 多元弱酸(碱)水溶液 pH 的计算

多元弱酸(碱)在水溶液中的解离是分级进行的，例如，

$$H_2CO_3 + H_2O \rightleftharpoons H_3O^+ + HCO_3^-$$

$$K_{a_1}^\ominus = \frac{[c(H^+)/c^\ominus][c(HCO_3^-)/c^\ominus]}{c(H_2CO_3)/c^\ominus} = 4.3 \times 10^{-7}$$

$$HCO_3^- + H_2O \rightleftharpoons H_3O^+ + CO_3^{2-}$$

$$K_{a_2}^\ominus = \frac{[c(H^+)/c^\ominus][c(CO_3^{2-})/c^\ominus]}{c(HCO_3^-)/c^\ominus} = 5.6 \times 10^{-11}$$

又如：$CO_3^{2-} + H_2O \rightleftharpoons HCO_3^- + OH^-$

$$K_{b_1}^\ominus = \frac{[c(HCO_3^-)/c^\ominus][c(OH^-)/c^\ominus]}{c(CO_3^{2-})/c^\ominus} = 1.8 \times 10^{-4}$$

$$HCO_3^- + H_2O \rightleftharpoons H_2CO_3 + OH^-$$

$$K_{b_2}^\ominus = \frac{[c(H_2CO_3)/c^\ominus][c(OH^-)/c^\ominus]}{c(HCO_3^-)/c^\ominus} = 2.3 \times 10^{-8}$$

式中，$K_{a_1}^\ominus$、$K_{a_2}^\ominus$、$K_{b_1}^\ominus$、$K_{b_2}^\ominus$ 分别称为该多元弱酸(碱)的第一、第二级解离常数。

根据水溶液中共轭酸碱解离常数的乘积等于水的质子自递常数的这一规律，可知：

$$K_{a_1}^\ominus(H_2CO_3) \cdot K_{b_2}^\ominus(CO_3^{2-}) = K_w^\ominus$$

$$K_{a_2}^\ominus(H_2CO_3) \cdot K_{b_1}^\ominus(CO_3^{2-}) = K_w^\ominus$$

一般情况下，多元弱酸(碱)相邻的两级解离常数相差较大，弱无机多元酸(碱)相邻两级解离常数的比值，如 $K_{a_1}^\ominus / K_{a_2}^\ominus$ 或 $K_{b_1}^\ominus / K_{b_2}^\ominus$，一般大于 10^4；弱有机酸碱相邻两级解离常数的比值一般也大于 $10^{1.6}$，即多元弱酸(碱)第一级解离的程度远大于其后各级，加之第一级解离所产生的 H^+ 离子对其后各级解离的抑制作用，故在计算弱多元酸(碱)水溶液的酸度时，一般只需考虑其第一级解离，而忽略其第二、第三等各级解离。

【例 5-6】 常温常压下，饱和 H_2S 水溶液的浓度约为 0.10 $mol \cdot L^{-1}$。试计算此水溶液中的 $c(H^+)$、$c(HS^-)$ 和 $c(S^{2-})$。

解 计算 $c(H^+)$ 时，将氢硫酸作为弱一元酸处理。

因为 $\frac{c_0/c^\ominus}{K_{a_1}^\ominus} > 10^{2.81}$，故可应用最简式进行计算：

$$c(H^+)/c^\ominus = \sqrt{K_{a_1}^\ominus \cdot c_0/c^\ominus} = \sqrt{1.1 \times 10^{-7} \times 0.10} = 1.0 \times 10^{-4}$$

$$c(H^+) = 1.0 \times 10^{-4}\ mol \cdot L^{-1}$$

由于可忽略第二级解离，故 $c(HS^-) \approx c(H^+) = 1.0 \times 10^{-4}\ mol \cdot L^{-1}$，$S^{2-}$ 离子由第二级解离产生。

$$HS^- + H_2O \rightleftharpoons S^{2-} + H_3O^+$$

$$K_{a_2}^{\ominus} = \frac{[c(H^+)/c^{\ominus}][c(S^{2-})/c^{\ominus}]}{c(HS^-)/c^{\ominus}}$$

因为　$c(H^+) \approx c(HS^-) = 1.0 \times 10^{-4}\ mol \cdot L^{-1}$，

所以
$$c(S^{2-})/c^{\ominus} = \frac{K_{a_2}^{\ominus}[c(HS^-)/c^{\ominus}]}{c(H^+)/c^{\ominus}} \approx K_{a_2}^{\ominus} = 1.3 \times 10^{-13}$$

$$c(S^{2-}) = 1.3 \times 10^{-13}\ mol \cdot L^{-1}$$

【例 5-7】 尼古丁($C_{10}H_{14}N_2$)是二元弱碱($K_{b_1}^{\ominus} = 7.0 \times 10^{-7}$，$K_{b_2}^{\ominus} = 1.4 \times 10^{-11}$)。计算 $0.050\ mol \cdot L^{-1}$ 尼古丁水溶液的 pH 及溶液中的 $c(C_{10}H_{14}N_2)$、$c(C_{10}H_{14}N_2H^+)$ 和 $c(C_{10}H_{14}N_2H_2{}^{2+})$。

解　因为 $\frac{c_0/c^{\ominus}}{K_{b_1}^{\ominus}} > 10^{2.81}$，故可用最简式进行计算。

$$c(OH^-)/c^{\ominus} = \sqrt{K_{b_1}^{\ominus} \cdot c/c^{\ominus}} = \sqrt{7.0 \times 10^{-7} \times 0.05} = 1.9 \times 10^{-4}$$

$$c(OH^-) = 1.9 \times 10^{-4}\ mol \cdot L^{-1},\ pH = 14 - pOH = 10.28$$

由于尼古丁是二元弱碱，可忽略第二级解离，故 $c(C_{10}H_{14}N_2H^+) \approx c(OH^-) = 1.87 \times 10^{-4}\ mol \cdot L^{-1}$，$C_{10}H_{14}N_2H_2^{2+}$ 由第二级解离产生。

$$C_{10}H_{14}N_2H^+ + H_2O \rightleftharpoons C_{10}H_{14}N_2H_2^{2+} + OH^-$$

$$K_{b_2}^{\ominus} = \frac{[c(C_{10}H_{14}N_2H_2^{2+})/c^{\ominus}][c(OH^-)/c^{\ominus}]}{c(C_{10}H_{14}N_2H^+)/c^{\ominus}}$$

因为　$c(C_{10}H_{14}N_2H^+) = c(OH^-) = 1.87 \times 10^{-4}\ mol \cdot L^{-1}$，故可得：

所以
$$c(C_{10}H_{14}N_2H_2^{2+})/c^{\ominus} = \frac{K_{b_2}^{\ominus}[c(C_{10}H_{14}N_2H^+)/c^{\ominus}]}{c(OH^-)/c^{\ominus}} \approx K_{b_2}^{\ominus} = 1.4 \times 10^{-11}$$

$$c(C_{10}H_{14}N_2H_2^{2+}) = 1.4 \times 10^{-11}\ mol \cdot L^{-1}$$

由以上两例计算可知，多元弱酸、弱碱水溶液的解离平衡比一元体系复杂。处理多元体系时应注意以下几点：

(1)多元弱酸 $K_{a_1}^{\ominus} > K_{a_2}^{\ominus} > K_{a_3}^{\ominus}$，计算溶液 $c(H^+)$ 时，可将视其做一元酸处理，酸的强度也由 $K_{a_1}^{\ominus}$ 来衡量。

(2)多元弱酸、弱碱水溶液中同时存在多级解离平衡，是一个多重平衡系统。平衡时溶液中各个离子浓度同时满足多级解离平衡关系式。例如，在 H_2S 水溶液中，$c(H^+)$、$c(HS^-)$ 同时满足 $K_{a_1}^{\ominus}$ 和 $K_{a_2}^{\ominus}$ 的表达式，它们的浓度的唯一的。H_2S 水溶液的 H^+ 来源于三方面：一是 H_2S 的第一级解离，二是 HS^- 的第二级解离，三是水的解离。由于前者比后两者贡献大得多，故 $K_{a_1}^{\ominus}$ 和 $K_{a_2}^{\ominus}$ 表达式中的 H^+ 可看作是 H_2S 第一级解离产生的。

(3)弱二元酸 H_2B 水溶液中，若不存在其他酸碱，则有如下一般规律：酸根离子的相对浓度约等于酸的 $K_{a_2}^{\ominus}$，即 $c(B^{2-})/c^{\ominus} \approx K_{a_2}^{\ominus}$，且 H^+ 的浓度远远大于酸根离子浓度的两倍。若体系中还含有其他酸碱，以上关系式就不成立了。

(4)离子酸、碱的解离常数一般不能直接查到，但可以求算。例如，H_3PO_4 作为酸时的解离常数为 $K_{a_1}^{\ominus}$，其共轭碱 $H_2PO_4^-$ 的碱常数则为 $K_{b_3}^{\ominus}$，所以 $K_{b_3}^{\ominus} = K_w^{\ominus}/K_{a_1}^{\ominus}$；$HCO_3^-$ 的酸常数为 $K_{a_2}^{\ominus}$，其共轭碱 CO_3^{2-} 的碱常数 $K_{b_1}^{\ominus} = K_w^{\ominus}/K_{a_2}^{\ominus}$。

5.4.4 两性物质水溶液 pH 的计算

多元弱酸的酸式盐、弱酸弱碱盐和氨基酸都是两性物质。两性物质在水溶液中的解离平衡较为复杂，故这里只介绍近似处理方法。以 $NaHCO_3$ 为例。

酸式解离：$HCO_3^- + H_2O \rightleftharpoons H_3O^+ + CO_3^{2-}$ (1)

碱式解离：$HCO_3^- + H_2O \rightleftharpoons OH^- + H_2CO_3$ (2)

由于反应(1)生成的 H_3O^+ 与反应(2)生成的 OH^- 相互中和，促使两反应强烈向右移动，溶液中生成较多的 CO_3^{2-} 和 H_2CO_3，且浓度近似相等，依据

$$K_{a_1}^{\ominus} K_{a_2}^{\ominus} = \frac{[c(H^+)/c^{\ominus}]^2 [c(CO_3^{2-})/c^{\ominus}]}{c(H_2CO_3)/c^{\ominus}}$$

可得 $c(H^+)/c^{\ominus} = \sqrt{K_{a_1}^{\ominus} K_{a_2}^{\ominus}}$ 或 $pH = \frac{1}{2}(pK_{a_1}^{\ominus} + pK_{a_2}^{\ominus})$

推广至一般：

$$c(H^+)/c^{\ominus} = \sqrt{K_a^{\ominus} K_a^{\ominus'}} \tag{5-11}$$

式中，$K_a^{\ominus}$—两性物质作为酸时的解离常数

$K_a^{\ominus'}$—两性物质作为碱时其共轭酸的解离常数

例如，NH_4CN 水溶液的 pH 为 $pH = \frac{1}{2}[pK_a^{\ominus}(NH_4^+) + pK_a^{\ominus}(HCN)]$；

NaH_2PO_4 水溶液的 pH 为 $pH = \frac{1}{2}[pK_{a_1}^{\ominus}(H_3PO_4) + pK_{a_2}^{\ominus}(H_3PO_4)]$

Na_2HPO_4 水溶液的 pH 为 $pH = \frac{1}{2}[pK_{a_2}^{\ominus}(H_3PO_4) + pK_{a_3}^{\ominus}(H_3PO_4)]$。

【例 5-8】 计算 0.10 $mol \cdot L^{-1}$ 氨基乙酸(NH_2CH_2COOH)水溶液的 pH 值。

解 氨基乙酸在溶液中以双极离子形式($^+H_3NCH_2COO^-$)存在，双极离子既能起酸的作用，又能起碱的作用，因此为两性物质。

$$^+H_3NCH_2COOH \xrightleftharpoons{-H^+} {}^+H_3NCH_2COO^- \xrightleftharpoons{-H^+} H_2NCH_2COO^-$$

$$K_{a_1}^{\ominus} = 4.5 \times 10^{-3} \qquad K_{a_2}^{\ominus} = 2.5 \times 10^{-10}$$

$$c(H^+)/c^{\ominus} = \sqrt{K_{a_1}^{\ominus} K_{a_2}^{\ominus}} = \sqrt{4.5 \times 10^{-3} \times 2.5 \times 10^{-10}} = 1.1 \times 10^{-6}$$

$$c(H^+) = 1.1 \times 10^{-6}\ mol \cdot L^{-1}$$

pH=5.96

5.5 酸碱缓冲溶液

先看下面的实验：

(1)在 50 mL pH 值为 7.00 的纯水中加入 0.05 mL 1.0 $mol \cdot L^{-1}$ 的 HCl 溶液或 0.05 mL 1.0 $mol \cdot L^{-1}$ 的 NaOH 溶液，溶液的 pH 值分别由 7.00 降低至 3.00 或增加至 11.00，即 pH 值改变了±4 个单位。可见纯水不具有保持 pH 值相对稳定的性能。

(2)在 50 mL 含有 0.10 mol·L^{-1} HAc 和 0.10 mol·L^{-1} Ac^- 的溶液中加入 0.05 mL 1.0 mol·L^{-1} HCl 溶液或 0.05 mL 1.0 mol·L^{-1} NaOH 溶液，溶液的 pH 值分别从 4.76 降低至 4.75 和从 4.76 增加至 4.77，pH 值仅改变了±0.01 个单位。若加入纯水 50 mL，溶液的 pH 值保持不变，仍为 4.76。

上述实验中，含有共轭酸碱对(如 HAc-Ac^-)的溶液所具有的抵抗外加少量强酸或强碱和适当的稀释和浓缩，而保持自身 pH 值基本不变的作用称为缓冲作用。很多化学反应都必须在一定的 pH 范围内才能顺利进行。因此酸碱缓冲溶液具有十分重要的应用价值。

5.5.1　酸碱作用原理

缓冲溶液为什么能维持溶液的 pH 值基本不变呢？现以 HAc-NaAc 缓冲溶液为例分析缓冲作用的基本原理。在 HAc-NaAc 缓冲溶液中，存在着下列解离平衡：

$$(1)\quad HAc \rightleftharpoons H^+ + Ac^-$$

$$(2)\quad NaAc \rightleftharpoons Na^+ + Ac^-$$

$$K_a^\ominus = \frac{[c(H^+)/c^\ominus][c(Ac^-)/c^\ominus]}{c(HAc)/c^\ominus}$$

$$c(H^+)/c^\ominus = K_a^\ominus\ \frac{c(HAc)/c^\ominus}{c(Ac^-)/c^\ominus} = K_a^\ominus\ \frac{c(HAc)}{c(Ac^-)}$$

由上式可知，溶液的 pH 值由$\frac{c(HAc)}{c(Ac^-)}$值决定。由于 NaAc 完全电离，溶液中存在大量的 Ac^- 离子，大量的 Ac^- 抑制了 HAc 的电离，使 HAc 浓度接近初始浓度，因此溶液中也存在着大量的 HAc 分子，而 H^+ 浓度则相对较低。当加入少量强酸(如 HCl)时，H^+ 浓度增加，平衡(1)向左移动，使得 Ac^- 浓度略有减少，HAc 的浓度略有增加，但这种改变相对溶液中存在的大量的 HAc 和 Ac^- 来说是很小的，因此$\frac{c(HAc)}{c(Ac^-)}$值变化不大，溶液 pH 值基本保持不变。在这里共轭碱 Ac^- 起抗酸的作用；当加入少量强碱时，OH^- 浓度增加，平衡(1)向右移动，以补充 H^+ 的消耗，尽管平衡移动使得 Ac^- 浓度略有增加，HAc 的浓度略有减少，但这种改变相对溶液中大量存在 HAc 和 Ac^- 来说是很微小的，所以溶液的组成基本不变，pH 值也基本不变。显然此时 HAc 起抗碱的作用；当加入少量水时，溶液中 HAc 和 Ac^- 的浓度差不多按同样倍数降低，$\frac{c(HAc)}{c(Ac^-)}$显然不变，所以溶液的 pH 也几乎保持不变。由此可见，缓冲溶液之所以具有缓冲作用是因为溶液中存在着大量的互为共轭关系的抗酸成分和抗碱成分，外加少量酸或碱时，质子在共轭酸碱之间发生转移以维持溶液的质子浓度基本不变。单一的弱酸或弱碱因不同时具备大量的抗酸或抗碱成分，所以不具有缓冲作用。

缓冲溶液有两类。一类是用于控制溶液酸度的，通常由一对或多对共轭酸碱组成，它们一般是弱酸及其盐(弱碱及其盐)，如 HAc-Ac^-、NH_3-NH_4^+ 等、多元弱酸的酸式盐及其对应的次级盐，如 H_2CO_3-HCO_3^-、HCO_3^--CO_3^{2-} 等，在 pH 3～12 的范围内使用；另一类是作为标准缓冲溶液，用于校准酸度计。标准缓冲溶液是用相应的化学试剂和纯水严格按规定的方法配制而成的，因而它具有相对稳定的 pH 值。它一般由一种或两种两性物质(通常称酸式盐)组成，如 HCO_3^-、HSO_3^-、邻苯二甲酸氢钾和酒石酸氢钾等。标准缓冲溶液的配制方法和 pH 可从化学手册查出，此不赘述。

此外，较浓的强酸、强碱也具有缓冲能力，一般应用于 pH 小于 3 或 pH 大于 12 的范围。

5.5.2 酸碱缓冲溶液 pH 值的计算

以弱酸 HB 及其共轭碱 B^- 组成的缓冲溶液为例，设其初始浓度分别为 c_a 和 c_b，

$$HB \rightleftharpoons H^+ + B^-, K_a^\ominus = \frac{[c(H^+)/c^\ominus][c(B^-)/c^\ominus]}{c(HB)/c^\ominus}$$

由于弱酸 HB 本身的解离度较小，加上大量 B^- 所产生的同离子效应，使得 HB 的解离度更小，故溶液中 H^+ 浓度极小，因此：

$$c(HB) = c_a - c(H^+) \approx c_a, c(B^-) = c_b + c(H^+) \approx c_b$$

代入上式可得：$K_a^\ominus = \dfrac{c(H^+)/c^\ominus \cdot c_b/c^\ominus}{c_a/c^\ominus}$

$$c(H^+)/c^\ominus = K_a^\ominus \cdot \frac{c_a/c^\ominus}{c_b/c^\ominus} \tag{5-12}$$

两边取负对数得：

$$pH = pK_a^\ominus - \lg \frac{c_a/c^\ominus}{c_b/c^\ominus} \tag{5-13}$$

对于弱碱及其共轭酸组成的缓冲溶液，同理可推导出 $c(OH^-)$ 和 pOH 的计算公式。

$$c(OH^-)/c^\ominus = K_b^\ominus \frac{c_b/c^\ominus}{c_a/c^\ominus} \tag{5-14}$$

$$pOH = pK_b^\ominus - \lg \frac{c_b/c^\ominus}{c_a/c^\ominus} \tag{5-15}$$

【例 5-9】 计算 0.10 mol·L^{-1}氨水溶液的 pH 值？若向 100 mL 0.10 mol·L^{-1}的氨水溶液中加入 100 mL 0.050 mol·L^{-1}的盐酸，计算溶液的 pH 改变了多少？

解 (1)因为 $\dfrac{c_0/c^\ominus}{K_b^\ominus} \geqslant 10^{2.81}$，可依最简式计算。

所以 $c(OH^-)/c^\ominus = \sqrt{K_b^\ominus \cdot c_0/c^\ominus} = \sqrt{1.8\times10^{-5}\times0.10} = 1.3\times10^{-3}$

$$c(OH^-) = 1.3\times10^{-3}\ \text{mol}\cdot\text{L}^{-1}$$

$$pH = 11.11$$

(2)加入盐酸水溶液后：

$$c(NH_3) = \frac{0.10\times100 - 0.050\times100}{200} = 0.025\ \text{mol}\cdot\text{L}^{-1}$$

$$c(NH_4^+) = \frac{0.050\times100}{200} = 0.025\ \text{mol}\cdot\text{L}^{-1}$$

得：

$$pOH = pK_b^\ominus(NH_3) - \lg\frac{c(NH_3)/c^\ominus}{c(NH_4^+)/c^\ominus} = 4.75 - \lg\frac{0.025}{0.025} = 4.75$$

$$pH = 9.25$$

$$\Delta pH = 11.11 - 9.25 = 1.86$$

【例 5-10】 已知 0.10 mol·L^{-1} HAc 水溶液 pH＝2.89。向 100 mL 该溶液中加入 1.0 mL 1.0 mol·L^{-1}的 NaOH 溶液后，溶液 pH 改变多少？

解 加入 NaOH 后：

$$OH^- + HAc \rightleftharpoons Ac^- + H_2O$$

$$c(HAc^-) = \frac{0.10\times100 - 1.0\times1.0}{101} = 0.089\ \text{mol}\cdot\text{L}^{-1}$$

$$c(Ac^-) = \frac{1.0\times1.0}{101} = 0.010\ \text{mol}\cdot\text{L}^{-1}$$

$$pH = pK_a^{\ominus}(HAc) - \lg \frac{c(HAc)}{c(Ac^-)} = 4.76 - \lg \frac{0.089}{0.010} = 3.81$$

$$\Delta pH = 3.81 - 2.89 = 0.92$$

【例 5-11】 一缓冲溶液由 0.10 $mol \cdot L^{-1}$ 的 $NaHCO_3$ 水溶液和 0.10 $mol \cdot L^{-1}$ 的 Na_2CO_3 水溶液组成。试计算：(1)该缓冲溶液的 pH 值；(2)在 1.0 L 该缓冲溶液中加入 10 mL 1.0 $mol \cdot L^{-1}$ HCl 后溶液的 pH；(3)在 1.0 L 该缓冲溶液中加入 10 mL 1.0 $mol \cdot L^{-1}$ NaOH 后溶液的 pH；(4)在 1.0 L 该缓冲溶液中加入 10 mL 纯水后溶液的 pH。试比较加入前后溶液 pH 的变化。

解 (1) $pH = pK_a^{\ominus}(HCO_3^-) - \lg \frac{c(HCO_3^-)/c^{\ominus}}{c(CO_3^{2-})/c^{\ominus}} = 10.33 - \lg \frac{0.10}{0.10} = 10.33$

(2)加入 HCl 后：

$$H^+ + CO_3^{2-} \rightleftharpoons HCO_3^-$$

$$c(HCO_3^-) = \frac{0.10 \times 1000 + 1.0 \times 10}{1010} = 0.11\ mol \cdot L^{-1}$$

$$c(CO_3^{2-}) = \frac{0.10 \times 1000 - 1.0 \times 10}{1010} = 0.089\ mol \cdot L^{-1}$$

$$pH = pK_a^{\ominus}(HCO_3^-) - \lg \frac{c(HCO_3^-)}{c(CO_3^{2-})} = 10.33 - \lg \frac{0.11}{0.089} = 10.33 - \lg 1.2 = 10.25$$

$$\Delta pH = 10.33 - 10.25 = 0.08$$

(3)加入 NaOH 后：

$$OH^- + HCO_3^- \rightleftharpoons CO_3^{2-} + H_2O$$

$$c(HCO_3^-) = \frac{0.10 \times 1000 - 1.0 \times 10}{1010} = 0.089\ mol \cdot L^{-1}$$

$$c(CO_3^{2-}) = \frac{0.10 \times 1000 + 1.0 \times 10}{1010} = 0.11\ mol \cdot L^{-1}$$

$$pH = pK_a^{\ominus}(HCO_3^-) - \lg \frac{c(HCO_3^-)}{c(CO_3^{2-})} = 10.33 - \lg \frac{0.089}{0.11} = 10.33 - \lg 0.81 = 10.42$$

$$\Delta pH = 10.42 - 10.33 = 0.09$$

(4)加入水后：

$$c(HCO_3^-) = c(CO_3^{2-}) = \frac{0.10 \times 1000}{1010} = 0.099\ mol \cdot L^{-1}$$

$$pH = pK_a^{\ominus}(HCO_3^-) - \lg \frac{c(HCO_3^-)}{c(CO_3^{2-})} = 10.33 - \lg \frac{0.099}{0.099} = 10.33$$

$$\Delta pH = 10.33 - 10.33 = 0.00$$

以上三例计算结果说明，共轭酸碱对组成的水溶液具有缓冲作用，而单一的弱酸或弱碱溶液不具备缓冲能力。

5.5.3 缓冲容量与缓冲范围

缓冲溶液的缓冲能力是有限的。只有在加入的酸或碱的量不大，或将溶液适当稀释和浓缩时，溶液的 pH 值才能保持基本不变。若加入的酸或碱的量过大，使其抗酸、抗碱成分用尽，就会失去缓冲能力。缓冲溶液缓冲能力的大小常用缓冲容量来衡量。缓冲容量是使单位体积缓冲溶液的 pH 值改变一个单位($\Delta pH = \pm 1$)所需加入的强酸或强碱的物质的量。缓冲容量越大，说明缓冲溶液的缓冲能力越强。实验证明，缓冲容量的大小与缓冲溶液的总浓度以及缓冲对的浓度比值有关。缓冲溶液的总浓度越大，加酸(碱)后 pH 值的变化越小，即缓冲容量越大。但浓度过高可能对化学反应造成不利的影响，且浪费试剂，故实际工作中，总浓度一般控制在 0.1～1.0 mol·L^{-1}之间。当缓冲对的总浓度一定，依据(5-12)式和(5-14)式可知，缓冲对浓度的比值越接近 1，pH 或 pOH 的变化越小，缓冲容量也越大。当缓冲对浓度相等，即二者比值为 1 时，缓冲容量达到最大。缓冲溶液中共轭酸碱对浓度的比值应控制在 0.1～10 范围之内，若超出此范围就失去缓冲能力。也就是说，缓冲溶液的有效缓冲范围为

$$pH = pK_a^\ominus \pm 1 \quad 或 \quad pOH = pK_b^\ominus \pm 1$$

不同的缓冲对，由于其 $pK_a^\ominus$ 或 $pK_b^\ominus$ 不同，它们的缓冲范围也各不相同。例如，HAc-Ac^-缓冲溶液[$pK_a^\ominus$(HAc)=4.77]可用于配制 pH 处于 3.77～5.77 之间的缓冲溶液；含有 NH_4^+-NH_3缓冲对的缓冲溶液[$pK_b^\ominus(NH_3)$=4.75]，可用于配制 pH 在 8.25～10.25 之间的缓冲溶液。

5.5.4 缓冲溶液的配制

在实际工作中，常需要配制一定 pH 的缓冲溶液。配制缓冲溶液时，可按下列步骤进行：

(1)根据所需配制缓冲溶液的 pH 或 pOH，正确选择缓冲对。缓冲对中，酸的 $pK_a^\ominus$ 或碱的 $pK_b^\ominus$ 应在 $pK_a^\ominus$=pH±1 或 $pK_b^\ominus$=pOH±1 范围之内。为使缓冲溶液有较大的缓冲能力，所选缓冲对的酸的 $pK_a^\ominus$ 或碱的 $pK_b^\ominus$ 应尽可能接近缓冲溶液的 pH 或 pOH。

【例 5-12】 现有 HCOOH-HCOONa、HAc-NaAc、NaH_2PO_4-Na_2HPO_4 和 NH_3-NH_4Cl 四个缓冲体系，若需配制 pH＝3.50 的缓冲溶液，应选择其中哪一个缓冲体系？已知 $pK_a^\ominus$(HCOOH)=3.75，$pK_a^\ominus$(HAc)=4.77，$pK_{a_2}^\ominus(H_3PO_4)$=7.21，$pK_b^\ominus(NH_3)$=4.75。

解 为使所配制的缓冲溶液的缓冲能力最大，应选择 $pK_a^\ominus$ 等于或接近 3.50 的缓冲对，因此选择 HCOOH-HCOONa 缓冲对最佳。

(2)依据(5-12)式和(5-14)式，计算缓冲对的浓度比，以保证配得的缓冲溶液的酸度恰为所需。

(3)根据计算结果配制缓冲溶液，并保证缓冲溶液的总浓度控制在 0.1～1.0 mol·L^{-1}范围内。

(4)用酸度计测定所配制缓冲溶液的 pH，若与指定配制的 pH 值有差异，可再加入少量步骤(1)中选定的酸或碱进行调节。

【例 5-13】 如何配制 pH＝7.51 的缓冲溶液？

解 (1)根据缓冲溶液的 pH 值应落在所选缓冲对的缓冲范围之内这一原则，应选择 NaH_2PO_4-Na_2HPO_4缓冲体系。

(2)计算缓冲对的浓度比。

由(5-16)式：

$$7.51 = 7.21 - \lg\frac{c_a/c^\ominus}{c_b/c^\ominus}$$

$$\lg\frac{c_a/c^\ominus}{c_b/c^\ominus} = 0.30, \frac{c_a}{c_b} = 2.0$$

即 NaH_2PO_4与 Na_2HPO_4的浓度比值应为 2.0，如果 NaH_2PO_4的浓度为 0.20 mol·L^{-1}，那么 Na_2HPO_4的浓度就为 0.10 mol·L^{-1}。

(3)根据所需配制缓冲溶液的总体积和缓冲对的浓度比，计算出 NaH_2PO_4 与 Na_2HPO_4 的需要量，然后按适当的比例混合就可以了。

【例 5-14】 欲配制 pH＝5.00 的缓冲溶液 500 mL，现要求其中 $c(HAc)=0.20\ mol\cdot L^{-1}$。问应取 $c(HAc)=1.0\ mol\cdot L^{-1}$ 的 HAc 溶液和固体 $NaAc\cdot 3H_2O$ 各多少？

解 $pH=pK_a^{\ominus}(HAc)-\lg\dfrac{c(HAc)/c^{\ominus}}{c(Ac^-)/c^{\ominus}}$

故：

$$\lg\frac{c(HAc)}{c(Ac^-)}=pK_a^{\ominus}(HAc)-pH=4.77-5.00=-0.23$$

$$\frac{c(HAc)}{c(Ac^-)}=0.58$$

$$c(Ac^-)=\frac{c(HAc)}{0.58}=\frac{0.20}{0.58}=0.34\ mol\cdot L^{-1}$$

因此，需取 $1.0\ mol\cdot L^{-1}$ HAc 溶液：

$$V(HAc)=\frac{0.20\times 500}{1.0}=0.10\ L$$

$$m(NaAc\cdot 3H_2O)=0.34\times 0.500\times 136=23\ g$$

5.5.5 缓冲溶液的应用

缓冲溶液能维持体系的 pH 稳定，常用于控制溶液的酸度，在工农业生产、科学研究和化学分析等方面都有重要的应用。例如，土壤溶液是一个非常复杂的缓冲体系，它含有 H_2CO_3-HCO_3^-、$H_2PO_4^-$-HPO_4^{2-} 以及腐殖酸及其盐等多种缓冲对，能为植物的正常生长提供最佳的 pH 范围。动植物体内也有着复杂的缓冲体系，维持着体液的 pH 基本不变，以保证生命活动的正常进行。如人体细胞质和细胞液中，含有磷酸缓冲对 $H_2PO_4^-$-HPO_4^{2-}，可控制 pH 保持在 6.8 左右；尿液因磷酸缓冲对的作用而保持 pH 在 6.3 左右；血浆的酸度主要由碳酸缓冲对控制，该缓冲对能中和代谢过程中产生的酸或碱，维持血浆的 pH 在 7.4 左右（若 $pH<6.9$ 或 $pH>7.6$，会发生酸中毒或碱中毒而危害生命）。缓冲溶液在化学上也有广泛的应用。例如，在配位滴定中，常需加入缓冲溶液来控制 pH 值。其他的一些应用在后续课程中还将陆续介绍。

5.6 酸碱滴定法

以酸碱反应为基础的滴定分析法称为酸碱滴定法。酸碱滴定法是应用很广泛的分析方法之一。酸碱反应的特点是反应速度快，反应进行的程度高，副反应极少，确定反应计量终点的方法简便。利用酸碱滴定法可以测定一般的酸、碱以及能与酸、碱直接或间接发生反应的大多数物质。

5.6.1 酸碱滴定法原理

酸碱滴定法所依据的滴定反应实际上是酸、碱解离反应或水的质子自递反应的逆反应。滴定反应如下：

$H_3O^+ + OH^- \rightleftharpoons H_2O + H_2O$(强酸滴定强碱或强碱滴定强酸　如 NaOH 滴定 HCl)

$H_3O^+ + B \rightleftharpoons HB + H_2O$(强酸滴定弱碱　如 HCl 滴定 NH_3)

$HB + OH^- \rightleftharpoons B^- + H_2O$(强碱滴定弱酸　如 NaOH 滴定 HAc)

这些滴定反应的平衡常数称为滴定反应常数,以 $K_t^\ominus$ 表示。

$$K_t^\ominus = \frac{1}{\{c(H^+)/c^\ominus\} \cdot \{c(OH^-)/c^\ominus\}} = \frac{1}{K_w^\ominus} = 1.0 \times 10^{14}$$

$$K_t^\ominus = \frac{\{c(A^-)/c^\ominus\}}{\{c(HA)/c^\ominus\} \cdot \{c(OH^-)/c^\ominus\}} = \frac{1}{K_b^\ominus} = \frac{K_a^\ominus}{K_w^\ominus}$$

$$K_t^\ominus = \frac{\{c(HA)/c^\ominus\}}{\{c(H^+)/c^\ominus\} \cdot \{c(A^-)/c^\ominus\}} = \frac{1}{K_a^\ominus} = \frac{K_b^\ominus}{K_w^\ominus}$$

可见,水溶液中酸碱滴定反应完全程度取决于 $K_t^\ominus$ 大小。强酸强碱的反应程度最高,弱酸弱碱反应程度较差,滴定反应能否进行完全主要取决于被滴定的弱酸或弱碱的解离常数 $K_a^\ominus$ 和 $K_b^\ominus$ 的大小。

在酸碱滴定过程中,溶液的 pH 值如何随着滴定剂的滴入而改变。酸碱滴定过程溶液的 pH 值变化可以用酸度计测量,也可以通过理论计算得到。以溶液的 pH 值为纵坐标,滴定百分数或滴定剂的加入量为横坐标作图,所得的曲线称为酸碱滴定曲线(titration curve)。根据酸碱滴定曲线,可以观察滴定过程中溶液 pH 值的变化规律,判断被测物质能否被准确滴定,选择最合适的指示剂指示滴定终点。下面分别讨论几种类型的滴定曲线并介绍如何正确选择指示剂。

5.6.1.1　强酸强碱滴定

强酸强碱之间的相互滴定,由于它们在溶液中是全部解离的,酸以 H^+ 形式存在,碱以 OH^- 形式存在,故滴定时的基本反应为:$H^+ + OH^- \rightleftharpoons H_2O$。

以 0.1000 $mol \cdot L^{-1}$ NaOH 滴定 20.00 mL 0.1000 $mol \cdot L^{-1}$ HCl 为例,讨论强酸强碱相互滴定的滴定曲线和指示剂的选择。滴定过程中的 pH 值计算可分为以下四个阶段。

(1)滴定开始前

溶液的酸度等于 HCl 的浓度,即 $c(H^+) = c(HCl) = 0.1000\ mol \cdot L^{-1}$,

$$pH = 1.00, f = \frac{V}{V_{sp}} = \frac{0.00\ mL}{20.00\ mL} = 0.000$$

(2)滴定开始至化学计量点前

溶液的酸度等于剩余 HCl 的浓度,即

$$c(H^+) = \frac{c(HCl)V(HCl) - c(NaOH)V(NaOH)}{V(HCl) + V(NaOH)}$$

当加入 18.00 mL NaOH 溶液时,溶液中的

$$c(H^+) = \frac{c(HCl)V(HCl) - c(NaOH)V(NaOH)}{V(HCl) + V(NaOH)}$$

$$= \frac{0.1000\ mol \cdot L^{-1} \times 20.00\ mL - 0.1000\ mol \cdot L^{-1} \times 18.00\ mL}{20.00\ mL + 18.00\ mL}$$

$$= 5.26 \times 10^{-3}\ mol \cdot L^{-1}$$

$$pH = 2.28, f = \frac{V}{V_{sp}} = \frac{18.00\ mL}{20.00\ mL} = 0.900$$

当加入 19.98 mL NaOH 溶液时,溶液中的

$$c(H^+)=\frac{c(HCl)V(HCl)-c(NaOH)V(NaOH)}{V(HCl)+V(NaOH)}$$

$$=\frac{0.1000\ mol\cdot L^{-1}\times 20.00\ mL-0.1000\ mol\cdot L^{-1}\times 19.98\ mL}{20.00\ mL+19.98\ mL}$$

$$=5.00\times 10^{-5}\ mol\cdot L^{-1}$$

$$pH=4.30,f=\frac{19.98\ mL}{20.00\ mL}=0.999$$

(3)化学计量点

当加入 20.00 mL NaOH 溶液时,滴入的 NaOH 与 HCl 全部反应,溶液呈中性,即

$$c(H^+)=1.00\times 10^{-7}\ mol\cdot L^{-1},pH=7.00,f=\frac{20.00\ mL}{20.00\ mL}=1.000$$

(4)化学计量点后

溶液的碱度取决于过量 NaOH 的浓度,即

$$c(OH^-)=\frac{c(NaOH)V(NaOH)-c(HCl)V(HCl)}{V(NaOH)+V(HCl)}$$

当加入 20.02 mL NaOH 溶液时,溶液中的

$$c(OH^-)=\frac{c(NaOH)V(NaOH)-c(HCl)V(HCl)}{V(NaOH)+V(HCl)}$$

$$=\frac{0.1000\ mol\cdot L^{-1}\times 20.02\ mL-0.1000\ mol\cdot L^{-1}\times 20.00\ mL}{20.02\ mL+20.00\ mL}$$

$$=5.00\times 10^{-5}\ mol\cdot L^{-1}$$

$$pH=pK_w^{\ominus}-pOH=14.00-4.30=9.70,f=\frac{20.02\ mL}{20.00\ mL}=1.001$$

如此逐一计算,将计算结果列于表 5-3 中,然后以 NaOH 的加入量(或滴定分数)为横坐标,以相应的 pH 值为纵坐标作图,就得到强碱滴定强酸的滴定曲线,如图 5-4 所示。

表 5-3 $0.1000\ mol\cdot L^{-1}$ NaOH 滴定 20.00 mL $0.1000\ mol\cdot L^{-1}$ HCl 的 pH 值变化

加入 NaOH (V/mL)	滴定分数 (f)	剩余 HCl (V/mL)	过量 NaOH (V/mL)	pH
0.00	0.000	20.00		1.00
18.00	0.900	2.00		2.28
19.80	0.990	0.20		3.30
19.96	0.998	0.04		4.00
19.98	0.999	0.02		4.30
20.00	1.000	0.00		7.00
20.02	1.001		0.02	9.70
20.04	1.002		0.04	10.00
20.20	1.010		0.20	10.70
22.00	1.100		2.00	11.70
40.00	2.000		20.00	12.52

表5-3和图5-4表明，在滴定开始时，溶液中存在大量HCl，加入的NaOH溶液对溶液的pH值影响不大，曲线较平坦。随着滴定的进行，溶液pH值的变化较前稍有增大。当加入19.98 mL NaOH溶液，距化学计量点仅差0.02 mL即滴定剂不足0.1%，滴定分数f=0.999时，溶液的pH=4.30。此时再加入0.04 mL(约1滴)NaOH溶液，NaOH溶液过量0.02 mL即滴定剂过量0.1%，滴定分数f=1.001时，它使溶液的pH值发生极大的变化，由4.30剧增到9.70，增大了5.4个pH。此后再继续滴加NaOH溶液，其pH值变化又逐渐减小，曲线又比较平坦。我们把化学计量点前后相对误差±0.1%范围内溶液的pH值变化范围，称为滴定突跃。

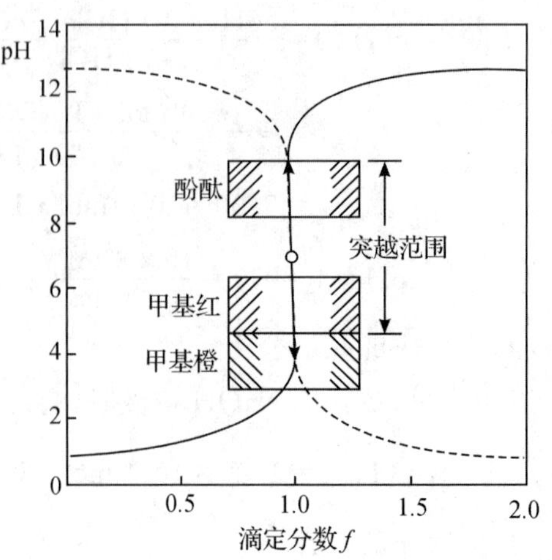

图5-4　0.1000 mol·L^{-1}NaOH滴定20.00 mL 0.1000 mol·L^{-1}HCl的滴定曲线

在滴定分析中，指示剂的选择主要以突跃范围为依据，凡是变色范围全部或部分落在突跃范围内的指示剂都可用来指示滴定终点。用0.1000 mol·L^{-1}NaOH滴定20.00 mL 0.1000 mol·L^{-1}HCl的突跃范围为pH=4.30～9.70，因此可选择酚酞(变色范围为pH=8.0～10.0)、甲基红(变色范围为pH=4.4～6.2)和甲基橙(变色范围为pH=3.1～4.4)为指示剂，它们均能保证终点误差在±0.1%以内。

若用0.1000 mol·L^{-1}HCl滴定20.00 mL 0.1000 mol·L^{-1}NaOH，滴定曲线如图5-4中的虚线部分所示，其突跃范围为pH=9.70～4.30，因此可选择酚酞、甲基红为指示剂。

影响滴定突跃的因素　滴定突跃的大小还与酸碱溶液的浓度有关。如果溶液的浓度改变，化学计量点时溶液的pH依然不变，但滴定突跃却会发生变化。通过计算可以得到不同浓度的NaOH与HCl的滴定曲线，如图5-5。由图可知，酸碱溶液越浓，突跃范围越大；酸碱溶液越稀，突跃范围越小。酸碱浓度每增大10倍，强酸强碱滴定的突跃范围约增大2个pH单位；反之，则减小2个pH单位。如用1.000 mol·L^{-1}NaOH滴定1.000 mol·L^{-1}HCl的突跃范围为pH=3.30～10.70，因此可选择的酚酞、甲基红和甲基橙为指示剂．如用0.01000 mol·L^{-1} NaOH滴定0.01000 mol·L^{-1}HCl的突跃范围为pH=5.30～8.70，此时只能选择甲基红为指示剂而不能用甲基橙为指示剂，否则滴定误差将达1%以上。

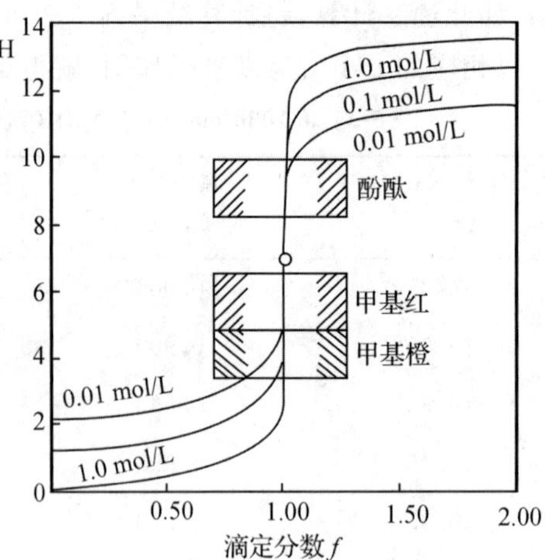

图5-5　不同浓度NaOH滴定不同浓度HCl时的滴定曲线

5.6.1.2　一元弱酸(碱)的滴定

强碱滴定一元弱酸或强酸滴定一元弱碱这类滴定反应的平衡常数均较强酸强碱滴定反应的平衡常数小，表明反应的完全程度较差。如果弱酸的$K_a^\ominus$或弱碱的$K_b^\ominus$值较大，则$K_t^\ominus$值也较大，滴定反应的完全程度就好些；如果弱酸的 $K_a^\ominus$ 或弱碱的 $K_b^\ominus$ 值太小，则 $K_t^\ominus$ 值也很小，滴定反应不能进行完全，这种弱酸(碱)不能被准确滴定。

以 0.1000 mol·L^{-1}的 NaOH 滴定 20.00 mL 0.1000 mol·L^{-1}的 HAc 为例，讨论此类滴定的滴定曲线和指示剂的选择。滴定过程中的 pH 值计算也分为以下四个阶段。

(1)滴定前

溶液为 0.1000 mol·L^{-1}的 HAc，溶液的 $c(H^+)$计算如下：

$$c(H^+)=\sqrt{K_a^\ominus\cdot\{c(HAc)/c^\ominus\}}=\sqrt{1.7\times10^{-5}\times0.1000}=1.3\times10^{-3}$$

$$pH=2.88, f=0.000$$

(2)滴定开始至化学计量点前

因 NaOH 溶液的加入，溶液中同时含有 HAc 及其共轭碱，即为 HAc 与 Ac^- 组成的缓冲体系，溶液酸度可按下式计算：

$$c(H^+)/c^\ominus=\frac{K_a^\ominus\cdot\{c(HAc)/c^\ominus\}}{\{c(Ac^-)/c^\ominus\}}$$

例如，当加入 19.98 mL 的 NaOH 溶液时：

$$c(HAc)=0.1000\ \text{mol}\cdot\text{L}^{-1}\times\frac{20.00\ \text{mL}-19.98\ \text{mL}}{20.00\ \text{mL}+19.98\ \text{mL}}=5.00\times10^{-5}\ \text{mol}\cdot\text{L}^{-1}$$

$$c(Ac^-)=0.1000\ \text{mol}\cdot\text{L}^{-1}\times\frac{19.98\ \text{mL}}{20.00\ \text{mL}+19.98\ \text{mL}}=5.00\times10^{-2}\ \text{mol}\cdot\text{L}^{-1}$$

$$c(H^+)/c^\ominus=\frac{K_a^\ominus\cdot\{c(HAc)/c^\ominus\}}{\{c(Ac^-)/c^\ominus\}}=\frac{1.7\times10^{-5}\times5.00\times10^{-5}}{5.00\times10^{-2}}=1.7\times10^{-8}$$

$$pH=7.76, f=0.999$$

(3)化学计量点时

溶液为 0.05000 mol·L^{-1}的 Ac^- 溶液，$\{c(OH^-)/c^\ominus\}$计算如下：

$$c(OH^-)/c^\ominus=\sqrt{K_b^\ominus(Ac^-)\{c(Ac^-)/c^\ominus\}}=\sqrt{\frac{K_w^\ominus}{K_a^\ominus(HAc)}\{c(Ac^-)/c^\ominus\}}$$

$$=\sqrt{\frac{1.0\times10^{-14}}{1.75\times10^{-5}}\times0.05000}=5.3\times10^{-6}$$

$$pH=pK_w^\ominus-pOH=14.00-5.27=8.73, f=1.000$$

(4)化学计量点后

溶液为弱碱 Ac^- 和过量的 NaOH 组成，由于 NaOH 的碱性比 Ac^- 强，溶液的 pH 值主要由过量的 NaOH 决定，其计算方法与强酸滴定强碱时相同，溶液的碱度等于过量 NaOH 的浓度。

例如，当加入 20.02 mL NaOH 溶液时，溶液中的

$$c(OH^-)/c^\ominus=\frac{c(NaOH)V(NaOH)-c(HAc)V(HAc)}{V(NaOH)+V(HAc)}$$

$$=\frac{0.1000\ \text{mol}\cdot\text{L}^{-1}\times20.02\ \text{mL}-0.1000\ \text{mol}\cdot\text{L}^{-1}\times20.00\ \text{mL}}{20.02\ \text{mL}+20.00\ \text{mL}}$$

$$=5.00\times10^{-5}\ \text{mol}\cdot\text{L}^{-1}$$

$$pH=pK_w^\ominus-pOH=14.00-4.30=9.70, f=1.001$$

如此逐一计算，将计算结果列于表 5-4 中，并绘成图 5-6。

表 5-4 0.1000 mol·L^{-1}NaOH 滴定 20.00 mL 0.1000 mol·L^{-1}HAc 的 pH 值变化

加入 NaOH (V/mL)	滴定分数 (f)	剩余 HAc (V/mL)	过量 NaOH (V/mL)	pH
0.00	0.000	20.00		2.88
18.00	0.900	2.00		5.71
19.80	0.990	0.20		6.76
19.96	0.998	0.04		7.46
19.98	0.999	0.02		7.76
20.00	1.000	0.00		8.73
20.02	1.001		0.02	9.70
20.04	1.002		0.04	10.00
20.20	1.010		0.20	10.70
22.00	1.100		2.00	11.70
40.00	2.000		20.00	12.52

由图 5-6 可知，与滴定等浓度的 HCl 相比较。滴定前弱酸溶液的 pH 值比强酸溶液大。滴定开始后，反应产生的 Ac^- 抑制了 HAc 的解离，溶液中的 $c(H^+)$ 降低很快，pH 值很快增加，这段曲线斜率较大。随着 NaOH 不断加入，溶液中 HAc 不断减少，Ac^- 不断增加，由 HAc 和 Ac^- 组成的缓冲溶液的缓冲能力也逐渐增加，溶液的 pH 值变化变缓，当 HAc 被滴定 50% 时，$c(HAc)=c(Ac^-)$，此时溶液的缓冲能力最大，这一段曲线的斜率最小。接近化学计量点时，HAc 浓度已很低，溶液的缓冲作用显著减弱，继续加入 NaOH，溶液的 pH 值变化又加快。化学计量点时，滴定产物 Ac^- 是弱碱，溶液呈碱性。化学计量点后，溶液为 Ac^- 与 NaOH 组成的混合液，Ac^- 碱性较弱，它的解离受到过量的 NaOH 的抑制，溶液 pH 值的变化规律与滴定强酸时相似。

由表 5-4 可知，0.1000 mol·L^{-1}的 NaOH 滴定 20.00 mL 0.1000 mol·L^{-1}的 HAc 的突跃范围为 pH=7.76～9.70 比滴定同样浓度的 HCl 的突跃范围(4.30～9.70)小得多，而且是在弱碱性区域，只能选择在碱性区域内变色的指示剂如酚酞、百里酚蓝等，而在酸性范围内变色的指示剂如甲基橙、甲基红等都不适用。

强碱滴定弱酸的滴定突跃范围的大小，受到酸的浓度和强度的影响。当 $K_a^\ominus$ 值一定时，浓度越大，突跃范围越大；反之，突跃范围越小。图 5-7 为 0.1000 mol·L^{-1} 的 NaOH 滴定 0.1000 mol·L^{-1}不同强度酸的滴定曲线。由图 5-7 可知，当浓度一定时，$K_a^\ominus$ 值越大，突跃范围越大；$K_a^\ominus$ 值越小，突跃范围越小。如果酸的强度和浓度两个因素同时变化，滴定突跃将由 $K_a^\ominus$ 和 c 乘积所决定。$(c\cdot K_a^\ominus)$越大，突跃范围也越大；反之，则越小。实践证明，只有当弱酸的 $K_a^\ominus\cdot\{c(HB)/c^\ominus\}\geqslant 10^{-8}$时，人们才能通过观察指示剂的变色来准确判断滴定终点，此时终点误差不大于±0.2%。因此，通常视 $K_a^\ominus\cdot\{c(HB)/c^\ominus\}\geqslant 10^{-8}$ 与否，作为判断弱酸能否被准确滴定的依据。

关于强酸滴定一元弱碱，如 HCl 滴定 NH_3，溶液中各阶段的 pH 值的计算与强碱滴定一元弱酸相似，滴定曲线与 NaOH 滴定 HAc 相似，只是变化方向相反，滴定的突跃范围落在酸

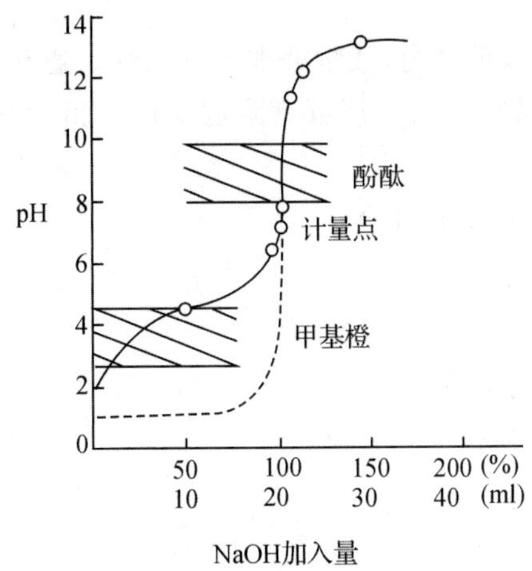

图 5-6　0.1000 mol・L⁻¹NaOH 滴定 20.00 mL 0.1000 mol・L⁻¹HAc 的滴定曲线

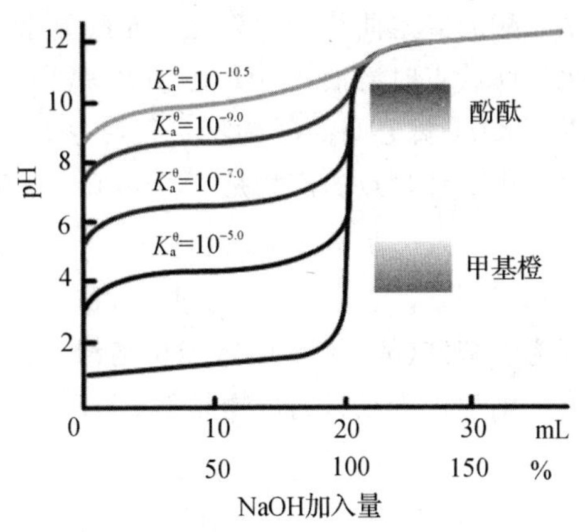

图 5-7　0.1000 mol・L⁻¹NaOH 滴定 0.1000 mol・L⁻¹ 不同强度酸的滴定曲线

性区域，只能选择在酸性范围内变色的指示剂如甲基橙、甲基红等。

与一元弱酸的滴定一样，只有当 $K_b^{\ominus}\cdot\{c(B^-)/c^{\ominus}\}\geqslant10^{-8}$ 时，才能借助指示剂的变色准确判断滴定终点，此时终点误差不大于±0.2%。因此，一元弱碱能否被强酸准确滴定的判断依据为 $K_b^{\ominus}\cdot\{c(B^-)/c^{\ominus}\}\geqslant10^{-8}$。

5.6.1.3　多元弱酸(碱)的滴定

1. 多元弱酸的滴定　多元弱酸水中是分步解离的，例如二元酸 H_2A 在水溶液中存在下列解离平衡：

$$H_2A \rightleftharpoons H^+ + HA^-$$
$$HA^- \rightleftharpoons H^+ + A^{2-}$$

但是在滴定过程中，它们能否分步滴定，即每一化学计量点处是否能形成明显的突跃，这与多元酸碱的各步解离常数和浓度的大小有关。

由一元酸的滴定可知，如果二元酸 $K_{a_1}^{\ominus}\cdot\{c(H_2A)/c^{\ominus}\}\geqslant10^{-8}$，$K_{a_2}^{\ominus}\cdot\{c(HA^-)/c^{\ominus}\}\geqslant10^{-8}$，则两级解离产生的 H^+ 均可被准确滴定；且当 $K_{a_1}^{\ominus}/K_{a_2}^{\ominus}\geqslant10^4$，第一步解离产生的 H^+ 可与第二步解离产生的 H^+ 分开滴定，形成两个突跃。若 $K_{a_1}^{\ominus}/K_{a_2}^{\ominus}<10^4$ 同只能形成一个突跃，即二元酸的两步解离产生的 H^+ 只能一次被滴定(二元酸两步解离产生的 H^+ 都能被滴定，只是第一化学计量点不能形成突跃或突跃不明显，只有在两步解离产生的 H^+ 全部被滴定后才出现突跃即只在第二化学计量点有突跃，两步解离产生的 H^+ 不能分开滴定。)

如果 $K_{a_1}^{\ominus}\cdot\{c(H_2A)/c^{\ominus}\}\geqslant10^{-8}$，而 $K_{a_2}^{\ominus}\cdot\{c(HA^-)/c^{\ominus}\}<10^{-8}$，$K_{a_1}^{\ominus}/K_{a_2}^{\ominus}\geqslant10^4$，只有第一步解离产生的 H^+ 可被滴定，即在第一化学计量点形成突跃。其他多元酸的滴定，可依此类推。

由此可见，对于多元弱酸的滴定，首先根据 $K_a^{\ominus}\cdot\{c(H_2A)/c^{\ominus}\}\geqslant10^{-8}$ 的原则，判断是否能准确进行滴定，然后根据相邻两级解离常数的比值是否大于 10^4，判断能否进行分步滴定。

例如，用 0.1000 mol・L⁻¹ 的 NaOH 滴定 20.00 mL 0.1000 mol・L⁻¹ 的 H_3PO_4，因为 $K_{a_1}^{\ominus}\cdot\{c(H_3PO_4)/c^{\ominus}\}\geqslant10^{-8}$；$K_{a_2}^{\ominus}\cdot\{c(H_2PO_4^-)/c^{\ominus}\}\approx10^{-8}$；$K_{a_3}^{\ominus}\cdot\{c(HPO_4^{2-})/c^{\ominus}\}<10^{-8}$，所以第一、第二步解离产生的 H^+ 可被滴定，第三步解离产生的 H^+ 不能被滴定。又因为 $K_{a_1}^{\ominus}/K_{a_2}^{\ominus}\geqslant10^4$，$K_{a_2}^{\ominus}/K_{a_3}^{\ominus}\geqslant10^4$，所以第一和第二步解离产生的 H^+ 可分开滴定，第一计量点和第二计量

点都有突跃，但第二个突跃不够明显。

多元酸的滴定曲线的计算比一元酸复杂得多，涉及多重平衡，数学处理十分麻烦。通常只计算化学计量点时溶液的 pH 值，并以此为依据，选择那些在化学计量点附近变色的指示剂。下面以 NaOH 滴定 H_3PO_4 为例进行讨论。

第一化学计量点的产物是 NaH_2PO_4，溶液的 pH 值按下式计算：

$$c(H^+)/c^{\ominus}=\sqrt{K_{a_1}^{\ominus}K_{a_2}^{\ominus}}=1.9\times10^{-5}$$
$$pH=4.66$$

可选甲基红（$pK_a^{\ominus}=5.0$）或溴甲酚绿（$pK_a^{\ominus}=4.9$）为指示剂。

第二化学计量点时的产物是 Na_2HPO_4，溶液的 pH 值按下式计算：

$$c(H^+)/c^{\ominus}=\sqrt{K_{a_2}^{\ominus}K_{a_3}^{\ominus}}=2.2\times10^{-10}$$
$$pH=9.78$$

可选酚酞（$pK_a^{\ominus}=9.1$）或百里酚酞（$pK_a^{\ominus}=10.0$）为指示剂。

因 $K_{a_3}^{\ominus}$ 太小，第三步解离产生的 H^+ 不能被直接滴定，可通过加入 $CaCl_2$，使 HPO_4^{2-} 转化为 $Ca_3(PO_4)_2$ 而将其中的 H^+ 释放出，然后用 NaOH 滴定释放出的 H^+。H_3PO_4 被 NaOH 溶液滴定的曲线如图 5-8。

2. 多元弱碱的滴定　用强酸滴定多元碱时，其情况与多元酸的滴定完全相似。即多元碱能否被准确滴定，会产生几个突跃，其判断方式与多元酸一样。例如用 0.1000 mol·L^{-1} 的 HCl 滴定 20.00 mL 0.1000 mol·L^{-1} 的 Na_2CO_3（H_2CO_3 的 $K_{a_1}^{\ominus}=4.3\times10^{-7}$，$K_{a_2}^{\ominus}=4.8\times10^{-11}$）溶液，因为 $K_{b_1}^{\ominus}\cdot\{c(CO_3^{2-})/c^{\ominus}\}\geqslant10^{-8}$；$K_{b_2}^{\ominus}\cdot\{c(HCO_3^-)/c^{\ominus}\}\approx10^{-8}$，$K_{b_1}^{\ominus}/K_{b_2}^{\ominus}\approx10^4$，所以第一和第二步解离产生的 OH^- 可分开滴定，第一计量点和第二计量点都有突跃。

第一化学计量点是 $NaHCO_3$ 溶液，pH 值按下式计算：

$$c(H^+)/c^{\ominus}=\sqrt{K_{a_1}^{\ominus}K_{a_2}^{\ominus}}=4.5\times10^{-9}$$
$$pH=8.30$$

可选用酚酞为指示剂。但由于 $K_{b_1}^{\ominus}/K_{b_2}^{\ominus}$ 不够大，加之 $NaHCO_3$ 的缓冲作用，故突跃不够明显。为了准确判断第一终点，常用 $NaHCO_3$ 作参比溶液，或使用甲酚红-百里酚蓝混合指示剂，能提高滴定结果的准确度。

由于 Na_2CO_3 的 $K_{b_2}^{\ominus}$ 不够大，故第二化学计量点时突跃也不明显。第二化学计量点的产物是 H_2CO_3，在常温常压下其饱和溶液的浓度为 0.040 mol·L^{-1}，则：

$$c(H^+)/c^{\ominus}=\sqrt{K_{a_1}^{\ominus}\{c(H_2CO_3)/c^{\ominus}\}}=\sqrt{4.3\times10^{-7}\times0.040}=1.3\times10^{-4}$$
$$pH=3.89$$

可选用甲基橙或甲基橙-靛蓝混合指示剂。但在接近第二化学计量点时，易形成 CO_2 的过饱和溶液，使溶液的酸度稍有增大，造成终点提前。因此，滴定到终点附近时应剧烈摇动溶液，或将溶液加热煮沸，逐出溶液中的 CO_2，加速 H_2CO_3 的分解，放冷后继续滴定。此时变色敏锐，准确度提高。HCl 滴定 Na_2CO_3 的滴定曲线如图 5-9。

5.6.1.4　CO_2 对酸碱滴定的影响

(1)影响因素

空气中的 CO_2 对酸碱滴定的影响，主要有如下几个方面：

(A)NaOH 试剂中含有 Na_2CO_3　由于 NaOH 强烈吸收空气中的 CO_2，因此在用含有 Na_2CO_3 的 NaOH 试剂配制标准溶液时，常用邻苯二甲酸氢钾或草酸标定，以酚酞为指示剂，

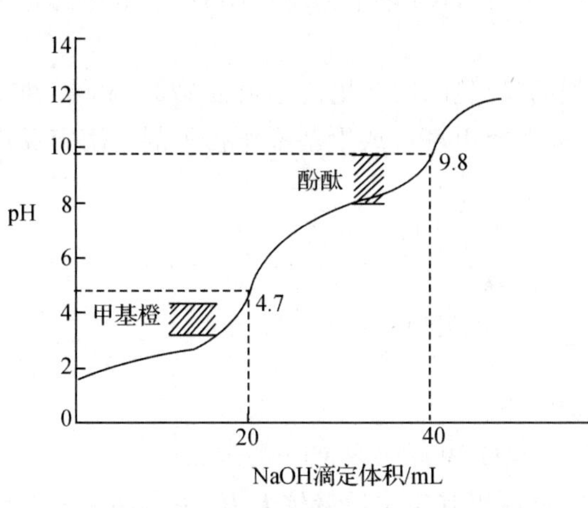

图 5-8　NaOH 滴定 H_3PO_4 的滴定曲线

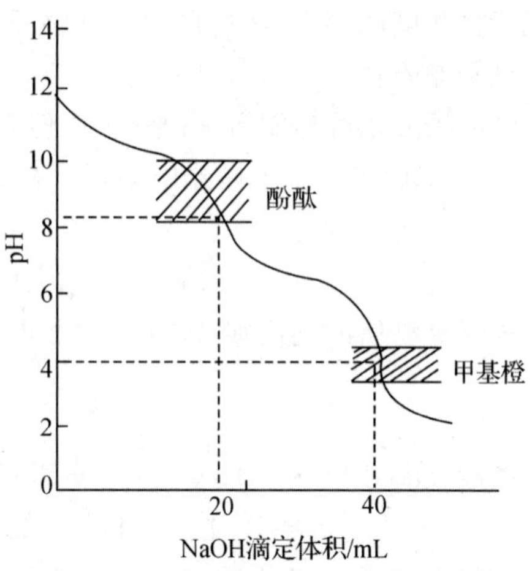

图 5-9　HCl 滴定 Na_2CO_3 的滴定曲线

至滴定终点时 Na_2CO_3 被中和为 $NaHCO_3$。如果用此标准溶液直接滴定样品，若也以酚酞为指示剂，则对测定结果影响不大；若以甲基红或甲基橙为指示剂，到终点时 Na_2CO_3 被中和为 H_2CO_3，则测定结果偏低，误差为负。

(B)NaOH 标准溶液吸收了空气中的 CO_2　标定好的 NaOH 标准溶液，因保存不当，吸收了空气中的 CO_2。如果用它直接滴定样品，若以酚酞为指示剂，到滴定终点时，所吸收的 CO_2 最终以 $NaHCO_3$ 形式存在，则测定结果偏高，误差为正；若以甲基橙为指示剂，到滴定终点时，所吸收的 CO_2 最终以 H_2CO_3 形式存在，则对测定结果影响不大。

(C)蒸馏水中含有 CO_2　在蒸馏水中含有 CO_2 时，因 $CO_2 + H_2O \rightleftharpoons H_2CO_3$，能与 NaOH 标准溶液反应，但反应速率较慢。当用酚酞作指示剂时，常使滴定终点不稳定，稍放置，粉红色又褪去，这是由于 CO_2 不断转变为 H_2CO_3，直至溶液中的 CO_2 转化完全为止。

(2)应对措施

为消除 CO_2 对酸碱滴定的影响，应注意如下几点：

(A)酸碱滴定中所用蒸馏水，应先加热煮沸以除去 CO_2。

(B)应配制不含 Na_2CO_3 的 NaOH 标准溶液。可先配制成 NaOH 的饱和溶液(约 50%)，此时 Na_2CO_3 的溶解度很小，沉于溶液底部。取上层清液稀释至所需浓度，标定后即得不含 Na_2CO_3 的 NaOH 标准溶液。

(C)妥善保存 NaOH 标准溶液。配制好的 NaOH 标准溶液，应装在配有虹吸管及碱石棉管的瓶中，以防止吸收空气中的 CO_2。当 NaOH 标准溶液久置后，使用前应重新标定。

(D)标定和测定应尽可能用同一指示剂，在相同条件下进行，以抵消 CO_2 对测定结果的影响。

5.6.2　酸碱滴定法的应用

5.6.2.1　酸碱标准溶液的配制和标定

酸碱滴定中，可用 HCl、H_2SO_4、NaOH、KOH 等配制成标准溶液，其中 0.1 $mol \cdot L^{-1}$ 的 HCl 溶液和 0.1 $mol \cdot L^{-1}$ 的 NaOH 溶液是最常用的标准溶液。

(1)酸标准溶液

由于市售的浓盐酸浓度不准确，且易挥发，所以一般不能用直接法配制标准溶液，而是先配成近似浓度的溶液，然后再用基准物质标定。标定 HCl 溶液的基准物质，最常用的是无水碳酸钠和硼砂。

纯品碳酸钠容易制备，价格便宜，但有强烈的吸湿性，因此用前必须在 270～300℃ 烘干约 1 小时，冷却后存放于干燥器中备用。标定时可选择甲基红或甲基橙作指示剂。滴定反应如下：

$$Na_2CO_3 + 2HCl \rightleftharpoons 2NaCl + CO_2 + H_2O$$

根据等物质的量规则，HCl 的浓度可按下式计算：

$$c(HCl) = \frac{2m(Na_2CO_3)}{M(Na_2CO_3)V(HCl)}$$

硼砂（$Na_2B_4O_7 \cdot 10H_2O$）标定 HCl 的反应如下：

$$Na_2B_4O_7 \cdot 10H_2O + 2HCl \rightleftharpoons 4H_3BO_3 + 2NaCl + 5H_2O$$

它与 HCl 反应的物质的量之比也是 1∶2，但由于其摩尔质量较大为 381.4 $g \cdot mol^{-1}$，直接称取基准物作标定时，引起称量误差小。硼砂无吸湿性，也容易提纯，但是在空气中易失去部分结晶水，因此常保存在相对湿度为 60％的恒湿器中。滴定时，选甲基红为为指示剂。根据反应式，HCl 的浓度可按下式计算：

$$c(HCl) = \frac{2m(Na_2B_4O_7 \cdot 10H_2O)}{M(Na_2B_4O_7 \cdot 10H_2O)V(HCl)}$$

(2)碱标准溶液

NaOH 具有很强的吸湿性，也容易吸收空气中的 CO_2，因此 NaOH 标准溶液通常是先配制成大致所需浓度的溶液，然后再用基准物质标定。常用来标定 NaOH 标准溶液的基准物质有邻苯二甲酸氢钾和草酸。

邻苯二甲酸氢钾（$KHC_8H_4O_6$）易溶于水，不含结晶水，不易吸收空气中的水分，易保存，且摩尔质量大（204.2 $g \cdot mol^{-1}$），因此它是标定碱液较好的基准物质。通常于 100～125℃ 时干燥备用，干燥温度不宜过高，否则会引起脱水而成为邻苯二甲酸酐。它与 NaOH 的反应为：

$$C_6H_4(COOK)(COOH) + NaOH \rightleftharpoons C_6H_4(COOK)(COONa) + H_2O$$

滴定产物为邻苯二甲酸钠钾，化学计量点时溶液的 pH＝9.05，可选用酚酞作指示剂。可按下式计算 NaOH 溶液的浓度：

$$c(NaOH) = \frac{m(KHC_8H_4O_6)}{M(KHC_8H_4O_6)V(NaOH)}$$

草酸（$H_2C_2O_4 \cdot H_2O$）性质稳定，相对湿度在 5％～95％时不会风化失水，因此可保存在密闭的容器中备用。草酸是二元弱酸（$pK_{a_1}^{\ominus} = 1.25$，$pK_{a_2}^{\ominus} = 4.29$），由于 $K_{a_1}^{\ominus}/K_{a_2}^{\ominus}$ 比值较小，只能作为二元酸被一次滴定到 $C_2O_4^{2-}$，其反应如下：

$$H_2C_2O_4 + 2NaOH \rightleftharpoons Na_2C_2O_4 + 2H_2O$$

化学计量点时溶液的 pH＝8.5，pH 突跃范围为 7.7～10.0，可选用酚酞作指示剂。可按下式计算 NaOH 溶液的浓度：

$$c(NaOH) = \frac{2m(H_2C_2O_4 \cdot 2H_2O)}{M(H_2C_2O_4 \cdot 2H_2O)V(NaOH)}$$

5.6.2.2　酸碱滴定法应用实例

酸碱滴定法广泛应用于实际生产工作中，工业产品如烧碱、纯碱、碳酸氢铵等主成分的测定，农业生产中土壤、肥料、农产品中含氮量的测定，都可采用酸碱滴定法。

1. 食醋中总酸量的测定　食醋中主要含醋酸（$K_a^{\ominus}=1.8\times10^{-5}$），还含有一些其他的弱酸，如乳酸等，只要它们的强度较大，都可以被 NaOH 同时滴定。测定时以酚酞为指示剂，总酸含量通常以醋酸的质量浓度 $\rho(HAc)$形式表示，单位常用 $g\cdot L^{-1}$。食醋中醋酸的质量分数为 3%～5%，测定前要稀释至 $c(HAc)$为 $0.1\ mol\cdot L^{-1}$左右。若样品颜色过深，妨碍指示剂颜色的观察，可事先用活性炭脱色。结果按下式计算：

$$\rho(HAc)=\frac{c(NaOH)V(NaOH)M(HAc)\times n}{V(HAc)}$$

式中，n 为样品稀释倍数。

2. 铵盐中氮的测定　测定铵盐中氮的方法有蒸馏法和甲醛法两种：

(1)蒸馏法　将处理好的含 NH_4^+ 的试液置于蒸馏瓶中，加入过量的浓 NaOH 溶液使 NH_4^+ 转化为 NH_3，加热蒸馏，用一定量并过量的 HCl 标准溶液吸收 NH_3，生成 NH_4Cl，蒸馏完毕，用 NaOH 标准溶液返滴定剩余的 HCl，以甲基红为指示剂指示滴定终点。氮的含量可按下式计算：

$$w(N)=\frac{[c(HCl)V(HCl)-c(NaOH)V(NaOH)]M(N)}{m_s}$$

式中，m_s为试样的质量，$M(N)$为氮的摩尔质量。

蒸馏出来的 NH_3也可用过量但不需要准确计量的 H_3BO_3吸收：

$$NH_3+H_3BO_3=NH_4H_2BO_3$$

再以甲基红为指示剂，用 HCl 标准溶液滴定生成的 $H_2BO_3^-$。此法的优点在于只需要一种标准溶液（HCl），过量的 H_3BO_3不干扰滴定，它的浓度和体积都不需要准确已知，只要保证用量足够即可。但用硼酸吸收时，温度不得超过 40℃，否则氮易逸失。

(2)甲醛法　将甲醛与铵盐反应，定量地生成质子化的六亚甲基四胺和 H^+，反应如下：

$$4NH_4^+ +6HCHO \rightleftharpoons (CH_2)_6N_4H^+ +3\ H^+ +6H_2O$$

用 NaOH 标准溶液滴定，因$(CH_2)_6N_4H^+$的 $pK_a^{\ominus}=5.13$，它与反应中生成的 H^+ 同时被滴定，计量点时生成$(CH_2)_6N_4$，它是一种弱碱（$K_a^{\ominus}=1.4\times10^{-9}$），溶液的 pH 值约为 8.7，可用酚酞作为指示剂，可按下式计算氮的含量：

$$w(N)=\frac{c(NaOH)V(NaOH)M(N)}{m_s}$$

试样中如果含有游离酸，事先需用 NaOH 溶液中和，此时应采用甲基红为指示剂，不能用酚酞为指示剂，否则 NH_4^+ 有部分被中和。

3. 混合碱的测定

(A)烧碱中 NaOH 和 Na_2CO_3含量的测定

烧碱在生产和贮藏过程中因吸收空气中的 CO_2而产生 Na_2CO_3。因此，在测定烧碱中 NaOH 含量的同时，常需要测定 Na_2CO_3的含量，此称为混合碱的分析。最常用的方法是双指示剂法。所谓双指示剂法，就是利用两种指示剂进行连续滴定，根据不同化学计量点颜色变化得到两个终点，分别根据各终点处所消耗的酸标准溶液，计算各成分的含量。

测定烧碱中 NaOH 和 Na_2CO_3含量时，首先以酚酞为指示剂，用 HCl 标准溶液滴定至溶液红色刚好消失，此时混合碱中的 NaOH 全部被中和，而 Na_2CO_3则被中和到 $NaHCO_3$，此为第一终点，记录所用 HCl 体积为 V_1。然后再加入甲基橙指示剂，继续用 HCl 标准溶液滴定至溶液由黄色恰好变为橙色为止，即为第二终点，又消耗的 HCl 体积为 V_2。滴定过程如图 5-10

所示。

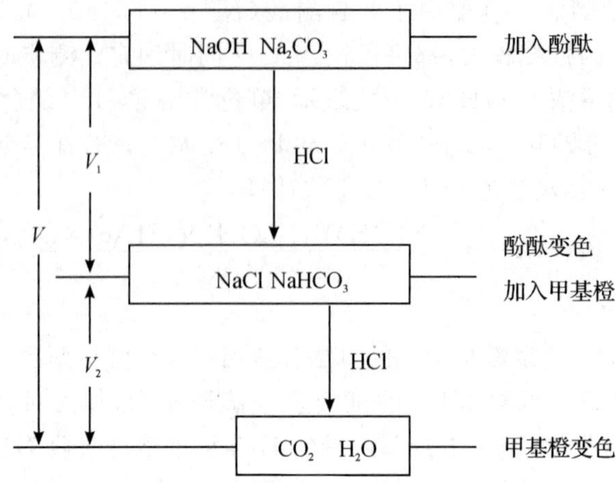

图 5-10 NaOH 和 Na_2CO_3 混合物的测定

由图 5-10 可看出，V_2 是滴定 $NaHCO_3$ 时所消耗的标准溶液体积，而 Na_2CO_3 被中和到 $NaHCO_3$ 与 $NaHCO_3$ 被中和到 H_2CO_3 所消耗的 HCl 体积相等。所以：

$$\omega(\mathrm{NaOH})=\frac{[c(\mathrm{HCl})V_1(\mathrm{HCl})-c(\mathrm{HCl})V_2(\mathrm{HCl})]M(\mathrm{NaOH})}{m_s}$$

$$\omega(\mathrm{Na_2CO_3})=\frac{c(\mathrm{HCl})V_2(\mathrm{HCl})M(\mathrm{Na_2CO_3})}{m_s}$$

(B)纯碱中 Na_2CO_3 和 $NaHCO_3$ 含量的测定

Na_2CO_3 和 $NaHCO_3$ 混合碱的测定，与测定烧碱的方法相类似。用双指示剂法，滴定过程如图 5-11 所示。

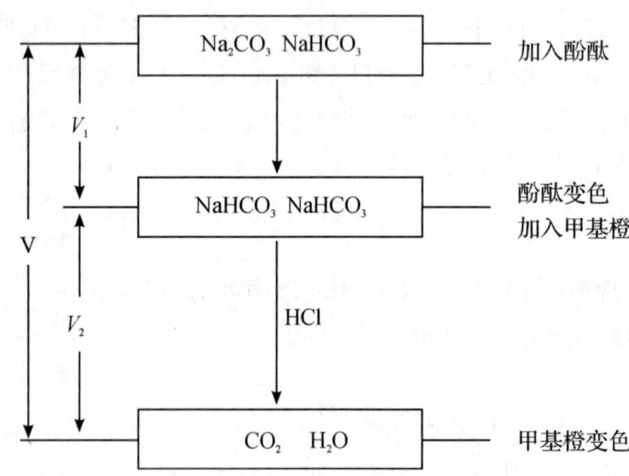

图 5-11 Na_2CO_3 和 $NaHCO_3$ 混合物的测定

由图 5-11 可得：

$$\omega(\mathrm{Na_2CO_3})=\frac{c(\mathrm{HCl})V_1(\mathrm{HCl})M(\mathrm{Na_2CO_3})}{m_s}$$

$$\omega(\mathrm{NaHCO_3})=\frac{[c(\mathrm{HCl})V_2(\mathrm{HCl})-c(\mathrm{HCl})V_1(\mathrm{HCl})]M(\mathrm{NaHCO_3})}{m_s}$$

双指示剂法不仅可用于混合碱的定量分析，还可用于未知碱样品的定性分析。样品组成可参照表 5-5 进行判断。

表 5-5　混合碱组成分析

V_1 和 V_2 的变化	试样的组成
$V_1 \neq 0$　$V_2 = 0$	NaOH
$V_1 = 0$　$V_2 \neq 0$	$NaHCO_3$
$V_1 = V_2 \neq 0$	Na_2CO_3
$V_1 > V_2 > 0$	Na_2CO_3 和 NaOH
$V_2 > V_1 > 0$	Na_2CO_3 和 $NaHCO_3$

❋ 阅读材料

血液——庞大的缓冲体系

在人体内各种酶只有在一定 pH 值范围的体液中才具有活性。在体外，细胞的培养、组织切片和细菌的染色、血库中的血液冷藏、某些药物配制成溶液，其 pH 值也需要保持恒定。因此，液体中所含有的缓冲对起到了决定性的作用。人体血液中，其中血浆中存在的缓冲对主要有：$NaHCO_3/H_2CO_3$、Na-血浆蛋白/H-血浆蛋白、Na_2HPO_4/NaH_2PO_4，而在细胞中主要存在 $KHCO_3/H_2CO_3$、K-血红蛋白/H-血红蛋白、K-氧合血红蛋白/H-氧合血红蛋白、K_2HPO_4/KH_2PO_4。其中碳酸氢盐缓冲体系在血液中缓冲能力最大，对于维持血液正常 pH 值的作用也最为重要。

H_2CO_3 主要以溶解状态的 CO_2 形式存在于血液中。正常人血浆中，HCO_3^--CO_2 缓冲比为 20∶1，已超出缓冲溶液有效缓冲范围(10∶1～1∶10)，但仍能维持血液 pH 在一个狭窄范围内。这是由于体内是一个开放体系，HCO_3^--CO_2 发挥缓冲作用外还受到肺和肾生理功能调节，其浓度保持相对稳定，因此，血浆中 HCO_3^--CO_2 缓冲体系总能保持较强的缓冲能力。当代谢过程产生比 H_2CO_3 更强的酸进入血液中，则 HCO_3^- 与 H^+ 结合生成 H_2CO_3，又立刻被带到肺部分解成 H_2O 和 CO_2，呼出体外。反之，代谢过程产生碱性物进入血液时，H_2CO_3 立即与 OH^- 作用，生成 H_2O 和 HCO_3^-，经肾脏调节由尿排出。

糖、脂肪和蛋白质等营养物质在体内氧化分解的最终产物是二氧化碳和水，在碳酸酐酶的催化下，转化为碳酸，因此碳酸是体内产生量最多和最主要的酸性物质。血液中对碳酸直接起缓冲作用的是血红蛋白(HHb)和氧合血红蛋白($HHbO_2$)缓冲体系。由于血红蛋白的酸性比氧合血红蛋白的弱，故前者的共轭碱(Hb^-)对碳酸的缓冲能力比氧合血红蛋白的共轭碱(HbO_2^-)强。当血液流经组织的毛细血管时，氧合血红蛋白释放氧气(O_2)，转变为去氧血红蛋白，这时增加了对来自组织细胞的二氧化碳产生碳酸的缓冲能力。而当血液流经肺泡毛细血管时，血红蛋白结合氧转变为氧合血红蛋白，碳酸被酶催化分解为 CO_2 和水，CO_2 通过肺泡排出体外，此时血液缓冲碳酸的能力降低，酸性相对增强，这样正好抵消了由于 CO_2 的排出造成血液酸性降低的影响，使血液的 pH 维持在 7.35～7.45 的范围内。

血液对体内代谢过程中产生的非挥发性酸如乳酸、丙酮酸等也有缓冲作用。这些物质一般不能在肺泡中排出，主要靠血浆中碳酸氢盐的缓冲作用，如对乳酸的作用生成的碳酸转变为二氧化碳经由肺泡排出体外。血液对碱性物质也有缓冲作用，它们主要来源于食物。人们吃的蔬菜和果类，其中含有柠檬酸钠、钾盐、磷酸氢二钠和碳酸氢钠等碱类，它们在体内产生的碱进入血液时，会使体液的 OH^- 浓度升高。此时主要靠血浆中的碳酸-碳酸氢盐，同时也靠磷酸氢盐和血浆蛋白的缓冲作用。

当血液的 pH 低于 7.3 时，新陈代谢产生的二氧化碳不能从细胞进入血液；当血液的 pH 高于 7.5 时，肺中的二氧化碳不能有效地同氧气交换排出体外。这时会出现酸中毒或碱中毒现象，严重时生命就不能继续维持。由于血液中多种缓冲体系的缓冲作用以及肺、肾的调节作用，正常人血液的 pH 值才能恒定维持在 7.35～7.45 之间。

思考题与习题

5-1 (1)什么叫同离子效应和盐效应？它们对弱酸或弱碱的解离平衡有何影响？

(2)什么是指示剂的变色点和变色范围？根据什么原则选择酸碱滴定的指示剂？

(3)什么是缓冲溶液？举例说明缓冲溶液的作用原理。

(4)什么是酸碱滴定的 pH 突跃范围？影响突跃范围大小的因素有哪些？

(5)一般不能用直接法配置酸碱标准溶液，为什么？

5-2 用质子理论判断下列物质哪些是酸？并写出它的共轭碱。哪些是碱？也写出它的共轭酸。其中哪些既是酸又是碱？

$H_2PO_4^-$，CO_3^{2-}，NH_3，NO_3^-，H_2O，HSO_4^-，HS^-，HCl

5-3 氨水是一弱碱，当氨水浓度为 0.200 $mol \cdot L^{-1}$ 时，$NH_3 \cdot H_2O$ 的离解度 α 为 0.946%，问当浓度为 0.100 $mol \cdot L^{-1}$ 时 $NH_3 \cdot H_2O$ 时电离度 α 为多少？

5-4 0.01 $mol \cdot L^{-1}$ HAc 溶液的解离度为 4.2%，求同一温度下，HAc 的解离常数和溶液的 pH 值。

5-5 水溶液中，强酸与强碱反应的离子反应式为______，$K^\ominus$ = ______；

强酸与一元弱碱反应的离子反应式为______，$K^\ominus$ = ______；强碱与弱酸反应的离子反应式为______，$K^\ominus$ = ______，弱酸与弱碱反应的离子反应式为______，$K^\ominus$ = ______。

5-6 写出下列化合物水溶液的 PBE：

(1)H_3PO_4	(2)Na_2HPO_4	(3)Na_2S	(4)$NH_4H_2PO_4$
(5)$Na_2C_2O_4$	(6)NH_4Ac	(7)HCl+HAc	(8)NaOH+NH_3

5-7 求下列各弱酸或弱碱的共轭碱或共轭酸的 $pK_b^\ominus$ 或 $pK_a^\ominus$。

(1)柠檬酸 $C_6H_8O_7$($pK_{a_1}^\ominus$=3.13，$pK_{a_2}^\ominus$=4.76，$pK_{a_3}^\ominus$=6.40)

(2)HCOOH ($pK_a^\ominus$=3.75)

(3)$HC_2O_4^-$ ($H_2C_2O_4$ 的 $pK_{a_1}^\ominus$=1.25，$pK_{a_2}^\ominus$=4.27)

(4)PO_4^{3-} (H_3PO_4 的 $pK_{a_1}^\ominus$=2.16，$pK_{a_2}^\ominus$=7.21，$pK_{a_3}^\ominus$=12.32)

(5)苯胺 ($pK_b^\ominus$=9.34)

5-8 柠檬汁是一种酸性最强的果汁，pH=1.92。计算柠檬汁中柠檬酸各种型体的浓度 $c(H_3Cit)$、$c(H_2Cit^-)$、$c(HCit^{2-})$与柠檬酸根浓度 $c(Cit^{3-})$的比值各为多少？

5-9 计算下列水溶液的 pH 值。

(1)0.010 $mol \cdot L^{-1}$ NaOH； (2)0.050 $mol \cdot L^{-1}$ HAc；

(3)0.10 mol·L^{-1}KCN；　　(4)0.10 mol·$L^{-1}NH_4Ac$；

(5)饱和 H_2CO_3溶液(0.04 mol·L^{-1})；　　(6)0.10 mol·L^{-1}NaHS。

5-10　计算 0.10 mol·L^{-1}的 Na_2S 水溶液的 pH 及 $c(S^{2-})$、$c(HS^-)$和 $c(H_2S)$。

5-11　将等体积 0.040 mol·L^{-1}的苯胺($C_6H_5NH_2$)水溶液与 0.040 mol·L^{-1}的 HNO_3 水溶液混合，计算所得混合溶液的 pH。已知 $K_b^\ominus(C_6H_5NH_2)=4.6\times10^{-10}$。

5-12　欲配制 pH=9.20 的 NH_4^+-NH_3缓冲溶液 500 mL，若使缓冲溶液中 $c(NH_3)=1.0$ mol·L^{-1}，则需加入多少克固体$(NH_4)_2SO_4$和 15 mol·L^{-1}浓氨水多少毫升？

5-13　欲配制 250 mL pH=5.0 的缓冲溶液，问在 125 mL1.0 mol·L^{-1}NaAc 溶液中应加多少 6.0 mol·L^{-1}的 HAc 和多少水？

5-14　下列多元酸或混合酸的溶液能否被准确进行分步滴定或分别滴定？

(1)0.1 mol·L^{-1} $H_2C_2O_4$；	(2)0.1 mol·L^{-1} H_2S；
(3)0.1 mol·L^{-1}柠檬酸；	(4)0.1 mol·L^{-1}酒石酸；

5-15　0.5000 mol·L^{-1} HNO_3溶液滴定 0.5000 mol·L^{-1} $NH_3\cdot H_2O$ 溶液。试计算滴定分数为 0.50 及 1.00 时溶液的 pH 值。应选用何种指示剂？

5-16　有一三元酸，其 $pK_{a_1}^\ominus=2.0$，$pK_{a_2}^\ominus=6.0$，$pK_{a_3}^\ominus=12.0$。用氢氧化钠溶液滴定时，第一和第二化学计量点的 pH 分别为多少？两个化学计量点附近有无 pH 突跃？可选用什么指示剂？能否直接滴定至酸的质子全部被作用？

5-17　某纯碱试样 1.000 g，溶于水后，以酚酞为指示剂，耗用 0.2500 mol·L^{-1}HCl 溶液 20.40 mL；再以甲基橙为指示剂，继续用 0.2500 mol·L^{-1} HCl 溶液滴定，共耗去 48.86 mL，求试样中各组分的相对含量。

5-18　称取混合碱试样 0.8983 g，加酚酞指示剂，用 0.2896 mol·L^{-1}HCl 溶液滴定至终点，计耗去酸溶液 31.45 mL。再加甲基橙指示剂，滴定至终点，又耗去 24.10 mL 酸。求试样中各组分的质量分数。

5-19　What is the pH at 25℃ of a solution which is 1.5 mol·L^{-1} with respect to formic acid and 1.0 mol·$L^{-1}$with respect to sodium formate? $pK_a^\ominus$ for formic acid is 3.751 at 25℃。

5-20　Calculate the hydroxide ion concentration, the percent reaction, and the pH of a 0.050 mol·L^{-1} solution of sodium acetate. (For acetic acid, $K_a^\ominus=1.74\times10^{-5}$).

第6章

沉淀反应及其应用

一些人能获得更多的成就，是由于他们对问题比起一般人能够更加专注和坚持，而不是由于他的天赋比别人高多少。

——道尔顿

沉淀反应也称为沉淀溶解平衡，它作为电解质理论的重要组成部分，是电离平衡、酸碱平衡知识的延续和发展，是化学平衡理论知识的综合应用。本章主要讨论难溶电解质的沉淀溶解平衡。以沉淀溶解平衡为基础，形成了沉淀滴定法和重量分析法。

在实际工作中，常常利用沉淀的生成或溶解进行物质的提纯、制备、分离以及组成的测定等等。例如常用沉淀反应来鉴别一些金属离子或酸根离子，这就涉及一些难溶电解质的沉淀和溶解问题。在含有固体的难溶电解质的饱和溶液中，存在着固体难溶电解质与溶液中相应各离子间的多相平衡。掌握影响沉淀生成与溶解平衡的有关因素，才能有效地控制沉淀反应的进行，才能实现有效的分离，或得到准确的测定结果。

6.1 难溶电解质的溶度积

6.1.1 沉淀-溶解平衡和溶度积常数

严格来说，任何难溶电解质在水中都会或多或少地溶解，绝对不溶的物质是不存在的。

对于难溶物质 $BaCO_3$ 来说，它在水中少量溶解后，溶解的部分组分将全部电离成 Ba^{2+} 和 CO_3^{2-} 离子。另一方面，进入水中的离子在溶液中做无序运动碰到 $BaCO_3$ 固体表面时，又能重新回到固体表面。这种与前一过程相反的过程就称为沉淀。

溶解与沉淀的过程是相互矛盾的过程。当难溶物质投入水中的初期，溶液中水合 Ba^{2+} 和 CO_3^{2-} 的浓度极低，因此离子脱离 $BaCO_3$ 固体表面的趋势占主导作用，即溶解速率较大，这时溶液是未饱和的。随着溶解的不断进行，溶液中水合构晶离子的浓度逐渐加大，Ba^{2+} 和 CO_3^{2-} 沉

积 $BaCO_3$ 固体表面的趋势逐渐加大，即沉淀的速率逐渐加大。当溶解速率与沉淀速率相等时，便达到一种动态平衡，这时的溶液就是饱和溶液。虽然这两个相反过程还在不断进行，但溶液中离子的浓度不再改变，未溶解的 $BaCO_3$ 固体与溶液中水合 Ba^{2+} 和水合 CO_3^{2-} 间存在着如下平衡：

$$BaCO_3(s) \rightleftharpoons Ba^{2+}(aq) + CO_3^{2-}(aq)$$

这就是发生在固-液之间的沉淀溶解平衡。这种固体物质与其离子溶液共存的平衡也是多相离子平衡。根据质量作用定律，当 $BaCO_3$ 溶解和沉淀达到平衡时，离子平衡浓度幂的乘积也是一个常数，用 $K_{sp}^{\ominus}$ 表示：

$$K_{sp}^{\ominus} = \frac{c(Ba^{2+})}{c^{\ominus}} \cdot \frac{c(CO_3^{2-})}{c^{\ominus}}$$

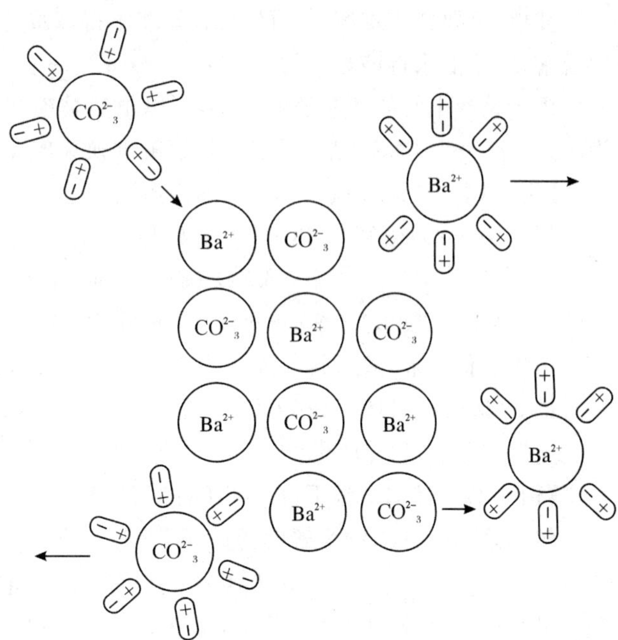

图 6-1　$BaCO_3$ 的溶解与沉淀过程

$K_{sp}^{\ominus}$ 称为溶度积常数，简称溶度积(solubility product)。

$K_{sp}^{\ominus}$ 与难溶物的本性以及温度等有关。它的大小可以用来衡量难溶物质生成或溶解能力的强弱。$K_{sp}^{\ominus}$ 越大，表明该难溶物质的溶解度越大，要生成该沉淀就越困难；$K_{sp}^{\ominus}$ 越小，表明该难溶物质的溶解度越小，要生成该沉淀就相对越容易。在进行相对比较时，对同型难溶物质，如 $BaSO_4$ 与 AgCl，$K_{sp}^{\ominus}$ 越大，其溶解度就越大。常见难溶盐的溶度积常数 $K_{sp}^{\ominus}$ 见附录 5。

6.1.2　溶解度与溶度积的关系

溶度积和溶解度都可以用来表示一定温度下物质的溶解能力，但是物质在水中溶解性的大小常以溶解度来衡量。尽管二者是完全不同的概念，但它们之间有一定的关系，可以相互换算。

若不考虑溶液离子强度的影响，对 AB 型难溶物质，若溶解度为 S mol・L^{-1}，在其饱和溶液中：

$$AB(s) \rightleftharpoons A^{+}(aq) + B^{+}(aq)$$

平衡浓度/mol・L^{-1}　　　S　　　S

$$c(A^{-}) \cdot c(B^{+}) = S \times S = K_{sp}^{\ominus}(AB)$$

$$S = \sqrt{K_{sp}^{\ominus}(AB)} \tag{6-1}$$

对于 AB_2 型(如 CaF_2)或 $A_2B(Ag_2CrO_4)$ 型难溶物质，同理可推导出其溶度积与溶解度的关系为：

$$S = \sqrt[3]{\frac{K_{sp}^{\ominus}(AB_2)}{4}} \tag{6-2}$$

其一般式：$A_nB_m(s) \rightleftharpoons nA^{m+}(aq) + mB^{n-}(aq)$

$$K_{sp}^{\ominus} = (nS)^n \cdot (mS)^m = n^n \cdot m^m \cdot (S)^{m+n}$$

显然，只要知道难溶物质的 $K_{sp}^{\ominus}$，就能求得该难溶物质的溶解度；相反，只要知道难溶物质的溶解度，就能求得该难溶物质的 $K_{sp}^{\ominus}$。

由于难溶电解质的溶解度很小，所以虽然是饱和溶液，但此饱和溶液很稀，则可以近似认为 $\rho_{溶液}=\rho_{水}=1$，所以，也可以把摩尔溶解度换算成 g/100 H_2O。

【例 6-1】 已知常温下 $BaSO_4$ 的溶解度为 2.33×10^{-4} g，求其 $K_{sp}^{\ominus}(BaSO_4)$。

解 100 克水溶解 2.33×10^{-4} g 硫酸钡达到溶解平衡：

$$BaSO_4(s) \rightleftharpoons Ba^{2+}(aq)+SO_4^{2-}(aq)$$

$M(BaSO_4)=233\ g\cdot mol^{-1}$　$n(BaSO_4)=10^{-6}$ mol

由于是稀溶液，故所得溶液认为 100 毫升（即假设溶液的密度为 $1\ g\cdot mL^{-1}$）

即 $c(BaSO_4)=10^{-5} mol\cdot L^{-1}$　则 $c(Ba^{2+})=c(SO_4^{2-})=10^{-5}\ mol\cdot L^{-1}$

所以：$K_{sp}^{\ominus}(BaSO_4)=[c(Ba^{2+})/c^{\ominus}][c(SO_4^{2-}/c^{\ominus}]=10^{-5}\times10^{-5}=10^{-10}$。

【例 6-2】 已知室温下，Ag_2CrO_4 的溶度积是 1.12×10^{-12}，试求 Ag_2CrO_4 的溶解度。

解 设 Ag_2CrO_4 的溶解度为 $x\ mol\cdot L^{-1}$，根据

$$Ag_2CrO_4(s) \rightleftharpoons 2Ag^{+}(aq)+CrO_4^{2-}(aq)$$

可知达平衡时，$c(Ag^+)=2x\ mol\cdot L^{-1}$，$c(CrO_4^{2-})=x\ mol\cdot L^{-1}$，

$$K_{sp}^{\ominus}(Ag_2CrO_4)=[c(Ag^+)/c^{\ominus}]^2[c(CrO_4^{2-}/c^{\ominus}]=(2x)^2\cdot x=1.12\times10^{-12}$$

$$x=6.54\times10^{-5}\ mol\cdot L^{-1}$$

Ag_2CrO_4 的摩尔质量为 $331.7\ g\cdot mol^{-1}$，所以溶解度为：

$$S=6.54\times10^{-5}\times331.7=2.17\times10^{-2}\ g\cdot L^{-1}$$

对于溶解度和溶度积之间的关系我们要根据物质类型具体区分对待。从表 6-1 中可以看出，对于同型难溶物质，溶度积大的，以 $mol\cdot L^{-1}$ 为单位的溶解度也大，因此可以根据溶度积的大小来直接比较它们溶解度的相对高低，例如 $BaSO_4$ 和 AgCl（同为 AB 型，一个分子在溶液中都解离出两个离子）、CaF_2 和 Ag_2CrO_4（AB_2 与 BA_2 型，一个分子在溶液中都解离出三个离子）。但是，对于不同型的难溶物质，不能简单地根据它们的 $K_{sp}^{\ominus}$ 来判断它们溶解度的相对大小。例如，虽然 $K_{sp}^{\ominus}(AgCl)>K_{sp}^{\ominus}(Ag_2CrO_4)$，但在同温下，$Ag_2CrO_4$ 的溶解度较 AgCl 的大。

表 6-1　几种类型的难溶物质溶度积、溶解度比较

难溶物质类型	难溶物质	溶度积 $K_{sp}^{\ominus}$	溶解度/$mol\cdot L^{-1}$
MA	AgCl	1.77×10^{-10}	1.33×10^{-5}
	$BaSO_4$	1.08×10^{-10}	1.04×10^{-5}
MA_2	PbI_2	9.80×10^{-9}	1.35×10^{-3}
M_2A	Ag_2CrO_4	1.12×10^{-12}	6.54×10^{-5}

应注意的是，上述溶度积与溶解度之间的换算只是一种近似的计算。只适用于溶解度很小的难溶物质，而且离子在溶液中不发生任何副反应（不水解、不形成配合物等）或发生副反应程度不大的情况，如 $BaSO_4$、AgCl 等。

6.1.3　溶度积原理

对任一沉淀反应：

$$A_nB_m(s) \rightleftharpoons nA^{m+}(aq)+mB^{n-}(aq)$$

反应商 Q_i（此处也称离子积）：$Q_i=[c(A^{m+})/c^{\ominus}]^n[c(B^{n-})/c^{\ominus}]^m$

根据热力学公式：

$$\Delta_{rm}G=-RT\ln K_{sp}^{\ominus}+RT\ln Q_i$$

若 $Q_i>K_{sp}^{\ominus}$，则 $\Delta G>0$，反应将向左进行，溶液为过饱和状态，将生成沉淀；若 $Q_i<K_{sp}^{\ominus}$，则 $\Delta G<0$，反应朝溶解的方向进行，溶液为未饱和状态，将无沉淀析出，若有固体物质存在则会发生溶解。当 $Q_i=K_{sp}^{\ominus}$ 时，为饱和溶液，达到动态平衡。这一规律称为溶度积规则（the rule of solubility product）。

即在溶液中：

(1)当 $Q_i=K_{sp}^{\ominus}$　饱和溶液，沉淀与溶解达到平衡；

(2)当 $Q_i>K_{sp}^{\ominus}$　过饱和溶液，将产生沉淀；

(3)当 $Q_i<K_{sp}^{\ominus}$　不饱和溶液，不产生沉淀；若已有沉淀存在，沉淀将溶解。

6.2　溶度积原理的应用

6.2.1　沉淀的生成

在一定温度下，控制难溶电解质溶液中离子的浓度使浓度积 Q_i 大于溶度积 $K_{sp}^{\ominus}$ 就可以使难溶电解质沉淀。对于定性分析，指溶液中某离子浓度小到 10^{-5} mol·L^{-1}，可以认为沉淀完全；在定量分析中，指溶液中某离子浓度小到 10^{-6} mol·L^{-1}，即可认为沉淀完全。

【例 6-3】 已知 BaF_2 的 $K_{sp}^{\ominus}=1.84\times10^{-7}$。现将 20.0 mL 0.050 mol·L^{-1} $BaCl_2$ 溶液与 30.0 mL 0.050 mol·L^{-1} KF 溶液混合，问有无 BaF_2 沉淀生成。

解　$Q_i=[c(Ba^{2+})/c^{\ominus}][c^2(F^-)/c^{\ominus}]$

$$c(Ba^{2+})=\frac{0.050\times20.0}{50.0}=2.0\times10^{-2}\,\text{mol}\cdot\text{L}^{-1}$$

$$c(F^-)=\frac{0.050\times30.0}{50.0}=3.0\times10^{-2}\,\text{mol}\cdot\text{L}^{-1}$$

$$Q_i=2.0\times10^{-2}\times(3.0\times10^{-2})^2=1.8\times10^{-5}$$

$Q_i>K_{sp}^{\ominus}$，有 BaF_2 沉淀生成。

化合物在水中的溶解度差别很大，在化工生产中，通常利用物质溶解度的差别，把一种物质从溶液中沉淀析出，要解决这些问题必须研究沉淀的生成和溶解之间的关系。如何才能有效控制沉淀溶解度的大小，搞清影响沉淀—溶解平衡的主要因素，才能使沉淀进行相对完全或实现沉淀的溶解。

1. 同离子效应　在难溶电解质饱和溶液中，加入含有相同离子的易溶强电解质，而使难溶电解质的溶解度降低的作用称为同离子效应。

【例 6-4】 求 25℃时，Ag_2CrO_4 在 0.010 mol·L^{-1} K_2CrO_4 溶液中的溶解度。

解　$Ag_2CrO_4(s)\rightleftharpoons 2Ag^+(aq)+CrO_4^{2-}(aq)$

开始浓度/(mol·L^{-1})　0　0.010

平衡浓度/(mol·L^{-1})　$2x$　$0.010+x$

$$(2x)^2\times(0.010+x)=1.12\times10^{-12}$$

x 很小，$0.010+x\approx0.010$　$x=5.3\times10^{-6}\ mol\cdot L^{-1}$　$S=1.8\times10^{-3}g\cdot L^{-1}$

在例 6-1 中，我们已求得 Ag_2CrO_4 在水中的溶解度 $2.17\times10^{-2}g\cdot L^{-1}$，可见 Ag_2CrO_4 在含有 CrO_4^{2-} 离子的溶液中溶解度降低了。显然，当沉淀反应中有与难溶物质具有共同离子的电解质存在，能使难溶物质的溶解度降低，这种现象称为沉淀反应的同离子效应。

2. 盐效应：加入易溶强电解质而使难溶电解质溶解度增大的效应，叫做盐效应。加入具有相同离子的电解质，在产生同离子效应的同时，也能产生盐效应。在没有其他化学反应发生的情况下，同离子效应将减小难溶电解质的溶解度，而盐效应将使难溶电解质的溶解度增加。

一般说来，若难溶电解质的溶度积很小时，盐效应的影响很小，可忽略不计；若难溶电解质的溶度积较大时，溶液中各种离子的总浓度也较大时，就应该考虑盐效应的影响。

6.2.2　分步沉淀

实际工作中，常会遇到多种离子存在同一体系中，它们都能与加入的同一沉淀剂发生沉淀反应，生成难溶物质，那如何控制条件使它们先后沉淀？

分步沉淀(fractional precipitation)就是指混合溶液中离子发生先后沉淀的现象。

在多组分体系中，若各组分都可能与沉淀剂形成沉淀，通常是离子积 Q_i 首先超过溶度积的那种难溶物质先沉淀出来。

【例 6-5】　在 1.0 L 含有相同浓度($0.01\ mol\cdot L^{-1}$)的 I^- 和 Cl^- 的混合溶液中，逐步滴加 $AgNO_3$ 溶液，开始只有黄色 AgI 的沉淀析出，如果继续滴加 $AgNO_3$ 溶液(缓慢滴加并振荡)，才有白色 AgCl 的沉淀析出。

解　上述实验事实，可用溶度积规则说明：

$$AgI(s)\rightleftharpoons Ag^+(aq)+I^-(aq)$$

当 $c(I^-)=0.01\ mol\cdot L^{-1}$ 时，析出 AgI(s)的最低 Ag^+ 浓度为：

$$c(Ag^+)=\frac{K_{sp}^{\ominus}(AgI)}{c(I^-)}=\frac{8.52\times10^{-17}}{0.010}=8.52\times10^{-15}\ mol\cdot L^{-1}$$

$$AgCl(s)\rightleftharpoons Ag^+(aq)+Cl^-(aq)$$

当 $c(Cl^-)=0.01mol\cdot L^{-1}$ 时，析出 AgCl(s)的最低 Ag^+ 浓度为：

$$c(Ag^+)=\frac{K_{sp}^{\ominus}(AgCl)}{c(Cl^-)}=\frac{1.77\times10^{-10}}{0.010}=1.77\times10^{-8}\ mol\cdot L^{-1}$$

由计算结果可知，当逐滴缓慢滴加 $AgNO_3$ 稀溶液，Ag^+ 逐渐增加，当 $[c(Ag^+)/c^{\ominus}][c(I^-)/c^{\ominus}]\geqslant K_{sp}^{\ominus}(AgI)$，就会有 AgI 沉淀析出，而此时 $[c(Ag^+)/c^{\ominus}][c(Cl^-)/c^{\ominus}]\leqslant K_{sp}^{\ominus}(AgCl)$，AgCl 沉淀还不能析出。

【例 6-6】　上例中第二种离子开始沉淀时，溶液中第一种离子的浓度是多少？两者有无分离的可能？

解　AgI 开始沉淀时，需要的 Ag^+ 浓度低，故 I^- 首先沉淀出来。当 Cl^- 开始沉淀时，溶液对 AgCl 来说也已达到饱和，这时 Ag^+ 浓度必须同时满足这两个沉淀溶解平衡，所以：

$$c(Ag^+)=\frac{K_{sp}^{\ominus}(AgCl)}{c(Cl^-)}=\frac{K_{sp}^{\ominus}(AgI)}{c(I^-)}$$

$$\frac{c(I^-)}{c(Cl^-)}=\frac{K_{sp}^{\ominus}(AgI)}{K_{sp}^{\ominus}(AgCl)}=\frac{8.52\times10^{-17}}{1.77\times10^{-10}}=4.81\times10^{-7}$$

当 AgCl 开始沉淀时，Cl^- 的浓度为 $0.010\ mol\cdot L^{-1}$，此时溶液中剩余的 I^- 浓度为：

$$c(I^-)=\frac{K_{sp}^{\ominus}(AgI)\cdot c(Cl^-)}{K_{sp}^{\ominus}(AgCl)}=4.81\times10^{-7}\times0.010=4.81\times10^{-9}\ mol\cdot L^{-1}$$

可见，当 Cl^- 开始沉淀时，I^- 的浓度已小于 $10^{-5}\ mol \cdot L^{-1}$，故两者可以定性分离。

一般来说，当溶液中存在几种离子，若是同型的难溶物质，则它们的溶度积相差越大，混合离子就越易实现分离。此外，沉淀的次序也与溶液中各种离子的浓度有关。若两种难溶物质的溶度积相差不大时，则适当地改变溶液中被沉淀离子的浓度，也可以使沉淀的次序发生变化。

6.2.3　沉淀的转化

沉淀的转化(inversion of precipitation)是指一种沉淀借助于某一试剂的作用，转化为另一种沉淀的过程

1. 溶解度大的沉淀可以转化成溶解度小的沉淀

如 $K_{sp}^{\ominus}(BaCO_3)=8.0\times10^{-9}$，$K_{sp}^{\ominus}(BaCrO_4)=2.4\times10^{-10}$。往盛有 $BaCO_3$ 白色粉末的试管中，加入黄色的 K_2CrO_4 溶液，搅拌后溶液呈无色，而沉淀变成淡黄色。此过程可以理解为向 $BaCO_3$ 溶液中加入 K_2CrO_4，直到沉淀不再溶解为止。

$$\begin{array}{l} BaCO_3(s) \rightleftharpoons Ba^{2+}(aq) + CO_3^{2-}(aq) \\ \qquad\qquad\qquad + \\ K_2CrO_4(aq) \rightleftharpoons CrO_4^{2-}(aq) + 2K^+(aq) \\ \qquad\qquad\qquad \Updownarrow \\ \qquad\qquad BaCrO_4 \downarrow (\text{黄色}) \end{array}$$

2. 两种同类难溶强电解质的 $K_{sp}^{\ominus}$ 相差不大时，通过控制离子浓度，$K_{sp}^{\ominus}$ 小的沉淀也可以向 $K_{sp}^{\ominus}$ 大的沉淀转化。例如：某溶液中，既有 $BaCO_3$ 沉淀，又有 $BaCrO_4$ 沉淀时，则

$$c(Ba^{2+})=\frac{K_{sp}^{\ominus}(BaCO_3)}{c(CO_3^{2-})}=\frac{K_{sp}^{\ominus}(BaCrO_4)}{c(CrO_4^{2-})}$$

$$\therefore\ \frac{c(CrO_4^{2-})}{c(CO_3^{2-})}=\frac{K_{sp}^{\ominus}(BaCrO_4)}{K_{sp}^{\ominus}(BaCO_3)}=\frac{2.4\times10^{-10}}{8.0\times10^{-9}}=0.03$$

即 $c(CO_3^{2-})>33.33c(CrO_4^{2-})$ 时，$BaCrO_4$ 沉淀可以转化为 $BaCO_3$ 沉淀。

总之，沉淀—溶解平衡是暂时的、有条件的，只要改变条件，沉淀和溶解可以相互转化。

6.2.4　沉淀的溶解

1. 利用酸、碱或某些盐类(如 NH_4^+ 盐)与难溶电解质组分离子结合成弱电解质(如弱酸，弱碱或 H_2O)可以使该难溶电解质的沉淀溶解。

例如，金属固体硫化物(MS)可以溶于盐酸中，其反应过程如下

$$MS(s) \rightleftharpoons M^2+S^{2-};\ S^{2-}+H^+ \rightleftharpoons HS^-;\ HS^-+H^+ \rightleftharpoons H_2S$$

由上述反应可见，因 H^+ 与 S^{2-} 结合生成弱电解质，而使 $c(S^{2-})$ 降低，使 ZnS 沉淀溶解平衡向溶解的方向移动，若加入足够量的盐酸，则 ZnS 会全部溶解。因此，如果所加试剂的离子与被溶解的物质中所含的离子能生成弱电解质，那么，就可以使沉淀溶解。

将上面三式相加，得到 ZnS 溶于 HCl 的溶解反应式

$$MS(s)+2H^+ \rightleftharpoons M^{2+}+H_2S$$

根据多重平衡规则，MS 溶于盐酸反应的平衡常数为

$$K^{\ominus}=\frac{c(M^{2+})\cdot c(H_2S)}{c(H^+)^2}=\frac{c(M^{2+})\cdot c(S^{2-})}{1}\times\frac{c(H_2S)}{c(H^+)^2\cdot c(S^{2-})}=K_{sp}^{\ominus}\cdot(K_{a_1}^{\ominus})^{-1}\cdot(K_{a_2}^{\ominus})^{-1}$$

可见，这类难溶弱酸盐溶于酸的难易程度与难溶盐的溶度积和酸反应所生成的弱酸的电

离常数有关。

【例 6-7】 欲使 0.10 mol ZnS 或 0.10 mol CuS 溶解于 1 L 盐酸中，所需盐酸的最低浓度是多少？（$K_{a_1}^{\ominus}(H_2S)=9.1\times10^{-8}$）

解：(1)对 ZnS，根据：

$$\begin{array}{lccccccc} & ZnS(s) & + & 2H^+(aq) & = & Zn^{2+}(aq) & + & H_2S(aq) \\ c/mol\cdot L^{-1} & & & x-0.1\times2 & & 0.1 & & 0.1 \end{array}$$

$$K^{\ominus}=\frac{[c(Zn^{2+})/c^{\ominus}][c(H_2S)/c^{\ominus}]}{[c(H^+)/c^{\ominus}]^2}=\frac{K_{sp}^{\ominus}(ZnS)}{K_{a_1}^{\ominus}(H_2S)K_{a_2}^{\ominus}(H_2S)}$$

式中 $K_{a_1}^{\ominus}(H_2S)=9.1\times10^{-8}$　$K_{a_2}^{\ominus}(H_2S)=1.1\times10^{-12}$　$c(H_2S)=0.10\ mol\cdot L^{-1}$（饱和 H_2S 溶液的浓度）

$$K^{\ominus}=\frac{K_{sp}^{\ominus}(ZnS)}{K_{a_1}^{\ominus}\cdot K_{a_2}^{\ominus}}=\frac{1.6\times10^{-24}}{1.1\times10^{-7}\times1.3\times10^{-13}}=1.1\times10^{-4}=\frac{(0.1)^2}{[x-0.2]^2}$$

$x=10.2\ mol\cdot L^{-1}$

(2)对 CuS，同理

$$K^{\ominus}=\frac{K_{sp}^{\ominus}(CuS)}{K_{a_1}^{\ominus}\cdot K_{a_2}^{\ominus}}=\frac{6.3\times10^{-36}}{1.1\times10^{-7}\times1.3\times10^{-13}}=4.4\times10^{-16}=\frac{(0.1)^2}{[y-0.2]^2}$$

$y=4.8\times10^{6}\ mol\cdot L^{-1}$

计算表明，溶度积较大的 ZnS 可溶于稀盐酸中，而溶度积较小的 CuS 则不能溶于盐酸（市售浓盐酸的浓度仅为 12 $mol\cdot L^{-1}$）中。

2. 利用氧化还原反应

加入一种氧化剂或还原剂，使某一离子发生氧化还原反应而降低其浓度，从而使 $Qi<K_{sp}^{\ominus}$。如 CuS、PbS、Ag_2S 等都不溶于盐酸，但能溶于硝酸中。例如：

$$3CuS(s)+8HNO_3 = 3Cu(NO_3)_2+3S\downarrow+2NO\uparrow+4H_2O$$

在 CuS 溶液中，加入 HNO_3 后，HNO_3 将溶液中的 S^{2-} 氧化成单质 S 析出，因此，溶液中 S^{2-} 的浓度降低，$Q_i<K_{sp}^{\ominus}$，使 CuS 溶解。

3. 生成配位化合物

在难溶电解质的溶液中加入一种配位剂，生成配位化合物。将溶液中的离子转化为稳定的配离子，也可以使某种离子的浓度降低，使沉淀溶解。

例如，AgCl 溶于氨水 $AgCl(s)+2NH_3 \rightleftharpoons [Ag(NH_3)_2]^++Cl^-$

由于生成了稳定的$[Ag(NH_3)_2]^+$配离子，降低了 $c(Ag^+)$，使 $Q_i<K_{sp}^{\ominus}$。所以 AgCl 沉淀溶解了。

6.3 沉淀反应在分析化学中的应用

6.3.1 沉淀反应与重量分析

重量分析(gravimetric analysis)指通过称量物质的质量来确定被测组分含量的化学分析法。测定时先用适当的方法将被测组分与试样中的其他组分分离，然后转化为一定的称量形式，称重，从而求得该组分的含量。它精确到 0.1～0.2%，所以对低含量组分测定误差较大，尽量避免使用。它可以分为沉淀法、气化法、电解法等。沉淀法一般就是将被测组分转化为沉淀物质，通过称量沉淀物质的质量进行测定的方法。需要注意的是用于容量分析的沉淀必须是使待测物质能够形成沉淀完全，不易分解，能够较容易的得到固体并易于称量，在空气中不变质不发生剧烈的吸潮，不发生分解或其他化学反应。气化法则是利用物质的挥发性质，通过加热或其他方法使试验中的待测组分挥发逸出，然后根据试样的质量的减少计算该组分的含量；或者用吸收剂收逸出的组分，根据吸收剂质量的增加计算该组分的含量。电解法是通过电解，使待测金属离子在电极上还原析出，然后称量，根据电极增加的质量求得其含量。

1. 重量分析的基本过程及对沉淀形和称量形的要求

沉淀法的基本过程为：试样通过一定方式分解为溶液，加入某种合适的沉淀剂，使被测组分转变成沉淀，反应的产物形式被称为沉淀形。得到的沉淀经过滤、洗涤，再干燥成组成一定的物质，这时的物质形式被称为称量形。通过称取称量形的质量，再根据称量形与被测组分之间的关系求出被测组分的含量。

在沉淀法中，称量形与沉淀形可以相同，也可以不同。例如 $BaCO_3$ 重量法测定中：

Ba^{2+}→稀 H_2SO_4→$BaSO_4$（沉淀形）→过滤→洗涤→烘干、灼烧→$BaSO_4$（称量形）

显然，在这测定中，沉淀形与称量形相同。

又如 $CaCO_3$ 的重量法测定：

Ca^{2+}→$H_2C_2O_4$→CaC_2O_4（沉淀形）→过滤→洗涤→烘干、灼烧→CaO（称量形）

在这一测定中，沉淀形与称量形是不同的。

在沉淀法中，对沉淀形以及称量形都有一定的要求：

对沉淀形来说，要求所形成的沉淀溶解度要小；沉淀要纯净；易于过滤、洗涤；易于转化为称量形。

对称量形，则要求其化学组成固定；有足够的化学稳定性；摩尔质量尽可能大些。

2. 称量形的获得

若得到的沉淀形有固定的组成，在低温下就能除去水分，则一般可以采用烘干的方式得到称量形。例如，AgCl 沉淀在 110～120℃烘干就可以得到稳定的称量形 AgCl。

若得到的沉淀形虽有固定的组成，但其中所包裹的水分不能在低温下除去，那么一般就应在一定的高温下灼烧才能获得称量形。例如，$BaSO_4$ 沉淀就得在 800℃左右的高温灼烧才能得到 $BaSO_4$ 称量形。

对于一些水合氧化物沉淀，例如 $Fe_2O_3 \cdot xH_2O$，也都得在较高的温度（如 1100～1200℃）灼烧才能除去其中的结合水，而获得称量形 Fe_2O_3。

称量形的质量必须通过恒重来确定。重量分析中的恒重是指经两次干燥处理后，称量形的两次称量所得质量之差不超过分析天平的称量误差（0.2 mg）。

3. 测定结果的计算

当所得称量形与被测组分的表示形式相同时，计算最为简单。

【例 6-8】 测定岩石中 SiO_2 的含量。称样 0.2000 g，通过反应得到硅胶沉淀后，经一系列过程，最后灼烧成 SiO_2，得到 0.1364 g。求试样中 SiO_2 的含量。

解 $w(SiO_2)=\dfrac{m(SiO_2)}{m_s}\times 100\%=\dfrac{0.1364}{0.2000}\times 100\%=68.20\%$

但是，在多数情况下沉淀法所得称量形与被测组分的表示形式不同，这就需要将称量形的质量换算成被测组分的质量。

【例 6-9】 称取含铝的试样 0.5000 g，溶解后用 8-羟基喹啉沉淀为 $Al(C_9H_6NO)_3$，烘干后称得重 0.3280 g。计算试样中铝的质量分数。若将沉淀灼烧为 Al_2O_3 后称重，可得称量形多少克？

解 $F_1=\dfrac{M(Al)}{M\{Al(C_9H_6NO)_3\}}=\dfrac{26.98}{459.5}$

$$w(Al)=\frac{m(Al)}{m_s}=\frac{m\{Al(C_9H_6NO)_3\}\cdot F_1}{m_s}=\frac{0.3280\times\dfrac{26.98}{459.5}}{0.5000}=0.0385$$

若是将沉淀灼烧为 Al_2O_3，那么：

$$F_2=\frac{M(Al_2O_3)}{2M\{Al(C_9H_6NO)_3\}}=\frac{101.96}{2\times459.5}$$

$$m(Al_2O_3)=m\{Al(C_9H_6NO)_3\}\times F_2=0.3280\times\frac{101.96}{2\times459.5}=0.0364\ \text{g}$$

6.3.2 沉淀容量分析

1. 银量法原理简介

沉淀滴定法是一种以沉淀反应为基础的滴定分析法，虽然可定量进行的沉淀反应很多，但由于缺乏合适的指示剂，能应用于沉淀滴定的反应并不多，目前比较有实际意义的是银量法。

以硝酸银液为滴定液，测定能与 Ag^+ 生成沉淀的物质，根据消耗滴定液的浓度和毫升数，可计算出被测物质的含量。

$$Ag^++X^-\rightleftharpoons AgX\downarrow$$

其中 X 为 Cl^-、Br^-、I^-、SCN^- 等。

以 $AgNO_3$ 溶液（$0.1000\ mol\cdot L^{-1}$）滴定 20.00 mL NaCl 溶液（$0.1000\ mol\cdot L^{-1}$）为例：

（1）滴定开始前　溶液中氯离子浓度为溶液的原始浓度

$$c(Cl^-)=0.1000\ mol\cdot L^{-1}\quad pCl=-\lg 1.000\times10^{-1}=1.00$$

（2）滴定至化学计量点前　加入 $AgNO_3$ 溶液 18.00 mL 时，溶液中 Cl^- 浓度为：

因为 $[c(Ag^+)/c^\ominus]\cdot[c(Cl^-)/c^\ominus]=K_{sp}^\ominus(AgCl)=1.56\times10^{-10}$

$$pAg+pCl=-\lg K_{sp}^\ominus=9.74\quad 故\quad pAg=9.74-2.28=7.46$$

同理，当加入 $AgNO_3$ 溶液 19.98 mL 时，溶液中剩余的 Cl^- 浓度为：

$$c(Cl^-)/c^\ominus=5.0\times10^{-5}\quad 故\quad pCl=4.30\quad pAg=5.44$$

（3）化学计量点时　溶液是 AgCl 的饱和溶液

$$pAg=pCl=pK_{sp}^\ominus/2=4.87$$

（4）化学计量点后 $c(Ag^+)$ 浓度由过量的 $AgNO_3$ 浓度决定，当滴入 $AgNO_3$ 溶液 20.02 mL 时，则

$$c(Ag^+)=5.0\times10^{-5}\ mol\cdot L^{-1}$$

$$pAg=4.30\quad pCl=9.74-4.30=5.44$$

如图 6-2 所示 $0.1\ mol\cdot L^{-1}$ 的硝酸银溶液滴定 $0.1\ mol\cdot L^{-1}$ 的 Cl^-、Br^-、I^- 突跃范围

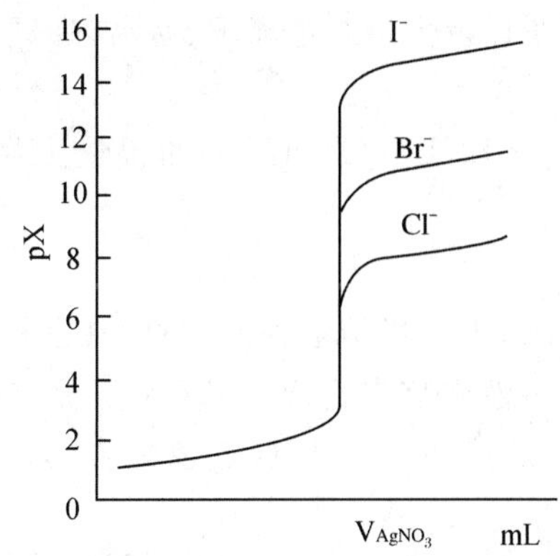

图 6-2 0.1000 mol · L^{-1}的硝酸银溶液滴定 0.1 mol · L^{-1}的 Cl^-、Br^-、I^- 的滴定曲线

由图可知沉淀滴定曲线与酸碱滴定曲线相似，滴定开始时溶液中 X^- 浓度较大，滴入 Ag^+ 所引起的浓度改变不大，曲线比较平坦，近化学计量点时，溶液中 X^- 浓度已很小，再滴入少量 Ag^+ 即引起 X^- 浓度发生很大变化而形成突跃。突跃范围的大小，取决于沉淀的溶度积常数与溶液的浓度。$K_{sp}^{\ominus}$越小，突跃范围大；若溶液的浓度越大则突跃范围越大。

表 6-2 滴定不同卤素离子突跃范围比较

离子种类	突跃范围	pAg
Cl^-	5.45～4.30	4.88
Br^-	7.97～4.30	6.14
I^-	11.77～4.30	8.04

2. 沉淀滴定法

沉淀滴定法可以分为莫尔法、佛尔哈德法、法扬司法三种。

(1)莫尔法

莫尔法是一种以 K_2CrO_4 为指示剂，在中性或弱碱性溶液中，用 $AgNO_3$标准溶液滴定 Cl^-或 Br^- 的银量法。

Mohr F,1806—1879

例如，Cl^- 的测定，滴定反应为：

$$Ag^+ + Cl^- \rightleftharpoons AgCl\downarrow \qquad K_{sp}^{\ominus} = 1.77\times10^{-10}$$

指示剂反应为：$2Ag^+ + CrO_4^{2-} \rightleftharpoons Ag_2CrO_4\downarrow \quad K_{sp}^{\ominus} = 1.12\times10^{-12}$

根据分步沉淀的原理，溶液中首先析出 AgCl 沉淀。当 Ag^+ 定量沉淀后，稍过量一点的滴定剂就能与 CrO_4^{2-} 形成 Ag_2CrO_4砖红色沉淀，指示终点的到达。

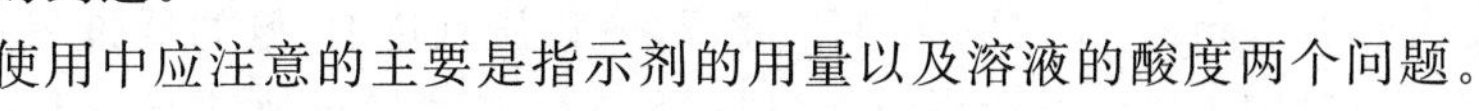

使用中应注意的主要是指示剂的用量以及溶液的酸度两个问题。

指示剂用量应适当，一般使 $c(CrO_4^{2-}) = 5.0\times10^{-3}$ mol · L^{-1}。若加得太多，不仅溶液颜色过深影响终点的观察，而且滴定到终点时，会使溶液中剩余的 Cl^-浓度较大，造成负误差；若加得太少，就得加入较多的 $AgNO_3$标准溶液才能产生砖红色沉淀，由此会造成较大的正误差。

溶液的酸度一般掌握在 pH＝6.5～10.5，若有 NH_4^+ 存在，则 pH 的上限应降至 7.2，否则会造成 AgCl 以及 Ag_2CrO_4 溶解度的增大。若酸度过高，CrO_4^{2-} 会转化为 $Cr_2O_7^{2-}$，导致 Ag_2CrO_4沉淀出现过迟，甚至不出现终点；若酸度过低，又有可能产生 Ag_2O 沉淀。

在滴定时还应剧烈摇动溶液，以免产生的 AgCl 沉淀吸附 Cl^-，造成终点提前。此外，凡能

与 Ag^+ 或 CrO_4^{2-} 作用的干扰离子以及大量有色离子、易水解离子等都应事先除去。

(2)佛尔哈德法

采用铁铵矾[$NH_4Fe(SO_4)_2 \cdot 12H_2O$]为指示剂的银量法称为佛尔哈德法。它又可分为直接法和返滴定法。

a. 直接法

Vohard J,1834—1910

用 NH_4SCN(或 KSCN、NaSCN)标准溶液为滴定剂，在酸性溶液中，以铁铵矾为指示剂滴定 Ag^+。溶液中首先析出 AgSCN 沉淀，当 Ag^+ 定量沉淀后，稍过量一点的滴定剂就能与 Fe^{3+} 形成红色配合物，指示终点的到达。

滴定反应为：$Ag^+ + SCN^- \rightleftharpoons AgSCN\downarrow$　　　　$K_{sp}^{\ominus}=1.0\times10^{-12}$

指示剂反应为：$Fe^{3+} + SCN^- \rightleftharpoons FeSCN^{2+}$(红色)$K^{\ominus}=138$

一般滴定时溶液的酸度应控制在 $0.1\sim1\ mol \cdot L^{-1}$；终点时 Fe^{3+} 的浓度则应控制在 $0.015\ mol \cdot L^{-1}$；滴定时同样应注意充分摇动溶液。

b. 返滴定法

在含有卤素离子 HNO_3 溶液中，加入过量但已知量的 $AgNO_3$ 标准溶液，然后以铁铵矾为指示剂，用 NH_4SCN 标准溶液返滴定过量的 Ag^+。

根据 AgCl 与 AgSCN 两者的溶度积，前者的溶解度大于后者的溶解度，因此，终点后，过量的 SCN^- 将与 AgCl 发生置换反应：

$$AgCl + SCN^- \rightleftharpoons AgSCN\downarrow + Cl^-$$

这样就无法得到准确的终点。

为了避免上述误差，常采取以下措施：

①将溶液煮沸，使 AgCl 沉淀凝聚，将沉淀过滤，并用稀 HNO_3 洗涤沉淀，再用 NH_4SCN 标准溶液滴定滤液和洗涤液的混合液。

②滴定前加入有机溶剂，如硝基苯或 1,2-二氯乙烷 1～2 mL，并用力摇动，使 AgCl 沉淀表面被有机层所覆盖。

③提高 Fe^{3+} 的浓度，以降低终点时的 SCN^- 的浓度。研究表明，若 $c(Fe^{3+})=0.2\ mol \cdot L^{-1}$，滴定误差将小于 0.1%。

若测定 Br^- 或 I^- 就不必采取这些措施。

有机卤化物中的卤素也可以采用返滴定法测定。测定一些重金属硫化物中的硫可通过加入过量的 $AgNO_3$ 标准溶液，发生沉淀转化并过滤后，再用 NH_4SCN 标准溶液滴定过量的 Ag^+。

应注意滴定应在酸度大于 $0.3\ mol \cdot L^{-1}$ 的条件下进行；一些强氧化剂、氮的低价氧化物、汞盐、铜盐等干扰应事先除去；测定 I^- 时，指示剂应在过量 $AgNO_3$ 标准溶液加完后再加，否则会发生氧化还原副反应：

$$2Fe^{3+} + 2I^- \rightleftharpoons 2Fe^{2+} + I_2$$

(3)法扬司法

它是一种利用吸附指示剂确定终点的银量法。

吸附指示剂(adsorption indicator)，是一些有机染料，它的阴离子(酸性染料)(或阳离子(碱性染料))在溶液中容易被带正电(或带负电)的胶状沉淀所吸附，使得其结构发生改变，从而引起了颜色的改变。

Fajans K,1887—1975

胶状沉淀具有强烈的吸附作用，它能选择性吸附溶液中的离子，符合前面所述的吸附规律。若用 $AgNO_3$ 滴定 Cl^-，采用荧光黄酸性染料为指示剂，化学计量点前，由于 Cl^- 过量，沉淀表面带负电，不吸附指示剂。达到化学计量点后，稍过量的 $AgNO_3$ 使沉淀表面变成带正电，吸附荧光黄，使沉淀表面呈淡红色，指示终点到达。

采用吸附指示剂时应注意以下几点：

①由于颜色变化发生在沉淀表面，因此应尽量使沉淀的比表面大些。故通常加入糊精或淀粉等高分子化合物作为保护胶体，防止 AgCl 沉淀过分凝聚。

②溶液的浓度不能过稀，否则沉淀太少，难以观察终点。一般 $c(Cl^-)>0.005\ mol\cdot L^{-1}$，其他几种离子的浓度可低至 $0.001\ mol\cdot L^{-1}$。

③应避强光照射，否则卤化银对光敏感，使沉淀很快变黑，影响终点观察。

④各种指示剂的特性差别很大，对滴定条件，特别是酸度的要求有所不同，适用范围也不一样。例如，荧光黄应在 pH＝7～10 条件下使用；二氯荧光黄可在 pH＝4～10 条件下使用；曙红在 pH＝2 时还能使用。

⑤指示剂的吸附性能也应适当，不要过大或过小。过大，会使指示剂提前变色；过小，则会使终点推迟。一般应略小于被测离子的吸附能力。

卤化银对卤化物和几种吸附指示剂的吸附能力的大小次序为：$I^->SCN^->Br^->$曙红$>Cl^->$荧光黄。所以滴定 Cl^- 应该选荧光黄，不能选曙红

3. 标准溶液的配制和标定

银量法中常用的标准溶液是 $AgNO_3$ 和 NH_4SCN 溶液，其配置方法如下：

(1)硝酸银滴定液

硝酸银标准溶液可用基准硝酸银直接配置。也可用分析纯硝酸银配制，再用基准 NaCl 标定。配制好的溶液置于棕色瓶中避光密闭保存。

(2)硫氰酸铵滴定液

硫氰酸铵(或硫氰酸钾)标准溶液可用已标定好的 $AgNO_3$ 标准溶液，以硫酸铁铵指示剂指示终点，直接滴定法进行标定。

4. 银量法的应用

(1)自来水中 Cl^- 离子含量的测定　自来水中 Cl^- 含量一般采用莫尔法进行测定：准确移取一定量的水样于锥形瓶中，加入适量的 K_2CrO_4 指示剂，用 $AgNO_3$ 标准溶液(约 $0.005\ mol\cdot L^{-1}$)滴定到体系由黄色混浊(AgCl 沉淀在黄色的 K_2CrO_4 溶液中的颜色)变为浅红色(有少量砖红色的 Ag_2CrO_4 沉淀产生)，即为终点。分析结果可按下式计算：

$$c(Cl^-)=\frac{c(AgNO_3)V(AgNO_3)\times10^{-3}\times M(Cl)}{V'}\ g\cdot mL^{-1}$$

式中 V' 为水样的体积，量纲为 mL。

(2)有机卤化物中卤素的测定　有机物中所含卤素多以共价键结合，需经预处理使之转化为卤素离子后再用银量法测定。以农药“六六六”(六氯环已烷)为例，先将试样与 KOH 的乙醇溶液一起加热回流，使有机氯转化为 Cl^- 而进入溶液：

$$C_6H_6Cl_6+3OH^-=\!=\!=C_6H_3Cl_3+3Cl^-+3H_2O$$

待溶液冷却后，加入 HNO_3 调至溶液呈酸性，用佛尔哈德法测得其中 Cl^- 的含量。

❋ 阅读材料

沉淀反应在环境监测中的应用

沉淀反应是无机化学及分析化学中一类重要的化学反应，在离子的分离与鉴定、重量分析、材料制备及环境化学等方面都有着重要的应用。在常用的环境监测技术中，有一部分方法就是以沉淀反应为基础建立起来的，如重量分析和沉淀滴定法，这两种方法在环境监测中起着非常重要的作用：重量分析常用作残渣、降尘、油类、硫酸盐等的测定。沉淀滴定法被广泛用于水中氰化物、氯化物、银离子等的测定。除此之外，将沉淀反应应用于其他的环境监测技术中，还可以起到消除干扰、扩大方法的应用范围等作用。

1. 在原子吸收光谱分析中的应用

原子吸收光谱法(AAS)具有设备简单、操作方便、灵敏度高、选择性好、快速准确等优点，在环境监测中得到广泛应用，是测定痕量金属的首选方法。但由于某些元素难以原子化等原因使 AAS 法的应用受到限制。而利用沉淀反应则可以间接测定非金属、阴离子和有机物。其原理是待测元素或组分与可测元素通过化学反应生成沉淀．通过测定沉淀中(或滤液中剩余)的可测元素，间接计算待测元素或组分的含量。如水中硫酸根离子的测定，可利用硫酸根和钡离子形成硫酸钡沉淀，通过测定沉淀或滤液中的钡间接测定硫酸根的含量。此外，AAS 法分析的过程中，可能会产生由于待测元素与其他组分之间的化学作用而引起的干扰效应，我们把这种现象称为化学干扰。有些化学干扰也可以通过沉淀反应来消除。如镁、铍会干扰铝的测定，而 8-羟基喹啉可以和镁、铍生成沉淀，从而消除干扰。

2. 在原子发射光谱分析中的应用

原子发射光谱法(AES)也是一种原子光谱法，该方法可以同时测定同一环境样品中的多种元素的含量，且分析时消耗的试样量很少，具有很高的分析灵敏度。但该方法不能直接用以分析有机物及大部分非金属元素，只能采用间接法。其中一种间接测定法就是利用沉淀反应的方法：向试样中加入某种试剂(常用为金属阳离子)，使之与待测物(阴离子或有机物)反应生成化合物沉淀，通过测定沉淀溶解液或滤液中的阳离子浓度，便可间接得到待测物含量。

3. 在紫外-可见分光光度法中的应用

紫外-可见分光光度法(UV-Vis)是根据具有某种颜色的溶液对特定波长的单色光(紫外光或可见光)具有选择性吸收进行测定的。对于一些在紫外或可见光区没有吸收的物质，可以通过其与显色剂的显色反应来实现间接的测定。在环境监测中，紫外-可见分光光度法可以测定许多污染物，如砷、铬、镉、铅、汞、锌、铜、酚、硒、氟化物、硫化物、氰化物、二氧化硫、二氧化氮等，是环境监测的四大主要方法之一。而对于难于和显色剂发生显色反应的物质，则可以让其与某些沉淀剂生成沉淀后采用比浊法进行测定。比浊法主要是用于测定能形成悬浮体的沉淀物质。当光线通过一混浊溶液时，因悬浮体选择地吸收了一部分光能，并且悬浮体向各个方面散射了另一部分光线，减弱了透过光线的强度，从而增大了吸光度。

4. 在 X-射线荧光分析中的应用

X 射线荧光分析(XRF)在地质、冶金、科研等单位已被广泛应用。随着 X 射线荧光分析装置灵敏度的提高，其定性、定量分析过程更加简化，而且试样不用消解处理，操作简便、快速。XRF 法逐渐成为环境监测分析的重要手段之一，在土壤、底质、固体废弃物等环境试样分析尤其是大气颗粒物的源解析方面得到了广泛的应用，并具有广阔的发展前景。XRF 法可以测定固体试样和液体试样，但由于液体试样溶液发生泄露而损坏仪器，有较强酸度的溶液试样直接在 XRF 仪器上测量，酸的挥发不可避免地会对仪器造成腐蚀，所以对于溶液样品可采用沉淀反应将其中的待测元素转换为固体进行测定。

5. 在色谱分析中的应用

色谱分析是一种多组分混合物的分离、分析方法，包括气相色谱法、液相色谱法和离子色谱法等，是环境监测中的主要分析方法之一。沉淀反应在色谱分析中主要是用于样品的前处理，消除干扰物质的影响。例如采用色谱法测定海水中的痕量亚硝酸根和硝酸根就是以固体 Ag_2O 和 $Ba(OH)_2$ 为沉淀剂，采用氧化银沉淀法排除 Cl^- 和 SO_4^{2-} 的干扰。

综上，沉淀反应在环境监测中的应用主要有以下几个方面：(1)沉淀干扰物质，消除干扰；(2)沉淀被测物，将沉淀溶解进行测定或测定滤液中过量的沉淀剂，达到间接测定被测物的目的；(3)沉淀被测物，将被测物从溶液状态转化为固态。

思考题与习题

6-1　简答题

(1)溶度积　(2)溶度积规则　(3)分步沉淀　(4)沉淀的转化　(5)银量法

6-2　判断题

(1)化学上习惯把溶解度小于 0.01 g/100 gH_2O 的物质称为难溶物。（　）

(2)相同构型的两种难溶物，$K_{sp}^{\ominus}$ 数值小的溶解度小。（　）

(3)用与沉淀含有相同离子的溶液洗涤沉淀以除去杂质，并减少洗涤过程中沉淀的损失，这种方法是根据盐效应的原理。（　）

(4)同种类型的难溶电解质，沉淀转化的方向是由溶解度大的转化为溶解度小的。（　）

(5)用含有相同离子的溶液洗涤沉淀以除去杂质的方法是根据同离子效应的原理。（　）

6-3　选择题

1. 下列情况测定结果（　）。

A. 偏高　　B. 偏低　　C. 无影响

(1)$BaSO_4$ 沉淀法测定样品中 Ba^{2+} 的含量时，沉淀中包埋了 $BaCl_2$

(2)$BaSO_4$ 沉淀法测定样品中 Ba^{2+} 的含量时，灼烧过程中部分 $BaSO_4$ 被还原成 BaS

(3)$BaSO_4$ 沉淀法测定样品中 Ba^{2+} 的含量时，$BaSO_4$ 沉淀用热水洗涤

(4)佛尔哈德法测定 Cl^- 离子浓度时，没有加硝基苯

(5)法杨司法测定 Cl^- 离子浓度时，用曙红作指示剂

(6)用 $C_2O_4^{2-}$ 作沉淀剂，重量法测定 Ca^{2+}，Mg^{2+} 混合溶液中 Ca^{2+} 含量

2. 下列情况相匹配的是（　）。

A. 滴定时加入糊精

B. 用于 Cl^-，Br^- 和 CN^- 的测定，不适于测定 I^- 和 SCN^-

C. 滴定过程与溶液的酸度无关

D. 在高浓度 Fe^{3+} 存在下，可以获得满意的测定结果

(1)铬酸钾指示剂法

(2)铁铵钒指示剂法

(3)吸附指示剂法

6-4 计算题

1. 通过计算说明下列情况有无沉淀生成。

(1)0.010 mol·L^{-1} $SrCl_2$溶液 2 mL 和 0.10 mol·L^{-1} K_2SO_4溶液 3 mL 混合。

(2)1 滴 0.001 mol·L^{-1} $AgNO_3$溶液与 2 滴 0.0006 mol·L^{-1} K_2CrO_4溶液混合。(1 滴按 0.05 mL 计算)

(3)在 0.010 mol·L^{-1} $Pb(NO_3)_2$溶液 100 mL 中,加入 0.5848 g 固体 NaCl。(忽略体积改变)

2. 已知 $Mg(OH)_2$的溶度积为 1.2×10^{-11},问在它的饱和溶液中,$c(Mg^{2+})$和 $c(OH^-)$各为多少?

3. 在 Cl^- 和 CrO_4^{2-} 浓度都是 0.100 mol·L^{-1}的混合溶液中逐滴加入 $AgNO_3$溶液(忽略体积变化),问 AgCl 和 Ag_2CrO_4哪一种先沉淀?当 Ag_2CrO_4开始沉淀时,溶液中 Cl^- 浓度是多少?

4. 若在 1.0 L Na_2CO_3溶液中溶解 0.010 mol 的 $BaSO_4$,问 Na_2CO_3的最初浓度是多少?

5. AgI 沉淀用$(NH_4)_2S$溶液处理使之转化为 Ag_2S 沉淀,该转化反应的平衡常数是多少?若在 1.0L$(NH_4)_2S$溶液中转化 0.010 mol AgI,$(NH_4)_2S$溶液的最初浓度应为多少?

6. 计算欲使 0.010 mol·L^{-1} Fe^{3+} 开始沉淀及沉淀完全时的 pH 值。

7. 0.10 mol·L^{-1} Ni^{2+}溶液中通 H_2S 至饱和,使其生成沉淀。计算 NiS 沉淀开始析出和沉淀完全时溶液的 pH。

8. 10 mL 0.10 mol·L^{-1} $MgCl_2$和 10 mL 0.010 mol·L^{-1} $NH_3\cdot H_2O$ 相混合,(1)是否有沉淀生成?(2)为不使 $Mg(OH)_2$沉淀析出,问至少应加入 NH_4Cl 多少克(假定加入 NH_4Cl 后溶液的体积不变)?

第7章

配位化学的初步概念与配位滴定

真正的雄心壮志几乎全是智慧、辛勤、学习、经验的积累,差一分一毫也不可能到达目的。至于那些一鸣惊人的专家学者,只是人们觉得他们一鸣惊人。其实他们下的工夫和潜在的智能,别人事前是领会不到的。 ——维尔纳

配位化合物(简称配合物)是一类组成复杂、性能独特、用途极为广泛的化合物。最早记载的配合物是18世纪初用作颜料的普鲁士蓝,即亚铁氰化铁 $Fe_4[Fe(CN)_6]_3$,但通常认为配位化学始自1798年 $CoCl_3 \cdot 6NH_3$ 的发现。19世纪后,陆续发现了更多的配位化合物,积累了更多的实验事实。1893年,Werner A(维尔纳)在前人和他本人研究的基础上,首先提出了配位化合物的正确化学式及其成键本质,被看成是近代配位化学的创始人。近年来,配位化学在研究对象上日益重视与材料科学和生命科学领域相结合的功能配合物的研究,对近代科学的发展起到了很大的促进作用。然而,在很长时期内,建立在配位平衡基础上的配位滴定法并未得到很大的发展。直到1945年后,瑞士化学家Schwazenbarch G(许伐岑巴赫)提出了以EDTA(乙二胺四乙酸)为代表的一系列配位剂,配位滴定法才得到迅速发展和广泛应用。现在元素周期表的大多数金属元素和部分非金属元素都可以采用配位滴定法测定。

Werner A,1866—1919

Schwazenbarch,1904—1978

7.1 配位化合物的基本概念

7.1.1 配位化合物的组成

复杂化合物$[Cu(NH_3)_4]SO_4$，从其形成看，好像是一个$CuSO_4$和 4 个NH_3组成。但在其水溶液中，除SO_4^{2-}外，仅有$[Cu(NH_3)_4]^{2+}$，几乎检测不到Cu^{2+}和NH_3。这说明复杂离子$[Cu(NH_3)_4]^{2+}$几乎不解离，在水溶液能够稳定存在。这种具有稳定结构的复杂离子为配离子，含有配离子的化合物称为配位化合物。

绝大多数配合物含有内界和外界两部分。内界用方括号[ ]括起来称为配位单元。它包括中心离子(原子)和一定数目的配位体，是配合物的主要特征部分。配位体可以是离子(称为配离子)，如$[Co(NH_3)_6]^{3+}$、$[Cu(NH_3)_4]^{2+}$等；也可以是分子，如$[Ni(CO)_4]$、$[PtCl_2(NH_3)_2]$等。配合物的内界部分很稳定，在水溶液中几乎不解离。方括号以外是配合物的外界，内、外界之间以离子键结合，所以在水中外界组分可以完全解离出来。配合物的组成如图 7-1 所示。

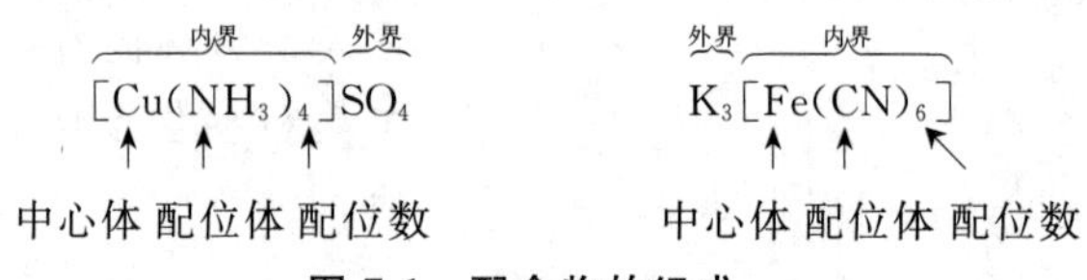

图 7-1 配合物的组成

1. 中心离子(或中心原子) 中心离子(或中心原子)是配合物的核心部分。中心离子(或中心原子)具有接受孤对电子的空轨道，绝大多数为过渡金属离子或原子，如$[Co(NH_3)_6]^{3+}$中的Co^{3+}、$[Ni(CO)_5]$中的 Ni 等。此外，某些非金属原子也可以作为中心原子，如$[BF_4]^-$中的 B、$[SiF_6]^{2-}$中的 Si、$[PF_6]^-$中的 P 等。

2. 配位体 在内界中，与中心离子(或中心原子)以配位键结合的阴离子或中性分子称为配位体，简称配体，如$[Co(NH_3)_6]^{3+}$中的NH_3、$[SiF_6]^{2-}$中的F^-等。在配体中，能提供孤对电子，并直接与中心离子(原子)相连的原子称为配位原子，如NH_3中的 N、CN^-中的 C 等。常见的配位原子一般是半径较小、电负性较大的 p 区元素原子，如 F、Cl、Br、I、C、N、P、O、S 等。

根据配体所含配位原子的多少可将配体分为两类：

(1)单基(齿)配体：只含有一个配位原子的配体，如NH_3、OH^-、X^-、CN^-、SCN^-等。

(2)多基(齿)配体：含有两个或多个配位原子的配体。多基配体大多为有机分子，如乙二胺($NH_2C_2H_4NH_2$，常缩写为 en)、NH_2CH_2COOH、乙二胺四乙酸等。

一些常见的配体列于表 7-1 中。

表 7-1　常见的配体

类　型	配位原子	实　例
单基配体	C	CO(羰基),CN^-(氰)
	N	NH_3(氨),NO(亚硝酰基),CH_3NH_2(甲胺),C_5H_5N(吡啶,简写为 Py),NCS^-(异硫氰酸根),NH_2^-(氨基),NO_2^-(硝基)
	O	OH^-(羟基),H_2O(水),CH_3COO^-(乙酸根),ONO^-(亚硝酸根),O^{2-}(氧),O_2^{2-}(过氧)
	S	$S_2O_3^{2-}$(硫代硫酸根),SCN^-(硫氰酸根)
	X	F^-(氟),Cl^-(氯),Br^-(溴),I^-(碘)
多基配体	N	乙二胺(简写为 en)　$NH_2-CH_2-CH_2-NH_2$
		二亚乙基三胺(简写为 DETA)　$NH_2-CH_2-CH_2-NH-CH_2-CH_2-NH_2$
		联吡啶(简写为 bipy) 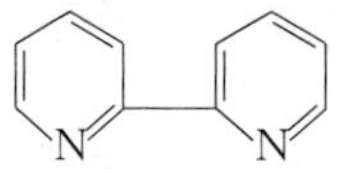
	O	草酸根 $C_2O_4^{2-}$ 即乙酰丙酮离子(简写为 $acac^-$) 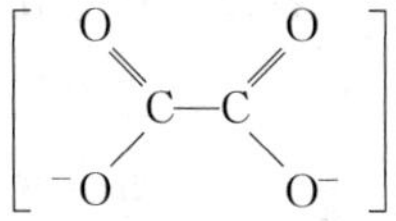
	N O	乙二胺四乙酸根离子 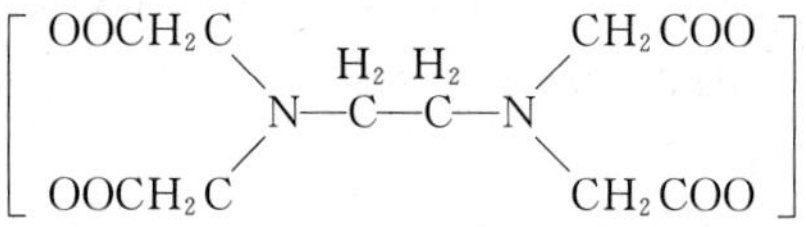

3. 配位数　配位原子的数目称为中心离子(或中心原子)的配位数。如果配体是单齿的,配位数就等于配体的数目,如$[Ag(NH_3)_2]^+$、$[Cu(NH_3)_4]^{2+}$、$[Fe(CN)_6]^{4-}$中,中心离子的配位数分别是 2、4、6;如果配体是多齿的,配位数就等于配体数目与单个配体所提供的配位原子数目的乘积,如$[Cu(en)_2]^{2+}$中,Cu^{2+}的配位数为 4;若配体有两种或两种以上,则配位数是各个配体所提供的配位原子数之和,如$[Pt(NO_2)_2(NH_3)_4]^{2+}$中 Pt^{4+} 的配位数为 6。中心离子(原子)的配位数一般为 2,4,6,8 等偶数,以 4 和 6 最为常见。配位数的多少取决于配合物的中心离子(或中心原子)和配体的体积大小、电荷多少、彼此间的极化作用、配合物生成时的外界条件(温度、浓度)等。

4. 配离子的电荷数　配离子的电荷数等于中心离子的电荷与配体总电荷的代数和。例如,在$[Co(NH_3)_6]Cl_3$中,配离子的电荷数为$+3$,写作$[Co(NH_3)_6]^{3+}$,为配阳离子。在$K_4[Fe(CN)_6]$中,配离子的电荷数为-4,写作$[Fe(CN)_6]^{4-}$,为配阴离子。

由于配合物是电中性的,因此,外界离子的电荷总数和配离子的电荷总数相等、符号相反,所以配离子的电荷数也可以根据外界离子的电荷数来确定。

7.1.2　配位化合物的命名

配合物的命名与一般无机化合物的命名原则相似。

1. 配合物的命名顺序　命名含配离子的化合物时，阴离子名称在前，阳离子名称在后，称为“某化某”、“某酸”、“氢氧化某”和“某酸某”。

2. 配离子的命名顺序　配位体数目(中文数字表示)—配位体名称—合—中心(离子)原子及其氧化数(罗马数字表示)。有的配离子可用简称。

3. 配位体的命名顺序　若配位体不止一种，则先无机配位体，后有机配位体；先阴离子，后中性分子。若均为中性分子或均为阴离子，可按配位原子元素符号英文字母顺序排列，如NH_3在前、H_2O在后；若配位原子也相同时，含原子数目较少的配体列在前面。若配位原子相同，配体中含原子的数目也相同，则按在结构式中与配位原子相连的原子的元素符号的字母顺序排列。不同配体间以点“·”隔开。

以下是一些配合物命名的实例：

$[Cu(NH_3)_4]SO_4$	硫酸四氨合铜(Ⅱ)
$[Cu(en)_2]SO_4$	硫酸二(乙二胺)合铜(Ⅱ)
$[CoCl_2(NH_3)_3(H_2O)]Cl$	氯化二氯·三氨·一水合钴(Ⅲ)
$H_2[PtCl_6]$	六氯合铂(Ⅳ)酸
$Na_2[SiF_6]$	六氟合硅(Ⅳ)酸钠
$K[PtCl_5(NH_3)]$	五氯·一氨合铂(Ⅳ)酸钾
$[Fe(CO)_5]$	五羰基合铁
$[Co(NO_2)_3(NH_3)_3]$	三硝基·三氨合钴(Ⅲ)
$[Pt(NH_3)_6][PtCl_4]$	四氯合铂(Ⅱ)酸六氨合铂(Ⅱ)
$[Cr(NH_3)_6][Co(CN)_6]$	六氰合钴(Ⅲ)酸六氨合铬(Ⅲ)

有些配体化学式相同，但配位原子不同，命名时须注意区别。例如，$-NO_2$硝基(N为配位原子)、—ONO亚硝酸根(O为配位原子)；—SCN硫氢酸根(S为配位原子)、—NCS异硫氰酸根(N为配位原子)。

此外，一些常见的配合物，常用习惯命名法，如$[Cu(NH_3)_4]^{2+}$、$[Ag(NH_3)_2]^+$分别叫做铜氨配离子和银氨配离子。有些配合物有俗名，如$K_3[Fe(CN)_6]$，俗称铁氰化钾或赤血盐；$K_4[Fe(CN)_6]$，俗称亚铁氰化钾或黄血盐。

7.1.3　配位化合物的化学键本性

1931年鲍林首先将分子结构的杂化轨道理论应用于配位化合物中，用以说明配合物的结构及化学键本质，后经他人修正补充，逐步完善形成了近代配位化合物的价键理论。其基本要点是：

(1)配合物的中心离子(或中心原子)与配体之间以配位键结合。要形成配位键，配体中配位原子必须能够提供孤对电子，中心离子(或中心原子)必须具有空轨道。

(2)中心离子(或中心原子)的空轨道先杂化，以杂化轨道成键。在形成配合物时，中心离子(或中心原子)的杂化轨道和配位原子的孤对电子所在的轨道重叠，从而形成配位键。

(3)外轨型和内轨型配合物的形成。在形成配合物时，中心离子(或中心原子)全部以外层空轨道(ns,np,nd)参与杂化成键，所形成的配合物称为外轨型配合物。若中心离子(或中心原子)的次外层$(n-1)$d轨道参与杂化成键，所形成的配合物称为内轨型配合物。

7.1.3.1　常见配离子的形成

1. 外轨型配离子的形成

$[Ag(NH_3)_2]^+$中Ag^+的价层电子构型为$4d^{10}5s^05p^0$，成键时，Ag^+的 1 个空的 5s 轨道和 1 个空的 5p 轨道发生 sp 等性杂化，形成 2 个等性 sp 杂化轨道，分别接受 2 个NH_3分子中的 N 原子提供的孤对电子，生成 2 个配位键，由于 sp 杂化轨道是直线形取向的，所以$[Ag(NH_3)_2]^+$的空间构型为直线形。

$Ag^+(4d^{10}5s^05p^0)$：

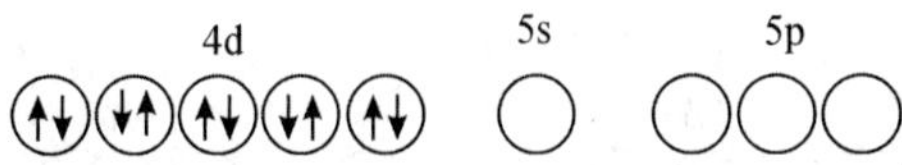

$[Ag(NH_3)_2]^+$：

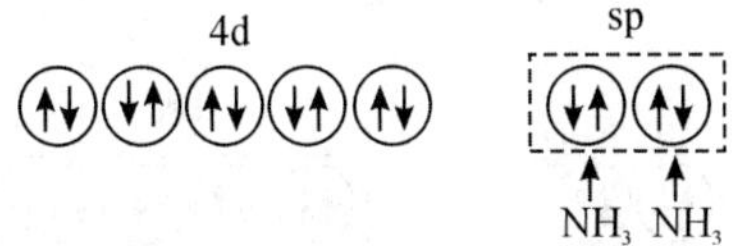

在形成$[Zn(NH_3)_4]^{2+}$中，Zn^{2+}的价层电子构型为$3d^{10}4s^04p^0$。成键时，Zn^{2+}的 1 个空的 4s 轨道和 3 个全空的 4p 轨道发生sp^3等性杂化，得到 4 个等性sp^3杂化轨道，分别接受 4 个NH_3分子中的 N 原子提供的孤对电子，生成 4 个配位共价键，空间构型为正四面体。

$Zn^{2+}(3d^{10}4s^04p^0)$：

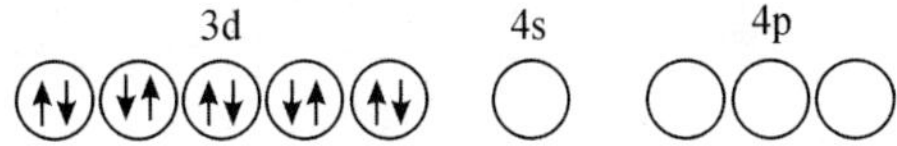

$[Zn(NH_3)_4]^{2+}$：

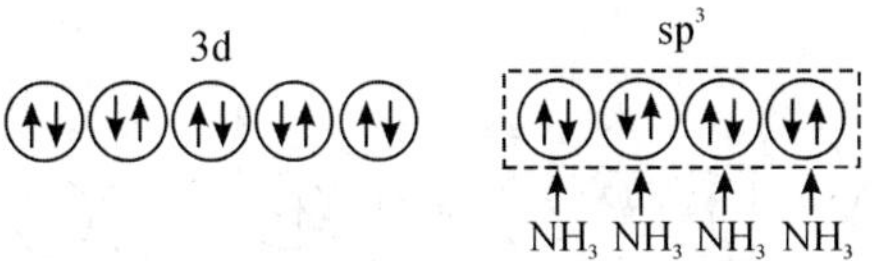

在$[FeF_6]^{3-}$中，Fe^{3+}的价层电子构型是$3d^54s^04p^04d^0$，3d 轨道含有 5 个未成对电子，与F^-配位时，Fe^{3+}的 3d 电子没有变化，直接以 1 个 4s、3 个 4 p 和 2 个 4d 轨道发生sp^3d^2等性杂化，再分别与 6 个F^-配位成键。6 个sp^3d^2杂化轨道取最大夹角，指向正八面体的 6 个顶点，因此形成的$[FeF_6]^{3-}$空间构型为正八面体构型。

$Fe^{3+}(3d^54s^04p^04d^0)$：

$[FeF_6]^{3-}$：

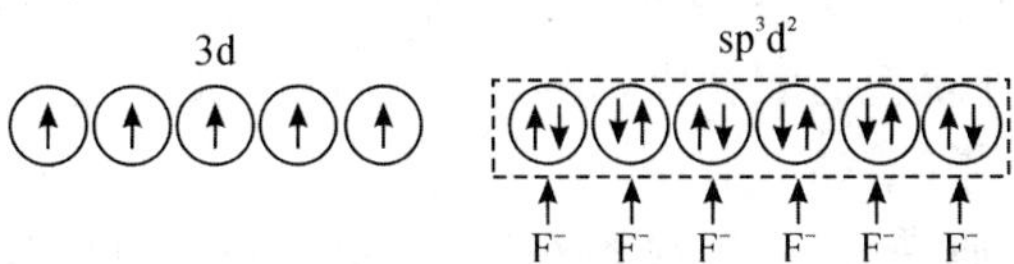

以上几种配离子形成时，中心离子的价电子仍保持自由离子状态，仅外层空轨道参与杂化而形成 sp、sp^3、sp^3d^2等杂化轨道，配原子的孤对电子仅进入外层杂化轨道而形成外轨型配离子，含有这种配离子的化合物称为外轨型化合物。

2. 内轨型配离子的形成

在$[Ni(CN)_4]^{2-}$中，Ni^{2+}的价层电子构型为$3d^84s^04p^0$。配位时，受配体CN^-的影响，Ni^{2+}

的 3d 电子发生重排，被“挤成”只占 4 个 d 轨道并自旋配对，原有自旋平行的电子数减少，空出 1 个 3d 轨道与 1 个 4s、2 个 4p 空轨道进行杂化，组成 4 个 dsp^2 杂化轨道，分别接受 4 个 CN^- 中 C 原子所提供的 4 对孤对电子而形成 4 个配位键。其中每个 dsp^2 杂化轨道间夹角为 90°，且在一个平面上，各杂化轨道的方向是从平面正方形中心指向 4 个顶角，所以$[Ni(CN)_4]^{2-}$的空间构型为平面正方形。

Ni^{2+} $(3d^8 4s^0 4p^0)$：

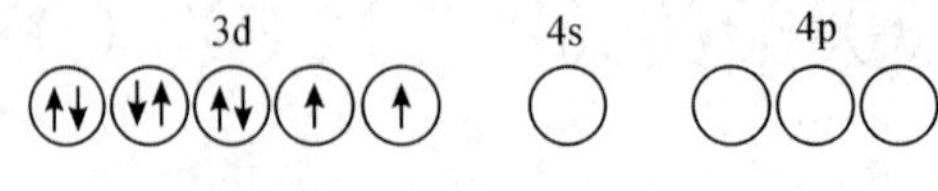

$[Ni(CN)_4]^{2-}$：

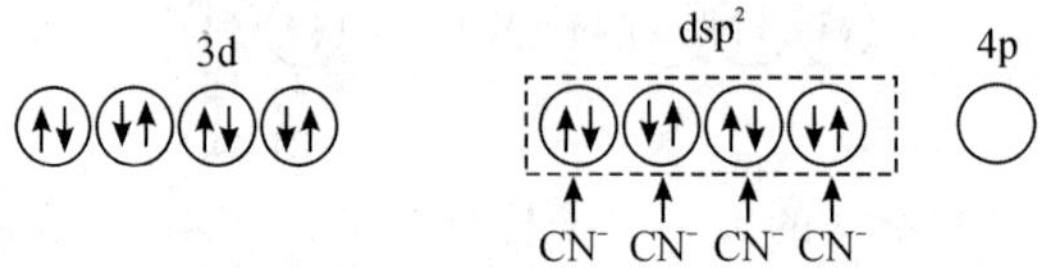

在形成$[Fe(CN)_6]^{3-}$时，受配体 CN^- 的影响，Fe^{3+} 的 3d 电子发生重排，4 个分占不同 d 轨道的单电子两两配对，空出 2 个 3d 轨道，这 2 个 3d 轨道与 1 个 4s 和 3 个 4 p 轨道发生 d^2sp^3 杂化，再分别与 6 个 CN^- 中 C 原子的孤对电子配位成键，形成正八面体构型的$[Fe(CN)_6]^{3-}$。

Fe^{3+} $(3d^5 4s^0 4p^0 4d^0)$：

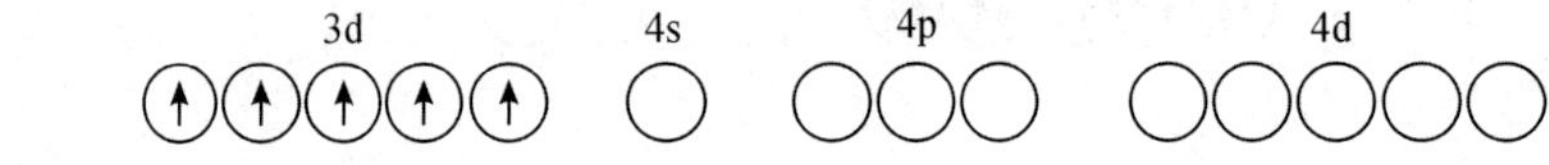

$[Fe(CN)_6]^{3-}$：

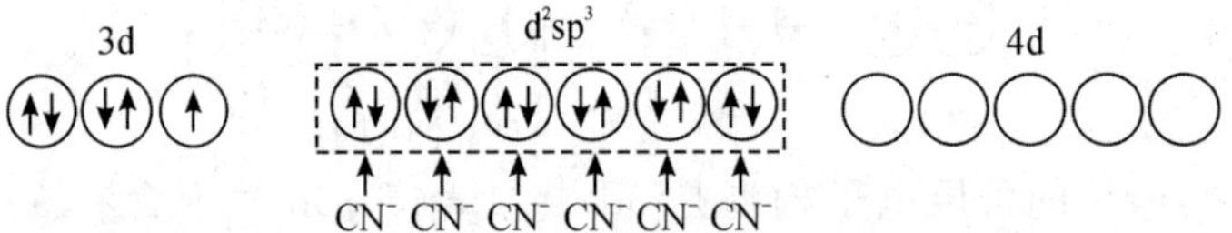

像上述 dsp^2、d^2sp^3 等内层杂化轨道的形成，是由于受到强配体 CN^- 的影响，中心离子的电子结构发生改变，未成对的电子重新配对，从而“腾出”内层轨道参与杂化轨道成键。用这种键型结合的配离子称为内轨型配离子。含有这种配离子的化合物称为内轨型化合物。

现将常见配离子的配位数、中心离子(或中心原子)杂化轨道类型和配离子空间构型的例子在表 7-2 列出。

3. 形成外轨型和内轨型配合物的影响因素

中心离子(或中心原子)的价层电子构型是影响外轨型和内轨型配合物形成的主要因素。

(1)中心离子(或中心原子)的内层 d 轨道已经全满(价层电子构型$(n-1)d^{10}$)，没有可利用的内层轨道，只能形成外轨型的配合物，如以 Al^{3+}、Zn^{2+}、Cd^{2+}、Hg^{2+}、Cu^+、Ag^+、Au^+ 为中心离子的配合物(如$[HgI_4]^{2-}$、$[CdI_4]^{2-}$)。

(2)中心离子(或中心原子)本身具有空的内层 d 轨道(价层电子构型$(n-1)d^{1\sim3}$)，一般倾向于形成内轨型配合物，如$[Cr(H_2O)_6]^{3+}$、$[CrF_6]^{3-}$、$[CrCl_6]^{3-}$均为内轨型配离子。

(3)如果中心离子(或中心原子)的内层 d 轨道未完全充满(价层电子构型$(n-1)d^{4\sim7}$)，既可形成内轨型配离子也可形成外轨型配离子，此时，配体就成为决定配合物类型的主要因素。

①F^-、OH^-、H_2O 等配体中配位原子 F、O 的电负性较大，吸引电子的能力较强，不易给出孤对电子，对中心离子(或中心原子)内层 d 电子的排斥作用较小，基本不影响其价电子基本

构型，因而只能利用中心离子(或中心原子)的外层 d 轨道成键，易形成外轨型配合物，如 $[Fe(H_2O)_6]^{2+}$、$[Fe(H_2O)_6]^{3+}$、$[Co(H_2O)_6]^{2+}$、$[CoF_6]^{4-}$ 等属于外轨型配合物。

表 7-2 轨道杂化类型与配合物的几何构型的关系

配位数	杂化类型	几何构型	实例
2	sp	直线形	$[Ag(CN)_2]^-$、$[Ag(NH_3)_2]^+$、$[CuCl_2]^-$、$[Cu(NH_3)_2]^+$
3	sp^2	平面三角形	$[CuCl_3]^{2-}$、$[HgI_3]^-$、$[Cu(CN)_3]^{2-}$
4	sp^3	正四面体形	$[Ni(NH_3)_4]^{2+}$、$[Zn(NH_3)_4]^{2+}$、$[Ni(CO)_4]^{2+}$、$[HgI_4]^{2-}$、$[CoCl_4]^{2-}$、$[BF_4]^-$
	dsp^2	正方形	$[Cu(NH_3)_4]^{2+}$、$[Ni(CN)_4]^{2-}$、$[Cu(CN)_4]^{2-}$、$[PtCl_4]^{2-}$、$[Cu(H_2O)_4]^{2+}$
5	dsp^3	三角双锥形	$[Fe(CO)_5]$、$[Ni(CN)_5]^{3-}$、$[Co(CN)_5]^{3-}$
6	sp^3d^2	正八面体	$[Co(NH_3)_6]^{2+}$、$[FeF_6]^{3-}$、$[CoF_6]^{3-}$、$[Fe(H_2O)_6]^{3+}$
	d^2sp^3		$[Fe(CN)_6]^{4-}$、$[Fe(CN)_6]^{3-}$、$[Co(NH_3)_6]^{3+}$、$[PtCl_6]^{2-}$

②CN^-、CO 等配体中配位原子 C 的电负性较小，易给出孤对电子，对中心离子(或中心原子)内层 d 电子的排斥作用较大，内层 d 电子容易发生重排，从而空出内层 d 轨道，故易形成内轨型配合物，如$[Cu(CN)_4]^{2-}$、$[Fe(CN)_6]^{4-}$、$[Co(CN)_6]^{4-}$等属于内轨型配合物。

③NH_3、Cl^- 等配体既可形成外轨型配合物，也可形成内轨型配合物。

由于$(n-1)$d 轨道的能量比 nd 轨道能量低，所以内轨型配合物比外轨型配合物稳定，其在水溶液中的稳定常数也较大，较难离解成简单离子。例如，$K_f^{\ominus}\{[Fe(CN)_6]^{3-}\}=4.1\times10^{52}$(内轨型)，$K_f^{\ominus}\{[FeF_6]^{3-}\}=2.0\times10^{14}$(外轨型)

7.1.3.2 配合物的磁性

一般可以用磁性实验来判断配位化合物是内轨型还是外轨型。因为物质的磁性与组成物质的原子、分子或离子中未成对的电子数有关。如果物质中电子皆已成对，该物质不具有磁性，称之为反（抗）磁性。而当物质中有成单电子时，原子或分子就具有磁性，称之为顺磁性。物质磁性强弱可用磁矩来表示。物质的磁矩（μ）与物质的未成对的电子数（n）的关系为

$$\mu=\sqrt{n(n+2)}\quad(\text{磁矩的单位为玻尔磁子，符号为 B. M.})$$

若 $n=0$，则 $\mu=0$，物质具有反磁性；若 $n>0$，则 $\mu>0$，则物质具有顺磁性。

根据上式可估算出未成对电子数 $n=1\sim5$ 的 μ 理论值。反之，测定配合物的磁矩，也可以了解中心离子（原子）未成对电子数，从而确定该配合物类型。

例如，实验测得$[FeF_6]^{3-}$和$[Fe(CN)_6]^{3-}$的磁矩分别为 5.88 B. M. 和 2.25 B. M.，依据上式计算及价键理论分析，前者应有 5 个单电子，因此$[FeF_6]^{3-}$中 Fe^{3+} 所含未成对电子数没有变化，以 sp^3d^2 杂化轨道与配位原子（F^-）形成外轨配键，则$[FeF_6]^{3-}$属外轨型配合物；而后者只有 1 个单电子，表明在成键过程中，中心离子的未成对内层 d 电子数减少，d 电子重新分布，腾出两个空内层 d 轨道，而以 d^2sp^3 杂化轨道与配位原子（C）形成内轨配键，所以$[Fe(CN)_6]^{3-}$属内轨型配合物。

外轨型和内轨型配合物在磁性上也不相同。外轨型配合物用外层空轨道成键，内层 d 电子几乎不受成键的影响，故未成对电子数较多。因此，外轨型配合物多表现为顺磁性，磁矩较高；内轨型配合物为了“腾出”内层 d 轨道参加杂化，要将 d 电子“挤入”少数轨道，故未成对电子数目较少。因此，它们是很弱的顺磁性物质，磁矩很小，或为抗磁性物质。确定配合物是外轨型还是内轨型，磁矩数据是重要的依据。

价键理论能够较好地说明配合物的空间构型、稳定性、磁性以及中心离子的配位数等问题，在配位化学的发展中起了很大的作用。但这一理论毕竟是一个定性的理论，它不能定量地说明配位化合物的性质也不能解释配位化合物为什么有颜色。因此，20 世纪 50 年代后期以来，这个理论的地位逐渐被配合物的晶体场理论和分子轨道理论所代替。然而价键理论由于比较简单、通俗易懂，易于被初学者接受。

7.2 配位平衡

从配合物的组成结构可知，配合物的内界与外界之间是以离子键结合的，与强电解质类似，在水溶液中几乎完全离解，例如，$[Cu(NH_3)_4]SO_4$ 在水溶液中解离为$[Cu(NH_3)_4]^{2+}$和 SO_4^{2-}。而配合物的内界与弱电解质类似，仅部分解离为中心离子和配位体，即：

$$[Cu(NH_3)_4]^{2+}\underset{\text{配位}}{\overset{\text{离解}}{\rightleftharpoons}}Cu^{2+}+4NH_3$$

7.2.1 配离子的稳定常数

配离子的形成一般是分步进行的。例如，向含 Cu^{2+} 的水溶液中逐渐加入 NH_3 时，首先生成$[Cu(NH_3)]^{2+}$，随着 NH_3 量的增加，才依次形成$[Cu(NH_3)_2]^{2+}$、$[Cu(NH_3)_3]^{2+}$和$[Cu(NH_3)_4]^{2+}$配离子，因此溶液中存在着一系列的配位平衡，可表示为：

$$Cu^{2+}(aq)+NH_3(aq)\rightleftharpoons[Cu(NH_3)]^{2+}$$

$$K_1^{\ominus}=\frac{c([Cu(NH_3)]^{2+})/c^{\ominus}}{[c(Cu^{2+})/c^{\ominus}]\cdot[c(NH_3)/c^{\ominus}]}=2.04\times10^4$$

$$[Cu(NH_3)]^{2+}(aq)+NH_3(aq)\rightleftharpoons[Cu(NH_3)_2]^{2+}$$

$$K_2^\ominus=\frac{c([Cu(NH_3)_2]^{2+})/c^\ominus}{c([Cu(NH_3)]^{2+})/c^\ominus\cdot[c(NH_3)/c^\ominus]}=4.68\times10^3$$

$$[Cu(NH_3)_2]^{2+}(aq)+NH_3(aq)\rightleftharpoons[Cu(NH_3)_3]^{2+}$$

$$K_3^\ominus=\frac{c([Cu(NH_3)_3]^{2+})/c^\ominus}{c([Cu(NH_3)_2]^{2+})/c^\ominus\cdot[c(NH_3)/c^\ominus]}=1.10\times10^3$$

$$[Cu(NH_3)_3]^{2+}(aq)+NH_3(aq)\rightleftharpoons[Cu(NH_3)_4]^{2+}$$

$$K_4^\ominus=\frac{c([Cu(NH_3)_4]^{2+})/c^\ominus}{c([Cu(NH_3)_3]^{2+})/c^\ominus\cdot[c(NH_3)/c^\ominus]}=2.00\times10^2$$

式中，$K_1^\ominus$、$K_2^\ominus$、$K_3^\ominus$、$K_4^\ominus$分别为第一、二、三、四级配离子的形成常数，通常称为逐级稳定常数。将以上四式相加就得到了 Cu^{2+} 与 NH_3反应生成$[Cu(NH_3)_4]^{2+}$的总反应

$$Cu^{2+}(aq)+4\,NH_3(aq)\rightleftharpoons[Cu(NH_3)_4]^{2+}(aq)$$

此反应的标准平衡常数为

$$K_f^\ominus=\frac{c([Cu(NH_3)_4]^{2+})/c^\ominus}{[c(Cu^{2+})/c^\ominus]\cdot[c(NH_3)/c^\ominus]^4}$$

式中，$K_f^\ominus$为生成$[Cu(NH_3)_4]^{2+}$总反应的稳定常数，在数值上等于各逐级稳定常数的乘积，即$K_f^\ominus=K_1^\ominus\cdot K_2^\ominus\cdot K_3^\ominus\cdot K_4^\ominus=2.10\times10^{13}$。$K_f^\ominus$越大，说明配位反应进行得越完全，配离子在水溶液中越稳定。对于同类型的配离子可以直接用 $K_f^\ominus$值的大小来比较它们的稳定性，对于不同类型的配离子只有通过计算才能比较。一些常见配离子的稳定常数列于附录 6-1 中。

7.2.2　配位平衡的计算

在配位平衡系统中，配体的浓度越大，配位反应越完全，残留的金属离子浓度越小。通常，配离子的逐级稳定常数彼此相差不太大，因此在计算配离子浓度时应注意考虑各级配离子的存在，但在实际工作中，一般都是加入过量的配位剂促使配位反应完全，此时中心离子基本上处于最高配位状态，而低级配离子则可以忽略不计，这样就只需根据总的稳定常数 $K_f^\ominus$进行计算，简化计算过程。

【例 7-1】　在 0.1 mol·L^{-1}的$[Cu(NH_3)_4]SO_4$溶液中，Cu^{2+}和 NH_3分子的浓度各是多少？

解　(1)设达到平衡时，解离出的 $c(Cu^{2+})=x$ mol·L^{-1}，$c(NH_3)=4x$ mol·L^{-1}，

由于 $K_f^\ominus([Cu(NH_3)_4]^{2+})$很大，即$[Cu(NH_3)_4]^{2+}$很稳定，配合物离解出的 Cu^{2+}浓度很小。因此：

$$\begin{array}{lccc} & Cu^{2+} & +4NH_3 \rightleftharpoons & [Cu(NH_3)_4]^{2+} \\ c/\text{mol}\cdot L^{-1} & x & 4x & 0.10-x\approx0.10\end{array}$$

$$K_f^\ominus([Cu(NH_3)_4]^{2+})=\frac{c([Cu(NH_3)_4]^{2+})/c^\ominus}{[c(Cu^{2+})/c^\ominus]\cdot[c(NH_3)/c^\ominus]^4}=\frac{0.10}{x\cdot(4x)^4}=2.1\times10^{13}$$

解得　$x=4.51\times10^{-4}$ mol·L^{-1}，

所以　$c(Cu^{2+})=4.51\times10^{-4}$ mol·L^{-1}，$c(NH_3)=4x=1.80\times10^{-3}$ mol·L^{-1}

【例 7-2】　在 1 mL 0.04 mol·L^{-1} $AgNO_3$溶液中，加入 1 mL 2 mol·L^{-1}NH_3，计算在平衡后溶液中的 Ag^+浓度(已知 $K_f^\ominus([Ag(NH_3)_2]^+)=1.7\times10^7$)。

解　由于混合溶液体积增加一倍，

$$c(Ag^+)=0.02\ \text{mol}\cdot L^{-1},c(NH_3)=1\ \text{mol}\cdot L^{-1}$$

又因为 NH_3大大过量，故可认为几乎全部 Ag^+都生成$[Ag(NH_3)_2]^+$

设平衡时 $c(Ag^+)=x\ mol \cdot L^{-1}$

$$Ag^+ \quad + \quad 2NH_3 \rightleftharpoons [Ag(NH_3)_2]^+$$

起始 $c/mol \cdot L^{-1}$ 　　0.02 　　1 　　0

平衡 $c/mol \cdot L^{-1}$ 　　x 　　$1-2\times(0.02-x)$ 　　$0.02-x$

因 x 值很小，可视 $0.02-x\approx0.02, 1-2\times(0.02-x)=0.96+2x\approx0.96$

所以

$$K_f^{\ominus}([Ag(NH_3)_2]^+)=\frac{c([Ag(NH_3)_2]^+)/c^{\ominus}}{[c(Ag^+)/c^{\ominus}]\cdot[c(NH_3)/c^{\ominus}]^2}=\frac{0.02}{x\cdot 0.96^2}=1.7\times10^7$$

所以 $c(Ag^+)=x=\dfrac{0.02}{1.7\times10^7\times(0.96)^2}=1.28\times10^{-9}\ mol \cdot L^{-1}$

7.2.3 配位平衡的移动

在水溶液中，配离子的稳定性是相对的，当外界条件发生变化时，平衡发生移动，在新的条件下建立新的平衡。配位平衡的移动问题本质上是配位平衡与其他各种化学平衡的多重平衡问题，主要包括：配位平衡与酸碱平衡；配位平衡与沉淀平衡；配位平衡和氧化还原平衡；配合物的相互转化。

1. 配位平衡与酸碱平衡

根据酸碱质子理论，所有的配体都可以看作是一种碱，如 F^-、NH_3、CN^-、$C_2O_4^{2-}$、SCN^- 等。因此在增大溶液中 H^+ 的浓度时，由于配体同 H^+ 结合使配体浓度下降，从而使配合物的稳定性降低，这种现象称为酸效应。例如，

$$\begin{array}{rl} [Fe(C_2O_4)_3]^{3-} \rightleftharpoons Fe^{3+} + & 3C_2O_4^{2-} \\ & + \\ & 6H^+ \rightleftharpoons 3H_2C_2O_4 \end{array}$$

配体的碱性愈强，溶液的 pH 值愈小，配离子愈易被破坏。

此外，配合物的中心离子大多数是过渡金属离子，它们在水中都会有不同程度的水解作用。溶液的 pH 值越大，越有利于水解的进行，也越不利于配离子的稳定存在。例如：Fe^{3+} 在碱性介质中容易发生水解反应，溶液的碱性越强，水解越彻底(生成 $Fe(OH)_3$ 沉淀)，$[FeF_6]^{3-}$ 就越不稳定。

$$\begin{array}{rl} [FeF_6]^{3-} \rightleftharpoons & Fe^{3+} + 6F^- \\ & + \\ & 3OH^- \rightleftharpoons Fe(OH)_3 \end{array}$$

2. 配位平衡与沉淀溶解平衡

若往一定的配合物溶液中加入某沉淀剂，是否会有沉淀生成？或在一定量的沉淀中加入一种配合剂，看此沉淀是否会因生成配合物而溶解。这是可溶性配离子与沉淀之间的转化，是沉淀溶解平衡与配位平衡的竞争。两种平衡互相影响和制约，这就要利用配离子的稳定常数($K_f^{\ominus}$)和沉淀的溶度积常数($K_{sp}^{\ominus}$)值的大小来判断。例如由 AgCl 至 Ag_2S 的一系列反应可简单表示如下：

$$Ag^+(aq) \xrightarrow{Cl^-} \underset{(K_{sp}^{\ominus}=1.77\times10^{-10})}{AgCl(白色)} \xrightarrow{NH_3} \underset{(K_f^{\ominus}=1.7\times10^{7})}{Ag(NH_3)_2^+(aq)} \xrightarrow{Br^-} \underset{(K_{sp}^{\ominus}=5.35\times10^{-13})}{AgBr(浅黄色)}$$

$$\xrightarrow{S_2O_3^{2-}} \underset{(K_f^{\ominus}=2.9\times10^{13})}{Ag(S_2O_3)_2^{3-}(aq)} \xrightarrow{I^-} \underset{(K_{sp}^{\ominus}=8.52\times10^{-17})}{AgI(黄色)} \xrightarrow{CN^-} \underset{(K_f^{\ominus}=1.3\times10^{21})}{Ag(CN)_2^-(aq)} \xrightarrow{S^{2-}} \underset{(K_{sp}^{\ominus}=6.3\times10^{-50})}{Ag_2S(黑色)}$$

【例 7-3】 在 0.1 mol·L^{-1}的$[Ag(NH_3)_2]^+$溶液中，加入 NaCl 固体使 NaCl 浓度达 0.001 mol·L^{-1}时有无 AgCl 沉淀生成(假定 NaCl 的加入不改变溶液体积)？(已知 $K_f^\ominus([Ag(NH_3)]^{2+})=1.7\times10^7$，$K_{sp}^\ominus(AgCl)=1.77\times10^{-10}$)

解 有无沉淀生成主要是看溶液中相关离子浓度的乘积是否大于沉淀的 $K_{sp}^\ominus$，如果 $Q_i>K_{sp}^\ominus$就有沉淀，如果 $Q_i<K_{sp}^\ominus$就无沉淀。

设平衡时 $c(Ag^+)$的浓度为 x mol·L^{-1}

$$Ag^+ \quad + \quad 2NH_3 \rightleftharpoons [Ag(NH_3)_2]^+$$

平衡 c/mol·L^{-1} 　　x 　　　$2x$ 　　　$0.1-x\approx0.1$

即：$$K_f^\ominus([Ag(NH_3)_2]^+)=\frac{c([Ag(NH_3)_2]^+)/c^\ominus}{[c(Ag^+)/c^\ominus]\cdot[c(NH_3)/c^\ominus]^2}=\frac{0.1}{x\cdot(2x)^2}=1.7\times10^7$$

解得　$x=1.14\times10^{-3}$ mol·L^{-1}

$$Q_i=c(Ag^+)/c^\ominus\cdot c(Cl^-)/c^\ominus=1.14\times10^{-3}\times0.001=1.14\times10^{-6}$$

因为 $Q_i>K_{sp}^\ominus=1.77\times10^{-10}$，所以有 AgCl 沉淀生成。

【例 7-4】 0.10 g AgBr 固体能否完全溶解于 100 mL $c(NH_3)=1.00$ mol·L^{-1}的氨水中？

解 0.10 g 固体 AgBr 的物质的量 $n=\frac{0.10}{187.8}=5.32\times10^{-4}$ mol

设 5.32×10^{-4}mol AgBr 完全溶解于 100 mL x mol·L^{-1}氨水中并达平衡时：

$$c([Ag(NH_3)_2]^+)=c(Br^-)=\frac{5.32\times10^{-4}}{0.1}=5.32\times10^{-3}\text{ mol}\cdot\text{L}^{-1}$$

$$AgBr \quad + \quad 2NH_3 \rightleftharpoons [Ag(NH_3)_2]^+ \quad + \quad Br^-$$

c/mol·L^{-1}　$x-2\times5.32\times10^{-3}$　　5.32×10^{-3}　　5.32×10^{-3}

由　$$K^\ominus=\frac{[c([Ag(NH_3)_2]^+)/c^\ominus]\cdot[c(Br^-)/c^\ominus]}{[c(NH_3)/c^\ominus]^2}=K_{sp}^\ominus(AgBr)\cdot K_f^\ominus([Ag(NH_3)_2]^+)$$

即　$$\frac{(5.32\times10^{-3})^2}{(x-2\times5.32\times10^{-3})^2}=5.35\times10^{-13}\times1.7\times10^7=5.88\times10^{-6}$$

解得：　$x=1.76$ mol·L^{-1}

即完全溶解 0.10 g 固体 AgBr 所需氨水的最低浓度为 1.76 mol·L^{-1}>1.00 mol·L^{-1}。亦即 0.10 g 固体 AgBr 不能完全溶解于 100 mL 1 mol·L^{-1}的氨水中。

3. 配合物的相互转化和平衡

在一种配离子溶液中，加入能与中心离子(或中心原子)形成更稳定配离子的配位剂，则发生配离子之间的转化。配离子之间的转化，与沉淀之间的转化相类似，反应向着生成更稳定的配离子的方向进行。两种配离子的稳定常数相差越大，转化越完全。

【例 7-5】 在 $FeCl_3$溶液中加入 KNCS 液，溶液立即变成血红色，如果在此溶液中再加入一些固体 NH_4F 或 NaF，则红色立即褪去，为什么？

解 上述实验现象涉及配离子之间的转化。即：

$$[Fe(NCS)_6]^{3-}+6F^-\rightleftharpoons[FeF_6]^{3-}+6NCS^-$$

此反应向右进行的趋势如何，可先求出其平衡常数 $K^\ominus$，用 $K^\ominus$值的大小来判断：

$$K^\ominus=\frac{c([FeF_6]^{3-})/c^\ominus\cdot[c(NCS^-)/c^\ominus]^6}{c([Fe(NCS)_6]^{3-}/c^\ominus)\cdot[c(F^-)/c^\ominus]^6}$$

分子、分母同乘 $c(Fe^{3+})$得：

$$K^{\ominus}=\frac{c([FeF_6]^{3-})/c^{\ominus}\cdot[c(NCS^-)/c^{\ominus}]^6\cdot c(Fe^{3+})/c^{\ominus}}{c([Fe(NCS)_6]^{3-}/c^{\ominus})\cdot[c(F^-)/c^{\ominus}]^6\cdot c(Fe^{3+})/c^{\ominus}}=\frac{K_f^{\ominus}([FeF_6]^{3-})}{K_f^{\ominus}([Fe(NCS)_6]^{3-})}$$

查表知：$K_f^{\ominus}([Fe(NCS)_6]^{3-})=1.48\times10^3$，$K_f^{\ominus}([FeF_6]^{3-})=1.00\times10^{16}$

代入公式：
$$K^{\ominus}=\frac{1.00\times10^{16}}{1.48\times10^3}=6.8\times10^{12}$$

由 $K^{\ominus}$ 值可知，该反应向右进行的趋势很大，F^- 对 Fe^{3+} 的配位能力更强，故只要加入足够量的 F^- 时，$[Fe(NCS)_6]^{3-}$ 会被转化为 $[FeF_6]^{3-}$ 配离子。

7.3 配位滴定

以配位反应为基础的滴定分析方法，称为配位滴定法，也称为络合滴定法。作为配位滴定用的配位剂，有无机配位剂和有机配位剂两类。由于大多数的无机配合物的稳定性差，且反应产物是多级配合物与单一离子的混合体，使定量计算无法进行。因此，应用于配位滴定的无机配位剂很少。在配位滴定分析中，用到的配位剂绝大多数是有机配位剂，通常为氨羧配位剂。氨羧配位剂是一类含有氨基二乙酸基团的有机化合物，其分子中含有氨氮和羧氧两种配位能力很强的配位原子，可以和许多金属原子形成环状结构的配合物。其中应用的最为广泛的氨羧配位剂是乙二胺四乙酸(ethylene diamine tetreacetic acid，简称 EDTA)。用 EDTA 可以滴定几十种金属离子，通常所称的配位滴定法主要是指 EDTA 滴定法。

7.3.1 EDTA 的特性

1. EDTA 的一般物理化学性质

EDTA 是有机四元弱酸，通常用 H_4Y 表示。H_4Y 为白色晶状粉末，在水中的溶解度很小，22℃时，100 mL 水中仅能溶解 0.02 g，故常用它的二钠盐 $Na_2H_2Y\cdot2H_2O$，一般也简称 EDTA。后者的溶解度较大，22℃时，100 mL 水中能溶解 11.1 g，其饱和水溶液中的浓度约为 $0.3\ mol\cdot L^{-1}$。由于 EDTA 二钠盐溶液中主要为 H_2Y^{2-}，溶液的 pH 接近于 4.42。

在水溶液中，EDTA 分子中两个羧基上的 H^+ 会转移到氮原子上，形成双极离子。为此，当 H_4Y 在酸性介质中，两个失去质子的羧基可以再接受两个质子形成 H_6Y^{2+}。这样 EDTA 就相当于六元酸，有六级解离平衡(EDTA 的各级解离常数见表 7-3)，存在 H_6Y^{2+}、H_5Y^+、H_4Y、H_3Y^-、H_2Y^{2-}、HY^{3-} 和 Y^{4-} 七种存在型体，它们的分布系数如图 7-2 所示。

表 7-3 EDTA 的各级解离常数

各级解离平衡	各级解离常数
$H_6Y^{2+}\rightleftharpoons H_5Y^++H^+$	$pK_{a_1}^{\ominus}=0.90$
$H_5Y^+\rightleftharpoons H_4Y+H^+$	$pK_{a_2}^{\ominus}=1.60$
$H_4Y\rightleftharpoons H_3Y^-+H^+$	$pK_{a_3}^{\ominus}=2.00$
$H_3Y^-\rightleftharpoons H_2Y^{2-}+H^+$	$pK_{a_4}^{\ominus}=2.67$
$H_2Y^{2-}\rightleftharpoons HY^{3-}+H^+$	$pK_{a_5}^{\ominus}=6.16$
$HY^{3-}\rightleftharpoons Y^{4-}+H^+$	$pK_{a_6}^{\ominus}=10.26$

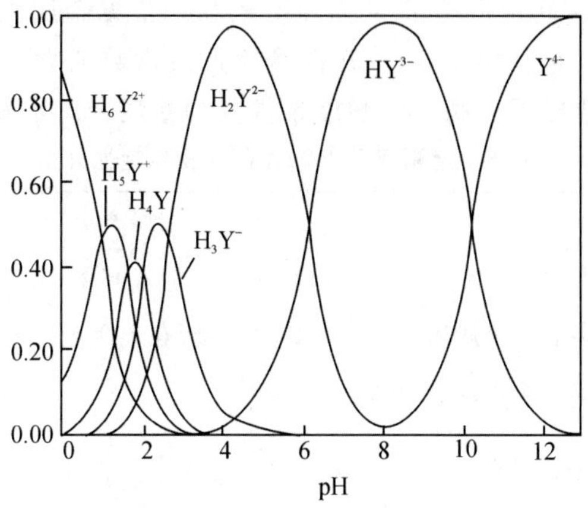

图 7-2　EDTA 各种型体分布图

由图 7-2 可以看出，在不同 pH 的溶液中，EDTA 的主要存在形式是不一样的，当 pH≥10.26 时，EDTA 主要以 Y^{4-} 的形式存在，具体情况见表 7-4。

表 7-4　pH 不同溶液中 EDTA 的主要存在形式

pH 范围	<0.9	0.9～1.60	1.60～2.00	2.00～2.67	2.67～6.16	6.16～10.26	>10.26
主要存在形式	H_6Y^{2+}	H_5Y^+	H_4Y	H_3Y^-	H_2Y^{2-}	HY^{3-}	Y^{4-}

在 EDTA 与金属离子形成的配合物中，以 Y^{4-} 与金属离子形成的配合物最为稳定，所以 EDTA 在碱性溶液中的配位能力较强。因此，溶液的酸度是影响金属离子-EDTA 配合物稳定性的一个重要因素。

2. EDTA 与金属离子形成配合物的特点

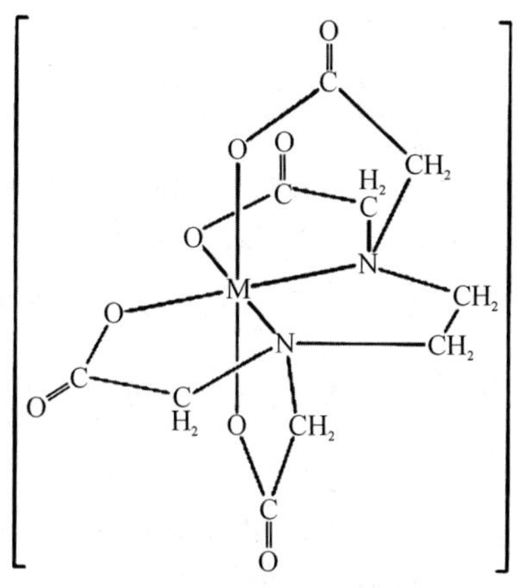

图 7-3　M—EDTA 立体结构

(1)具有广泛的配位性能　EDTA 分子中有 6 个可配位原子(2 个氨基氮，4 个羧基氧)，可以不同方式与金属离子形成多个五元环的螯合物，立体结构如图 7-3 所示。EDTA 几乎能与所有的金属离子形成稳定的螯合物，这为配位滴定的广泛应用提供了可能，但同时也造成此法的选择性较差。为此在实际应用中，还需要设法消除共存金属离子的干扰以提高配位滴定的选择性。

(2)形成的配合物稳定性高　EDTA 配合物由于含有多个稳定的五元环结构，一般具有较高的稳定性，因此 EDTA 滴定反应的完全程度较高。常见金属离子-EDTA 配合物形成常数见附录 6-2。根据生成的金属离子-EDTA 配合物形成常数的大小，可以分为四组(表 7-5)。了解这一分组情况，对于选择配位滴定的酸度条件及判断混合离子滴定时干扰情况是有益的。

表 7-5　金属离子-EDTA 配合物稳定性分组

分组	$\lg K_f^{\ominus}(MY)$	金属离子
Ⅰ	>20	除 Al^{3+}，稀土离子外，所有 3 价、4 价离子及 Hg^{2+}、Sn^{2+}
Ⅱ	12～19	除碱土金属离子、Hg^{2+}、Sn^{2+} 外，所有 2 价离子及 Al^{3+} 和稀土离子
Ⅲ	7～11	碱土金属离子和 Ag^+
Ⅳ	2.8(Li^+) 1.7(Na^+)	碱金属离子

(3)配位比简单(1∶1)　形成的配合物形式单一，无逐级配位现象，克服了许多不适合进行配位滴定的配位剂的缺点，便于终点的确认和定量计算。

(4)可溶性　多数金属离子-EDTA 配合物带有电荷，水溶性好，有利于滴定。

(5)颜色变化　EDTA 配合物的颜色与金属离子的颜色有关，金属离子无色，配合物也无色，金属离子有颜色，则配合物的颜色比金属离子的颜色更深。常见金属离子-EDTA 配合物的颜色见表 7-6。在滴定有色金属离子时，需控制浓度不能太大，否则 MY 的颜色很深，不利于滴定终点的观察。

表 7-6　金属离子-EDTA 配合物的颜色

金属离子	离子颜色	MY 颜色	金属离子	离子颜色	MY 颜色
Co^{3+}	粉红色	紫红色	Fe^{3+}	草绿色	黄色
Cr^{3+}	灰绿色	深紫色	Mn^{2+}	淡粉红色	紫红色
Ni^{2+}	浅绿色	蓝绿色	Cu^{2+}	浅蓝色	深蓝色

(6)反应速率快　大多数金属离子与 EDTA 配位反应速率快，但也有个别离子反应速率慢。例如，在酸性溶液中，Cr^{3+} 与 EDTA 配位，加热至沸时才生成紫色螯合物。室温下，Fe^{3+} 和 Al^{3+} 与 EDTA 配位较慢，前者需加热，而后者则需要煮沸才能进行。

7.3.2　副反应对 EDTA 配合物稳定性的影响

1. EDTA 配合物的稳定性

EDTA 与金属离子形成配合物的稳定性，可以从配合物的稳定常数反映出来。EDTA 与金属离子的配位反应可以简写成(忽略离子电荷)：

$$M+Y=MY$$

其稳定常数表达式为：

$$K_f^{\ominus}(MY)=\frac{[c(MY)/c^{\ominus}]}{[c(M)/c^{\ominus}]\cdot[c(Y)/c^{\ominus}]} \tag{7-1}$$

稳定常数的大小，主要取决于金属离子本身的性质，如离子电荷、离子半径和电子层结构等。$K_f^{\ominus}(MY)$越大，表示生成的配合物越稳定。

外界条件对 EDTA 配合物的稳定性有较大的影响。例如溶液的酸度、其他配位剂的存在等外界条件都会引起副反应，较大地影响着配合物的稳定性。

2. 配位反应的副反应及副反应系数

在配位滴定中，除了存在 EDTA(简写成 Y)与金属离子(简写 M)的配位主反应外，还存在许多副反应。所有存在于配位滴定中的化学反应，可以用下式表示：

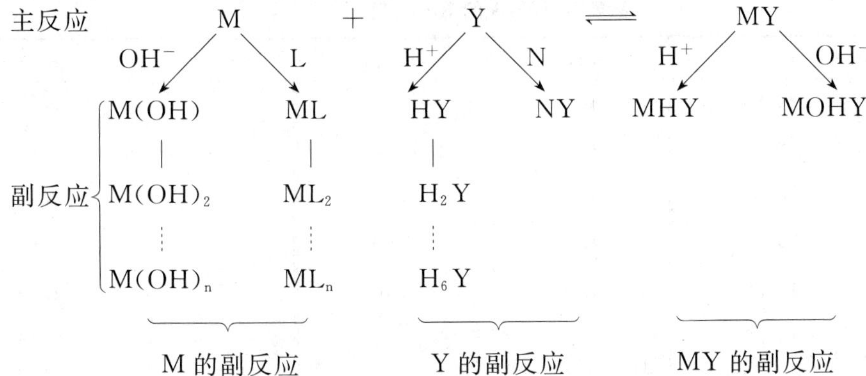

M 的副反应　　　　Y 的副反应　　　　MY 的副反应

在 EDTA 的配位滴定中，存在三方面的副反应：一是金属离子 M 的水解效应及与其他配位剂 L 的配位效应；二是 EDTA 的酸效应及与其他干扰金属离子 N 的配位效应；三是生成酸式配合物 MHY 及碱式配合物 MOHY 的副反应。其中前两类是反应物的副反应，会使主反应化学平衡向左移动，因而对配位滴定的完全程度产生不利影响。而第三类是产物的副反应，会使主反应化学平衡向右移动，对滴定有利，但因该反应的程度很小，一般忽略不计。很明显，由于副反应的存在，$K_f^\ominus$(MY)已不能够准确地描述主反应的完全程度，而且由于此时反应系统内存在多个相关的复杂的平衡，仅根据各种反应物的初始浓度，很难确定 M、Y 及 MY 的平衡浓度，使得利用 $K_f^\ominus$(MY)来对平衡的定量处理存在困难。为了解决这一问题，林邦提出了应用副反应系数对 $K_f^\ominus$(MY)进行校正的处理方法。该方法的关键是首先利用副反应系数确定溶液中 M、Y 及 MY 的平衡浓度与各自总浓度之间的定量关系。

由于副反应的存在，未参加主反应的 M 和 Y 在溶液中的存在形式不止一种，如果以 c'(M)和 c'(Y)分别表示未参加主反应的 M 及 Y 的总浓度，c'(MY)代表形成的 MY 的总浓度，即

$$c'(\mathrm{M})=c(\mathrm{M})+c(\mathrm{ML})+c(\mathrm{ML_2})+\cdots+c\{\mathrm{M(OH)}\}+c\{\mathrm{M(OH)_2}\}+\cdots$$

$$c'(\mathrm{Y})=c(\mathrm{Y})+c(\mathrm{HY})+c(\mathrm{H_2Y})+\cdots+c(\mathrm{NY})$$

$$c'(\mathrm{MY})=c(\mathrm{MY})+c(\mathrm{MHY})+c(\mathrm{MOHY}) \tag{7-2}$$

(1)EDTA 的酸效应及酸效应系数

在 EDTA 的七种型体中，只有 Y^{4-}(记作 Y)可以与金属离子进行配位，而 Y 的浓度受 H^+ 的影响，H^+ 的浓度越大，Y 型体浓度越小，因此其配位能力随着 H^+ 浓度的增加而降低，这种现象叫做 EDTA 的酸效应。EDTA 酸效应的大小用酸效应系数 $\alpha_{Y(H)}$ 来衡量，$\alpha_{Y(H)}$ 表示在一定的酸度时，无共存离子 N 干扰条件下，未参加主反应的 EDTA 各种型体的总浓度 c'(Y)与游离的 Y 的浓度 c(Y)之比，即

$$\alpha_{\mathrm{Y(H)}}=\frac{c'(\mathrm{Y})}{c(\mathrm{Y})}=\frac{c(\mathrm{Y})+c(\mathrm{HY})+c(\mathrm{H_2Y})+\cdots+c(\mathrm{H_6Y})}{c(\mathrm{Y})} \tag{7-3}$$

当介质为强酸性(pH<1.00)时，溶液中游离的 EDTA 主要以 H_6Y 形体存在，而 Y 型体浓度极低，此时配位反应受酸效应影响强烈，其与金属离子的配位能力大大降低，$\alpha_{Y(H)}$ 数值较大，表示副反应严重；随着 pH 值的升高，酸效应强度减小，$\alpha_{Y(H)}$ 数值减小，EDTA 与金属离子

的配位能力增强，在碱性溶液中，$\alpha_{Y(H)} \approx 1.0$，此时 EDTA 酸效应对配位反应的影响可以忽略。

很明显，酸效应系数 $\alpha_{Y(H)}$ 与 Y 型体的分布系数 δ 互为倒数，即 $\alpha_{Y(H)} = \dfrac{1}{\delta_Y}$

EDTA 在不同 pH 时的 $\lg\alpha_{Y(H)}$ 见表 7-7。

表 7-7　EDTA 的 $\lg\alpha_{Y(H)}$ 值

pH	$\lg\alpha_{Y(H)}$	pH	$\lg\alpha_{Y(H)}$	pH	$\lg\alpha_{Y(H)}$
0.0	23.95	4.2	8.20	7.4	2.97
0.2	22.78	4.3	8.00	7.5	2.86
0.4	22.63	4.4	7.80	7.6	2.76
0.6	20.49	4.5	7.60	7.7	2.66
0.8	19.38	4.6	7.40	7.8	2.55
1.0	18.32	4.7	7.20	7.9	2.45
1.2	17.29	4.8	7.00	8.0	2.35
1.4	16.32	4.9	6.80	8.1	2.25
1.6	15.41	5.0	6.61	8.2	2.15
1.8	14.56	5.1	6.41	8.3	2.05
2.0	13.79	5.2	6.22	8.4	1.95
2.1	13.42	5.3	6.03	8.5	1.85
2.2	13.08	5.4	5.84	8.6	1.75
2.3	12.75	5.5	5.65	8.7	1.65
2.4	12.43	5.6	5.47	8.8	1.55
2.5	12.13	5.7	5.29	8.9	1.46
2.6	11.84	5.8	5.11	9.0	1.36
2.7	11.56	5.9	4.94	9.1	1.26
2.8	11.30	6.0	4.78	9.2	1.17
2.9	11.04	6.1	4.62	9.3	1.08
3.0	10.79	6.2	4.46	9.4	0.99
3.1	10.55	6.3	4.31	9.5	0.90
3.2	10.32	6.4	4.17	9.6	0.81
3.3	10.09	6.5	4.03	9.7	0.73
3.4	9.87	6.6	3.90	9.8	0.65
3.5	9.65	6.7	3.77	9.9	0.57
3.6	9.44	6.8	3.65	10.0	0.50
3.7	9.23	6.9	3.53	10.1	0.44
3.8	9.02	7.0	3.41	10.2	0.38
3.9	8.81	7.1	3.30	10.3	0.32
4.0	8.61	7.2	3.19	10.4	0.27
4.1	8.40	7.3	3.08	10.5	0.23

续表

pH	$\lg\alpha_{Y(H)}$	pH	$\lg\alpha_{Y(H)}$	pH	$\lg\alpha_{Y(H)}$
10.6	0.19	11.2	0.06	11.8	0.02
10.7	0.16	11.3	0.05	11.9	0.01
10.8	0.13	11.4	0.04	12.0	0.01
10.9	0.11	11.5	0.03	12.5	0.00
11.0	0.09	11.6	0.02	13.0	0.00
11.1	0.07	11.7	0.02	14.0	0.00

(2)金属离子的配位效应及配位效应系数

若滴定体系中存在除 EDTA 以外的其他配位剂(L)也与参加主反应的 M 配位，而使 M 参加主反应能力降低，这种现象叫辅助配位效应。辅助配位效应的大小，常用配位效应系数 $\alpha_{M(L)}$ 衡量，它是指未与 EDTA 配位的金属离子的各种存在型体的总浓度 $c'(M)$ 与游离金属离子浓度 $c(M)$ 之比。即

$$\alpha_{M(L)}=\frac{c'(M)}{c(M)}=\frac{c(M)+c(ML)+c(ML_2)+\cdots}{c(M)} \tag{7-4}$$

在低酸度的情况下，金属离子也能与溶液中 OH^- 发生副反应，使其参加主反应的能力降低，此时的配位效应系数为 $\alpha_{M(OH)}$，也称为羟合效应系数。即

$$\alpha_{M(OH)}=\frac{c'(M)}{c(M)}=\frac{c(M)+c\{M(OH)\}+c\{M(OH)_2\}+\cdots}{c(M)} \tag{7-5}$$

如果考虑金属离子除了与 L 配位，同时也与 OH^- 发生副反应，则金属离子总的副反应系数为

$$\begin{aligned}\alpha_M&=\frac{c'(M)}{c(M)}=\frac{c(M)+c(ML)+c(ML_2)+\cdots+c\{M(OH)\}+c\{M(OH)_2\}+\cdots}{c(M)}\\&=\frac{c(M)+c(ML)+c(ML_2)+\cdots}{c(M)}+\frac{c(M)+c\{M(OH)\}+c\{M(OH)_2\}+\cdots}{c(M)}-\frac{c(M)}{c(M)}\\&=\alpha_{M(L)}+\alpha_{M(OH)}-1\end{aligned} \tag{7-6}$$

3. 条件稳定常数

在配位滴定中，由于有副反应的存在，配合物的实际稳定性下降，用稳定常数衡量配位反应进行的程度会产生较大误差，因此引入条件稳定常数 $K_f^{\ominus'}(MY)$。条件稳定常数是在一定条件下，用总浓度表示的稳定常数，体现了副反应对 M-EDTA 配合物实际稳定性的影响。

$$\begin{aligned}K_f^{\ominus'}(MY)&=\frac{\dfrac{c'(MY)}{c^\ominus}}{\dfrac{c'(M)}{c^\ominus}\cdot\dfrac{c'(Y)}{c^\ominus}}\approx\frac{\dfrac{c(MY)}{c^\ominus}}{\dfrac{c'(M)}{c^\ominus}\cdot\dfrac{c'(Y)}{c^\ominus}}=\frac{\dfrac{c(MY)}{c^\ominus}}{\dfrac{c(M)}{c^\ominus}\alpha_M\cdot\dfrac{c(Y)}{c^\ominus}\alpha_Y}\\&=K_f^\ominus(MY)\cdot\frac{1}{\alpha_M\alpha_Y}\end{aligned} \tag{7-7}$$

将上式两边取对数，得

$$\lg K_f^{\ominus'}(MY)=\lg K_f^\ominus(MY)-\lg\alpha_M-\lg\alpha_Y \tag{7-8}$$

如果配位滴定体系中只存在酸效应，则

$$\lg K_f^{\ominus'}(MY)=\lg K_f^\ominus(MY)-\lg\alpha_{Y(H)} \tag{7-9}$$

由于副反应的存在，条件稳定常数与稳定常数相比明显下降了。由此可见，用条件稳定常数比用稳定常数能更准确地判断在特定条件下金属离子-EDTA配合物的稳定性。

由于在各种副反应中，最严重的往往是EDTA的酸效应，故在一般情况下仅考虑EDTA的酸效应，而忽略其他副反应的影响。

【例7-6】 只考虑酸效应的影响，若 Zn^{2+} 与EDTA发生配位反应，当溶液的pH分别为5.00和2.00时，求算 $\lg K_f^{\ominus'}(ZnY)$ 并判断配合物的稳定性。

解 查表得 $\lg K_f^{\ominus}(ZnY)=16.50$

pH=5.00时，$\lg\alpha_{Y(H)}=6.61$，

$$\lg K_f^{\ominus'}(ZnY)=\lg K_f^{\ominus}(ZnY)-\lg\alpha_{Y(H)}=16.50-6.61=9.89$$

pH=2.00时，$\lg\alpha_{Y(H)}=13.79$，

$$\lg K_f^{\ominus'}(ZnY)=\lg K_f^{\ominus}(ZnY)-\lg\alpha_{Y(H)}=16.50-13.79=2.71$$

所以ZnY在pH=5.00时很稳定，而在pH=2.00时稳定性极差。

由此可见，溶液酸度不同，使配合物的实际稳定性相差很大。虽然 $\lg K_f^{\ominus}(ZnY)=16.50$ 较大，但pH=2.00时，由于酸效应的影响严重，使得 $\lg K_f^{\ominus'}(ZnY)$ 仅为2.71，此时ZnY配合物已极不稳定。因此，在配位滴定中，EDTA的酸效应是影响配位反应进行程度的重要因素，控制合适的酸度是极其必要的。

7.3.3 配位滴定法基本原理

1. 配位滴定曲线

配位滴定曲线是以滴定过程中金属离子浓度的负对数pM与加入的EDTA体积关系绘制的图。反映了随着滴定剂的加入，溶液中未与EDTA反应的金属离子浓度减少的情况。

现以pH=5.5时，0.02000 mol·L^{-1}EDTA滴定20.00 mL同浓度的 Zn^{2+} 为例，绘制滴定曲线（只考虑EDTA的酸效应）。

查表得 $\lg K_f^{\ominus}(ZnY)=16.50$，pH=5.50时，$\lg\alpha_{Y(H)}=5.65$

$\lg K_f^{\ominus'}(ZnY)=\lg K_f^{\ominus}(ZnY)-\lg\alpha_{Y(H)}=16.50-5.65=10.85$，即 $K_f^{\ominus'}(ZnY)=10^{10.85}$

(1)滴定开始前　$c(Zn^{2+})=0.02000\ \text{mol}\cdot\text{L}^{-1}$，pZn=1.70

(2)滴定开始至化学计量点前　此时 Zn^{2+} 过量，可以忽略产物ZnY的解离，所以，pZn由剩余的 Zn^{2+} 计算，例如当加入EDTA 19.98 mL时（此时相对误差−0.1%），

$$c(Zn^{2+})=0.02000\ \text{mol}\cdot\text{L}^{-1}\times\frac{20.00\ \text{mL}-19.98\ \text{mL}}{20.00\ \text{mL}+19.98\ \text{mL}}=1.00\times10^{-5}\ \text{mol}\cdot\text{L}^{-1}$$

即pZn=5.00

(3)化学计量点时　Zn^{2+} 来自产物ZnY的解离，ZnY解离出等浓度的 Zn^{2+} 和Y，即 $c(Zn^{2+})=c'(Y)$；由于ZnY配合物比较稳定，所以，$c(ZnY)-c(Zn^{2+})\approx c(ZnY)$，则

$$K_f^{\ominus'}(ZnY)=\frac{\dfrac{c(ZnY)}{c^{\ominus}}}{\dfrac{c(Zn^{2+})}{c^{\ominus}}\cdot\dfrac{c'(Y)}{c^{\ominus}}}=\frac{\dfrac{c(ZnY)}{c^{\ominus}}}{\left[\dfrac{c(Zn^{2+})}{c^{\ominus}}\right]^2}$$

$$\frac{c(Zn^{2+})}{c^{\ominus}}=\sqrt{\frac{\dfrac{c(ZnY)}{c^{\ominus}}}{K_f^{\ominus'}(ZnY)}}=\sqrt{\frac{0.01000}{10^{10.85}}}$$

$$pZn=6.42$$

(4)化学计量点后　当加入的 EDTA 为 20.02 mL 时(此时相对误差+0.1%),EDTA 过量,忽略产物的解离,可近似认为 $c(\mathrm{ZnY})=0.01000\ \mathrm{mol\cdot L^{-1}}$,溶液中过量的 EDTA 浓度为

$$c(\mathrm{Y})=0.02000\ \mathrm{mol\cdot L^{-1}}\times\frac{20.02\ \mathrm{mL}-20.00\ \mathrm{mL}}{20.00\ \mathrm{mL}+20.02\ \mathrm{mL}}=1.00\times10^{-5}\ \mathrm{mol\cdot L^{-1}}$$

$$K_f^{\ominus\prime}(\mathrm{ZnY})=\frac{\frac{c(\mathrm{ZnY})}{c^{\ominus}}}{\frac{c(\mathrm{Zn^{2+}})}{c^{\ominus}}\cdot\frac{c'(\mathrm{Y})}{c^{\ominus}}}$$

$$\frac{c(\mathrm{Zn^{2+}})}{c^{\ominus}}=\frac{\frac{c(\mathrm{ZnY})}{c^{\ominus}}}{K_f^{\ominus\prime}(\mathrm{ZnY})\cdot\frac{c'(\mathrm{Y})}{c^{\ominus}}}=\frac{0.01000\ \mathrm{mol\cdot L^{-1}}}{10^{10.85}\times1.00\times10^{-5}\ \mathrm{mol\cdot L^{-1}}}=10^{-7.85}$$

即 pZn=7.85

依上述方法,可计算出滴定过程中各阶段 pZn,列于表 7-8。

表 7-8　pH=5.50,0.02000 $\mathrm{mol\cdot L^{-1}}$ EDTA 滴定 20.00 mL 同浓度的 Zn^{2+} 时,溶液中 pZn

V(EDTA)/mL	pZn	V(EDTA)/mL	pZn	V(EDTA)/mL	pZn
0.00	1.7	19.98	5.00	20.20	9.00
15.00	2.54	20.00	6.42	22.00	9.99
18.00	2.98	20.02	7.85	40.00	10.82

利用表中数据,以 pZn 为纵坐标,V(EDTA)为横坐标作图,便得到滴定曲线,见图 7-4。

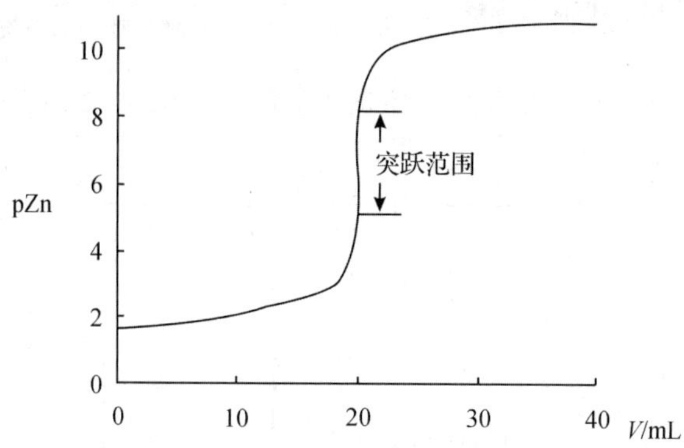

图 7-4　pH=5.50,0.02000 $\mathrm{mol\cdot L^{-1}}$ EDTA 滴定 20.00 mL 同浓度的 Zn^{2+} 滴定曲线

由图 7-4 可见,配位滴定中,在化学计量点前后,pM 变化剧烈,形成滴定突跃。当加入 EDTA 的量介于 19.98～20.02 mL(即化学计量点附近相对误差±0.1%)时,pZn 的值由 5.00 突变为 7.85,突跃范围约为 3.0 个 pZn 单位,与酸碱滴定及沉淀滴定的 pH 及 pX 突跃类似。

2. 影响滴定突跃范围大小的因素

与酸碱滴定情况类似,配位滴定的突跃范围越大,滴定反应进行得越完全,结果的准确程度越高。配位滴定突跃范围的大小主要取决于被滴定金属离子的浓度和条件稳定常数的大小。

(1)$K_f^{\ominus\prime}(\mathrm{MY})$的影响　当 $c(\mathrm{M})$一定时,$K_f^{\ominus\prime}$ 越大,滴定的突跃范围越大。(图 7-5 所示)

决定配合物条件稳定常数大小的因素是绝对稳定常数 $K_f^{\ominus}$ 及 M、Y 和 MY 的副反应系数。$K_f^{\ominus}$ 只取决于金属离子的本性。因此在实际滴定中,影响 $K_f^{\ominus\prime}$ 大小的因素只有被滴定金

属离子和滴定剂的副反应系数，M、Y 的副反应系数越大，$K_f^{\ominus'}$ 越小，滴定的完全程度就越小，滴定突跃也就越小。各种副反应中，EDTA 的酸效应对 $K_f^{\ominus'}$ 的影响最为显著(图 7-6)，所以在配位滴定中介质酸度的选择十分重要。

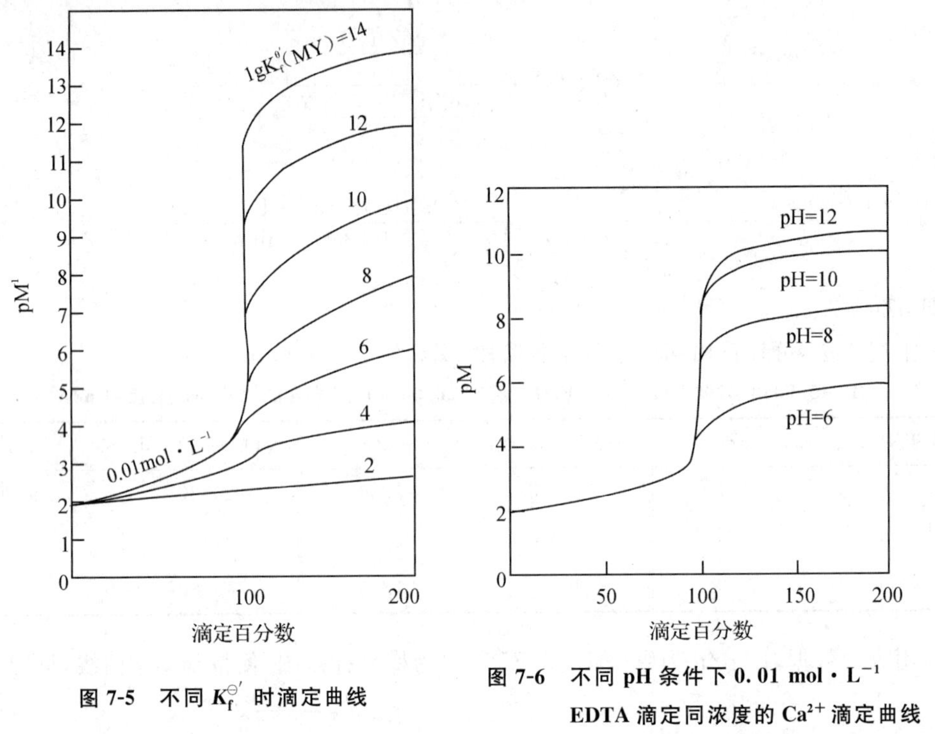

图 7-5　不同 $K_f^{\ominus'}$ 时滴定曲线

图 7-6　不同 pH 条件下 0.01 mol · L^{-1} EDTA 滴定同浓度的 Ca^{2+} 滴定曲线

(2)金属离子浓度的影响　当 $K_f^{\ominus'}$ 一定时，金属离子的浓度越大，突跃范围也越大(图 7-7)。

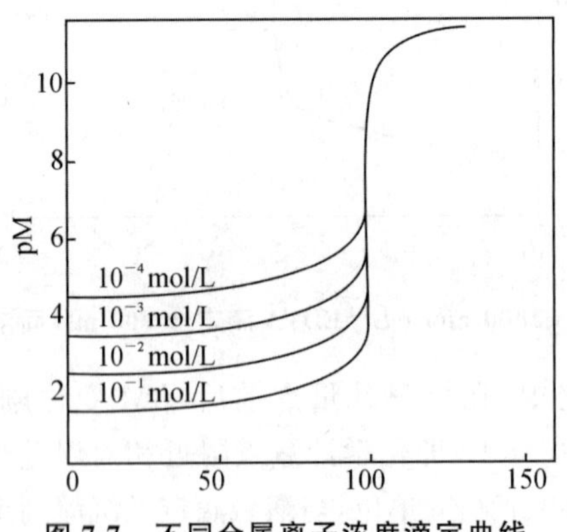

图 7-7　不同金属离子浓度滴定曲线

3. 金属离子准确滴定条件

根据以上分析，影响配位滴定突跃范围的重要因素是 $c(M)$ 与 $K_f^{\ominus'}$，若溶液中只有单一被测的金属离子，其初始浓度为 $c(M)$，则用等浓度的 EDTA 滴定时，$\lg[c(M) \cdot K_f^{\ominus'}]$ 越大则突跃范围越大，反之越小。实验证明，用指示剂指示终点时，若要使滴定分析允许的终点误差在 ±0.1%范围内，可推导出：

$$\frac{c(\mathrm{M})}{c^{\ominus}} \cdot K_{\mathrm{f}}^{\ominus'} \geqslant 10^{6} \text{ 或 } \lg\left[\frac{c(\mathrm{M})}{c^{\ominus}} \cdot K_{\mathrm{f}}^{\ominus'}\right] \geqslant 6.0 \tag{7-10}$$

式(7-10)即为 EDTA 准确直接滴定单一金属离子 M 的必要条件。只有满足这个条件，滴定才会有明显的突跃，才能用指示剂确定终点。否则，终点突跃范围 $\Delta \mathrm{pM} < 0.2$ 单位时，由于人眼判断颜色的局限性而无法目测指示剂颜色的变化，将导致较大的误差。由于 $K_{\mathrm{f}}^{\ominus'}$ 一般较大，配位滴定中 EDTA 标准溶液及被测物浓度可配得较稀，一般为 0.02 mol·L^{-1}左右，因此也常用 $\lg K_{\mathrm{f}}^{\ominus'} \geqslant 8.0$ 作为配位滴定可行性的判据。

【例 7-7】 只考虑酸 EDTA 的酸效应，在 pH＝8.0 的缓冲溶液中，用 $c(\mathrm{Y})=0.02000$ mol·L^{-1}EDTA 能否准确滴定等浓度的 $\mathrm{Ca^{2+}}$？相同条件下能否滴定等浓度的 $\mathrm{Mg^{2+}}$？介质酸度 pH＝10.00，情况又如何？

解　查表得 $\lg K_{\mathrm{f}}^{\ominus}(\mathrm{CaY})=10.7$，$\lg K_{\mathrm{f}}^{\ominus}(\mathrm{MgY})=8.70$

pH＝8.00 时，$\lg\alpha_{\mathrm{Y(H)}}=2.35$

$$\lg K_{\mathrm{f}}^{\ominus'}(\mathrm{CaY})=\lg K_{\mathrm{f}}^{\ominus}(\mathrm{CaY})-\lg\alpha_{\mathrm{Y(H)}}=10.7-2.35=8.35>8.0$$

$$\lg K_{\mathrm{f}}^{\ominus'}(\mathrm{MgY})=\lg K_{\mathrm{f}}^{\ominus}(\mathrm{MgY})-\lg\alpha_{\mathrm{Y(H)}}=8.70-2.35=6.35<8.0$$

故 $\mathrm{Ca^{2+}}$ 在 pH＝8.0 的缓冲溶液中能够被 EDTA 准确滴定，$\mathrm{Mg^{2+}}$ 则不能被准确滴定；

pH＝10.00 时，$\lg\alpha_{\mathrm{Y(H)}}=0.50$

$$\lg K_{\mathrm{f}}^{\ominus'}(\mathrm{CaY})=\lg K_{\mathrm{f}}^{\ominus}(\mathrm{CaY})-\lg\alpha_{\mathrm{Y(H)}}=10.7-0.50=10.2>8.0$$

$$\lg K_{\mathrm{f}}^{\ominus'}(\mathrm{MgY})=\lg K_{\mathrm{f}}^{\ominus}(\mathrm{MgY})-\lg\alpha_{\mathrm{Y(H)}}=8.70-0.50=8.20>8.0$$

故在 pH＝8.0 的缓冲溶液中 $\mathrm{Ca^{2+}}$ 和 $\mathrm{Mg^{2+}}$ 能够被 EDTA 准确滴定，

4. 单一离子滴定的适宜酸度范围

由以上讨论可知，如果只考虑 EDTA 的酸效应，那么单一金属离子被准确滴定的条件是：

$$\lg K_{\mathrm{f}}^{\ominus'}(\mathrm{MY})=\lg K_{\mathrm{f}}^{\ominus}(\mathrm{MY})-\lg\alpha_{\mathrm{Y(H)}}\geqslant 8.0 \tag{7-11}$$

由于 EDTA 与各种金属离子形成配合物时的稳定性差别较大，它们受溶液酸度的影响不相同，因此，滴定不同的金属离子，所允许的最高酸度(最低 pH)不同，小于这一最低 pH，就不能进行准确滴定。如果将不同金属 EDTA 配合物的 $\lg K_{\mathrm{f}}^{\ominus}(\mathrm{MY})$值代入到式(7-11)中，求得 $\lg\alpha_{\mathrm{Y(H)}}$ 值，查表 7-7，就可以得到准确滴定金属离子的最低 pH 值。以金属离子的 $\lg K_{\mathrm{f}}^{\ominus}$(MY)或者 $\lg\alpha_{\mathrm{Y(H)}}$ 为横坐标，pH 为纵坐标，得到的曲线称为 EDTA 的酸效应曲线，如图 7-8 所示。

利用酸效应曲线，可以方便地查得指定金属离子准确滴定的最低 pH，还可以确定在一定的 pH 范围内，什么离子能被滴定，什么离子有干扰，还可判断共存金属离子分别滴定的可能性。例如，在 pH＝10.0 时滴定 $\mathrm{Mg^{2+}}$，溶液中若共存 $\mathrm{Ca^{2+}}$ 等位于 $\mathrm{Mg^{2+}}$ 下方的离子，均可同时被 EDTA 滴定而干扰 $\mathrm{Mg^{2+}}$ 的滴定；但如果 $\mathrm{Mg^{2+}}$ 与干扰离子形成 EDTA 配合物的稳定常数差别较大时，则可以利用控制酸度的方法分别滴定或连续滴定(这方面的问题，在介绍混合离子滴定时再详细讨论)。

滴定分析时实际采用的 pH，通常要比所允许的最低 pH 高一些，这样可以使被滴定金属离子与 EDTA 的反应更加完全。但若 pH 过高，金属离子由于水解甚至生成难溶的氢氧化物沉淀而析出，影响滴定主反应的进行。因此，对不同的金属离子，既要控制滴定的最高酸度(最低 pH)，还要控制滴定的最低酸度(最高 pH)，它可直接由金属离子氢氧化物的 $K_{\mathrm{sp}}^{\ominus}$来估计。

【例 7-8】 估算用 $c(\mathrm{Y})=0.02000$ mol·L^{-1}EDTA 滴定等浓度 $\mathrm{Zn^{2+}}$时的最低酸度(最高 pH)。已知 $K_{\mathrm{sp}}^{\ominus}\{\mathrm{Zn(OH)_2}\}=3\times10^{-17}$。

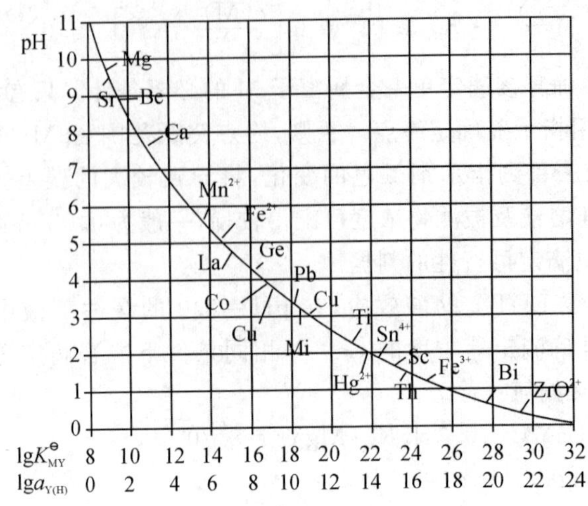

图 7-8　EDTA 的酸效应曲线($c(\mathrm{M})=c(\mathrm{Y})=0.02\ \mathrm{mol\cdot L^{-1}}$)

解

$$K^{\ominus}_{sp}\{Zn(OH)_2\}=\{c(Zn^{2+})/c^{\ominus}\}\cdot\{c(OH^-)/c^{\ominus}\}^2$$

所以

$$c(OH^-)/c^{\ominus}=\sqrt{\frac{K^{\ominus}_{sp}\{Zn(OH)_2\}}{c(Zn^{2+})/c^{\ominus}}}=\sqrt{\frac{3\times10^{-17}}{0.02}}=3.9\times10^{-8}$$

即

$$pOH=7.41,pH=6.59$$

实际工作中，配位滴定的酸度控制在最高酸度与最低酸度之间，这个酸度范围称为单一离子准确滴定的适宜酸度。

在不同酸度情况下滴定时，EDTA 可以不同形式存在于溶液中，因此配位滴定过程中会不断释放出 H^+，例如：

$$M^{2+}+H_2Y^{2-}\rightleftharpoons MY^{2-}+2H^+$$

为了防止滴定过程中溶液的 pH 降低而影响到反应的完全程度，需要用缓冲溶液控制溶液的酸度保持稳定。例如用 EDTA 滴定 Ca^{2+} 和 Mg^{2+} 时，要加入 pH=10 的氨性缓冲液。

另外，配位滴定使用的指示剂和掩蔽剂也需要一定的酸度范围，在配位滴定过程中应加以注意。

7.3.4　金属指示剂

在配位滴定滴定中，所使用的指示剂能与金属离子发生配位反应，且指示剂的颜色与其和被测离子形成的配合物的颜色明显不同，因此可以指示被滴定离子在计量点附近 pM 的变化。这种指示剂称为金属离子指示剂，简称金属指示剂。

1. 金属指示剂的性质和作用原理

金属指示剂是具有一定配位能力的有机染料，同时大都是有机酸，在使用的酸度范围内，可与金属离子配位形成与自身颜色明显不同的有色配合物，从而指示滴定过程中溶液金属离

子浓度的变化。利用金属指示剂确定终点是配位滴定最常用的指示终点的方法。其作用原理可表示为

$$\underset{}{M} + \underset{\text{指示剂颜色（甲色）}}{In} \rightleftharpoons \underset{\text{配合物颜色（乙色）}}{MIn}$$

例如，铬黑 T(简称 EBT)在 pH＝10 时呈蓝色，能与 Mg^{2+}、Zn^{2+}、Pb^{2+}、Ca^{2+} 等金属离子形成红色的配合物 M-EBT。如果用 EDTA 滴定 Mg^{2+}，滴定前加入铬黑 T，指示剂与少量 Mg^{2+} 形成红色配合物，溶液呈红色，即

$$Mg + \underset{\text{（蓝色）}}{EBT} \rightleftharpoons \underset{\text{（红色）}}{Mg\text{-}EBT}$$

随着 EDTA 的加入，游离的 Mg^{2+} 逐渐被滴定而形成无色的 MgY；在化学计量点附近时，由于 MgY 的配位能力强于 Mg-EBT 的配位能力，继续加入的 EDTA 进而夺取 Mg-EBT 中的 Mg^{2+}，使指示剂游离出来，此时溶液呈蓝色，从而指示滴定终点：

$$\underset{\text{（红色）}}{Mg\text{-}EBT} + Y \rightleftharpoons MgY + \underset{\text{（蓝色）}}{EBT}$$

2. 金属指示剂应具备的条件

(1)指示剂与金属离子形成的配合物(MIn)颜色必须与指示剂本身(In)的颜色显著不同，使终点前后有明显的颜色变化，易于滴定终点的判断。因金属指示剂大都是有机酸碱，其本身的颜色随 pH 而变化，因此使用金属指示剂时必须控制合适的酸度范围。例如铬黑 T 是多元有机酸，在溶液 pH 变化时存在的形式不同，颜色也不同：

$$\underset{\substack{\text{（紫红色）}\\ pH<6}}{H_2In^-} \xrightleftharpoons{pK_{a_2}^{\ominus}=6.3} \underset{\text{（蓝色）}}{HIn^{2-}} \xrightleftharpoons{pK_{a_3}^{\ominus}=11.6} \underset{\substack{\text{（橙色）}\\ pH>12}}{In^{3-}}$$

当 pH＜6 和 pH＞12 时分别呈紫红色和橙色，均与铬黑 T 金属配合物的红色相近，不易判断终点。为使终点有明显的颜色变化，使用铬黑 T 时理论上应控制酸度范围在 pH＝6.3～11.6，实际应用通常控制在 pH＝7～10 较为适宜。

又如二甲酚橙指示剂，存在七级酸式解离，pH＜6.3 时的解离产物都是黄色的，pH＞6.3 时的解离产物都是红色的，而二甲酚橙金属配合物是红色的，所以，二甲酚橙只适宜在 pH＜6.3 的酸性溶液使用。

(2)金属离子与指示剂形成的配合物稳定性要适当。一般要求 $\lg K_f^{\ominus\prime}(MY)-\lg K_f^{\ominus\prime}(MIn)\geqslant 2$，并且 $\lg K_f^{\ominus\prime}(MIn)\geqslant 2$。否则，若 MIn 稳定性太低，指示剂会过早地游离出来使终点提前，而且颜色变化不敏锐。若稳定性太高，则达化学计量点时，EDTA 不能夺取 MIn 中的金属离子而使指示剂游离出来，使终点拖后，甚至无法指示终点。如果溶液中存在这样的金属离子，溶液则一直呈现这些金属离子与指示剂形成的配合物 MIn 的颜色，即使到了化学计量点也不变色，这种现象称为指示剂的封闭现象。例如，在 pH＝10 的条件下，以铬黑 T 为指示剂，用 EDTA滴定时，微量的 Fe^{3+}、Al^{3+}、Cu^{2+}、Co^{2+}、Ni^{2+} 对铬黑 T 有封闭作用，可在溶液呈酸性时加三乙醇胺掩蔽 Fe^{3+} 和 Al^{3+}，在溶液呈碱性时加 KCN 掩蔽 Cu^{2+}、Co^{2+} 和 Ni^{2+}。

(3)指示剂与金属离子的显色反应必须灵敏、迅速，且有良好的可逆性。若指示剂本身或其金属配合物在水中难溶，或因 MIn 和 MY 的稳定性很接近，则 EDTA 与 MIn之间的置换反

应缓慢,终点拖长,这种现象叫做指示剂的僵化现象。僵化现象若是因溶解度引起的,解决的办法为加热或加入有机溶剂以增加溶解度,从而加快置换反应速率。例如用 PAN 作指示剂时,由于它与许多金属离子形成配合物溶解度较小,易发生僵化,经常加入乙醇或丙酮,也可以加热溶液增加其溶解度。

(4)指示剂应易溶于水,不易变质,便于保存。金属指示剂多为含双键的有色有机化合物,易被日光、氧化剂、空气等分解,在水中一般不稳定,久置会变质。为避免指示剂变质,常配成固体混合物使用,可保存较长时间。例如,铬黑 T 和钙指示剂,常用中性盐固体 NaCl 或 KCl 稀释成固体混使稀后使用。有时也可以在指示剂溶液中加入某些试剂,防止其氧化变质,如在铬黑 T 溶液中加入少量的三乙醇胺以增加稳定性。金属指示剂最好是使用前配制。

3. 常用金属指示剂

配位滴定法常用的金属指示剂列于表 7-9。

表 7-9 常用金属指示剂

指示剂名称	适宜的pH范围	颜色变化		直接滴定的主要离子	封闭指示剂的金属离子	配制方法
		MIn	In			
铬黑 T(EBT)	7～10	红	蓝	pH=10:Mg^{2+},Zn^{2+},Ca^{2+},Pb^{2+},Mn^{2+},In^{3+}和稀土离子	Fe^{3+},Al^{3+},Cu^{2+},Co^{2+},Ni^{2+}	1∶100NaCl 研磨
酸性铬蓝 K	8～13	红	蓝	pH=10:Zn^{2+},Mn^{2+} pH=13:Ca^{2+}	Fe^{3+},Al^{3+},Cu^{2+},Co^{2+},Ni^{2+}	1∶100NaCl(或 KNO_3)研磨
钙指示剂	10～13	红	蓝	pH=13:Ca^{2+}		1∶100NaCl(或 KNO_3)研磨
α-吡啶基-β-偶氮萘(PAN)	2～12	红	黄 黄绿	pH=2～3:Bi^{3+},Th^{4+};pH=4～5:Cu^{2+},Ni^{2+},Zn^{2+},Cd^{2+},稀土		2%乙醇溶液
CuY-PAN	1.9～12.2	黄绿	紫红	条件稳定常数大于 CuY 的金属离子		CuY 与 PAN 混合水溶液
二甲酚橙(XO)	<6	红	黄	pH<1:ZrO^{2+} pH=1～2:Bi^{3+} pH=2.5～3.5:Th^{4+} pH=3～6:Zn^{2+},Pb^{2+},Cd^{2+},Hg^{2+},稀土	Fe^{3+},Al^{3+} Ni^{2+},Ti(Ⅳ)	0.2%水溶液
磺基水杨酸	1.3～3	紫红	无色	pH=2～3:Fe^{3+}(加热)		2%水溶液

直接用 α-吡啶基-β-偶氮萘(PAN)作指示剂,滴定除 Cu^{2+} 以外其他离子终点不敏锐。CuY-PAN 是 CuY 与 PAN 的混合液,这是一种间接指示终点的方法。滴定开始时,发生以下反应:

$$\text{CuY-PAN} + \text{M} \rightleftharpoons \text{MY} + \text{PAN(Cu)}$$

（蓝色）（黄色）

（黄绿色）　　　　　　　　　　（紫红色）

化学计量点附近，Y 夺取 PAN(Cu)中的 Cu^{2+} 而游离出 PAN，溶液由紫红色变为黄绿色：

$$Y + PAN(Cu) \rightleftharpoons CuY\text{-}PAN$$

（紫红色）　　（黄绿色）

该指示剂可用于在较宽的 pH 范围内滴定许多金属离子，包括一些与 PAN 配位不稳定或不显色的离子，也可以连续滴定溶液中的多种离子。

7.3.5　混合离子滴定简介

配位滴定中，样品成分往往很复杂，除被测组分 M 外，还含有 N 等多种金属离子。由于 EDTA 对大多数金属离子都有很强的配位能力，所以在对混合离子中 M 滴定时，N 离子将同时与 EDTA 反应：

$$\begin{array}{ccccc} M & + & Y & \rightleftharpoons & MY \ (\text{主反应}) \\ & N \swarrow & & \searrow H^{+} & \\ & NY & & HY \cdots\cdots H_6Y & (\text{副反应}) \end{array}$$

即在主反应进行时，Y 同时发生了两种副反应，所以 MY 的条件稳定常数 $K_f^{\ominus'}(MY)$不但受到介质酸度的影响，也受到共存离子 N 的影响

$$\lg K_f^{\ominus'}(MY) = \lg K_f^{\ominus}(MY) - \lg\alpha_Y$$

$$\lg\alpha_Y = \lg[\alpha_{Y(H)} + \alpha_{Y(N)} - 1]$$

此时能否保证 $\lg K_f^{\ominus'}(MY) \geqslant 8.0$，实现对混合离子中 M 的滴定（即对 M 选择性滴定），不仅与酸度即 $\alpha_{Y(H)}$ 有关，还与 N 的干扰程度即 $\alpha_{Y(N)}$ 有关。$\alpha_{Y(N)}$ 与 N 的浓度 c(N)及配合物的稳定性 $K_f^{\ominus}(NY)$有关：c(N)和 $K_f^{\ominus}(NY)$越大，$\alpha_{Y(N)}$ 就越大，N 的干扰也越严重。例如，在 pH＝10.00 的介质中，Ca^{2+}、Mg^{2+} 分别均能被 EDTA 准确滴定，但若在 pH＝10.00 的介质中用 EDTA 滴定相同浓度的 Ca^{2+}、Mg^{2+} 混合溶液，则由于 CaY、MgY 稳定性接近[$\lg K_f^{\ominus}(CaY) = 10.7$，$\lg K_f^{\ominus}(MgY) = 8.70$]，$Mg^{2+}$ 与 EDTA 副反应严重影响 $K_f^{\ominus'}(CaY)$，使 $\lg K_f^{\ominus'}(CaY) < 8.0$，致使滴定至第一计量点时无明显的 pCa 突跃，所以不能在 Mg^{2+} 的干扰下准确滴定 Ca^{2+}；第二计量点时 pMg 突跃明显，但根据消耗的 EDTA 的量只能算得 Ca^{2+}、Mg^{2+} 的总量。

那么 $K_f^{\ominus}(MY)$与 $K_f^{\ominus}(NY)$相差多少才能实现 M 与 N 的分步滴定呢？如何创造条件提高滴定的选择性？对这些问题本书只做简单介绍。

1. 控制酸度进行分步滴定　只要满足$\dfrac{c(M) \cdot K_f^{\ominus}(MY)}{c(N) \cdot K_f^{\ominus}(NY)} \geqslant 10^6$，适当控制介质的酸度，就可以实现对 M 离子的选择性滴定。至于能否继续滴定 N 离子，则属于单一离子滴定的问题。粗略地讲，当介质的酸度约为 M 离子单独被准确滴定的最低 pH 时，第一计量点就有明显的 pM 突跃。实际操作中，还需要考虑金属离子的水解，指示剂的选择等因素，以确定分步滴定的酸度范围。如浓度约为 0.02 $mol \cdot L^{-1}$ 的 Bi^{3+}，Pb^{2+} 混合溶液的滴定，$\lg K_f^{\ominus}(BiY) = 28$，$\lg K_f^{\ominus}(PbY) = 18.04$，$\dfrac{c(Bi^{3+}) \cdot K_f^{\ominus}(BiY)}{c(Pb^{2+}) \cdot K_f^{\ominus}(PbY)} \geqslant 10^6$，可进行 Bi^{3+}，Pb^{2+} 的分步滴定：在 pH＝1 时滴定 Bi^{3+} 后，调节 pH＝5～6，再滴定 Pb^{2+}；二甲酚橙指示剂在 pH＝1 时，只与 Bi^{3+} 形成红色配合物，第一终点时转为黄色；pH＝5～6 时，二甲酚橙又与 Pb^{2+} 形成红色配合物，第二终点时又变为黄色。

2. 使用掩蔽剂的选择性滴定　如果待测离子与 EDTA 配合物的稳定性与干扰离子的相差不大，或者比干扰离子的配合物的稳定性差，就不能用控制酸度的方法来提高测定的选择性，而要采取加入第三种物质以消耗干扰离子，进而降低干扰离子的干扰作用，这种方法叫掩蔽法。但要注意的是，干扰离子的浓度不能太大，否则，将难以得到满意的结果。现常用的掩蔽法有配位掩蔽法、沉淀掩蔽法及氧化还原掩蔽法。

(1)配位掩蔽法

利用 EDTA 以外的配位剂与干扰离子形成配合物以降低干扰离子浓度的掩蔽方法称为配位掩蔽法。例如在测定水的硬度时，Fe^{3+}、Al^{3+} 干扰 Ca^{2+}、Mg^{2+} 的测定。若在滴加 EDTA 以前先加入一定量的三乙醇胺，使之与 Fe^{3+} 和 Al^{3+} 生成更稳定的配合物，而不干扰 Ca^{2+} 和 Mg^{2+} 的测定。表 7-10 为一些常用的配位掩蔽剂。

表 7-10　一些常用的配位掩蔽剂

掩蔽剂	被掩蔽的离子	使用条件
三乙醇胺	Fe^{3+}，Al^{3+}，Sn^{4+}，TiO^{2+}，Mn^{2+}	酸性溶液中加入三乙醇胺然后调至 pH=10.0
氟化物	Al^{3+}，Sn^{4+}，TiO^{2+}，ZrO^{2+}	溶液 pH>4.0
氰化物	Cd^{2+}，Hg^{2+}，Cu^{2+}，Co^{2+}，Ni^{2+}，Fe^{2+}，Zn^{2+}	溶液 pH>8.0
乙酰丙酮	Fe^{3+}，Al^{3+}	溶液 pH=5.0～6.0
邻二氮菲	Cu^{2+}，Co^{2+}，Ni^{2+}，Zn^{2+}	溶液 pH=5.0～6.0
柠檬酸	Fe^{3+}，Bi^{3+}，Sn^{4+}，Th^{4+}，Ti^{4+}，ZrO^{2+}	中性溶液

(2)沉淀掩蔽法

加入一种化学试剂，使其与干扰离子形成沉淀，并在不分离沉淀的情况下进行配位滴定，这种掩蔽方法叫沉淀掩蔽法。例如，在用 EDTA 滴定 Ca^{2+}、Mg^{2+} 混合液中的 Ca^{2+} 时，Mg^{2+} 干扰 Ca^{2+} 的测定，常采用加入 NaOH 溶液，使溶液 pH>12，则 Mg^{2+} 生成 $Mg(OH)_2$ 沉淀，然后再用 EDTA 滴定 Ca^{2+}。

沉淀掩蔽法往往存在很大的局限性，这与以下因素有关：大多数沉淀的溶解度较大，干扰离子沉淀不完全；沉淀具有吸附作用，当吸附金属指示剂时，影响观察终点；常伴随共沉淀现象，影响滴定的准确性；有些干扰离子的沉淀颜色较深，影响观察终点。

(3)氧化还原掩蔽法

对于变价金属元素，其不同价态离子的 EDTA 配合物的稳定性有很大的差别，氧化还原掩蔽法就是基于这一特点而进行的。当这些离子是干扰因素时，加入适当的氧化剂或还原剂，变更干扰离子的价态以降低干扰离子与 EDTA 配合物的稳定性，从而消除干扰。例如，在滴定 Bi^{3+} 时，Fe^{3+} 将干扰测定。但是，若在滴加 EDTA 前先加入一定量的抗坏血酸，将 Fe^{3+} 转化成 Fe^{2+}，Fe^{3+} 的干扰就可避免了($\lg K_f^{\ominus}(FeY^-)=25.1$，$\lg K_f^{\ominus}(FeY^{2-})=14.2$)。除了抗坏血酸外，常用的还原剂还有羟氨、半胱氨酸等。

7.3.6　配位滴定法的方式及应用

由于 EDTA-金属配合物一般均很稳定，加之配位滴定可以采取直接滴定、返滴定、置换滴定和间接滴定等多种方式，因此周期表中的大多数元素都能用配位滴定法测定。改变滴定方式，可以提高某些配位滴定的选择性。

1. 滴定方式

(1)直接滴定

当金属离子与 EDTA 的反应满足滴定要求时就可以对金属离子直接滴定,直接滴定法有方便、快速的优点,可能引入的误差也较少。这种方法是将分析溶液调节至所需酸度,加入其他必要的辅助试剂及指示剂,直接用 EDTA 进行滴定,然后根据消耗标准溶液的体积,计算试样中被测组分的含量。这是配位滴定中最基本的方法。

(2)返滴定

当被测离子与 EDTA 反应缓慢,被测离子在滴定的 pH 下会发生水解,被测离子对指示剂有封闭作用,又找不到合适的指示剂而无法直接滴定时,应改用返滴定法。例如,用 EDTA 滴定 Al^{3+} 时,由于 Al^{3+} 与 EDTA 配位缓慢,在酸度较低时,Al^{3+} 发生水解,使之与 EDTA 配位更慢,同时 Al^{3+} 又封闭指示剂,因此不能用直接法滴定,这时应采用返滴法测定 Al^{3+}。测定时,先将过量的 EDTA 标准溶液加到酸性 Al^{3+} 溶液中,调节 pH＝3.5,煮沸溶液,此时酸度较高,又有过量 EDTA 存在,Al^{3+} 不会水解,煮沸又加速 Al^{3+} 与 EDTA 的配位反应。然后冷却溶液,并调节 pH 为 5～6,以保证配位反应定量进行;再加入二甲酚橙指示剂,过量的 EDTA 用 Zn^{2+} 标准溶液进行返滴定至终点,从 Zn^{2+} 标准溶液消耗的净值求出被测离子的含量。

(3)置换滴定

以配合物 NL 作试剂,与被分析离子 M 发生置换反应,置换出可被 EDTA 准确滴定的金属离子 N。如下式所示:

$$\mathrm{M(不可滴)+NL \rightleftharpoons ML + N(可滴)}$$

例如,Ag^+ 与 EDTA 的配合物稳定性较小($\lg K_f^{\ominus}(AgY)=7.32$),不能用 EDTA 直接滴定 Ag^+。若加过量的$[Ni(CN)_4]^{2-}$于含 Ag^+ 的试液中,则发生如下置换反应:

$$2Ag^+ + [Ni(CN)_4]^{2-} \rightleftharpoons 2[Ag(CN)_2]^- + Ni^{2+}$$

此反应进行得很完全,置换出的 Ni^{2+} 可用 EDTA 直接滴定。

(4)间接滴定

有些金属离子与 EDTA 形成的配合物不稳定,而非金属离子则不与 EDTA 形成配合物。在这种情况下,可利用间接法测定它们。若被测离子能定量地沉淀为有固定组成的沉淀,而沉淀中另一种金属离子能用 EDTA 滴定,这样可通过滴定后者来间接求得被测离子的含量。例如 K^+ 可沉淀为 $K_2Na[Co(ONO)_6]\cdot 6H_2O$,沉淀经过滤、洗涤、溶解后,通过 EDTA 滴定 CO^{2+} 的量,可计算求得 K^+ 的量。

2. 配位滴定的应用

(1)EDTA 标准溶液的配制和标定

常用的乙二胺四乙酸标准溶液浓度为 0.01～0.05 mol·L^{-1}。经精制的乙二胺四乙酸二钠盐,可用直接法配制标准溶液。配好的标准溶液应当贮存在聚乙烯塑料瓶或硬质玻璃瓶中。若贮存于软质玻璃瓶中,EDTA 会不断溶解玻璃中的 Ca^{2+} 形成 CaY,而使浓度改变。

由于精制手续较麻烦,而水和其他试剂中又常含有金属离子,故EDTA标准溶液常采用间接法配制。先将 EDTA 配成近似所需的浓度,再用基准物质 Zn、ZnO、$CaCO_3$ 或 $MgSO_4\cdot 7H_2O$ 等来标定它的浓度。最好用被测定金属或金属盐的基准物质来进行标定,这样使标定的条件与测定的条件尽可能接近,误差可以抵消,提高测定的准确度。

(2)水中钙镁的测定

含有钙、镁盐类的水称为硬水。水的硬度通常分为总硬度和钙、镁硬度。总硬度指钙镁的总量，钙、镁硬度则是指钙、镁各自的含量。水的总硬度是将水中的钙、镁均折合为 CaO 或 $CaCO_3$ 计算，每升水含 1 mg CaO 称为 1 度，每升水含 10 mg CaO 称为一个德国度。总硬度可以通过滴定时消耗 EDTA 的总量而求得。

EDTA 测定水中钙、镁常用的方法是先测定钙、镁总量，再测定钙量，然后由钙、镁总量和钙的含量，求出镁的含量。

①钙、镁总量的测定　取一定体积水样，调节 pH＝10，加铬黑 T 指示剂，然后用 EDTA 滴定。铬黑 T 和 EDTA 分别都能和 Ca^{2+}，Mg^{2+} 生成配合物。它们的稳定性顺序为

$$CaY > MgY > MgIn > CaIn$$

被测试液中先加入少量铬黑 T，它首先与 Mg^{2+} 结合生成酒红色的 MgIn 配合物。滴定时，滴入的 EDTA 先与游离 Ca^{2+} 配位，其次与游离 Mg^{2+} 配位，最后夺取 MgIn 中的 Mg^{2+} 而游离出铬黑 T。溶液由红色经紫色到蓝色，指示终点的到达。依据消耗的 EDTA 的量计算出钙、镁的总量。

②钙量的测定　取同样体积的水样，用 NaOH 溶液调节到 pH＝12，此时 Mg^{2+} 以 $Mg(OH)_2$ 沉淀析出，不干扰 Ca^{2+} 的测定，再加入钙指示剂，此时溶液呈红色，再滴入 EDTA，它先与游离 Ca^{2+} 配位，在化学计量点时夺取与指示剂配位的 Ca^{2+}，游离出指示剂，溶液转变为蓝色，指示终点的到达。依据消耗标准溶液的体积和浓度计算 Ca 的量。

❋ 阅读材料

配位化合物在药学方面的应用

1. 金属配合物作为药物

中药配位化学认为：中药有效化学成分不是单纯的有效成分，也不是单纯的微量元素，而是有机成分与微量元素组成的配位化合物。有些具有治疗作用的金属离子因其毒性大、刺激性强、难吸收性等缺点而不能直接在临床上应用。但若把它们变成配位化合物就能降低毒性和刺激性，利于吸收，如柠檬酸铁配合物可以治疗缺铁性贫血；酒石酸锑钾不仅可以治疗糖尿病，而且和维生素 B_{12} 等含钴螯合物一样可用于治疗血吸虫病；博莱霉素自身并无明显的亲肿瘤性，与钴离子配合后则活性增强；阿霉素的铜、铁配合物较之阿霉素更易被小肠吸收，并透人细胞。在抗菌作用方面，8-羟基喹啉和铜、铁各自都无抗菌活性，它们之间的配合物却呈明显的抗菌作用；镁、锰的硫酸盐和钙、铁的氧化物可使四环素(螯合剂)对金黄色葡萄球菌、大肠杆菌的抗菌活性大增；在抗风湿炎症方面，抗风湿药物，如阿司匹林及水杨酸的衍生物等，与铜配合后可增加疗效。铁的配合物如[Fe(3、4、7、8-四甲基邻二氮菲)$_3$]$^{3+}$ 具有抗病毒作用，近年来发现的顺式铂钯配合物具有抗癌作用，如$[Pt(NH_3)_2Cl_2]$和$[Pb(NH_3)_2C1_2]$进人癌细胞后释放 Cl^- 进攻 DNA 上的碱基，从而抑制 DNA 的复制，阻止癌细胞的分裂，在此基础上发展的第 2、3 代抗癌铂配合物副作用小，疗效更显著。

2. 配合物作为解毒剂

在生物体内的有毒金属离子和有机毒物不同，因为它们不能被器官转化或分解为无毒的物质。有些作为配位体的整合剂能有选择地与有毒的金属或类金属(如砷、汞)形成水溶性螯合物，经肾排出而解毒。因此，此类螯合剂称为解毒剂。例如：D-青霉胺、半胱霉酸、金精三羧酸在机体内可分别结合 Ca^{2+}、Ba^{2+}，形成水溶性配合物排出体外；2，3-二巯基丙醇可从机体内

排出汞、金、镉、铅、锇、锑、砷等离子；EDTA是分析化学中应用很广的配合滴定剂，在机体内可排出钙、铅、铜、铝、金离子，其中最为有效的是治疗血钙过多和职业性铅中毒，例如Ca—EDTA治疗铅中毒，是利用其稳定性小于Pb—EDTA。Ca—EDTA中的Ca^{2+}可被Pb^{2+}取代而成为无毒的、可溶性的Pb—EDTA配合物经肾排出。对于放射性核素，如DT-PA，EHDP等螯合剂具有良好的亲和性。尤其表现在对锕系、镧系金属元素有良好的促排效果。

3. 配合物作抗凝血剂和抑菌剂

在血液中加入少量EDTA或柠檬酸钠，可螯合血液中的Ca^{2+}，防止血液凝固，有利于血液的保存。另外，因为螯合物能与细菌生长所必需的金属离子结合成稳定的配合物，使细菌不能赖以生存，故常用EDTA作抑菌剂配合金属离子，防止生物碱、维生素、肾上腺素等药物被细菌破坏而变质。

4. 配合物在临床检验中的应用

临床检验中，利用配合物反应生成具有某种特殊颜色的配离子，根据颜色的深浅可进行定性和定量分析。例如：测定尿中铅的含量，常用双硫腙与Pb^{2+}生成红色螯合物，然后进行比色分析；而Fe^{3+}可用硫氰酸盐和其生成血红色配合物来检验。再如，检验人体是否是有机汞农药中毒，取检液经酸化后，加人二苯胺基脲醇清液，若出现紫色或蓝紫配合物，即证明有汞离子存在。

思考题与习题

7-1 判断题

(1)配合物由内界和外界两部分组成。 ( )

(2)只有金属离子才能作为配合物的形成体。 ( )

(3)配位体的数目就是形成体的配位数。 ( )

(4)配离子的电荷数等于中心离子的电荷数。 ( )

(5)配离子的几何构型取决于中心离子所采用的杂化轨道类型。 ( )

7-2 填空题

(1)配合物$(NH_4)_2[FeF_5(H_2O)]$的系统命名为________，中心离子是________，配体是________，配位原子是________，中心离子的配位数是________。根据价键理论，中心原子的杂化类型为________，属________型配合物。

(2)配合物$[CoCl(NH_3)_5]Cl_2$，($\mu=0$)，中心离子是________；配体是________；配位原子是________；配位数是________；中心离子的核外电子排布式为________；该中心离子位于第________周期，第________族，________区。中心离子的杂化类型为________；几何构型为________；此配合物属于________型配合物(填内轨或外轨)；根据配合物命名法，此配合物名称为：________

(3)EDTA是________的简称，它与金属离子形成螯合物时，螯合比一般是________。

(4)金属指示剂PAR在溶液中存在下列平衡：

$$\underset{(黄)}{HIn^-} \xrightleftharpoons{pK_a^\ominus=12.4} H^+ + \underset{(红)}{In^{2-}}$$

它与金属离子形成的配合物显红色，那么使用该指示剂适宜的pH范围是________。

(5)During the complex titration, $K_f^{\ominus'}$ ________ (decrease, increase or not change) with the decrease of pH. Consequently, the change in p-function observed in the equivalence region is ________(larger, smaller or not change)

7-3 选择题

(1)在$[Co(C_2O_4)_2(en)]^-$中，中心离子Co^{3+}的配位数为(　　)。

A. 3　　B. 4　　C. 5　　D. 6

(2)向含有$[Ag(NH_3)_2]^+$配离子的溶液中分别加入下列物质时，平衡不向$[Ag(NH_3)_2]^+$配离子解离方向移动的是(　　)。

A. 稀硝酸　　B. 氨水　　C. Na_2S　　D. KI

(3)当 M 与 Y 反应时，溶液中有另一配位剂 L 存在，若$\alpha_{M(L)}=1$，则(　　)。

A. M 与 L 没有副反应发生　　B. M 与 L 副反应较严重　　C. M 与 L 副反应较弱

(4)若在Ca^{2+}、Mg^{2+}混合液中选择滴定其中Ca^{2+}时，可加入 NaOH 而消除Mg^{2+}的干扰，此种使用掩蔽剂选择性滴定属于(　　)。

A. 氧化还原掩蔽　　B. 沉淀掩蔽　　C. 配位掩蔽　　D. 控制掩蔽

(5)在 pH=5.0 时氰化物的酸效应系数为(　　)。(已知$K_a^\ominus(HCN)=7.2\times10^{-10}$)

A. 1.0×10^4　　B. 7.0×10^3　　C. 1.4×10^3　　D. 1.4×10^4

(6) The formation equilibrium constant, $K_f^\ominus$, for the reaction: $Pb^{2+} + Y \rightleftharpoons PbY$ is 1.1×10^{18}. If the titration is done at pH=6.0($\alpha_{Y(H)}=4.55\times10^4$), what is the conditional formation constant, $K_f^{\ominus'}$, for the reaction. (　　)

A. 1.1×10^{18}　　B. 2.4×10^{13}　　C. 2.2×10^{-5}　　D. 4.9×10^{23}　　E. none of these

7-4 计算题

1. 将 40 mL 0.10 mol·L^{-1} $AgNO_3$溶液和 20 mL 6.0 mol·L^{-1}氨水混合并稀释至 100 mL。试计算：

(1)平衡时溶液中Ag^+、$[Ag(NH_3)_2]^+$和NH_3的浓度。

(2)在混合稀释后的溶液中加入 0.010 mol KCl 固体，是否有 AgCl 沉淀产生?

(3)若要阻止 AgCl 沉淀生成，则应该取 12.0 mol·L^{-1}氨水多少毫升?

2. 计算 pH=5.00 时，Mg^{2+}与 EDTA 形成配合物的条件稳定常数是多少? 此时Mg^{2+}能否用 EDTA 准确滴定? 当 pH=10.00 时，情况又如何?

3. 称取 0.1005 g 纯$CaCO_3$，溶解后，用容量瓶配成 100 mL 溶液。吸取 25.00 mL，在 pH>12 时，用钙指示剂指示终点，用 EDTA 标准溶液滴定，用去 24.90 mL，试计算 EDTA 溶液的浓度(mol/L)。

4. 某试液中含Fe^{3+}和Co^{2+}，浓度均为 0.02000 mol·L^{-1}，今欲用同浓度的 EDTA 标准溶液进行滴定。问：(1)滴定Fe^{3+}的适宜的酸度范围? (2)滴定Fe^{3+}后能否滴定Co^{2+}(其氢氧化物的$K_{sp}^\ominus=10^{-14.7}$)? 试求滴定$Co^{2+}$适宜的酸度范围?

5. 待测溶液含2×10^{-2} mol·L^{-1}的Zn^{2+}和2×10^{-3} mol·L^{-1}的Ca^{2+}，能否在不加掩蔽剂的情况下，只用控制酸度的方法选择滴定Zn^{2+}? 为防止生成$Zn(OH)_2$沉淀，最低酸度为多少? 这时可选用何种指示剂?

6. 称取葡萄糖酸钙试样 0.5500 g，溶解后，在 pH=10 的氨性缓冲液中用 EDTA 滴定(EBT 为指示剂)，滴定消耗浓度为 0.04985 mol·L^{-1}的 EDTA 标准溶液 24.50 mL，试计算葡萄糖酸钙的含量。(分子式$C_{12}H_{22}O_{14}Ca\cdot H_2O$)

7. 用配位滴定法测定某试液中的Fe^{3+}和Al^{3+}。取 50.00 mL 试液，调节 pH=2.0，以磺基水杨酸作指示剂，加热后用 0.04852 mol·L^{-1}的 EDTA 标准溶液滴定到紫红色恰好消失，用去 20.45 mL。在滴定了 Fe^{3+} 的溶液中加入上述的 EDTA 标准溶液 50.00 mL，煮沸片刻，使 Al^{3+} 和 EDTA 充分反应后，冷却，调节 pH 为 5.0，以二甲酚橙作指示剂，用 0.05069 mol·L^{-1}的 Zn^{2+} 标准溶液回滴定过量的 EDTA，用去 14.96 mL，计算试样中 Fe^{3+} 和 Al^{3+} 的量(g·L^{-1})。

8. 分析含铜镁锌的合金试样。取试样 0.5000 g 溶解后定容成 250.0 mL，吸取此试液 25.00 mL，调节 pH=6，以 PAN 作指示剂，用 0.02000 mol·L^{-1} 的 EDTA 标准溶液滴定 Zn^{2+} 和 Cu^{2+}，消耗 37.30 mL。另吸取 25.00 mL，调节 pH=10，用 KCN 掩蔽 Cu^{2+} 和 Zn^{2+}，以 0.02000 mol·L^{-1}的 EDTA 标准溶液滴定 Mg^{2+}，消耗 4.10 mL。然后加入甲醛试剂解蔽 Zn^{2+}，再用 0.02 mol·L^{-1}的 EDTA 标准溶液滴定，消耗 13.40 mL。计算试样中 Cu、Zn、Mg 的质量分数。

9. 某退热止痛剂为咖啡因($C_8H_{10}N_4O_2$)、盐酸喹啉和安替比林的混合物，采用配位滴定法测定其中咖啡因的含量。具体做法是：称取样品 0.5000 g，置于 50 mL 容量瓶中，加入 30 mL 水、10 mL 0.35 mol·L^{-1}四碘合汞酸钾溶液和 1 mL 浓盐酸，此时喹啉和安替比林与四碘合汞酸钾生成沉淀，以水稀释至刻度，摇匀。将试液干滤过，移取 20.00 mL 滤液于干燥的锥形瓶中，加入 5.00 mL 0.3000 mol·L^{-1} $KBiI_4^-$ 溶液，此时质子化的咖啡因与 BiI_4^- 反应：

$$(C_8H_{10}N_4O_2)H^+ + BiI_4^- \rightleftharpoons (C_8H_{10}N_4O_2)HBiI_4\downarrow$$

干滤过，取 10.00 mL 滤液，在 pH=3～4 的 HAc-NaAc 缓冲液中，以 0.0500 mol·L^{-1}EDTA 滴定至 BiI_4^- 的黄色消失为终点，用去 6.00 mL EDTA 溶液。计算样品中咖啡因的百分含量。

10. A 50.0 mL solution containing Ni^{2+} and Zn^{2+} was treated with 25.0 mL of 0.0452 M EDTA to bind all the metal. The excess unreacted EDTA required 12.4 mL of 0.0123 M Mg^{2+} for complete reaction. An excess of the reagent 2,3-dimercapto-1-propanol was then added to displace the EDTA from Zn^{2+}. Another 29.2 mL of Mg^{2+} were required for reaction with the liberated EDTA. What was the concentration of Ni^{2+} and Zn^{2+} in the original solution?

11. In the 1 L solution of $Na_2S_2O_3$, what is the lowest concentration of $Na_2S_2O_3$ that can resolve the 0.10 mol precipitation of AgBr.

第8章

氧化还原反应与氧化还原滴定

学习这件事不在乎有没有人教你，最重要的是在于自己有没有觉悟和恒心。

——法拉第

化学反应可以分为两大类：非氧化还原反应和氧化还原反应。前面所讨论的酸碱反应、配位反应和沉淀反应都是非氧化还原反应。氧化还原反应中电子从一种物质转移到另一种物质，这是一类非常重要的反应。早在远古时代，"燃烧"这一最早被应用的氧化还原反应促进了人类的进化。地球上植物的光合作用也是氧化还原过程，此类反应在生物系统中也很重要，它们为生命体提供能量转换机制。本章首先讨论有关氧化还原反应的基础知识，在此基础上，判断氧化还原反应进行的方向和程度，并应用于滴定分析，测定各种氧化性和还原性物质。

8.1 氧化还原反应基本概念

8.1.1 氧化数

在氧化还原反应中，由于发生了电子转移，导致某些元素带电状态发生变化。为了描述元素原子带电状态的不同，提出了氧化数的概念。

1970年，国际纯粹与应用化学联合会(IUPAC)将氧化数定义为：氧化数是某元素一个原子的形式荷电数，这个荷电数是假设把每个化学键的电子指定给电负性更大的原子而求得的。例如，在 NaCl 中，钠的氧化数为+1，氯的氧化数为-1。在 SO_2 中，硫的氧化数为+4，氧的氧化数为-2。由此可见，氧化数是元素在化合状态时人为规定的形式电荷数。

确定氧化数的规则：

①在单质中，元素的氧化数为零。

②在大多数化合物中，氢的氧化数为+1，只有在活泼金属的氢化物(如 NaH，CaH_2)中，氢的氧化数为-1。

③通常，在化合物中氧的氧化数为−2；但在过氧化物（如 H_2O_2、Na_2O_2、BaO_2）中氧的氧化数为−1；而在 OF_2 和 O_2F_2 中，氧的氧化数分别为+2 和+1。

④在所有氟化物中，氟的氧化数为−1。

⑤在中性分子中，各元素氧化数的代数和为零。在多原子离子中各元素氧化数的代数和等于离子所带的电荷数。

8.1.2　氧化还原反应

元素的氧化数发生了变化的化学反应称为氧化还原反应。例如：金属锌与硫酸铜溶液的反应为 $Cu^{2+}+Zn = Cu+Zn^{2+}$

在氧化还原反应中，元素氧化数升高的过程称为氧化（如 $Zn \rightarrow Zn^{2+}$），元素氧化数降低的过程称为还原（如 $Cu^{2+} \rightarrow Cu$），氧化过程和还原过程总是同时发生的。在氧化还原反应中，若一种反应物中组成元素的氧化数升高，则必有另一种反应物的组成元素的氧化数降低。组成元素的氧化数升高的物质称为还原剂（如 Zn），它的反应产物为氧化产物（如 Zn^{2+}）；组成元素的氧化数降低的物质称为氧化剂（如 Cu^{2+}），它的反应产物为还原产物（如 Cu）。

8.1.3　氧化还原电对

任何一个氧化还原反应都是由两个半反应组成，一个是还原剂被氧化的半反应，一个是氧化剂被还原的半反应，反应过程中得失电子的数目相等。例如，$Cu^{2+}+Zn = Cu+Zn^{2+}$ 是由以下两个半反应组成的：

$$\text{氧化}\qquad Zn \rightleftharpoons Zn^{2+}+2e^-$$

$$\text{还原}\qquad Cu^{2+}+2e^- \rightleftharpoons Cu$$

在半反应中，同一元素的两个不同氧化数的物种组成一个氧化还原电对，简称电对。电对中氧化值较大的物种为氧化型，用符号 Ox 表示；氧化数较小的物种为还原型，用符号 Red 表示。通常电对表示为 Ox/Red（氧化型/还原型）。例如，由 Zn^{2+} 和 Zn 组成的电对可表示为 Zn^{2+}/Zn，Cu^{2+} 和 Cu 组成电对可表示为 Cu^{2+}/Cu。

半反应的通式为

$$\text{氧化型}+ne^- \rightleftharpoons \text{还原型}$$

或

$$Ox+ne^- \rightleftharpoons Red$$

式中，n 为半反应中电子转移的数目，氧化型（Ox）应包括氧化剂及其相关介质，还原型（Red）应包括还原剂及其相关介质。

8.1.4　氧化还原反应方程式的配平

氧化还原反应最常用的配平方法有氧化数法和离子-电子法。不论采用何种方法配平，首先要知道参与氧化还原反应的反应物和生成物，并必须遵循一定的配平原则。

1. 氧化数法

(1)配平原则

①电荷守恒：元素原子氧化数升高的总数等于元素原子氧化数降低的总数。

②质量守恒：反应前后各元素的原子总数相等。

(2)配平步骤

①正确写出未配平的反应方程式。

②找出元素原子氧化数降低值与升高值。

③根据氧化剂和还原剂物质氧化数变化总数相等的原则，求出二者变化值的最小公倍数，并在氧化剂和还原剂物质及其对应的生成物的化学式前乘以相应系数。

④用观察法配平氧化数未改变的元素原子数目。

(3)配平实例

【例 8-1】 配平 $I_2+KOH\rightarrow KIO_3+KI+H_2O$

解

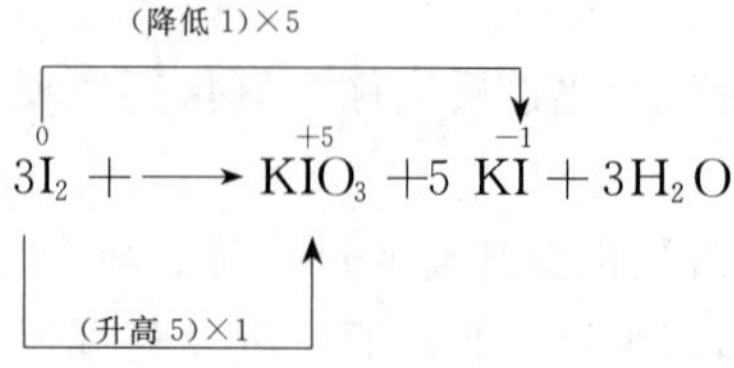

①氧化数变化情况：$\overset{0}{I_2}\longrightarrow K\overset{+5}{I}O_3$ $\overset{0}{I_2}\longrightarrow K\overset{-1}{I}$；

②根据电荷守恒的原则，KI 前应乘系数 5；

③产物共有 6 个 I 和 K，根据质量守恒的原则，I_2 前面应乘 3，KOH 前面应乘 6，产物 H_2O 前面乘 3，就可以得到配平的氧化还原反应方程式。

$$3I_2+6KOH=KIO_3+5KI+3H_2O$$

2. 离子电子法

(1)配平原则

①质量守恒：反应前后各元素的原子总数相等。

②电荷守恒：氧化剂得到的电子数应等于还原剂失去的电子数。

(2)配平步骤

①正确写出未配平的离子反应方程式；

②将反应分解为两个半反应方程式并配平；

③根据电荷守恒的原则，以适当系数分别乘以两个半反应方程式(配平)，然后将两个半反应方程相加，整理即得到已配平的离子反应方程式。

【例 8-2】 配平 $K_2Cr_2O_7+KI+H_2SO_4\longrightarrow K_2SO_4+Cr_2(SO_4)_3+I_2+H_2O$

解 ①根据实验事实写出一个没有配平的离子反应方程式

$$Cr_2O_7^{2-}+I^-+H^+\longrightarrow Cr^{3+}+I_2+H_2O$$

②将上述方程式写成两个半反应，一个表示还原剂的氧化反应，另一表示氧化剂的还原反应，并分别加以配平(调整化学计量数)

$$2I^- -2e \rightleftharpoons I_2 \quad (氧化反应)$$

$$Cr_2O_7^{2-}+6e+14H^+\rightleftharpoons 2Cr^{3+}+7H_2O \quad (还原反应)$$

③根据氧化剂和还原剂得失电子总数必须相等的原则，求出最小公倍数，将两个半反应分别乘以适应系数，然后合并两个半反应式，得到一个配平的氧化还原反应离子方程式(注意消除等式两边所有重复的化学式或电子)。

$$\begin{array}{r|l} 3\times & 2I^- -2e^- \rightleftharpoons I_2 \\ +)\quad 1\times & Cr_2O_7^{2-}+6e^-+14H^+\rightleftharpoons 2Cr^{3+}+7H_2O \\ \hline & Cr_2O_7^{2-}+6I^-+14H^+=3I_2Cr^{3+}+7H_2O \end{array}$$

最后，在配平的离子方程式中添加不参与反应的阳离子和阴离子，写出相应的化学式，就可以得到配平的氧化还原反应方程式。

$$K_2Cr_2O_7+6KI+7H_2SO_4 = 4K_2SO_4+Cr_2(SO_4)_3+3I_2+7H_2O$$

在配平半反应式时，如果反应物和生成物内所含的氧原子数不等，就要根据电对的存在形式判断出介质条件(酸碱性)，然后再根据反应的介质条件，用 H_2O、H^+ 和 OH^- 进行调节。若介质为酸性，可在多氧的一边加 H^+，加 H^+ 的数目应为多余氧原子数目的两倍，然后于另一边补上相应数目的 H_2O；若是碱性介质，则在少氧的一边加上缺氧原子数目一半数量的 OH^-，而后在另一边补上相应数目的 H_2O；在中性介质中，反应物一侧用 H_2O，生成物一侧可以是 H^+ 和 OH^-；但在任何条件下，同一反应中不能同时出现 H^+ 和 OH^-。表 8-1 为不同介质条件下配平氧原子的经验规则。

表 8-1　不同介质条件下配平氧原子的经验规则

介质条件	反应方程式		
	左边		右边
	O 原子数	配平时应加入的原子数	生成物
酸性	多 1 个	2 个 H^+	1 个 H_2O
	少 1 个	1 个 H_2O	2 个 H^+
碱性	多 1 个	1 个 H_2O	2 个 OH^-
	少 1 个	2 个 OH^-	1 个 H_2O
中性	多 1 个	1 个 H_2O	2 个 OH^-
	少 1 个	1 个 H_2O	2 个 H^+

【例 8-3】　配平下列半反应。

$$SO_3^{2-} \longrightarrow SO_4^{2-}\text{(碱性介质)}$$

解　先配平氧化数有变化的 S 原子；其次配平 O 原子，由于半反应右边多一个 O 原子，故需要在右边加一个 H_2O，并在左边生成 2 个 OH^-，以配平 O 原子；再次，配平 H^+，得：

$$SO_3^{2-}+2OH^- = SO_4^{2-}+H_2O$$

最后配平电荷数得：$SO_3^{2-}+2OH^- = SO_4^{2-}+H_2O+2e^-$

【例 8-4】　配平 $KMnO_4$ 在 H_2SO_4 介质中与 Na_2SO_3 的反应方程式

解　①写出未配平的离子反应方程式

$$MnO_4^-+SO_3^{2-}+H^+ \longrightarrow Mn^{2+}+SO_4^{2-}+H_2O$$

②将上式分成两个半反应式并配平之：

$$MnO_4^-+5e+8H^+ \rightleftharpoons Mn^{2+}+4H_2O$$

$$SO_3^{2-}-2e+H_2O \rightleftharpoons SO_4^{2-}+2H^+$$

③乘以适当系数，使得、失电子总数相等后并相加

$$\begin{array}{r|l} 2\times & MnO_4^-+5e+8H^+ \rightleftharpoons Mn^{2+}+4H_2O \\ +)\quad 5\times & SO_3^{2-}-2e+H_2O \rightleftharpoons SO_4^{2-}+2H^+ \\ \hline \end{array}$$

$$2MnO_4^-+5SO_3^{2-}+6H^+ = 2Mn^{2+}+5SO_4^{2-}+3H_2O$$

④检查其他原子个数是否相等并写出配平的分子反应方程式

$$2KMnO_4+5Na_2SO_3+3H_2SO_4 = 2MnSO_4+5Na_2SO_4+K_2SO_4+3H_2O$$

上述两种配平方法各有特点，离子-电子法突出了化学计量数的变化是电子得失的结

果，它仅适用于在水溶液中进行的反应；氧化值法则不仅可用于在水溶液中进行的反应，且在非水溶液和高温下进行的反应均可应用，对于有机化合物参与的氧化还原反应的配平也很方便。

8.2 原电池和电极电势

8.2.1 原电池

1. 原电池的组成

原电池是将氧化还原反应的化学能直接转变为电能的装置。装置中电流的产生证实了电子在氧化剂与还原剂物质之间的定向转移。任何一种可以自发进行的氧化还原反应从理论上讲都可以设计成一个原电池。

1863 年，英国化学家 Daniel J F（丹尼尔）根据氧化还原反应 $Cu^{2+}+Zn=Cu+Zn^{2+}$ 构造了一个原电池，如图 8-1 所示。

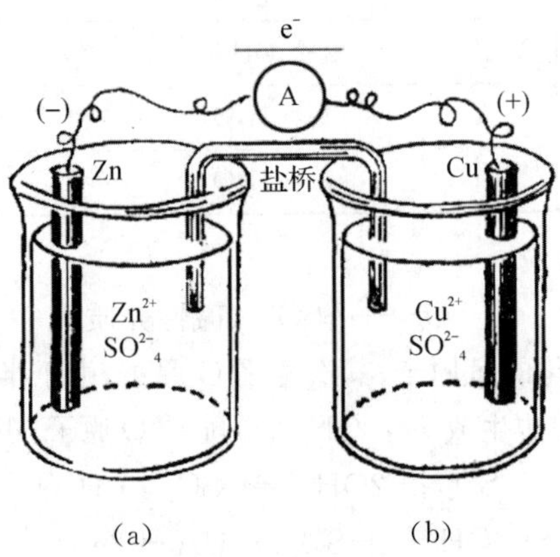

图 8-1 铜-锌原电池

在容器(a)中注入 1 mol · L^{-1} $ZnSO_4$ 溶液，其中插入 Zn 棒作为电极；在容器(b)中注入 1 mol · L^{-1} $CuSO_4$ 溶液，其中插入 Cu 棒作为电极，两种容器之间用一个倒置的 U 形管连接起来，管中装满用饱和 KCl 溶液和琼脂做成的冻胶，这种装满冻胶的 U 型管叫做盐桥。盐桥的作用就是使整个装置形成一个回路，使锌盐和铜盐溶液一直维持电中性，从而使电子不断地从锌极流向铜极，使反应可以继续进行而产生电流。两金属片用导线连接，并串联一检流计。从检流计的指针偏转方向可以判断，电流是从 Cu 电极流向 Zn 电极的（电子从锌片流向铜片），说明 Zn 为负极，Zn 失去电子，发生氧化反应：

Daniel，1790—1845

$$Zn(s) \rightleftharpoons Zn^{2+}(aq)+2e^-$$

铜极为正极，Cu^{2+} 得到电子，发生还原反应

$$Cu^{2+}(aq)+2e^- \rightleftharpoons Cu(s)$$

系统内发生的总反应为

$$Zn(s)+Cu^{2+}(aq) \rightleftharpoons Zn^{2+}(aq)+Cu(s)$$

如上所述，原电池是由2个“半电池”组成。在原电池中，流出电子的电极称为负极，负极发生氧化反应；流入电子的电极称为正极，正极发生还原反应。氧化反应和还原反应均称为电极反应。原电池的两极所发生的总的氧化还原反应称为电池反应。在铜-锌原电池中，锌和锌盐溶液组成一个半电池，铜和铜盐溶液组成另一个半电池。每个半电池称为一个电极，也称为一个氧化还原反应电对，或简称为电对，以氧化型/还原型符号表示（或 Ox/Red）。如铜电极可表示为“Cu^{2+}/Cu”、锌电极可表示为“Zn^{2+}/Zn”。每个电对都对应一个电极反应，电极反应通常书写为还原过程：

$$\text{氧化态}+ne^- \rightleftharpoons \text{还原态}$$

按照氧化态、还原态物质状态的不同，电极可以分为四类：

第一类电极：金属电极

金属电极是由金属与其离子的溶液组成，如丹尼尔电池中锌电极和铜电极分别由锌与硫酸锌溶液、铜与硫酸铜溶液组成，简记为 $Zn^{2+}|Zn$ 和 $Cu^{2+}|Cu$。

第二类电极：气体电极

气体电极是由气体与其离子的溶液及能够吸附气体的惰性电极所构成，常用的惰性电极有铂和石墨等，其作用只是导体，本身并不参加电极反应。如氢电极就是由将镀有铂黑的铂片插入含有 H^+ 的溶液中，并向铂片上不断地通氢气而构成，用符号表示即为 $H^+|H_2|Pt$。常用气体电极还有氧电极和氯电极等，分别表示为 $Pt|O_2(g)|OH^-$ 与 $Pt|Cl_2(g)|Cl^-$。

第三类电极：金属-金属难溶盐电极

该电极的结构是在金属的表面上覆盖一层该金属的难溶盐或难溶氧化物，再将其插入含有与该金属难溶盐具有相同阴离子的易溶盐的溶液或碱性溶液中而构成。如 Ag-AgCl 电极就是较常用的这一类电极，用符号表示为 $Ag|AgCl(s)|Cl^-$。

第四类电极：氧化还原电极

这里所说的氧化还原电极是专指参加电极反应的物质均在同一个溶液中，电极的极板必须借助于惰性电极（如 Pt 电极），如电极 $Fe^{3+},Fe^{2+}|Pt$ 和 $MnO_4^-,Mn^{2+}|Pt$ 等均为氧化还原电极。

2. 原电池的符号

电化学中常用特定方式（原电池符号）表示原电池。如铜锌原电池的组成可表示为

$$(-)Zn|Zn^{2+}(1.0\ mol\cdot L^{-1})\ \|\ Cu^{2+}(1.0\ mol\cdot L^{-1})|Cu(+)$$

电池符号书写应注意如下几点：

①习惯上把负极写在左边，正极写在右边；

②用“|”代表两相的界面；“‖”代表盐桥；

③用化学式表示电池的物质组成，同时应标明溶液的浓度、气体的分压、纯液体或纯固体的相态等。

【例8-5】 对于下列氧化还原反应

$$2Ag^+(aq)+Zn(s) = 2Ag(s)+Zn^{2+}(aq)$$

$$2Ag(s)+2H^+(aq)+2I^-(aq) = 2AgI(s)+H_2(g)$$

①写出对应的半反应式；

②按这些反应设计原电池，并写出原电池符号。

解 ①对于反应 $2Ag^{+}(aq)+Zn(s)\rightleftharpoons 2Ag(s)+Zn^{2+}(aq)$

先将反应分解为两个半反应：$2Ag^{+}(aq)+2e^{-}\rightleftharpoons 2Ag(s)$（正极）

$Zn(s)\rightleftharpoons Zn^{2+}(aq)+2e^{-}$（负极）

按半反应式确定相应的两个电极：正极为 $Ag^{+}\mid Ag$，负极为 $Zn^{2+}\mid Zn$。

原电池符号：$(-)Zn\mid Zn^{2+}(c_1)\parallel Ag^{+}(c_2)\mid Ag(+)$

②对于反应 $2Ag(s)+2H^{+}(aq)+2I^{-}(aq)\rightleftharpoons 2AgI(s)+H_2(g)$

半反应式：$2H^{+}(aq)+2e^{-}\rightleftharpoons H_2(g)$（正极）

$2Ag(s)+2I^{-}(aq)\rightleftharpoons 2AgI(s)+2e^{-}$（负极）

确定两个电极：正极为 $H^{+}\mid H_2\mid Pt$，负极为 $I^{-}\mid AgI\mid Ag$

电池符号为：$(-)Ag\mid AgI(s)\mid I^{-}(c_1)\parallel H^{+}(c_2)\mid H_2(p_1)\mid Pt(+)$

8.2.2 电极电势

1. 电极电势的产生

在丹尼尔原电池中，当用导线把原电池的两个电极联接起来，检流计指针就会偏转。这表明在两个电极之间存在电势差，也就是说两个电极的电势不同。那么电极电势是如何产生的？在1889年，德国化学家能斯特提出双电层理论，定性地解释了电极电势产生的原因。

当把金属浸入其金属离子的盐溶液时，在金属与其盐溶液的接触界面上就会发生两个不同的过程：一个是金属表面的阳离子受极性水分子的吸引而进入溶液；另一个是溶液中的水合金属离子由于碰到金属表面，受自由电子的吸引而重新沉积在金属表面。当这两种方向相反的过程进行的速率相等时，即达到动态平衡：

$$M(s)\rightleftharpoons M^{n+}(aq)+ne^{-}$$

如果金属越活泼或溶液中金属离子浓度越小，金属溶解的趋势将大于溶液中金属离子沉积到金属表面的趋势，达平衡时金属表面带负电，靠近金属表面附近的溶液带正电，如图8-2(a)所示。反之，如果金属越不活泼或溶液中金属离子浓度越大，金属溶解的趋势将小于金属离子沉积的趋势，达平衡时，金属表面带正电荷，而金属附近的溶液带负电荷，如图8-2(b)。这时在金属与其盐溶液之间就产生电势差，这种产生于金属表面与其金属离子的盐溶液之间的电势差，称为金属的平衡电极电势（简称电极电势）。其他类型的电极与金属电极类似，也由于在电极与溶液之间形成双电层产生电势差而具有电极电势。

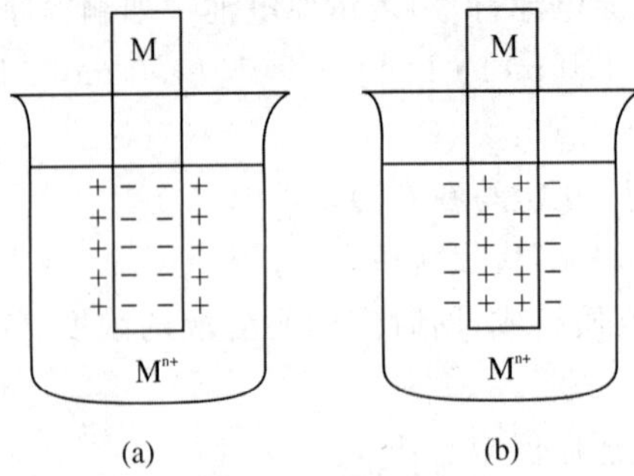

图8-2 双电层示意图

不同的电极形成双电层的电势差不同，电极电势就不同。电极电势用 $\varphi_{氧化态/还原态}$ 表示。当两个电极电势不同的电极组合时，电子将从负极流向正极，从而产生电流。

在接近零电流条件下，原电池两极之间的电势差就是原电池的电动势，常用 E 表示。电极电势高的为正极 φ_+，电极电势低的为负极 φ_-，则电池的电动势 E 为：

$$E=\varphi_+-\varphi_- \tag{8-1}$$

2. 标准氢电极和标准电极电势

(1)标准氢电极

迄今为止，人们还无法直接测出单个电极电势的绝对值。为了比较不同电极的电极电势之间的大小，通常人为地选定一个电极作为比较的基准，并规定它的电极电势为零。然后将待测电极与此参比电极组成原电池，通过测定该电池的电动势来求得该待测电极的电极电势相对值。

按 IUPAC 规定，采用标准氢电极为标准电极，并将其电极电势定义为零。标准氢电极的组成和装置如图 8-3 所示，将镀有一层海绵状铂黑的铂片浸入 H^+ 浓度为 1 mol·L^{-1} 的硫酸溶液中，在 298.15 K 时不断通入压力为 100 kPa 的纯氢气，使铂黑吸附 H_2 至饱和。这样 H_2 与 H^+ 离子之间达到如下平衡：

$$2H^+(aq)+2e^- \rightleftharpoons H_2(g)$$

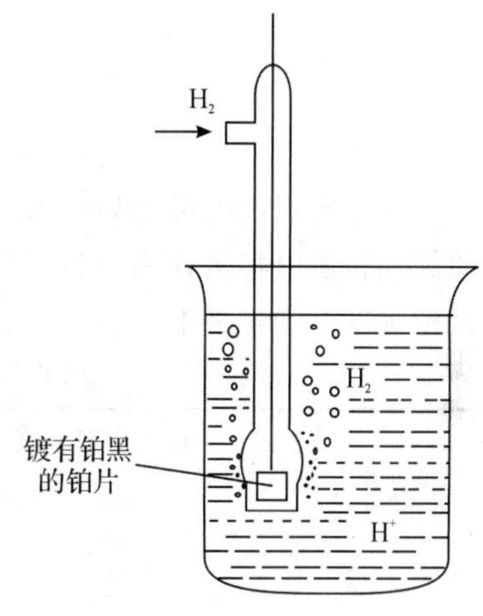

图 8-3　标准氢电极

规定任意温度下，该标准氢电极的电极电势等于 0 V，即 $\varphi^{\ominus}_{H^+/H_2}=0.0000$ V。

(2)标准电极电势

规定了标准电极后，其他任何电极若与标准电极组成电池，当测定电池的电动势之后，即可确定该电极的相对电极电势。若待测电极也处于标准态，则测得的电极电势就称为该电极的标准电极电势。用符号 $\varphi^{\ominus}_{氧化态/还原态}$ 表示。

例如，欲测定锌电极的标准电极电势 $\varphi^{\ominus}_{Zn^{2+}/Zn}$，可将标准锌电极做正极，标准氢电极做负极组成原电池，该原电池可表示为

$$(-)Pt \mid H_2(100\ kPa) \mid H^+(1.0\ mol\cdot L^{-1}) \parallel Zn^{2+}(1.0\ mol\cdot L^{-1}) \mid Zn(+)$$

在 298.15 K 时，用电位计测得该原电池的电动势为−0.7618 V，那么：

$$E^{\ominus}=\varphi^{\ominus}_{Zn^{2+}/Zn}-\varphi^{\ominus}_{H^+/H_2}=-0.7618\ V$$

$$\varphi^{\ominus}_{Zn^{2+}/Zn}=-0.7618\ V$$

又如，在 298.15 K 时，测得原电池：

$$(-)Pt \mid H_2(100\ kPa) \mid H^+(1.0\ mol\cdot L^{-1}) \parallel Cu^{2+}(1.0\ mol\cdot L^{-1}) \mid Cu(+)$$

的电动势为+0.3419 V，则：

$$E^{\ominus}=\varphi^{\ominus}_{Cu^{2+}/Cu}-\varphi^{\ominus}_{H^+/H_2}=+0.3419\ V$$

$$\varphi^{\ominus}_{Cu^{2+}/Cu}=+0.3419\ V$$

在实际测定中，由于控制标准氢电极的条件十分严格，使用不方便，常采用某些电极电势非常稳定且使用非常方便的参比电极代替标准氢电极进行测定。最常用的参比电极是甘汞电极(如图 8-4 所示)。甘汞电极属于金属-金属难溶盐电极，是由少量汞、甘汞(Hg_2Cl_2)和氯化钾制成糊状物，放入氯化钾溶液中而制成，用铂丝导电。对应的电极反应为：

$$Hg_2Cl_2(s)+2e^- \rightleftharpoons 2Hg(l)+2Cl^-(aq)$$

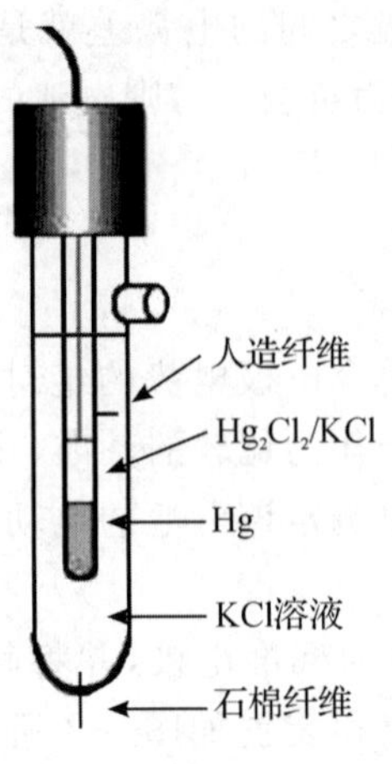

图 8-4　甘汞电极(SCE)

甘汞电极的电极电势与 KCl 溶液的浓度和温度有关，其中 KCl 浓度达饱和时的甘汞电极即饱和甘汞电极最常用，用符号 SCE 表示。298.15 K 时饱和甘汞电极的电极电为 0.2412V。其他浓度下的电极电势见表 8-2。

表 8-2　甘汞电极的电极电势与 KCl 浓度的关系

KCl 溶液浓度	φ(25℃)/V
0.1 $mol \cdot L^{-1}$	0.3337
1 $mol \cdot L^{-1}$	0.2801
饱和溶液	0.2412

根据上述方法，可以测定出各种电极的标准电极电势。附录 7 列出了常用的各种电极的标准电极电势(298.15 K)。使用表中的数据时，应注意如下几点：

①按照国际惯例规定，所有半电池反应一律都写成还原反应的形式，即：氧化型＋ne＝还原型，所以电极电势是还原电势。$\varphi^{\ominus}$值越正，说明该电对的氧化型物质越易获得电子被还原，氧化能力越强，是强的氧化剂；反之，$\varphi^{\ominus}$值越负，说明该电对的还原型物质越易失去电子被氧化，还原能力越强，是强的还原剂。标准电极电势表中，各电极反应是按照其 $\varphi^{\ominus}$值从上至下增大的顺序排列。因此自上而下，电对中氧化型物质的氧化能力依次增强，还原型物质的还原能力依次减弱。

②由于很多物质的氧化还原能力与介质酸度有关，故标准电极电势表分为酸表和碱表，应用时应根据实际反应情况查阅。若电极反应中出现 H^+，如 $NO_3^- + 4H^+ + 3e^- \rightleftharpoons NO + 2H_2O$，则应从酸表查找($\varphi_A^{\ominus}$)；若电极反应中出现 OH^-，则应从碱表查找($\varphi_B^{\ominus}$)；若电极反应中没有出现 H^+ 或 OH^-，则应根据物质是否能在酸性或者碱性溶液中存在，分别查阅酸表或者碱表。如电极反应 $Sn^{4+} + e^- \rightleftharpoons Sn^{2+}$，由于 Sn^{4+} 和 Sn^{2+} 只能存在于酸性溶液中，所以该电极的标准电极电势应在酸表($\varphi_A^{\ominus}$)中查找，而电极 $Ag_2S + 2e^- \rightleftharpoons 2Ag + S^{2-}$ 的标准电极电势应在碱表($\varphi_B^{\ominus}$)中查找。

③$\varphi^{\ominus}$值的大小代表物质得失电子的能力，它是反映体系强度性质的物理量，因此与电极反应的书写形式(如反应系数、反应方向)无关，如：

$$Al^{3+} + 3e^- \rightleftharpoons Al, \quad \varphi^{\ominus}_{Al^{3+}/Al} = -1.662\ V$$

$$Al \rightleftharpoons Al^{3+} + 3e^-, \quad \varphi^{\ominus}_{Al^{3+}/Al} = -1.662\ V$$

$$3Al \rightleftharpoons 3Al^{3+} + 9e^- \quad \varphi^{\ominus}_{Al^{3+}/Al} = -1.662\ V$$

3. 电极电势的应用

电极电势的应用很广，主要有以下几个方面：

①判断物质氧化还原能力的相对强弱　例如，比较下列电对物质在标准状态下的氧化还原能力：

$$\varphi^{\ominus}_{Cl_2/Cl^-} = 1.36\ V, \varphi^{\ominus}_{Br_2/Br^-} = 1.07\ V, \varphi^{\ominus}_{I_2/I^-} = 0.53\ V$$

由 $\varphi^{\ominus}$ 值的大小可知，氧化性物质的氧化能力由大到小为 $Cl_2 > Br_2 > I_2$；还原型物质还原能力由大到小为 $I^- > Br^- > Cl^-$。六种物质中最强的氧化剂是 Cl_2，最强的还原剂是 I^-。

②判断氧化还原反应的自发方向　氧化还原反应的自发方向总是：

强氧化剂＋强还原剂══弱还原剂＋弱氧化剂

因此由任意两个电对 $\varphi^{\ominus}_{A/B}$ 与 $\varphi^{\ominus}_{C/D}$ 组成的原电池反应，若 $\varphi^{\ominus}_{A/B} > \varphi^{\ominus}_{C/D}$，则其自发进行的方向为

$$A + D = B + C$$

例如，$\varphi^{\ominus}_{Fe^{3+}/Fe^{2+}} = 0.77\ V > \varphi^{\ominus}_{Cu^{2+}/Cu} = 0.34\ V$，所组成的电池反应的自发方向为

$$2Fe^{3+} + Cu = 2Fe^{2+} + Cu^{2+}$$

③判断氧化还原反应进行的顺序　例如，由 $\varphi^{\ominus}_{Cr_2O_7^{2-}/Cr^{3+}} = 1.23\ V$，$\varphi^{\ominus}_{Br_2/Br^-} = 1.07\ V$，$\varphi^{\ominus}_{I_2/I^-} = 0.53\ V$，$\varphi^{\ominus}_{Fe^{3+}/Fe^{2+}} = 0.77\ V$，可以说明 I^-、Br^- 和 Fe^{2+} 在标准状态下均能被 $Cr_2O_7^{2-}$ 氧化。假如在 I^-、Br^- 和 Fe^{2+} 的混合溶液逐滴加入 $K_2Cr_2O_7$ 水溶液，实验事实告诉我们，各离子被氧化的先后次序为 I^-、Fe^{2+} 和 Br^-。对照它们的电极电势之差可知，差值越大，越先被氧化，也就是说先氧化最强的还原剂；同理，若加入的是还原剂，必先还原最强的氧化剂。必须指出的是，上述判断只有在有关氧化还原反应的速率足够快的情况下才正确。

注意，如果参与电极反应式的物质处于非标准态时，不能直接比较标准电极电势，而是要先计算出给定条件下各电极的电极电势，然后再利用非标准状态下的电极电势进行比较。

④元素电势图

为了突出表示同一元素不同氧化值物质的氧化还原能力以及它们相互之间的关系，Latimer W M(拉提莫)建议把同一元素的不同氧化态的物质，按其氧化值由高到低的顺序排列，并在两种氧化数物质之间的连线上方标出对应电对的标准电极电势的数值，这种图就称为元素的标准电极电势图。

Latimer，1893—1955

根据介质酸碱性的不同，元素的标准电极电势图可分为酸性介质 $\varphi^{\ominus}_A$ 图[$c(H^+) = 1\ mol \cdot L^{-1}$]和碱性介质 $\varphi^{\ominus}_B$ 图[$c(OH^-) = 1\ mol \cdot L^{-1}$]两类。下面是碘元素的标准电极电势图：

酸性介质 $\varphi^{\ominus}_A/V$

$$H_5IO_6 \xrightarrow{+1.70} IO_3^- \xrightarrow{+1.13} HIO \xrightarrow{+1.45} I_2(s) \xrightarrow{0.54} I^-$$

碱性介质 $\varphi^{\ominus}_B/V$

$$H_3IO_6^{2-} \xrightarrow{+0.70} IO_3^- \xrightarrow{+0.14} IO^- \xrightarrow{+0.45} I_2 \xrightarrow{0.54} I^-$$

元素电势图简明、直观地表明了元素各电对的标准电极电势，对于讨论元素各氧化数物种的氧化还原性和稳定性非常重要和方便，在元素化学中得到广泛的应用。

a. 判断歧化反应是否发生

歧化反应即自身氧化还原反应：它是指在氧化还原反应中，氧化作用和还原作用是发生在同种分子内部同一氧化值的元素上，也就是说该元素的原子(或离子)同时被氧化和还原。

元素电势图可帮助分析物质在水溶液中是否能发生歧化或反歧化反应。如：

$$A \xrightarrow[\text{左}]{\varphi^{\ominus}_{A/B}} B \xrightarrow[\text{右}]{\varphi^{\ominus}_{B/C}} C$$

如果 $\varphi^{\ominus}_{B/C} > \varphi^{\ominus}_{A/B}$，说明物质 B 既是较强的氧化剂，又是较强的还原剂，所以 B 在水溶液中不稳定，易发生歧化反应：B→A＋C；如果 $\varphi^{\ominus}_{A/B} > \varphi^{\ominus}_{B/C}$，说明物质 A 是较强的氧化剂，物质 C 是较强的还原剂，所以发生反歧化反应：A＋C→B，物质 B 在水溶液可以稳定存在。

从碘元素的电势图可以看出，酸中 HIO 不稳定，将发生歧化反应；碱中 IO^- 和 I_2 均不稳定，都将发生歧化反应。

b. 计算标准电极电势。

利用元素电势图，根据相邻电对的已知标准电极电势，可以求算任一未知电对的标准电极电势。例如，下图是酸性体系中碘元素电势图的一部分

$$IO_3^- \xrightarrow{+1.13} HIO \xrightarrow{+1.45} I_2$$

可以从图中直接得到 IO_3^-/HIO 和 HIO/I_2 两个电对的标准电极电势。如何求得不相邻的 IO_3^- 和 I_2 组成的电对的电极电势？

写出两个已知电对的电极反应和一个未知电对的电极反应

$$IO_3^- + 5H^+ + 4e^- = HIO + 2H_2O \qquad (1) \quad \varphi_1^{\ominus} = +1.13\text{V}$$

$$HIO + H^+ + e^- = \frac{1}{2}I_2 + H_2O \qquad (2) \quad \varphi_2^{\ominus} = +1.45\text{V}$$

$$IO_3^- + 6H^+ + 5e^- = \frac{1}{2}I_2 + 3H_2O \qquad (3) \quad \varphi_3^{\ominus} = ?$$

由于关系式(3)＝(1)＋(2)，故有：

$$\Delta_r G_m^{\ominus}(3) = \Delta_r G_m^{\ominus}(1) + \Delta_r G_m^{\ominus}(2)$$

类似于公式 $\Delta_r G_m = -nFE^{\ominus}$，可以写出公式：$\Delta_r G_m = -nF\varphi^{\ominus}$

由于 $\Delta_r G_m^{\ominus}(3) = -5F\varphi_3^{\ominus}$； $\Delta_r G_m^{\ominus}(1) = -4F\varphi_1^{\ominus}$； $\Delta_r G_m^{\ominus}(2) = -F\varphi_2^{\ominus}$

故有：$-5F\varphi_3^{\ominus} = (-4F\varphi_1^{\ominus}) + (-F\varphi_2^{\ominus})$ 即 $5F\varphi_3^{\ominus} = 4F\varphi_1^{\ominus} + F\varphi_2^{\ominus}$

所以 $\varphi_3^{\ominus} = \frac{1}{5}(4\varphi_1^{\ominus} + 1\varphi_2^{\ominus}) = \frac{1}{5}(4 \times 1.13 + 1.45) = +1.2\text{ V}$

结论：对于一般的三种氧化态 A，B，C(氧化值依次减小)

$$A \xrightarrow{n_1 \varphi^{\ominus}_{A/B}} B \xrightarrow{n_1 \varphi^{\ominus}_{B/C}} C$$
$$\underbrace{\qquad\qquad\qquad}_{\varphi^{\ominus}_{A/C}}$$

有关系式
$$\varphi^{\ominus}_{A/C} = \frac{n_1 \varphi^{\ominus}_{A/B} + n_2 \varphi^{\ominus}_{B/C}}{n_1 + n_2} \tag{8-2}$$

如果相关电对不止两个，则有：

$$\varphi^{\ominus} = \frac{n_1 \varphi_1^{\ominus} + n_2 \varphi_2^{\ominus} + n_3 \varphi_3^{\ominus} + \cdots}{n_1 + n_2 + n_3 + \cdots} \tag{8-3}$$

【例 8-6】 根据碱性介质中氯元素标准电极电势图，计算：

(1)$\varphi_1^{\ominus}$ 和 $\varphi_2^{\ominus}$；

(2)哪些物质能发生歧化反应？

$$ClO_4^- \xrightarrow{0.36} ClO_3^- \xrightarrow{0.33} ClO_2^- \xrightarrow{\varphi_1^\ominus} ClO^- \xrightarrow{0.42} Cl_2 \xrightarrow{1.36} Cl^-$$

（ClO_3^- 至 ClO^-：0.50；ClO^- 至 Cl^-：$\varphi_2^\ominus$）

解　(1)由 $ClO_3^- \xrightarrow{0.33} ClO_2^- \xrightarrow{\varphi_1^\ominus} ClO^-$（$ClO_3^-$ 至 ClO^-：0.50）求 $\varphi_1^\ominus$

根据 8-2 得：$2\varphi_1^\ominus = 4\varphi^\ominus_{ClO_3^-/ClO^-} - 2\varphi^\ominus_{ClO_3^-/ClO_2^-}$

故　$\varphi_1^\ominus = \dfrac{4\varphi^\ominus_{ClO_3^-/ClO^-} - 2\varphi^\ominus_{ClO_3^-/ClO_2^-}}{2} = \dfrac{4\times0.50-2\times0.33}{2} = 0.67\ \text{V}$

同理，根据 $ClO^- \xrightarrow{0.42} Cl_2 \xrightarrow{1.36} Cl^-$（$ClO^-$ 至 Cl^-：$\varphi_2^\ominus$）求 $\varphi_2^\ominus$

得：$\varphi_2^\ominus = \dfrac{\varphi^\ominus_{ClO^-/Cl_2} + \varphi^\ominus_{Cl_2/Cl^-}}{1+1} = \dfrac{0.42+1.36}{2} = 0.89\ \text{V}$

(2)根据上述电极电势图，可以判断在碱性介质中 ClO_3^-、ClO_2^-、ClO^- 和 Cl_2 均可以发生歧化反应。

4. 电极电势的影响因素

(1)能斯特(Nernst)公式

电极电势的大小主要与电极的本性有关，此外还与温度、溶液的浓度及气体的分压等因素有关。附录 6 中所列的数据是在 298.15 K、各物质均处在标准态即溶液的浓度为 1 mol·L^{-1}、压力为 $p^\ominus$(100 kPa)条件时的数据(标准电极电势)，而实际反应过程中，大多数溶液中的反应虽然都是在室温或接近温下进行的，但各个物质却不一定都处在标准态，而导致电极电势 φ 与 $\varphi^\ominus$ 有较大的差别。1889 年，德国化学家 Nernst W (能斯特)通过热力学理论推导出电极电势随反应中各物质的浓度或气体物质的压力变化而变化的关系式，即电化学中著名的 Nernst 公式。

Nernst W, 1864—1941

对任一电极反应

$$a\ Ox + n\ e^- \rightleftharpoons b\ Red$$

其 Nernst 公式为

$$\varphi = \varphi^\ominus + \frac{RT}{nF}\ln\frac{[c(Ox)/c^\ominus]^a}{[c(Red)/c^\ominus]^b} \tag{8-4}$$

或用常用对数表示为

$$\varphi = \varphi^\ominus + \frac{2.303\ RT}{nF}\lg\frac{[c(Ox)/c^\ominus]^a}{[c(Red)/c^\ominus]^b} \tag{8-5}$$

式中，R 为摩尔气体常数，等于 8.314 J·K^{-1}·mol^{-1}；T 为热力学温度；F 为法拉第常数；n 为电极反应得失电子数。若反应温度为 298.15 K，将各常数值代入式中，可得：

$$\varphi=\varphi^{\ominus}+\frac{0.0592\ \mathrm{V}}{n}\lg\frac{[c(\mathrm{Ox})/c^{\ominus}]^{a}}{[c(\mathrm{Red})/c^{\ominus}]^{b}} \tag{8-6}$$

使用 Nernst 公式时，需注意以下几点：

①电极中的氧化态(Ox)或还原态(Red)是固体(如 I_2、Cu、AgCl)或纯液体(如液溴、液态 Hg、水)时，它们的相对浓度视为 1。如电极反应 $Zn^{2+}(aq)+2e^-=Zn(s)$ 的能斯特表达式为

$$\varphi_{Zn^{2+}/Zn}=\varphi^{\ominus}_{Zn^{2+}/Zn}+\frac{2.303RT}{2F}\lg[c(Zn^{2+})/c^{\ominus}]$$

又如 $O_2+4H^++4e^-=2H_2O$ 的能斯特表达式为

$$\varphi_{O_2/H_2O}=\varphi^{\ominus}_{O_2/H_2O}+\frac{2.303RT}{4F}\lg[p(O_2)/p^{\ominus}][c(H^+)/c^{\ominus}]^4$$

②如有气体参加电极反应，则应用分压代替浓度，并要将分压作标准化处理(即分压除以 $p^{\ominus}$)。如氢电极：

$$2H^+(aq)+2e^-\rightleftharpoons H_2(g)$$

$$\varphi_{H^+/H_2}=\varphi^{\ominus}_{H^+/H_2}+\frac{2.303\ RT}{2F}\lg\frac{[c(H^+)/c^{\ominus}]^2}{p(H_2)/p^{\ominus}}$$

③(8-4)式中 Ox 与 Red 是指所有参加反应的反应物或生成物的浓度，并非只有电子得失的物质的浓度，浓度的方次等于电池反应或电极反应中各物质的计量系数。如电极反应

$$Cr_2O_7^{2-}+14H^++6e^-\rightleftharpoons 2Cr^{3+}+7H_2O$$

$$\varphi_{Cr_2O_7^{2-}/Cr^{3+}}=\varphi^{\ominus}_{Cr_2O_7^{2-}/Cr^{3+}}+\frac{2.303\ RT}{6F}\lg\frac{[c(Cr_2O_7^{2-})/c^{\ominus}][c(H^+)/c^{\ominus}]^{14}}{[c(Cr^{3+})/c^{\ominus}]^2}$$

【例 8-7】 原电池的组成如下，计算 298.15 K 时，该原电池的电动势。(−)Pt|Fe^{2+}(1.0 mol·L^{-1})，Fe^{3+}(0.10 mo·L^{-1})‖NO_3^-(1.0 mol·L^{-1})，HNO_2(0.010 mol·L^{-1})，H^+(1.0 mol·L^{-1})|Pt(+)

解 正极反应式 $NO_3^-+3H^++2e^-\rightleftharpoons HNO_2+H_2O$

负极反应式 $Fe^{3+}+e^-\rightleftharpoons Fe^{2+}$

$$\varphi_{NO_3^-/HNO_2}=\varphi^{\ominus}_{NO_3^-/HNO}+\frac{0.0592\ \mathrm{V}}{2}\lg\frac{[c(NO_3^-)/c^{\ominus}][c(H^+)/c^{\ominus}]^3}{c(HNO_2)/c^{\ominus}}=0.934\ \mathrm{V}+\frac{0.0592\ \mathrm{V}}{2}\lg\frac{1}{0.010}$$

$$=0.993\ \mathrm{V}$$

$$\varphi_{Fe^{3+}/Fe^{2+}}=\varphi^{\ominus}_{Fe^{3+}/Fe^{2+}}+\frac{0.0592\ \mathrm{V}}{1}\lg\frac{c(Fe^{3+})/c^{\ominus}}{c(Fe^{2+})/c^{\ominus}}=0.771\ \mathrm{V}+0.0592\ \mathrm{V}\lg\frac{0.10}{1.00}=0.712\ \mathrm{V}$$

$$E=\varphi_{NO_3^-/HNO_2}-\varphi_{Fe^{3+}/Fe^{2+}}=0.993\ \mathrm{V}-0.712\ \mathrm{V}=0.281\ \mathrm{V}$$

(2)电极电势的影响因素

①浓度对电极电势的影响

【例 8-8】 在 298.15 K 时：计算

(1)$c(Co^{2+})=1.0$ mol·L^{-1}，$c(Co^{3+})=0.1$ mol·L^{-1}时的 $\varphi_{Co^{3+}/Co^{2+}}$ 值；

(2)$c(Co^{2+})=0.01$ mol·L^{-1}，$c(Co^{3+})=1.0$ mol·L^{-1}时的 $\varphi_{Co^{3+}/Co^{2+}}$ 值。

解 电极反应：$Co^{3+}+e^-\rightleftharpoons Co^{2+}$ $\varphi^{\ominus}_{Co^{3+}/Co^{2+}}=+1.80$ V

根据能斯特方程式：$\varphi_{Co^{3+}/Co^{2+}}=\varphi^{\ominus}_{Co^{3+}/Co^{2+}}+0.0592\ \mathrm{V}\lg\dfrac{c(Co^{3+})/c^{\ominus}}{c(Co^{2+})/c^{\ominus}}$

$$(1)\ \varphi_{Co^{3+}/Co^{2+}}=\varphi^{\ominus}_{Co^{3+}/Co^{2+}}+0.0592\ \mathrm{V}\lg\frac{0.1}{1.0}=+1.74\ \mathrm{V}$$

$$(2)\varphi_{Co^{3+}/Co^{2+}}=\varphi^{\ominus}_{Co^{3+}/Co^{2+}}+0.0592\ V\ lg\frac{1.0}{0.01}=+1.92\ V$$

【例 8-9】 判断反应 $Sn^{2+}(1.0\ mol\cdot L^{-1})+Pb(s)=\!=\!=Sn(s)+Pb^{2+}(0.10\ mol\cdot L^{-1})$，在 298.15 K 时的自发方向。

解　正极反应：$Sn^{2+}+2e^{-}\rightleftharpoons Sn$

负极反应：$Pb\rightleftharpoons Pb^{2+}+2e^{-}$

$$\varphi_{Pb^{2+}/Pb}=\varphi^{\ominus}_{Pb^{2+}/Pb}+\frac{0.0592\ V}{2}lg[c(Pb^{2+})/c^{\ominus}]$$

$$=-0.126\ V+\frac{0.0592\ V}{2}lg0.10=-0.156\ V$$

$$\varphi_{Sn^{2+}/Sn}=\varphi^{\ominus}_{Sn^{2+}/Sn}=-0.136\ V$$

因 $\varphi_{Sn^{2+}/Sn}>\varphi_{Pb^{2+}/Pb}$，所以反应正向自发进行。

由于铅离子浓度降低，使得 $\varphi_{Pb^{2+}/Pb}<\varphi^{\ominus}_{Pb^{2+}/Pb}$，金属铅还原性增强，反应正方向进行。由上例还可以看出，靠改变物质的投放量而改变反应物或生成物浓度，对电极电势的影响并不明显(仅改变 0.03 V)。通常若两电对标准电极电势的差值大于 0.2～0.4 V，采用这种方法是无法改变反应的自发方向的。欲有效地控制此类氧化还原反应的方向，必须利用沉淀反应、配位反应以及调节介质酸度等方法，才能大幅度改变反应物、生成物的浓度，进而改变反应的自发方向。

②酸度对电极电势的影响

【例 8-10】 已知 $\varphi^{\ominus}_{H_3AsO_4/HAsO_2}=0.56\ V$，$\varphi^{\ominus}_{I_2/I^-}=0.535\ V$，试判断

$$H_3AsO_4+2\ I^-+2H^+=\!=\!=HAsO_2+I_2+2H_2O$$

(1)标准态时的反应方向；

(2)pH=8.0，其他物质浓度不变时的反应方向。

解　(1)因为 $\varphi^{\ominus}_{H_3AsO_4/HAsO_2}>\varphi^{\ominus}_{I_2/I^-}$，所以反应在标准态时自发向右进行。

(2)考虑到酸度对电极电势的影响，所以要用 φ 进行判断。

因为 pH=8.0，其他物质浓度均为标准态浓度时，根据 $H_3AsO_4/HAsO_2$ 电对的电极反应：

$$H_3AsO_4+2H^++2e^-\rightleftharpoons HAsO_2+2H_2O$$

得 $$\varphi_{H_3AsO_4/HAsO_2}=\varphi^{\ominus}_{H_3AsO_4/HAsO_2}+\frac{0.0592\ V}{2}lg\frac{[c(H^+)/c^{\ominus}]^2[c(H_3AsO_4)/c^{\ominus}]}{[c(HAsO_2)/c^{\ominus}]}$$

$$=0.56\ V+\frac{0.0592\ V}{2}lg\frac{(1.0\times10^{-8})^2\times1.0}{1.0}=0.086V$$

因酸度不影响电对 I_2/I^- 的电势值，$\varphi_{I_2/I^-}=\varphi^{\ominus}_{I_2/I^-}=0.535\ V$，此时 $\varphi_{H_3AsO_4/HAsO_2}<\varphi_{I_2/I^-}$，反应此时逆向自发进行。

由此可以看出，若有 H^+、OH^- 参与电极反应，要密切注意溶液的酸碱性对电极电势的影响，进而对电对物质的氧化还原能力的影响。

③沉淀对电极电势的影响

【例 8-11】 向银电极 $Ag^++e^-\rightleftharpoons Ag$ 中加入 KI，将有 AgI 沉淀生成，反应达到平衡后，溶液中 $c(I^-)=1.00\ mol\ L^{-1}$，计算此时该电极的电极电势。已知 $K^{\ominus}_{sp}(AgI)=8.52\times10^{-17}$。

解　加入 I^- 后，根据溶度积原理可得溶液中

$$c(Ag^+)/c^{\ominus}=\frac{K^{\ominus}_{sp}(AgI)}{c(I^-)/c^{\ominus}}=K^{\ominus}_{sp}(AgI)$$

根据能斯特方程，此时该电极的电极电势为

$$\varphi_{Ag^+/Ag}=\varphi^{\ominus}_{Ag^+/Ag}+\frac{2.303\ RT}{F}\lg[c(Ag^+)/c^{\ominus}]$$

$$=0.7996\ V+\frac{0.0592\ V}{1}\lg K^{\ominus}_{sp}(AgI)$$

$$=0.7996\ V+0.0592\ V\lg(8.52\times10^{-17})=-0.152\ V$$

从计算结果可以看出，加入 I^- 后，由于生成碘化银沉淀使得氧化态物质（Ag^+）的浓度大大降低，因此电极电势由 0.7996 V 降低为 -0.152 V，使得银的还原性大大增加。因此，银不能直接还原 H^+，却可以从 HI 中置换出氢气。又如 AgCl 沉淀的生成也会降低银电极的电极电势，所以在盐酸溶液中，银也具有较强的还原性，实验室称之为银还原器，能还原多种物质。

④配合物对电极电势的影响

当氧化态或还原态与配位剂作用生成配合物时，同样会改变平衡时氧化态或还原态的浓度，从而改变电极电势的大小，使氧化态的氧化能力及还原态的还原能力也随之发生改变，甚至还会改变反应方向。

【例 8-12】 已知 $\varphi^{\ominus}_{Ag^+/Ag}=0.7996$ V，在含该标准电对的溶液中分别加入 NH_3 及 CN^-，使得平衡后 $[Ag(NH_3)_2]^+$、NH_3、$[Ag(CN)_2]^-$、CN^- 的浓度均为 1.0 mol L^{-1}，试计算平衡后两溶液的电极电势 $\varphi^{\ominus}_{Ag(NH_3)_2^+/Ag}$ 与 $\varphi^{\ominus}_{Ag(CN)_2^-/Ag}$，比较二者的大小。

解 加入 NH_3 后，溶液中

$$c(Ag^+)=\frac{c([Ag(NH_3)_2]^+)/c^{\ominus}}{[c(NH_3)/c^{\ominus}]^2K^{\ominus}_f([Ag(NH_3)_2]^+)}=\frac{1}{K^{\ominus}_f([Ag(NH_3)_2]^+)}$$

依据 Nernst 公式

$$\varphi^{\ominus}_{[Ag(NH_3)_2]^+/Ag}=\varphi_{Ag^+/Ag}=\varphi^{\ominus}_{Ag^+/Ag}+\frac{0.0592\ V}{1}\lg[c(Ag^+)/c^{\ominus}]$$

$$=0.7996\ V+0.0592\ V\lg\frac{1}{K^{\ominus}_f([Ag(NH_3)_2]^+)}=0.372\ V$$

加入 CN^- 后，溶液中

$$c(Ag^+)=\frac{c([Ag(CN)_2]^-)/c^{\ominus}}{[c(CN^-)/c^{\ominus}]^2K^{\ominus}_f([Ag(CN)_2]^-)}=\frac{1}{K^{\ominus}_f([Ag(CN)_2]^-)}$$

依据 Nernst 公式

$$\varphi^{\ominus}_{[Ag(CN)_2]^-/Ag}=\varphi_{Ag^+/Ag}=\varphi^{\ominus}_{Ag^+/Ag}+\frac{0.0592\ V}{1}\lg[c(Ag^+)/c^{\ominus}]$$

$$=0.800\ V+0.0592\ V\lg\frac{1}{K^{\ominus}_f([Ag(CN)_2]^-)}=-0.450\ V$$

计算结果说明，由于配合物的生成，使得游离 Ag^+ 离子的浓度大大下降，平衡后两溶液的 φ 值均下降。由于 $K^{\ominus}_f([Ag(NH_3)_2]^+)<K^{\ominus}_f([Ag(CN)_2]^-)$，所以 $\varphi^{\ominus}_{[Ag(NH_3)_2^+]/Ag}>\varphi^{\ominus}_{[Ag(CN)_2^-]/Ag}$。

又如 $\varphi^{\ominus}_{Co^{3+}/Co^{2+}}=1.80\ V>\varphi^{\ominus}_{[Co(NH_3)_6]^{3+}/[Co(NH_3)_6]^{2+}}=0.10$ V，为什么加入 NH_3 后溶液的电极电势降低了呢？与氨配位前，$c(Co^{3+})=c(Co^{2+})=1\ mol\cdot L^{-1}$；与氨配位后，$Co^{3+}$ 与 Co^{2+} 的浓度均减少许多，但 $K^{\ominus}_f([Co(NH_3)_6]^{3+})>K^{\ominus}_f([Co(NH_3)_6]^{2+})$，游离氧化态 Co^{3+} 的浓度要比游离还原态 Co^{2+} 浓度下降得更多，使得 $c(Co^{3+})<c(Co^{2+})$，$\frac{c(Co^{3+})}{c(Co^{2+})}<1$，所以电极电势就下降了。

【例 8-13】 已知 $\varphi^{\ominus}_{Cu^{2+}/Cu}=0.342$ V，$\varphi^{\ominus}_{[Cu(NH_3)_4]^{2+}/Cu}=-0.033$ V，试计算 $K^{\ominus}_f([Cu(NH_3)_4]^{2+})$。

解 在反应式 $Cu^{2+}(aq)+4NH_3(aq)$ ══ $[Cu(NH_3)_4]^{2+}(aq)$ 两边各加一个 Cu(s) 得：

$$Cu^{2+}(aq)+4NH_3(aq)+Cu(s) \longrightarrow [Cu(NH_3)_4]^{2+}(aq)+Cu(s)$$

该反应平衡常数即为 $K_f^{\ominus}[Cu(NH_3)_4]^{2+}$，将该反应设计为原电池：

正极反应为 $Cu^{2+}+2e^- \rightleftharpoons Cu$

负极反应为 $4NH_3(aq)+Cu(s)-2e^- \rightleftharpoons [Cu(NH_3)_4]^{2+}(aq)$

电池的标准电动势为

$$E^{\ominus}=\varphi^{\ominus}_{Cu^{2+}/Cu}-\varphi^{\ominus}_{Cu(NH_3)_4^{2+}/Cu}=0.342-(-0.033)=0.375\ V$$

$$\lg K_f^{\ominus}([Cu(NH_3)_4]^{2+})=\frac{nE^{\ominus}}{0.0592\ V}=\frac{0.375\ V\times 2}{0.0592\ V}=12.67$$

$$K_f^{\ominus}([Cu(NH_3)_4]^{2+})=4.7\times 10^{12}$$

由以上四个影响因素可以看出，参与电极反应的氧化型或还原型浓度的改变会影响电极电势，因此我们可以利用各种改变反应物、生成物浓度的方法和手段，来控制物质的氧化还原能力，而使氧化还原反应朝着我们希望的方向自发进行。

8.3　电池电动势的计算

在电动势的作用下，溶液中的离子定向移动形成电流，假设所移动的电量为 Q，则所作的电功 W 可通过下式计算得到：

$$W=QE \tag{8-7}$$

Faraday，1791—1867

根据法拉第定律 1 mol 电子所带电量为 1 法拉第，即 96485 C·mol^{-1}，用 F 表示，在计算中可取 9.65×10^4 C·mol^{-1}，若在氧化还原反应中得失电子总数为 n mol，则转移的总电量 Q 为 nF，所作电功 W 为

$$W=QE=nFE \tag{8-8}$$

由热力学原理可知，自发进行的反应是吉布斯自由能降低的过程，而体系吉布斯自由能的减少，在数值上等于体系在等温、等压条件下对外所能做的最大有用功（非体积功）。若设计一个原电池使一个能自发进行的氧化还原反应在原电池中进行，把化学能转变为电能，此时

$$\Delta_r G=-W'_{max}=-QE=-nFE \tag{8-9}$$

如果反应是在标准状态下进行，且反应进度为 1 mol，则上式可写为

$$\Delta_r G_m^{\ominus}=-W'_{max}=-QE^{\ominus}=-nFE^{\ominus} \tag{8-10}$$

式(8-9)和式(8-10)是十分重要的关系式，他们将热力学和电化学有机地联系起来，被称为热力学和电化学的“桥梁公式”，利用它可以进行吉布斯自由能变和原电池电动势之间的换算。同时也可可利用 $\Delta_r G_m$（或 E）判断氧化还原反应进行的自发方向。即：

若 $E>0$，则 $\Delta_r G_m<0$，反应可正向自发进行；

若 $E<0$，则 $\Delta_r G_m>0$，反应不能正向自发进行；

若 $E=0$，则 $\Delta_r G_m=0$，反应处于平衡状态。

若反应在标准状态下进行，则用 $\Delta_r G_m^{\ominus}$（或 $E^{\ominus}$）进行判断。

【例 8-14】　计算 298.15 K 时，反应 $Sn^{2+}(aq)+Pb(s) \longrightarrow Sn(s)+Pb^{2+}(aq)$ 的 $\Delta_r G_m^{\ominus}$，并判断标准状态下该反应的自发方向。

解 将该反应设计成原电池，则正极为 Sn^{2+}/Sn，负极为 Pb^{2+}/Pb。

$$\Delta_r G_m^{\ominus} = -nFE^{\ominus} = -nF(\varphi^{\ominus}_{Sn^{2+}/Sn} - \varphi^{\ominus}_{Pb^{2+}/Pb})$$

$$= -2 \times 9.65 \times 10^4 \times [(-0.136) - (-0.126)] = 1.93 \times 10^3 (\mathrm{J \cdot mol^{-1}})$$

因为 $\Delta_r G_m^{\ominus} > 0$，所以反应在标准状态下逆向自发。

或者依据：

$E^{\ominus} = \varphi^{\ominus}_{Sn^{2+}/Sn} - \varphi^{\ominus}_{Pb^{2+}/Pb} = (-0.136) - (-0.126) < 0$，得出反应逆向自发进行的结论。

8.4 氧化还原反应的标准平衡常数

测量标准电池电动势，不仅可以利用桥梁公式得到反应的 $\Delta_r G_m^{\ominus}$，再结合热力学公式 $\Delta_r G_m^{\ominus} = -RT\ln K^{\ominus}$，还可计算出氧化还原反应的平衡常数，从而了解氧化还原反应进行的限度，即：

$$\Delta_r G_m^{\ominus} = -nFE^{\ominus}$$

$$\Delta_r G_m^{\ominus} = -RT\ln K^{\ominus} = -2.303RT\lg K^{\ominus}$$

两式合并得：

$$\lg K^{\ominus} = \frac{nFE^{\ominus}}{2.303RT} \tag{8-11}$$

式中，R 为理想气体常数，其值为 $8.314\ \mathrm{J \cdot K^{-1} \cdot mol^{-1}}$；$n$ 为氧化还原反应中转移的电子数目；$E^{\ominus}$ 为利用反应设计的原电池的标准电动势。

若反应在 298.15 K 下进行，则有

$$\lg K^{\ominus} = \frac{nE^{\ominus}}{0.0592\ \mathrm{V}} \tag{8-12}$$

此式表明，一定温度下，氧化还原反应的完成程度主要由两电极的标准电极电势之差（即标准电动势）决定。差值越大，反应的完成程度越高。一般认为 $K^{\ominus}$ 大于10^6 的化学反应已经进行得很彻底了。用 $E^{\ominus}$ 来衡量时，因为

$$n=1, K^{\ominus} \geqslant 10^6, E^{\ominus} \geqslant 0.36\ \mathrm{V}; n=2, K^{\ominus} \geqslant 10^6, E^{\ominus} \geqslant 0.18\ \mathrm{V}$$

所以对于大多数反应（$n \geqslant 2$），一般认为 $E^{\ominus}$ 大于 0.2 V，反应就已经进行得很完全了。

【例 8-15】 计算反应 $2Ag^+(aq) + Zn(s) \xlongequal{\quad} 2Ag(s) + Zn^{2+}(aq)$ 在 25℃时的 $\Delta_r G_m^{\ominus}$ 及 $K^{\ominus}$。

解 将该氧化还原反应设计为原电池：

$$(-)Zn \mid Zn^{2+}(1.0\ \mathrm{mol \cdot L^{-1}}) \parallel Ag^+(1.0\ \mathrm{mol \cdot L^{-1}}) \mid Ag(+)$$

电极反应为：

正极 $2Ag^+ + 2e^- \rightleftharpoons 2Ag$ $\qquad \varphi^{\ominus}_{Ag^+/Ag} = 0.7996\ \mathrm{V}$

负极 $Zn \rightleftharpoons Zn^{2+} + 2e^-$ $\qquad \varphi^{\ominus}_{Zn^{2+}/Zn} = -0.7618\ \mathrm{V}$

故 $E^{\ominus} = \varphi^{\ominus}_{+} - \varphi^{\ominus}_{-} = \varphi^{\ominus}_{Ag^+/Ag} - \varphi^{\ominus}_{Zn^{2+}/Zn} = 0.7996\ \mathrm{V} - (-0.7618\ \mathrm{V}) = 1.5614\ \mathrm{V}$

$$\Delta_r G_m^{\ominus} = -nFE^{\ominus} = -2 \times 96500\ \mathrm{C \cdot mol^{-1}} \times 1.5614\ \mathrm{V} = -3.01 \times 10^5\ \mathrm{J \cdot mol^{-1}}$$

$$\lg K^{\ominus} = \frac{nE^{\ominus}}{0.0592\ \mathrm{V}} = \frac{2 \times 1.5614}{0.0592\ \mathrm{V}} = 52.75$$

$$K^{\ominus} = 5.62 \times 10^{52}$$

8.5　氧化还原反应的速率

由于氧化还原反应机理较复杂，所以有些氧化还原反应尽管完成程度很高，但反应速率很慢，一般可采用以下一些方法加快反应速率。

(1)增加反应物浓度　氧化还原反应方程式只反映了反应物与生成物间的计量关系，并不能笼统地按总反应式的计量关系来判断浓度对反应速率的影响程度。但一般来说，反应物浓度越大，反应速率越快。例如，$K_2Cr_2O_7$ 与 KI 反应会析出一定量的 I_2：

$$Cr_2O_7^{2-} + 6I^- + 14H^+ = 2Cr^{3+} + 3I_2 + 7H_2O$$

此反应速率很慢，需几小时方可完成，所以通常加入 5～6 倍量的 KI，在较高酸度($c(H_2SO_4) = 0.4\ mol \cdot L^{-1}$)下进行，反应可在 5 min 内完成。

(2)升高温度　对大多数反应来说，温度每升高 10 度，反应速率就增加到原来的 2～4 倍。但要注意温度不能太高，否则可能发生其他副反应。如用 $KMnO_4$ 与 $H_2C_2O_4$ 反应时，要在 75～85 ℃下进行，若超过 85 ℃，在较高的酸度下，会使 $H_2C_2O_4$ 分解。而对易挥发物质如 I_2，则不能通过加热来加快反应速率。

(3)使用催化剂　加入催化剂可改变原来的反应历程，降低反应的活化能，从而使得反应速率大大提高。如上述 $KMnO_4$ 和 $H_2C_2O_4$ 的反应即使在 75～85℃下进行，滴定刚开始时反应依然缓慢，但随后反应速率大大加快，原因是反应生成的 Mn^{2+} 对反应有催化作用。这种由于生成物本身引起催化作用的反应叫做自动催化反应。

(4)诱导效应的影响　由于一个氧化还原反应的发生，促进另一个氧化还原反应加快进行的现象，这种作用叫诱导效应。例如，在酸性介质中 MnO_4^- 氧化 Cl^- 速率极慢：

$$2MnO_4^- + 10Cl^- + 16H^+ = 2Mn^{2+} + 5Cl_2 + 8H_2O \quad (1)$$

但若溶液中同时含有 Fe^{2+}，由于反应

$$2MnO_4^- + 5Fe^{2+} + 8H^+ = 2Mn^{2+} + 5Fe^{3+} + 4H_2O \quad (2)$$

的发生，将使反应(1)大大加速。此例中，反应(2)对反应(1)的加速作用即为诱导效应，反应(1)称为受诱反应，反应(2)称为诱导反应，Fe^{2+} 称为诱导体，Cl^- 称为受诱体，MnO_4^- 称为作用体。

诱导效应与催化作用是不同的。催化剂参加反应后仍恢复原状，而受诱反应的发生增加了作用体的用量，会使分析结果产生误差。故用 $KMnO_4$ 与 Fe^{2+} 反应时，介质应用硫酸，而不宜用盐酸调节酸度，以防受诱反应的发生使结果偏高。

8.6　化学电源

借自发的氧化还原反应将化学能直接转变为电能的装置叫做化学电源。常见的电池大多数是化学电源，它在国民经济、科学技术、军事和日常生活方面均获得广泛应用。下面简单介绍一些常见的化学电源。

8.6.1 一次电池

干电池也称一次电池，即电池中的反应物质在进行一次电化学反应放电之后就不能再次使用了。常用的有锌锰干电池、锌汞电池、镁锰干电池等。

锌锰干电池是日常生活中常用的直流电源。它以金属锌筒作为负极，正极物质为 MnO_2 和石墨棒(导电材料)，两极间为 $ZnCl_2$ 和 NH_4Cl 的糊状混合物(见图 8-5)。

图 8-5 锌锰干电池

锌锰干电池的简单图式表示为

$$(-)Zn|ZnCl_2,NH_4Cl(糊状)|MnO_2|C(+)$$

接通外电路放电时，负极上锌进行氧化反应：

$$Zn \rightleftharpoons Zn^{2+}+2e^-$$

正极上 MnO_2 发生还原反应：

$$2MnO_2(s)+2NH_4^+(aq)+2e^- \rightleftharpoons Mn_2O_3(s)+2NH_3(aq)+H_2O$$

电池总反应为

$$Zn(s)+2MnO_2(s)+2NH_4^+(aq) = Zn^{2+}(aq)+Mn_2O_3(s)+2NH_3(aq)+H_2O(1)$$

锌锰干电池的电动势为 1.5 V，与电池的大小无关。锌锰干电池的缺点是产生的 NH_3 能被石墨棒吸附，引起极化，导致电动势的下降。锌锰干电池在放电以后不能使电池复原，所以称为一次电池或原电池。

8.6.2 二次电池

二次电池即利用化学反应的可逆性，可以组建成一个新电池，即当一个化学反应转化为电能之后，还可以用电能使化学体系修复，然后再利用化学反应转化为电能，也称为充电电池。目前市场上主要充电电池有“镍氢”、“镍镉”、“铅酸(铅蓄电池)”、“锂离子(包括锂电池和锂离子聚合物电池)”等。

铅蓄电池是用两组铅锑合金格板(相互间隔)作为电极导电材料，其中一组格板的孔穴中填充二氧化铅，在另一组格板的孔穴中填充海绵状金属铅，并以稀硫酸(密度为 1.25～1.3 $g\cdot cm^{-3}$)作为电解质溶液而组成的(见图 8-6)。

铅蓄电池在放电时相当于一个原电池的作用，其简单图式表示为

$$(-)Pb|H_2SO_4(1.25\sim1.30\ g\cdot cm^{-3})|PbO_2(+)$$

放电时两极反应为：

负极(A 板，氧化)　$Pb+SO_4^{2-} \rightleftharpoons PbSO_4+2e^-$

正极(B 板，还原)　$PbO_2+4H^++SO_4^{2-}+2e^- \rightleftharpoons PbSO_4+2H_2O$

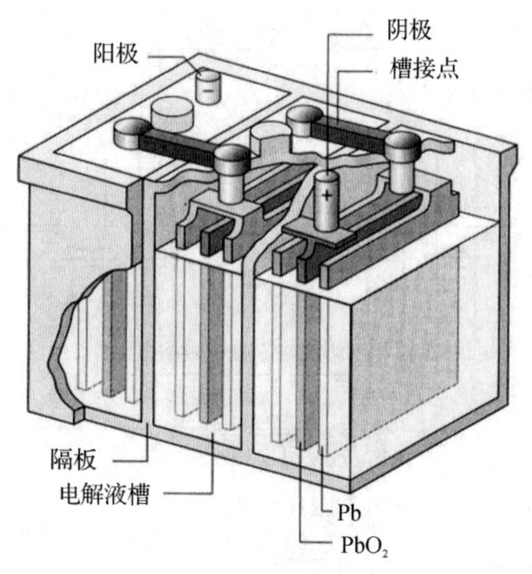

图 8-6　铅蓄电池

电池总反应为　$Pb(s)+PbO_2(s)+2H_2SO_4(aq)═══2PbSO_4(s)+2H_2O(l)$

铅蓄电池在放电以后，可以利用外界直流电源进行充电，输入能量，使两电极恢复原状，而使铅蓄电池可以循环使用，所以这种电池又称为二次电池。

在正常情况下，铅蓄电池的电动势为 2.0 V。电池放电时，随着 $PbSO_4$ 沉淀的析出和 H_2O 的生成，H_2SO_4 溶液的浓度降低、密度减小，因而用密度计(又称为比重计)测量硫酸溶液的密度，可以方便地检查出蓄电池的情况。一般在一只充电的蓄电池中硫酸的密度在 1.25～1.30 $g\cdot cm^{-3}$ 之间。若硫酸密度低于 1.20 $g\cdot cm^{-3}$，则表示已部分放电，需充电后才能使用。铅蓄电池在充电时的两极反应即为上述放电时两极反应的逆反应。

铅蓄电池的充放电可逆性好，稳定可靠，温度及电流密度适应性强，价格低，因此使用很广泛。主要缺点是笨重。主要用作汽车和柴油机车的启动电源；搬运车辆，坑道、矿山车辆和潜艇的动力电源以及变电站的备用电源。

8.6.3　连续电池

连续电池又称作燃料电池，与前面介绍的电池略有不同，它不是把还原剂、氧化剂物质全部贮藏在电池内，而是在工作时不断从外界输入氧化剂和还原剂，同时将电极反应产物不断排出电池。因此，燃料电池是名副其实的把能源中燃料燃烧反应的化学能直接转化为电能的“能量转换机器”。能量转换率很高，理论上可达 100%。实际转化率约为 70%。

燃料电池以还原剂(如氢气、肼、烃、甲醇、煤气、天然气等)为负极反应物质，以氧化剂(如氧气、空气等)为正极反应物质。

为了使燃料便于进行电极反应，要求电极材料兼具有催化剂的特性，可用多孔碳、多孔镍和铂、银等贵金属作电极材料。燃料电池的电解质常用 KOH 溶液。现在氢-氧燃料电池已经研制出来(见图 8-7)，并用于宇航等场合。氢-氧燃料电池的燃烧产物为水，因此对环境无污染。

电池可用简单图式表示为

$$(-)C|H_2|KOH(aq)|O_2|C(+)$$

电极反应为

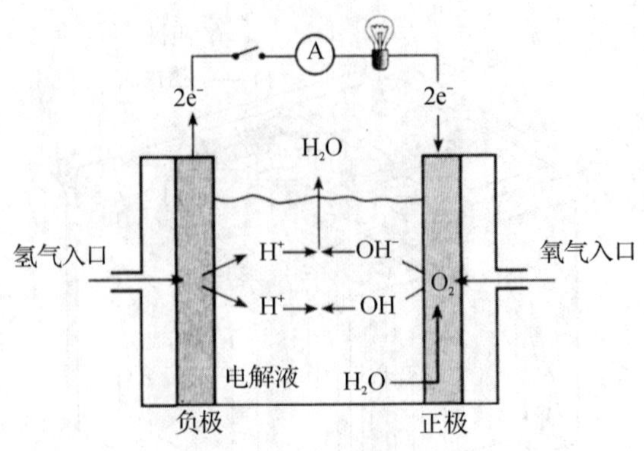

图 8-7 氢氧燃料电池

负极 $2H_2+4OH^- \rightleftharpoons 4H_2O(l)+4e^-$

正极 $O_2+2H_2O+4e^- \rightleftharpoons 4OH^-$

电池总反应 $2H_2(g)+O_2(g) = 2H_2O(l)$

目前,应用磷酸式燃料电池的发电厂已经运转发电,它应用磷酸作电解质,用天然气和空气作为电池的还原剂和氧化剂。

8.6.4 化学电源与环境污染

近几年由于科技的发展,人们生活水平的提高。人们对电池的需求量越来越高,废电池的数量也越来越多。废电池虽小,为害却甚大。但是,由于废电池污染不像垃圾、空气和水污染那样可以凭感官感觉得到,具有很大的隐蔽性,所以一直没有得到应有的重视。电池中含有汞、镉、铅等重金属物质。汞具有强烈的毒性,铅能引起神经紊乱、肾炎等;镉主要造成肾损伤以及骨疾—骨质疏松、软骨症及骨折。若把废电池混入生活垃圾中一起填埋,久而久之,渗出的重金属可能污染地下水和土壤。

废电池中含有大量的有色金属,而有色金属是地球上不可再生的宝贵资源。对于废电池的最佳处理办法是再生利用,提取其中的有用成分,不仅能将废电池对环境的污染降到最低,而且可以将废物变为资源。

燃料电池可以把化学能直接转变为电能而不经过热能这一中间形式,化学能的利用率很高而且减少了环境污染,可作为一种环保电源进行推广。

8.7 氧化还原滴定

氧化还原滴定法是以氧化还原反应为基础,用氧化剂或还原剂为滴定剂的一种滴定分析法。其应用十分广泛,不但能直接测定具有氧化性、还原性的物质,而且能间接测定一些非氧化还原性的物质;不仅能测定无机物,也能测定一些有机物。如 Ca^{2+} 的测定是先将 Ca^{2+} 定量转化为 CaC_2O_4 沉淀,再测定由沉淀经过处理后得到的 $C_2O_4^{2-}$ 的含量。在农业分析中,常用氧化还原滴定法测定土壤有机质、铁的含量以及农药中砷、铜的含量等。

不是所有氧化还原反应都可直接用于滴定分析,这是由于大多数氧化还原机理复杂,反应速率缓慢、常伴有副反应，且条件不同时生成产物不同。对于这些反应，必须注意创造和严格控制反应条件，才可能应用于氧化还原滴定中。

8.7.1 氧化还原滴定基本原理

1. 氧化还原反应进行的程度及条件平衡常数

对于水溶液中的氧化还原反应

$$aOx_1 + bRed_2 \rightleftharpoons a'Red_1 + b'Ox_2$$

其平衡常数表达式为：

$$K^{\ominus} = \frac{\{a(Red_1)/c^{\ominus}\}^{a'} \cdot \{a(Ox_2)/c^{\ominus}\}^{b'}}{\{a(Ox_1)/c^{\ominus}\}^{a} \cdot \{a(Red_2)/c^{\ominus}\}^{b}} \tag{8-13}$$

其中 a 称为表观浓度(活度)，当溶液中含有浓度较大的高价离子或其他强电解质时，离子强度较高，使得氧化态、还原态物质的分析浓度与活度相差较大。通常可利用活度系数 γ 对浓度进行校正。

若忽略活度与浓度的差别，上式可近似写为：

$$K^{\ominus} = \frac{\{c(Red_1)/c^{\ominus}\}^{a'} \cdot \{c(Ox_2)/c^{\ominus}\}^{b'}}{\{c(Ox_1)/c^{\ominus}\}^{a} \cdot \{c(Red_2)/c^{\ominus}\}^{b}} \tag{8-14}$$

一定温度下 $K^{\ominus}$ 是与浓度无关的常数，表示反应达到平衡状态时，各型体平衡浓度之间的关系，$K^{\ominus}$ 越大，表示反应进行得越完全。但若反应物 Ox_1、Red_2 有副反应发生，它们主要以其他型体存在时，虽然反应的 $K^{\ominus}$ 值保持恒定，但平衡必然逆向移动，反应的完全程度必然降低；反之，若 Ox_2、Red_1 有副反应发生，则反应的完全程度升高。例如：298 K 时，反应

$$2Fe^{3+} + 2I^- \rightleftharpoons 2Fe^{2+} + I_2 \qquad K^{\ominus} = 6.3\times10^7$$

但若系统中含有 F^-，由于反应物 Fe^{3+} 发生副反应：

$$Fe^{3+} + 6F^- \rightleftharpoons [FeF_6]^{3-}$$

正反应完全程度大大降低，甚至反应可逆向自发进行。所以 $K^{\ominus}$ 不能反映有副反应发生条件下反应的完全程度，还使得对平衡的定量处理十分困难。

为解决有副反应发生时氧化还原反应的问题，可应用类似 Ringbom A(林邦)对复杂平衡系统的处理方法处理氧化还原平衡的副反应。首先利用各物种的副反应系数将各型体平衡浓度校正为各物种平衡时各种存在型体的总浓度(分析浓度)，氧化态(还原态)物质的副反应系数为溶液中氧化态(还原态)物质的分析浓度与其平衡浓度之比：

$$\alpha(Ox) = \frac{c'(Ox)}{c(Ox)}, \quad \alpha(Red) = \frac{c'(Red)}{c(Red)}$$

$$a(Ox) = c(Ox)\gamma(Ox) = \frac{c'(Ox)}{\alpha(Ox)}\gamma(Ox),$$

$$a(Red) = c(Red)\gamma(Red) = \frac{c'(Red)}{\alpha(Red)}\gamma(Red) \tag{8-15}$$

代入平衡关系表达式，得：

$$K^{\ominus} = \frac{\left\{\frac{c'(Red_1)/c^{\ominus}}{\alpha(Red_1)}\gamma(Red_1)\right\}^{a'} \cdot \left\{\frac{c'(Ox_2)/c^{\ominus}}{\alpha(Ox_2)}\gamma(Ox_2)\right\}^{b'}}{\left\{\frac{c'(Ox_1)/c^{\ominus}}{\alpha(Ox_1)}\gamma(Ox_1)\right\}^{a} \cdot \left\{\frac{c'(Red_2)/c^{\ominus}}{\alpha(Red_2)}\gamma(Red_2)\right\}^{b}} \tag{8-16}$$

式中：各物种的浓度均为平衡时物种各存在型体的总浓度(分析浓度)。一定条件下，$K^{\ominus}$ 和副反应系数 α 均为常数。令：

$$K^{\ominus'}=K^{\ominus}\times\frac{\alpha^{a'}(\mathrm{Red_1})\cdot\alpha^{b'}(\mathrm{Ox_2})}{\alpha^{a}(\mathrm{Ox_1})\cdot\alpha^{b}(\mathrm{Red_2})}\times\frac{\gamma^{a}(\mathrm{Ox_1})\cdot\gamma^{b}(\mathrm{Red_2})}{\gamma^{a'}(\mathrm{Red_1})\cdot\gamma^{b'}(\mathrm{Ox_2})}$$

可得：

$$K^{\ominus'}=\frac{\{c'(\mathrm{Red_1})/c^{\ominus}\}^{a'}\cdot\{c'(\mathrm{Ox_2})/c^{\ominus}\}^{b'}}{\{c'(\mathrm{Ox_1})/c^{\ominus}\}^{a}\cdot\{c'(\mathrm{Red_2})/c^{\ominus}\}^{b}} \tag{8-17}$$

$K^{\ominus'}$称为氧化还原反应的条件平衡常数。一定条件下$K^{\ominus'}$是与浓度无关的常数，表征了平衡状态时参加反应的各物种各种型体总浓度之间的定量关系。若反应物发生了副反应，即$\alpha(\mathrm{Ox_1})$、$\alpha(\mathrm{Red_2})$较大，则$K^{\ominus}$较小，表示反应完全程度降低，若生成物发生副反应，则$K^{\ominus'}$较大，表示反应完全程度升高。所以，条件平衡常数科学地说明了有副反应发生时氧化还原反应的完全程度。

氧化还原反应的平衡常数与正、负电极标准电极电势之差的关系为：

$$\lg K^{\ominus}=\frac{nF(\varphi_1^{\ominus}-\varphi_2^{\ominus})}{2.303RT}$$

为求得影响条件平衡常数的因素（不考虑离子强度的影响），可将式(8-17)代入上式，得：

$$\begin{aligned}\lg K^{\ominus'}&=\frac{nF(\varphi_1^{\ominus}-\varphi_2^{\ominus})}{2.303RT}+\lg\frac{\alpha^{a'}(\mathrm{Red_1})\gamma^{a}(\mathrm{Ox_1})}{\alpha^{a}(\mathrm{Ox_1})\gamma^{a'}(\mathrm{Red_1})}-\lg\frac{\alpha^{b}(\mathrm{Red_2})\gamma^{b'}(\mathrm{Ox_2})}{\alpha^{b'}(\mathrm{Ox_2})\gamma^{b}(\mathrm{Red_2})}\\&=\frac{nF(\varphi_1^{\ominus}-\varphi_2^{\ominus})}{2.303RT}+\frac{nF}{2.303RT}\cdot\frac{2.303RT}{nF}\left[\lg\frac{\alpha^{a'}(\mathrm{Red_1})\gamma^{a}(\mathrm{Ox_1})}{\alpha^{a}(\mathrm{Ox_1})\gamma^{a'}(\mathrm{Red_1})}-\lg\frac{\alpha^{b}(\mathrm{Red_2})\gamma^{b'}(\mathrm{Ox_2})}{\alpha^{b'}(\mathrm{Ox_2})\gamma^{b}(\mathrm{Red_2})}\right]\\&=\frac{nF}{2.303RT}\left\{\left[\varphi_1^{\ominus}+\frac{2.303RT}{nF}\lg\frac{\alpha^{a'}(\mathrm{Red_1})\gamma^{a}(\mathrm{Ox_1})}{\alpha^{a}(\mathrm{Ox_1})\gamma^{a'}(\mathrm{Red_1})}\right]-\right.\\&\qquad\left.\left[\varphi_2^{\ominus}+\frac{2.303RT}{nF}\lg\frac{\alpha^{b}(\mathrm{Red_2})\gamma^{b'}(\mathrm{Ox_2})}{\alpha^{b'}(\mathrm{Ox_2})\gamma^{b}(\mathrm{Red_2})}\right]\right\}\end{aligned}$$

令：

$$\varphi_1^{\ominus'}=\varphi_1^{\ominus}+\frac{2.303RT}{nF}\lg\frac{\alpha^{a'}(\mathrm{Red_1})\gamma^{a}(\mathrm{Ox_1})}{\alpha^{a}(\mathrm{Ox_1})\gamma^{a'}(\mathrm{Red_1})}$$

$$\varphi_2^{\ominus'}=\varphi_2^{\ominus}+\frac{2.303RT}{nF}\lg\frac{\alpha^{b}(\mathrm{Red_2})\gamma^{b'}(\mathrm{Ox_2})}{\alpha^{b'}(\mathrm{Ox_2})\gamma^{b}(\mathrm{Red_2})}$$

得：

$$\lg K^{\ominus'}=\frac{nF(\varphi_1^{\ominus'}-\varphi_2^{\ominus'})}{2.303RT} \tag{8-18}$$

式中：$\varphi^{\ominus'}$称为电极的条件电极电势。氧化还原反应的条件平衡常数决定于正、负极条件电极电势的差。一般来讲，若二者的差值大于 0.4V，则反应完全程度可满足氧化还原滴定分析的要求。

2. 条件电极电势

由以上推导过程可知，对于任一电极反应 $a\mathrm{O_X}+ne\rightarrow a'\mathrm{Red}$，条件电极电势

$$\varphi^{\ominus'}=\varphi^{\ominus}+\frac{2.303RT}{nF}\lg\frac{\alpha^{a'}(\mathrm{Red})\gamma^{a}(\mathrm{Ox})}{\alpha^{a}(\mathrm{Ox})\gamma^{a'}(\mathrm{Red})}$$

条件电极电势是在特定反应条件下，氧化态、还原态物质的分析浓度 $c'(\mathrm{Ox})$、$c'(\mathrm{Red})$均为 1 mol·L^{-1}时，校正了各种外界因素（离子强度、各种副反应）后电极的电极电势。在条件不变时，它是与 $c'(\mathrm{Ox})$、$c'(\mathrm{Red})$无关的常数。与标准电极电势相比，条件电极电势更科学地反映了一定外界条件下，当氧化态、还原态物质的分析浓度 $c'(\mathrm{Ox})$、$c'(\mathrm{Red})$均为 1 mol·L^{-1}时，氧化态（还原态）物质的氧化（还原）能力的强弱，不但可以判断一定条件下氧化还原反应的

完全程度，而且对反应方向的判断有重要意义。

若以氧化态型体、还原态型体的浓度代替活度，即不考虑离子强度的影响，并且不考虑副反应的影响，电极电势近似利用能斯特方程计算：

$$\varphi=\varphi^{\ominus}+\frac{2.303RT}{nF}\lg\frac{\{c(\mathrm{Ox})/c^{\ominus}\}^{a}}{\{c(\mathrm{Red})/c^{\ominus}\}^{a'}}$$

但是所得结果往往与实测值不吻合。若用条件电极电势代替标准电极电势代入能斯特方程：

$$\varphi=\varphi^{\ominus'}-\frac{2.303RT}{nF}\lg\frac{\gamma^{a}(\mathrm{Ox})\cdot\alpha^{a'}(\mathrm{Red})}{\alpha^{a}(\mathrm{Ox})\cdot\gamma^{a'}(\mathrm{Red})}+\frac{2.303RT}{nF}\lg\frac{\{c(\mathrm{Ox})/c^{\ominus}\}^{a}}{\{c(\mathrm{Red})/c^{\ominus}\}^{a'}}$$

根据氧化态型体或还原态型体的活度 a 与其多种存在型体的总浓度 c 的关系：

$$a=(c'/c^{\ominus})\cdot\gamma/\alpha$$

上式可改写为：

$$\varphi=\varphi^{\ominus'}+\frac{2.303RT}{nF}\lg\frac{\{c'(\mathrm{Ox})/c^{\ominus}\}^{a}}{\{c'(\mathrm{Red})/c^{\ominus}\}^{a'}}\tag{8-19}$$

式 8-19 中，以条件电极电势替代了标准电极电势，以总浓度替代了参加氧化还原反应的氧化态、还原态物质的活度，实际利用活度系数和副反应系数已将总浓度校正为参加反应的氧化态、还原态物质的活度，不仅使得计算简单方便，而且计算结果必与实测值十分吻合。

条件电势可由电对的标准电极电势、活度系数和副反应系数计算。但当溶液中离子强度较大时，活度系数不易求得，副反应较多时，副反应系数的计算也很困难，所以条件电势一般是通过实验测定的，一些电对的条件电势值见书后附录 8。在无电对的 $\varphi^{\ominus'}$ 时，可用相近条件下的 $\varphi^{\ominus'}$ 或 $\varphi^{\ominus}$ 近似计算。表 8-4 给出了不同介质条件下，Fe^{3+}/Fe^{2+} 电对的条件电极电势。

表 8-4　不同介质中 Fe^{3+}/Fe^{2+} 电对的条件电势

介质	$HClO_4$ ($1\ mol\cdot L^{-1}$)	HCl ($1\ mol\cdot L^{-1}$)	H_2SO_4 ($1\ mol\cdot L^{-1}$)	H_2SO_4 ($1\ mol\cdot L^{-1}$)+ H_3PO_4 ($0.5\ mol\cdot L^{-1}$)	H_3PO_4 ($1\ mol\cdot L^{-1}$)	HF ($0.5\ mol\cdot L^{-1}$)
$\varphi^{\ominus'}/V$	0.75	0.70	0.68	0.61	0.46	0.32

【例 8-16】 计算 298 K，在 1 mol/L 的盐酸介质中，用 Fe^{2+} 将 $0.100\ mol\cdot L^{-1}$ 的重铬酸钾还原 50%时的 $\varphi_{Cr_2O_7^{2-}/Cr^{3+}}$（忽略体积变化）。

解

$$Cr_2O_7^{2-}+6Fe^{2+}+14H^{+}=\!=\!=2Cr^{3+}+6Fe^{3+}+7H_2O$$

当 50% $K_2Cr_2O_7$ 被还原时：

$c'(K_2Cr_2O_7)=0.0500\ mol\cdot L^{-1}$　$c'(Cr^{3+})=2\times[0.100-c(K_2Cr_2O_7)]=0.100\ mol\cdot L^{-1}$

此介质条件下，$\varphi^{\ominus'}_{Cr_2O_7^{2-}/Cr^{3+}}=1.00\ V$

$$Cr_2O_7^{2-}+14H^{+}+6e^{-}\rightleftharpoons 2Cr^{3+}+7H_2O$$

所以

$$\varphi_{Cr_2O_7^{2-}/Cr^{3+}}=\varphi^{\ominus'}_{Cr_2O_7^{2-}/Cr^{3+}}+\frac{2.303RT}{nF}\lg\frac{c'(Cr_2O_7^{2-})/c^{\ominus}}{\{c'(Cr^{3+})/c^{\ominus}\}^{2}}$$

$$=1.00\ \text{V}+\frac{0.0592\ \text{V}}{6F}\lg\frac{0.0500}{(0.100)^2}=1.01\ \text{V}$$

上例中，用条件电势计算时，能斯特方程对数项中不含 $c(H^+)$，因为对有 H^+ 或 OH^- 参加反应的电极，$c(H^+)$ 或 $c(OH^-)$ 已作介质条件包含在 $\varphi^{\ominus'}$ 之中了。

一定条件下，若两电对的 $\varphi^{\ominus'}$ 值相差较大，则用改变反应物分析浓度的方法很难改变反应方向。通常可根据 $\varphi^{\ominus'}$ 对一定条件下发生的氧化还原反应方向做出判断。

3. 副反应对 $\varphi^{\ominus'}$ 及氧化还原反应方向的影响

条件电极电势的大小除决定于物质的本性外，还与反应条件密切相关，特别与副反应的影响有关。

(1)沉淀反应的影响　若向一电极中加入一种可与氧化态或还原态物质发生沉淀反应的试剂，由于副反应的发生降低了氧化态或还原态物质的平衡浓度，必使电对的条件电极电势降低或升高，影响氧化态或还原态物质的氧化还原能力，甚至可影响氧化还原反应的方向。

【例 8-17】 忽略离子强度的影响，计算 $c(I^-)=1\ \text{mol}\cdot\text{L}^{-1}$ 时，Cu^{2+}/Cu^+ 电对的条件电极电势，并判断反应 $2Cu^{2+}+4I^-=\!=\!=2CuI\downarrow+I_2$ 能否正向自发进行？已知 $\varphi^{\ominus}_{Cu^{2+}/Cu^+}=0.15\ \text{V}$，$\varphi^{\ominus}_{I_2/I^-}=0.54\ \text{V}$，$K^{\ominus}_{sp}(CuI)=1.27\times10-12$

解　因 $\varphi^{\ominus}_{Cu^{2+}/Cu^+}<\varphi^{\ominus}_{I_2/I^-}$，无副反应发生时，$Cu^{2+}$ 将不能氧化 I^-。但是由于 CuI 沉淀的生成，改变了 φ_{Cu^{2+}/Cu^+}，由能斯特方程：

$$\varphi_{Cu^{2+}/Cu^+}=\varphi^{\ominus}_{Cu^{2+}/Cu^+}+\frac{2.303RT}{F}\lg\frac{c(Cu^{2+})/c^{\ominus}}{c(Cu^+)/c^{\ominus}}$$

$$=\varphi^{\ominus}_{Cu^{2+}/Cu^+}+\frac{2.303RT}{F}\lg\frac{c(Cu^{2+})/c^{\ominus}}{K^{\ominus}_{sp}(CuI)/\{c(I^-)/c^{\ominus}\}}$$

$$=\underbrace{\varphi^{\ominus}_{Cu^{2+}/Cu^+}+\frac{2.303RT}{F}\lg\frac{c(I^-)/c^{\ominus}}{K^{\ominus}_{sp}(CuI)}}_{\varphi^{\ominus'}_{Cu^{2+}/Cu^+}}+\frac{2.303RT}{F}\lg\{c(Cu^{2+})/c^{\ominus}\}$$

$c(I^-)=1\ \text{mol}\cdot\text{L}^{-1}$ 时，$\varphi^{\ominus'}_{Cu^{2+}/Cu^+}=\varphi^{\ominus}_{Cu^{2+}/Cu^+}+\dfrac{2.303RT}{F}\lg\dfrac{c(I^-)/c^{\ominus}}{K^{\ominus}_{sp}(CuI)}$

$$=0.15\ \text{V}+0.0592\ \text{V}\times\lg\frac{1}{1.27\times10^{-12}}=0.85\ \text{V}$$

因 $\varphi^{\ominus'}_{Cu^{2+}/Cu^+}>\varphi^{\ominus}_{I_2/I^-}$，$2Cu^{2+}+4I^-=\!=\!=2CuI\downarrow+I_2$ 可以正向自发，此反应是碘量法测定铜含量时的基本反应。

(2)配位反应的影响　水溶液中，与氧化态、还原态物质共存的其他离子或分子，常能与氧化态或还原态物质发生配位反应，使条件电极电势发生改变。一般情况是氧化态的金属离子生成的配合物较稳定，即 $\alpha(Ox)>\alpha(Red)$，从而引起条件电极电势的降低。例如，碘量法测铜时，Fe^{3+} 的存在会干扰 Cu^{2+} 的测定，因此一般先加入 NaF，由于 F^- 与氧化态物质 Fe^{3+} 生成很稳定的配合物 $[FeF_6]^{3-}$，使 $\varphi^{\ominus'}_{Fe^{3+}/Fe^{2+}}$ 降至少于 0.54V，于是 Fe^{3+} 便不能氧化 I^- 了。H_3PO_4 与 Fe^{3+} 也能生成稳定的配合物，使 $\varphi^{\ominus'}_{Fe^{3+}/Fe^{2+}}$ 降低，提高了 Fe^{2+} 的还原能力，所以用 $K_2Cr_2O_7$ 滴定 Fe^{2+} 时，若溶液中有 H_3PO_4，可提高反应的完全程度。

也有还原态物质生成较稳定配合物的情况，此时因 $\alpha(Ox)<\alpha(Red)$，必使 $\varphi^{\ominus'}$ 值升高。如邻二氮菲亚铁配合物 $Fe(phen)_3^{2+}$ 比 $Fe(phen)_3^{3+}$ 稳定得多，当介质中含邻二氮菲时，$\varphi^{\ominus'}_{Fe^{3+}/Fe^{2+}}$

$>\varphi^{\ominus}_{Fe^{3+}/Fe^{2+}}$。

(3)介质酸度的影响 酸度不但对有 H^+ 或 OH^- 直接参加电极反应的电对的 $\varphi^{\ominus'}$ 有影响，而且对多氧化态或还原态物质具有酸(碱)性的电对的 $\varphi^{\ominus'}$ 也有影响，这是由于副反应的发生会影响氧化态或还原态物质的存在型体，从而改变它们的平衡浓度所致。例如，$H_3AsO_4/HAsO_2$ 电对的电极电势就同时受以上二因素影响：

$$H_3AsO_4+2H^++2e^-\rightleftharpoons HAsO_2+2H_2O \qquad \varphi^{\ominus}=0.56\ V$$

在电极反应中有 H^+ 参加，而且 H_3AsO_4 和 $HAsO_2$ 均为弱酸，只在强酸介质中才主要以 H_3AsO_4 和 $HAsO_2$ 型体存在，在 pH>2.0 时必须考虑 H_3AsO_4 的离解，在 pH>9.0 时还必须考虑 $HAsO_2$ 的离解。若忽略离子强度的影响，该电对的能斯特方程为：

$$\varphi=\varphi^{\ominus}+\frac{2.303RT}{F}\lg\frac{\{c(H^+)/c^{\ominus}\}^2\cdot\{c'(H_3AsO_4)/c^{\ominus}\}\cdot\alpha(HAsO_2)}{\{c'(H_3AsO_2)/c^{\ominus}\}\cdot\alpha(HAsO_4)}$$

$$=\varphi^{\ominus'}+\frac{2.303RT}{F}\lg\frac{c'(H_3AsO_4)/c^{\ominus}}{c'(HAsO_2)/c^{\ominus}}$$

当 $c(H^+)=1\ mol\cdot L^{-1}$ 时，$\alpha(H_3AsO_4)\approx a(HAsO_2)\approx 1$

所以 $\varphi\approx\varphi^{\ominus'}=0.56\ V>\varphi_{I_2/I^-}=0.54\ V$

在 pH=8.0 时，由于 $c(H^+)$ 的降低，H_3AsO_4 的离解度很大，$\alpha(H_3AsO_4)>>1.0$，而这时 $\alpha(HAsO_2)\approx 1.0$，$\varphi^{\ominus'}=-0.11\ V$，因此，反应 $H_3AsO_4+2H^++2I^-\rightleftharpoons HAsO_2+I_2+2H_2O$，在 pH=0 的强酸性介质中正向自发，在 pH=8.0 的介质中则逆向自发。

8.7.2 氧化还原滴定曲线

在氧化还原滴定中，随滴定剂的逐滴加入，溶液中有关组分浓度不断变化，导致有关电对的电极电势也随之不断改变。在化学计量点附近，被测离子浓度变化率最大，引起氧化还原电对浓度比变化率最大，形成了电极电势的突跃。以加入的标准溶液的体积(或滴定百分率)为横坐标，溶液的电极电势为纵坐标作图，可得氧化还原滴定曲线。曲线形象地说明了滴定过程中溶液的电极电势，特别是计量点附近的电极电势变化的规律，可作为选择指示剂的依据。对于可逆对称电对(如 $Ce^{4+}+e^-\rightleftharpoons Ce^{3+}$，$Fe^{3+}+e^-\rightleftharpoons Fe^{2+}$)，即电极反应中氧化态和还原态物质的量相同的可逆电极间的滴定反应，滴定曲线可利用能斯特方程的计算结果作出。

298 K 时，在 $c(H_2SO_4)=1.0\ mol\cdot L^{-1}$ 的硫酸介质中，用 $c(Ce^{4+})=0.1000\ mol\cdot L^{-1}$ 的硫酸铈标准溶液滴定 20.00 mL $c(Fe^{2+})=0.1000\ mol\cdot L^{-1}$ 的硫酸亚铁，反应为可逆对称电对间的反应：

$$Ce^{4+}+Fe^{2+}\rightleftharpoons Ce^{3+}+Fe^{3+}$$

在此反应条件下，$\varphi^{\ominus'}_{Ce^{4+}/Ce^{3+}}=1.44\ V$，$\varphi^{\ominus'}_{Fe^{3+}/Fe^{2+}}=0.68\ V$

(1)化学计量点前 滴定开始后，每加入一滴 Ce^{4+} 溶液，反应总是进行到建立平衡状态为止，此时两电对的电势必定相等，可利用其中任何一个电对来计算溶液的电极电势。由于滴入的 Ce^{4+} 几乎全被还原为 Ce^{3+}，所以 Ce^{4+} 的浓度不易求得，这时通过计算 $\varphi_{Fe^{3+}/Fe^{2+}}$ 求得溶液的电极电势较为方便。

例如，滴入 Ce^{4+} 溶液 19.98 mL，即终点误差为−0.1%时，

$$c'(Fe^{3+})=0.1000\ mol\cdot L^{-1}\times\frac{19.98\ mL}{19.98\ mL+20.00\ mL}$$

$$c'(Fe^{2+})=0.1000\ mol\cdot L^{-1}\times\frac{20.00\ mL-19.98\ mL}{19.98\ mL+20.00\ mL}$$

$$\varphi_{Fe^{3+}/Fe^{2+}}=\varphi^{\ominus'}_{Fe^{3+}/Fe^{2+}}+\frac{2.303RT}{F}\lg\frac{c'(Fe^{3+}/c^{\ominus})}{c'(Fe^{2+}/c^{\ominus})}$$

$$\approx 0.68\ V+3\times 0.059\ V=0.86\ V$$

(2)化学计量点　由于化学计量点时反应物的浓度很小且不易直接求得，故要根据有关组分的浓度关系，由两个电对的能斯特方程联立求得。对于对称性氧化还原反应：

$$n_2\,Ox_1+n_1\,Red_2 = n_2\,Red_1+n_1\,Ox_2$$

半反应为

$$Ox_1+n_1e^- = Red_1 \quad Ox_2+n_2e^-=Red_2$$

$$\varphi_1=\varphi_1^{\ominus'}+\frac{2.303RT}{n_1F}\lg\frac{\{c'(Ox_1)/c^{\ominus}\}}{\{c'(Red_1)/c^{\ominus}\}}$$

$$\varphi_2=\varphi_2^{\ominus'}+\frac{2.303RT}{n_2F}\lg\frac{\{c'(Ox_2)/c^{\ominus}\}}{\{c'(Red_2)/c^{\ominus}\}}$$

因为　$\varphi_1=\varphi_2=\varphi_{sp}$

所以 $(n_1+n_2)\varphi_{sp}=n_1\varphi_1^{\ominus'}+n_2\varphi_2^{\ominus'}+\frac{2.303RT}{F}\lg\frac{\{c'(Ox_1)/c^{\ominus}\}\cdot\{c'(Ox_2)/c^{\ominus}\}}{\{c'(Red_1)/c^{\ominus}\}\cdot\{c'(Red_2)/c^{\ominus}\}}$

又因在计量点时　$\frac{c'(Ox_2)}{c'(Red_1)}=\frac{n_1}{n_2}$　　$\frac{c'(Ox_1)}{c'(Red_2)}=\frac{n_2}{n_1}$

故可得

$$\varphi_{sp}=\frac{n_1\varphi_1^{\ominus'}+n_2\varphi_2^{\ominus'}}{n_1+n_2} \tag{8-20}$$

根据式(8-20)，可以算出 1.0 mol・L^{-1}的硫酸介质中，反应 $Ce^{4+}+Fe^{2+}=Ce^{3+}+Fe^{3+}$ 在化学计量点时，溶液的电极电势：

$$\varphi_{sp}=\frac{0.68\ V+1.44\ V}{2}=1.06\ V$$

显然，对称性氧化还原反应的化学计量点电势与有关组分的浓度无关。不对称性氧化还原反应的 φ_{SP} 与有关组分的浓度有关，这里不再介绍。

(3)化学计量点后　由于 Fe^{2+} 几乎全被氧化成 Fe^{3+}，溶液中剩余的 Fe^{2+} 浓度不易求得，故由 $\frac{c'(Ce^{4+})}{c'(Ce^{3+})}$ 比值计算计量点后各点的电势较为方便。例如滴入 Ce^{4+} 标准溶液 20.02 mL，当终点误差为+0.1%时：

$$c'(Ce^{3+})=0.1000\ mol\cdot L^{-1}\times\frac{20.00\ mL}{20.02\ mL+20.00\ mL}$$

$$c'(Ce^{4+})=0.1000\ mol\cdot L^{-1}\times\frac{20.02\ mL-20.00\ mL}{20.02\ mL+20.00\ mL}$$

$$\varphi(Ce^{4+}/Ce^{3+})=\varphi^{\ominus'}(Ce^{4+}/Ce^{3+})+\frac{2.303RT}{F}\lg\frac{c'(Ce^{4+}/c^{\ominus})}{c'(Ce^{3+}/c^{\ominus})}$$

$$\approx 1.44\ V-3\times 0.059\ V=1.26\ V$$

化学计量点前后的其余各点可用同样的方法计算而得，结果列入表 8-5 中。

根据表 8-5 的数据可作出滴定曲线，如图 8-8 所示。由图 8-8 可见，化学计量点前后，滴入的 Ce^{4+} 溶液从仅仅不足 0.02 mL(半滴)到超过 0.02 mL，电势值由 0.86 V 猛增至 1.26 V，即在±0.1%误差范围内产生了 0.4 V 的电势突跃。

表 8-5　$c(Ce^{4+})=0.1000\ mol\cdot L^{-1}$ 的 Ce^{4+} 溶液滴定等浓度 20.00 mL Fe^{2+} 溶液的 φ 值变化

$V(Ce^{4+})$/mL	反应完成百分比	φ/V	$V(Ce^{4+})$/mL	反应完成百分比	φ/V
1.00	5.0	0.60	19.98	99.9	0.86
2.00	10.0	0.62	20.00	100.0	1.06
4.00	20.0	0.64	20.02	101.0	1.26
8.00	40.0	0.67	20.20	101.0	1.32
10.00	50.0	0.68	22.00	110.0	1.38
12.00	60.0	0.69	30.00	150.0	1.42
18.00	90.0	0.74	40.00	200	1.44
19.80	99.0	0.80			

从以上讨论可知，298 K 时，对称的氧化还原反应 $n_2\,Ox_1+n_1\,Red_2 = n_2\,Red_1+n_1\,Ox_2$ 在终点误差为±0.1%时，滴定突跃范围为：

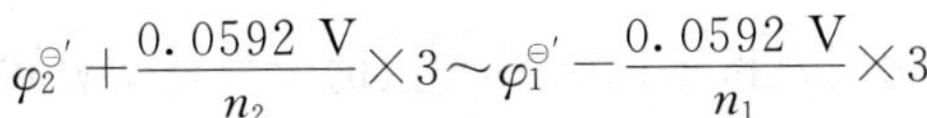

$$\varphi_2^{\ominus'}+\frac{0.0592\ V}{n_2}\times 3\sim\varphi_1^{\ominus'}-\frac{0.0592\ V}{n_1}\times 3$$

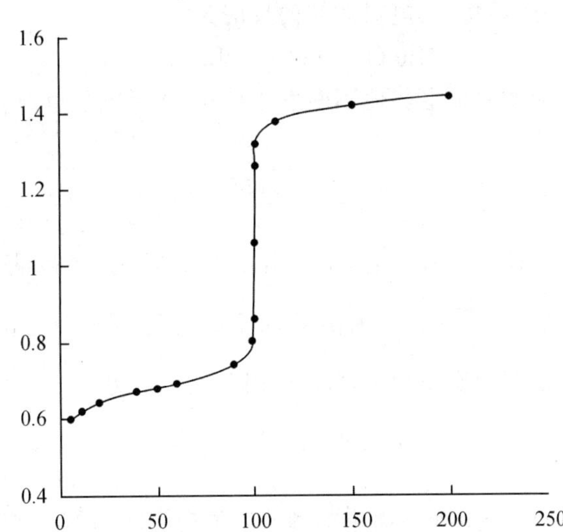

图 8-8　$c(Ce^{4+})=0.1000\ mol\cdot L^{-1}$ 的 Ce^{4+} 滴定 20.00 mL $c(Fe^{2+})=0.1000\ mol\cdot L^{-1}$ Fe^{2+}（$c(H_2SO_4)=1.0\ mol\cdot L^{-1}$）

即氧化还原滴定中，突跃范围的大小主要决定于两电对条件电极电势的差值，差值越大，即反应的完全程度越高，突跃范围就越大。由于条件电极电势随溶液的性质而改变，故同一滴定反应在不同的介质中进行，其计量点电势及突跃范围的大小不同。例如，滴定反应 $Ce^{4+}+Fe^{2+}=Ce^{3+}+Fe^{3+}$，若在 $c(H_2SO_4)=1.0\ mol\cdot L^{-1}$ 的硫酸及 $c(H_3PO_4)=0.5\ mol\cdot L^{-1}$ 的磷酸混合介质中进行，由于$[Fe(HPO_4)_2]^-$ 配合物的生成，$\varphi^{\ominus'}_{Fe^{3+}/Fe^{2+}}$ 降至 0.61 V，使滴定反应的 $K^{\ominus'}$ 增大，滴定突跃范围向下延伸，增大到 0.78～1.26 V。

对于 $n_1=n_2$ 的氧化还原滴定反应，计量点电势正好处于滴定突跃的中点，化学计量点前后的曲线基本对称。对于 $n_1\neq n_2$ 的氧化还原滴定反应，计量点电势不在突跃的中点，而是偏向电子转移数较大的电对一方。

8.7.3 氧化还原滴定中的指示剂

氧化还原滴定中使用的指示剂根据其指示终点的原理不同分为以下三类：

(1)自身指示剂　有些滴定剂或被测溶液自身具有很深的颜色，而其滴定反应产物为无色或浅色，在滴定过程中无需另加指示剂，仅根据其自身的颜色变化就可确定终点，此类指示剂称为自身指示剂。例如，在高锰酸钾法中，MnO_4^- 具有很深的紫红色，其还原产物 Mn^{2+} 几乎是无色的，当用 $KMnO_4$ 滴定浅色或无色的试液时，就不需另加指示剂了，滴定到计量点后，稍过量的 $KMnO_4$[$c(KMnO_4)=2\times10^{-6}\ mol\cdot L^{-1}$]就能使溶液显粉红色，表示已经到达终点。

(2)特殊指示剂　特殊指示剂是指能与滴定剂或被滴定的物质结合生成具有特殊颜色物质的试剂。例如，可溶性淀粉与碘溶液反应，生成深蓝色的化合物，当 I_2 被还原为 I^- 时，蓝色消失，因此淀粉是碘量法中常用指示剂。

(3)氧化还原指示剂　氧化还原指示剂是一种具有氧化性或还原性的试剂，且其氧化型和还原型具有不同的颜色。在滴定过程中，指示剂因被氧化或被还原而发生颜色变化，从而可以用来指示终点。

与酸碱指示剂类似，氧化还原指示剂有其变色的电极电势范围。现以 In(O)和 In(R)分别代表指示剂的氧化型和还原型，其电对对应的反应为

$$\mathrm{In(O)}+ne^-\rightleftharpoons\mathrm{In(R)}$$

随着滴定的进行，溶液的电极电势值不断发生变化，指示剂的电对对应的电极电势也按能斯特公式发生相应的变化：

$$\varphi_{\mathrm{In(O)/In(R)}}=\varphi^{\ominus'}_{\mathrm{In(O)/In(R)}}+\frac{0.0592\ \mathrm{V}}{n}\lg\frac{\{c'_{\mathrm{In(O)}}/c^{\ominus}\}}{\{c'_{\mathrm{In(R)}}/c^{\ominus}\}}$$

当被滴溶液的电极电势 $\varphi>\varphi_{\mathrm{In(O)/In(R)}}$ 时，指示剂被氧化；当被滴溶液的电极电势 $\varphi<\varphi_{\mathrm{In(O)/In(R)}}$ 时，指示剂被还原，$\frac{\{c'_{\mathrm{In(O)}}/c^{\ominus}\}}{\{c'_{\mathrm{In(R)}}/c^{\ominus}\}}$ 值随着滴定的进行而发生变化。当 $\frac{\{c'_{\mathrm{In(O)}}/c^{\ominus}\}}{\{c'_{\mathrm{In(R)}}/c^{\ominus}\}}\geqslant10$ 时，溶液显示出指示剂氧化型物质的颜色，298 K 时其电位值为

$$\varphi_{\mathrm{In(O)/In(R)}}=\varphi^{\ominus'}_{\mathrm{In(O)/In(R)}}+\frac{0.0592\ \mathrm{V}}{n}$$

当 $\frac{\{c'_{\mathrm{In(O)}}/c^{\ominus}\}}{\{c'_{\mathrm{In(R)}}/c^{\ominus}\}}\leqslant0.1$ 时，溶液显示出指示剂还原型物质的颜色。此时电位为

$$\varphi_{\mathrm{In(O)/In(R)}}=\varphi^{\ominus'}_{\mathrm{In(O)/In(R)}}-\frac{0.0592\ \mathrm{V}}{n}$$

所以 298 K 时，指示剂的变色范围为

$$\varphi_{\mathrm{In(O)/In(R)}}=\varphi^{\ominus'}_{\mathrm{In(O)/In(R)}}\pm\frac{0.0592\ \mathrm{V}}{n}\tag{8-21}$$

不同的氧化还原指示剂有不同的变色范围，表 8-6 列出几种常用氧化还原指示剂的条件电极电位及颜色变化。

表 8-6　一些氧化还原指示剂的条件电极电势及颜色变化

指示剂	$\varphi^{\ominus'}$/V $c(H^+)=1.0\ mol\cdot L^{-1}$	颜色变化	
		氧化型	还原型
亚甲基蓝	0.36	蓝色	无色
二苯胺	0.76	紫色	无色
二苯胺磺酸钠	0.84	红紫色	无色
邻苯氨基苯甲酸	0.89	红紫色	无色
邻二氮菲亚铁	1.06	浅蓝色	红色
硝基邻二氮菲亚铁	1.25	浅蓝色	紫红色

选择氧化还原指示剂的原则是：

①指示剂的变色电极电势范围应在滴定突跃范围之内。由式(8-21)可知，氧化还原指示剂的变色范围很小，因此在实际选择指示剂时，只要指示剂的条件电极电势 $\varphi^{\ominus'}$ 处于突跃范围之内就可以，并选择条件电极电势 $\varphi^{\ominus'}$ 与计量点电极电势 φ_{SP} 尽量接近的指示剂，以减小终点误差。

例如，在 $c(H_2SO_4)=1.0\ mol\cdot L^{-1}$ 的硫酸介质中，用 $Ce(SO_4)_2$ 标准溶液滴定 $FeSO_4$ 试液时，电极电势突跃范围是 0.86～1.26 V，计量点电极电势为 1.06 V。邻二氮菲亚铁($\varphi^{\ominus'}=1.06$)和邻苯胺基苯甲酸($\varphi^{\ominus'}=0.89$ V)均为合适的指示剂。但若选用二苯胺磺酸钠($\varphi^{\ominus'}=0.85$ V)作指示剂，终点将提前到达。在实际应用时，通常是向溶液中加入 H_3PO_4，H_3PO_4 与 Fe^{3+} 易形成稳定的配合物而降低 Fe^{3+} 的浓度，可使 Fe^{3+}/Fe^{2+} 电对的电极电位降低($\varphi^{\ominus'}=0.61$V)，突跃范围也变为 0.78～1.26 V，此时二苯胺磺酸钠的条件电位 $\varphi^{\ominus'}$ 处于突跃范围之内。

②终点颜色要有突变。终点时颜色有明显的变化便于观察。如用 $Cr_2O_7^{2-}$ 标准液滴定 Fe^{2+} 试样时，选用二苯胺磺酸钠作指示剂，终点溶液由亮绿色变为深紫色，颜色变化十分明显。条件电极电势($\varphi^{\ominus'}=1.0$ V)处于突跃范围之内的羊毛绿 B 指示剂，终点时溶液颜色由蓝绿色变为黄绿色，由于其颜色变化不明显而无法使用。

8.7.4　重要的氧化还原滴定法及应用

氧化还原滴定法通常根据氧化剂的名称来命名，如高锰酸钾法、重铬酸钾法、碘量法、铈量法等。各种方法都有其自身的特点和应用范围。本节只介绍比较常用的三种氧化还原滴定法。

1. 高锰酸钾法

(1)概述　高锰酸钾法是以高锰酸钾为滴定剂的氧化还原滴定法。高锰酸钾是一种强氧化剂，其氧化能力及还原产物与溶液的酸度有关。

①强酸性条件下，$KMnO_4$ 与还原剂作用时被还原为 Mn^{2+}：

$$MnO_4^- + 8H^+ + 5e^- \rightleftharpoons Mn^{2+} + 4H_2O \quad \varphi^{\ominus}=1.51\ V$$

②在弱酸性、中性、弱碱性的条件下，$KMnO_4$ 与还原剂作用时被还原为 MnO_2：

$$MnO_4^- + 2H_2O + 3e^- \rightleftharpoons MnO_2\downarrow + 4OH^- \quad \varphi^{\ominus}=0.60\ V$$

③在强碱性(NaOH 浓度大于 $2.0\ mol\cdot L^{-1}$)条件下，$KMnO_4$ 与还原剂作用时被还原为

MnO_4^{2-}：

$$MnO_4^- + e^- \rightleftharpoons MnO_4^{2-} \quad \varphi^\ominus = 0.56\ V$$

由此可见，高锰酸钾法既可在强酸性条件下使用，也可在近中性和强碱性条件下使用。在强酸性条件下，高锰酸钾具有更强的氧化能力，因此该法一般在强酸性条件下进行。为防止Cl^-（具有还原性）和NO_3^-（酸性条件下具有氧化性）的干扰，其酸性介质通常是$c(H^+)=1\sim2$ $mol \cdot L^{-1}$的H_2SO_4溶液。高锰酸钾测定某些有机物时，通常在强碱性条件下进行，其原因是该条件下有较大的化学反应速率。

高锰酸钾法的优点是氧化能力强，应用广泛。许多还原性物质如Fe^{2+}，$C_2O_4^{2-}$，H_2O_2等及有机物可用$KMnO_4$标准溶液直接滴定。某些具有氧化性物质如MnO_2，ClO_3^-等可用返滴定的方法进行定量分析。而像Ca^{2+}，Ba^{2+}等这类不具有氧化还原性的物质可用间接滴定法分析。另外，高锰酸钾自身具有指示剂作用。

高锰酸钾法的缺点是：①$KMnO_4$试剂常含有少量杂质，只能用间接方法配制$KMnO_4$标准溶液；②溶液的稳定性不够；③由于$KMnO_4$的氧化能力强，所以滴定反应的选择性差。

（2）高锰酸钾溶液的配制与标定　市售的$KMnO_4$常含有MnO_2和其他杂质，又因蒸馏水中微量的还原性物质存在，以及光、热、酸、碱等都能促使$KMnO_4$分解，故不能用直接法配制$KMnO_4$标准溶液。为了获得稳定的$KMnO_4$溶液，通常按下列方法配制和保存。

①称取比理论量稍多的$KMnO_4$固体，并溶解在一定体积的蒸馏水中。

②将配制好的$KMnO_4$溶液加热至沸，并保持微沸约1小时，然后放置2～3天，以使溶液中的还原性物质被氧化完全。

③用微孔玻璃漏斗或玻璃棉过滤除去析出的沉淀。

④将过滤后的$KMnO_4$溶液贮存于棕色瓶中并放于暗处以避免光对$KMnO_4$的催化分解。

可用于标定$KMnO_4$溶液的基准物质有$Na_2C_2O_4$，$H_2C_2O_4 \cdot 2H_2O$，As_2O_3和纯铁丝等。其中$Na_2C_2O_4$因其易于提纯、性质稳定等优点而最为常用。

在H_2SO_4介质中，$KMnO_4$与$C_2O_4^{2-}$发生如下反应：

$$2MnO_4^- + 5C_2O_4^{2-} + 16H^+ = 2Mn^{2+} + 10CO_2 + 8H_2O$$

为了使此反应能定量的且较迅速的进行，需控制如下的滴定条件：

①温度　该反应在室温下反应速率很小，因此滴定时需加热；但加热的温度不宜太高，因为在酸性溶液中，温度超过90℃时，$C_2O_4^{2-}$会部分分解；

$$H_2C_2O_4 = CO_2\uparrow + CO\uparrow + H_2O$$

所以滴定反应的温度应控制在70～80℃。

②酸度　$KMnO_4$的还原产物与溶液的酸度有关，酸度过低，易生成MnO_2或其他产物；酸度过高又会促使$H_2C_2O_4$的分解。所以在开始滴定时，一般将酸的浓度控制在0.5～1.0 $mol \cdot L^{-1}$，滴定终点时，溶液中酸的浓度约为0.2～0.5 $mol \cdot L^{-1}$。

③滴定速度　$KMnO_4$与$C_2O_4^{2-}$反应速率很慢，但其反应产物Mn^{2+}对该反应有催化作用，当反应系统中有Mn^{2+}存在时，反应速率会明显加快。在反应刚开始时，系统中没有Mn^{2+}催化，反应速率很慢，当生成物Mn^{2+}产生后，反应速率加快。所以，在滴定开始时，滴定速度一定要慢，等前一滴$KMnO_4$紫红色完全褪去后，再滴加第二滴试剂。当几滴$KMnO_4$与$C_2O_4^{2-}$完全反应后，Mn^{2+}使反应加速，滴定可按正常速度进行。如果滴定开始就按正常速度进行，则滴入的$KMnO_4$来不及完全与$C_2O_4^{2-}$反应，在热的强酸性溶液中，$KMnO_4$自身分解，影响标定

结果。

$$4MnO_4^- + 12H^+ \rightleftharpoons 4Mn^{2+} + 5O_2\uparrow + 6H_2O$$

如果滴定前加入少量 $MnSO_4$ 试剂，则最初阶段的滴定就可以按正常的速度进行。

用 $Na_2C_2O_4$ 作基准物质标定 $KMnO_4$ 溶液，根据 $Na_2C_2O_4$ 的质量及所用 $KMnO_4$ 体积便可求出 $KMnO_4$ 浓度

$$c(KMnO_4) = \frac{m(Na_2C_2O_4)}{M(Na_2C_2O_4)V(KMnO_4)} \times \frac{2}{5}$$

在应用 $KMnO_4$ 法进行滴定分析时，应注意下面两点：

①当用 $KMnO_4$ 自身指示终点时，终点后溶液的粉红色会逐渐消失，原因是空气中的还原性气体和灰尘可与 MnO_4^- 缓慢作用，使 MnO_4^- 还原。所以，滴定时溶液出现粉红色经半分钟不褪色即可认为到达终点。

②标定过的 $KMnO_4$ 溶液不宜长期存放，因存放时会产生 $Mn(OH)_2$ 沉淀。使用久置的 $KMnO_4$ 溶液时，应将其过滤并重新标定其浓度。

(3)高锰酸钾法应用示例

①H_2O_2 的测定　在酸性溶液中，H_2O_2 定量地被 MnO_4^- 氧化，其反应为

$$2MnO_4^- + 5H_2O_2 + 6H^+ = 2Mn^{2+} + 5O_2\uparrow + 8H_2O$$

反应在室温下进行。反应开始速率较慢，但因 H_2O_2 不稳定，不能加热。随着反应的进行，由于生成的 Mn^{2+} 催化了反应，使反应速率加快。

H_2O_2 不稳定，工业用 H_2O_2 中常加入某些有机化合物(如乙酰苯胺等)作为稳定剂，这些有机化合物大多能与 MnO_4^- 反应而干扰测定，此时最好采用碘量法测定 H_2O_2。生物化学中，过氧化氢酶能使 H_2O_2 分解，故可用适量的 H_2O_2 与过氧化氢酶作用，剩余的 H_2O_2 在酸性条件下用 $KMnO_4$ 标准溶液滴定，以此间接测定过氧化氢酶的含量。

②Ca^{2+} 的测定　一些金属离子能与 $C_2O_4^{2-}$ 生成难溶草酸盐沉淀。如果将生成的草酸盐沉淀溶于酸中，再用 $KMnO_4$ 标准溶液来滴定 $H_2C_2O_4$，就可间接测定这些金属离子。钙离子就可用此法测定。

在沉淀 Ca^{2+} 时，如果将沉淀剂 $(NH_4)_2C_2O_4$ 加到中性或氨性的 Ca^{2+} 溶液中，此时生成的 CaC_2O_4 沉淀颗粒很小，难于过滤，而且含有碱式草酸钙和氢氧化钙，所以必须适当地选择沉淀 Ca^{2+} 的条件。

正确沉淀 CaC_2O_4 的方法是在 Ca^{2+} 试液中先以盐酸酸化，然后加入 $(NH_4)_2C_2O_4$。由于 $H_2C_2O_4$ 在酸性溶液中大部分以 $HC_2O_4^-$ 存在，$C_2O_4^{2-}$ 的浓度很小，此时即使 Ca^{2+} 浓度相当大，也不会生成 CaC_2O_4 沉淀。如果在加入 $(NH_4)_2C_2O_4$ 后把溶液加热至 70～80℃，滴入稀氨水。由于 H^+ 逐渐被中和，$C_2O_4^{2-}$ 浓度缓缓增加，结果可以生成粗颗粒结晶的 CaC_2O_4 沉淀。最后应控制溶液的 pH 在 3.5 至 4.5 之间(甲基橙呈黄色)并继续保温约 30 分钟使沉淀陈化。这样不仅可避免其他不溶性钙盐的生成，而且所得 CaC_2O_4 沉淀又便于过滤和洗涤。放置冷却后，过滤、洗涤，将 CaC_2O_4 溶于稀硫酸中，即可用 $KMnO_4$ 标准溶液滴定热溶液中与 Ca^{2+} 定量结合的 $H_2C_2O_4$

③铁的测定　将试样溶解后(通常使用盐酸作为溶剂)，生成的 Fe^{3+}(实际上是 $[FeCl_4]^-$、$[FeCl_6]^{3-}$ 等配离子)应先用还原剂还原为 Fe^{2+}，然后用 $KMnO_4$ 标准溶液滴定。在滴定前还应加入硫酸锰、硫酸及磷酸的混合液，其作用是：避免 Cl^- 存在下所发生的诱导反应；Fe^{3+} 生成无色的 $[Fe(HPO_4)_2]^-$ 配离子，可使终点易于观察。

2. 重铬酸钾法

(1)概述　在酸性条件下 $K_2Cr_2O_7$ 是一常用的氧化剂,在酸性溶液中与还原剂作用,$Cr_2O_7^{2-}$ 被还原成 Cr^{3+}:

$$Cr_2O_7^{2-} + 14H^+ + 6e^- \rightleftharpoons 2Cr^{3+} + 7H_2O \qquad \varphi^\ominus = 1.23\ V$$

实际上,$Cr_2O_7^{2-}/Cr^{3+}$ 电对的条件电极电势比标准电极电势小得多。例如,在 1.0 mol · L^{-1} 的高氯酸溶液中,$\varphi^{\ominus\prime}_{Cr_2O_7^{2-}/Cr^{3+}} = 1.025$ V;在 1.0 mol · L^{-1} 的盐酸溶液中,$\varphi^{\ominus\prime}_{Cr_2O_7^{2-}/Cr^{3+}} = 1.00$ V。重铬酸钾法需在强酸条件下测定无机物和有机物。此法具有一系列优点:

①$K_2Cr_2O_7$ 易于提纯,可以直接准确称取一定质量干燥纯净的 $K_2Cr_2O_7$ 准确配制成一定浓度的标准溶液;

②$K_2Cr_2O_7$ 溶液相当稳定,只要保存在密闭容器中,浓度可长期保持不变;

③不受 Cl^- 还原作用的影响,可在盐酸溶液中进行滴定。

重铬酸钾法有直接法和间接法之分。对一些有机试样,在硫酸溶液中,常加入过量重铬酸钾标准溶液,加热至一定温度,冷却后稀释,再用硫酸亚铁铵标准溶液返滴定。这种间接方法还可以用于腐殖酸肥料中腐殖酸的分析、电镀液中有机物的测定。

应用 $K_2Cr_2O_7$ 标准溶液进行滴定时,常用氧化还原指示剂,例如二苯胺磺酸钠或邻苯氨基苯甲酸等。使用 $K_2Cr_2O_7$ 时应注意废液处理,以免污染环境。

(2)应用示例

①铁的测定　重铬酸钾法测定铁利用下列反应:

$$Cr_2O_7^{2-} + 6Fe^{2+} + 14H^+ = 2Cr^{3+} + 6Fe^{3+} + 7H_2O$$

试样(铁矿石等)一般用 HCI 溶液加热分解后,将铁还原为亚铁,常用的还原剂为 $SnCl_2$,其反应方程为

$$2Fe^{3+} + Sn^{2+} = 2Fe^{2+} + Sn^{4+}$$

过量 $SnCl_2$ 用 $HgCl_2$ 氧化:

$$SnCl_2 + 2HgCl_2 = SnCl_4 + Hg_2Cl_2 \downarrow$$

适当稀释后用 $K_2Cr_2O_7$ 标准溶液滴定(为了避免汞的污染现常用无汞测铁法)。

滴定时常在 H_2SO_4-H_3PO_4 介质中采用二苯胺磺酸钠作指示剂,终点时溶液由绿色(Cr^{3+} 颜色)突变为紫色或紫蓝色。

$$w(Fe) = \frac{c(K_2Cr_2O_7)V(K_2Cr_2O_7)M(Fe)}{m_{试样}} \times 6$$

测定时加入 H_3PO_4 是为了减小终点误差。因指示剂的条件电极电势 $\varphi^\ominus = 0.84$V,而滴定突跃是从 0.86 V(Fe^{2+} 被滴定了 99.9%)开始的,显然,在滴定突跃开始之前,指示剂已被氧化,从而使终点提前。试液中加入 H_3PO_4,使之与 Fe^{3+} 生成无色的稳定的$[Fe(HPO_4)_2]^-$,降低了 Fe^{3+}/Fe^{2+} 电对的电极电势,使指示剂的条件电极电势落在突跃范围之内。此外,由于生成无色$[Fe(HPO_4)_2]^-$,消除了 Fe^{3+} 的黄色干扰,使终点时溶液颜色变化更加敏锐。

②土壤中有机质的测定　土壤中有机质含量的高低是判断土壤肥力的重要指标。由于有机质组成复杂,通常先测定土壤中碳含量,再按一定的关系折算为有机质含量。测定时的主要反应为

$$2K_2Cr_2O_7 + 8H_2SO_4 + 3C = 2Cr_2(SO_4)_3 + 2K_2SO_4 + 3CO_2 + 8H_2O$$

$$K_2Cr_2O_7 + 6FeSO_4 + 7H_2SO_4 = Cr_2(SO_4)_3 + K_2SO_4 + 3Fe_2(SO_4)_3 + 7H_2O$$

测定时采用返滴定法。先将试样在浓硫酸的存在下与已知过量的 $K_2Cr_2O_7$ 溶液共热,使

土壤中有机质中的碳被氧化为 CO_2，反应结束后，剩余的 $K_2Cr_2O_7$ 在 $H_2SO_4-H_3PO_4$ 介质中，选用二苯胺磺酸钠为指示剂，用 $FeSO_4$ 标准溶液返滴定。根据 $K_2Cr_2O_7$ 和 $FeSO_4$ 的用量可计算出已被氧化的碳的量，计算公式如下：

$$w(\mathrm{C})=\frac{[V_0(\mathrm{FeSO_4})-V(\mathrm{FeSO_4})]c(\mathrm{FeSO_4})M(\mathrm{C})\times\frac{1}{6}\times\frac{3}{2}}{m_{\text{试样}}}$$

式中 $V_0(FeSO_4)$、$V(FeSO_4)$ 分别为空白测定和试样测定时所用 $FeSO_4$ 标准溶液的体积。

为加速有机质的氧化，可加入 Ag_2SO_4 为催化剂。Ag_2SO_4 还可使土壤中 Cl^- 生成 AgCl 沉淀，以排除 Cl^- 的干扰。

土壤中有机质平均含碳量为 58%，若由含碳量转化为有机质含量时，应乘以换算系数 $\frac{100}{58}\approx 1.724$，在 Ag_2SO_4 存在下，有机质的平均氧化率可达 92.6%，所以有机质氧化校正系数为 $\frac{100}{92.6}\approx 1.08$。土壤中有机质含量可按下式计算：

$$w(\mathrm{C})=\frac{[V_0(\mathrm{FeSO_4})-V(\mathrm{FeSO_4})]c(\mathrm{FeSO_4})M(\mathrm{C})\times\frac{1}{6}\times\frac{3}{2}}{m_{\text{试样}}}\times 1.724\times 1.08$$

③水中化学需氧量的测定　化学需氧量(COD)是指在一定条件下用强氧化剂处理水样所消耗的氧化剂的量，通常折算成每升水样消耗氧的质量(单位为 $mg\cdot L^{-1}$)。水中各种有机物进行化学氧化反应的难易程度是不同的，因此化学需氧量是在规定条件下水中各种还原剂需氧量的总和。化学需氧量反映水体受污染的程度。

其测定方法是：水样在 H_2SO_4 介质中以 Ag_2SO_4 或 $HgSO_4$ 为催化剂，加入过量的 $K_2Cr_2O_7$ 标准溶液，加热消解。反应后，以邻二氮菲亚铁为指示剂，用 $FeSO_4$ 标准溶液回滴剩余的 $K_2Cr_2O_7$。

3. 碘量法

(1)概述　碘量法是利用 I_2 的氧化性和 I^- 的还原性来进行滴定的分析方法。其电极半反应为

$$I_2+2e^-\rightleftharpoons 2I^-$$

由于固体 I_2 在水中的溶解度很小($0.00133\ mol\cdot L^{-1}$)，实际应用时通常将 I_2 溶解在 KI 溶液中，此时 I_2 在溶液中以 I_3^- 形式存在，反应式为：

$$I_2+I^-=\!=\!=I_3^-$$

半反应为：$I_3^-+2e^-\rightleftharpoons 3I^-$　$\varphi^\ominus=0.54\ V$

为方便起见，I_3^- 通常写成 I_2 形式。

由 I_2/I^- 电对的 $\varphi^\ominus$ 值可知，I_2 是较弱的氧化剂，它只能与一些较强的还原性物质反应；而 I^- 是一中等强度的还原剂，能与许多氧化剂反应。若以 I_2 标准溶液直接滴定 S^{2-}、$S_2O_3^{2-}$、Sn^{2+}、H_2SO_3、As(Ⅲ)、Sb(Ⅲ)等强还原性物质，这种方法称为直接碘量法(或碘滴定法)。由于氧化性较弱，所以该方法应用范围有限。若以过量的 I^- 与 MnO_4^-、$Cr_2O_7^{2-}$、Cu^{2+}、Fe^{3+}、BrO_3^-、IO_3^- 等氧化性物质定量反应，生成一定量的 I_2 后，再以 $Na_2S_2O_3$ 标准溶液滴定反应生成的 I_2，从而间接测得这些氧化性物质，这种方法称为间接碘量法(或滴定碘法)。此方法应用范围较广，主要反应为：

$$2I^-\rightleftharpoons I_2+2e^-$$

$$I_2+2S_2O_3^{2-} = 2I^-+S_4O_6^{2-}$$

(2)碘量法的反应条件　为了获得准确的结果,应用碘量法时应注意控制好条件:

①防止 I^- 被 O_2 氧化和 I_2 的挥发　I^- 离子被空气氧化和 I_2 的挥发是碘量法的重要误差来源。

为了防止 I^- 离子被空气氧化,应采取的方法是:析出 I_2 的反应除应在加盖的碘量瓶中进行,还应放置于暗处,以防止光照加速 I^- 的氧化;对 I^- 氧化有催化作用的 Cu^{2+}、NO_2^- 等应事先除去;加入过量的 KI 及调节合适的酸度、生成的 I_2 立即滴定、滴定速度适当快些等都可以防止 I^- 的氧化。

为了防止 I_2 的挥发,可采取的方法是:在配制 I_2 标准溶液及间接碘量法析出 I_2 的反应时,均需加入过量的 KI 以增强 I_2 的稳定性;滴定应在室温下进行,需放置时使用加盖的碘量瓶;I^- 与氧化物反应后,应立即滴定析出的 I_2,滴定过程中不要剧烈摇动溶液。

②控制合适的酸度　直接碘量法不能在碱溶液中进行,间接碘量法只能在弱酸性近中性的溶液中进行。如果溶液的 pH 过高,I_2 自身会发生歧化反应:

$$3I_2+6OH^- = IO_3^-+5I^-+3H_2O$$

在间接碘量法中,pH 过高或过低都会改变 I_2 与 $S_2O_3^{2-}$ 的计量关系,从而带入很大的误差。

在近中性溶液中,I_2 与 $S_2O_3^{2-}$ 的反应为 $I_2+2S_2O_3^{2-} = 2I^-+S_4O_6^{2-}$,计量关系为 $n(I_2):n(S_2O_3^{2-})=1:2$,pH 过高时,发生下列反应:

$$S_2O_3^{2-}+4I_2+10OH^- = 2SO_4^{2-}+8I^-+5H_2O$$

$$n(I_2):n(S_2O_3^{2-})=4:1$$

若溶液酸度过高,发生下列反应:

$$S_2O_3^{2-}+2H^+ = SO_2+S\downarrow+H_2O$$

同时,I^- 离子在酸性介质中更容易被空气氧化

$$4I^-+O_2+2H^+ = I_2+H_2O$$

因间接碘量法反应会释放 H^+,为了保证滴定过程溶液的酸度,稳定在 pH=8 左右,需加入 $NaHCO_3$ 作为缓冲液。

③适时加入 β-直链淀粉指示剂　碘量法中用淀粉作指示剂,根据淀粉-碘吸附化合物的蓝色消失或出现确定终点。必须用 β-直链淀粉,因为 α-直链淀粉或含有支链多的淀粉与 I_2 形成不易消失的红色化合物。淀粉指示剂的用量要适当,太少时会使溶液呈灰黑色。显色反应在弱酸性中最为灵敏,溶液 pH<2.0 时淀粉易水解为糊精,遇 I_2 呈红色,到终点也不易消失,因而无法确定终点;溶液 pH>9.0 时,因为 I_2 歧化而不显蓝色。淀粉指示剂应在滴定至 I_3^- 的量很少、溶液呈浅黄色时加入,因为大量 I_3^- 存在时,淀粉易发生聚合并强烈吸附 I_2,生成不易解吸的蓝色络合物,造成较大的滴定误差。

(3)标准溶液的配制和标定　碘量法中,经常使用的标准溶液有 $Na_2S_2O_3$ 和 I_2 两种,下面分别介绍这两种溶液的配制和标定。

①I_2 标准溶液的配制和标定

I_2 具有挥发性,准确称量较困难,碘标准溶液通常是用间接法配制的。配制 I_2 标准液时,先在托盘天平上称取一定量的碘,将适量的 KI 与 I_2 一起置于研钵中,加少量水研磨,待 I_2 全部溶解后,加水将溶液稀释至一定的体积。溶液贮存于具有玻璃塞的棕色瓶内,放置在阴暗处(I_2 溶液不应与橡皮等有机物接触,也要避免光照和受热)。As_2O_3 是标定 I_2 溶液的常用基准物

质，As_2O_3难溶于水，故先将一定准确量的As_2O_3溶解在氢氧化钠溶液中，再用酸将溶液酸化，最后用$NaHCO_3$将溶液 pH 调至 8～9。以淀粉为指示剂，用I_2溶液进行滴定，终点时，溶液由无色突变为蓝色。相关的反应式为

$$As_2O_3 + 2OH^- = 2AsO_2^- + H_2O$$

$$2AsO_2^- + 2I_2 + 4H_2O = 2HAsO_4^{2-} + 4I^- + 6H^+$$

可按下式计算I_2的浓度：

$$c(I_2) = \frac{2m(As_2O_3)}{M(As_2O_3) \cdot V(I_2)}$$

②$Na_2S_2O_3$标准溶液的配制和标定

配制$Na_2S_2O_3$标准溶液也是用间接法配制。$Na_2S_2O_3$溶液不稳定，其浓度随时间而变化，主要原因有下面三点：

a. $Na_2S_2O_3$溶液遇酸即分解，水中溶解的CO_2也能与它发生作用：

$$S_2O_3^{2-} + CO_2 + H_2O = HSO_3^- + HCO_3^- + S\downarrow$$

b. 空气中的氧可将其氧化：

$$2S_2O_3^{2-} + O_2 = 2SO_4^{2-} + 2S\downarrow$$

c. 水中存在的微生物能使其转化为Na_2SO_3：

$$Na_2S_2O_3 = Na_2SO_3 + S\downarrow$$

光照会加快该反应速率。$Na_2S_2O_3$在微生物作用下分解是存放过程中$Na_2S_2O_3$浓度变化的主要原因。

因此，在配制$Na_2S_2O_3$溶液时，用托盘天平称取一定量的$Na_2S_2O_3 \cdot 5H_2O$，用新煮沸（除CO_2、O_2，杀菌）并冷却了的蒸馏水溶解，稀释至一定的体积后加入少量Na_2CO_3，使溶液保持微碱性，以抑制细菌的再生长。配好的溶液放在棕色瓶中置于阴暗处，一天后再进行标定。

$Na_2S_2O_3$标准溶液不易长期放置，使用一段时间后应重新标定。若发现溶液变混或黄，则不能继续使用。

$Na_2S_2O_3$溶液的标定采用间接碘量法，标定时常用的基准物有$K_2Cr_2O_7$，$KBrO_3$，KIO_3和纯铜等，其中以$K_2Cr_2O_7$最为常用。准确称取一定量的基准级$K_2Cr_2O_7$，放于碘量瓶中，加入适量的H_2SO_4和过量的 KI 溶液，待反应定量完成后，以淀粉为指示剂，立即用$Na_2S_2O_3$溶液滴定至溶液蓝色褪去。相关反应为

$$Cr_2O_7^{2-} + 6I^- + 14H^+ = 2Cr^{3+} + 3I_2 + 7H_2O$$

$$I_2 + 2S_2O_3^{2-} = 2I^- + S_4O_6^{2-}$$

$Na_2S_2O_3$溶液浓度可按下面公式计算：

$$c(Na_2S_2O_3) = \frac{6m(K_2Cr_2O_7)}{M(K_2Cr_2O_7) \cdot V(Na_2S_2O_3)}$$

（4）碘量法应用示例

①胆矾中铜含量的测定　二价铜盐与I^-的反应如下：

$$2Cu^{2+} + 4I^- = 2CuI\downarrow + I_2$$

析出的碘再用$Na_2S_2O_3$标准溶液滴定，就可计算出铜的含量。计算式如下

$$w(Cu) = \frac{c(Na_2S_2O_3) \cdot V(Na_2S_2O_3) \cdot M(Cu)}{m}$$

为了促使反应趋于完全，必须加入过量的 KI，但 KI 浓度太大会妨碍终点的观察。同时由

于 CuI 沉淀强烈地吸附 I_2，使测定结果偏低。如果加入 KSCN，使 CuI 转化为溶解度更小的 CuSCN 沉淀：

$$CuI + KSCN = CuSCN\downarrow + KI$$

这样不仅可以释放出被吸附的 I_2，而且反应时再生出来的 I^- 可再与未作用的 Cu^{2+} 反应。在这种情况下，可以使用较少的 KI 而能使反应进行得更完全。但 KSCN 只能在接近终点时加入，否则 SCN^- 可直接还原 Cu^{2+} 而使结果偏低：

$$6Cu^{2+} + 7SCN^- + 4H_2O = 6CuSCN(s) + SO_4^{2-} + CN^- + 8H^+$$

为了防止 Cu^{2+} 水解，反应必须在酸性溶液中进行(一般控制 pH 为 3～4)。酸度过低，反应速率慢，终点拖长；酸度过高，则 I^- 被空气氧化为 I_2 的反应被 Cu^{2+} 催化而加速，使结果偏高。由于 Cu^{2+} 易于与 Cl^- 形成配位化合物，因此应用 H_2SO_4 而不用 HCl 溶液控制酸度。

测定矿石(铜矿等)、合金、炉渣或电镀液中的铜也可应用碘量法。用适当的溶剂将矿石等固体试样溶解后，再用上述方法测定。但应注意防止其他共存离子的干扰，例如试样常含有 Fe^{3+} 能氧化 I^-：

$$2Fe^{3+} + 2I^- = 2Fe^{2+} + I_2$$

故干扰铜的测定，使结果偏高。若加入 NH_4F，可使 Fe^{3+} 生成稳定的 $[FeF_6]^{3-}$ 配离子，降低了 Fe^{3+}/Fe^{2+} 电对的电势，从而防止 I^- 的氧化。

②葡萄糖的测定：I_2 与 NaOH 作用可生成 NaIO，NaIO 能将葡萄糖定量地氧化生成葡萄糖酸。剩余的 NaIO 在碱性条件下发生歧化生成 $NaIO_3$ 和 NaI，将溶液酸化两者相互作用析出 I_2，以 Na_2SO_3 标准溶液回滴至终点：

$$I_2 + 2NaOH = NaIO + NaI + H_2O$$

$$C_6H_{12}O_6 + NaIO = C_6H_{12}O_7 + NaI$$

$$3NaIO = NaIO_3 + 2NaI$$

$$NaIO_3 + 5NaI + 6HCl = 3I_2 + 6NaCl + 3H_2O$$

$$I_2 + 2S_2O_3^{2-} = 2I^- + S_4O_6^{2-}$$

葡萄糖的质量分数可由下式求得：

$$w(C_6H_{12}O_6) = \frac{1}{2} \cdot \frac{[2c(I_2) \cdot V(I_2) - c(Na_2S_2O_3) \cdot V(Na_2S_2O_3)] \cdot M(C_6H_{12}O_6)}{m}$$

本法可以用于测定医用葡萄糖注射液的浓度，测定前应将试液稀释。

③漂白粉中有效氯的测定：漂白粉中的有效成分是次氯酸盐，它具有消毒和漂白作用。此外，漂白粉中还有 $CaCl_2$，$Ca(ClO_3)_2$ 及 CaO 等，通常用 CaCl(ClO)表示。用酸处理漂白粉时，会释放出氯气：

$$CaCl(ClO) + 2H^+ = Cl_2\uparrow + Ca^{2+} + H_2O$$

漂白粉加酸时释放的氯称为“有效氯”，有效氯是评价漂白粉质量的指标。漂白粉中有效氯可用间接碘量法测定，即试样在硫酸介质中，与过量的 KI 作用：

$$ClO^- + 2I^- + 2H^+ = I_2 + Cl^- + H_2O$$

反应产生的 I_2 用 $Na_2S_2O_3$ 标准溶液进行滴定。有效氯的计算公式为

$$w(Cl_2) = \frac{c(Na_2S_2O_3) \cdot V(Na_2S_2O_3) \cdot M(Cl_2)}{2m}$$

❋ 阅读材料

新型电池

1. 纳米电池

纳米电池即用纳米材料(如纳米 MnO_2、$LiMn_2O_4$、$Ni(OH)_2$ 等)制作的电池,纳米材料具有特殊的微观结构和物理化学性能(如量子尺寸效应,表面效应和隧道量子效应等)。目前国内技术成熟的纳米电池是纳米活性碳纤维电池。主要用于电动汽车,电动摩托,电动助力车上。

韩国蔚山科学技术大学和 LG 化学技术研究院电池研究所开发出了 2 分钟内完成充电或者放电的充电电池电极用的新材料。手机或电动车用此电池不仅能大举缩短充电时间,而且可以在短时间内通过大量放电,较好地提高电动车的输出功率。制作充电电池的新材料称之为"纳米管",是在十分纤细的锗线表面抹上极微量的锑粒子,再以 700 摄氏度的温度进行加热,然后在锗线的中心位置会出现直径约为 200 纳米的洞窟。在制作锂电池时用上这种纳米管,结果显示比现有的充电电池的电流流量快了 200 倍,仅 2 分钟就能结束充电。而现有的电池则需要 30～60 分钟。在进行了 400 次的反复充电放电后,电池的容量仍维持在 98%左右。由于现有的硅半导体纳米管合成技术很难大量投入生产,如果这种新材料实现商用化,在加油站或者家里都可以在短时间内完成充电。并且使爬坡时需要瞬间输出大量能量的"强劲电动车"的开发成为可能。此外,也将打开手机等使用充电电池的各种电子产品高速充电的方便之门。这项研究成果以特别论文的形式,刊登在应用化学领域世界级学术杂志德国《应用化学》的国际版上。

另外,美国俄亥俄州仪器公司的研究人员利用锂离子可在石墨烯表面和电极之间快速大量穿梭运动的特性,开发出一种新型储能设备,也可以将充电时间从过去的数小时之久缩短到不到一分钟。该研究发表在近期出版的《纳米快报》上。

2. 世界电力最持久的碱性电池

日本松下公司新推出一款电力持久的新型 AA 家用电池。与竞争对手的产品相比,松下新型电池可以将电子产品的运行时间延长 20%,因此被吉尼斯列为世界上电力最持久的碱性电池。松下新型电池名为"Evolta",这是一个由"进化"(evolution)和"电压"(voltage)的英文单词组合而成的新词。Evolta 之所以能提供持久的电力,主要因为内部封装了更多材料,以及采用了新制造材料和更先进的封装技术。根据国际电工委员会提供的测试数据,吉尼斯在东京为 Evolta 颁发了"世界上电力最持久碱性电池"的证书。此外,Evolta 的有效期为 10 年,比竞争对手的产品高出 60%左右,因此非常适合作为灾难储备物资。在此之前,其他电池的最长有效期仅为 5 年到 7 年。

3. 新型太阳能手机电池

手机没电怎么办? 放在太阳底下晒! 我国已投入批量生产新型太阳能手机电池,缓解了普通电池给手机族带来的后顾之忧。这种太阳能手机电池是普通锂电池和太阳能电池合二为一的产物,科技人员将一层薄薄的单晶硅光电转换芯片贴在锂电池的背后,使单晶硅被光照后产生的电流经过保护电路向锂电池充电。由于单晶硅对光线十分敏感,因此不仅是阳光,只要有光线照射,太阳能手机电池都能自动充电。此外,因为有了保护电路,曝光时间再长也不会充电过量。这种电池在阳光下晒上 5 分钟,产生的电能就可通话 1 分钟,而将其只放在台灯下光照一夜，也能使用2天。并且，这种电池仍然具备普通手机电池的功能，如果光线过于微弱，就可改用手机充电器进行充电。

4. 新型空气燃料电池

世界上第一个新型空气燃料电池在英国揭开神秘面纱，这种电池的储电能力是传统电池的10倍。科学家表示，如今，革命性“STAIR”(即“圣安德鲁斯空气”的英文首字母缩写)燃料电池为新一代的电动汽车、笔记本电脑和手机的推广使用铺平了道路。新型电池使用传统方式充电，不过，在充电或“放电”时，电池里一个网孔状敞开部分会吸入周围空气中的氧气。吸入的氧气与电池里的多孔状碳质元件发生反应，产生更多的能量，这样一来，在电池放电过程中，可以帮助不断给电池“充电”。“STAIR”电池利用多孔碳和从空气中吸收的氧气替代传统的化学构成——锂钴氧化物，所以，重量比当前使用的电池更轻。另外，在使用新型电池时，空气的流动还有助于给电池再次充电，它具有比相同大小电池更大的储电能力，而释放能量的持续时间又是它们的10倍。

思考题与习题

8-1 思考题

(1)条件电极电势和标准电极电势有什么不同？影响电极电势的外界因素有哪些？

(2)是否平衡常数大的氧化还原反应就能应用于氧化还原中？为什么？

(3)氧化还原滴定中的指示剂分为几类？各自如何指示滴定终点？

(4)试比较酸碱滴定、配位滴定和氧化还原滴定的滴定曲线，说明它们共性和特性。

(5)碘量法的主要误差来源有哪些？为什么碘量法不适宜在高酸度或高碱度介质中进行？

8-2 判断题

(1)取两根铜棒，将一根插入盛有0.1 mol·L^{-1} $CuSO_4$溶液的烧杯中，另一根插入盛有1 mol·L^{-1} $CuSO_4$溶液的烧杯中，并用盐桥将两只烧杯中的溶液连结起来，可以组成一个浓差原电池。

(2)金属铁可以置换Cu^{2+}，因此三氯化铁不能与金属铜反应。

(3)电动势E(或电极电势φ)的数值与反应式(或半反应式)的写法无关，而标准平衡常数$K^{\ominus}$的数据，随反应式的写法(即化学计量数不同)而变。

8-3 填空题

(1)酸性介质中，Mn的元素电势图如下，则$\varphi_1^{\ominus}$=________V，$\varphi_2^{\ominus}$=________V，可能发生歧化反应的物质是____________。

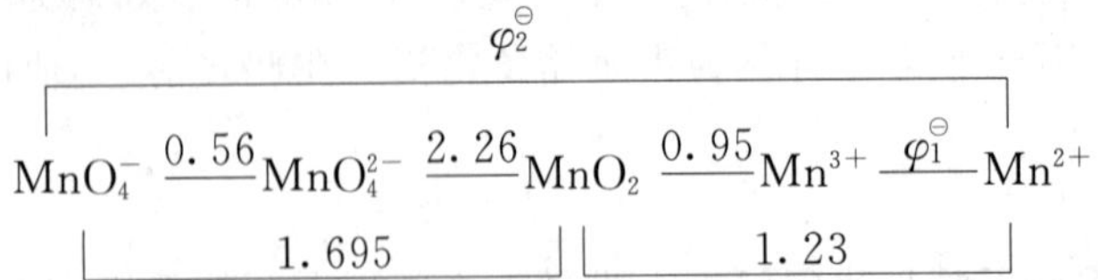

(2)已知$\varphi^{\ominus}_{Co^{3+}/Co^{2+}}=1.84$ V，$\varphi^{\ominus}_{O_2/H_2O}=1.23$ V。在酸性水溶液中，稳定存在的钴离子是________。在碱性水溶液中，$Co(OH)_2$沉淀易被氧化，因此稳定存在的形式为$Co(OH)_3$，这说明$Co(OH)_3$的溶度积比$Co(OH)_2$的溶度积________。

(3)已知$K_2Cr_2O_7$标准溶液浓度为0.01683 mol. L^{-1}，该溶液对Fe_2O_3的滴定度为______

______$g.mL^{-1}$(已知 $M_{Fe_2O_3}=159.7g\cdot mol^{-1}$)

(4)一氧化还原指示剂,$\varphi^{\ominus'}=0.86$ V,电极反应为 $Ox+2e^-=Red$,则其理论变色范围是__________。

(5)在 1.0 mol/L H_2SO_4 介质中,$\varphi^{\ominus'}_{Fe^{3+}/Fe^{2+}}=0.68V$,$\varphi^{\ominus'}_{I_2/I^-}=0.54$ V,则反应 $2Fe^{3+}+2I^-=2Fe^{2+}+I_2$ 的条件平衡常数为__________。

(6)根据标准溶液所用的氧化剂不同,氧化还原滴定法通常主要有________法、________法和________法。

(7)草酸钠标定高锰酸钾的实验条件是:用______调节溶液的酸度,用______作催化剂,溶液温度控制在______℃,指示剂是______,终点时溶液由______色变为______色。

8-4　选择题

1. 下列电极中,$\varphi^{\ominus}$最高的为

A. Ag^+/Ag　　B. $[Ag(NH_3)_2]^+/Ag$　　C. $[Ag(CN)_2]^-/Ag$　　D. $AgCl/Ag$

2. 下列电极中,电极电势与介质酸度无关的为

A. O_2/H_2O　　B. MnO_4^-/MnO_4^{2-}　　C. H^+/H_2　　D. MnO_4^-/MnO_2

3. 已知 $\varphi^{\ominus}_{A/B}>\varphi^{\ominus}_{C/D}$,标准态下能自发进行的反应为:

A. $A+B\longrightarrow C+D$　　B. $A+D\longrightarrow B+C$

C. $B+C\longrightarrow A+D$　　D. $B+D\longrightarrow A+C$

4. 利用反应 $2Ag^++Cu=\!=\!=2Ag+Cu^{2+}$ 组成原电池,当向铜电极中滴加 Na_2S 溶液后,原电池电动势将:

A. 升高　　B. 降低　　C. 不变　　D. 变化难以判断

5. 25℃,对于电极反应 $O_2+4H^++4e^-\rightleftharpoons 2H_2O$ 来说,当 $p(O_2)=100$ kPa 时,酸度与电极电势的关系式是:

A. $\varphi_{O_2/H_2O}=\varphi^{\ominus}_{O_2/H_2O}+0.059pH$

B. $\varphi_{O_2/H_2O}=\varphi^{\ominus}_{O_2/H_2O}-0.059pH$

C. $\varphi_{O_2/H_2O}=\varphi^{\ominus}_{O_2/H_2O}+0.0148pH$

D. $\varphi_{O_2/H_2O}=\varphi^{\ominus}_{O_2/H_2O}-0.0148pH$

6. 已知:$K^{\ominus}_{sp}(AgCl)>K^{\ominus}_{sp}(AgBr)>K^{\ominus}_{sp}(AgI)$,因此:

A. $\varphi^{\ominus}_{AgI/Ag}>\varphi^{\ominus}_{AgBr/Ag}>\varphi^{\ominus}_{AgCl/Ag}>\varphi^{\ominus}_{Ag^+/Ag}$

B. $\varphi^{\ominus}_{Ag^+/Ag}>\varphi^{\ominus}_{AgCl/Ag}>\varphi^{\ominus}_{AgBr/Ag}>\varphi^{\ominus}_{AgI/Ag}$

C. $\varphi^{\ominus}_{Ag^+/Ag}>\varphi^{\ominus}_{AgI/Ag}>\varphi^{\ominus}_{AgBr/Ag}>\varphi^{\ominus}_{AgCl/Ag}$

D. $\varphi^{\ominus}_{AgBr/Ag}>\varphi^{\ominus}_{AgI/Ag}>\varphi^{\ominus}_{AgCl/Ag}>\varphi^{\ominus}_{Ag^+/Ag}$

7. 已知在 1 mol/L HCl 中,$\varphi'_{Sn^{4+}/Sn^{2+}}=0.14V$,$\varphi'_{Fe^{3+}/Fe^{2+}}=0.68V$,计算以 Fe^{3+} 滴定 Sn^{2+} 至 99.9%、100%、100.1%时的电位分别为多少?(　　)

A. 0.50 V、0.41 V、0.32 V　　B. 0.17 V、0.32 V、0.56 V

C. 0.23 V、0.41 V、0.50 V　　D. 0.23 V、0.32 V、0.50 V

8. 用碘量法测定矿石中铜的含量,已知含铜约 50%,若以 0.10 mol/L $Na_2S_2O_3$ 溶液滴定至终点,消耗约 25 mL,则应称取矿石质量(g)约为(　　)。

A. 1.3　　B. 0.96　　C. 0.64　　D. 0.32

9. 在含有 Fe^{3+} 和 Fe^{2+} 的溶液中,加入下述何种溶液,Fe^{3+}/Fe^{2+} 电对的电位将降低(不考虑离子强度的影响)(　　)。

A. 邻二氮菲　　B. HCl　　C. NH_4F　　D. H_2SO_4

10. $K_2Cr_2O_7$法测定铁时，不是加入 $H_2SO_4-H_3PO_4$的作用有

A. 提供必要的酸度　　B. 掩蔽 Fe^{3+}

C. 提高 $\varphi_{Fe^{3+}/Fe^{2+}}$　　D. 降低 $\varphi_{Fe^{3+}/Fe^{2+}}$

11. 在硫酸-磷酸介质中，用 $K_2Cr_2O_7$ 标准溶液滴定 Fe^{2+} 试样时，其化学计量点电位为 0.86V，则应选择的指示剂为(　　)。

A. 次甲基蓝($\varphi^{\ominus'}=0.36V$)　　B. 二苯胺磺酸钠($\varphi^{\ominus'}=0.84V$)

C. 邻二氮菲亚铁($\varphi^{\ominus'}=1.06V$)　　D. 二苯胺($\varphi^{\ominus'}=0.76V$)

12. 用同一 $KMnO_4$ 标准溶液分别滴定体积相等的 $FeSO_4$ 和 $H_2C_2O_4$ 溶液，消耗的 $KMnO_4$ 量相等，则两溶液浓度关系为(　　)。

A. $c(FeSO_4)=c(H_2C_2O_4)$　　B. $3c(FeSO_4)=c(H_2C_2O_4)$

C. $2c(FeSO_4)=c(H_2C_2O_4)$　　D. $c(FeSO_4)=2c(H_2C_2O_4)$

8-5　用离子-电子法配平下列电极反应

(1) $MnO_4^- \longrightarrow MnO_2$　(碱性介质)

(2) $CrO_4^{2-} \longrightarrow Cr(OH)_3$　(碱性介质)

(3) $H_2O_2 \longrightarrow H_2O$　(酸性介质)

(4) $H_3AsO_4 \longrightarrow H_3AsO_3$　(酸性介质)

(5) $O_2 \longrightarrow H_2O_2(aq)$　(酸性介质)

8-6　计算题

1. 今有一种含有 Cl^-, Br^-, I^- 三种离子的混合溶液，欲使 I^- 氧化为 I_2，而又不使 Br^-, Cl^- 氧化。在常用的氧化剂 $Fe_2(SO_4)_3$ 和 $KMnO_4$ 中，选择哪一种能符合上述要求。

2. 以氧化还原反应 $MnO_2(s)+2Cl^-+4H^+ = Mn^{2+}+Cl_2(g)+2H_2O$ 为基础设计原电池(298 K)，已知：($\varphi^{\ominus}_{MnO_2/Mn^{2+}}=1.22$ V, $\varphi^{\ominus}_{Cl_2/Cl^-}=1.36$ V)

(1)请分别写出正、负极的电极反应式。

(2)标态下反应能否正向自发进行？求平衡常数 $K^{\ominus}$。

(3)若采用浓度为 12 $mol\cdot L^{-1}$ 的盐酸溶液与 MnO_2 作用，且$[Mn^{2+}]=1.0$ $mol\cdot L^{-1}$，$p(Cl_2)=100$ KPa，此时的原电池电动势 Ecell 和 Δ_rG 各为多少？反应能否正向自发进行？

3. 将下列两个反应设计成原电池：

(1) $Sn^{2+}(0.050\ mol\ L^{-1})+Pb = Pb^{2+}(0.50\ mol\ L^{-1})+Sn$;

(2) $Fe^{2+}(1.0\ mol\ L^{-1})+HNO_2(1.0\ mol\ L^{-1})+H^+(1.0\times10^{-2}mol\ L^{-1})$

$= Fe^{3+}(1.0\ mol\ L^{-1})+NO(100\ kPa)+H_2O$

①写出标准状态下自发进行时，该电池反应的电池符号；

②计算 298.15 K 时，反应的 $\Delta_rG_m^{\ominus}$、Δ_rG_m 和 $K^{\ominus}$；

③试用三种方法判断反应自发方向。

4. 求反应 $AgCl \rightleftharpoons Ag^++Cl^-$ 在 298.15 K 时的 $K^{\ominus}$，即 $K_{sp}^{\ominus}(AgCl)$。

5. 在 298 K 时反应 $Fe^{3+}+Ag \rightleftharpoons Fe^{2+}+Ag^+$ 的平衡常数为 0.531。已知 $\varphi^{\ominus}_{Fe^{3+}/Fe^{2+}}=+0.770$ V，计算 $\varphi^{\ominus}_{Ag^+/Ag}$。

6. 已知 $\varphi^{\ominus}_{Cu^{2+}/Cu}=0.3419$ V，$[Cu(NH_3)_4]^{2+}$ 的 $K_f^{\ominus}=2.1\times10^{13}$，$c(NH_3)=1$ $mol\cdot L^{-1}$。计算说明能否用铜器储存氨水？已知 pH=7.0 时，$\varphi^{\ominus}_{O_2/H_2O}=0.815$ V。

7. 准确称取 0.1963 g $K_2Cr_2O_7$基准物质，溶于水后酸化，再加入过量的 KI，用 $Na_2S_2O_3$标

准溶液滴定至终点，共用去 33.61 mL $Na_2S_2O_3$。计算 $Na_2S_2O_3$ 标准溶液的物质的量浓度。已知：$M(K_2Cr_2O_7)=294.18\ g \cdot mol^{-1}$。

8. 用 30.00 mL 某 $KMnO_4$ 标准溶液恰能氧化一定的 $KHC_2O_4 \cdot H_2O$，同样质量的 $KHC_2O_4 \cdot H_2O$ 又恰能与 25.20 mL 浓度为 0.2012 $mol \cdot L^{-1}$ 的 KOH 溶液反应。计算此 $KMnO_4$ 溶液的浓度。

9. 准确称取铁矿石试样 0.5000 g，用酸溶解后加入 $SnCl_2$，使 Fe^{3+} 还原为 Fe^{2+}，然后用 24.50 mL $KMnO_4$ 标准溶液滴定。已知 1 mL $KMnO_4$ 相当于 0.01260 g $H_2C_2O_4.2H_2O$。

试问：(1)矿样中 Fe 及 Fe_2O_3 的质量分数各为多少？(2)取市售双氧水 3.00 mL 稀释定容至 250.0 mL，从中取出 20.00 mL 试液，需用上述溶液 $KMnO_4$ 21.18 mL 滴定至终点。计算每 100.0 mL 市售双氧水所含 H_2O_2 的质量。

10. 今有不纯的 KI 试样 0.3504 g，在 H_2SO_4 溶液中加入纯 K_2CrO_4 0.1940 g 与之反应，煮沸逐出生成的 I_2。放冷后又加入过量 KI，使之与剩余的 K_2CrO_4 作用，析出的 I_2 用 0.1020 $mol \cdot L^{-1}$ $Na_2S_2O_3$ 标准溶液滴定，用去 10.23 mL。问试样中 KI 的质量分数是多少？

11. Gold with low concentration can be detected by iodometry, the reaction is as follows: $AuCl_3 + 3KI = AuI + I_2 + 3KCl$. A sample of gold with mass of 1.000 g and content of 0.030%, please calculate the volume of 0.001000 $mol \cdot L^{-1}$ $Na_2S_2O_3$ solution needed to titrate the free I_2?

第9章

现代仪器分析方法选介

能够面对困难问题而给以好好解决的，往往不是那些只有小聪明的人，而定是那些锲而不舍者。 ——李远哲

仪器分析是分析化学学科的另一个重要分支，它是以物质的物理和物理化学性质为基础建立起来的一种分析方法，是利用较特殊的仪器对物质进行定性、定量和形态分析。仪器分析所包含的分析方法有数十种之多。每一种分析方法所依据的原理不同，所测量的物理量不同，操作过程及应用情况也不同。本章分别选取光学分析法中紫外-可见分光光度法和电分析法中的电势分析法进行阐述。

9.1 紫外-可见分光光度法

9.1.1 概述

紫外-可见分子吸收光谱法（ultraviolet-visible molecular absorption spectrometry，UV-VIS），又称紫外-可见分光光度法（ultraviolet-visible spectrophotometry）。它是研究 190～750 nm 波长范围内的分子吸收光谱。物质的吸收光谱本质上就是物质中的分子和原子吸收了入射光中的某些特定波长的光能量，相应地发生了分子振动能级跃迁和电子能级跃迁的结果。由于各种物质具有各自不同的分子、原子和不同的分子空间结构，其吸收光能量的情况也就不会相同，因此，每种物质就有其特有的、固定的吸收光谱曲线，可根据吸收光谱上的某些特征波长处的吸光度的高低判别或测定该物质的含量，这就是分光光度法定性和定量分析的基础。分光光度分析是根据物质的吸收光谱研究物质的成分、结构和物质间相互作用的有效手段。

紫外-可见分光光度法一经问世，就得到广泛的应用，尤其是电子学、计算机科学等相关学科的发展，有力促进分光光度计研制的不断创新，使得光度法的应用更广泛。目前，分光光度法已为工农业各个部门和科学研究的各个领域所广泛采用，成为人们从事生产和科研的有力测试手段。

1. 光的基本性质

光是一种电磁波。电磁波范围很大，波长从 10^{-1}～10^{12} nm，依次为 X-射线、紫外光区、可见光区、红外光区、微波及无线电波。各区域电磁波波长范围见表 9-1。

表 9-1　电磁波谱

区　域	λ/nm
X-射线	10^{-2}～10
远紫外光区	10～200
近紫外光区	200～400
可见光区	400～760
近红外光区	760～5×10^{4}
远红外光区	5×10^{4}～1×10^{6}
微　波	1×10^{6}～1×10^{9}
无线电波	1×10^{9}～1×10^{12}

人的眼睛能感觉到的光称为可见光(visible light)。在可见光区内，不同波长的光具有不同的颜色，只具有一种波长的光称为单色光，由不同波长组成的光称为复合光。白光就是复合光，它是由红、橙、黄、绿、青、蓝、紫等各种颜色的光按一定比例混合而成的。

实验证明，如果将两种适当颜色的单色光按一定强度比例混合，可以得到白光，我们通常将这两种颜色的单色光称为互补色光，如图 9-1 所示，图中处于直线关系的两种颜色的光是互补色光，它们彼此按一定比例混合即成为白光。

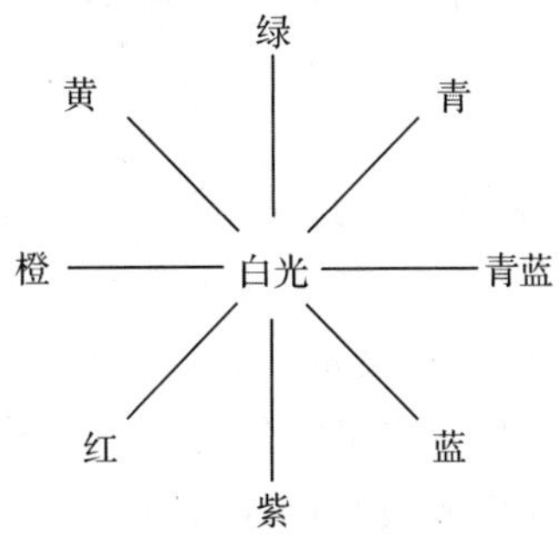

图 9-1　互补色光

2. 溶液的颜色和对光的选择性吸收

物质呈现的颜色与光有密切的关系，当光照射到物质上时，由于物质对于不同波长的光的反射、散射、折射、吸收、透射的程度不同，使物质呈现不同的颜色。

对于溶液来说，它所呈现的不同颜色，是由于溶液中的质点选择性地吸收了某种颜色的光而引起的。当一束白光通过某溶液时，如果溶液对各种颜色的光均不吸收，入射光全透过，或虽有吸收，但各种颜色的光透过程度相同，则溶液是无色的；如果溶液只吸收了白光中一部分波长的光，而其余的光都透过溶液，则溶液呈现出透过光的颜色，在透过光中，除吸收光的互补色光外，其他的光都互补为白光，所以溶液呈现的恰好是吸收光的互补色光的颜色。溶液的颜色与吸收光颜色关系见表 9-2。例如，$CuSO_4$ 溶液选择性地吸收了白光中的黄色光而呈现蓝色；$KMnO_4$溶液选择性地吸收了白光中的绿色光而呈现紫红色。

表 9-2　溶液颜色与吸收光颜色和波长的关系

溶液颜色	吸收光	
	颜　色	λ/nm
黄　绿	紫	400～450
黄	蓝	450～480
橙	绿　蓝	480～490
红	蓝　绿	490～500
紫　红	绿	500～560
紫	黄　绿	560～580
蓝	黄	580～600
绿　蓝	橙	600～650
蓝　绿	红	650～760

9.1.2　光吸收定律

Lambert J，1728—1777

物质对光吸收的定量关系很早就受到了科学家的注意并进行了研究。Lambert J H(朗伯)在 1760 年阐明了物质对光的吸收程度和吸收介质厚度之间的关系；1852 年 Beer A(比耳)又提出光的吸收程度和吸光物质浓度之间也具有类似关系，两者结合起来就得到有关光吸收的基本定律——朗伯-比耳定律。

1. 吸收曲线

物质对光的吸收具有选择性，如果要知道某溶液对不同波长单色光的吸收程度，我们使各种波长的单色光依次通过一定浓度的某溶液，测量该溶液对各种单色光的吸收程度，并记录每一波长处的吸光度，然后以波长为横坐标，吸光度为纵坐标作图，得一曲线，即该物质的光吸收曲线或吸收光谱(absorption spectrum)。对应于光吸收程度最大处的波长称最大吸收波长(maximum absorption)，以 λ_{max}表示，如图 9-2 所示。在 λ_{max}处测定吸光度灵敏度最高，故吸收光谱是吸光光度法中选择入射光波长的重要依据。

吸收光谱可以清楚、直观地反映出物质对不同波长光的吸收情况。图 9-3 是四种不同浓度的 $KMnO_4$溶液的吸收光谱。由图可知：①在可见光范围内，$KMnO_4$溶液对不同波长的光的吸收情况不同，对波长为 525 nm 的绿色光吸收最多，有一吸收高峰；②四条曲线的最大吸收值均出现在 525 nm 波长处，即 $KMnO_4$溶液的最大吸收波长 λ_{max}＝525 nm，且不随浓度的变化而改变，不同浓度 $KMnO_4$溶液的吸收光谱形状是完全相似的。不同物质的吸收光谱形状和最大吸收波长均不相同，各种物质均有它的特征吸收光谱，以此可作为定性分析的依据；③不同浓度的同种物质溶液，在一定波长处吸光度随溶液浓度的增加而增大，以此可作为定量分析的依据。

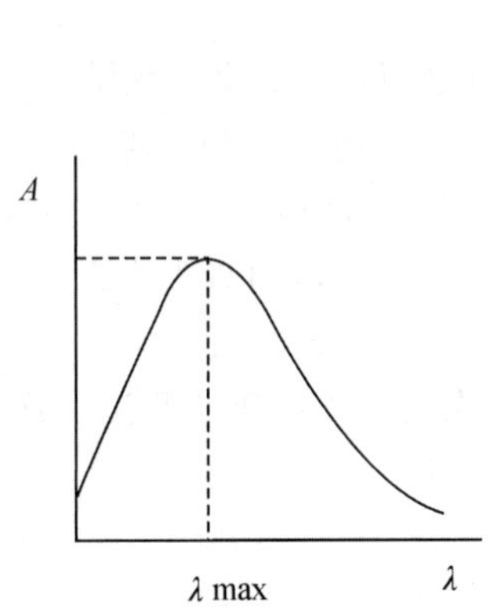

图 9-2　吸收光谱

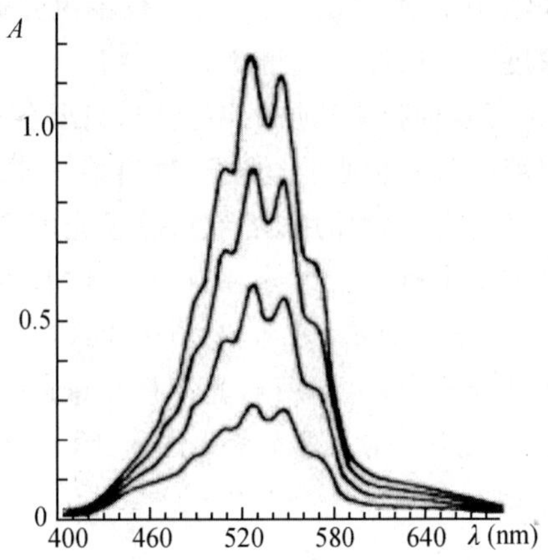

图 9-3　$KMnO_4$ 水溶液的吸收光谱

2. 朗伯-比尔定律

朗伯-比耳定律(The Lambert-Beer's Law)是光吸收的基本定律，是吸光光度法进行定量分析的理论基础。

(1)朗伯-比耳定律的推导

当一束平行的强度为 I_0 的单色光垂直照射于厚度为 b、浓度为 c 的单位截面积的均匀液层时，如图 9-4 所示，由于溶液中吸光质点对入射光部分吸收，使透过光强度降至 I_t。如果将液层分成厚度为无限小的相等薄层，每一薄层厚度为 db，又设薄层内含有 dn 个吸光质点，照射到薄层上的光强度为 I，光通过薄层后，强度变化量为 dI，则 dI 与 I 成正比，也与 dn 成正比，即：

$$-\mathrm{d}I=\mathrm{K}_1 \cdot I \cdot \mathrm{d}n \tag{9-1}$$

$$\mathrm{d}n=\mathrm{K}_2 \cdot c \cdot \mathrm{d}b \tag{9-2}$$

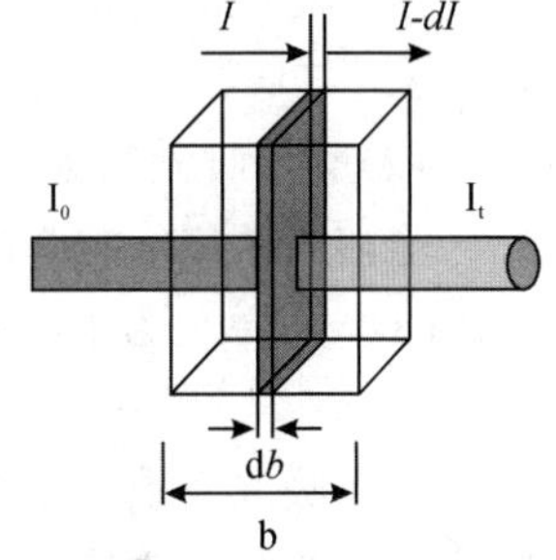

图 9-4　光吸收示意图

(9-1)式中负号表示光强度因吸收而减弱，K_1、K_2 为比例常数。将式(9-2)代入式(9-1)，合并常数项，得到：

$$-\frac{\mathrm{d}I}{I}=\mathrm{K} \cdot c \cdot \mathrm{d}b \tag{9-3}$$

对(9-3)式进行积分：

$$-\int_{I_0}^{I_t}\frac{\mathrm{d}I}{I}=\mathrm{K} \cdot c \cdot \int_0^b \mathrm{d}b$$

$$\ln\frac{I_0}{I_t}=\mathrm{K} \cdot b \cdot c$$

$$A=\lg\frac{I_0}{I_t}=k \cdot b \cdot c \tag{9-4}$$

式(9-4)就是朗伯-比耳定律的数学表达式。式中的 $\lg\frac{I_0}{I_t}$ 表示溶液对光的吸收程度，称为吸光度(absorbance)，用 A 表示；b 为液层厚度，单位是 cm；k 为比例常数，它与入射光的波长、有色物质的性质和溶液的温度等有关。当溶液浓度 c 的单位为 $\mathrm{g \cdot L^{-1}}$ 时，比例常数 k 以 a 表示，称为吸光系数(absorption coefficient)，单位为 $\mathrm{L \cdot g^{-1} \cdot cm^{-1}}$，这时式(9-4)为：

$$A=abc \tag{9-5}$$

朗伯-比耳定律的意义是：当一束平行单色光通过均匀的、非散射性的溶液时，溶液的吸光度与溶液的浓度和液层厚度成正比。

此外，在含有多种吸光物质的溶液中，只要各种组分之间相互不发生化学反应，朗伯-比耳定律适用于溶液中每一种吸收物质。故当某一波长的单色光通过一种多组分溶液时，由于各种吸光物质对光均有吸收作用，溶液的总吸光度应等于各吸收物质的吸光度之和，即吸光度具有加和性。设体系中有 n 个组分，则在任一波长处的总吸光度 $A_{总}$ 可以表示为：

$$A_{总}=A_1+A_2+\cdots+A_n=k_1bc_1+k_2bc_2\cdots+k_nbc_n \tag{9-6}$$

在吸光光度分析中，也常用透光率(transmittance)来表示光的吸收程度。透过光强度 I_t 与入射光强度 I_0 之比，称为透光率或透射比，用 T 表示，即

$$T=\frac{I_t}{I_0} \tag{9-7}$$

很显然，吸光度与透光率的关系为：

$$A=\lg\frac{I_0}{I_t}=\lg\frac{1}{T}=-\lg T \tag{9-8}$$

【例 9-1】 有一浓度为 1.6×10^{-5} g · L^{-1} 的有色溶液，在 430 nm 处的吸光系数为 3.3×10^4 L · g^{-1} · cm^{-1}，液层厚度为 1.0 cm，计算其吸光度和透光率。

解 $A=abc=3.3\times10^4\ \text{L}\cdot\text{g}^{-1}\cdot\text{cm}^{-1}\times1.0\ \text{cm}\times1.6\times10^{-5}\ \text{g}\cdot\text{L}^{-1}=0.53$

$T=10^{-A}=10^{-0.53}=0.30=30\%$

(2)摩尔吸光系数

当溶液浓度 c 的单位为 mol · L^{-1}时，比例常数 k 以 ε 表示，称为摩尔吸光系数(molar absorptivity)，单位为 L · mol^{-1} · cm^{-1}，这时式(9-4)为：

$$A=\varepsilon bc \tag{9-9}$$

摩尔吸光系数 ε 的物理意义是：当溶液的浓度为 1 mol · L^{-1}，液层厚度为 1 cm 时溶液对特定波长光的吸收能力。ε 值在数值上虽等于浓度为 1 mol · L^{-1}，液层厚度为 1 cm 时溶液的吸光度，但是，在实际分析中，一般不能直接取 1 mol · L^{-1}这样高浓度的溶液来测定，而是测定适当低浓度吸光物质溶液的吸光度，然后计算出 ε 值。

【例 9-2】 用邻二氮菲光度法测定铁，已知 Fe^{2+} 浓度为 1000 μg · L^{-1}，液层厚度为 2.0 cm，在波长 510 nm 处测得吸光度为 0.38，计算摩尔吸光系数。

解 $A=\varepsilon bc$

$$c=\frac{1000\times10^{-6}\ \text{g}\cdot\text{L}^{-1}}{55.85\ \text{g}\cdot\text{mol}^{-1}}=1.8\times10^{-5}\ \text{mol}\cdot\text{L}^{-1}$$

$$\varepsilon=\frac{A}{bc}=\frac{0.38}{2.0\text{cm}\times1.8\times10^{-5}\text{mol}\cdot\text{L}^{-1}}=1.1\times10^4\ \text{L}\cdot\text{mol}^{-1}\cdot\text{cm}^{-1}$$

由于摩尔吸光系数 ε 值与吸收波长有关，也与仪器的测量精度有关，在书写时应标明波长。例如，上述邻二氮菲铁的 ε 值，应表示为 $\varepsilon_{510}=1.1\times10^4$ L · mol^{-1} · cm^{-1}。

摩尔吸光系数反映吸光物质对某一波长光的吸收能力，也反映了用吸光光度法测定该吸光物质的灵敏度，ε 值的大小决定于入射光的波长和吸光物质的吸光特性，也受溶剂和温度的影响，而与吸收物质的浓度和吸收光程无关。不同的吸光物质具有不同的 ε 值，同一吸光物质对不同波长的光具有不同的 ε 值。有色化合物的摩尔吸光系数 ε 是衡量显色反应灵敏度的重要指标。一般 $\varepsilon<2\times10^4$，灵敏度较低；ε 在 $2\times10^4\sim6\times10^4$ 之间属中等灵敏度；ε 在 $6\times10^4\sim1\times10^5$ 之间属高灵敏度；$\varepsilon>10^5$ 属超高灵敏度。

3. 偏离朗伯-比尔定律的原因

从式(9-5)可以看出，吸光度与试样溶液的浓度和光程长度呈正比。即当吸收池的厚度恒定时，以吸光度对浓度作图应得到一条通过原点的直线。但在实际工作中，测得的吸光度和浓度之间的线性关系常常出现偏差。引起偏离朗伯-比尔定律的原因主要来源两个方面：①朗伯-比尔定律本身的局限性；②实验条件的因素，它包括化学偏离和仪器偏离。

(1)朗伯-比尔定律本身的局限性

严格地说，朗伯-比尔定律只适用于稀溶液，从这个意义上讲，它是一个有限定条件的定律。浓度($>0.01\ mol \cdot L^{-1}$)过高时，将引起吸收组分间的平均距离减小，以致每个粒子都可影响其相邻粒子的电荷分布，导致它们的摩尔吸收系数 ε 发生改变，从而引起吸光度发生变化。由于相互作用的程度与其浓度有关，故使吸光度和浓度间的线性关系偏离了朗伯-比尔定律。不难想象，在吸收组分浓度低，而其他组分(特别是电解质)浓度高的溶液中也会产生类似的效应。

(2)化学偏离

在某些物质的溶液中，由于分析物质与溶剂发生缔合、离解及溶剂化反应，产生的生成物与被分析物质具有不同的吸收光谱，出现化学偏离。这些反应的进行，会使吸光物质的浓度与溶液的示值浓度不呈正比例变化，因而测量结果将偏离朗伯-比尔定律。例如，未加缓冲剂的重铬酸钾溶液存在下列平衡：

$$Cr_2O_7^{2-} + H_2O \rightleftharpoons 2\ HCrO_4^- \rightleftharpoons 2CrO_4^{2-} + 2H^+$$

在大多数波长处，重铬酸根离子和其他两种铬酸根离子的摩尔吸收系数并不相同，而溶液的总吸光度与其二聚体和单体间的浓度不成比例变化。而这一比值又明显地与溶液的稀释程度有关，因此在不同浓度测得的吸光度值和铬(Ⅵ)的总浓度间的线性关系发生偏离。

(3)仪器偏离

仪器偏离主要是指由于单色光不纯引起的偏离。只有采用真正的单色光，吸收体系的吸光物质浓度与吸光度才严格遵守朗伯-比尔定律。事实上，通过波长选择器从连续光源中分离的波长，只是包括所需波长的狭窄波长带，即从连续光源中获得单一波长的光是很难办到的。

实验证明，在吸收物质的吸光度随波长变化不大的光谱区内，采用多色光所引起的偏离不会十分明显，相反在变化较大的光谱区内所引起的偏离则十分严重。

9.1.3　紫外-可见分光光度计

9.1.3.1　分光光度计的基本部件

各种型号的紫外-可见分光光度计，就其基本结构来说，都是由五个基本部分组成，即光源、单色器、吸收池、检测器及信号指示系统，如图 9-5 所示。

图 9-5　紫外-可见分光光度计基本结构示意图

1. 光源

(1)对光源的要求

在仪器操作所需的光谱区域内能够发射连续光谱；应有足够的辐射强度及良好的稳定性；

辐射能量随波长的变化应尽可能小;光源的使用寿命长,操作方便。

(2)光源的种类

分光光度计中常用的光源有热辐射光源和气体放电光源两类。前者用于可见光区,如钨灯、卤钨灯等,后者用于紫外光区,如氢灯和氘灯等。

钨灯和碘钨灯可使用的波长范围为 340～2500 nm。这类光源的辐射能量与施加的外加电压有关,因此,使用时必须严格控制灯丝电压,必要时须配备稳压装置,以保证光源的稳定。

氢灯和氘灯可使用的波长范围为 160～375 nm,由于受石英窗吸收的限制,通常紫外光区波长的有效范围一般为 200～375 nm。灯内氢气压力为 10^2 Pa 时,用稳压电源供电,放电十分稳定,光强度恒定。氘灯的灯管内充有氢同位素氘,其光谱分布与氢灯类似,但光强度比同功率的氢灯大 3～5 倍,是紫外光区应用最广泛的一种光源。

2. 单色器

(1)单色器的作用

单色器是能从光源的复合光中分出单色光的光学装置,其主要功能应该是能够产生光谱纯度高、色散率高且波长在紫外-可见光区域内任意可调。单色器的性能直接影响入射光的单色性,从而也影响到测定的灵敏度、选择性及校准曲线的线性关系等。

(2)单色器的组成

单色器由入射狭缝、准光器(透镜或凹面反射镜使入射光变成平行光)、色散元件、聚焦元件和出射狭缝等几个部分组成。其核心部分是色散元件,起分光作用。其他光学元件中狭缝在决定单色器性能上起着重要作用,狭缝宽度过大时,谱带宽度太大,入射光单色性差,狭缝宽度过小时,又会减弱光强。

(3)色散元件的类型

能起分光作用的色散元件主要是棱镜和光栅。

棱镜有玻璃和石英两种材料。它们的色散原理是依据不同波长的光通过棱镜时有不同的折射率而将不同波长的光分开。由于玻璃会吸收紫外光,所以玻璃棱镜只适用于 350～3200 nm 的可见和近红外光区波长范围。石英棱镜适用的波长范围较宽,为 185～4000 nm,即可用于紫外、可见、红外三个光谱区域。

光栅是利用光的衍射和干涉作用制成的。它可用于紫外、可见和近红外光谱区域,而且在整个波长区域中具有良好的、几乎均匀一致的色散率,且具有适用波长范围宽、分辨本领高、成本低、便于保存和易于制作等优点,所以是目前用得最多的色散元件。其缺点是各级光谱会重叠而产生干扰。

3. 吸收池

吸收池用于盛放待分析的试样溶液,让入射光束通过。吸收池一般有玻璃和石英两种材料做成,玻璃池只能用于可见光区,石英池可用于可见光区及紫外光区。吸收池的大小规格从几毫米到几厘米不等,最常用的是 1 cm 的吸收池。为减少光的反射损失,吸收池的光学面必须严格垂直于光束方向。在分析测定中(尤其是紫外光区尤其重要),吸收池要挑选配对,使它们的性能基本一致,因为吸收池材料本身及光学面的光学特性以及吸收池光程长度等对吸光度的测量结果都有直接影响。

4. 检测器

(1)检测器的作用

检测器是一种光电转换元件,是检测单色光通过溶液被吸收后透射光的强度,并把这种光信号转变为电信号的装置。

(2)对检测器的要求

检测器应在测量的光谱范围内具有高的灵敏度；对辐射能量响应快、线性关系好、线性范围宽；对不同波长的辐射响应性能相同且可靠；有好的稳定性和低的噪音水平等。

(3)检测器的种类

常用的检测器有光电池、光电管和光电倍增管等。

①光电池

主要是硒电池，其灵敏度光区为 310～800 nm 其中以 500～600 nm 最为灵敏，其特点是不必经放大就能产生可直接推动灵敏检流计的电流，但由于它容易出现“疲劳效应”、寿命较短而只用于低档的分光光度计中。

②光电管

光电管在紫外-可见分光光度计上应用很广泛。它以一弯成半圆柱且内表面涂上一层光敏材料的镍片作为阴极，而置于圆柱形中心的一金属丝作为阳极，密封于高真空的玻璃或石英中构成的，当光照到阴极的光敏材料时，阴极发射出电子，被阳极收集而产生光电流。结构如图 9-6 所示。

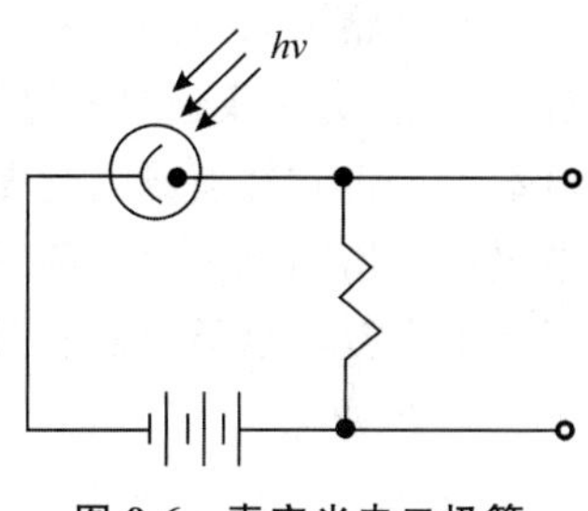

图 9-6　真空光电二极管

随阴极光敏材料不同，灵敏的波长范围也不同。可分为蓝敏和红敏两种光电管，前者是阴极表面上沉积锑和铯，可用于波长范围为 210～625 nm，后者是阴极表面上沉积银和氧化铯，可用波长范围为 625～1000 nm，与光电池比较，光电管具有灵敏度高、光敏范围宽、不易疲劳的优点。

③光电倍增管

光电倍增管实际上是一种加上多级倍增电极的光电管，其结构如图 9-7 所示。其外壳由玻璃或石英制成，阴极表面涂上光敏物质，在阴极 C 和阳极 A 之间装有一系列次级电子发射极，即电子倍增极 D_1、D_2、……阴极 C 和阳极 A 之间加直流高压(约 1000 V)，当辐射光子撞击阴极时发射光电子，该电子被电场加速并撞击第一倍增极 D_1，撞出更多的二次电子，依此不断进行，像“雪崩”一样，最后阳极收集到的电子数将是阴极发射电子的 10^5～10^6 倍。与光电管不同，光电倍增管的输出电流随外加电压的增加而增加，且极为敏感，这是因为每个倍增极获得的增益取决于加速电压。因此，光电倍增管的外加电压必须严格控制。光电倍增管的暗电流愈小，质量愈好。光电倍增管灵敏度高，是检测微弱光最常见的光电元件，可以用较窄的单色器狭缝，从而对光谱的精细结构有较好的分辨能力。

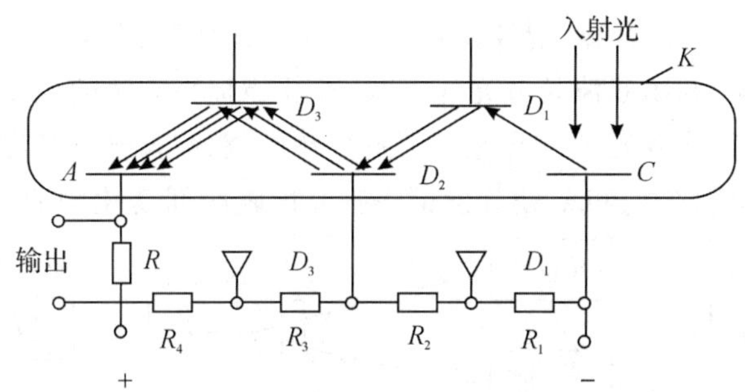

图 9-7　光电倍增管工作原理图

5. 信号指示系统

它的作用是放大信号并以适当的方式指示或记录。常用的信号指示装置有直流检流计、电位调零装置、数字显示及自动记录装置等。现在许多分光光度计配有微处理机，一方面可以对仪器进行控制，另一方面可以进行数据处理。

9.1.3.2 分光光度计的类型

1. 单光束分光光度计

其光路示意图如前面的图 9-5 所示，经单色器分光后的一束平行光，轮流通过参比溶液和样品溶液，以进行吸光度的测定。这种简易型分光光度计结构简单，操作方便，维修容易，适用于常规分析。国产 722 型、751 型、724 型、英国 SP500 型以及 Backman DU-8 型等均属于此类光度计。

2. 双光束分光光度计

其光路示意于图 9-8。经单色器分光后经反射镜（M_1）分解为强度相等的两束光，一束通过参比池，另一束通过样品池，光度计能自动比较两束光的强度，此比值即为试样的透射比，经对数变换将它转换成吸光度并作为波长的函数记录下来。双光束分光光度计一般都能自动记录吸收光谱曲线。由于两束光同时分别通过参比池和样品池，还能自动消除光源强度变化所引起的误差。这类仪器有国产 710 型、730 型、740 型等。

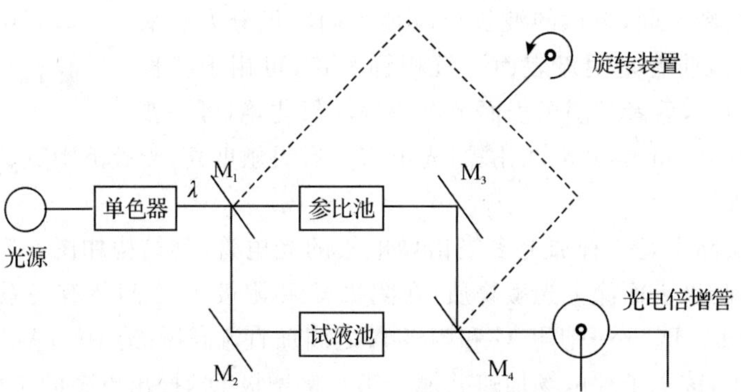

图 9-8 单波长双光束分光光度计原理图

3. 双波长分光光度计

其基本光路如图 9-9 所示。由同一光源发出的光被分成两束，分别经过两个单色器，得到两束不同波长（λ_1 和 λ_2）的单色光；利用切光器使两束光以一定的频率交替照射同一吸收池，然后经过光电倍增管和电子控制系统，最后由显示器显示出两个波长处的吸光度差值 ΔA（$\Delta A = A_{\lambda_1} - A_{\lambda_2}$）。对于多组分混合物、混浊试样（如生物组织液）分析，以及存在背景干扰或共存组分吸收干扰的情况下，利用双波长分光光度法，往往能提高方法的灵敏度和选择性。利用双波长分光光度计，能获得导数光谱。通过光学系统转换，双波长分光光度计能很方便的转化为单波长工作方式。如果能在 λ_1 和 λ_2 处分别记录吸光度随时间变化的曲线，还能进行化学反应

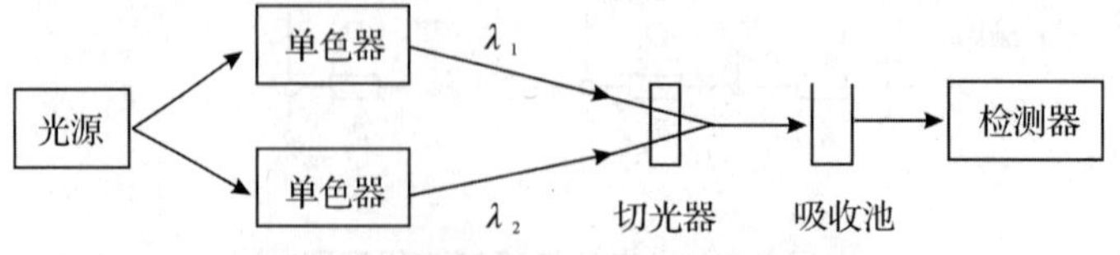

图 9-9 双波长分光光度计光路示意图

动力学研究。

9.1.4　分光光度法的测定

1. 测定的方法

根据朗伯-比耳定律，当吸光物质光程一定时，吸光度与吸光物质的浓度呈线性关系，因此可以根据标准曲线法和直接比较法测定试样溶液中待测物质的浓度。

(1)标准曲线法

此为最常用的方法。配制一系列浓度不同的标准溶液，显色后，用相同规格的比色皿，在相同条件下测定各标液的吸光度，以标液浓度为横坐标，吸光度为纵坐标作图，理论上应该得到一条过原点的直线，称为标准曲线。然后取被测试液在相同条件下显色、测定，根据测得的吸光度在标准曲线上查出其相应浓度从而计算出含量，如图 9-10 所示。

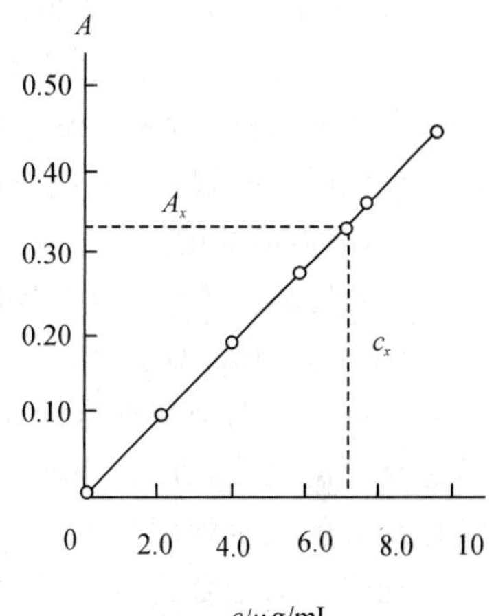

图 9-10　标准曲线

(2)标准对照法

先配制一个与被测溶液浓度相近的标准溶液(其浓度用 c_s 表示)，测出吸光度 A_s，在相同条件下测出试样溶液的吸光度 A_x，则试样溶液浓度 c_x 可按下式求得：

$$c_X = \frac{A_X}{A_S} \times c_S \qquad (9\text{-}10)$$

此方法适用于非经常性的分析工作。

【例 9-3】　准确取含磷 30 μg 的标液，于 25 mL 容量瓶中显色定容，在 690 nm 处测得吸光度为 0.410；称取 10.0 g 含磷试样，在同样条件下显色定容，在同一波长处测得吸光度为 0.320。计算试样中磷的含量。

解　因定容体积相同，所以浓度之比等于质量之比，即

$$\frac{A_X}{A_S} = \frac{c_X}{c_S} = \frac{m_X}{m_S} \qquad m_X = \frac{A_X}{A_S} \times m_S = \frac{0.320}{0.410} \times 30\ \mu g = 23\ \mu g$$

$$w = \frac{m_X}{m} = \frac{23\ \mu g}{10.0 \times 10^6} = 2.3 \times 10^{-6}$$

采用比较法时应注意，所选择的标液浓度要与被测试液浓度尽量接近，以避免产生大的测定误差。测定的样品数较少，采用比较法较为方便，但准确度不甚理想。

2. 测定条件的选择

显色反应条件的选择包括显色剂及其用量的选择、反应酸度、温度、时间等的选择。

(1)显色反应

显色反应指的是利用显色剂将无色或浅色的待测物转变成深色化合物的化学反应。合适的显色反应要求所得产物组成恒定、稳定性好且显色条件易于控制；产物对紫外、可见光有较强的吸收能力，即 ε 大；显色剂与产物的颜色对照性好，即吸收波长有明显的差别，一般要求 $\Delta\lambda_{max} > 60$ nm。常见的显色剂大多数为有机显色剂，它能与金属离子形成稳定的螯合物，显色反应的选择性和灵敏度高。如磺基水杨酸、邻二氮菲、双硫腙、丁二酮肟、铬天青等。显色剂选定了以后，还必须选择显色剂的用量。生成配合物的显色反应可用下式表示：

$$M + nR \rightleftharpoons MR_n$$

$$\beta_n=\frac{[MR_n]}{[M][R]^n}\text{或}\frac{[MR_n]}{[M]}=\beta_n[R]^n$$

式中，M 代表待测金属离子，R 为配位体显色剂，β_n为配合物累积稳定常数。从上式可见，当 R 的平衡浓度[R]一定时，M 生成 MR_n的转化率才一定。对 β_n很大的稳定配合物来说，只要显色剂适当过量时，显色反应都会基本定量完成，显色剂过量的多少影响不明显；而对于 β_n小的不稳配合物或可行成逐级配合物时，显色剂的用量关系较大，一般就需过量较多或必须严格控制用量。如以 CNS^- 作为显色剂测定钼时，要求生成红色的 $Mo(CNS)_5$配合物进行测定，当 CNS^- 浓度过高时，会生成$[Mo(CNS)_6]^-$而使颜色变浅，ε 降低；而用 CNS^- 测定 Fe^{3+} 时，随 CNS^- 浓度增大，配合物逐渐增加，颜色也逐步加深。因此，必须严格控制 CNS^- 的用量，才能获得准确的分析结果。显色剂用量可通过实验选择，在固定金属离子浓度的情况下，作吸光度随显色剂浓度的变化曲线，选取吸光度恒定时的显色剂用量。

(2)溶液的酸度

介质的酸度往往是显色反应的一个重要条件。受酸度影响的因素很多，主要从显色剂及金属离子两方面考虑。

多数显色剂是有机弱酸或弱碱，介质的酸度直接影响着显色剂的离解程度，从而影响显色反应的完全程度。当酸度高时，显色剂离解度降低，显色剂可配位的阴离子浓度降低，显色反应的完全程度也跟着降低。对于多级配合物的显色反应来说，酸度变化可形成具有不同配位比的配合物，产生颜色的变化。在高酸度下多生成低配位数的配合物，可能没有达到金属离子的最大配位数，当酸度低时，游离的配位体阴离子浓度相应变大，可能生成高配位数的配合物。

在实际分析工作中，是通过实验来选择显色反应的适宜酸度的。具体做法是固定溶液中待测组分和显色剂的浓度，改变溶液(通常用缓冲溶液控制)的酸度，分别测定在不同 pH 溶液的吸光度 A，绘制 A～pH 曲线，从中找出最适宜的 pH 范围。

(3)显色温度

吸光度的测量都是在室温下进行的，温度的稍许变化，对测量影响不大，但是有的显色反应受温度影响很大，需要进行反应温度的选择和控制。特别是进行热力学参数的测定、动力学方面的研究等特殊工作时，反应温度的控制尤为重要。

此外，由于配合物的稳定时间不一样，显色后放置及测量时间的影响也不能忽视，需经实验选择合适的放置、测量的时间。

(4)显色时间

有些显色反应瞬间完成，溶液颜色很快达到稳定状态，并较长时间保持不变；有些显色反应虽能迅速完成，但有色配合物的颜色很快开始褪色；有些显色反应进行缓慢，溶液颜色需经一段时间后才稳定。适宜的显色时间由实验确定。

(5)共存离子的影响

如果共存离子本身有颜色或共存离子与显色剂生成有色配合物，会使吸光度增加，造成正干扰。

如果共存离子与被测组分或显色剂生成无色配合物，则会降低被测组分或显色剂的浓度，从而影响显色剂与被测组分的反应，引起负干扰。

消除共存离子干扰的一般方法如下：

①控制酸度:②加入掩蔽剂；③利用氧化还原反应改变价态；④利用校正系数；⑤用参比溶

液消除显色剂和某些共存有色离子的干扰；⑥选择适当的波长；⑦采用适当的分离方法。

3. 测定的误差

任何光度计都有一定的测量误差，这是由于测量过程中光源的不稳定、读数的不准确或实验条件的偶然变动等因素造成的。由于吸收定律中透射比 T 与浓度 c 是负对数的关系，从负对数的关系曲线可以看出，相同的透射比读数误差在不同的浓度范围中，所引起的浓度相对误差不同，当浓度较大或浓度较小时，相对误差都比较大。因此，要选择适宜的吸光度范围进行测量，以降低测定结果的相对误差。

如图 9-11 所示，图中曲线的最低点，即当吸光度 $A=0.434$ 时，仪器的测量误差最小。当 A 大于或小于 0.434 时，误差都变大。在吸光分析中，一般选择 A 的测量范围为 0.2～0.8（T%为 65～15%），此时如果仪器透射率读数误差（ΔT）为 1%时，由此引起的测定结果相对误差（$\Delta c/c$）约为 3%。

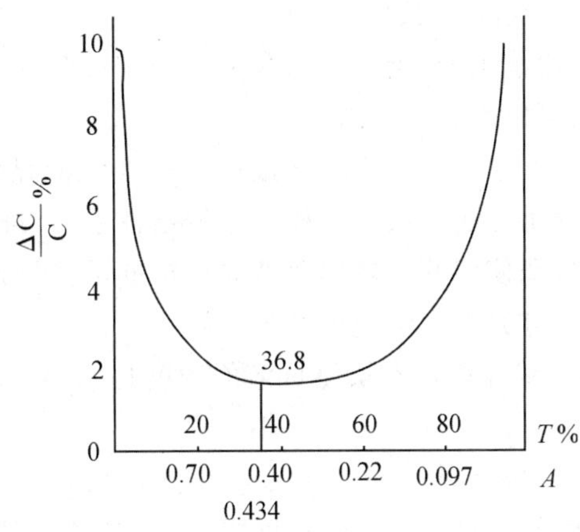

图 9-11 浓度测量的相对误差 $\Delta c/c$ 与溶液透射比(T)的关系

4. 分析条件的选择

(1)入射光波长

通常都是选择最强吸收带的最大吸收波长 λ_{max} 作为测量波长，称为最大吸收原则，以获得最高的分析灵敏度。而且在 λ_{max} 附近，吸光度随波长的变化一般较小，波长的稍许偏移引起吸光度的测量偏差较小，可得到较好的测定精密度。但在测量高浓度组分时，宁可选用灵敏度低一些的吸收峰波长（ε 较小）作为测量波长，以保证校正曲线有足够的线性范围。如果 λ_{max} 所处吸收峰太尖锐，则在满足分析灵敏度前提下，可选用灵敏度低一些的波长进行测量，以减少朗伯-比尔定律的偏差。

(2)控制适当的吸光度范围

因为吸光度在 0.2～0.8 范围内测量的读数误差较小，所以，应尽量使吸光度读数控制在此范围内，为此在实际工作中，可通过调节待测溶液的浓度、选用适当厚度的吸收池以及选择合适的参比溶液的方法，使测得的吸光度落在所要求的范围内。

①控制被测液的浓度

含量大时，少取样或稀释试液；含量少时，可多取样或萃取富集。

②选择不同厚度的吸收池

读数太大时，可改用厚度小的比色皿；读数太小时，改用厚度大的比色皿。

③选择合适的参比溶液

测量试样溶液的吸光度时，先要用参比溶液调节透射比为100%，以消除溶液中其他成分以及吸收池和溶剂对光的反射和吸收所带来的误差。根据试样溶液的性质，选择合适组分的参比溶液是很重要的。

溶剂空白：当试液、显色剂和其他试剂在测定波长下均无吸收时，可用纯溶剂（或蒸馏水）作参比溶液；

试液空白：当在测定波长处，显色剂无吸收，而待测液中共存的其他离子有吸收时，采用不加显色剂的待测试液作参比溶液；

试剂空白：当待测试液无色而其他试剂、显色剂有色时，则不加待测试液，按操作步骤加入显色剂和其他试剂配制成参比溶液。

9.1.5 分光光度法的应用

1. 单组分含量的测定——示差光度法

吸光光度法适合于测定微量组分，当用于高含量组分或过低含量组分测定时，会引起较大误差。采用示差分光光度法可以弥补这一缺点。

示差分光光度法是以一个与被测试液浓度接近的标准溶液显色后作为参比溶液进行测量，从而求得被测物含量的分析方法。按所选择的测量条件不同，可以分为高浓度示差分光光度法、低浓度示差分光光度法和使用两个参比溶液的双标准示差分光光度法，它们的测定原理基本相同，其中以高浓度示差分光光度法应用最多。

假设分别以 c_S 和 c_X 表示参比溶液和被测试液的浓度且 $c_X > c_S$，根据朗伯-比耳定律可得：

$$A_X = \varepsilon b c_X \quad A_s = \varepsilon b c_S$$

$$\Delta A = A_X - A_S = \varepsilon b(c_X - c_S) = \varepsilon b \Delta c \tag{9-11}$$

可见，被测试液的吸光度与参比溶液的吸光度之差，与二者浓度差成正比。因此以浓度为 c_S 的标液为参比溶液，测定一系列浓度略高于 c_S 的标准溶液的吸光度 ΔA，将测得的 ΔA 值对 Δc 值绘制标准曲线。再测定未知试样的吸光度 ΔA_X，在标准曲线上可查得对应的Δc_X，根据 $c_X = c_S + \Delta c_X$ 求得 c_X，进一步可计算待测组分的含量。

若用一般光度法，以空白参比测得标准溶液的透光率 T_S为10%，被测试液的透光率 T_X为7%，这样测定吸光度读数误差会很大。若采用示差光度法，以浓度为 c_S的标准溶液作参比溶液调零，即将标准溶液的透光率 T_S从10%调到100%，此时测定被测试液的透光率 T_X将为70%，相当于把仪器的透光率标尺放大了十倍，使测得的吸光度落在适宜的读数范围内，从而提高了高含量组分光度法测定的准确度。

2. 多组分含量的测定

实际工作中所遇到的样品，往往是复杂的多组分体系。当溶液中含有不止一种吸光物质时，由于吸光度的加和性，总吸光度为各组分单独存在时的吸光度之和，因此常有可能在同一试液中不经分离，测定一种以上组分的含量，现以含有两种组分的溶液为例来加以说明。

设某溶液中含有 x 和 y 两种组分，其浓度分别为 c_x 和 c_y，它们的吸收光谱可能会出现如图 9-12 所示的几种情况。

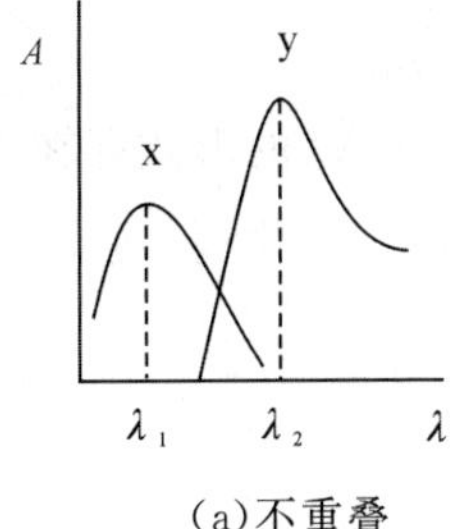

(a)不重叠

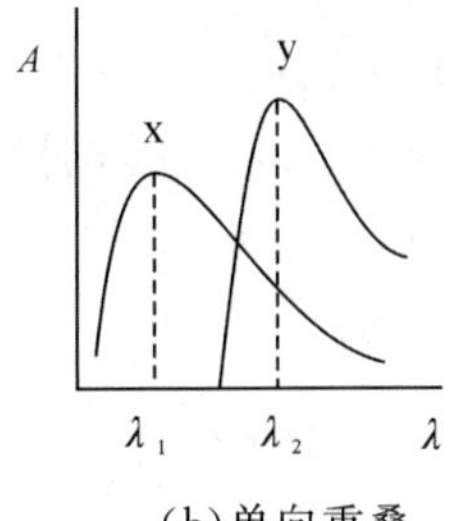

(b)单向重叠

(c)双向重叠

图 9-12　混合物吸收光谱

如果两种组分的吸收曲线不相互重叠，如图 9-12(a)所示，即各组分的最大吸收波长或某些波段处不重叠，x 组分最大吸收波长处 y 组分吸光度为零，y 组分最大吸收波长处 x 组分的吸光度为零，所以两组分互不干扰，就可在各个组分的最大吸收波长条件下，按单组分测定方法分别测定其吸光度，和单组分一样求得分析结果。

图 9-12(b)的情况为吸收光谱单向重叠，即 x 组分对 y 组分的吸光度有干扰，而 y 组分对 x 组分的吸光度不干扰。此时可在 λ_1 和 λ_2 处测混合组分吸光度值 $A_{\lambda_1}^{x}$ 和 $A_{\lambda_2}^{x+y}$，则有：

$$A_{\lambda_1}^{x}=\varepsilon_{\lambda_1}^{x}bc_x$$

$$A_{\lambda_2}^{x+y}=\varepsilon_{\lambda_2}^{x}bc_x+\varepsilon_{\lambda_2}^{y}bc_y$$

式中，$\varepsilon_{\lambda_1}^{x}$ 为 x 在波长 λ_1 时的摩尔吸光系数；$\varepsilon_{\lambda_2}^{x}$、$\varepsilon_{\lambda_2}^{y}$ 分别为 x、y 在波长 λ_2 处的摩尔吸光系数。若测定时使用固定比色皿，并用 x、y 的纯溶液分别测定 x、y 的摩尔吸光系数，根据测定的 $A_{\lambda_1}^{x}$ 和 $A_{\lambda_2}^{x+y}$ 值，解联立方程组即可求得 x 和 y 两组分的浓度 c_x 和 c_y。

图 9-12(c)中的情况是吸收光谱双向重叠，两者的吸收曲线在对方的最大吸收峰处都有吸收。测定混合液在 λ_1 和 λ_2 处吸光度可得 $A_{\lambda_1}^{x+y}$ 和 $A_{\lambda_2}^{x+y}$，并用 x、y 的纯溶液测得 $\varepsilon_{\lambda_1}^{x}$、$\varepsilon_{\lambda_2}^{x}$、$\varepsilon_{\lambda_1}^{y}$ 和 $\varepsilon_{\lambda_2}^{y}$，求解下列联立方程组可得 c_x 和 c_y。

$$A_{\lambda_1}^{x+y}=\varepsilon_{\lambda_1}^{x}bc_x+\varepsilon_{\lambda_1}^{y}bc_y$$

$$A_{\lambda_2}^{x+y}=\varepsilon_{\lambda_2}^{x}bc_x+\varepsilon_{\lambda_2}^{y}bc_y$$

对于更多组分体系，可用计算机处理测定结果。

3. 酸碱解离常数的测定

测定弱酸或弱碱的离解常数是分析化学研究工作中常遇到的问题。应用光度法测定弱酸、弱碱的解离常数，是基于弱酸(或弱碱)与其共轭碱(或共轭酸)对光的吸收情况不同。对于一元弱酸有下述解离平衡：$HA \rightleftharpoons H^+ + A^-$

其离解常数为：

$$K_a^{\ominus}=\frac{[c(H^+)/c^{\ominus}][c(A^-)/c^{\ominus}]}{[c(HA)/c^{\ominus}]}$$

将式两边同取负对数，得：

$$pK_a^{\ominus}=pH-\lg\frac{c(A^-)/c^{\ominus}}{c(HA)c^{\ominus}}$$

根据上式可知，为测定 $pK_a^{\ominus}$，需测出 pH 及 $c(HA)$与 $c(A^-)$的比值。具体方法是：配制分析浓度 $c=c(HA)+c(A)$完全相同而 pH 不同的三份溶液，第一份溶液的酸性足够强($pH \leq pK_a^{\ominus}-2$)，此时，弱酸几乎全部以 HA 的形式存在，在一定波长下，测定其吸光度：

$$A_{HA}=\varepsilon_{HA}\cdot b\cdot c(HA)=\varepsilon_{HA}\cdot b\cdot c(HA) \qquad (9\text{-}12)$$

第二份溶液的在其 $pK_a^{\ominus}$ 附近，此时溶液中的 HA 与 A^- 共存，在相同波长下，测定其吸光度：

$$A=A_{HA}+A_{A^-}=\varepsilon_{HA}\cdot b\cdot c(HA)+\varepsilon_{A^-}\cdot b\cdot c(A^-)$$

$$=\varepsilon_{HA}\cdot b\cdot\frac{c(H^+)c}{c(H^+)+K_a^\ominus}+\varepsilon_{A^-}\cdot b\cdot\frac{K_a^\ominus c}{c(H^+)+K_a^\ominus}\tag{9-13}$$

第三份溶液的碱性足够强($pH\geqslant pK_a^\ominus+2$),此时,弱酸几乎全部以 A^- 的形式存在,在相同波长下,测定其吸光度 $A_{A^-}=\varepsilon_{A^-}\cdot b\cdot c(A^-)$ (9-14)

将(9-12)、(9-14)代入(9-13)整理后得:

$$pK_a^\ominus=pH-\lg\frac{A-A_{HA}}{A_{A^-}-A}\tag{9-15}$$

由式(9-15)可知,只要测出 A、A_{HA}、A_{A^-} 和 pH 就可以计算出 $K_a^\ominus$。

4. 配合物组成的测定

用分光光度法测定配合物组成的方法很多,这里介绍较简单的摩尔比法和连续变化法。

(1)摩尔比法

摩尔比法是利用金属离子同显色剂摩尔比例的变化来测定配合物组成的。在一定条件下配制一系列、固定金属离子 M 的浓度,显色剂 R 的浓度依次递增(或者相反)的溶液,在相同测量条件下分别测定吸光度,以吸光度 A 对 $c(R)/c(M)$ 作图,如图 9-13 所示。当 $c(R)$较小时,金属离子没有完全配位,随着 $c(R)$的增大,吸光度不断增高;当 $c(R)$增加到一定程度时,金属离子配位完全,再增大 $c(R)$时,吸光度不再升高,曲线变得平坦,转折处所对应的摩尔比即是配合物的组成。若转折点不明显,则用外推法作出两条直线的交点,交点对应的比值即是配合物的配位比。

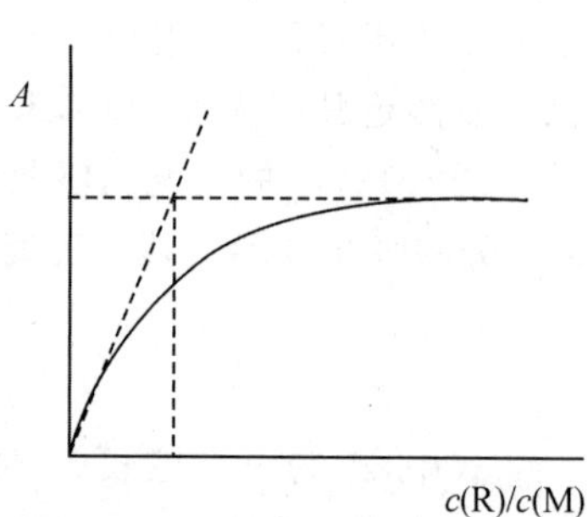

图 9-13　摩尔比法

(2)等摩尔连续变化法

等摩尔连续变化法是在实验中连续改变显色剂和金属离子的浓度,使溶液中金属离子和显色剂的物质的量按比例变化,但两者的总量保持一定,即 $c(M)+c(R)=c$(定值)。测定这一系列溶液的吸光度,然后以吸光度对 $c(M)/c$ 或 $c(R)/c$ 作图,来确定配合物的组成,如图 9-14 所示。

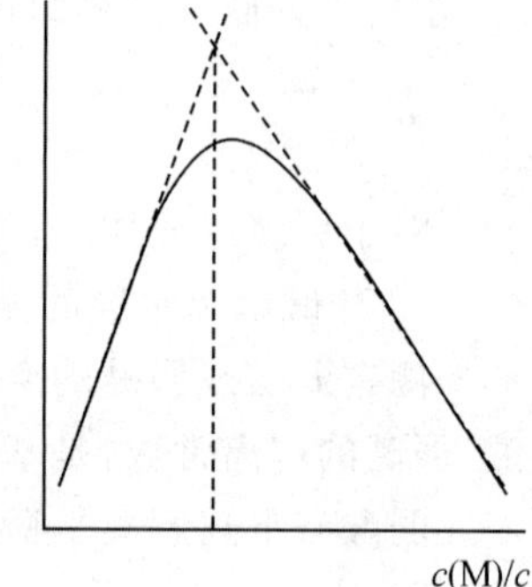

图 9-14　连续变化法

5. 应用实例

(1)磷的测定

微量磷的测定一般采用磷钼蓝或钼锑钪光度法。磷钼蓝是将磷酸与钼酸铵在酸性条件下生成黄色磷钼杂多酸,然后用还原剂将黄色的磷钼杂多酸还原成磷钼杂多蓝进行测定。常用的还原剂有氯化亚锡、硫酸联氨、抗坏血酸等。用硫酸联氨和抗坏血酸作还原剂时,反应速度慢,且需沸水浴加热,操作较麻烦;用氯化亚锡作还原剂,灵敏度高,显色快,但蓝色的稳定性稍差,对酸度和钼酸铵浓度的控制要求严格;若用抗坏血酸加酒石酸锑钾作还原剂,也可以使磷钼杂多酸转化成稳定的蓝色溶液,此法称为钼锑钪法。

(2)微量铁的测定

微量铁的测定目前有邻二氮菲法、硫代甘醇酸法、磺基水杨酸法、硫氰酸盐法等,其中以邻二氮菲法使用最为广泛。

邻二氮菲与 Fe^{2+} 显色反应的适宜 pH 范围很宽,在 $pH=2\sim9$ 的溶液中均能生成稳定的橙红色螯合物，酸度过高时反应进行较慢；酸度过低时 Fe^{2+} 将水解，通常在 pH 约为 5 的 HAc-NaAc 缓冲介质中测定。生成的配合物非常稳定，$\lg K_f^{\ominus}=21.3$(20℃)，其溶液在 508 nm 处有最大吸收，摩尔吸光系数为 $1.11\times10^4\ \mathrm{L\cdot mol^{-1}\cdot cm^{-1}}$。利用上述反应可以测定微量铁，选择性很高，相当于含铁量 5 倍的 Co^{2+}、Cu^{2+}，20 倍量的 Cr^{3+}、Mn^{2+}，甚至 40 倍量的 Al^{3+}、Ca^{2+}、Mg^{2+}、Sn^{2+}、Zn^{2+} 都不干扰测定。

9.2 电势分析法

9.2.1 概述

电势分析法是电化学分析的一个重要分支，它是根据指示电极电势与所相应的离子活度之间的关系，通过测量指示电极、参比电极和待测试液所组成的原电池的电动势来确定被测离子活度(浓度)的一种分析方法。电势分析法可分为两种，一种是根据原电池的电动势直接求出被测物质浓度的直接电势法，另一种是根据滴定过程中原电池电动势的变化确定终点的电势滴定法。直接电势法使用的指示电极是离子选择性电极，测定的是溶液中已经存在的自由离子。这类方法具有较好的选择性，一般样品可不经过分离或掩蔽处理直接进行分析，而且测定过程不破坏溶液中的平衡关系，同时仪器设备比较简单，操作方便，分析速度快，应用比较广泛，适用于微量和痕量组分的测定。电势滴定法测试的是溶液中被测离子的总浓度，适合常量组分的测定。此法可直接用于有色和浑浊溶液的滴定。在酸碱滴定中，它可以滴定不适于用指示剂的弱酸。能滴定 $K_a^{\ominus}$ 小于 5×10^{-9} 的弱酸。在沉淀和氧化还原滴定中，因缺少指示剂，它应用更为广泛。电势滴定法可以进行连续和自动滴定。

1. 电势分析法基本原理

电势分析法的实质是通过在零电流条件下测定两电极间的电势差(即所构成原电池的电动势)进行分析测定。电极电势和物质的活度关系遵从 Nernst 方程式：

$$\varphi_{M^{n+}/M}=\varphi^{\ominus}_{M^{n+}/M}+\frac{RT}{nF}\ln[a(M^{n+})/c^{\ominus}] \tag{9-16}$$

式中 $a(M^{n+})$ 为 M^{n+} 的活度。溶液浓度很低时，可以用 M^{n+} 的浓度代替活度：

$$\varphi_{M^{n+}/M}=\varphi^{\ominus}_{M^{n+}/M}+\frac{RT}{nF}\ln[c(M^{n+})/c^{\ominus}] \tag{9-17}$$

如果测得该电极的电极电势，就可以根据 Nernst 方程求出该离子的活度或浓度。

由于单个电极的电极电势无法测量，电势分析法是基于测量原电池的电动势来求被测物质的含量。在电势分析法中，必须设计一个原电池。通常选用一个电极电势能随溶液中被测离子的活动改变而变化的电极(称指示电极)和一个在一定条件下电极电势恒定的电极(称参比电极)，与待测溶液组成工作电池：

$$参比电极 \parallel M^{n+} \mid M$$

参比电极可作正极，也可作负极，视两个电极的电势高低而定。

$$\begin{aligned}E&=\varphi_{+}-\varphi_{-}=\varphi_{M^{n+}/M}-\varphi_{参比}\\&=\varphi^{\ominus}_{M^{n+}/M}+\frac{RT}{nF}\ln[a(M^{n+})/c^{\ominus}]-\varphi_{参比}\end{aligned} \tag{9-18}$$

在温度一定时，$\varphi^{\ominus}_{M^{n+}/M}$和$\varphi_{参比}$都是常数，故

$$E=K+\frac{RT}{nF}\ln[a(M^{n+})/c^{\ominus}] \tag{9-19}$$

只要测出电池电动势 E 就可求得 $a(M^{n+})$，这种方法就是直接电势法。若 M^{n+} 是被滴定的离子，在滴定过程中，电极电势 $\varphi_{M^{n+}/M}$ 将随 $a(M^{n+})$ 的变化而变化，E 也将随之而变化。在计量点附近，$a(M^{n+})$ 将发生突变，相应的 E 也有较大的变化，通过测量 E 的变化就可以确定滴定终点，这就是电势滴定法。

2. 指示电极

指示电极是指示被测离子活度的电极，其电极电势随被测离子活度的变化而变化。因而要求指示电极的电极电势与有关离子的活度之间的关系符合 Nernst 方程，且电极电势选择性高，重现性好，电极反应快，响应速度快，使用方便。可作为指示电极使用的有离子选择性电极和金属基电极这两类。金属基电极是以金属为基体，其数量有限，且在电极上有电子交换即氧化还原反应的发生，导致其在实际使用中存在较多的干扰，因此它作为指示电极并没有得到广泛的应用。离子选择性电极是具有普遍实用价值的测量活度的指示电极，它的主要形式是膜电极。20 世纪 60 年代以来，离子选择性薄膜得到了很大的发展，一大批离子选择性电极被研制出来。如果以敏感膜材料为基础，可以对离子选择性电极分成如下几类：

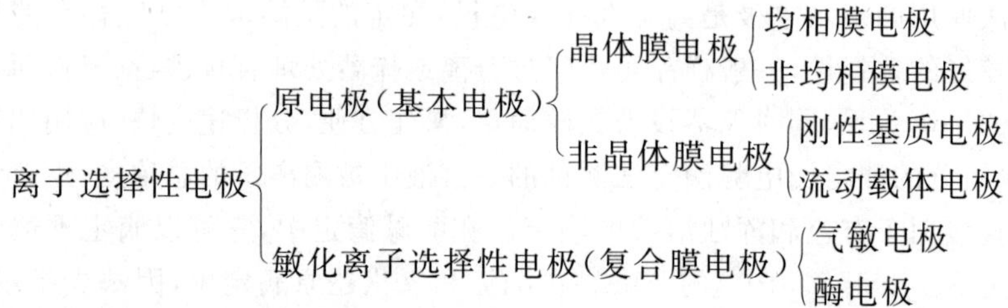

以下只介绍离子选择性电极中最常用的 pH 玻璃膜电极和氟离子选择性电极。

(1)pH 玻璃电极

pH 玻璃电极属于刚性基质电极，其敏感膜是由离子交换型的玻璃（glass，Gl）薄片构成，结构如图 9-15 所示。玻璃电极分单玻璃电极 9-15(a)和复合玻璃电极 9-15(b)两类。

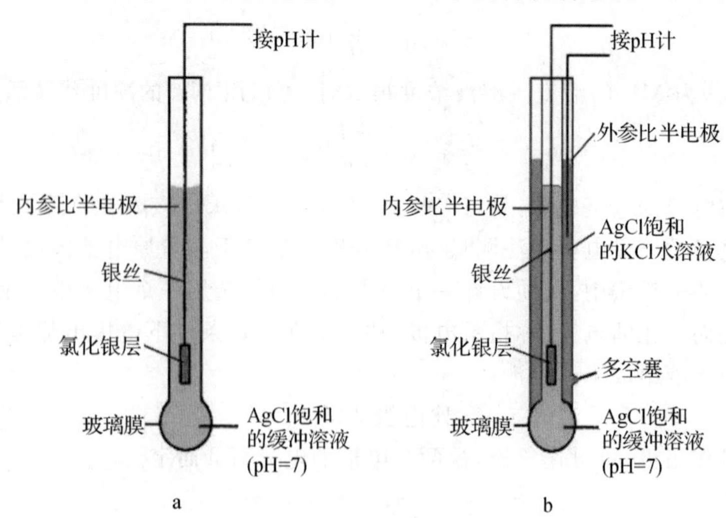

图 9-15　pH 玻璃电极

玻璃电极玻璃膜的主要成分是 SiO_2，它构成玻璃的基本骨架。纯 SiO_2（如石英）结构，不存在可供离子交换的电荷点。当玻璃膜的成分中存在 Na_2O 时，部分硅氧键断裂，形成带负电荷的硅氧结构，如图 9-16 所示，Na^+ 存在 Si-O 网络骨架中带负电荷点的硅氧结构周围点位上。

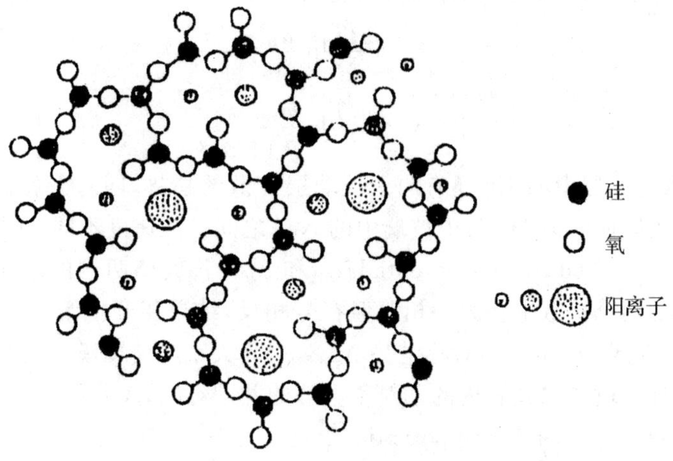

图 9-16　硅酸盐玻璃结构

当玻璃电极浸泡在水溶液中时，硅氧结构与 H^+ 键合强度远远大于与 Na^+ 的结合强度，因此原来骨架中的 Na^+ 和水中 H^+ 进行交换，其离子交换反应为：

$$H^+ + Na^+Gl^- \rightleftharpoons Na^+ + H^+Gl^-$$

此反应的平衡常数很大，有利于 H^+Gl^- 的形成，在酸性或中性溶液中，玻璃膜表面形成厚度为 $10^{-5}\sim10^{-4}$ mm 的水化胶层。最终水中浸泡后的玻璃膜由三部分组成：膜内、外两表面的水化胶层及膜中间的干玻璃层，如图 9-17 所示。

外部溶液	水化胶层	干玻璃层	水化胶层	内部溶液
$a_{H^+}=x$	←10^{-4} mm→	←0.1 mm→	←10^{-4} mm→	a_{H^+} =定值
	a_{Na^+} 上升→		←a_{Na^+} 上升	
	←a_{H^+} 上升	抗衡离子为 Na^+	a_{H^+} 上升→	

图 9-17　水化敏感玻璃膜的组成

玻璃膜中，在干玻璃层中的电荷传导主要由 Na^+ 承担；在干玻璃层和水化胶层间为过渡层，Na^+Gl^- 只部分转化为 H^+Gl^-，过渡层中 H^+ 的活动性很小，电阻较大，其电阻率是干玻璃层的 1000 倍左右；在水化胶层中，表面≡SiO^-H^+ 发生解离平衡

$$\equiv SiO^-H^+ + H_2O \rightleftharpoons \equiv SiO^- + H_3O^+$$

表面　　溶液　　　表面　　溶液

当浸泡后的电极浸入待测溶液时，膜外层的水化胶层与试液接触，由于水化胶层表面和试液中 H^+ 活度不同，形成了活度差，此时 H^+ 便由活度大的一方向活度小的一方迁徙。可能有额外的 H^+ 由试液浸入水化胶层，或由水化胶层转入到试液中并建立如下平衡：

$$H^+_{硅胶层} \rightleftharpoons H^+_{溶液}$$

因此膜外层的胶-液（固-液）两相界面的电荷分布发生了改变，于是产生了界面电势 $\varphi_{外}$

(界面电势也称为相界电势)。同理,膜内层水化胶层与内部溶液界面也存在一个界面电势$\varphi_{内}$。内、外界面电势的产生使跨越电极膜两侧的电势差发生了改变,而这个改变显然与溶液中的 H^+ 活度有关。

若膜两边溶液中的 H^+ 活度为 $a_{H^+,内}$ 及 $a_{H^+,试}$,而 $a'_{H^+,内}$ 及 $a'_{H^+,外}$ 是一接触此两溶液的每一水化层中的 H^+ 活度。根据热力学证明,界面电势与 H^+ 活度应符合下述关系:

$$\varphi_{外}=K_1+\frac{RT}{F}\ln\frac{a_{H^+,外}/c^{\ominus}}{a'_{H^+,外}/c^{\ominus}} \tag{9-20}$$

$$\varphi_{内}=K_2+\frac{RT}{F}\ln\frac{a_{H^+,内}/c^{\ominus}}{a'_{H^+,内}/c^{\ominus}} \tag{9-21}$$

此外,内、外水化胶层中的 H^+ 还有向干玻璃层扩散的趋势,同时干玻璃层中的 Na^+ 也有向内、外界面移动的倾向。但 H^+ 与干玻璃中的 Na^+ 之间扩散速度不同,在硅胶层内造成电荷分离,产生两个扩散电势(diffusion potential)φ_d^{I} 和 φ_d^{II}。若玻璃两侧的水化胶层性质完全相同,则其内部形成的两个扩散电势大小相等但符号相反,结果相互抵消,净扩散电势为零。如果 $\varphi_d^{\mathrm{I}}\neq\varphi_d^{\mathrm{II}}$,就在玻璃膜内产生了不对称电势 $\Delta\varphi_{不对称}$,其大小与玻璃膜的工艺质量有关。

由膜的内、外界面电势以及膜内的不对称电势的共同影响,在跨越电极膜两侧的电势差发生了改变,产生了膜电势(membrane potential)φ_M。

$$\varphi_M=\varphi_{外}-\varphi_{内}+\Delta\varphi_{不对称} \tag{9-22}$$

为简化讨论,假定玻璃膜两侧的水化胶层完全对称,那么 $K_1=K_2$,$a'_{H^+,内}=a'_{H^+,外}$。将方程 9-20 和 9-21 代入 9-22 中

$$\varphi_M=\Delta\varphi_{不对称}+\frac{RT}{F}\ln\frac{a_{H^+,外}/c^{\ominus}}{a_{H^+,内}/c^{\ominus}} \tag{9-23}$$

由于 $\Delta\varphi_{不对称}$ 以及 $a_{H^+,内}$ 为常数,故

$$\begin{aligned}\varphi_M&=K'+\frac{2.303RT}{F}\lg a_{H^+,外}/c^{\ominus}\\&=K'-\frac{2.303RT}{F}\mathrm{pH}\end{aligned} \tag{9-24}$$

式中 K' 为常数,其值受玻璃电极本身性质所决定。9-24 式说明了玻璃电极的膜电势与试液中响应的 H^+ 活度之间的定量关系。

玻璃膜电极的构造中具有内参比电极,常用 Ag-AgCl 电极。整个玻璃电极的电势,应是内参比电极电势与膜电势之和:

$$\varphi_{玻璃}=\varphi_{内参比电极}+\varphi_{膜} \tag{9-25}$$

内参比电极的电势为常数,故整个玻璃电极的电势为

$$\varphi_{玻璃}=K-\frac{2.303RT}{F}\mathrm{pH} \tag{9-26}$$

与玻璃电极类似,各种离子选择性电极的膜电势在一定条件下遵守 Nernst 方程,对阳、阴离子有响应的电极,膜电势分别为:

$$\varphi_{膜}=K+\frac{2.303RT}{nF}\lg a_{阳离子}/c^{\ominus} \tag{9-27}$$

$$\varphi_{膜}=K-\frac{2.303RT}{nF}\lg a_{阴离子}/c^{\ominus} \tag{9-28}$$

不同电极其 K 值是不同的,它与感应膜、内部溶液等有关。(9-27)和(9-28)两式说明,在一定条件下膜电势与溶液中待测离子活度的对数成直线关系。这是用离子选择性电极测定离

子活度的基础。

实际使用中，发现玻璃电极测定 pH 的适宜范围为 1～9，在此范围内电极对 H^+ 有良好的选择性。而在测酸度过高（pH<1）和碱度过高（pH>9）的溶液时，其电势响应偏离理想线性，产生 pH 测定误差。在酸性过高的溶液中，测得的值偏高，这种误差称为“酸差”。这是由于在强酸性溶液中，水分子的活动变小引起的。在碱度过高的溶液中，测得值偏低，这种误差称为“钠差”或“碱差”。这是由于 H^+ 浓度太小，电极对 H^+ 响应迟缓，而对溶液中的其他阳离子如 Na^+、K^+ 等变得敏感而引起。

（2）氟离子选择性电极

氟离子选择性电极为均相单晶膜电极，其敏感膜为 LaF_3 的单晶薄片。为了改善导电性能，晶体中掺杂了少量的 EuF_2 或 CaF_2。敏感膜的导电由离子半径小、带电荷较少的晶格离子 F^- 来担任。Eu^{2+} 或 Ca^{2+} 代替晶格中的 La^{3+}，形成了缺陷空穴，降低了膜的电阻。通常这类敏感膜的电阻一般小于 2MΩ。由于缺陷空穴的大小、形状和分布只能容纳特定的、可移动的晶格离子 F^-，其他离子不能进入空穴，从而使晶体敏感膜具有选择性。实验表明超氟离子量 1000 倍的 Cl^-、Br^-、I^-、SO_4^{2-}、NO_3^- 等的存在对结果无明显的干扰。常用的氟离子电极结构如图 9-18 所示。

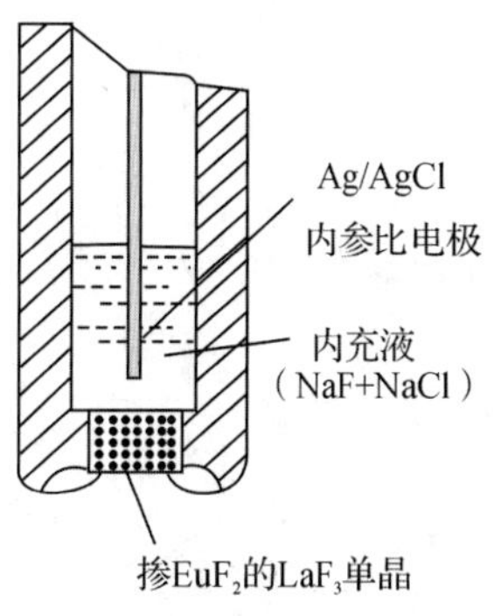

图 9-18　氟离子选择电极

当氟离子电极插入含 F^- 待测溶液中时，F^- 在电极表面进行交换。如溶液中 F^- 活度较高，则溶液中 F^- 可以进入单晶空穴。反之，单晶表面的 F^- 也可进入溶液。当 $a_{F^-}>10^{-5}$ mol·L^{-1} 及 25℃时，由此产生的膜电势与溶液中 F^- 活度的关系遵循 Nernst 方程有：

$$\varphi_{膜}=K-0.0592\lg[a_{F^-}/c^{\ominus}]=K+0.0592\text{pF}^- \tag{9-29}$$

氟电极适宜测定的 pH 范围为 5～6。当 pH 太高时，在电极表面发生如下交换反应：

$$LaF_3+3OH^- \rightleftharpoons La(OH)_3+3F^-$$

反应释放的 F^- 干扰测定，引起正误差。如 pH 过低，溶液中的 F^- 将会与 H^+ 形成 HF 或 HF_2^-，降低氟离子的活度。在实际工作中，通常用柠檬酸盐的缓冲溶液来控制 pH 值，柠檬酸盐还能与铁、铝等离子形成配合物，借此可以消除它们与氟离子生成配合物而产生的干扰。

3. 参比电极

参比电极是测量电池电动势，计算电极电势的基准，因此要求它的电极电势已知而且恒定，在测量过程中，即使有微小电流（约 10^{-8}A 或更小）通过，仍能保持不变。它与不同试液间的液接电势差很小，数值低（1～2 mV），可以忽略不计。同时要求参比电极容易制作，使用寿命长。标准氢电极（standard hydrogen electrode，SHE）是最精确的参比电极，是参比电极的一级标准。用标准氢电极与另一电极组成的电池，测定的电池两极的电势差即是另一电极的电极电势。但是标准氢电极制作麻烦，氢气的净化、压力的控制等难于满足要求，而且铂黑容易中毒。因此直接用 SHE 作参比电极很不方便，实际工作中常用的参比电极是甘汞电极和银-氯化银电极，如图 9-19 所示。这两种参比电极都属于二级标准。在内玻璃管中封接一根铂丝，铂丝插入纯汞中（厚度为 0.5～1 cm），下置一层甘汞（Hg_2Cl_2）和汞的糊状物，外玻璃管中装有 KCl 溶液，即构成甘汞电极。电极下端与待测溶液接触部分是熔结陶瓷芯或玻璃砂芯等多孔物质或是一毛细管通道。而将银丝镀上一层氯化银沉淀，浸在用氯化银饱和的一定浓度的氯化钾溶液中即构成了银-氯化银电极。甘汞电极的半电池图解式为：

$$Hg(l),Hg_2Cl_2(s)|\ KCl(x\ mol \cdot L^{-1})$$

电极反应为：

$$Hg_2Cl_2(s)+2e^- \rightleftharpoons 2Hg(l)+2Cl^-$$

因为 $Hg_2Cl_2(s)$ 和 $Hg(l)$ 的活度都等于 1，则电极电势在 25℃时为

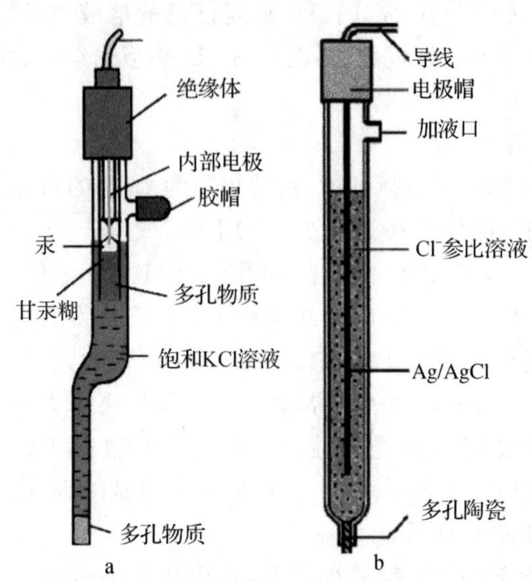

图 9-19 甘汞电极和银-氯化银电极

$$\varphi_{Hg_2Cl_2/Hg}=\varphi^{\ominus}_{Hg_2Cl_2/Hg}-0.0592\ \lg[a_{Cl^-}/c^{\ominus}] \quad (9\text{-}30)$$

而银-氯化银电极的电极电势同样可推得

$$\varphi_{AgCl/Ag}=\varphi^{\ominus}_{AgCl/Ag}-0.0592\ \lg[a_{Cl^-}/c^{\ominus}] \quad (9\text{-}31)$$

25℃，不同的氯离子浓度下，上述两种参比电极的电极电势见表 9-3 所示。

表 9-3 甘汞电极和银-氯化银的电极电势(25℃)

电极	KCl 浓度	电极电势(vs. SHE)/V
0.1 $mol \cdot L^{-1}$ 甘汞电极	0.1 $mol \cdot L^{-1}$	+0.3365
标准甘汞电极(NCE)	1.0 $mol \cdot L^{-1}$	+0.2828
饱和甘汞电极(SCE)	饱和 KCl	+0.2438
0.1 $mol \cdot L^{-1}$ AgCl/Ag 电极	0.1 $mol \cdot L^{-1}$	+0.2880
标准 AgCl/Ag 电极	1.0 $mol \cdot L^{-1}$	+0.2223
饱和 AgCl/Ag 电极	饱和 KCl	+0.2000

9.2.2 直接电势法

直接电势法测定中，常用离子选择性电极作为测量溶液中某特定离子含量的指示电极。直接电势法所需仪器设备简单，适于现场测定，且选择性好，因而被广泛应用。

1. 溶液 pH 值的测定

以 pH 玻璃电极为指示电极，饱和甘汞电极（或 AgCl/Ag 电极）为参比电极，一同插入试液中即组成 pH 测定用的工作电池：

饱和甘汞电极‖被测试样|pH 玻璃电极

其电动势为：

$$E=\varphi_{玻}-\varphi_{SCE}=K+\frac{RT}{F}\ln[a_{H^+}/c^{\ominus}]=K-\frac{2.303RT}{F}pH \tag{9-32}$$

实际操作时，为消去常数项的影响，采用同已知 pH 值的标准缓冲溶液相比较，即有

$$E_S=K-\frac{2.303RT}{F}pH_S \tag{9-33}$$

将上面两式相减，得

$$pH=pH_S+\frac{E_S-E}{2.303RT/F} \tag{9-34}$$

从而求得溶液 pH 值。式(9-34)为测水溶液 pH 值的实用定义。其实质是通过两次测量得到的 E_S-E，求得溶液的 pH 值。在测溶液 pH 值时，要用到标准 pH 缓冲溶液。

2. 离子浓度的测定

自从各种离子选择性电极的纷纷出现，直接电势法测各种离子有很大发展。测试方法常用标准曲线法和标准加入法。

(1)标准曲线法

标准曲线法又称校准曲线法或工作曲线法，适用于成批量试样的分析。测量时需要在标准系列溶液和试液中分别加入总离子强度调节缓冲液(Total Ionic Strength Adjustment Buffer，简称 TISAB)来调节试液，如测定 F^- 时，加入的 TISAB 组成为 NaCl、HAc、NaAc 和柠檬酸钠。TISAB 的加入起到三方面的作用：首先，保持试液与标准溶液有相同的总离子强度及活度系数，根据活度与浓度的关系

$$E=K\pm S\lg(\gamma\cdot c/c^{\ominus})=K\pm S\lg\gamma\pm S\lg[c/c^{\ominus}] \tag{9-35}$$

式中，$S=\frac{2.303RT}{nF}$。

在保证离子强度为恒定情况下，活度系数 γ 为定值，故

$$E=K'\pm S\lg[c/c^{\ominus}] \tag{9-36}$$

这样，避免了因为活度系数未知而得不到物质真实浓度的问题；其次，缓冲剂可以控制溶液的 pH 值；最后，含有的配合剂可以掩蔽干扰离子。测量时，将选定的指示电极和参比电极插入标准溶液，测定电动势 E，作 E-lg$c$ 或 E-pM 图，在一定范围内它是一条直线。然后，测定试液的 E_x，从 E-lg$c$ 图上找对对应的 c_x。

(2)一次标准加入法

标准加入法又称为添加法或增量法，当待测试液是复杂的体系且与标准溶液有较大差别时采用此法。此法测出的是离子的总量。如果往被测试液中只加一次标准溶液，就是所谓的一次标准加入法。采用此法时，先测体积为 V_X，浓度为 c_X 的试样的电动势值 E_X；然后再向此已测过的试样溶液中加入体积为 V_S，浓度为 c_S 的被测离子标准溶液，测得电动势为 E_1。对一价阳离子，若离子强度一定，按响应方程关系，E_1 与 E_X 可表示为：

$$E_X=K+S\lg[c_X/c^{\ominus}] \tag{9-37}$$

$$E_1=K+S\lg\frac{(c_SV_S+c_XV_X)/c^{\ominus}}{V_S+V_X} \tag{9-38}$$

$$\Delta E=E_1-E_X=S\lg\frac{(c_SV_S+c_XV_X)/c^{\ominus}}{[c_X/c^{\ominus}](V_S+V_X)} \tag{9-39}$$

取反对数

$$10^{\Delta E/S}=\frac{c_SV_S+c_XV_X}{c_X(V_S+V_X)} \tag{9-40}$$

重排，则

$$c_X=\frac{c_S V_S}{(V_X+V_S)10^{\Delta E/S}-V_X} \tag{9-41}$$

若 $V_X \gg V_S$

$$c_X=\frac{c_S V_S}{V_X(10^{\Delta E/S}-1)}=\Delta c(10^{\Delta E/S}-1)^{-1} \tag{9-42}$$

式中，$\Delta c=\frac{c_S V_S}{V_X}$，$S=\frac{2.303RT}{nF}$，此式为一次加入标准公式。

此法关键是标准溶液的加入量过少，则 ΔE 过小，测量误差较大；过多，则引起离子强度变化明显，导致活度系数变化较大。一般控制 c_S 约为 c_X 的 100 倍，V_S 约为 $V_X/100$，加入后，ΔE 以 20～50 mV 为宜。

9.2.3 电势滴定法

电势滴定法是借助指示电极电势的变化确定终点的滴定方法。与直接电势法一样，电势滴定法中也要用到指示电极、参比电极及试液组成测量电池。所不同的是电势滴定法要加滴定剂到测量电池溶液里。直接电势法依赖于 Nernst 方程来确定被测定物质的量，而电势滴定法不依赖。与普通滴定分析相同，电势滴定法依赖于物质相互反应量的关系。电势滴定法的装置如图 9-20 所示。电势滴定法可以应用于中和、沉淀、配位、氧化还原及非水等各种容量滴定。由于电势滴定不用指示剂确定终点，因此不受溶液有色、浑浊等限制。没有合适指示剂的滴定，用电势滴定法有其独特的价值。对于指示剂的终点难判断的场合，利用电势滴定来帮助判断并确定终点颜色，更为客观可靠。电势滴定中终点是以电信号显示的，因此很容易用此电信号来控制滴定系统，达到滴定自动化的目的。电势滴定法不仅用于确定滴定终点，还可用于确定一些热力学常数，诸如弱酸、弱碱的电离常数，配离子的稳定常数等。

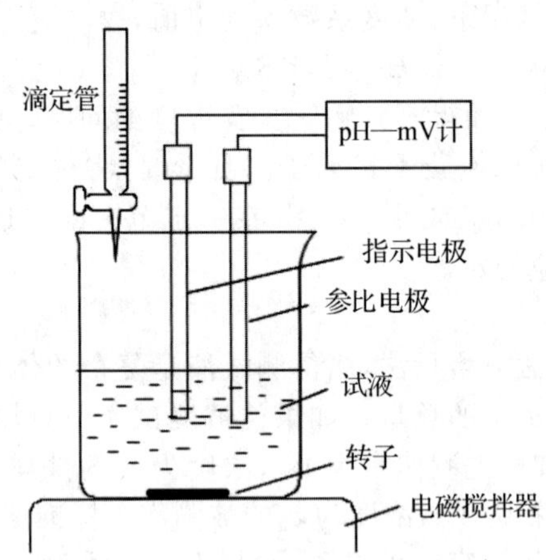

图 9-20 电势滴定基本仪器装置

1. 基本原理

在各种容量分析法中，都研究了滴定过程中有关离子浓度的变化情况—滴定曲线，如酸碱滴定中是用 pH-V 的关系来说明的，沉淀滴定法中用 pAg-V，配位滴定法中用 pM-V，氧化还原滴定法中用 E-V 等。由此可见，只要用适当的指示电极配合参比电极与滴定溶液组成一个工作电池。随着滴定剂的加入，由于发生化学反应，被测离子的浓度不断发生变化，因而指示电极的电势也随之改变，在计量点附近离子浓度发生突跃，引起电势的突跃。因此在电势滴定中，以滴定剂体积与电动势(或指示电极的电极电势)作图，得到的 E-V 曲线也即滴定曲线，便可用来确定滴定终点。

2. 滴定终点的确定

在电势滴定中，随着滴定的进行，测定的电池电动势 E(或指示电极的电势 φ)将相应随着滴定剂的加入而变化。这种变化的规律可以用 E 对滴定剂加入体积 V 作图来表示，所得到的图形称为电势滴定曲线。由于作图方法不同，电势滴定曲线有三种类型，现利用表 9-4 的数据具体讨论如下：

表 9-4　以 0.1 mol·L^{-1} $AgNO_3$ 滴定 NaCl 溶液

加入 $AgNO_3$ 的体积 V(mL)	E(V)	$\Delta E/\Delta V$ (V/mL)	$\Delta^2 E/\Delta V^2$
5.0	0.062		
		0.002	
15.0	0.085		2.67×10^{-4}
		0.004	
20.0	0.107		1.14×10^{-3}
		0.008	
22.0	0.123		4.67×10^{-3}
		0.015	
23.0	0.138		1.33×10^{-3}
		0.016	
23.50	0.146		0.085
		0.050	
23.80	0.161		0.06
		0.065	
24.00	0.174		0.167
		0.09	
24.10	0.183		0.2
		0.11	
24.20	0.194		2.8
		0.39	
24.30	0.233		4.4
		0.83	
24.40	0.316		−5.9
		0.24	
24.50	0.340		−1.3
		0.11	
24.60	0.351		−0.4
		0.07	
24.70	0.358		−0.1
		0.050	
25.00	0.373		−0.065
		0.024	
25.50	0.385		−0.004
		0.022	
26.0	0.396		−0.0056
		0.015	
28.0	0.426		

(1)普通滴定曲线 E-V 法

以电动势 E 对相应的滴定体积 V 作图,即得 E-V 曲线,如图 9-21(a)所示。得到的电势滴定曲线的形状与一般容量分析的滴定曲线相类似。与一般容量分析法相同,电动势突跃范围和斜率大小是由滴定反应的平衡常数和被测物的浓度来决定的。电动势突跃范围和斜率越大,分析误差越小。这种方法的准确度较差,特别是当滴定曲线斜率不够大时较难准确地确定终点。

(2)一次微商($\frac{\Delta E}{\Delta V}-V$ 曲线)法

根据实验求出 ΔE、ΔV、$\frac{\Delta E}{\Delta V}$及 V。ΔV 表示相邻两次加入滴定剂溶液 V_2 和 V_1 之差,即 $\Delta V=V_2-V_1$。ΔE 表示相邻两次测定的电动势之差,即 $\Delta E=E_2-E_1$。那么有:

$$\frac{\Delta E}{\Delta V}=\frac{E_2-E_1}{V_2-V_1}$$

与$\frac{\Delta E}{\Delta V}$相应的滴定剂溶液的加入体积 V 是相邻两次加入滴定剂溶液体积 V_1 和 V_2 的算术平均值,即 $V=\frac{V_1+V_2}{2}$。例如计算 24.10 mL 和 24.20 mL 之间的$\frac{\Delta E}{\Delta V}$为:

$$\frac{\Delta E}{\Delta V}=\frac{0.194-0.183}{24.20-24.10}=0.11$$

用$\frac{\Delta E}{\Delta V}$值对 V 作图,便得到一次微商曲线,又称作一阶导数曲线,如图 9-21(b)所示。曲线呈一尖峰状,尖峰所对应的 V 值即为滴定终点。用此法作图确定终点较为准确,但手续麻烦,故可用二级微商法通过计算求得滴定终点。

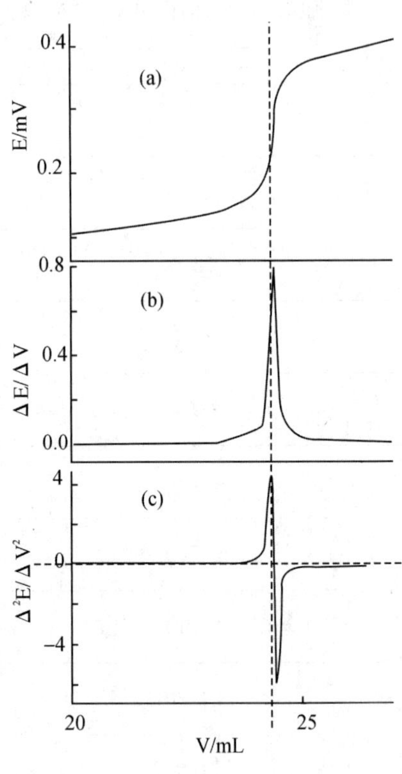

图 9-21　用 0.1 mol·L^{-1} $AgNO_3$ 滴定 NaCl 溶液的电势滴定曲线

(3)二次微商曲线($\frac{\Delta^2 E}{\Delta V^2}$-V 曲线)法

即以$\frac{\Delta^2 E}{\Delta V^2}$对 V 作图得到$\frac{\Delta^2 E}{\Delta V^2}$-$V$ 曲线,称为二次微商曲线,又称为二阶导数曲线,如图 9-21(c)所示。曲线中$\frac{\Delta^2 E}{\Delta V^2}=0$ 时为终点,所对应的体积 V_e 为终点时所消耗的滴定剂溶液的体积。其中$\frac{\Delta^2 E}{\Delta V^2}$为相邻两次$\frac{\Delta E}{\Delta V}$之差,除以相应两次体积之差。$V$ 为相邻两$\frac{\Delta E}{\Delta V}$值相应的滴定剂溶液体积的算术平均值。有关计算如下:

$$\frac{\Delta^2 E}{\Delta V^2}=\frac{\left(\frac{\Delta E}{\Delta V}\right)_2-\left(\frac{\Delta E}{\Delta V}\right)_1}{V_2-V_1}$$

对应于 24.30 mL:

$$\frac{\Delta^2 E}{\Delta V^2}=\frac{\left(\frac{\Delta E}{\Delta V}\right)_{24.35\ \mathrm{mL}}-\left(\frac{\Delta E}{\Delta V}\right)_{24.25\ \mathrm{mL}}}{\mathrm{V}_{24.35\ \mathrm{mL}}-\mathrm{V}_{24.25\ \mathrm{mL}}}$$

$$=\frac{0.83-0.39}{24.35-24.25}=+4.4$$

同样对应于 24.40 mL：

$$\frac{\Delta^2 E}{\Delta V^2}=\frac{0.24-0.83}{24.45-24.35}=-5.9$$

用内插法算出对应于$\frac{\Delta^2 E}{\Delta V^2}=0$时的体积：

$$V=24.30+0.10\times\frac{4.4}{4.4+5.9}=24.34\ \text{mL}$$

这就是滴定终点时 $AgNO_3$溶液的消耗量。

3. 电势滴定法的应用

电势滴定法在滴定分析中应用非常广泛，除用于各类滴定分析外，还能用于测定如酸(碱)的离解常数、电对的条件电极电势等一些化学常数，现介绍如下：

(1)酸碱滴定

在酸碱滴定过程中溶液的 pH 不断地发生变化，因此在滴定中可用 pH 玻璃电极作指示电极，甘汞电极作参比电极。在化学计量点附近，由于溶液产生 pH 突跃使指示电极的电势发生突跃而指示出滴定终点。尤其是弱酸、弱碱、多元酸(碱)或混合酸(碱)，使用电势滴定法测定更有实际意义。在酸碱滴定中，太弱的酸、碱或一些有机酸、碱不能在水溶液中滴定，但可在非水溶液中滴定，且可用电势法指示终点。例如，在异丙醇和乙二醇的混合介质中可滴定苯胺和生物碱，在乙二胺介质中可滴定苯酚及其他弱酸，在丙酮介质中可滴定高氯酸、盐酸、醋酸、水杨酸的混合物等等。又如有机物(润滑剂、防腐剂)中一些不溶于水的游离酸或化合物，可溶于有机溶剂中，用电势滴定法进行测定。

(2)配位滴定

在配位滴定中，应根据不同的配位反应，采用不同的指示电极，如用 $Hg(NO_3)_2$或 $AgNO_3$ 滴定 CN^-，各生成$[Hg(CN)_4]^{2-}$或$[Ag(CN)_2]^-$，可以用银电极或汞电极作为指示电极。在络合滴定中使用 EDTA 作滴定剂的应用最为广泛。以 EDTA 作配位剂的电势滴定中采用 Hg|Hg-EDTA 电极作为指示电极，测定时在试液中插入一支汞电极，并在溶液中加入数滴 Hg-EDTA 溶液即成。该汞电极适用的 pH 范围为 2～11，当 pH<2 时 HgY^{2-} 不稳定，pH>11 时则生成 HgO 沉淀。配位滴定的终点可以用离子选择电极指示。以氟离子选择电极为指示电极，可以用镧滴定氟化物，也可以用氟化物测定铝。以钙离子选择电极作指示电极，可以用 EDTA 滴定钙离子。电势滴定法把离子选择电极的使用范围更加扩大了，可以测定某些对电极没有选择性的离子，例如铝离子。

(3)沉淀滴定

在滴定中，根据不同的沉淀反应，可采用不同的指示电极，如以 $AgNO_3$滴定 Cl^-、Br^-、I^- 等离子时，可以用银电极作指示电极。当用 $Hg(NO_3)_2$滴定 Cl^-、I^-、CNS^-、$C_2O_4^{2-}$ 等离子时，可以用汞电极。当用 $K_4[Fe(CN)_6]$滴定 Pb^{2+}、Cd^{2+}、Zn^{2+}、Ba^{2+} 等离子时，生成相应的亚铁氰化物复盐沉淀，滴定过程中，试液中$[Fe(CN)_6]^{4-}$的浓度在变化，在被测溶液中加入少量的$[Fe(CN)_6]^{3-}$，它不与上述离子生成沉淀而溶液中却存在一个$[Fe(CN)_6]^{3-}-[Fe(CN)_6]^{4-}$的氧化还原体系，且$[Fe(CN)_6]^{3-}/[Fe(CN)_6]^{4-}$的浓度比随着滴定过程而不断地发生变化，在滴定终点时将引起突变，因此可用铂电极作为指示电极。也可用卤化银薄膜电极或硫化银薄膜电极等离子选择电极作指示电极，以 $AgNO_3$滴定 Cl^-、Br^-、I^-、S^{2-} 等。其优点是具有较银电极更强的抗表面中毒能力。当滴定剂与若干倍测定离子生成沉淀的溶度积差别相当大时，如 Cl^-、Br^-、I^- 的混合物可以连续滴定而无需事先分离。

(4)氧化还原滴定

在氧化还原滴定中一般以惰性金属核铂电极作指示电极，电极本身不参与电极反应，仅作为导体，是氧化态和还原态交换电子的场所，通过它可以显示溶液中氧化还原体系的平衡电势。用铂电极作指示电极，可以用 $KMnO_4$ 滴定 I^-、NO_3^-、Fe^{2+}、V^{4+}、Sn^{2+}、$C_2O_4^{2-}$ 等离子，用 $K_2Cr_2O_7$ 滴定 Fe^{2+}、Sn^{2+}、I^-、Sb^{3+} 等离子，用 $K_3[Fe(CN)_6]$ 滴定 Co^{2+} 等。表 9-5 所列为各种滴定法的常用指示电极。

表 9-5　电势滴定法中常用指示电极和参比电极

滴定方法	参比电极	指示电极
酸碱滴定	甘汞电极	玻璃电极
沉淀滴定	甘汞电极、玻璃电极	银电极、硫化银薄膜电极等离子选择电极
氧化还原滴定	甘汞电极、玻璃电极、钨电极	铂电极
络合滴定	甘汞电极	铂电极、汞电极、银电极、氟离子、钙离子选择电极

❋ 阅读材料

气相色谱法及其在各领域中的应用

色谱法与蒸馏、重结晶、溶剂萃取、化学沉淀及电解沉积法一样，也是一种分离技术。它和电泳技术一样，特别适宜分离多组分的试样，是各种分离技术中效率最高和应用最广的一种方法。按流动相的物态可将色谱法分为气相色谱法、液相色谱法和超临界流体色谱法。用气体作为流动相的色谱法称为气相色谱法。它由惰性气体将气化后的试样带入加热的色谱柱，并携带分子渗透通过固定相，达到分离的目的。

1. 气相色谱在食品分析中的应用

国以民为本，民以食为天，食物不仅是人类生存的最基本需要，也是国家稳定和社会发展的永恒主题，而食品的营养成分和食品安全又是当今世界十分关注的重大问题，因而食品分析就起着关键性作用。食品分析涉及营养成分分析和食品添加剂分析。在这两个方面气相色谱都能发挥其优势，重要的营养组分如氨基酸、脂肪酸、糖类都可以用气相色谱进行分析。食品的添加剂有千余种，其中有许多可用气相色谱来检测。

色谱技术在食品分析中的应用与色谱法的发展史几乎是同步的。1952 年诺贝尔化学奖获得者英国科学家 Synge R L(辛格)和 Martin A J(马丁)最早发明气液色谱，就是用来分析脂肪酸等混合物。色谱法的特点是分离效率高，可分离性质十分相近的物质，可将含有上百种组分的复杂混合物进行分离。其优点有以下几种：

(1)分离速度快。几分钟到几十分钟就能完成一次复杂物质的分离和分析。

(2)灵敏度高。能检测含量在 10^{-3} 克的物质。

(3)应用范围广。几乎可用于所有化合物的分离和测定，包括无机物、有机物、低分子或高分子化合物，甚至有生物活性的生物大分子也可以进行分离和测定。

(4)样品用量少。用极少的样品就可以完成一次分离和测定。

(5)分离和测定一次完成。可以和多种波谱分析仪器联用。

近 20 年来，色谱技术以惊人的速度扩展到食品分析研究领域，许多新的色谱技术已进入实用阶段，如毛细管电泳技术、色谱-质谱联用技术、固相萃取技术和超临界流体色谱技术以及最新出现的全二维气相色谱等。这些新技术的综合应用，大大提高了食品中农、兽药残留分析的灵敏度，简化了分析步骤，提高了分析效率，并使分析检测结果的可靠性得到进一步确证。

2. 气相色谱在农药残留检测方面的应用

当今世界把食品安全作为头等大事的情况下，对食品和药物中污染物和有害物质检测技术的研究受到重视。在农作物(包括药用植物)中大量使用杀虫剂、除草剂、除真菌剂、灭鼠剂、植物生长调节剂等，在大大提高农作物产量的同时，也致使在农产品、畜产品中农药残留量超标，对人类的健康也带来了很大的负面影响，研究开发快速、可靠、灵敏和实用的农药残留分析技术是控制农药残留、保证食品安全、避免国际间贸易争端的当务之急。农药残留分析是复杂混合物中痕量组分分析技术，农残分析既需要精细的微量操作手段，又需要高灵敏度的痕量检测技术，自20世纪60年代以来，气相色谱技术得到飞速的发展，许多灵敏的检测器开始应用，解决了过去许多难以检测的农药残留问题。

3. 气相色谱在药物和临床分析中的应用

气相色谱在药物和临床分析中的应用也有很多，实际上气相色谱方法简单易于操作，如果用气相色谱可以满足分析要求，它应该是首选的方法。特别是把气相色谱和质谱结合起来是一种珠联璧合集分离和鉴定、定性与定量于一体的方法。如果把固相微萃取和气相色谱或气-质联用色谱结合在一起，又把样品处理及定性与定量于一体，在临床分析中意义重大。

4. 气相色谱在石油和化工分析中的应用

多年来气相色谱的发展推动了石油和石化的发展，反过来石油和石化的发展又促进了气相色谱的前进和发展，气相色谱在石油和石化领域有着极大的应用场所。所以气相色谱在石油和石化分析中的应用长盛不衰，尽管近年高效液相色谱和近红外光谱在石油和石化分析中的应用研究颇受青睐，但在石油和石化分析中气相色谱仍是主要的分析手段。

由于气相色谱法在所有的色谱方法当中是最容易实施的方法，所以在各种化工生产的产品检验中对多成分、可挥发性组分的测定，气相色谱应是首选。在高聚物分析中气相色谱也发挥了十分积极的作用，比如裂解气相色谱和反气相色谱都是针对高聚物分析的有力技术，所以有许多应用报告。当然从气相色谱的研究角度不一定是开创性的研究，但是从实用角度对使用者来说是很有价值的。

5. 气相色谱在环境污染分析中的应用

为了改善人类生存环境、治理环境污染，对环境污染物的检测分析是当今世界一个重要的课题。我国投入巨大的人力物力进行环境污染物分析研究和实际检测，其中气相色谱法是十分有力的手段之一，可以进行大气、室内气体、各种水体和其他类型污染物的分析研究和测定。

思考题与习题

9-1　用双硫腙光度法测定Pb^{2+}，已知50 mL溶液中含Pb^{2+} 0.080 mg，用2.0 cm吸收池于波长520 nm测得$T=53\%$，求双硫腙-铅配合物的摩尔吸光系数ε_{520}。

9-2　一种有色物质溶液，在一定波长下的摩尔吸光系数为1239 $L\cdot mol^{-1}\cdot cm^{-1}$。液层厚度为1.0 cm时，测得该物质溶液透光率为75%，求该溶液的浓度。

9-3　测土壤全磷时，进行下列实验称取1.00 g土壤，经消化处理后定容为100 mL，然后吸取10.00 mL，在50 mL容量瓶中显色定容，测得吸光度为0.250。取浓度为10.0 $mg\cdot L^{-1}$标准磷溶液4.00 mL于50 mL容量瓶中显色定容，在同样条件下测得吸光度为0.125，求该土壤中磷的质量分数。

9-4　已知 $KMnO_4$ 水溶液的 $\varepsilon_{545}=2.2\times10^3\ L\cdot mol^{-1}\cdot cm^{-1}$. 计算此波长下 $\rho=2.0\times10^{-2}\ g\cdot L^{-1}$ 的高锰酸钾溶液在 3.0 cm 吸收池中的透光率；若溶液稀释 1 倍后，透光率又为多少？

9-5　有两份不同浓度的某一有色配合物溶液，当液层厚度均为 1.0 cm 时，对某一波长单色光的透光率分别为：(a)65.0％；(b)41.8％. 求：

(1)该两份溶液的吸光度 A。

(2)如果溶液(a)的浓度为 $6.5\times10^{-4}\ mol\cdot L^{-1}$，求溶液(b)的浓度。

(3)计算此波长下有色配合物的摩尔吸光系数。

9-6　电势分析法可以分成哪两种类型？依据的定量原理是否一样？它们各有何特点？

9-7　直接电势法进行定量分析的依据是什么？为什么用此法测定溶液 pH 时，必须使用标准缓冲溶液？

9-8　在电势分析法中，何谓指示电极及参比电极？

9-9　直接电势法中加入 TISAB 的作用是什么？

9-10　选择题

1. 在分光光度法中，宜选用的吸光度读数范围为(　　)。

A. 1.0～2.0　　B. 0.2～0.8　　C. 0.3～1.0　　D. 0.1～0.3

2. 透光率与吸光度的关系是(　　)。

A. $-\lg T=A$　　B. $1/T=A$　　C. $\lg T=A$　　D. $T=-\lg A$

3. 有色配合物的摩尔吸光系数，与下列因素有关系的是(　　)。

A. 比色皿的厚度　　B. 有色配合物浓度　　C. 吸收池材料　　D. 入射光波长

4. $CuSO_4$ 溶液呈蓝色，其吸收最大的光的颜色是(　　)。

A. 红色光　　B. 青蓝色光　　C. 绿色光　　D. 黄色光

5. 符合朗伯一比耳定律的有色溶液的浓度、最大吸收波长、吸光度三者的关系正确的是(　　)。

A. 增加，增加，增加　　B. 减少，不变，减少

C. 减少，增加，增加　　D. 增加，不变，减少

6. 在分光光度法测定中，如其他试剂对测定无干扰时，一般常选用最大吸收波长 λ_{max} 作为测定波长，因为以此波长的光测定(　　)。

A. 灵敏度最高　　B. 选择性最好

C. 精密度最高　　D. 操作最方便

7. 分光光度法测磷的实验中，显色剂钼锑抗棕色而待测试液有色，宜选用的参比溶液是(　　)。

A. 溶剂空白　　B. 样品空白　　C. 试剂空白　　D. 都可以

8. 普通玻璃电极不宜测定 pH>9 的溶液的 pH 值，主要原因是(　　)。

A. Na^+ 在电极上有响应　　B. OH^- 在电极上有响应

C. 玻璃被腐蚀　　D. 玻璃电极内阻太大

9. 关于离子选择性电极，不正确的说法是(　　)。

A. 不一定有内参比电极和内参比溶液

B. 不一定有晶体敏感膜

C. 不一定有离子穿过膜相

D. 只能用于正负离子的测量

10. 玻璃膜电极使用的内参比电极一般是(　　)。

A. 甘汞电极　　B. 标准氢电极

C. Ag-AgCl 电极　　D. 氟电极

11. 测 F^- 浓度时,加入总离子强度调节剂(TISAB),在 TISAB 的下列作用中,表达错误的是(　　)。

A. 使参比电极电势恒定　　B. 固定溶液的离子强度

C. 掩蔽干扰离子　　D. 调节溶液的 pH 值

12. 用离子选择性电极以标准曲线法进行定量分析时,应要求(　　)。

A. 试样溶液与标准系列溶液的离子强度相一致

B. 试样溶液与标准系列溶液的离子强度大于 1

C. 试样溶液与标准系列溶液中待测的离子活度相一致

D. 试样溶液与标准系列溶液中待测离子的离子强度相一致

13. 用 F^- 选择电极测 F^- 时,需加入 TISAB。下列组分中不属于 TISAB 组成的是(　　)。

A. NaCl　　B. HAc-NaAc　　C. 三乙醇胺　　D. 柠檬酸钠

14. 在电势滴定中,以 E-V 作图绘制滴定曲线,滴定终点为(　　)。

A. 曲线的最大斜率点　　B. 曲线的最小斜率点

C. E 为最大正值的点　　D. E 为最大负值的点

15. 在电势滴定法中,以 $\frac{\Delta E}{\Delta V}-V$ 作图绘制滴定曲线,滴定终点为(　　)。

A. 曲线突跃的转折点　　B. 曲线的最大斜率点

C. 曲线的最小斜率点　　D. 曲线的斜率为零时的点

16. 以氟化镧单晶作敏感膜的氟离子选择电极膜电位的产生是由于(　　)。

A. 氟离子在膜表面的氧化层传递电子

B. 氟离子进入晶体膜表面的晶格缺陷而形成双电层结构

C. 氟离子穿越膜而使膜内外溶液产生浓度差而形成双电层结构

D. 氟离子在膜表面进行离子交换和扩散而形成双电层结构

17. 产生 pH 玻璃电极不对称电位的主要原因是(　　)。

A. 玻璃膜内外表面的结构与特性差异

B. 玻璃膜内外溶液中 H^+ 浓度不同

C. 玻璃膜内外参比电极不同

D. 玻璃膜内外溶液中 H^+ 活度不同

9-11　用 pH 玻璃电极测定 pH＝5.0 的溶液,其电极电势为 43.5 mV,测定另一未知溶液时,其电极电势为 14.5 mV,若该电极的响应斜率 S 为 58.0 mV/pH,试求未知溶液的 pH 值。

9-12　25℃以 SCE 作正极,氟离子选择电极作负极,放入 0.001 $mol \cdot L^{-1}$ 氟离子溶液中,测得 $E=-0.159$ V。换用含氟离子试液,测得 $E=-0.212$ V。计算溶液中氟离子浓度。

9-13　利用玻璃电极测定溶液的 pH,当缓冲溶液 pH＝6.00 时,25℃测得电池电动势为 0.200 V,如果未知溶液的电动势为 0.300 V,求其 pH 为多少?

附　录

附录 1　SI 单位制的词头

表示因数	词头名称	词头符号	表示因数	词头名称	词头符号
10^{1}	十	da(deka)	10^{-1}	分	d(deci)
10^{2}	百	h(hecto)	10^{-2}	厘	c(centi)
10^{3}	千	k(kilo)	10^{-3}	毫	m(milli)
10^{6}	兆	M(mega)	10^{-6}	微	μ(micro)
10^{9}	吉[咖]	G(giga)	10^{-9}	纳[诺]	n(nano)
10^{12}	太[拉]	T(tera)	10^{-12}	皮[可]	p(pico)
10^{15}	拍[它]	P(peta)	10^{-15}	飞[母托]	f(femto)
10^{18}	艾[可萨]	E(exa)	10^{-18}	阿[托]	a(atto)
10^{21}	泽[它]	Z(zetta)	10^{-21}	仄[普托]	z(zepto)
10^{24}	尧[它]	Y(yotta)	10^{-24}	幺[科托]	y(yocto)

注:[　]内的字,在不致混淆的情况下,可以省略;(　　)内的字,为词头的完整表示形式。

附录 2　一些非推荐单位、导出单位与 SI 单位的换算

物理量	换　算　单　位
长度	1 Å$=10^{-10}$ m,1 in$=2.54\times10^{-2}$ m
时间	1 h=3600 s,1 min=60 s
质量	1(市)斤=0.5 kg,1(市)两=50 g,1b(磅)=0.454 kg,1oz(盎司)$=28.3\times10^{-3}$ kg
压力	1 atm=760 mmHg$=1.013\times10^{5}$ Pa,1 mmHg=1 Torr=133.3 Pa,1 bar$=10^{5}$ Pa
能量	1 cal=4.184 J,1 C·m^{-1}=120 J·mol^{-1},1 eV$=1.602\times10^{-19}$ J,1 erg(尔格)$=10^{-7}$ J
电量	1 esu(静电库仑)$=3.335\times10^{-10}$ C
温度	T/K=t/℃+273.15(K—开氏度,℃—摄氏度) $F/℉=\frac{9}{5}T/K-459.67=\frac{9}{5}t/℃+32$(℉—华氏度,K—开氏度,℃—摄氏度)
其他	R(摩尔气体常数)=8.314 510 J·K^{-1}·mol^{-1}=8.314 kPa·dm^{3}·K^{-1}·mol^{-1} =1.987 19 cal·K^{-1}·mol^{-1}=0.082 056 atm·dm^{3}·K^{-1}·mol^{-1} 1 e(电子电荷)$=1.602\ 177\ 33\times10^{-19}$ C F(法拉第常数)$=9.648\ 530\ 9\times10^{4}$ C·mol^{-1} h(普朗克常数)$=6.626\ 075\ 5\times10^{-34}$ J·s 1 D(Debye)$=3.336\times10^{-30}$ C·m

附录 3 一些物质的 $\Delta_f H_m^\ominus$、$\Delta_f G_m^\ominus$ 和 $S_m^\ominus$

（298.15 K，101.3 kPa；水溶液中溶质的标准态为 1 mol·kg^{-1}）

物 质	$\Delta_f H_m^\ominus$/(kJ·mol^{-1})	$\Delta_f G_m^\ominus$/(kJ·mol^{-1})	$S_m^\ominus$/(J·K^{-1}·mol^{-1})
Ag(s)	0	0	42.6
Ag^+(aq)	105.6	77.1	72.7
$Ag(NH_3)_2^+$(aq)	−111.29	−17.24	245.2
AgCl(s)	−127.0	−109.8	96.3
AgBr(s)	−100.4	−96.9	107.1
AgI(s)	−61.8	−66.2	115.5
Ag_2CrO_4(s)	−731.7	−641.8	217.6
Ag_2S(s，辉银矿)	−32.6	−40.7	144.0
$AgNO_3$(s)	−124.4	−33.4	140.9
Ag_2O(s)	−31.1	−11.2	121.3
Al(s)	0	0	28.3
Al^{3+}(aq)	−531.0	−485.0	−321.7
$AlCl_3$(s)	−704.2	−628.8	109.3
Al_2O_3(s，刚玉)	−1675.7	−1582.3	50.9
AsH_3(g)	66.4	68.9	222.8
B(s，β—菱形)	0	0	5.9
BCl_3(g)	−403.8	−388.7	290.1
BCl_3(l)	−427.2	−387.4	206.3
B_2H_6(g)	36.4	87.6	232.1
B_2O_3(s)	−1273.5	−1194.3	54.0
Ba(s)	0	0	62.5
Ba^{2+}(aq)	−573.6	−560.8	9.6
BaO(s)	−548.0	−520.3	72.1
$Ba(OH)_2$(s)	−944.7	—	—
$BaCO_3$(s)	−1213.0	−1134.4	112.1
$BaSO_4$(s)	−1473.2	−1362.2	132.2
Br_2(g)	30.9	3.1	245.5
Br_2(l)	0	0	152.2
Br^-(aq)	−121.6	−104.0	82.4
HBr(g)	−36.3	−53.4	198.7
HBr(aq)	−121.6	−104.0	82.4

续表

物　质	$\Delta_f H_m^\ominus/(kJ\cdot mol^{-1})$	$\Delta_f G_m^\ominus/(kJ\cdot mol^{-1})$	$S_m^\ominus/(J\cdot K^{-1}\cdot mol^{-1})$
Ca(s)	0	0	41.6
Ca^{2+}(aq)	−542.8	−553.6	−53.1
CaF_2(s)	−1228.0	−1175.6	68.5
$CaCl_2$(s)	−795.4	−748.8	108.4
CaO(s)	−634.9	−603.3	38.1
$Ca(OH)_2$(s)	−985.2	−897.5	83.4
$CaCO_3$(s,方解石)	−1207.6	−1129.1	91.7
$CaSO_4$(s,无水石膏)	−1434.5	−1322.0	106.5
C(s,石墨)	0	0	5.7
C(s,金刚石)	1.9	2.9	2.4
CH_4(g)	−74.6	−50.5	186.3
CCl_4(l)	−128.2	—	—
CH_2O(g)	−108.6	−102.5	218.8
CH_3OH(l)	−239.2	−166.6	126.8
CH_3OH(g)	−201.0	−162.3	239.9
HCOOH(l)	−425.0	−361.4	129.0
C_2H_2(g)	227.4	209.9	200.9
C_2H_4(g)	52.4	68.4	219.3
C_2H_6(g)	−84.0	−32.0	229.2
CH_3CHO(l)	−192.2	−127.6	160.2
CH_3CHO(g)	−166.2	−133.0	263.8
C_2H_5OH(l)	−277.6	−174.8	160.7
C_2H_5OH(g)	−234.8	−167.9	281.6
CH_3COOH(l)	−484.3	−389.9	159.8
CH_3COOH(aq,非解离)	−486.0	−369.3	86.6
CH_3COO^-(aq)	−486.0	−369.3	86.6
C_3H_6(g)	20.0	—	—
C_3H_8(g)	−103.8	−23.4	270.3
C_6H_6(g)	82.9	129.7	269.2
C_6H_6(l)	49.1	124.5	173.4
CO(g)	−110.5	−137.2	197.7
CO_2(g)	−393.5	−394.4	213.8
CO_3^{2-}(aq)	−677.1	−527.8	−56.9
HCO_3^-(aq)	−692.0	−586.8	91.2
CO_2(aq)	−413.26	−386.0	119.36

续表

物 质	$\Delta_f H_m^\ominus/(kJ \cdot mol^{-1})$	$\Delta_f G_m^\ominus/(kJ \cdot mol^{-1})$	$S_m^\ominus/(J \cdot K^{-1} \cdot mol^{-1})$
H_2CO_3(aq,非解离)	−699.65	−623.16	187.4
Cl_2(g)	0	0	223.1
Cl^-(aq)	−167.2	−131.2	56.5
ClO^-(aq)	−107.1	−36.8	42.0
ClO_3^-(aq)	−104.0	−8.0	162.3
HCl(g)	−92.3	−95.3	186.9
Co(s)	0	0	30.0
$Co(OH)_2$(s)	−539.7	−454.3	79.0
Cr(s)	0	0	23.8
CrO_4^{2-}(aq)	−881.2	−727.8	50.2
$Cr_2O_7^{2-}$(aq)	−1490.3	−1301.1	261.9
Cr_2O_3(s)	−1139.7	−1058.1	81.2
Cu(s)	0	0	33.2
Cu^+(aq)	71.7	50.0	40.6
Cu^{2+}(aq)	64.8	65.5	−99.6
$Cu(NH_3)_2^+$(aq)	−348.5	−111.3	173.6
CuO(s)	−157.3	−129.7	42.6
CuS(s)	−53.1	−53.6	66.5
$CuSO_4$(s)	−771.4	−662.2	109.2
$CuSO_4 \cdot 5H_2O$(s)	−2279.65	−1880.04	300.4
Cu_2O(s)	−168.6	−146.0	93.1
Cu_2S(s)	−79.5	−86.2	120.9
F(g)	79.4	62.3	158.8
F_2(g)	0	0	202.8
F^-(aq)	−332.6	−278.8	−13.8
HF(g)	−273.3	−275.4	173.8
Fe(s)	0	0	27.3
Fe^{2+}(aq)	−89.1	−78.9	−137.7
Fe^{3+}(aq)	−48.5	−4.7	−315.9
$Fe(OH)_2$(s)	−574.0	−490.0	87.9
$Fe(OH)_3$(s)	−833	−705	104.6
Fe_2O_3(s,赤铁矿)	−824.2	−742.2	87.4
Fe_3O_4(s,磁铁矿)	−1118.4	−1015.4	146.4
H_2(g)	0	0	130.7
H^+(aq)	0	0	0

续表

物　质	$\Delta_f H_m^\ominus/(kJ \cdot mol^{-1})$	$\Delta_f G_m^\ominus/(kJ \cdot mol^{-1})$	$S_m^\ominus/(J \cdot K^{-1} \cdot mol^{-1})$
Hg(g)	61.4	31.8	175.0
Hg(l)	0	0	75.9
Hg^{2+}(aq)	171.1	164.4	−32.2
$Hg_2{}^{2+}$(aq)	172.4	153.5	84.5
HgO(s,红色)	−90.8	−58.5	70.3
$HgCl_2$(s)	−224.3	−178.6	146.0
HgS(s,红色)	−58.2	−50.6	82.4
Hg_2Cl_2(s)	−265.4	−210.7	191.6
I_2(s)	0	0	116.1
I_2(g)	62.4	19.3	260.7
I^-(aq)	−55.2	−51.6	111.3
HI(g)	26.5	1.7	206.6
K(s)	0	0	64.7
K^+(aq)	−252.4	−283.3	102.5
KCl(s)	−436.5	−408.5	82.6
KI(s)	−327.9	−324.9	106.3
KOH(s)	−424.6	−379.4	81.2
$KClO_3$(s)	−397.7	−296.3	143.1
$KMnO_4$(s)	−837.2	−737.6	171.7
Mg(s)	0	0	32.7
Mg^{2+}(aq)	−466.9	−454.8	−138.1
$MgCl_2$(s)	−641.3	−591.8	89.6
$MgCl_2 \cdot 6H_2O$(s)	−2499.0	−2115.0	315.1
MgO(s)	−601.6	−569.3	27.0
$Mg(OH)_2$(s)	−924.5	−833.5	63.2
$Mg(OH)_2$(s)	−924.5	−833.5	63.2
$MgCO_3$(s)	−1095.8	−1012.1	65.7
$MgSO_4$(s)	−1284.9	−1170.6	91.6
Mn(s)	0	0	32.0
Mn^{2+}(aq)	−220.8	−228.1	−73.6
$MnCl_2$(s)	−481.2	−440.5	118.2
MnO_2(s)	−520.0	−465.1	53.1
MnO_4^-(aq)	−541.4	−447.2	191.2
N_2(g)	0	0	191.6
NH_3(g)	−45.9	−16.4	192.8

续表

物　质	$\Delta_f H_m^\ominus/(kJ \cdot mol^{-1})$	$\Delta_f G_m^\ominus/(kJ \cdot mol^{-1})$	$S_m^\ominus/(J \cdot K^{-1} \cdot mol^{-1})$
$NH_3 \cdot H_2O$(aq,非解离)	−361.2	−254.0	165.5
NH_4^+(aq)	−132.5	−79.30	113.4
N_2H_4(g)	95.4	159.4	238.5
N_2H_4(l)	50.6	149.3	121.2
NH_4Cl(s)	−314.4	−202.9	94.6
NH_4NO_3(s)	−365.6	−183.9	151.1
$(NH_4)_2SO_4$(s)	−1180.9	−901.7	220.1
NO(g)	90.4	87.6	210.8
NO_2(g)	33.2	51.3	240.1
N_2O(g)	81.6	103.7	220.0
N_2O_4(g)	11.1	99.8	304.4
HNO_3(l)	−174.1	−80.7	155.6
NO_3^-(aq)	−207.4	−111.3	146.4
Na(s)	0	0	51.3
Na^+(aq)	−240.1	−261.9	59.0
NaCl(s)	−411.2	−384.1	72.1
NaI(s)	−287.8	−286.1	98.5
NaOH(s)	−425.8	−379.7	64.4
$NaNO_2$(s)	−358.7	−284.6	103.8
$NaNO_3$(s)	−467.9	−367.0	116.5
$NaHCO_3$(s)	−950.8	−851.0	101.7
Na_2CO_3(s)	−1130.7	−1044.4	135.0
Na_2O(s)	−414.2	−375.5	75.1
Na_2O_2(s)	−510.9	−447.7	95.0
O_2(g)	0	0	205.2
O_3(g)	142.7	163.2	238.9
OH^-(aq)	−230.0	−157.2	−10.8
H_2O(g)	−241.8	−228.6	188.8
H_2O(l)	−285.8	−237.1	70.0
H_2O_2(g)	−136.3	−105.6	232.7
H_2O_2(l)	−187.8	−120.4	109.6
H_2O_2(aq,非解离)	−191.17	−134.10	143.9
P(s,白)	0	0	41.1
P(s,红)	−17.6	—	22.8
PCl_3(g)	−287.0	−267.8	311.8

续表

物　质	$\Delta_f H_m^\ominus/(kJ \cdot mol^{-1})$	$\Delta_f G_m^\ominus/(kJ \cdot mol^{-1})$	$S_m^\ominus/(J \cdot K^{-1} \cdot mol^{-1})$
$PCl_5(g)$	−374.9	−305.0	364.6
$PCl_5(s)$	−443.5	—	—
Pb(s)	0	0	64.9
$Pb^{2+}(aq)$	−1.7	−24.4	10.5
PbO(s,黄色)	−217.3	−187.9	68.7
PbO(s,红色)	−219.0	−188.9	66.5
$PbO_2(s)$	−277.4	−217.3	68.6
PbS(s)	−100.4	−98.7	91.2
$Pb_3O_4(s)$	−718.4	−601.2	211.3
S(s,斜方)	0	0	31.80
S(s,单斜)	0.33	—	32.6
$S^{2-}(aq)$	33.1	85.8	−14.6
$HS^-(aq)$	−17.6	12.1	62.8
$H_2S(g)$	−20.6	−33.64	205.8
H_2S(aq,非解离)	−38.6	−27.87	126
$SO_2(g)$	−296.8	−300.1	248.2
$SO_3(g)$	−395.7	−371.1	256.8
$H_2SO_4(l)$	−814.0	−690.0	156.9
$SO_3^{2-}(aq)$	−635.5	−486.5	−29.0
$SO_4^{2-}(aq)$	−909.3	−744.5	20.1
$HSO_4^-(aq)$	−887.9	−755.9	131.8
Si(s)	0	0	18.8
SiO_2(s,石英)	−910.7	−856.3	41.5
$SiF_4(g)$	−1615.0	−1572.8	282.8
$SiCl_4(g)$	−657.0	−617.0	330.7
$SiCl_4(l)$	−687.0	−619.8	239.7
Sn(s,白色)	0	0	51.2
Sn(s,灰色)	−2.1	0.1	44.1
$Sn^{2+}(aq)$	−8.8	−27.2	−17.0
SnO(s)	−280.7	−251.9	57.2
$SnO_2(s)$	−577.6	−515.8	49.0
$SnCl_2(s)$	−325.1	—	—
$SnCl_4(l)$	−511.3	−440.1	258.6
Ti(s)	0	0	30.7
$TiO_2(s)$	−944.0	−888.8	50.6

续表

物 质	$\Delta_f H_m^\ominus/(kJ \cdot mol^{-1})$	$\Delta_f G_m^\ominus/(kJ \cdot mol^{-1})$	$S_m^\ominus/(J \cdot K^{-1} \cdot mol^{-1})$
Zn(s)	0	0	41.6
Zn^{2+}(aq)	−153.9	−147.1	−112.1
ZnO(s)	−350.5	−320.5	43.7
ZnS(s,闪锌矿)	−206.0	−201.3	57.7
$ZnCl_2$(aq)	−488.2	−409.5	0.8

注:数据主要摘自 David R. Lide. CRC Handbook of Chemistry and Physics. 87th ed,2006—2007,5−4～42,5−66～69.

附录4 一些弱电解质的解离常数

物 质	解离常数	$pK_a^\ominus$	物 质	解离常数	$pK_a^\ominus$
	$K_{a_1}^\ominus=5.5\times10^{-3}$	2.26		$K_{a_1}^\ominus=6.9\times10^{-3}$	2.16
H_3AsO_4	$K_{a_2}^\ominus=1.7\times10^{-7}$	6.76	H_3PO_4	$K_{a_2}^\ominus=6.1\times10^{-8}$	7.21
	$K_{a_3}^\ominus=5.1\times10^{-12}$	11.29		$K_{a_3}^\ominus=4.8\times10^{-13}$	12.32
H_3BO_3(293.15 K)	$K_a^\ominus=1.9\times10^{-10}$	9.27	H_2S	$K_{a_1}^\ominus=1.1\times10^{-7}$	6.97
HBrO	$K_a^\ominus=2.0\times10^{-9}$	8.55		$K_{a_2}^\ominus=1.3\times10^{-13}$	12.90
H_2CO_3	$K_{a_1}^\ominus=4.5\times10^{-7}$	6.35	H_2SO_3	$K_{a_1}^\ominus=1.4\times10^{-2}$	1.85
	$K_{a_2}^\ominus=4.7\times10^{-11}$	10.33		$K_{a_2}^\ominus=6.3\times10^{-8}$	7.20
HCN	$K_a^\ominus=6.2\times10^{-10}$	9.21	HCOOH	$K_a^\ominus=1.8\times10^{-4}$	3.75
HClO	$K_a^\ominus=3.9\times10^{-8}$	7.40	CH_3COOH	$K_a^\ominus=1.7\times10^{-5}$	4.76
H_2CrO_4	$K_{a_1}^\ominus=1.8\times10^{-1}$	0.74	$H_2C_2O_4$	$K_{a_1}^\ominus=5.6\times10^{-2}$	1.25
	$K_{a_2}^\ominus=3.2\times10^{-7}$	6.49		$K_{a_2}^\ominus=5.4\times10^{-5}$	4.27
HF	$K_a^\ominus=6.3\times10^{-4}$	3.20	$CH_2ClCOOH$	$K_a^\ominus=1.3\times10^{-3}$	2.87
HIO_3	$K_a^\ominus=1.7\times10^{-1}$	0.78	$CHCl_2COOH$	$K_a^\ominus=4.5\times10^{-2}$	1.35
HIO	$K_a^\ominus=3.2\times10^{-11}$	10.5		$K_{a_1}^\ominus=7.4\times10^{-4}$	3.13
HNO_2	$K_a^\ominus=5.6\times10^{-4}$	3.25	$C_6H_8O_7$(柠檬酸)	$K_{a_2}^\ominus=1.7\times10^{-5}$	4.76
H_2O_2	$K_a^\ominus=2.4\times10^{-12}$	11.62		$K_{a_3}^\ominus=4.0\times10^{-7}$	6.40
H_2SO_4	$K_{a_2}^\ominus=1.0\times10^{-2}$	1.99	$NH_3 \cdot H_2O$	$K_b^\ominus=1.8\times10^{-5}$	4.75

注:数据主要摘自 David R. Lide. CRC Handbook of Chemistry and Physics. 87th ed,2006—2007,8−40～41,8−42～51.

以上数据除注明温度外,其余均在 298.15 K 测定。

附录5 一些难溶电解质的溶度积(298.15 K)

化合物	$K_{sp}^{\ominus}$	化合物	$K_{sp}^{\ominus}$
AgCl	1.77×10^{-10}	$Fe(OH)_2$	4.87×10^{-17}
AgBr	5.35×10^{-13}	$Fe(OH)_3$	2.79×10^{-39}
AgI	8.52×10^{-17}	FeS	6.3×10^{-18}
Ag_2CO_3	8.46×10^{-12}	Hg_2Cl_2	1.43×10^{-18}
Ag_2CrO_4	1.12×10^{-12}	HgS(黑)	1.6×10^{-52}
Ag_2SO_4	1.20×10^{-5}	$MgCO_3$	6.82×10^{-6}
Ag_2S	6.3×10^{-50}	$Mg(OH)_2$	5.61×10^{-12}
AgSCN	1.03×10^{-12}	$MgNH_4PO_3$	2.5×10^{-13}
$Al(OH)_3$	1.3×10^{-33}	$Mn(OH)_2$	1.9×10^{-13}
$BaCO_3$	2.58×10^{-9}	MnS(晶形)	2.5×10^{-13}
$BaSO_4$	1.08×10^{-10}	$Ni(OH)_2$	5.48×10^{-16}
$BaCrO_4$	1.17×10^{-10}	NiS(α)	3.2×10^{-19}
$CaCO_3$	3.36×10^{-9}	$PbCl_2$	1.70×10^{-5}
$CaC_2O_4\cdot H_2O$	2.32×10^{-9}	$PbCO_3$	7.40×10^{-14}
CaF_2	1.46×10^{-10}	$PbCrO_4$	2.8×10^{-13}
$Ca_3(PO_4)_2$	2.07×10^{-33}	PbF_2	3.3×10^{-8}
$CaSO_4$	4.93×10^{-5}	$PbSO_4$	2.53×10^{-8}
$Cd(OH)_2$	7.2×10^{-15}	PbS	8.0×10^{-28}
CdS	8.0×10^{-27}	PbI_2	9.8×10^{-9}
$Co(OH)_2$(蓝)	5.92×10^{-15}	$Pb(OH)_2$	1.43×10^{-20}
CoS(α)	4.0×10^{-21}	$SrCO_3$	5.60×10^{-10}
CoS(β)	2.0×10^{-25}	$SrSO_4$	3.44×10^{-7}
$Cr(OH)_3$	6.3×10^{-31}	$ZnCO_3$	1.46×10^{-10}
CuI	1.27×10^{-12}	$Zn(OH)_2$	3×10^{-17}
CuS	6.3×10^{-36}	ZnS(α)	1.6×10^{-24}
$Cu(OH)_2$	2.2×10^{-20}	ZnS(β)	2.5×10^{-22}

注:数据主要摘自 David R. Lide. CRC Handbook of Chemistry and Physics. 87th ed,2006—2007,8－118～120.

附录 6-1 常见配离子的稳定常数 $K_f^\ominus$(298.15 K)

配离子	$K_f^\ominus$	配离子	$K_f^\ominus$
$Ag(CN)_2^-$	1.3×10^{21}	$FeCl_3$	98
$Ag(NH_3)_2^+$	1.1×10^{7}	$Fe(CN)_6{}^{4-}$	1.0×10^{35}
$Ag(SCN)_2^-$	3.7×10^{7}	$Fe(CN)_6^{3-}$	1.0×10^{42}
$Ag(S_2O_3)_2^{3-}$	2.9×10^{13}	$Fe(C_2O_4)_3^{3-}$	1.6×10^{20}
$Al(C_2O_4)_3^{3-}$	2.0×10^{16}	$Fe(NCS)^{2+}$	1.48×10^{3}
AlF_6^{3-}	6.9×10^{19}	FeF_3	1.1×10^{12}
$Cd(CN)_4^{2-}$	6.0×10^{18}	$HgCl_4^{2-}$	1.2×10^{15}
$CdCl_4^{2-}$	6.3×10^{2}	$Hg(CN)_4^{2-}$	2.5×10^{41}
$Cd(NH_3)_4^{2+}$	1.3×10^{7}	HgI_4^{2-}	6.8×10^{29}
$Cd(SCN)_4^{2-}$	4.0×10^{3}	$Hg(NH_3)_4^{2+}$	1.9×10^{19}
$Co(NH_3)_6^{2+}$	1.3×10^{5}	$Ni(CN)_4^{2-}$	2.0×10^{31}
$Co(NH_3)_6^{3+}$	1.6×10^{35}	$Ni(NH_3)_4^{2+}$	9.1×10^{7}
$Co(NCS)_4^{2-}$	1.0×10^{3}	$Pb(CH_3COO)_4^{2-}$	3.2×10^{8}
$Cu(CN)_2^-$	1.0×10^{24}	$Pb(CN)_4^{2-}$	1.0×10^{11}
$Cu(CN)_4^{3-}$	2.0×10^{30}	$Zn(CN)_4^{2-}$	5.0×10^{16}
$Cu(NH_3)_2^+$	7.2×10^{10}	$Zn(C_2O_4)_2{}^{2-}$	4.0×10^{7}
$Cu(NH_3)_4^{2+}$	2.1×10^{13}	$Zn(OH)_4^{2-}$	4.6×10^{17}
FeF_6^{3-}	1.00×10^{16}	$Zn(NH_3)_4^{2+}$	2.9×10^{9}

注:数据参考“Lange's Handbook of Chemistry”,16ed,2004,1.357～369.

附录 6-2 金属离子与 EDTA 配合物的 $\lg K_f^\ominus$(298.15 K)

金属离子	$\lg K_f^\ominus$	金属离子	$\lg K_f^\ominus$
Ag^+	7.32	Na^+	1.66
Al^{3+}	16.3	Nd^{3+}	16.61
Ba^{2+}	7.86	Ni^{2+}	18.62
Be^{2+}	9.3	Pb^{2+}	18.04
Ca^{2+}	10.7	Pd^{2+}	18.5
Cd^{2+}	16.7	Pr^{3+}	16.4
Ce^{2+}	15.98	Sc^{3+}	23.1
Co^{2+}	16.31	Na^+	1.66
Cr^{3+}	23.4	Sn^{4+}	34.5
Cu^{2+}	18.80	Sr^{2+}	8.73
Fe^{2+}	14.32	Th^{4+}	23.2

续表

金属离子	$\lg K_f^\ominus$	金属离子	$\lg K_f^\ominus$
Fe^{3+}	25.1	TiO^{2+}	17.3
Ga^{3+}	20.3	Tl^{3+}	37.8
Hg^{2+}	21.80	U^{4-}	25.8
In^{3+}	25.0	VO^{2+}	18.8
Li^{+}	2.79	Y^{3+}	18.10
Mg^{2+}	8.7	Zn^{2+}	16.50
Mn^{2+}	13.87	Zr^{2+}	29.5
Mo(V)	～28	稀土离子	16～20

附录 7-1　酸性溶液中标准电极电势 $\varphi_A^\ominus$(298.15 K)

电　极　反　应		$\varphi^\ominus$/V
Ag	$AgBr+e^- = Ag+Br^-$	+0.07133
	$AgCl+e^- = Ag+Cl^-$	+0.22233
	$Ag_2CrO_4+2e^- = 2Ag+CrO_4^{2-}$	+0.4647
	$Ag^+ +e^- = Ag$	+0.7996
Al	$Al^{3+}+3e^- = Al$	−1.662
As	$HAsO_2+3H^+ +3e^- = As+2H_2O$	+0.248
	$H_3AsO_4+2H^+ +2e^- = HAsO_2+2H_2O$	+0.560
Bi	$BiOCl+2H^+ +3e^- = Bi+H_2O+Cl^-$	+0.1583
	$BiO^+ +2H^+ +3e^- = Bi+H_2O$	+0.320
Br	$Br_2+2e^- = 2Br^-$	+1.066
	$BrO_3^- +6H^+ +5e^- = \frac{1}{2}Br_2+3H_2O$	+1.482
Ca	$Ca^{2+}+2e^- = Ca$	−2.868
Cl	$ClO_4^- +2H^+ +2e^- = ClO_3^- +H_2O$	+1.189
	$Cl_2+2e^- = 2Cl^-$	+1.35827
	$ClO_3^- +6H^+ +6e^- = Cl^- +3H_2O$	+1.451
	$ClO_3^- +6H^+ +5e^- = \frac{1}{2}Cl_2+3H_2O$	+1.47
	$HClO+H^+ +e^- = \frac{1}{2}Cl_2+H_2O$	+1.611
	$ClO_3^- +3H^+ +2e^- = HClO_2+H_2O$	+1.214
	$ClO_2+H^+ +e^- = HClO_2$	+1.277
	$HClO_2+2H^+ +2e^- = HClO+H_2O$	+1.645
Co	$Co^{3+}+e^- = Co^{2+}$	+1.80
Cr	$Cr_2O_7^{2-}+14H^+ +6e^- = 2Cr^{3+}+7H_2O$	+1.232
Cr	$Cr_2O_7^{2-}+14H^+ +6e^- = 2Cr^{3+}+7H_2O$	+1.232

续表

电 极 反 应 $\varphi^{\ominus}$/V		
Cu	$Cu^{2+}+e^{-}=Cu^{+}$	+0.153
	$Cu^{2+}+2e^{-}=Cu$	+0.3419
	$Cu^{+}+e^{-}=Cu$	+0.521
Fe	$Fe^{2+}+2e^{-}=Fe$	−0.447
	$Fe(CN)_6^{3-}+e^{-}=Fe(CN)_6^{4-}$	+0.358
	$Fe^{3+}+e^{-}=Fe^{2+}$	+0.771
H	$2H^{+}+e^{-}=H_2$	0.00000
Hg	$Hg_2Cl_2+2e^{-}=2Hg+2Cl^{-}$	+0.26808
	$Hg_2{}^{2+}+2e^{-}=2Hg$	+0.7973
	$Hg^{2+}+2e^{-}=Hg$	+0.851
	$2Hg^{2+}+2e^{-}=Hg_2{}^{2+}$	+0.920
I	$I_2+2e^{-}=2I^{-}$	+0.5355
	$I_3^{-}+2e^{-}=3I^{-}$	+0.536
	$IO_3^{-}+6H^{+}+5e^{-}=\frac{1}{2}I_2+3H_2O$	+1.195
	$HIO+H^{+}+e^{-}=\frac{1}{2}I_2+H_2O$	+1.439
K	$K^{+}+e^{-}=K$	−2.931
Mg	$Mg^{2+}+2e^{-}=Mg$	−2.372
Mn	$Mn^{2+}+2e^{-}=Mn$	−1.185
	$MnO_4^{-}+e^{-}=MnO_4^{2-}$	+0.588
	$MnO_2+4H^{+}+2e^{-}=Mn^{2+}+2H_2O$	+1.224
	$MnO_4^{-}+8H^{+}+5e^{-}=Mn^{2+}+4H_2O$	+1.507
	$MnO_4^{-}+4H^{+}+3e^{-}=MnO_2+2H_2O$	+1.679
Na	$Na^{+}+e^{-}=Na$	−2.71
N	$NO_3^{-}+4H^{+}+3e^{-}=NO+2H_2O$	+0.957
	$2NO_3^{-}+4H^{+}+2e^{-}=N_2O_4+2H_2O$	+0.803
	$HNO_2+H^{+}+e^{-}=NO+H_2O$	+0.983
	$N_2O_4+4H^{+}+4e^{-}=2NO+2H_2O$	+1.035
	$NO_3^{-}+3H^{+}+2e^{-}=HNO_2+H_2O$	+0.934
	$N_2O_4+2H^{+}+2e^{-}=2HNO_2$	+1.065
O	$O_2+2H^{+}+2e^{-}=H_2O_2$	+0.695
	$H_2O_2+2H^{+}+2e^{-}=2H_2O$	+1.776
	$O_2+4H^{+}+4e^{-}=2H_2O$	+1.229
P	$H_3PO_4+2H^{+}+2e^{-}=H_3PO_3+H_2O$	−0.276
Pb	$PbI_2+2e^{-}=Pb+2I^{-}$	−0.365
	$PbSO_4+2e^{-}=Pb+SO_4^{2-}$	−0.3588
	$PbCl_2+2e^{-}=Pb+2Cl^{-}$	−0.2675

续表

电 极 反 应		$\varphi^{\ominus}$/V
	$Pb^{2+}+2e^-=Pb$	−0.1262
	$PbO_2+4H^++2e^-=Pb^{2+}+2H_2O$	+1.455
	$PbO_2+SO_4^{2-}+4H^++2e^-=PbSO_4+2H_2O$	+1.6913
S	$H_2SO_3+4H^++4e^-=S+3H_2O$	+0.449
	$S+2H^++2e^-=H_2S(aq)$	+0.142
	$SO_4^{2-}+4H^++2e^-=H_2SO_3+H_2O$	+0.172
	$S_4O_6^{2-}+2e^-=2S_2O_3^{2-}$	+0.08
	$S_2O_8^{2-}+2e^-=2SO_4^{2-}$	+2.010
Sb	$Sb_2O_3+6H^++6e^-=2Sb+3H_2O$	+0.152
	$Sb_2O_5+6H^++4e^-=2SbO^++3H_2O$	+0.581
Sn	$Sn^{4+}+2e^-=Sn^{2+}$	+0.151
V	$V(OH)_4^++4H^++5e^-=V+4H_2O$	−0.254
	$VO^{2+}+2H^++e^-=V^{3+}+H_2O$	+0.337
	$V(OH)_4^++2H^++e^-=VO^{2+}+3H_2O$	+1.00
Zn	$Zn^{2+}+2e^-=Zn$	−0.7618

附录 7-2 碱性溶液中标准电极电势 $\varphi_B^{\ominus}$(298.15 K)

电 极 反 应		$\varphi^{\ominus}$/V
Ag	$Ag_2S+2e^-=2Ag+S^{2-}$	−0.691
	$Ag_2O+H_2O+2e^-=2Ag+2OH^-$	+0.342
Al	$H_2AlO_3^-+H_2O+3e^-=Al+4OH^-$	−2.33
As	$AsO_2^-+2H_2O+3e^-=As+4OH^-$	−0.68
	$AsO_4^{3-}+2H_2O+2e^-=AsO_2^-+4OH^-$	−0.71
Br	$BrO_3^-+3H_2O+6e^-=Br^-+6OH^-$	+0.61
	$BrO^-+H_2O+2e^-=Br^-+2OH^-$	+0.761
Cl	$ClO_3^-+H_2O+2e^-=ClO_2^-+2OH^-$	+0.33
	$ClO_4^-+H_2O+2e^-=ClO_3^-+2OH^-$	+0.36
	$ClO_2^-+H_2O+2e^-=ClO^-+2OH^-$	+0.66
	$ClO^-+H_2O+2e^-=Cl^-+2OH^-$	+0.81
Co	$Co(OH)_2+2e^-=Co+2OH^-$	−0.73
	$Co(NH_3)_6^{3+}+e^-=Co(NH_3)_6^{2+}$	+0.108
	$Co(OH)_3+e^-=Co(OH)_2+OH^-$	+0.17
Cr	$Cr(OH)_3+3e^-=Cr+3OH^-$	−1.48
	$CrO_2^-+2H_2O+3e^-=Cr+4OH^-$	−1.2
	$CrO_4^{2-}+4H_2O+3e^-=Cr(OH)_3+5OH^-$	−0.13
Cu	$Cu_2O+H_2O+2e^-=2Cu+2OH^-$	−0.360

续表

	电 极 反 应 $\varphi^{\ominus}$/V	
Fe	$Fe(OH)_3+e^-=Fe(OH)_2+OH^-$	−0.56
H	$2H_2O+2e^-=H_2+2OH^-$	−0.8277
Hg	$HgO+H_2O+2e^-=Hg+2OH^-$	+0.0977
I	$IO_3^-+3H_2O+6e^-=I^-+6OH^-$	+0.26
	$IO^-+H_2O+2e^-=I^-+2OH^-$	+0.485
Mg	$Mg(OH)_2+2e^-=Mg+2OH^-$	−2.690
Mn	$Mn(OH)_2+2e^-=Mn+2OH^-$	−1.56
	$MnO_4^-+2H_2O+3e^-=MnO_2+4OH^-$	+0.595
	$MnO_4^{2-}+2H_2O+2e^-=MnO_2+4OH^-$	+0.60
N	$NO_3^-+H_2O+2e^-=NO_2^-+2OH^-$	+0.01
O	$O_2+2H_2O+4e^-=4OH^-$	+0.401
S	$S+2e^-=S^{2-}$	−0.47627
	$SO_4^{2-}+H_2O+2e^-=SO_3^{2-}+2OH^-$	−0.93
	$2SO_3^{2-}+3H_2O+4e^-=S_2O_3^{2-}+6OH^-$	−0.571
	$S_4O_6^{2-}+2e^-=2S_2O_3^{2-}$	+0.08
Sb	$SbO_2^-+2H_2O+3e^-=Sb+4OH^-$	−0.66
Sn	$Sn(OH)_6^{2-}+2e^-=HSnO_2^-+H_2O+3OH^-$	−0.93
	$HSnO_2^-+H_2O+2e^-=Sn+3OH^-$	−0.909

注：摘自 David R. Lide. CRC Handbook of Chemistry and Physics. 87th ed，2006—2007，8－20～24.

附录 8 部分氧化还原电对的条件电极电势表(298.15 K)

电极反应	$\varphi^{\ominus'}$/V	介质
$Ag^++e^-=Ag$	+0.792	$c(HClO_4)=1\ mol\cdot L^{-1}$
	+0.228	$c(HCl)=1\ mol\cdot L^{-1}$
	+0.59	$c(NaOH)=1\ mol\cdot L^{-1}$
$Ce^{4+}+e^-=Ce^{3+}$	+1.70	$c(HClO_4)=1\ mol\cdot L^{-1}$
	+1.61	$c(HNO_3)=1\ mol\cdot L^{-1}$
	+1.44	$c(H_2SO_4)=0.5\ mol\cdot L^{-1}$
	+1.28	$c(HCl)=1\ mol\cdot L^{-1}$
$Co^{3+}+e^-=Co^{2+}$	+1.84	$c(HNO_3)=3\ mol\cdot L^{-1}$
$Cr^{3+}+e^-=Cr^{2+}$	−0.40	$c(HCl)=5\ mol\cdot L^{-1}$

续表

电极反应	$\varphi^{\ominus'}$/V	介质
$Cr_2O_7^{2-}+14H^++6e^-=2Cr^{3+}+7H_2O$	+0.93	$c(HCl)=0.1\ mol\cdot L^{-1}$
	+0.97	$c(HCl)=0.5\ mol\cdot L^{-1}$
	+1.00	$c(HCl)=1\ mol\cdot L^{-1}$
	+1.05	$c(HCl)=2\ mol\cdot L^{-1}$
	+1.08	$c(HCl)=3\ mol\cdot L^{-1}$
	+1.11	$c(H_2SO_4)=2\ mol\cdot L^{-1}$
	+1.15	$c(H_2SO_4)=4\ mol\cdot L^{-1}$
	+1.30	$c(H_2SO_4)=6\ mol\cdot L^{-1}$
	+1.34	$c(H_2SO_4)=8\ mol\cdot L^{-1}$
	+0.84	$c(HClO_4)=0.1\ mol\cdot L^{-1}$
	+1.025	$c(HClO_4)=1\ mol\cdot L^{-1}$
	+1.27	$c(HNO_3)=1\ mol\cdot L^{-1}$
$CrO_4^{2-}+2H_2O+3e^-=CrO_2^-+4OH^-$	−0.12	$c(NaOH)=1\ mol\cdot L^{-1}$
$Cu^{2+}+e^-=Cu^+$	−0.09	pH=14.00
$Fe^{3+}+e^-=Fe^{2+}$	+0.75	$c(HClO_4)=1\ mol\cdot L^{-1}$
	+0.68	$c(H_2SO_4)=1\ mol\cdot L^{-1}$
	+0.70	$c(HCl)=1\ mol\cdot L^{-1}$
	+0.46	$c(H_3PO_4)=2\ mol\cdot L^{-1}$
	+0.51	$c(H_3PO_4)=0.25\ mol\cdot L^{-1}$
$H_3AsO_4+2H^++2e^-=HAsO_2+2H_2O$	+0.557	$c(HCl)=1\ mol\cdot L^{-1}$
	+0.557	$c(HClO_4)=1\ mol\cdot L^{-1}$
$I_3^-+2e^-=3I^-$	+0.545	$c(H_2SO_4)=0.5\ mol\cdot L^{-1}$
$MnO_4^-+8H^++5e^-=Mn^{2+}+4H_2O$	+1.45	$c(HClO_4)=1\ mol\cdot L^{-1}$
	+1.27	$c(H_3PO_4)=8\ mol\cdot L^{-1}$
$SnCl_6^{2-}+2e^-=SnCl_4^{2-}+2Cl^-$	+0.14	$c(HCl)=1\ mol\cdot L^{-1}$
$Sn^{2+}+2e^-=Sn$	−0.16	$c(HClO_4)=1\ mol\cdot L^{-1}$
$Pb^{2+}+2e^-=Pb$	−0.32	$c(NaAc)=1\ mol\cdot L^{-1}$
	−0.14	$c(HClO_4)=1\ mol\cdot L^{-1}$
Ti(IV)$+2e^-=$Ti(III)	−0.01	$c(H_2SO_4)=0.4\ mol\cdot L^{-1}$
	+0.12	$c(H_2SO_4)=4\ mol\cdot L^{-1}$
	−0.04	$c(HCl)=1\ mol\cdot L^{-1}$
	−0.05	$c(H_3PO_4)=1\ mol\cdot L^{-1}$

附录9 常用术语的英汉对照及索引

absolute deviation	绝对偏差	meniscus	弯月面
absolute error	绝对误差	method blank	空白试验
accuracy	准确度	micro analysis	微量分析
acid—base titration	酸碱滴定	mistakes	错误
acidity	酸度	molarity	摩尔浓度
alkalinity	碱性	normal distribution	正态分布
analysis	分析	outlier	离群值
analyte	待测物	oxidation	氧化
average deviation	平均偏差	parts per billion	十亿分之一
balance	平衡	Parts per million	百万分之一
back titration	返滴定	permanganate	高锰酸钾
buret	滴定管	pipet	吸量管
calibration	校准	precision	精密度
calibration curve	校准曲线	primary standard	基准物质
chromate	铬酸盐	quantitative analysis	定量分析
Chromium	铬	quantitative transfer	定量转移
Chroride	氯化物	sample	样品
concentration	浓度	sample preparation	样品制备
conditional potentials	条件电位	sample pretreatment	试样预处理
confidence interval	置信区间	sampling	采样
confidence level	置信区间	scientific notation	科学计数法
degree of freedom	自由度	selectivity coefficient	选择性系数
desiccant	干燥剂	semimicro analysis	半微量分析
desiccator	干燥器	sensitivity	灵敏度
detection limit	检测限量	SI units	国际单位制
determinate error	系统误差	Side rection effect	副反应效应
determination measurement	测量方法	signal	信号
deviation	偏差	significance test	显著性检验
dilution	稀释	significant figures	有效数字
indeterminate error	随机误差	standard deviation	标准偏差
indicator	指示剂	standardization	标准化
iodimetry	直接碘量法	statistical analysis	统计分析

续表

iodometry	间接碘量法	ultramicro analysis	超微量分析
ionic strength effect	离子强度效应	validation	验证,确认
macro analysis	常量分析	volume percent	体积百分数
matrix	介质,基质	titrant	滴定剂
stock solution	贮备溶液	titration curve	滴定曲线
trace analysis	痕量分析	titration error	滴定误差
titer	滴定度	titrimetry	滴定分析法
mean	平均数	volumetric flask	容量瓶
median	中数	weight percent	重量百分数

主要参考文献

[1]蒋疆主编.普通化学及学习指导.北京:科学出版社,2010

[2]杨宏秀等.大学化学.天津:天津大学出版社,2004

[3]张永安编.无机化学.北京:北京师范大学出版社,1998

[4]刘晓庚主编.基础化学学习指导.北京:气象出版社,1995

[5]翟仁通主编.普通化学.北京:中国农业出版社,1996

[6]徐伟亮主编.化学知识体系与学习指南.北京:科学出版社,2001

[7]浙江大学普通化学教研组编.普通化学(第五版).北京:高等教育出版社,2002

[8]南京大学无机及分析化学编写组.无机及分析化学(第四版).北京:高等教育出版社,2006

[9]武汉大学、吉林大学等校编.无机化学(第三版).北京:高等教育出版社,1992

[10]赵士铎.定量分析简明教程.北京:高等教育出版社,2001

[11]聂麦茜,吴蔓莉.水分析化学(第2版).北京:冶金工业出版社,2003

[12]方建安,夏权.电化学分析仪器.南京:东南大学出版社,1992

[13]王宗孝.简明仪器分析.长春:东北师范大学出版社,1989

[14]杜岱春.分析化学.上海:复旦大学出版社,1993

[15]武汉大学主编.分析化学.北京:高等教育出版社,2007

[16]吴性良,孔继烈.分析化学原理.北京:化学工业出版社,2010

[17]何金兰,杨克让,李小戈.仪器分析原理.北京:科学出版社,2002

[18]高小霞等编.电分析化学导论.北京:科学出版社,2010

[19]路纯明等编.实用仪器分析.北京:航空工业出版社,1997

[20]周炳琨.激光令人激动的光——纪念激光器发明50周年[J].中国激光,2010,37(9):2181～2182

[21]黄俊峰编译,激光技术的发展[J].光机电信息.2004,(2):1～5

[22]吕磊,张正厚,隋丽云,李田勋,郭顺生.激光在医学基础和临床研究中的应用[J].中国临床康复,2006,10(17):152～154

[23]宋峰,刘淑静.激光基础知识[J].清洗世界.2005,21(3):31～34

[24]赵士铎主编.普通化学.北京:中国农业出版社,1997

[25]刘英红,马卫兴,沙鸥,杨运琼.沉淀反应在环境监测中的应用[J].甘肃科技,2010,29(17):77～78

[26]高峰.配位化合物及其在医学药学方面的应用研究[J].徐州医学院学报,2003,23(4):374～376

图书在版编目(CIP)数据

无机及分析化学/蒋疆,蔡向阳,陈祥旭主编.—厦门:厦门大学出版社,2012.5(2024.7重印)

ISBN 978-7-5615-4299-6

Ⅰ.①无… Ⅱ.①蒋…②蔡…③陈… Ⅲ.①无机化学-高等学校-教材②分析化学-高等学校-教材 Ⅳ.①O61②O65

中国版本图书馆CIP数据核字(2012)第103747号

厦门大学出版社出版发行

(地址:厦门市软件园二期望海路39号 邮编:361008)

总编办电话:0592-2182177 传真:0592-2181406

营销中心电话:0592-2184458 传真:0592-2181365

网址:http://www.xmupress.com

邮箱:xmup@xmupress.com

厦门集大印刷有限公司

2012年5月第1版 2024年7月第8次印刷

开本:787×1092 1/16 印张:21 插页:2

字数:537千字 印数:15 001～17 500册

定价:38.00元